Basic Fluid Mechanics
and Open Channel Flow

알기 쉬운

토목유체역학 / 개수로 수리학

조원철 지음

청문각

머리말

물은 생명의 근원이고, 인류문명의 발상은 물과 함께 시작되었습니다. 세계 4대 문명 발상지인 이집트 문명, 메소포타미아 문명, 인더스 문명, 황하 문명 모두 나일강, 유프라테스강, 인더스강, 황하강과 같은 물이 풍부한 강 주변에서 발생하였습니다.

지구상의 물은 수증기, 물, 얼음 등의 여러 가지 형태로 지속적으로 하늘과 육지의 표면과 지하, 그리고 바다를 순환합니다. 인간의 삶에 필수적인 지구상 물의 97%는 바다가 차지하고 있고, 그 외 빙산이 2%, 하천, 호수 및 지하수가 1% 정도 차지하고 있어 실제 우리가 사용하는 육지 상의 물은 아주 적습니다. 그리고 전 세계적인 인구의 증가, 산업의 발달, 가뭄 등으로 인해 물 수요는 점점 증가하고 있습니다. 특히 우리나라는 유엔이 지정한 물 부족 국가로 보다 효과적이고 체계적인 수자원관리가 필요하며, 수리 및 수자원 전문가들의 부단한 노력과 역할이 필요할 것입니다.

수리학(hydraulics)의 어원은 물이라는 의미인 그리스어 *hydraulikos*에서 유래되었으며, 물의 물리적인 성질과 역학적인 거동을 다루는 유체역학(fluid mechanics)을 응용한 공학의 한 분야입니다. 토목공학에서 물을 다루는 분야에는 수문학(hydrology), 수자원공학(water resources engineering), 하천공학(river engineering), 해안공학(coastal engineering), 항만공학(harbor engineering), 상·하수도공학(sanitary engineering), 환경공학(environmental engineering) 등 여러 분야가 있습니다.

본 저자는 20여 년 동안 대학 강단에서 수리학을 강의하면서 유체의 특성을 이론적으로 접근하고 이해하는 데 있어 학생들이 어떤 다른 역학보다도 많은 어려움을 느끼고 있다는 것을 알았습니다. 그러므로 본 교재는 토목 분야 유체역학 및 개수로 수리학을 처음으로 접하는 학생들이 기본적으로 숙지해야 하는 내용을 바탕으로 보다 쉽게 학문을 이해하고, 문제에 대한 접근 방법을 예제를 통해 최대한 구체적이고 간결하게 설명할 수 있도록 구성하였습니다. 또한 유체역학에 대해 많은 학생들이 토로하는 학문의 어려움을 해소하고 흥미를 유발하기 위해 수식의 유도과정을 될 수 있는 대로 쉽게 전개하였으며, 이해를 도울 수 있도록 최종적으로 도출된 수식에 대한 기본적인 개념과 물리적인 의미를 충분히 전달하려고 노력하였습니다. 그리고 용어에 대한 설명은 용어사전과 백과사전을 이용하여 함축적으로 나타내고자 하였습니다.

마지막으로 본 교재에 있어 이해하기 어려운 부분이나 미진한 부분이 있으면 언제든지 본 저자에게 알려주기 바랍니다. 보다 이해하기 쉽고 나은 교재가 될 수 있도록 노력하겠습니다.

감사합니다.

2019년 8월

저자 조원철

(중앙대학교 사회기반시스템공학부)

차례

제1장 물의 기본 성질

제2장 정수역학

1

제1장

물의 기본 성질

물의 물리적 성질은 수리 계통의 많은 문제들을 해결하는 데 있어 중요하다. 물의 밀도, 점성, 그리고 표면장력은 수온에 따라서 변화하며, 이러한 변화는 물의 모든 운동에 있어 중요하게 작용한다.
본 장에서는 수리학적 문제를 해석하는 데 있어 기본적인 물의 물리적 성질에 대해 알아보기로 한다.

1.1 유체의 정의

유체(fluid) 외부로부터 힘을 받았을 때 연속적으로 변형을 일으키고 자유로이 흐를 수 있는 액체, 기체와 같은 물질로 연속체(continuum)라고 한다.
비압축성 유체(incompressible fluid) 밀도가 일정하게 유지되며, 압력을 가해도 거의 밀도의 변화가 발생하지 않는 기름, 물과 같은 유체

지구상의 물질은 일반적으로 고체(solid), 액체(liquid), 기체(gas)의 상태로 존재하며, 이 중 액체와 기체 상태로 유동하는 물질을 유체(fluid)라고 한다. 모든 물질은 외부로부터 힘을 받으면 변형한다. 어떤 물질에 외력이 작용하면 물질 내부에서는 이 외력에 저항하는 응력(stress)이 발생한다. 고체 상태에 있는 물질은 외력에 대해 비교적 작은 유한 변형을 한 후 내력과 평형을 이룬 상태에서 변형을 정지한다. 그러나 유동 상태에 있는 물질은 아주 작은 외력에 대해서도 비교적 큰 변형을 일으키며, 유체 내부에 전단응력이 작용하는 한 지속적인 변형을 일으킨다. 그러므로 유체는 아주 작은 외력에 대해서도 유체 내부에 전단응력이 작용하는 한 지속적인 변형을 일으키는 연속체(continuum)로 정의될 수 있다.
고체와 액체의 중간 상태에 있는 물질을 소성체라고 하고, 젤리(jelly), 페인트(paint), 피치(pitch), 폴리머용액(polymer solution), 파라핀(paraffin) 등과 같은 소성체는 고체와 유체에서 나타나는 특성을 모두 가지고 있다. 소성체에 전단응력이 작용할 경우, 전단응력이 어떤 한계 값에 이를 때까지는 고체와 같이 유한 변형을 하나, 그 한계를 넘으면 유체와 같이 지속적인 변형을 한다. 일반적으로 소성체는 유체의 정의에 부합되지 않으므로 유체로 간주하지 않는다.
기체는 압력을 가하면 비교적 큰 밀도의 변화가 발생하고 쉽게 압축되며,

압력을 제거하면 바로 팽창하여 원위치로 돌아간다. 그러나 액체는 기체와는 달리 압력을 가해도 거의 밀도의 변화가 발생하지 않고 쉽게 압축되지 않으며, 압력을 제거해도 분자 간의 응집력으로 인해 거의 팽창하지 않는다. 그러나 상당한 고압이 작용할 경우에는 어느 정도까지 압축될 수 있다. 그러므로 공기 등의 기체는 압축성 유체(compressible fluid)로 취급하고, 기름, 물과 같은 액체는 비압축성 유체(incompressible fluid)로 취급한다.

1.2 물의 3상

잠재에너지(latent heat) 물을 한 상에서부터 다른 상으로 변화시키기 위해 필요한 에너지양

비열(specific heat) 어떤 물질 $1g$의 온도를 $1°C$ 상승시키는 데 필요한 에너지양

증기압(vapor pressure) 액체의 표면에서 증발 속도와 응축 속도가 같아져 평형을 이루었을 때 기화한 증기에 의한 압력

대기압(atmospheric pressure) 증기, 산소, 질소 등으로 구성되어 있는 공기의 무게에 의해 생기는 대기의 압력으로, $76cm$의 수은 기둥 또는 $1033.6cm$의 물 기둥이 누르는 압력과 같다.

물의 3가지 다른 형상을 물의 3상이라고 하고, 눈과 얼음과 같은 고체의 형상, 일반적인 액체의 형상, 그리고 수분과 수증기와 같은 기체의 형상으로 분류할 수 있다.

물을 한 상에서부터 다른 상으로 변화시키기 위해서는 에너지의 가감이 필요한데, 물을 한 상에서부터 다른 상으로 변화시키기 위해 필요한 에너지양을 잠재에너지(latent energy)라고 하고, 이 에너지양은 열 또는 압력의 형태로 나타난다. 열에너지는 일반적으로 칼로리(calorie)의 단위로 나타내고, $1cal$는 액체상에서의 물 $1g$의 온도를 $1°C$($14.5°C$에서 $15.5°C$까지) 상승시키는 데 필요한 에너지이다. 어떤 물질 $1g$의 온도를 $1°C$ 상승시키는 데 필요한 에너지양은 비열(specific heat)이라고 하고, 물의 3상의 잠재열과 비열은 다음과 같다. 표준대기압하에서 물의 비열은 $1.0cal/g/°C$이고, 얼음의 비열은 $0.465cal/g/°C$이며, 일정한 기압하에서 수증기의 비열은 $0.322cal/g/°C$이다. 고체 상태인 얼음 $1g$을 액체 상태인 물로 변환시키는 데에는 $79.71cal$의 잠재열이 필요하고, 이 반대 과정에 있어서도

동일한 잠재열이 필요하다. 그리고 액체 상태의 물을 수증기의 형상으로 증발시키기 위해서는 597cal의 잠재열이 필요하다.

대기와 물이 접촉하는 면에서는 물에서 대기로 이동하는 물 분자와 대기에서부터 물로 이동하는 물 분자가 끊임없이 발생한다. 순 증발은 대기에서 물로 이동하는 물 분자수보다 물에서 대기로 이동하는 물 분자수가 많을 때 발생하고, 순 응축은 물에서 대기로 이동하는 물 분자수보다 대기에서 물로 이동하는 물 분자수가 많을 때 발생한다. 물 표면에서는 수증기 분자가 연속적으로 충돌하면서 압력을 발생시키는데 이를 증기압(vapor pressure)이라고 한다. 증기압은 대기에서 질소, 산소 등과 같은 다른 분자들에 의해 발생되는 압력과 함께 대기압(atmospheric pressure)을 형성한다. 물의 온도를 상승시키면 많은 물 분자가 물에서 이탈하게 되고, 이로 인해 증기압이 상승한다.

액체가 끓기 시작하는 온도를 비등점(boiling point)이라고 하고, 표준대기압하에서 물의 비등점은 100°C이다. 낮은 대기압과 높은 고도에서는 물이 100°C보다 낮은 온도에서 끓기 시작하는데 이는 분자 교환 과정에서 잘 설명된다.

1.3 차원과 단위

차원(dimension) 물리적 현상을 다루기 위한 질량, 길이, 시간을 나타내는 기본량으로, 기본차원(primary dimension)과 유도차원(secondary dimension)이 있다.

단위(unit) 어떤 물리량을 측정할 때 주어진 양을 측정하는 기준으로, 미터단위계(metric system; kg, m, s)와 영국단위계(British unit system; lb, ft, s)로 분류된다.

공간상에 존재하는 물질은 시간의 경과에 따라 변위한다. 이러한 물리적 현상을 다루기 위해서는 질량(M), 길이(L), 시간(T)을 나타내는 기본량이 필요하며, 이를 차원(dimension)이라고 한다. 이 외 모든 물리량은 이 세 가지 차원을 조합하여 나타낼 수 있다. 질량, 길이, 시간의 서로 독립된 차원을 기본차원(primary dimension)이라고 하고, 기본차원에서부터 유도되는 차원을 유도차원(secondary or dependent dimension)이라고 한다. 유체역학에서는 MLT 세 가지 기본차원만이 필요한 문제가 많으나, 때로는 질량(M) 대신 힘(F)를 사용하는 FLT를 기본차원으로 하는 경우도 있다. 단위는 미터단위계(metric system; 기본단위는 질량 kg, 길이 m, 시간 s)와 영국단위계(British unit system; 기본단위는 질량 lb_m 또는 $slug$, 길이 ft, 시간 s)로 크게 분류된다. 세계 각국에서 사용되는 여러 가지 단위계를 통일하기 위해 국제도량형총회(CGPM)에서 SI 단위계(International System of Units; 기본단위는 질량 kg, 길이 m, 시간 s)를 채택하였으며, 많은 나라에서 이 단위계를 사용하고 있고, 한국공업규격도 이 단위계를 채택하고 있다.

물리학에서는 질량의 단위로써 4°C의 순수한 물 $1{,}000cc(1{,}000cm^3)$를 $1kg$으로 정의한다. SI 단위계에서는 힘을 Newton으로 정의하며, 1Newton은 질량 $1kg$인 물체를 $1m/s^2$로 가속시킬 수 있는 힘을 의미한다. $1kg$의 질량에 작용하는 중력의 힘은 $1kg \times 9.8m/s^2 = 9.8N$ 또는 $1kg_f$으로 정의한다. 그러므로 kg_f와 Newton은 $1kg_f = 9.8N$의 관계를 갖는다.

영국단위계에서는 질량의 단위로써 lb_m(pound mass)와 $slug$을 사용하며, $1slug = 32.2lb_m$의 관계를 가진다. 질량 $1slug$의 물체를 $1ft/s^2$로 가속시킬 수 있는 힘은 $1lb_f$(또는 lb; pound force)이며, $1lb_f = 1slug \times 1ft/s^2 = 32.2lb_m \cdot ft/s^2$가 된다. 그리고 $32.2lb_m/slug$은 lb_m을 $slug$으로 환산하는 계수로 중력가속도 g와 같다.

모든 물리량은 기본단위와 기본단위를 이용하여 얻어진 유도단위로 나타낼 수 있다. 그리고 편의를 위해 몇 개의 유도단위는 특별한 명칭과 기호가 부여되어 있다. 표 1.1은 공학에서 많이 사용되는 몇 개의 중요한 유도단위를 나타내고 있다.

표 1.1 SI 단위계에서의 중요 유도단위

물리량	단위 명칭	기호	기본단위와의 관계
힘	Newton	N	$1N = 1kg \cdot m/s^2$
일, 에너지, 열량	Joule	J	$1J = 1N \cdot m = 1kg \cdot m^2/s^2$
동력	Watt	W	$1W = 1J/s = 1kg \cdot m^2/s^3$
압력	Bar	bar	$1bar = 10^5 N/m^2$
	Pascal	Pa	$1Pa = 1N/m^2$

1.4 질량, 힘 및 무게

질량(mass) 물체를 형성하고 있는 물질의 양으로, 장소나 상태에 따라 달라지지 않는 물질의 고유한 양

힘(force) 정지하고 있는 물체를 움직이고, 또한 운동하고 있는 물체의 속도나 운동방향을 바꾸는 작용을 하는 물리량

무게(또는 중량; weight) 중력이 물체를 끌어당기는 힘의 크기로, 질량과 중력가속도의 곱

질량(mass)은 물체를 형성하고 있는 물질의 양으로, 그 값은 장소에 관계없이 일정하다.

힘(force)은 정지하고 있는 물체를 움직이고, 움직이고 있는 물체의 속도나 운동방향을 바꾸거나 물체의 형태를 변형시키는 작용을 하는 물리량이다. 물체에 힘이 작용한다는 것은 물체의 운동 상태가 변하는 것으로, 그 크기는 운동법칙에 의해 정의된다. 그러므로 힘의 크기는 힘이 작용함에 따라 발생하는 가속도와 물체의 질량의 곱 또는 물체가 단위시간에 얻은 운동량에 의해 결정된다. kg_f, N 등의 힘의 크기를 나타내는 단위는 이러한 힘의 정의에 의해 정해진 것이다.

무게(또는 중량; weight)는 질량과 중력가속도의 곱으로, 물체를 끌어당기는 중력가속도로 인해 질량에 의해 발휘되는 힘이며 다음과 같다.

$$W = mg \tag{1.1}$$

여기서, W는 무게, m은 물체의 질량, 그리고 g는 중력가속도이다.

Newton의 제2법칙(운동의 법칙)은 물체에 가해진 힘은 그 힘이 작용하는 방향으로 물체를 가속시키고, 그 가속도는 힘에 비례하며 물체의 질량에 반비례한다는 것을 나타내고 다음과 같다.

$$a \propto \frac{F}{m} \text{ 또는 } F = ma \tag{1.2}$$

여기서, F는 힘, m은 물체의 질량, 그리고 a는 가속도이다.

예제 1.1

중력가속도가 $9.8m/s^2$인 곳에서 질량 $30kg$인 물체의 무게는 몇 N이며 또한 몇 kg_f인가?

풀이

$F=ma$를 중력장에 적용하면 $W=mg$가 되므로

① $W=mg=(30kg)(9.8m/s^2)=294kg{\cdot}m/s^2=294N$

② $1N=\dfrac{1}{9.8}kg_f$이므로

$$W=294N=\frac{294}{9.8}kg_f=30kg_f$$

그러므로 표준 중력을 받는 곳에서는 질량의 크기와 무게의 크기는 같다. 그러나 질량은 $30kg$이고 무게는 $30kg_f$($30kg$이라고 표기하기도 함)로 표기한다.

1.5 유체의 물리적 성질

1.5.1 밀도, 비체적, 단위중량 및 비중

밀도(density) 단위체적당 질량
비체적(specific volume) 단위질량당 체적
단위중량(또는 비중량; specific weight) 단위체적당 무게
비중(specific gravity) 임의 물질의 밀도(또는 단위중량)에 대한 물의 밀도(또는 단위중량)의 비

(1) 밀도

물질의 밀도(density) $\rho(kg/m^3)$는 단위체적당 질량으로, 질량 입자의 농도를 나타내는 척도이며, 물질마다 고유한 값을 가진다.
어떤 물체의 무게를 W, 질량을 m, 체적을 V, 그리고 중력가속도를 g라고 하면, 이 물체의 밀도는 다음과 같다.

$$\rho=\frac{m}{V} \tag{1.3}$$

밀도의 차원은 $[ML^{-3}]$이므로 SI단위계에서는 kg/m^3를 사용한다. 표준 대기압하에서 4°C인 순수한 물의 밀도 ρ_w는 $1,000kg/m^3$이며, 염분의 농도에 따라 밀도가 달라지는 해수의 밀도는 평균적인 값 $1,025kg/m^3$를 사용한다.

물은 온도에 따라 그 밀도가 변화하며, 온도에 따른 밀도는 표 1.2와 같다. 그러나 액체의 밀도에 대한 온도와 압력의 영향은 아주 작으므로 일반적으로 무시될 수 있다.

밀도는 호수 등에서의 물의 순환에 있어 직접적인 관계가 있다. 봄이 되면 호수 표면수의 온도는 상승하여 4°C에 이르게 되고, 표면수의 밀도는 최대가 된다. 그리하여 무거워진 표면수는 하강하게 되고, 표면수보다 밀도가 낮고 가벼운 호수 저층수는 표면으로 상승하게 되어 호수의 전도(overturn)가 발생한다. 여름에는 표면수의 온도가 4°C 이상으로 증가하여 저층수보다 밀도가 낮아지게 됨으로써 성층을 이루게 되고, 물의 순환은 발생하지 않는다. 가을에는 호수 표면의 온도가 하강하여 표면수의 온도가 4°C에 이르게 되어 최대 밀도가 발생하며, 표면수는 봄과 같이 저층으로 하강하고 저층수는 표면으로 상승하게 되어 호수의 전도가 발생한다. 겨울이 옴에 따라 표면수의 온도는 더욱 낮아져 표면수의 밀도가 저층수의 밀도보다 낮아지게 되고, 이로 인해 겨울철 성층현상(stratification)이 발생한다.

(2) 비체적

비체적(specific volume) $V_s(m^3/kg)$는 단위질량이 점유하는 체적으로, 밀도의 역수이다.

$$V_s = \frac{1}{\rho} = \frac{V}{m} \tag{1.4}$$

(3) 단위중량

단위중량(또는 비중량; specific weight) $\gamma(N/m^3)$는 단위체적이 갖는 유체의 무게로 다음과 같다.

$$\gamma = \frac{W}{V} \tag{1.5}$$

또한 유체의 무게 $W = mg$이므로 단위중량 γ는 다음과 같이 나타낼 수 있다.

$$\gamma = \frac{m}{V} \cdot g = \rho g \tag{1.6}$$

(4) 비중

비중(specific gravity) S는 임의 물질의 밀도에 대한 물의 밀도의 비로 다음과 같다.

$$S = \frac{\rho}{\rho_w} = \frac{\gamma}{\gamma_w} = \frac{m}{m_w} = \frac{W}{W_w} \tag{1.7}$$

여기서, ρ_w, γ_w, m_w 그리고 W_w는 물의 밀도, 단위중량, 질량, 그리고 무게이다.

표 1.2 물의 물리적 성질 (SI 단위계)

온도 [℃]	밀도 [kg/m^3]	단위중량 [kN/m^3]	점성계수 [$N \cdot s/m^2$]	동점성계수 [m^2/s]	표면장력 [N/m]	증기압 [$N/m^2(abs)$]
0	999.9	9.806	1.787 E -3	1.787 E -6	7.56 E -2	6.105 E +2
5	1000.0	9.807	1.519 E -3	1.519 E -6	7.49 E -2	8.722 E +2
10	999.7	9.804	1.307 E -3	1.307 E -6	7.42 E -2	1.228 E +2
20	998.2	9.789	1.002 E -3	1.004 E -6	7.28 E -2	2.338 E +2
30	995.7	9.765	7.975 E -4	8.009 E -7	7.12 E -2	4.243 E +2
40	992.2	9.731	6.529 E -4	6.580 E -7	6.96 E -2	7.376 E +2
50	988.1	9.690	5.468 E -4	5.534 E -7	6.79 E -2	1.233 E +2
60	983.2	9.642	4.665 E -4	4.745 E -7	6.62 E -2	1.992 E +2
70	977.8	9.589	4.042 E -4	4.134 E -7	6.44 E -2	3.116 E +2
80	971.8	9.530	3.547 E -4	3.650 E -7	6.26 E -2	4.734 E +2
90	965.3	9.467	3.147 E -4	3.260 E -7	6.08 E -2	7.010 E +2
100	9958.4	9.399	2.818 E -4	2.940 E -7	5.89 E -2	1.013 E +2

예제 1.2

그림

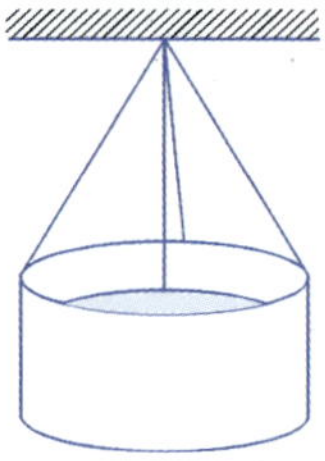

원형 수조가 그림과 같이 수직으로 매달려 있다. 이 수조의 직경은 $3m$이고 높이는 $1m$이며 $40°C$ 물이 가득 차 있다. 수조 바닥에 작용하는 힘을 구하라.

풀이

수조 바닥에 작용하는 힘은 물의 무게와 같으므로

$$F = W = mg = \rho V \cdot g = \left(992\frac{kg}{m^3}\right)\left[\frac{\pi(3^2m^2)}{4}(1m)\right](9.81m/s^2)$$

$$= 68,753.19kg \cdot m/s^2 = 68,753.19N$$

1.5.2 점성과 전단응력

점성(viscosity) 유체의 흐름에 대한 저항으로, 유체의 흐름에서 층들 사이의 속도 분포가 달라 상대적인 운동이 발생할 때, 그 속도를 균일하게 하려는 성질이며, 층들 사이에서 전단력으로 나타난다.

전단응력(shear stress) 물체의 표면에서 접선방향으로 작용하는 응력으로, 유동하고 있는 유체가 고체면을 흐르게 되면 유체의 점성에 의해 경계면에서 내부저항을 받는데, 이 때 경계면에서 작용하는 저항력을 말한다.

유체가 외부로부터 힘, 즉 전단력(shear force)을 받으면 유체 내부에 전단응력(shear stress)이 발생하여 외력과 평형을 유지하면서 지속적으로 변형한다. 유체의 층과 층 사이에서 상대운동이 발생할 때, 이 상대운동을 방해하려는 성질을 점성(viscosity)이라고 한다. 이러한 점성에 대해 유체가 유동할 때 유체 내부에는 저항력이 발생하며, 이러한 저항력을 전단응력이라 하고, 유체의 점성계수의 영향을 받는다.

유체의 점성은 유체의 거동, 특히 고체 경계면 부근에서의 유체의 거동을 해석하는 데 있어 매우 중요하다. 유체의 점성은 인접하는 두 유체층 사이에 상대운동이 존재할 때, 분자 상호간에 작용하는 분자 응집력(molecular cohesive force)과 분자운동에 의해 발생하는 운동량 수송에 의해 발생한다. 일반적으로 유체의 점성은 온도에 따라 변하며, 액체와 기체의 경우 점성과 온도 사이의 관계는 서로 상반되게 나타난다. 액체가 유동할 때 마찰력의 원인이 되는 점성은 액체 분자 사이의 응집력에 의한 것으로, 온도가 상승함에 따라 감소한다. 액체에서는 분자가 서로 응집된 상태에서 운동하므로, 분자 응집력이 분자운동에 의한 운동량 수송보다 크고 액체의 점성을 지배한다. 그러므로 전단응력과 점성계수는 분자 응집력의 크기에 따라 다르며, 응집력은 상대적 운동에 저항하려는 성질이 있다.

그림 1.1 속도선도

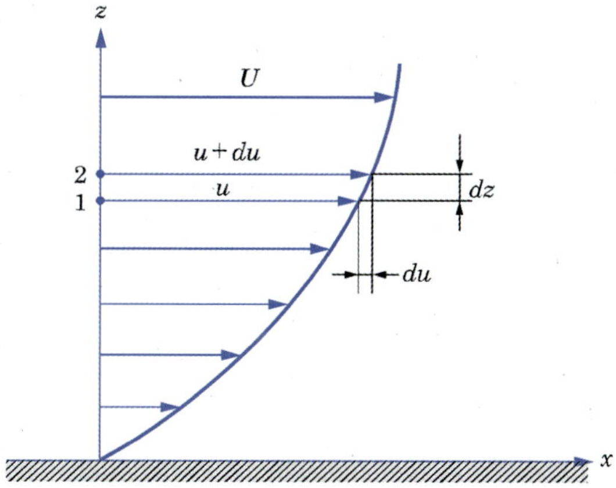

1차원 유동에서 유체가 유동할 때, 어느 속도 내에서는 규칙적인 유동인 층류가 발생하고, 그림 1.1과 같이 유체의 층과 층 사이에는 서로 다른 유속이 형성된다. 1 지점과 2 지점 사이의 거리가 dz이고, 1 지점에서의 유속을 u, 2 지점에서의 유속을 $u+du$라고 하면, 1 지점을 통과한 유체 입자가 dt시간 동안 움직인 거리는 $d_1 = udt$가 되고, 2 지점에서는 $d_2 = (u+du)dt$가 된다. 그러므로 1 지점과 2 지점에서 발생하는 상대적 변위(relative displacement)는 $(d_2 - d_1)/dz = (du/dz)dt$로 나타낼 수 있다. 그러나 아주 작은 응력을 받고 있는 유체의 유동에서의 연속적인 응력은 아주 작은 변형(strain)의 형태로 나타나므로, 유체 유동에서의 응력은 변형률(rate of strain)과 관계가 있다. 유체의 층과 층 사이에는 마찰력(frictional force) 또는 전단력(shear force)이 존재하며, 이 전단력에 의해 단위면적에 대한 전단응력이 발생한다. Newton은 이 전단응력이 상대적 변형(relative strain) du/dz에 비례한다고 간주하고 다음과 같은 식을 제시하였다.

$$\tau \propto \frac{du}{dz} \tag{1.8}$$

여기서, τ는 전단응력이고, u는 유체 입자의 속도이다. 식(1.8)에 비례상수인 점성계수(absolute viscosity) μ를 적용하면 다음과 같다.

$$\tau = \mu \frac{du}{dz} \tag{1.9}$$

여기서, du/dz를 속도구배라고 한다. 그러므로 식(1.9)는 유체 입자들이 평형으로 직선운동을 할 때 '유체 내에 발생하는 전단응력은 유체의 속도구배에 비례'함을 의미하며, 이 관계를 Newton의 점성법칙이라고 한다. 그리고 이 점성법칙을 만족시키는 유체를 Newton 유체(Newtonian fluid)라고 하고, 만족시키지 못하는 유체를 비 Newton 유체(non-Newtonian fluid)라고 한다.

점성계수 μ의 차원은 다음과 같다.

$$\begin{aligned} \mu\text{의 차원} &= \frac{\tau\text{의 차원}}{du/dz\text{의 차원}} \\ &= \frac{[FL^{-2}]}{[T^{-1}]} = [FTL^{-2}] = [ML^{-1}T^{-1}] \end{aligned} \tag{1.10}$$

μ의 단위는 FLT계에서는 $[FTL^{-2}]$의 차원을 가지므로 $N{\cdot}s/m^2$(또는 $kg_f{\cdot}s/m^2$)이며, MLT계에서는 $[ML^{-1}T^{-1}]$의 차원을 가지므로 $kg/m{\cdot}s$, $g/cm{\cdot}s$이다. μ의 특수 단위로는 $poise(P)$를 사용하며, $1P = 1g/cm{\cdot}s$이다.

유체역학이나 수리학의 계산에 있어 점성계수 μ를 밀도 ρ로 나누어 사용하는 경우가 많은데, 이 값을 동점성계수(kinematic viscosity) ν라고 한다. 동점성계수는 운동량이 분자운동에 의해 유체 내에 확산하는 빠르기를 나타낸다.

$$\nu = \frac{\mu}{\rho} \tag{1.11}$$

ν의 차원은 $[L^2T^{-1}]$이며, 단위는 m^2/s, cm^2/s이다. ν의 특수 단위로는 $stokes(St)$를 사용하며 $1St = 1cm^2/s = 10^{-4}m^2/s$이다. 또한 μ가 온도에 따라 변하는 것처럼 ν도 온도의 영향을 받는다.

예제 1.3

무게가 $30N$이고 면적이 $1m \times 1m$인 물체가 경사 $20°$인 사면을 $3.0cm/s$의 속도로 미끄러져 내려간다. 물체와 사면 사이에 점성계수 $0.05N \cdot s/m^2$인 얇은 오일막이 있을 때, 물체와 사면 사이의 간격을 구하라. 여기서, 물체와 사면 사이에서의 속도분포는 선형으로 가정한다.

그림

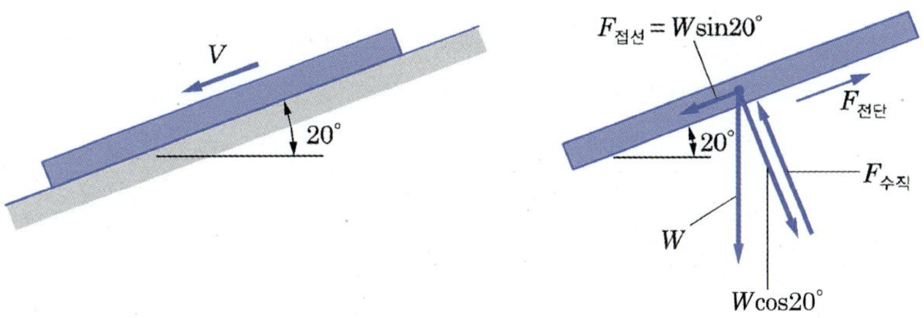

풀이

물체가 미끄러지는 속도가 일정하다면 전단력은 사면과 평행한 방향(사면의 접선방향)의 중력 성분과 같으므로

$$F_{접선} = F_{전단}$$
$$W\sin 20° = \tau A$$
$$W\sin 20° = \mu \frac{dV}{dz} A$$

사면과 접하는 면에서의 속도는 0이고, 물체가 미끄러져 내려가는 속도는 $3.0cm/s$이므로 $dV = \Delta V = 3.0cm/s$이 된다. 그러므로 물체와 사면 사이의 간격 Δz는 다음과 같다.

$$\Delta z = \frac{\mu \Delta VA}{W\sin 20°} = \frac{(0.05N \cdot s/m^2)(0.03m/s)(1m^2)}{(30N)(\sin 20°)}$$
$$= 0.000146m = 0.146mm$$

1.5.3 체적탄성계수

체적탄성계수(bulk modulus of elasticity) 유체에 작용한 압력과 체적변화율 사이의 관계를 나타내는 계수

모든 유체에 압력을 가하면 체적이 감소하면서 압축된다. 그리고 이상적인 상태에서 압력에 의해 저장된 탄성에너지는 가해진 압력을 제거하면 원래의 상태로 팽창하여 되돌아오게 되는데, 이러한 성질을 갖는 유체를 탄성유체라고 한다.

유체역학에 있어 유체의 압축성을 고려해야 하는지의 여부는 유체의 주어진 상태에 따라 다르며, 유체의 종류(액체 또는 기체)에는 관계하지 않는다. 일반적으로 액체는 비압축성 유체(incompressible fluid)로 기체는 압축성 유체(compressible fluid)로 해석하나, 기체인 경우라도 그 기체가 절대압력에 비해 압력의 변화가 적으면 비압축성으로 취급해도 거의 오차가 없고, 액체인 경우라도 관수로 내의 수격작용(water hammer)과 같이 압력의 변화가 급격한 경우에는 압축성이 중요한 변수가 된다.

탄성을 가지는 고체 물질에서는 탄성의 척도로써 강체에 작용하는 압력과 길이의 변형률 사이의 탄성계수(modulus of elasticity)를 사용한다. 그러나 유체는 강성이 없으므로 작용한 압력과 체적변화율 사이의 관계를 나타내는 다음과 같은 체적탄성계수(bulk modulus of elasticity) E를 사용한다.

$$E\,(N/m^2) = -\frac{dp}{dV/V} \tag{1.12}$$

여기서, dp는 체적 V가 dV만큼 변하는 데 필요한 압력 변화이고, '−' 부호는 압력이 증가함에 따라 체적이 감소함을 의미한다. 그리고 체적 V의 감소는 밀도 ρ의 증가($dV/V = -d\rho/\rho$)를 가져오므로 체적탄성계수는 다음과 같다.

$$E = \frac{dp}{d\rho/\rho} \tag{1.13}$$

유체의 체적탄성계수가 크다는 것은 유체가 압축시키기 어려운 물질이라는 것을 의미하며, 작은 체적의 변화를 가져오기 위해서는 큰 압력의 변화가 필요하다. 물은 표준대기압에서 500기압의 압력을 받아도 그 체적은 5×10^{-5} 정도밖에 압축되지 않는다. 그러므로 실제 공학 문제에 있어 물은 비압축성 유체로 취급한다.

1.5.4 표면장력과 모세관현상

표면장력(surface tension) 액체 표면의 아래에 있는 분자 사이에는 모든 방향으로 동일한 크기의 인력이 작용하여 평형을 이루나, 액체 표면의 분자는 표면 외부와 인력의 평형을 이루지 못하여 표면에서 접선방향으로 끌어당기는 힘을 받는데, 이 장력을 표면장력이라 한다.

모세관현상(capillary action) 액체 속에 폭이 좁고 긴 관을 넣었을 때, 관 내부의 액체 표면이 외부의 표면보다 높아지거나 낮아지는 현상으로, 액체의 응집력과 관과 액체 사이의 부착력에 의해 발생한다.

가느다란 바늘이 물에 가라앉지 않고 표면에 뜨는 현상, 풀잎 위의 이슬방울이 구형을 이루는 현상, 가는 관내로 액체가 올라가거나 내려가는 현상 등은 모두 표면장력에 의해 발생한다. 이러한 현상에 있어 중력이나 기타 외력들을 무시할 경우, 기체 내의 액체는 구형을 유지하는데, 그 이유는 액체 방울 내부의 동종의 분자 사이에 작용하는 응집력(cohesive force)이 액체 방울 표면에서 다른 종의 기체 분자와 작용하는 부착력(adhesive force)보다 크기 때문에 표면상의 액체 분자들이 액체 방울 내부로 향하는 힘을 받기 때문이다. 그러나 액체 방울 내부의 분자 사이에는 모든 방향으로 동일한 크기의 응집력이 작용하여 평형상태를 유지하나, 액체 표면의 분자는 액체 내부의 분자와 작용하는 인력보다 훨씬 작은 공기와의 인력으로 인해 평형을 이루지 못하게 된다. 그러므로 액체 표면에 있는 분자는 표면의 접선 방향으로 끌어당기는 힘을 받게 되며 이를 표면장력(surface force)이라고 한다. 표면장력은 모세관현상, 기포의 형성, 액체 방울의 형성 등에 있어 현상을 지배하는 중요한 힘이 된다.

표면장력의 크기는 표면의 단위길이당 힘으로 나타내며, 액체의 종류와 온도에 따라 다르고, 온도가 상승하면 분자 사이의 인력이 작아져 그 크기도 작아진다.

물의 표면장력은 각종 유체역학이나 수리 현상에 관련되는 압력 또는 기타의 힘에 비해 상대적으로 아주 작으므로 대부분의 경우 무시하는 것이 일반적이나, 유동의 영역이 아주 작고 자유표면을 가지는 경우에는 무시하지 못하는 경우도 있다. 그리고 실제 현상에서는 표면장력을 무시할 수 있으나, 큰 비율로 축소하여 수행하는 수리모형실험의 경우, 표면장력은 상대적으로 무시할 수 없는 힘이 되어 현상을 지배하는 경우도 있으므로, 실험결과에 있어 이를 고려하여 해석하지 않으면 큰 오차가 발생할 수도 있다.

대부분의 액체는 고체면에서 부착하려는 성질이 있으며, 부착력의 크기는 액체와 고체면의 성질에 따라 다르다. 만일 액체와 고체면 사이의 부착력이 액체 분자 사이의 응집력보다 크면 그림 1.2 (a)와 같이 액체는 고체면 위에 퍼지게 되나, 응집력이 부착력 보다 크면 그림 1.2 (b)와 같이 액체 방울 형태를 띠게 된다. 예를 들면 유리면에 물방울을 떨어뜨리면 물은 유리면에서 퍼지게 되나, 수은 방울을 떨어뜨리면 수은은 방울의 형태를 띠게 된다.

그림 1.2 유리면에서의 물과 수은의 형태

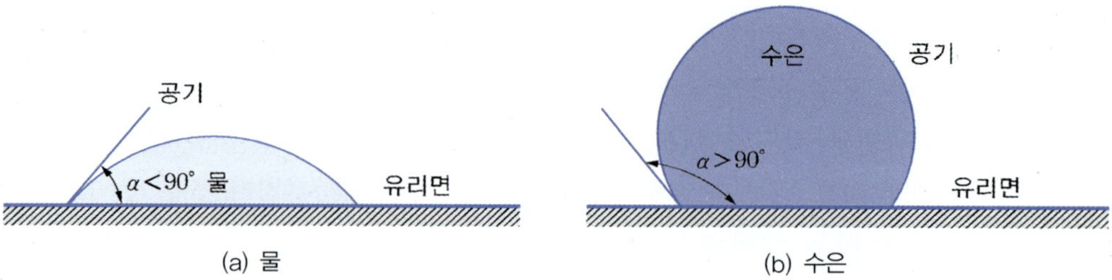

직경이 작은 관(모세관)을 액체의 표면에 수직하게 넣었을 때, 액체 자유표면의 응집력과 고체면에 대한 부착력의 차이에 의해 관내의 액체 표면과 자유표면 사이에 높이 차이가 발생하게 되는데 이러한 현상을 모세관현상(capillary action)이라고 한다.

그림 1.3과 같이 액체 사이의 응집력이 고체에 대한 부착력보다 작으면 관내의 액체면은 자유표면보다 상승하여 아래로 볼록해지고(물의 경우), 응집력이 부착력보다 크면 관내의 액체면은 액체의 자유표면보다 하강하여 위로 볼록해진다(수은의 경우).

그림 1.3 모세관현상

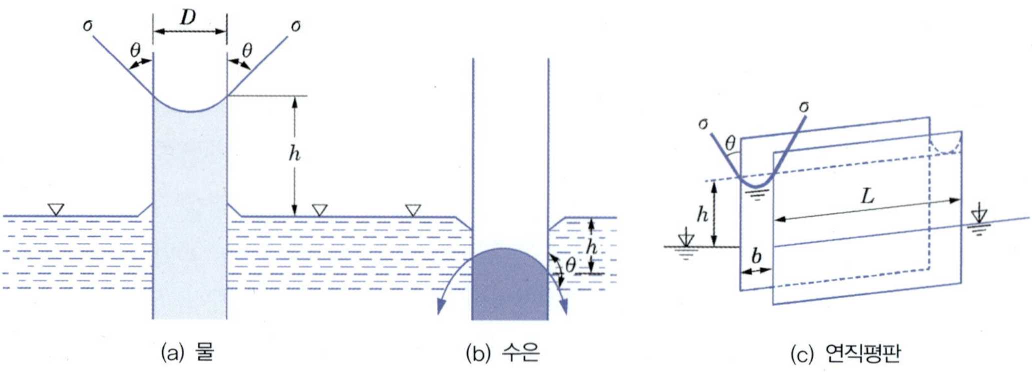

모세관현상에 의한 관내의 수면상승높이 h는 관내의 액체 표면에 작용하는 표면장력에 의한 부착력과 자유표면 위로 상승한(또는 아래로 하강한) 액체의 무게가 힘의 평형을 이루는 조건에서부터 구할 수 있으며, 다음과 같다.

$$(\sigma\pi D)\cos\theta = \frac{\pi D^2}{4}(\gamma h)$$

$$\therefore\ h = \frac{4\sigma\cos\theta}{\gamma D} \tag{1.14}$$

여기서, σ는 액체의 표면장력, γ는 액체의 단위중량, θ는 액체와 고체면이 이루는 접촉각, 그리고 D는 관의 직경이다.
위와 같은 방법으로 두 개의 수직 평판 사이의 수면상승높이를 구하면 다음과 같다.

$$2L\sigma\cos\theta = \rho g h b L$$

$$\therefore\ h = \frac{2\sigma\cos\theta}{\gamma b} \tag{1.15}$$

여기서, b는 평판 사이의 간격이고, L은 평판의 길이이다.

예제 1.4

직경 $0.3cm$인 매끈한 유리관을 $20°C$의 물속에 세웠을 때, 모세관현상에 의한 관내의 수면상승높이를 구하라. 여기서, $20°C$에서의 물의 단위중량은 $9{,}790\ N/m^3$이고, 표면장력은 $0.073N/m$이며, 물과 매끈한 유리관에서의 접촉각은 $0°$이다.

풀이

$$h = \frac{4\sigma\cos\theta}{\gamma D} = \frac{4(0.073N/m)(\cos 0°)}{(9{,}790N/m^3)(0.003m)} = 0.0099m = 0.99cm$$

연습문제

01 80°C인 물 500l가 얼기 위한 열에너지는 얼마인가?

02 체적 10cm^3, 질량 12g인 액체의 단위중량, 밀도, 그리고 비중을 구하라.

03 FLT 차원(힘, 길이, 시간)과 MLT 차원(질량, 길이, 시간)을 사용하여 다음의 차원을 구하라.

(1) 질량×속도 (2) 힘×부피

(3) 운동에너지÷면적

04 F는 힘, x는 길이라고 할 때, 다음의 차원을 FLT 차원으로 구하라.

(1) dF/dx (2) d^3F/dx^3

(3) $\int Fdx$

05 부분적으로 막힌 동맥 내에서의 압력 차이는 다음과 같은 식으로 나타낼 수 있다.

$$\Delta p = K_v \frac{\mu V}{D} + K_u \left(\frac{A_0}{A_1} - 1 \right)^2 \rho V^2$$

여기서, V는 동맥 내에서의 혈류의 속도, μ는 혈액의 점성계수($FL^{-2}T$), ρ는 혈액의 밀도(ML^{-3}), D는 동맥의 직경, A_0은 막히지 않은 동맥의 단면적, 그리고 A_1은 부분적으로 막힌 동맥의 단면적이다. 이 식에서 K_v와 K_u의 차원을 결정하라.

06 중력가속도 9.8m/s^2는 ft/s^2로는 얼마인가?

07 다음의 양들을 SI 단위계로 나타내라.

(1) 10.2$in.$/min (2) 4.81$slug$

(3) 3.02lb_f

08 직경 $2m$, 높이 $3m$인 수조 내에 30°C의 물이 $1m$ 깊이로 들어 있다. 수조 바닥에 작용하는 힘을 구하라.

09 탱크 속에 들어 있는 오일의 질량이 $20kg$일 때, (1) 이 오일의 지구 표면에서의 무게(N)를 구하고, (2) 중력가속도가 지구 표면의 약 1/6인 달 표면에서의 이 오일의 질량(kg)과 무게(N)를 구하라.

10 직경 $0.3m$, 높이 $1.5m$, 무게 $600N$인 원통형 탱크 속에 단위중량 $8,830N/m^3$인 액체가 가득 차 있다. 이 탱크를 위로 $3m/s^2$의 가속도로 들어 올리는 데 필요한 힘을 구하라.

11 $5m^3$의 체적을 갖는 수조가 비어 있을 때의 무게는 $1,500N$이고, 액체로 가득 차 있을 때의 무게는 $4,700N$이다. 이 액체의 밀도는 얼마인가?

12 어떤 액체의 밀도가 $805kg/m^3$이다. 이 액체의 단위중량과 비중을 구하라.

13 어떤 액체를 용기에 넣고 무게를 측정해 보니 $6N$이었다. 이 액체의 밀도, 단위중량, 비중을 구하라.

14 어떤 액체의 동점성계수와 비중이 각각 $3.5\times10^{-4}m^2/s$와 0.7일 때, 이 액체의 점성계수를 구하라.

15 다음 그림과 같이 경사면에 $10kg$의 블록이 미끄러져 내려간다. 블록과 경사면 사이 $0.1mm$의 간격에 점성계수 $4\times10^{-1}N\cdot s/m^2$인 오일이 있을 때, 블록의 최종 속도는 얼마인가? 여기서, 오일과 블록이 접촉하는 면적은 $0.2m^2$이고, 블록과 경사면 사이 간격에서의 속도분포는 선형으로 가정한다.

그림

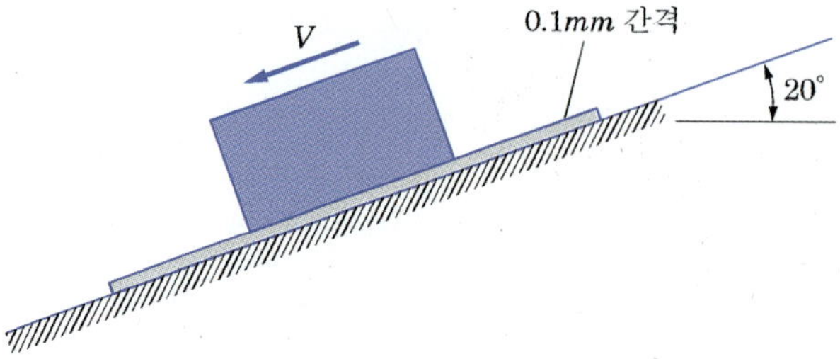

16 면적 $100cm^2$인 평판을 고정된 수평면 위에서 일정한 속도 $75cm/s$로 끌어당긴다. 평판과 수평면 사이에는 점성을 알 수 없는 액체가 $0.1cm$ 높이로 들어 있고, 평판을 당기는 데에는 $50N$의 힘이 필요하다. 이 액체의 점성을 구하라.

17 $2m^3$ 강체 용기 속에 물이 들어 있다. 이 물에 피스톤으로 $35MPa$의 압력을 가하면 물의 체적 변화는 얼마가 발생하는가?

18 어떤 액체에 작용하는 압력을 $5,000N/cm^2$에서 $10,000N/cm^2$로 증가시켰을 때 액체의 체적이 0.8% 감소하였다. 이 액체의 체적탄성계수를 구하라.

19 20°C인 액체가 직경 $0.5mm$인 유리관에서 $18mm$ 상승하였다. 접촉각이 42°이고, 액체의 밀도가 $998kg/m^3$이면 표면장력은 얼마인가?

20 매끈한 유리관 속에 20°C의 물이 들어 있을 때, 모세관현상에 의한 관내의 수면상승높이가 $1.0mm$ 이하가 되도록 하려면 유리관의 직경은 얼마가 되어야 하는가? 여기서, 20°C에서의 물의 단위중량은 $9,790N/m^3$이고, 표면장력은 $0.073N/m$이며, 물과 매끈한 유리관에서의 접촉각은 0°이다.

21 아래 그림과 같은 장구애비가 표면장력에 의해 물 위에 떠 있다. 장구애비의 다리는 6개이고, 각 다리는 $5mm$ 길이에 걸쳐 물과 접촉하고 있다. 장구애비가 물에 빠지지 않기 위한 최대 질량을 구하라. 여기서, 표면장력은 $0.073N/m$이다.

그림

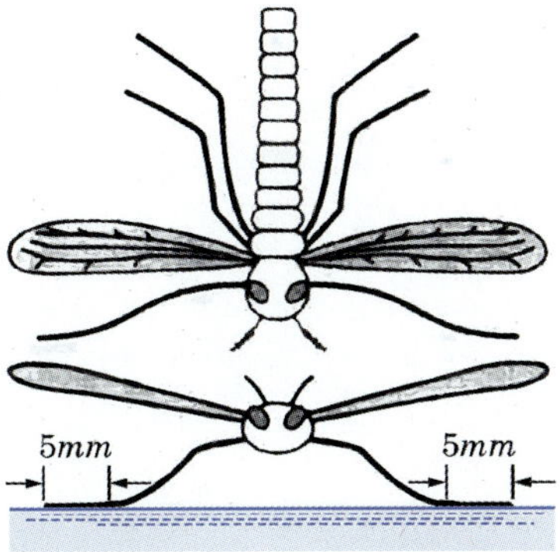

2

제**2**장

정수역학

표면력(surface force) 물체 표면에 작용하는 힘으로, 정수력(압력에 의한 힘)과 전단력이 있다.
체적력(body force) 물체를 구성하는 각 질점에 분포되어 작용하는 힘으로, 중력이 있다.
정수역학(hydrostatics) 유체가 정지한 상태나 등속운동을 할 때, 유체 요소 사이에 상대적인 운동이 없는 상태를 다루는 유체역학의 한 분야로, 정수력과 중력만 있다.

정수역학(유체 정역학; hydrostatics)은 유체가 정지한 상태나 등속운동을 할 때, 유체 요소 사이에 상대적인 운동이 없는 상태를 다루는 유체역학의 한 분야이다. 일반적으로 유체에 작용하는 힘은 표면력(surface force)과 체적력(body force)으로 분류한다. 표면력은 유체 요소의 표면에 수직으로 작용하는 정수압에 의한 힘, 즉 정수력(hydrostatic force)과 접선방향으로 작용하는 점성 전단력(viscous shear force)으로 분류할 수 있으며, 유체의 경계에 직접 접촉하여 작용한다. 체적력은 중력(gravitational force), 원심력(centrifugal force), 편향력(Coriolis force) 등과 같이 유체에 직접적인 접촉 없이 유체에 작용하는 외부의 힘으로, 유체의 질량이나 체적에 관계된다.

정수역학에는 유체의 한 층과 인접한 다른 층 사이에 상대적인 운동이 없기 때문에 점성 전단력이 존재하지 않으므로, 정수역학에서 고려해야 할 힘은 정수력과 중력뿐이다.

이와 같이 정수역학은 댐, 수중 구조물 등에 작용하는 물에 의한 힘의 계산, 물에 일부가 잠겨 있거나 떠있는 물체의 안정도 계산 등에 유용하게 적용할 수 있다. 또한 등속운동을 하고 있는 용기에 담겨진 유체에도 역시 상대적인 운동이 없으므로 점성의 영향이 없는 유체가 된다. 그러므로 이러한 등속운동을 하고 있는 유체에 대해서는 정수역학의 특성을 적용시켜 문제를 정역학적으로 다룰 수 있다.

2.1 한 점에 작용하는 압력

자유물체도(free body diagram) 특정 물체 또는 물체의 조합을 모든 주위의 물체로부터 분리하여 단일 물체로 취급하여 도식적으로 나타낸 것

정지하고 있는 유체 내 임의의 한 점에 작용하는 유체의 무게에 의한 압력은 모든 방향에서 같다. 그리고 정지 유체는 움직이지 않기 때문에 인접하고 있는 유체층과의 마찰이 없어 전단력을 받지 않으므로 유체 요소의 변형이 없다. 그러므로 정지 유체는 전단력이나 인장력을 받지 않고 단지 압축력만을 받게 된다.

그림 2.1은 임의의 삼각형 모양의 자유물체도이며, 여기에 작용하는 힘으로는 각 면에 수직한 방향으로 작용하는 표면력인 정수력(압력×단면적)과 체적력인 중력이 있다.

그림 2.1 유체의 자유물체도

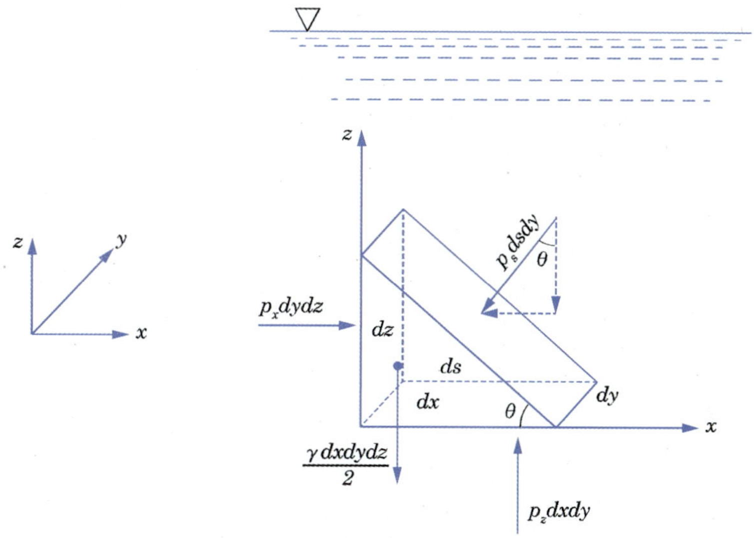

x 방향에 대한 힘의 평형에서부터 $\sum F_x = 0$이어야 하므로

$$p_x dydz - p_s dsdy \sin\theta = 0 \tag{2.1}$$

$ds \sin\theta = dz$이므로

$$p_x = p_s \tag{2.2}$$

z 방향에 대해서는 $\sum F_z = 0$이어야 하므로

$$p_z dxdy - p_s dsdy\cos\theta - \frac{\gamma dxdydz}{2} = 0 \tag{2.3}$$

$ds\cos\theta = dx$이고, $dz/2$는 아주 미소하다고 간주하여 무시하면

$$p_x = p_s \tag{2.4}$$

그러므로 식(2.2)와 식(2.4)에서부터

$$p_x = p_z = p_s \tag{2.5}$$

여기서, p는 압력, p_x, p_z는 x, z 방향으로 작용하는 압력, p_s는 자유물체도 빗면에 수직으로 작용하는 압력이다.

식(2.5)는 정지 유체 속의 한 점에 작용하는 압력(hydrostatic pressure)은 모든 방향에서 그 크기가 같다는 것을 나타낸다. 그러나 유체가 움직이는 경우, 하나의 유체층은 인접한 유체층에 대해 상대적으로 운동을 하게 되고, 그 결과 전단력이 발생하여 유체 속의 한 점에 작용하는 수직방향 응력은 모든 방향에서 반드시 같지 않다. 반면, 마찰이 없는 이상유체(ideal fluid; $\nu = 0$)는 어떠한 운동에 대해서도 전단력을 발생시키지 않으므로 유체 속의 한 점에 작용하는 압력은 모든 방향에서 같다.

2.2 정수역학의 기본방정식

절대압력 완전 진공을 기준으로 측정한 압력으로, 대기압에 계기압력을 더한 압력
계기압력 국소대기압을 기준으로 측정한 압력

정수역학의 기본방정식은 유체 속에서의 압력, 밀도, 그리고 수직방향 거리에 관한 관계를 나타낸다. 이러한 기본방정식을 유도하기 전에 알아 두어야 할 특수한 성질은 「연속되는 정지 유체에 있어서 동일한 수평면상의 두 지점에서의 압력은 언제나 같다.」라는 것이다. 본 절에서는 비압축성 유체 속에서의 압력의 변화만을 고려하기로 한다.

정지 유체에 대한 힘의 평형은 $\sum\vec{F}=0$을 만족해야 한다. 정지 유체에서는 유체 입자 사이에 상대적인 운동이 없어 유체 요소에 전단력은 작용하지 않고 압력에 의한 정수력과 중력만 작용한다.

그림 2.2 유체 요소의 좌표계

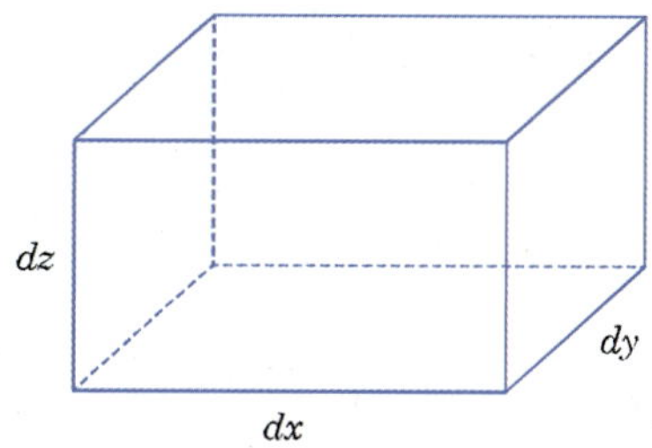

x 방향에 대한 $\sum F_x=0$이 되어야 하며, 중력(z 방향)은 x 방향으로 작용하지 않는다. 그림 2.3과 같이 왼쪽 면에 작용하는 압력을 $+p$라고 하면, 오른쪽 면에 작용하는 압력은 $-\left(p+\frac{\partial p}{\partial x}dx\right)$가 된다.

그림 2.3 (a) 미소 면적$(dydz)$에 작용하는 x 방향의 힘
(b) 미소 면적$(dxdy)$과 미소 체적$(dxdydz)$에 작용하는 z 방향의 힘

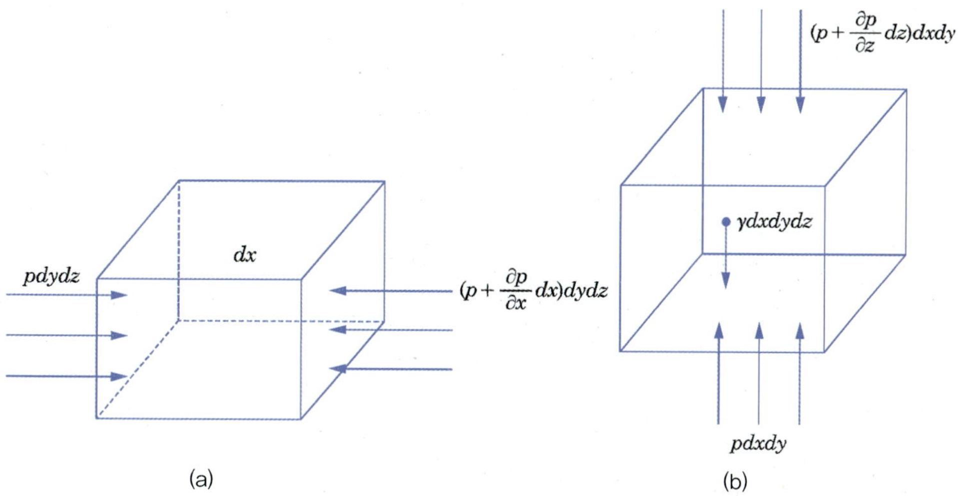

이들 두 힘을 합하면

$$pdydz - \left(p + \frac{\partial p}{\partial x}dx\right)dydz = 0$$

$$\therefore \frac{\partial p}{\partial x} = 0 \tag{2.6}$$

위와 같이 y 방향으로도 중력은 작용하지 않으므로

$$\frac{\partial p}{\partial y} = 0 \tag{2.7}$$

그러나 z 방향으로는 중력을 고려해야 하므로

$$pdxdy - \left(p + \frac{\partial p}{\partial z}dz\right)dxdy - \gamma dxdydz = 0$$

$$\therefore \frac{dp}{dz} = -\gamma \tag{2.8}$$

그러므로 식(2.6), 식(2.7), 식(2.8)에서부터 정지한 유체에 작용하는 압력은 단지 중력이 작용하는 z 방향에 대해서만 변한다는 것을 알 수 있고, 식(2.8)을 정수역학의 기본방정식이라고 한다.

유체의 단위중량 γ가 일정한 경우, 식(2.8)을 그림 2.4의 자유수면 1 지점에서부터 임의의 깊이 2 지점까지 적분하면

$$\int_1^2 dp = -\gamma \int_1^2 dz$$

$$p_2 - p_1 = \gamma(z_1 - z_2)$$

그림 2.4 자유수면 아래 정지된 유체 내에서의 압력 변화

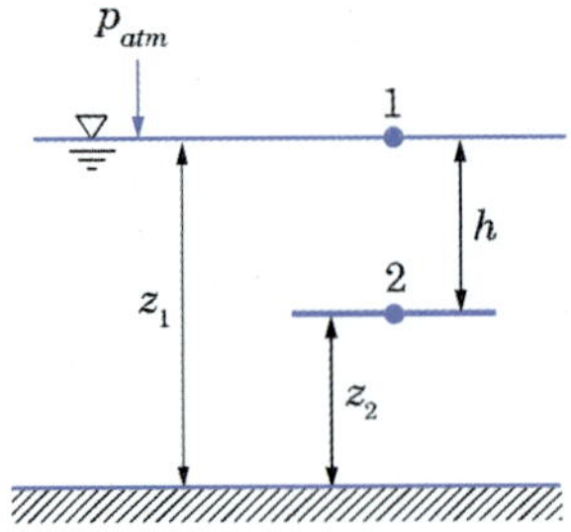

$z_1 - z_2 = h$라고 하면

$$p_2 - p_1 = \gamma h \tag{2.9}$$

여기서, h는 자유수면 아래쪽으로의 수직거리, 즉 수심이다.
p_1은 유체의 자유수면에 가해지는 압력으로 대기압 p_{atm}이라고 하면, 식(2.9)는 다음과 같이 된다.

$$p_2 = p_{atm} + \gamma h \tag{2.10}$$

식(2.10)에 의해 계산되는 압력은 절대압력이며, 절대압력 p_{abs}는 완전진공을 기준으로 한 압력이다.
자유수면 아래 수심 h에서의 압력을 계기압력이라고 하면, 계기압력 p_{gage}는 다음과 같다.

$$p_{gage} = \gamma h \tag{2.11}$$

예제 2.1

비중 0.85인 오일이 들어 있는 용기가 있다. 자유표면에서부터 $10m$ 깊이에 있는 지점의 압력을 계기압력과 절대압력으로 구하라. 여기서, 대기압은 $1.04 kg_f/cm^2$이다.

풀이

오일의 단위중량 : $\gamma_{oil} = S_{oil}\gamma = 0.85 \times 1{,}000 = 850kg_f/m^3$

계기압력 : $p_{gage} = \gamma_{oil}h = 850 \times 10 = 8{,}500kg_f/m^2 = 0.85kg_f/cm^2$

절대압력 : $p_{abs} = p_{atm} + p_{gage} = 1.04 + 0.85 = 1.89kg_f/cm^2$

예제 2.2

밀폐된 용기 속에 수은이 들어 있고 수은 상부 면에서의 압력이 $2.5kg_f/cm^2$일 때, 수은 상부 면에서부터 $4.6m$ 아래 지점에서의 압력을 구하라. 여기서, 수은의 단위중량은 $13.55g_f/cm^3$이다.

풀이

$p = (13.55g_f/cm^3)(460cm) + 2{,}500g_f/cm^2 = 8{,}733g_f/cm^2 = 8.733kg_f/cm^2$

2.3 압력의 전달

그림 2.5 (a)와 같은 용기 속에 물(또는 유체)을 가득 채우고 수평 판으로 밀폐한 후 수평 판 위 A 지점에 힘 F를 작용시킬 경우, 수평 판의 면적을 a라고 하고 수평 판과 용기 사이의 마찰력과 수평 판의 무게를 무시하면, 수평 판 아래에 작용하는 압력 p와 용기 속 B 지점에 작용하는 압력 p_B는 다음과 같다.

그림 2.5 압력의 전달

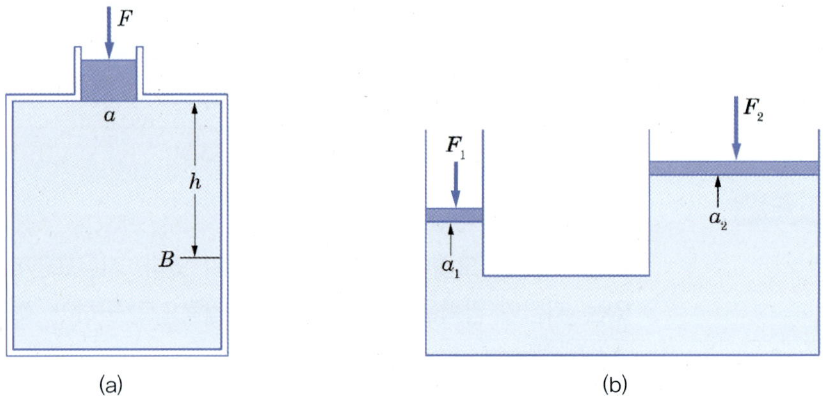

$$p = \frac{F}{a} \tag{2.12}$$

$$p_B = p + \gamma h = \frac{F}{a} + \gamma h \tag{2.13}$$

힘 F를 $F+\Delta F$로 증가시키면 p는 $(F+\Delta F)/a$가 되고, p_B는 $(F+\Delta F)/a+\gamma h$가 되므로 B 지점에서의 압력의 증가는 $\Delta F/a$가 된다. 이와 같이 밀폐된 용기 내의 물에 가한 압력의 증가는 물속 모든 곳에 동일하게 전달되며, 이를 Pascal의 원리라고 한다.

그림 2.5 (b)와 같은 용기를 수평 판으로 밀폐하고 힘 F_1과 F_2를 작용시키면 평형상태가 된다고 할 경우, 두 수평 판의 면적을 a_1과 a_2라고 하고 수평 판과 용기 사이의 마찰력과 수평 판의 무게를 무시하면, 수평 판 아

래에 작용하는 압력은 F_1/a_1과 F_2/a_2가 되며, 다음과 같은 관계가 성립된다.

$$\frac{F_1}{a_1} = \frac{F_2}{a_2} + \gamma h \tag{2.14}$$

힘 F_1과 F_2를 충분히 크게 할 경우, γh는 무시할 수 있을 정도로 작아지므로

$$\frac{F_1}{a_1} = \frac{F_2}{a_2}$$

$$F_2 = \frac{a_2}{a_1} F_1 \tag{2.15}$$

식(2.15)는 a_1에 F_1을 작용시키면 a_2에는 a_2/a_1배의 힘이 작용하게 됨을 의미하며, a_2/a_1를 크게 할수록 F_2는 F_1에 비해 그만큼 커진다는 것을 나타낸다. 유압기(또는 수압기)는 이러한 Pascal의 원리를 응용하여 작은 힘으로 큰 힘을 얻을 수 있도록 고안한 기계이다.

예제 2.3

그림 2.5 (b)에서 좌측 피스톤의 직경이 $3cm$이고, 우측 피스톤의 직경이 $20cm$이다. 우측 피스톤 위에 $5ton$의 물체가 놓여 있을 때, 이 물체를 들어올리기 위해 좌측 피스톤에 가해져야 하는 힘을 구하라.

풀이

$$F_1 = \frac{a_1}{a_2} F_2 = \frac{d_1^2}{d_2^2} F_2 = \frac{3^2}{20^2}(5) = 0.1125ton$$

예제 2.4

그림과 같은 유압잭의 손잡이에 $100N$의 힘을 가할 때, 잭이 지탱할 수 있는 하중을 구하라.

그림

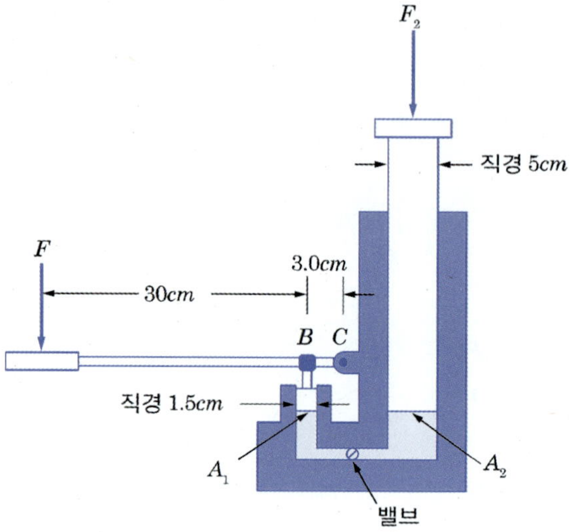

풀이

C 지점에서의 모멘트로부터 작은 피스톤에 작용하는 힘 F_1을 구하면

$$(0.33)(100)-(0.03)F_1=0$$
$$\therefore\ F_1=1{,}100N$$

F_1은 피스톤에 작용하는 압력에 의한 힘과 같으므로

$$p_1A_1=1{,}100N$$
$$\therefore\ p_1=\frac{1{,}100}{A_1}=\frac{1{,}100}{\pi d_1^2}=6.22\times10^6N/m^2$$

$p_1=p_2$이므로 큰 피스톤에 작용하는 압력을 구하면

$$F_2=p_1A_2=(6.22\times10^6)[\pi(0.05^2)/4]=12.22kN$$

2.4 압력의 단위와 측정

2.4.1 압력계

표준대기압(standard atmospheric pressure) 기압의 표준 값으로, 표준 중력가속도 하의 0°C에서 수은주의 높이가 $760mm$인 압력

압력은 절대압력(absolute pressure)과 계기압력(gage pressure)이 있다. 절대압력은 아네로이드 기압계(aneroid barometer)와 수은기압계(mercury barometer)로 측정하고, 계기압력을 측정하는 가장 대표적인 기구는 버든 압력계(Bourdon gage)와 개구 U관이 있다. 기계장치에 부착되어 있는 대부분의 압력계는 버든 압력계이며, 버든 압력계는 압력계에 연결된 압력과 외부 대기압과의 상대적인 압력 차이를 읽을 수 있도록 만들어진 계기이다. 만일 버든 압력계에 연결된 압력이 외부 압력, 즉 대기압과 같을 경우에는 압력계의 눈금은 0을 가리키게 되는데, 이는 계기압력이 0이고 외부의 대기압과 같음을 의미한다. 그러므로 압력계에서 측정된 압력은 계기압력을 나타내고, 이를 일반적으로 압력이라고 한다. 그리고 특별히 절대압력이라고 명시하지 않는 한 압력은 계기압력을 의미한다.

그림 2.6 버든 압력계

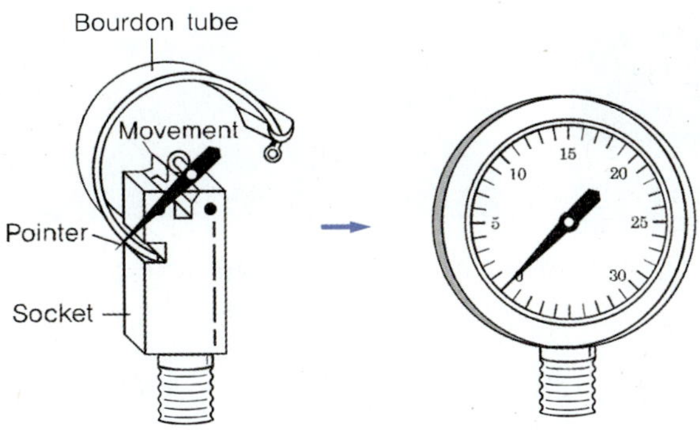

수은기압계(mercury barometer)는 1646년 Torricelli에 의해 발명된 것으로 대기의 절대압력을 측정하는 기구이다. 그림 2.7 (a)와 같이 수은으로

가득 채워진 유리관을 수은이 담겨진 용기 속에 거꾸로 세워 놓을 경우, 수은의 증기압을 무시한다면 이 관의 상부에서의 빈 공간은 완전진공이라고 볼 수 있고, 그 공간에서의 압력은 절대 영 압력으로 간주된다. 그리고 수은 기둥의 높이 h는 외부 압력 p_{atm}과 평형을 이루므로 수은 기둥의 높이는 절대압력의 측정을 가능하게 한다. 또한 그림 2.7 (b)에서의 A 지점과 B 지점의 압력은 동일한 위치에 있기 때문에 같다. 그러므로 대기압 p_{atm}은 다음과 같다.

$$p_{atm} = p_{vapor} + \gamma_m h \tag{2.16}$$

여기서, γ_m은 수은의 단위중량이다.

식(2.16)에서 p_{vapor}는 아주 적은 값이므로 무시해도 되며, 수은계 높이 h만으로 대기압을 측정할 수 있다.

그림 2.7 (a) 수은기압계의 옛 모습, (b) 수은기 압력

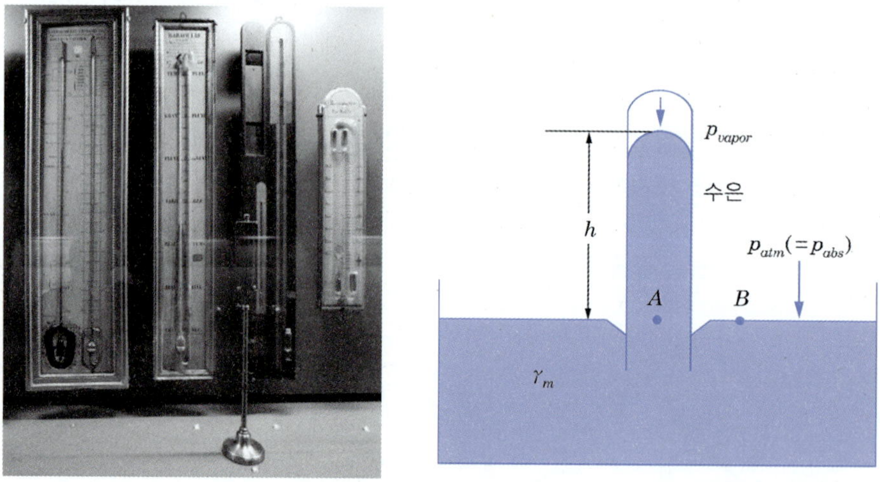

(a) (b)

그림 2.8은 절대압력과 계기압력 사이의 관계를 나타낸다. 대기압(atmospheric pressure)은 지구를 둘러싸고 있는 공기층의 무게가 지구 표면에 작용하는 압력이다. 대기압은 고도나 온도에 따라 다르며, 표준대기압(standard atmospheric pressure)은 다음과 같다.

그림 2.8 절대압력과 계기압력

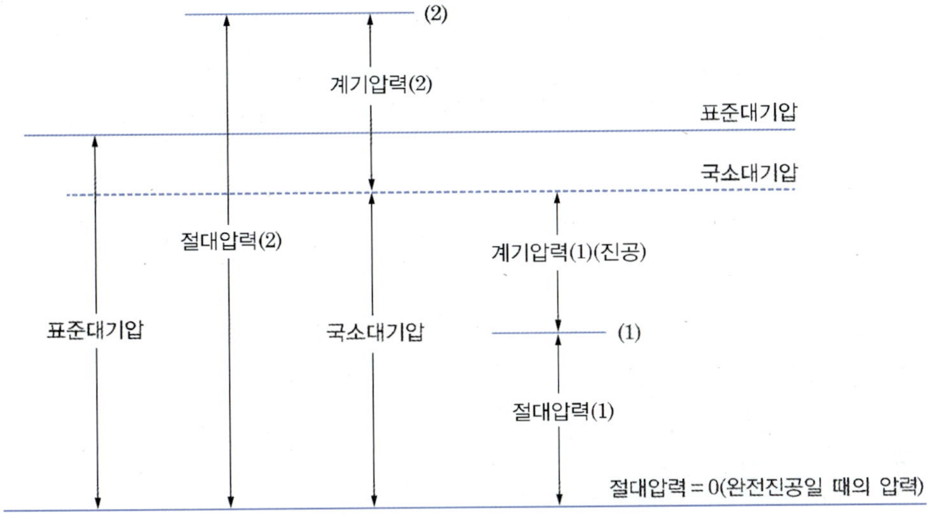

$$1\ atm = 1.013 \times 10^5 N/m^2 = 1.013 \times 10^5 Pa = 1{,}013 mb$$
$$= 760 mm\ H_g = 10.33 m\ H_2O$$

임의 지역에서의 대기압을 국소대기압(local atmospheric pressure)이라고 하고, 공학에서는 일반적으로 국소대기압을 기준으로 하여 압력을 측정한다. 국소대기압을 기준으로 하여 측정한 압력을 계기압력(gage pressure)이라고 하고, 국소대기압보다 낮은 계기압력을 부압(negative pressure) 또는 진공압(vacuum pressure)이라고 한다. 만일 그림 2.8 (1)에서의 절대압력이 $450 mm\ Hg$이고 국소대기압이 $745 mm\ Hg$이면 계기압력은 $-295\ mm\ Hg$ 부압 또는 $295 mm\ Hg$ 진공압이 된다.
완전진공을 기준으로 하여 측정한 압력을 절대압력(absolute pressure)이라고 하고, 절대압력은 다음과 같다.

$$p_{abs} = p_{atm} + p_{gage} \tag{2.17a}$$

p_{gage}가 부압 또는 진공이면

$$p_{abs} = p_{atm} - p_{vac} \tag{2.17b}$$

여기서, p_{abs}는 절대압력, p_{atm}는 국소대기압, p_{gage}는 계기압력, 그리고 p_{vac}는 진공압이다.

예제 2.5

그림과 같이 상부가 완전히 밀폐된 유리관 속에 수은을 넣고 수은이 들어 있는 별도의 용기에 거꾸로 세웠을 때, 유리관 내에서 수은이 상승하는 높이를 구하라. 여기서, 수은의 단위중량은 $13.55g_f/cm^3$이고, 대기압은 $1.033\,kg_f/cm^2$이다.

그림

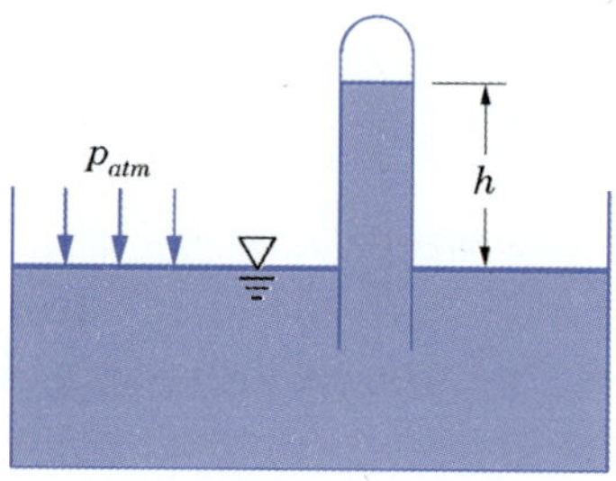

풀이

$p_{atm} = \gamma_m h$에서부터

$$1{,}033 = 13.55h$$
$$\therefore\ h = 76.2cm$$

예제 2.6

수면 아래 $5m$ 지점에서의 절대압력은 얼마인가? 여기서, 수면에서의 대기압은 $1.033kg_f/cm^2$이고, 물의 단위중량은 $1g_f/cm^3$이다.

풀이

$$p = p_{atm} + \gamma h = 1{,}033 + (1 \times 500) = 1{,}533g_f/cm^2 = 1.533kg_f/cm^2$$

2.4.2 액주계

액주계(manometer) 가는 유리관 또는 U자형 유리관을 수로나 관에 연결시키고, 압력에 의해 밀려 올라간 액체 기둥의 높이를 측정하여 압력을 측정하는 계기

연직액주계(piezometer) 대기압보다 약간 높은 압력을 측정하는 데 사용되는 계기

U자형 액주계(U-tube manometer) 연직액주계를 사용할 수 없는 높은 압력을 측정할 때 사용되며, 비중이 크고 서로 혼합되지 않는 액체가 들어 있는 계기

시차액주계(differential manometer) 두 개의 수조나 관 속에 있는 유체의 압력 차이를 측정하는 계기
미압계(micro manometer), 경사액주계(inclined manometer) 매우 작은 압력 차이나 또는 큰 압력 차이를 정밀하게 측정하는 계기

자유수면 아래 임의의 점에서의 압력은 수심에 비례하므로 쉽게 구할 수 있다. 그러나 관로 또는 밀폐된 용기 내에서의 압력을 측정하기 위해서는 액주계와 같은 계기가 필요하다.
액주계(manometer)란 액주의 높이로부터 압력이나 임의의 두 지점 사이의 압력 차이를 측정하는 계기로, 비교적 정밀한 압력은 측정할 수 있으나, 높은 압력이나 큰 압력 차이를 측정하는 데 있어서는 문제가 있다. 액주계의 종류로는 연직액주계(piezometer), U자형 액주계(U-tube manometer), 시차액주계(differential manometer), 미압계(micro manometer), 경사액주계(inclined manometer) 등이 있다.

(1) 연직액주계

액주계의 기본이 되는 것은 연직액주계(piezometer)이며, 대기압보다 약간 높은 압력을 측정하는 데 사용된다. 연직액주계는 그림 2.9 (a)와 같이 유체가 흐르고 있는 관(pipe)의 한쪽에 액주계가 연결되어 있고 다른 한쪽은 대기와 접하도록 되어 있으며, 액주계의 액체는 측정하려는 유체와 같다. 그림 2.9 (a), (b)와 같이 액주계의 액체가 측정하려는 유체와 같을 경우에는 piezometer라고 하고, 그림 2.9 (c)와 같이 액주계의 액체가 측정하려는 유체와 다른 경우에는 manometer라고 한다.

그림 2.9 연직액주계와 U자관 액주계

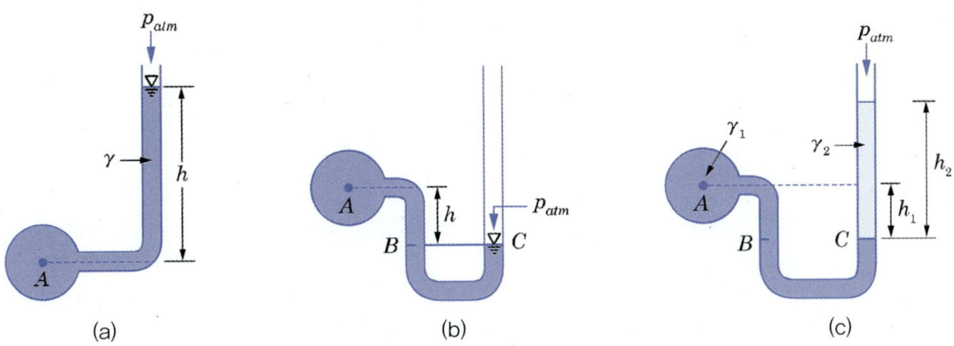

그림 2.9 (a)의 경우, 관내 A 지점에서의 압력은 액주의 높이 h를 측정하여 다음과 같이 계산할 수 있다.

$$p_{A_{abs}} = p_{atm} + \gamma h \tag{2.18a}$$

$$p_{A_{gage}} = \gamma h \tag{2.18b}$$

만일 연직액주계에서 진공이 측정될 경우에는 U자형 액주계를 사용한다. 그림 2.9 (b)는 A 지점에서의 압력이 진공인 경우를 나타내며, A 지점에서의 압력은 다음과 같다.

$$p_{A_{abs}} = p_{atm} - \gamma h \tag{2.19a}$$

$$p_{A_{gage}} = -\gamma h \tag{2.19b}$$

예제 2.7

그림과 같이 관내에 물이 흐르고 있을 때, 관 중심에서의 계기압력을 구하라. 여기서, 액주계의 유체는 수은이고, h와 Δh는 각각 $180cm$와 $60cm$이다. 그리고 물의 단위중량은 $9,810N/m^3$이고, 수은의 단위중량은 $133,000\,N/m^3$이다.

그림

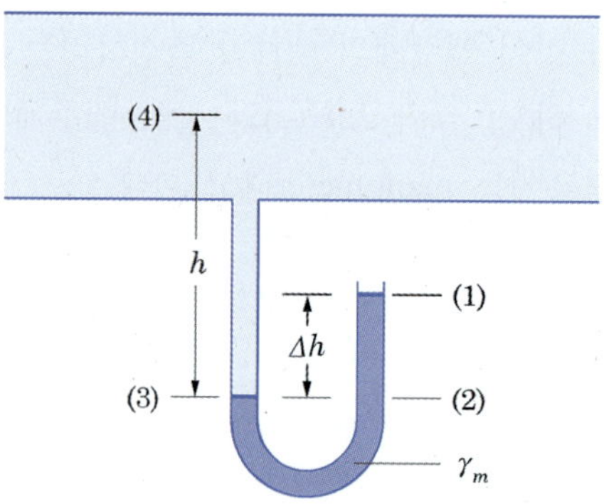

풀이

액주계의 수은이 대기와 접하고 있기 때문에 (1) 지점에서의 계기압력은 0이고, (2) 지점에서의 압력은 다음과 같다.

$$p_2 = p_1 + \gamma_m \Delta h = 0 + (133,000)(0.6) = 79.8kN/m^2 = 79.8kPa$$

(3) 지점과 (2) 지점은 동일한 수평선상에 있으므로, $p_3 = p_2$에서부터

$$p_3 = p_4 + \gamma h = 79{,}800$$
$$\therefore\ p_4 = 79{,}800 - \gamma h = 79{,}800 - (9{,}810)(1.8) = 62.14 kN/m^2 = 62.14 Pa$$

(2) U자형 액주계

높은 압력을 측정할 경우에는 상당히 긴 액주가 필요하게 되므로, 이러한 경우에는 연직액주계를 사용할 수 없고, 그림 2.9 (c)와 같이 비중이 크고 액체 간에 서로 혼합되지 않는 수은과 같은 액체가 들어 있는 U자형 액주계(U-tube manometer)를 사용한다.

그림 2.9 (c)의 경우, 관내 A 지점에서의 압력은 단위중량 γ_1인 액체와 단위중량 γ_2인 액체의 경계를 지나는 수평면에 대한 힘의 평형에서부터 다음과 같이 구할 수 있다.

$$p_{A_{abs}} + \gamma_1 h_1 = p_{atm} + \gamma_2 h_2$$
$$p_{A_{abs}} = p_{atm} + \gamma_2 h_2 - \gamma_1 h_1 \qquad (2.20a)$$
$$p_{A_{gage}} = \gamma_2 h_2 - \gamma_1 h_1 \qquad (2.20b)$$

여기서, p_{atm}는 U자형 액주의 액체 표면에 작용하는 대기압이다.

(3) 시차액주계

시차액주계는 두 개의 수조나 관 속에 있는 유체의 압력 차이를 측정하는 계기이다. 압력 차이는 위에서 설명한 액주계에 관한 기본법칙 또는 2.2절에서 설명한「연속되어 있는 정지 유체에서 동일 평면상의 임의의 두 지점에서의 압력은 언제나 같다.」는 원리와 $p_{gage} = \gamma h$를 적용하면 계산할 수 있다.

그림 2.10 (b)와 같은 시차액주계(differential manometer)의 압력 차이 $p_A - p_B$를 구할 경우에는 다음과 같은 법칙을 적용하면 쉽게 계산할 수 있다.

i) 먼저 액주계 한 쪽 끝 A 지점부터 시작하여, A 지점에 작용하는 압력 p_A에 A 지점 다음의 경계면까지의 압력 변화 $\gamma_1 h_1$을 A 지점보다 아래쪽에 있으면 더하고 위쪽에 있으면 뺀다 : $p_A + \gamma_1 h_1$

ii) 액주계를 따라 다음 경계면까지의 압력 변화 $\gamma_2 h_2$를 앞의 경계면보다 아래쪽에 있으면 더하고 위쪽에 있으면 뺀다 : $p_A + \gamma_1 h_1 - \gamma_2 h_2$

iii) 이러한 과정을 액주계의 다른 쪽 끝단 B 지점까지 진행하여 여기서 얻은 압력들을 다른 쪽 끝단의 압력 p_B와 같게 한다 : $p_A + \gamma_1 h_1 - \gamma_2 h_2 - \gamma_3 h_3 = p_B$

그림 2.10 시차액주계

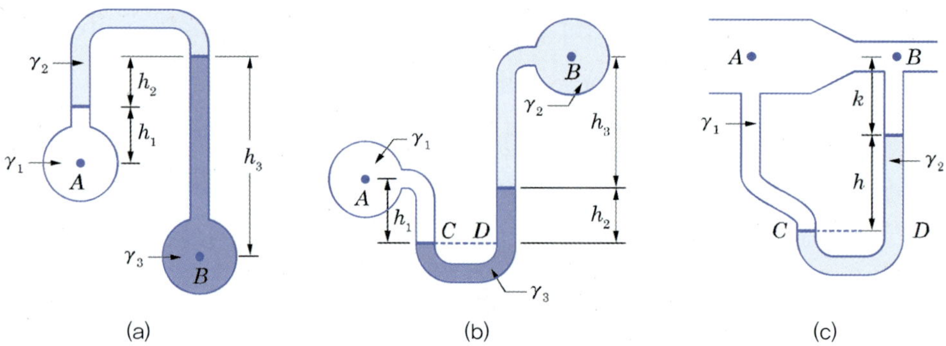

액주계에 관한 기본법칙을 적용하여 그림 2.10 (a), (b), (c)에서의 압력 차이 $p_A - p_B$를 구하면 다음과 같다.

그림 2.10 (a) : $p_A - \gamma_1 h_1 - \gamma_2 h_2 + \gamma_3 h_3 = p_B$

$$\therefore p_A - p_B = \gamma_1 h_1 + \gamma_2 h_2 - \gamma_3 h_3 \qquad (2.21a)$$

그림 2.10 (b) : $p_A + \gamma_1 h_1 - \gamma_2 h_2 - \gamma_3 h_3 = p_B$

$$\therefore p_A - p_B = \gamma_3 h_3 + \gamma_2 h_2 - \gamma_1 h_1 \qquad (2.21b)$$

그림 2.10 (c) : $p_A + \gamma_1 (k+h) - \gamma_2 h - \gamma_1 k = p_B$

$$\therefore p_A - p_B = h(\gamma_2 - \gamma_1) \qquad (2.21c)$$

예제 2.8

그림과 같은 액주계에서 압력 차이 $p_A - p_B$는 몇 kg_f/cm^2인가? 여기서, 물의 단위중량은 $1{,}000 kg_f/m^3$이고, 수은의 단위중량은 $13.6 \times 1{,}000\, kg_f/m^3$이다.

그림

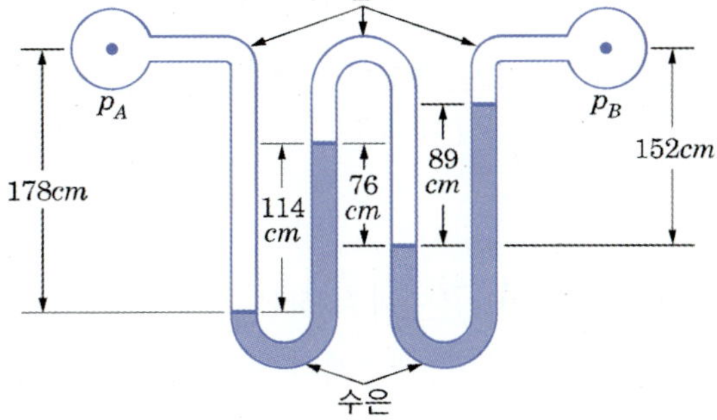

풀이

$$p_A + (1{,}000 \times 1.78) - (13{,}600 \times 1.14) + (1{,}000 \times 0.76) - (13{,}600 \times 0.89) - [1{,}000(0.152 - 0.89)] = p_B$$

$$p_A - p_B = 13{,}600(1.14 + 0.89) + 1{,}000(1.52 - 0.89) - 1{,}000(1.78 + 0.76) = 25{,}698 kg_f/m^2 \fallingdotseq 2.57 kg_f/cm^2$$

예제 2.9

그림과 같은 U자형 액주계에서 C 지점에서의 압력 $p_C = 3.5kg_f/cm^2$이고 $h_w = 1.8m$이면, h_m은 얼마인가? 여기서, 물의 단위중량은 $1g_f/cm^3$이고, 수은의 단위중량은 $13.55g_f/cm^3$이다.

그림

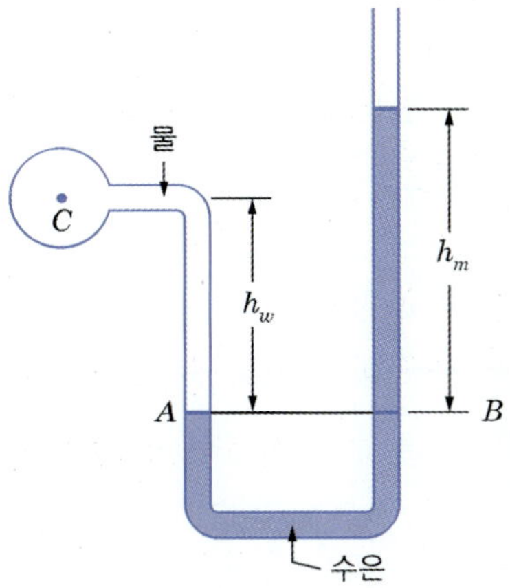

풀이

$p_A = p_C + \gamma h_w$와 $p_B = \gamma_m h_m$에서부터 $p_A = p_B$이므로

$$h_m = \frac{p_C + \gamma h_w}{\gamma_m} = \frac{3{,}500 + (1 \times 180)}{13.55} = 272cm$$

(4) 미압계

미압계(micro manometer)는 매우 작은 압력 차이나 또는 큰 압력 차이를 정밀하게 측정하는 계기로, 액주계의 높이 차이를 정밀하게 읽을 수 있도록 현미경과 버니어(vernier)가 장착되어 있다.

그림 2.11은 U자형 미압계로, 형상과 단면적이 정확히 같은 두 큰 용기에 U자관을 붙여 미세한 압력 차이로 인해 발생하는 미세한 액주 변화를 U자관에서 크게 증폭될 수 있도록 만들어져 있다. 미압계에는 비중이 무거운 액체를 $0-0$ 면까지, 그리고 비중이 가벼운 액체를 $1-1$ 면까지 채우고, 측정하고자 하는 가스 또는 액체는 $1-1$ 면 위에 둔다. C의 압력이 D의 압력보다 클 경우, 그림 2.11과 같이 γ_1과 γ_2 두 액체의 경계면은 Δy만큼 움직이고 평형상태에 놓이게 된다. 이때 변화된 액체의 체적은 U자관에서 변위한 액체의 체적과 같으므로 $\Delta y A = \frac{h}{2} a$가 된다. 여기서, A는 큰 용기의 단면적이고, a는 U자관의 단면적이다.

그림 2.11 미압계

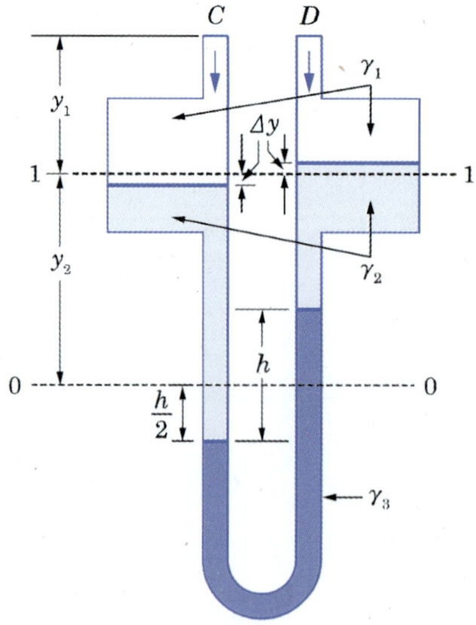

평형상태에 대해 액주계의 기본법칙을 적용하면

$$
\begin{aligned}
& p_C + \gamma_1 (y_1 + \Delta y) + \gamma_2 \left(y_2 - \Delta y + \frac{y}{2} \right) \\
& \quad - \gamma_2 \left(y_2 - \frac{h}{2} + \Delta y \right) - \gamma_1 (y_1 - \Delta y) = p_D
\end{aligned}
\tag{2.22}
$$

$\Delta y = ah/2A$를 대입하여 위 식을 정리하면 압력 차이 $p_C - p_D$는 다음과 같다.

$$
p_C - p_D = h \left[\gamma_3 - \gamma_2 \left(1 - \frac{a}{A} - \gamma_1 \frac{a}{A} \right) \right] \tag{2.23}
$$

여기서, 중괄호 내에 있는 값들은 미압계의 제원과 계기 액체 그리고 측정 유체에 대한 상수이므로, 압력 차이는 h에 비례한다. 일반적으로 미압계는 a는 A에 비해 아주 작아야 하고, γ_3는 γ_2보다 약간 커야 한다.

경사액주계(inclined manometer)는 미소한 계기압력 또는 기체 사이의 작은 압력 차이를 측정하는 계기로, 그림 2.12와 같이 단면이 큰 용기에 경사관을 붙여 주어진 압력 차이에 대해 수직 액주계보다 액위(그림에서의 y)를 더욱 크게 보일 수 있도록 만들어져 있다.

그림 2.12 경사액주계

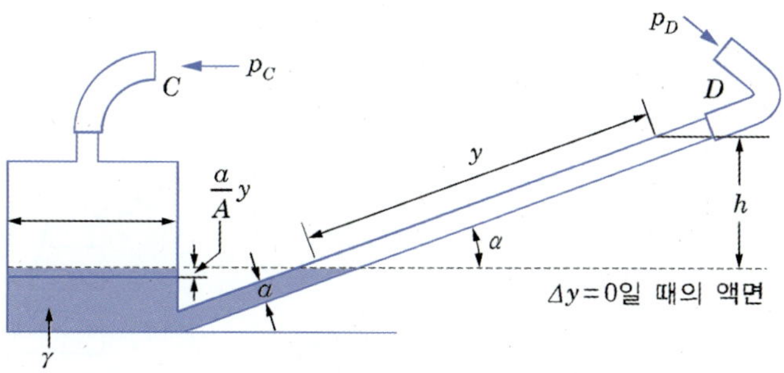

큰 단면적을 A, 경사관의 단면적을 a라고 하면, $\Delta p = 0$일 때의 액면에서부터 압력 차이에 의해 y만큼 변위했을 때의 큰 단면적의 변위는 $\frac{a}{A}y$이다. C와 D에 압력이 가해지지 않았을 때의 액위를 점선으로 표시한 위치라고 하고, C에 p_C, D에 p_D가 가해진 상태에서의 평행 위치를 실선으

로 표시한 액위라고 하면, $p_C - \gamma\left(y\sin\alpha + \frac{a}{A}y\right) = p_D$와 $\Delta y \times A = a \times y$ 에서부터 다음과 같은 관계를 얻을 수 있다. (여기서 기체의 무게는 무시)

$$p_C - p_D = \gamma y\left(\sin\alpha + \frac{a}{A}\right) \tag{2.24}$$

여기서, α는 수평면과 경사관이 이루는 각도이다.

2.5 수중 물체에 작용하는 힘

자유수면(free water surface) 액체의 흐름에서 대기와 액체와의 접촉면

압력프리즘(pressure prism) 어떤 면에 수직하게 작용하는 압력의 분포를 그릴 때 나타나는 형상

압력중심(center of pressure) 어떤 면에 작용하는 정수력을 하나의 합력으로 나타냈을 때 이 합력이 작용하는 점으로, 압력중심의 상하 또는 좌우의 압력이 평형을 이루게 하는 점

수중 물체에 작용하는 압력에 의한 힘, 즉 정수력(hydrostatic force)의 크기와 작용방향 및 작용점을 결정하는 문제는 댐, 수문, 수조 등 수공구조물의 설계에 있어 매우 중요하다.

그림 2.13 압력의 분포

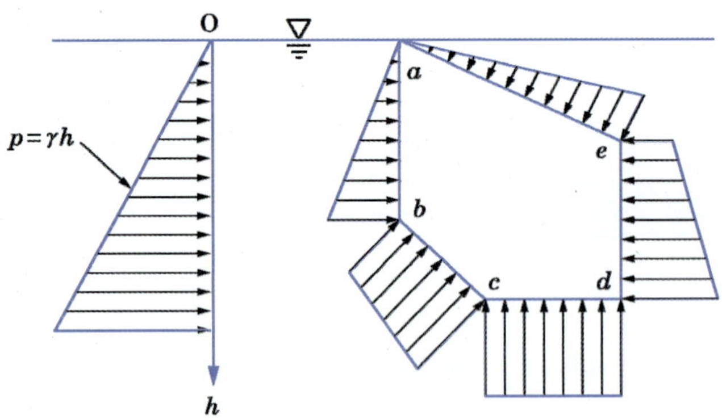

수중 물체가 평면으로 자유수면(free water surface)과 평행할 경우에 작용하는 정수력은 압력분포가 그 평면을 따라 일정하기 때문에 쉽게 구할 수

있다. 그리고 자유수면과 평행하지 않은 수직면 또는 경사면에 작용하는 정수력도 압력분포가 수심에 따라 선형적으로 변하므로 복잡한 것은 아니다. 정지 유체에서의 수평면과 경사면에 작용하는 정수력의 크기와 작용점은 압력프리즘의 개념을 이용하면 쉽게 알 수 있다. 압력프리즘(pressure prism)이란 어떤 면에 수직하게 작용하는 압력($p=\gamma h$)의 분포를 그릴 때 나타나는 프리즘을 말한다.

어떤 평면에 작용하는 정수력은 압력프리즘의 체적과 같고, 작용선은 압력프리즘의 도심(centroid) 또는 무게중심(center of gravity)을 지난다.

2.5.1 수평면에 작용하는 힘

정지 유체 중에 잠겨있는 수평면은 자유수면에서부터 같은 수심에 놓여 있기 때문에 평면에 작용하는 압력은 평면 전체에 동일하게 수직으로 작용한다. 그러므로 평면 전체에 작용하는 정수력 F는 미소 면적 dA에 작용하는 힘 $dF=pdA$를 전체 수평면에 대해 적분하여 구할 수 있고 다음과 같다.

$$F=\int_A dF=\int_A pdA=p\int_A dA=pA=\gamma hA=\gamma V \qquad (2.25)$$

식(2.25)에서부터 정수력은 압력프리즘의 체적 또는 수평면 상부에 있는 액체의 무게와 같다는 것을 알 수 있다.

그림 2.14 수평면에 작용하는 정수력

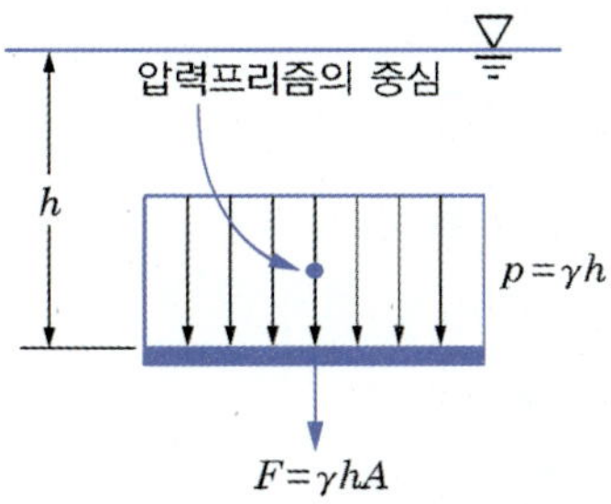

전체 수평면에 작용하는 정수력은 그림 2.14와 같이 하나의 합력으로 나타낼 수 있으며, 이 합력이 작용하는 점은 압력이 작용하는 면의 도심을

지나는 것이 아니라 압력프리즘의 도심을 지나고, 이것이 압력중심(center of pressure)이 된다. 또한 압력중심은 압력중심의 상하 또는 좌우의 압력이 평형을 이루게 하는 점이다. 그림 2.14에서는 수평으로 놓여 있는 물체가 직사각형이므로 합력이 지나는 압력프리즘의 도심은 물체의 도심과 같다.

예제 2.10

하수도에 직경 $1m$의 맨홀(manhole) 뚜껑이 설치되어 있고, 뚜껑은 만수 시 수압을 받는다. 뚜껑의 무게가 $50kg_f$일 때, 맨홀 뚜껑을 열리게 할 수 있는 수압을 구하라.

풀이

맨홀 뚜껑의 면적 $A=(\pi D^2)/4=(3.14\times 1^2)/4=0.785m^2$에서부터

$$p=W/A=50/0.785=1.274kg_f/m^2$$

2.5.2 수직면에 작용하는 힘

정지 유체 중에 잠겨있는 수직면에 작용하는 압력은 수평면에 작용하는 압력과는 다르게 동일하지 않고 수심에 따라 다르다. 평면 상단에서는 $p_1=\gamma h_1$, 하단에서는 $p_2=\gamma h_2$가 작용하고, 정수력은 압력프리즘의 개념에 의해 나타낼 수 있다.

그림 2.15 수직면에 작용하는 정수력

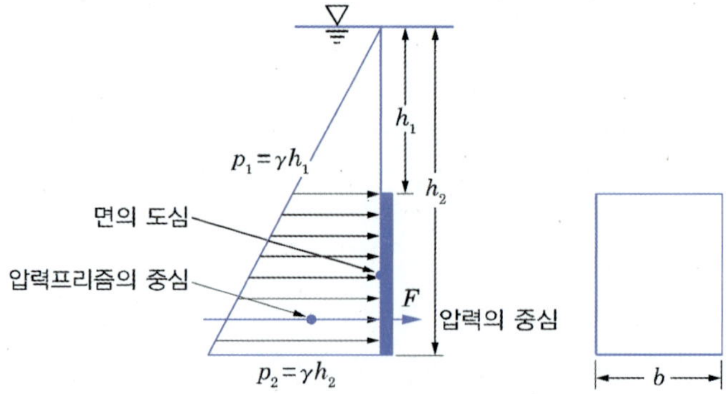

그림 2.15와 같은 평면이 직사각형이고 폭이 b인 수직면에 작용하는 정수력은 다음과 같다.

$$F = \frac{1}{2}(\gamma h_1 + \gamma h_2)(h_2 - h_1)b = \frac{1}{2}\gamma b(h_2^2 - h_1^2) \tag{2.26}$$

예제 2.11

그림과 같은 폭 $5m$, 높이 $8m$인 수문이 있을 때, 바닥 A 지점에서의 모멘트를 구하라.

그림

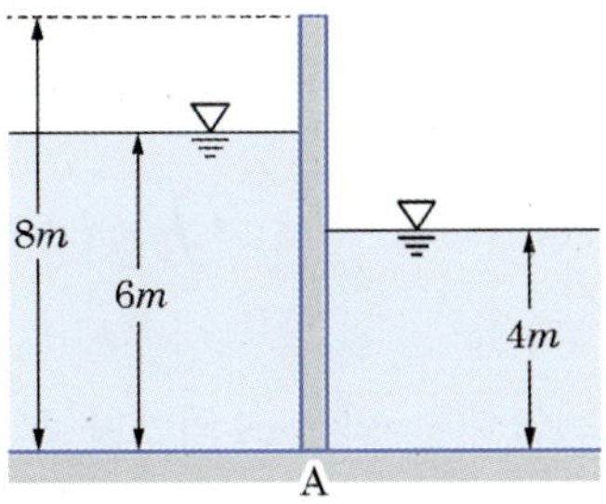

풀이

$F_{left} = \gamma h_{c_{left}} A_{left} = (1,000)(3)(6 \times 5) = 90,000 kg_f$

$F_{right} = \gamma h_{c_{right}} A_{right} = (1,000)(2)(4 \times 5) = 40,000 kg_f$

$M_A = 90,000(6/3) - 40,000(4/3) = 128,000 kg_f \cdot m$

2.5.3 경사면에 작용하는 힘

정지 유체 중에 잠겨있는 경사진 평면에 작용하는 압력도 수심에 따라 다르며, 경사진 평면에 작용하는 정수력은 미소 면적에 작용하는 정수력을 적분하여 구할 수 있다.

그림 2.16 (b)의 미소 면적 dA에서의 압력은 수면에서부터 경사면을 따른 y에서의 압력으로, 미소 면적 dA에 작용하는 정수력은 $dF = \gamma y \sin\theta dA$가 되고, 전체 면적에 작용하는 정수력은 다음과 같다.

그림 2.16 압력프리즘과 경사면에 작용하는 정수력

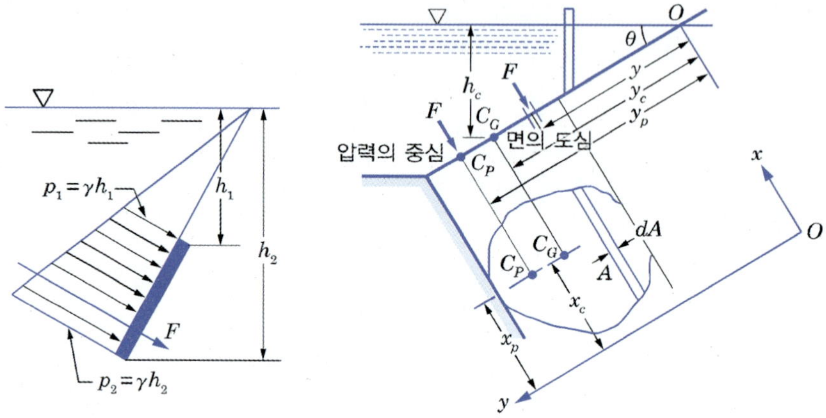

$$F = \int_A dF = \int_A \gamma y \sin\theta dA = \gamma \sin\theta \int_A y dA \tag{2.27}$$

여기서, $\int_A y dA$는 $O-x$축에 대한 면적 A의 1차 모멘트(단면 1차 모멘트; first moment of area)이며, $O-y$축에서 도심까지의 거리 y_c를 적용하면 다음과 같다.

$$\int_A y dA = y_c A \tag{2.28}$$

식(2.28)을 식(2.27)에 대입하면

$$F = \gamma \sin\theta y_c A$$

자유수면에서부터 도심까지의 거리 $h_c = y_c \sin\theta$이므로, 면적 A에 작용하는 정수력, 즉 합력은 다음과 같다.

$$F = \gamma h_c A \tag{2.29}$$

그러므로 임의의 경사면에 작용하는 합력은 도심에서의 압력 γh_c에 면적 A를 곱한 것과 같다.

정지하고 있는 유체에 있어서는 전단응력이 존재하지 않으므로 힘의 작용방향은 면에 수직한 방향이 된다. 그리고 힘이 작용하는 위치는 「여러 개의 힘의 한 점 O에 대한 모멘트의 합은 이들 여러 개의 힘의 합력의 O점에 대한 모멘트와 같다.」는 Varignon의 원리를 적용하여 구한다.

$O-x$축에 대한 합력 F가 작용하는 점, 즉 압력중심까지의 거리 y_p를 구하기 위해 Varignon 원리를 적용하면, 합력에 의한 모멘트는 분력에 의한 모멘트의 합이 되므로

$$Fy_p = \int_A ydF = \int_A ypdA = \int_A y\gamma y\sin\theta dA = \gamma\sin\theta\int_A y^2 dA$$

$$\therefore y_p = \frac{\gamma\sin\theta}{F}\int_A y^2 dA = \frac{\gamma\sin\theta}{\gamma y_c \sin\theta A} I_x = \frac{I_x}{y_c A} \tag{2.30}$$

여기서, $\int_A y^2 dA$는 면적 A의 $O-x$축에 대한 관성모멘트(moment of intertia) 또는 단면 2차 모멘트(second moment of area) I_x이다. 그리고 식(2.30)에 평행축정리(parallel axis theorem) $I_x = I_c + y_c^2 A$를 적용하면

$$y_p - y_c = \frac{I_c}{y_c A} \tag{2.31}$$

여기서, I_c는 $O-x$축에 평행하며 면의 도심을 지나는 축에 대한 관성모멘트이다. 식(2.31)은 면의 도심에서 압력중심까지의 거리, 즉 합력이 작용하는 작용점까지의 거리를 나타낸다. 그리고 합력의 작용점은 수평면의 경우를 제외하면 항상 면의 도심보다 $I_c/y_c A$만큼 아래에 있음을 알 수 있다.

$O-y$축에 대한 합력 F가 작용하는 점 x_p는 다음과 같이 구할 수 있다. 그림 2.16 (b)의 평면도에서 $O-x$축에 직각인 $O-y$축을 임의로 설정하고, 이 축에서부터 도심 C_G와 압력중심 C_P에 대한 좌표를 x_c와 x_p라고 한다. 합력 F의 $O-y$축에 대한 모멘트 Fx_p는 분력 dF의 $O-y$축에 대한 모멘트의 합과 같으므로

$$Fx_p = \int_A xdF$$

표 2.1 도형의 면적, 도심 및 관성모멘트

형상	면적	중심	중립축에 대한 관성모멘트
직사각형 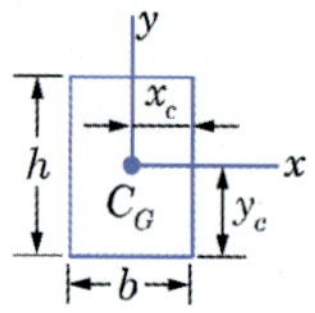	$b \cdot h$	$x_c = \frac{1}{2}b$ $y_c = \frac{1}{2}h$	$I_c = \frac{1}{12}b \cdot h^3$
삼각형 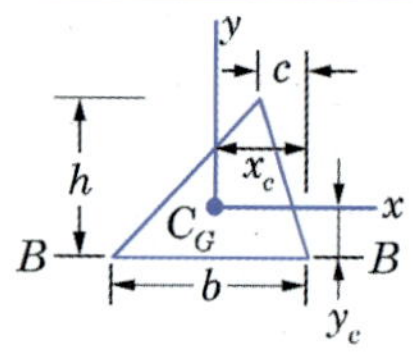	$\frac{1}{2}b \cdot h$	$x_c = \frac{b+c}{3}$ $y_c = h/3$	$I_c = \frac{1}{36}b \cdot h^3$
원형 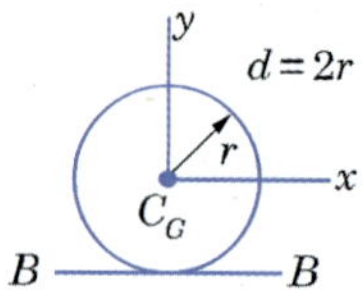	$\frac{1}{4}\pi d^2$	$x_c = \frac{1}{2}d$ $y_c = \frac{1}{2}d$	$I_c = \frac{1}{64}\pi d^4$
사다리꼴 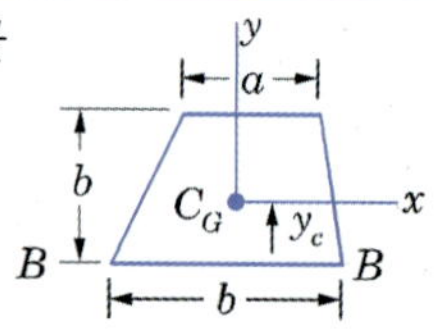	$\frac{h(a+b)}{2}$	$y_c = \frac{h(2a+b)}{3(a+b)}$	$I_c = \frac{h^3(a^2+4ab+b^2)}{36(a+b)}$
반원 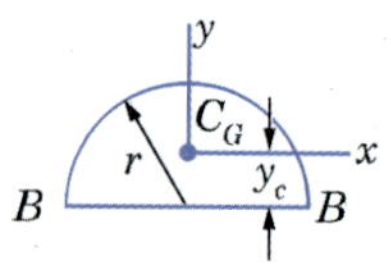	$\frac{1}{2}\pi r^2$	$y_c = \frac{4r}{3\pi}$	$I_c = \frac{(9\pi^2-64)r^4}{72\pi}$
타원형 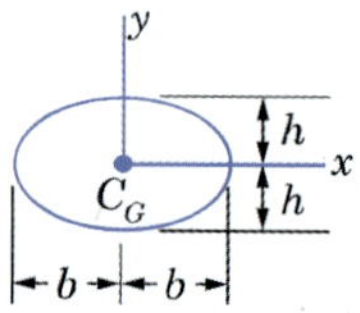	πbh	$x_c = b$ $y_c = h$	$I_c = \frac{\pi}{4}b \cdot h^3$
반타원형 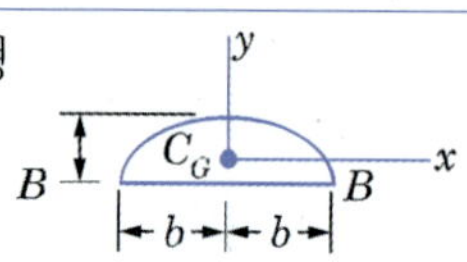	$\frac{\pi}{2}b \cdot h$	$x_c = b$ $y_c = \frac{4h}{3\pi}$	$I_c = \frac{(9\pi^2-64)}{72\pi}$
포물선 단면 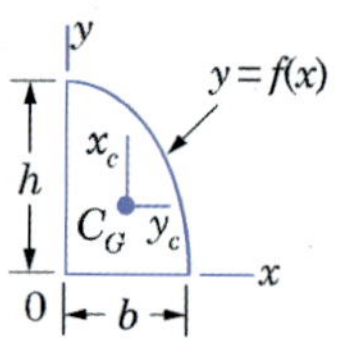	$\frac{2}{3}b \cdot h$	$x_c = \frac{3}{8}b$ $y_c = \frac{2}{5}h$	$I_c = \frac{8}{175}b \cdot h^3$

$$\gamma y_c \sin\theta A\, x_p = \int_A \gamma y \sin\theta x dA$$

$$\therefore\ x_p = \frac{\gamma \sin\theta}{\gamma y_c \sin\theta A}\int_A xydA = \frac{I_{xy}}{y_c A} \tag{2.32}$$

여기서, $\int_A xydA$는 면적 A의 $x-y$축에 관한 관성상승모멘트(product of inertia) I_{xy}이다. 그리고 식(2.32)에 평행축정리 $I_{xy} = I_{x'y'} + x_c y_c A$를 적용하면

$$x_p = \frac{I_{x'y'}}{y_c A} + x_c \tag{2.33}$$

$O-y$축에 평행하고 면의 도심을 지나는 축에 대한 면적 A의 형상이 원, 구형, 타원형 등과 같은 좌우대칭일 때에는 $x = x_p$이다.

예제 2.12

그림과 같이 반경 $4m$인 거꾸로 된 반원 수문이 자유수면 아래 $5m$에서 $45°$ 기울어져 있다. 수문에 작용하는 합력과 압력중심을 구하라.

그림

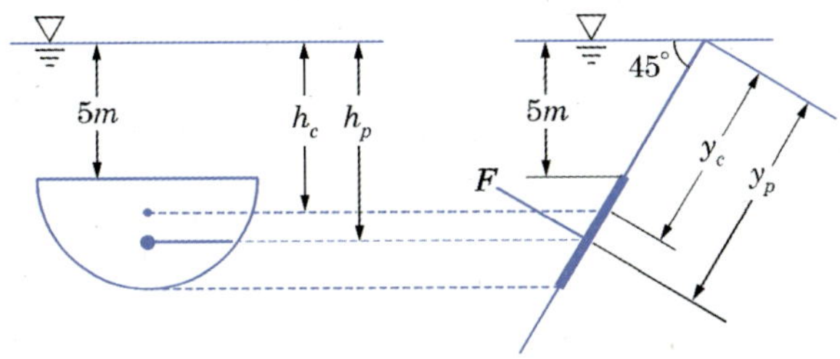

풀이

합력 : $F = \gamma \sin\theta A y_c = (9{,}810)(\sin 45°)(6.28)(8.77) = 382{,}044N$

여기서, $A = \frac{1}{2}\left[\frac{\pi(4^2)}{4}\right] = 6.28m^2$, $y_c = 5\sec 45° + \frac{4.4}{3\pi} = 8.77m$

압력중심 : $y_p = \frac{I_c}{y_c A} + y_c = \frac{25.13}{(8.77)(6.28)} + 8.77 = 9.23m$

여기서, $I_c = \frac{\pi h^2}{2} = \frac{\pi(4^2)}{2} = 25.13m^4$ (표 2.1)이고, $9.23m$는 수면에서부터 압력중심까지의 거리이다.

예제 2.13

그림과 같은 폭 $2m$, 높이 $2m$인 수문이 A 지점에서 힌지에 의해 회전할 수 있도록 되어 있을 때, 바닥 B 지점에서의 반력을 구하라.

그림

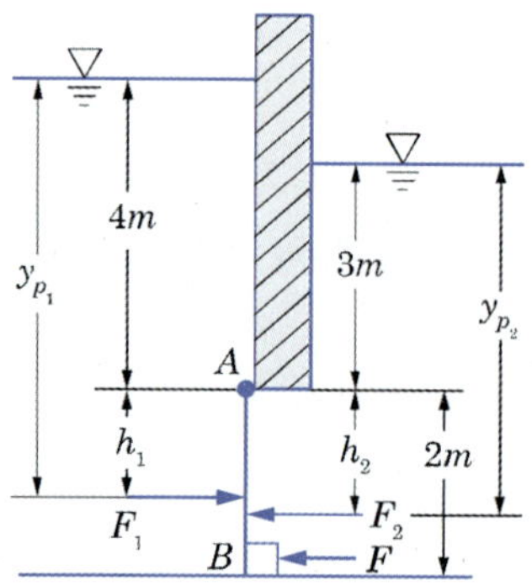

풀이

$$F_1 = \gamma h_{c_1} A = (1{,}000)(4+1)(2\times 2) = 20{,}000kg_f$$

$$F_2 = \gamma h_{c_2} A = (1{,}000)(3+1)(2\times 2) = 16{,}000kg_f$$

$$y_{p_1} = \frac{I_c}{h_{c_1}A} + h_{c_1} = \frac{(2\times 2^3)/12}{(5)(4)} + 5 = 5.067m,\ h_1 = 5.067 - 4 = 1.067m$$

$$y_{p_2} = \frac{I_c}{h_{c_2}A} + h_{c_2} = \frac{(2\times 2^3)/12}{(4)(4)} + 4 = 4.083m,\ h_2 = 4.083 - 3 = 1.083m$$

B 지점에서의 반력을 F이라고 하고, A 지점에 대한 모멘트를 구하면

$$F_1 h_1 = F_2 h_2 + Fh$$

$$F = \frac{1}{h}(F_1 h_1 - F_2 h_2) = \frac{1}{2}[(20{,}000\times 1.067) - (16{,}000)(1.083)] = 2{,}006kg_f$$

예제 2.14

그림과 같이 수조 내 타원형 수문이 수조 안으로 들어와 있는 관을 막고 있고, 수문의 상부는 힌지로 되어 있다. 수면에서부터 관의 상부까지의 수심이 $8m$일

때, 수문을 열기 위해 작용해야 하는 힘 P를 구하라. 여기서, 수문의 무게는 무시한다.

그림

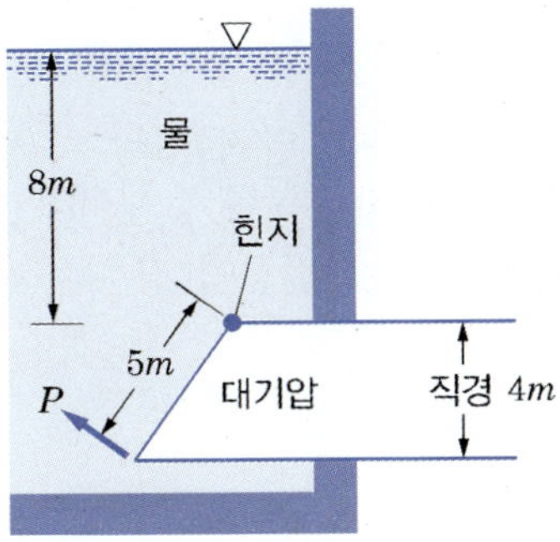

풀이

정수력

$$F = \gamma h_c A = (9{,}810)(8+2)(5\pi) = 1.541 MN$$

여기서, 타원형 수문의 단면은 장축 $5m$, 단축 $4m$로 면적 $A = \pi ab = \pi(2.5)(2.0) = 5\pi$이다.

수문의 기울어져 있는 각도 $\theta = \sin^{-1}(4/5) = 53.13°$에서부터 도심까지의 거리 y_c를 구하면

$$y_c = (8+2)/\sin 52.13° = 12.5m$$

압력중심

$$y_p = \frac{I_c}{y_c A} + y_c = \frac{1/4(\pi a^3 b)}{y_c(\pi ab)} + y_c = \frac{1/4(a^2)}{y_c} + y_c$$

$$= \frac{1/4(2.5^2)}{12.5} + 12.5 = 12.625m$$

여기서, $I_c = \pi a^3 b/4$

관의 상부에 있는 힌지에 대한 모멘트 $\sum M_{hinge} = 0$에서부터

$$P(5) = (1.541 \times 10^6)[(5/2) + (12.625 - 12.5)]$$

$$\therefore\ P = 809kN$$

2.5.4 곡면에 작용하는 힘

정지 유체 중에 잠겨있는 곡면에 작용하는 정수력은 평면의 경우와는 다르며, 곡면에 작용하는 수평력과 수직력을 계산하여 힘의 합성에 의해 구할 수 있다.

정지 유체 중의 곡면 AB에 작용하는 압력분포는 그림 2.17 (a)와 같고, 곡면에 작용하는 정수력의 크기는 수평분력 F_H와 수직분력 F_V로 이루어진 한 개의 합력 F로 나타낼 수 있다.

그림 2.17 곡면에 작용하는 정수력

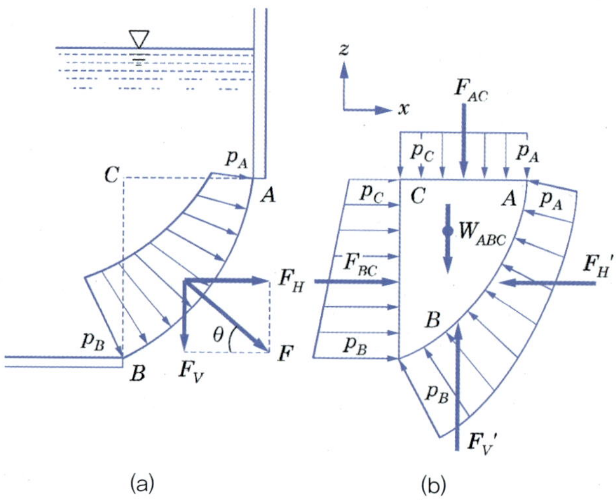

그림 2.17 (b)와 같은 자유물체도(free body diagram) ABC에 정역학적 평형 조건을 적용하면

$$\sum F_x = F_{BC} - F_H' = 0 \quad \therefore F_{BC} = F_H' \tag{2.34a}$$

$$\sum F_z = F_V' - W_{ABC} - F_{AC} = 0 \quad \therefore F_V' = W_{ABC} + F_{AC} \tag{2.34b}$$

여기서, F_H'와 F_V'는 F_H와 F_V의 크기와 같고 방향은 반대인 반력이며, W_{ABC}는 자유물체도 ABC 내의 유체의 무게이다.

유체의 자유물체도는 전단응력을 지지할 수 없으므로 F_H'는 F_{BC}와 동일한 선상에 있어야 하며, F_V'는 W_{ABC}와 F_{AC}의 합력과 동일한 선상에 있어야 한다. 그리고 W_{ABC}의 작용점은 자유물체도 ABC의 도심을 통해 수직 아래 방향으로 작용한다.
수중에 잠겨있는 곡면에 작용하는 정수력의 수평 및 수직 분력의 크기와 작용점은 다음과 같은 방법으로 구할 수 있다.

(1) 수중 곡면에 작용하는 정수력의 수평분력 F_H는 그 곡면을 ($F_H{}'$가 작용하는) 수직선상에서 투영했을 때 나타나는 면적에 대한 정수력이며, F_{BC}의 크기와 같고, 작용점은 F_{BC}의 작용점과 같다.
(2) 수중 곡면에 작용하는 정수력의 수직분력 F_V는 곡면 위에서부터 수면까지의 수직 수주 무게($W_{ABC}+F_{AC}$)와 같고, 작용점은 수주의 무게중심을 통과하는 수직선상에 있다.

위와 같은 방법으로 F_V와 F_H를 구하고 난 후, 곡면에 작용하는 정수력의 크기를 구하면

$$F=\sqrt{F_H^2+F_V^2} \tag{2.35}$$

식(2.35)에서부터 구한 정수력의 작용방향은 다음과 같다.

$$\theta=\tan^{-1}\frac{F_V}{F_H} \tag{2.36}$$

$F_H{}'$와 $F_V{}'$의 작용점을 구할 때에는 $F_H{}'$는 F_{BC}의 작용점과 같다는 것을 이용하고, $F_V{}'$의 작용점은 A, B, C와 같은 임의의 편리한 점에 대한 F_{AC}와 W_{ABC}의 모멘트의 합이 $F_V{}'$에 의한 모멘트와 같다는 것을 이용하면 된다.

예제 2.15

그림과 같이 수중에 잠겨 있는 $1/4$ 원주면(curved cylindrical area)에 작용하는 수평력과 수직력, 수평력의 작용점, 수평력과 수직력의 합력, 합력이 작용하는 방향을 구하라. 여기서, $1/4$ 원주의 길이는 $3m$이다.

그림

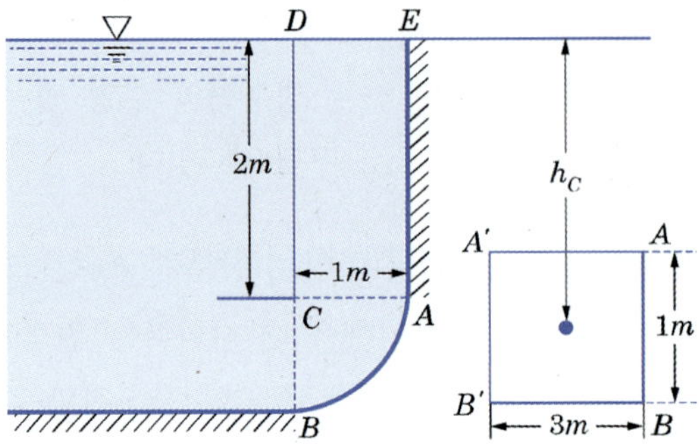

풀이

① 수평력 F_H는 곡면 AB를 수직면으로 투영한 면적 $ABB'A'$에 작용하는 정수력과 같으므로

$$F_H = \gamma h_c A = (1{,}000)(2+0.5)(3\times 1) = 7{,}500kg_f$$

② 수평력의 작용점

$$y_p = \frac{I_c}{y_c A} + y_c = \frac{(3\times 1^3)/12}{(2.5)(3\times 1)} + 2.5 = 2.533m$$

③ 수직력 F_V는 곡면 AB 위에 있는 유체의 무게와 같으므로

$$\begin{aligned} F_V &= \text{체적 } ABCDE\text{의 유체 무게} \\ &= \text{체적 } ABC\text{의 유체 무게} + \text{체적 } ACDE\text{의 유체 무게} \\ &= \gamma(V_{ABC} + V_{ACDE}) = (1{,}000)\left[\frac{\pi(1^2)(3)}{4} + (2\times 1\times 3)\right] = 8{,}355kg_f \end{aligned}$$

④ 합력

$$F = \sqrt{F_V^2 + F_H^2} = \sqrt{7{,}500^2 + 8{,}355^2} = 11{,}227.5kg_f$$

⑤ 합력이 작용하는 방향

$$\theta = \tan^{-1}\frac{F_V}{F_H} = \tan^{-1}\frac{8{,}355}{7{,}500} = 53.43°$$

예제 2.16

그림과 같은 직경 $1.2m$의 반구체가 수중의 수직면에 부착되어 있다. 이 반구체의 무게중심이 수면 아래 $1.8m$에 있을 때, 수평력과 수직력의 작용점을 구하라.

그림

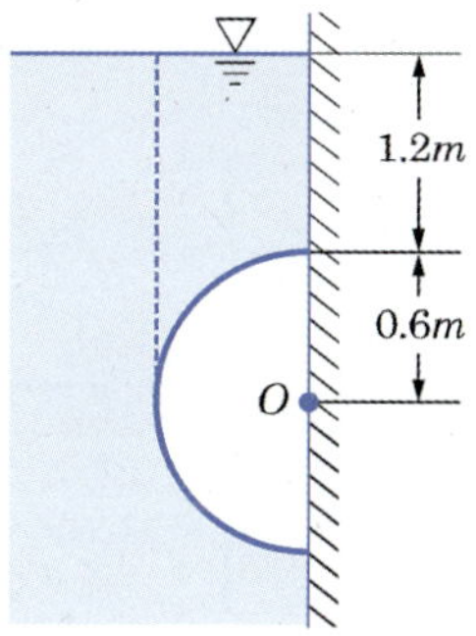

풀이

수평력 F_H는 반구체를 수직면으로 투영한 원의 면적에 작용하는 정수력과 같으므로

$$F_H = \gamma h_c A = (1{,}000)(1.8)[(\pi \times 1.2^2)/4] = 2.035kg_f$$

수직력 F_V는 반구체 안에 있는 유체의 무게와 같으므로

$$F_V = \gamma\left(\frac{1}{2}\frac{4}{3}\pi r^3\right) = (1{,}000)\left[\frac{1}{2}\frac{4}{3}(\pi)(0.6^3)\right] = 452kg_f$$

수평력의 작용점

$$y_p = \frac{I_x}{y_c A} + y_c = \frac{(\pi \times 1.2^4)/64}{(1.8)[(\pi \times 1.2^2)/4]} + 1.8 = 1.85m$$

수직력의 작용점 : O점에 대한 수평력과 수직력의 모멘트에서부터

$$M_O = 2{,}035(1.85 - 1.8) - 452x = 0$$
$$x = 0.23m$$

그러므로 수평력은 수면 아래 $1.85m$, 수직력은 벽면에서부터 $0.23m$에 위치한다.

2.6 원형 관에 작용하는 수압

원형 관내에 수압이 작용할 경우, 원형 관의 둘레에서는 인장력이 발생하고 다음과 같이 구할 수 있다.

그림 2.18 원형 관에 작용하는 압력

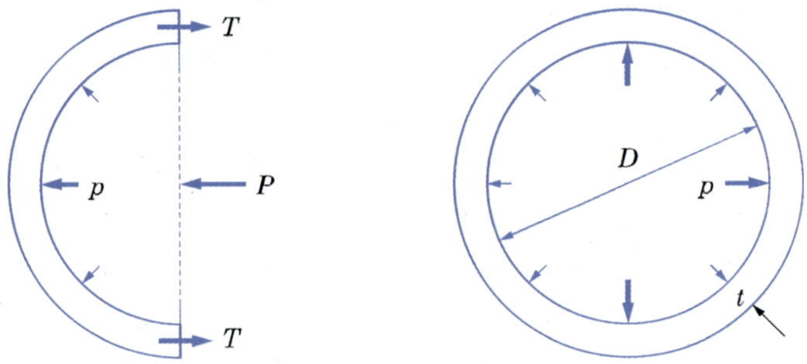

그림 2.18과 같이 관의 내경 D, 관내의 수압 p, 전체 수압에 의한 힘의 수평분력을 P, 그리고 (관의 길이방향으로는 인장응력이 발생하지 않는다고 가정하고) 관의 단면에 작용하는 인장력을 T라고 하면, 원형 관은 모든 방향에 있어 조건이 같으므로 반원으로 고려하면 된다. 인장력이 발생하는 수평방향을 x축으로 하면, 전체 수압에 의한 힘의 x 방향 분력은 pD이 되고, 관의 단면에 작용하는 인장력은 두 곳에서 발생하므로 다음과 같은 관계가 성립한다.

$$2T = P = pD \tag{2.37}$$

관의 인장응력을 σ, 관의 두께를 t라고 하면

$$T = \sigma t \tag{2.38}$$

식(2.37)과 식(2.38)에서부터

$$\sigma t = \frac{pD}{2} \tag{2.39}$$

관의 설계에 있어서는 σ 대신 관의 재료의 허용인장응력 σ_{ta}를 사용하면

$$t = \frac{pD}{2\sigma_{ta}} \tag{2.40}$$

식(2.40)을 주장력공식(hoop tension formula)이라고 하고, 관의 내경과 수압을 알면 관의 두께를 구할 수 있다. 만일 관의 외부에서 압력이 작용할 경우, 관 벽에는 압축응력이 작용하게 되므로 허용인장응력 대신 허용압축응력 σ_{ta}를 사용하면 된다.

예제 2.17

직경 $1m$의 강관에 압력수두 $100m$의 물을 흐르게 하려면 강관의 두께는 얼마가 되어야 하는가? 여기서, 강관의 허용인장응력은 $1{,}100kg_f/cm^2$이다.

풀이

수두를 압력으로 환산하면

$$p = \gamma h = (1{,}000)(100) = 100{,}000kg_f/m^2 = 10kg_f/cm^2$$

$$\therefore\ t = \frac{pD}{2\sigma_{ta}} = \frac{(10)(100)}{(2)(1{,}100)} = 0.45cm$$

여기서 약간의 여유를 고려하면 $5mm$ 정도의 두께로 하는 것이 좋다.

2.7 부력

부력(buoyant force) 유체 중에 떠 있거나 잠긴 물체가 유체로부터 받는 힘으로, 부력의 크기는 유체 속에 잠긴 물체와 같은 체적에 해당하는 유체의 무게와 같고, 방향은 수직 상향이다.

부심(center of buoyancy) 부력의 합력이 작용하는 점으로 부력중심이라고도 하며, 물체가 수면에 떠 있을 때 물에 잠긴 부분의 무게중심을 의미한다.

유체 중에 떠 있거나 잠긴 물체가 유체로부터 받는 힘을 부력(buoyant force)이라고 한다. 기원전 250년경에 Archimedes는 다음과 같은 사실을 밝혔으며, 이 원리를 Archimedes 원리라고 한다.

① 「유체 속에 잠긴 물체는 그 물체에 의해 배제된 유체의 무게만큼 부력

을 받는다.」

② 「유체 위에 떠 있는 물체는 그 물체의 무게와 같은 양의 유체를 배제 한다.」

그림 2.19 유체 속에 잠긴 물체에 작용하는 힘

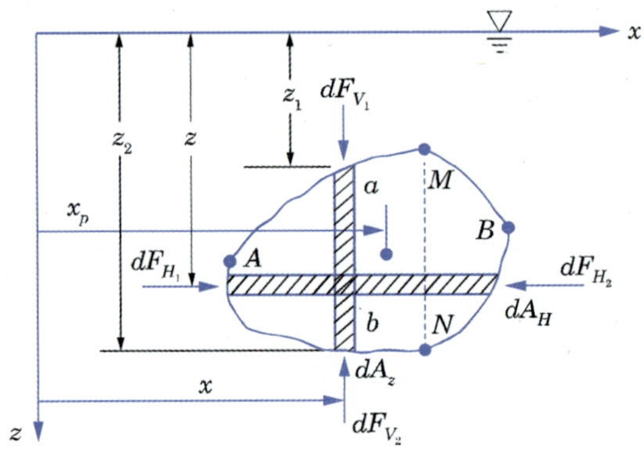

그림 2.19와 같이 어떤 물체가 정지 유체에 잠겨 있을 때, 물체에 작용하는 압력에 의한 힘의 수평 성분은 다음과 같다.

$$\int dF_{H_1} - \int dF_{H_2} = \int \gamma(z-z)dA_H = 0$$

$$F_{H_1} = F_{H_2} \tag{2.41}$$

식(2.41)은 물체의 곡면 MAN에 오른쪽 방향으로 작용하는 힘 F_{H_1}과 곡면 MBN에 왼쪽 방향으로 작용하는 힘 F_{H_2}는 크기가 같고 방향이 반대이므로, 물체는 수평방향에 대해서는 힘을 받지 않는다는 것을 나타낸다. 물체에 작용하는 힘의 수직 성분은 물체 전체 면에 작용하는 수직력을 산출하면 구할 수 있다. 그림 2.19에서 수직방향 프리즘 ab에 작용하는 수직방향 순 힘은 미소 면적 dAz에 대해 아랫면에서 위로 작용하는 힘과 윗면에서 아래로 작용하는 힘의 차이가 되므로

$$dF_V = dF_{V_2} - dF_{V_1} = (p_2 - p_1)dA_Z = \gamma(z_2 - z_1)dA_Z \tag{2.42}$$

여기서, $(z_2 - z_1)dA_Z$는 프리즘 ab의 체적 dV이므로, 물체의 전체 표면에 작용하는 수직방향 순 힘은 다음과 같다.

$$F_V = \int_{A_z} \gamma(z_2 - z_1) dA_Z = \gamma \int_V dV = \gamma V \tag{2.43}$$

그러므로 부력 F_B의 크기는 다음과 같다.

$$F_B = \gamma V \tag{2.44}$$

식(2.44)는 부력의 크기는 유체 속에 잠긴 물체와 같은 체적에 해당하는 유체의 무게와 같고, 방향은 수직 상향이라는 것을 의미한다.
부력이 작용하는 위치는 z축에 관한 힘의 모멘트에서부터 구할 수 있다. z축에서부터 작용선까지의 거리(좌표)를 x_p라고 하면, 평형 조건에서부터 다음과 같은 식을 얻을 수 있다.

$$\begin{aligned} F_B x_p &= \int (dF_{V_2} - dF_{V_1}) x = \int_{A_z} \gamma(z_2 - z_1)\, x\, dA_Z \\ &= \gamma \int_V x\, dV \end{aligned} \tag{2.45}$$

식(2.44)와 식(2.45)에서부터 작용선의 위치는 다음과 같다.

$$x_p = \frac{1}{V} \int_V x dV \tag{2.46}$$

식(2.46)은 유체 속 물체에 의해 배제된 부분의 체적중심을 나타낸다. 그러므로 부력의 작용선은 물체에 의해 배제된 부분의 체적중심을 지난다는 것을 알 수 있고, 이 체적중심을 부심(center of buoyancy)이라고 한다.
두 개의 다른 유체 속에서 어떤 물체의 무게를 측정하면, 그 물체의 무게, 체적, 그리고 단위중량을 구할 수 있다. 어떤 물체를 두 개의 다른 유체 속에 넣고 측정했을 때의 무게를 F_1, F_2, 두 유체의 단위중량을 γ_1, γ_2, 그리고 물체의 무게와 체적을 W와 V라고 하면 평형 조건에서부터

$$\begin{aligned} &F_1 + \gamma_1 V = W \quad F_2 + \gamma_2 V = W \\ &V = \frac{F_1 - F_2}{\gamma_2 - \gamma_1} \quad W = \frac{F_1\gamma_2 - F_2\gamma_1}{\gamma_2 - \gamma_1} \end{aligned} \tag{2.47}$$

여기서, $\gamma_1 V$, $\gamma_2 V$는 두 유체 속에서 물체에 작용하는 부력이다.

어떤 물체의 전부 또는 일부가 정지 유체 속에 잠긴 채 정지 평형상태에 있으면, 그 물체에는 두 개의 힘이 작용한다. 하나는 부심을 지나 수직 상향으로 작용하는 부력이고, 다른 하나는 물체의 무게중심을 지나 수직 하향으로 작용하는 물체의 무게이다. 물체가 유체 속에서 정지한 상태로 있으므로, 이 두 힘의 크기는 같고, 동일 수직선상에서 서로 반대방향으로 작용하게 되어 다음과 같이 된다.

$$W = F_B \tag{2.48}$$

예제 2.18

공기 중에서 $900N$인 돌이 물속에 잠겨 있다. 물속에서의 돌의 무게가 $400N$이면 이 돌의 체적과 비중은 얼마인가?

풀이

① 돌의 체적 V : $W_{air} = 900N$, $W_{water} = 400N$일 때, 평형 조건 $\sum F_z = 0$에서부터

$$\sum F_z = W_{air} - F_B - W_{water} = 0$$

$$F_B = W_{air} - W_{water} = 900N - 400N = 500N$$

$$V = \frac{W_{air} - W_{water}}{\gamma_w} = \frac{500}{9,800} = 0.051m^3$$

여기서, 공기의 밀도는 물의 밀도보다 아주 작으므로 무시한다.

② 돌의 비중 S는 같은 체적의 물 무게에 대한 돌 무게의 비이다. 돌의 체적 $V = 0.051m^3$에 해당하는 물의 무게 W_w는 다음과 같다.

$$W_w = \gamma_w V = (9,800)(0.051) \fallingdotseq 500N$$

$$S = \frac{W_{air}}{W_w} = \frac{900}{500} = 1.8$$

예제 2.19

해수면에 떠 있는 빙산의 체적이 $100m^3$이면, 빙산의 전체 체적은 얼마인가? 여기서, 빙산의 비중은 0.92이고, 해수의 비중은 1.03이다.

풀이

빙산의 전체 체적을 V라고 하면, 배제된 해수의 체적은 $V-100m^3$이다. 빙산이 받는 부력 F_B=배제된 해수의 무게와 같으므로

$$F_B = (1{,}030)(V-100)$$

$F_B = \gamma V$에서부터

$$1{,}030(V-100) = 920\,V$$
$$\therefore\ V = 936.4m^3$$

2.8 부체의 안정성

회전안정(rotational stability) 물체에 각 변위를 주었을 때, 복원모멘트(rotating moment)가 발생하여 원 위치로 되돌아가는 것

경심(metacenter) 안정상태일 때 부체의 무게중심과 부심을 지나는 직선과 부체가 기울었을 때 이동된 부심을 지나는 수직선이 만나는 점

안정상태 경심이 무게중심보다 위에 있는 경우로, 부체에 각 변위가 발생하더라도 부력과 중력에 의한 복원력이 발생한다.

불안정상태 경심이 무게중심보다 아래에 있을 경우로, 부력과 중력이 전복우력(overturning couple)을 발생시킨다.

중립평형상태 경심, 무게중심, 그리고 부심이 동일한 위치에 있는 경우

평형상태에 있는 물체를 움직였을 때, 물체에 복원력이 발생하여 원 상태를 되돌아가려는 경향이 있으면 그 물체는 안정(stability)하다고 한다. 물체에 임의의 방향으로 각 변위를 주었을 때, 원 위치로 되돌아가려는 우력(couple), 즉 복원모멘트(rotating moment)가 발생하면 회전안정(rotational stability)이라고 한다.

유체 위에 떠 있는 물체를 부체라고 하고, 부체는 안정, 불안정 또는 중립평형 상태로 있게 된다. 일반적으로 부체의 안정성은 회전안정의 측면에서 다루어진다.

그림 2.20 부체

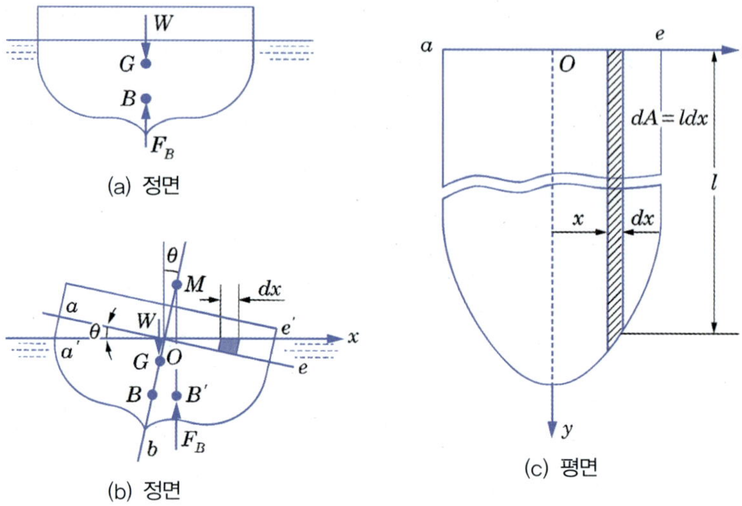

그림 2.20과 같은 배에 대한 부체의 안정성은 다음과 같다. 그림 2.20 (a)는 배가 평형상태에 있을 때의 수직 단면으로, 부심과 부체의 무게중심이 동일한 수직선상에 있는 경우이며, 이때 부력의 크기는 부체의 무게와 같다. 그림 2.20 (b)는 부체에 θ만큼의 각 변위가 발생하여 기울어져 있는 상태이며, 무게중심 G는 원 위치에 있으나, 부심 B는 B'로 이동하게 된다. 이는 부체에 각 변위가 발생하면, 부체의 유체 중에 잠긴 오른쪽 체적은 증가하는 반면, 왼쪽 체적은 감소하여 잠긴 부분의 형상이 변하기 때문이다. 부심과 무게중심을 지나는 직선과 변위한 부심 B'를 지나는 수직선이 만나는 점을 경심(metacenter)이라고 하며, 무게중심 G와 경심 M 사이의 거리를 경심 높이(metacentric height)라고 한다. 경심이 무게중심보다 위에 있는 경우에는 부체에 각 변위가 발생하더라도 부력과 중력에 의한 복원력이 발생하여 안정한 상태가 된다. 그러나 경심이 무게중심보다 아래에 있는 경우에는 부력과 중력은 전복우력(overturning couple)을 발생시켜 불안정한 상태가 된다. 중립 평형을 이루는 경우에는 경심 높이가 영이 되며, 이는 부심, 무게중심, 경심 세 점이 동일한 위치에 있는 것을 의미한다. 그림 2.20 (b)와 같이 부체가 z축(세로방향)을 중심으로 θ만큼 각 변위되었을 때, 물 위에 떠오른 체적 Oaa'와 물속에 잠긴 체적 Oee'는 같다. 그러므로 체적 Oaa'에는 수직 아래 방향으로 중력이 작용하고, 체적

Oee'는 수직 위 방향으로 부력을 받는다. 그러므로 이 두 힘은 O를 중심으로 우력(couple)이 되며, 결국 O를 중심으로 하는 우력모멘트(couple moment)를 발생시킨다.

그림 2.20 (b)와 (c)의 O에서부터 x만큼 떨어진 지점에서의 미소 길이를 dx라고 하고, dx에 대한 배의 y 방향(길이방향)으로의 길이를 l이라고 하면, (b)의 검은색 부분 미소 면적 dA는 $x\sin\theta dx$가 되고, 배의 y 방향 길이에 대한 미소 체적 dV는 $x\sin\theta dx\, l$이 된다. 대칭면의 왼쪽 체적은 '−' 우력모멘트, 오른쪽은 '+' 우력모멘트를 발생시키므로, O를 중심으로 하는 우력모멘트 M_C는 다음과 같다.

$$\begin{aligned} M_C &= -\int_{oaa'} \gamma dV(-x) + \int_{oee'} \gamma dVx \\ &= -\int_{oaa'} \gamma(-x)x\sin\theta dxl + \int_{oee'} \gamma(x)x\sin\theta dxl \\ &= \gamma\sin\theta \int_A x^2 dA \end{aligned} \tag{2.49}$$

부심 B가 B'로 이동함에 따라 물속에 잠긴 부분 $a'be'$에 대한 부력은 B'를 지나게 된다. 그러므로 원래의 부심 B를 모멘트의 중심으로 할 때, 부력에 의해 받는 모멘트 M_B는 다음과 같다.

$$M_B = F_B \overline{MB} \sin\theta \tag{2.50}$$

위의 두 모멘트는 같아야 하므로 식(2.49)와 식(2.50)에서부터

$$\gamma\sin\theta \int_A x^2 dA = F_B \overline{MB} \sin\theta$$

$$\overline{MB} = \frac{1}{V}\int_A x^2 dA = \frac{I_y}{V} \tag{2.51}$$

여기서, $I_y = \int_A x^2 dA$로 y축에 대한 전체 면적 A의 단면 2차 모멘트이고, V는 부체의 잠긴 부분 체적($a'be'$)이다.

무게중심 G를 중심으로 하는 부력에 의한 복원모멘트(restoring moment)를 M_R이라고 하면

$$M_R = F_B \overline{MG} \sin\theta \tag{2.52}$$

배가 원래의 안정 상태로 복원 또는 전복되는 것은 식(2.52)에서의 $\overline{MG}$의 크기, 즉 경심 M의 위치에 따라 달라진다.

부체의 경심 높이는 무게중심과 경심까지의 거리이므로 $\overline{MG}$는 다음과 같다.

$$\overline{MG} = \overline{MB} - \overline{BG} = \frac{I_y}{V} - \overline{BG} \tag{2.53}$$

그러므로 식(2.52)와 식(2.53)에서부터 복원모멘트는 다음과 같이 된다.

$$M_R = \gamma V \left(\frac{I_y}{V} - \overline{BG} \right) \sin\theta \tag{2.54}$$

θ가 작을 경우에는($\theta \le 5°$) $\sin\theta = \theta$가 되므로 식(2.54)는 다음과 같다.

$$M_R = \gamma V \left(\frac{I_y}{V} - \overline{BG} \right) \theta \tag{2.55}$$

여기서 무게중심 G가 부심 B보다 아래에 위치할 경우에는 $\overline{BG} < 0$으로 계산하면 된다.

식(2.55)에서 M_R의 값이 양일 때는 안정 그리고 음일 때는 불안정을 의미하며, 부체의 안정 조건은 다음과 같다.

$\overline{MG} = \dfrac{I_y}{V} - \overline{BG} > 0$이면 $M_R > 0$: 안정
(경심 M이 무게중심 G보다 위에 있는 경우)

$\overline{MG} = \dfrac{I_y}{V} - \overline{BG} < 0$이면 $M_R < 0$: 불안정
(경심 M이 무게중심 G보다 아래에 있는 경우)

$\overline{MG} = \dfrac{I_y}{V} - \overline{BG} = 0$이면 $M_R = 0$: 중립평형
(경심 M이 무게중심 G와 일치하는 경우)

예제 2.20

그림과 같이 폭 $5m$, 높이 $3m$, 길이 $10m$인 직육면체가 수면에 떠 있을 때, 경심 M과 직육면체의 무게중심 G와의 경심 높이 $\overline{MG}$를 구하고, 이 직육면체의 안정 상태를 기술하라.

그림

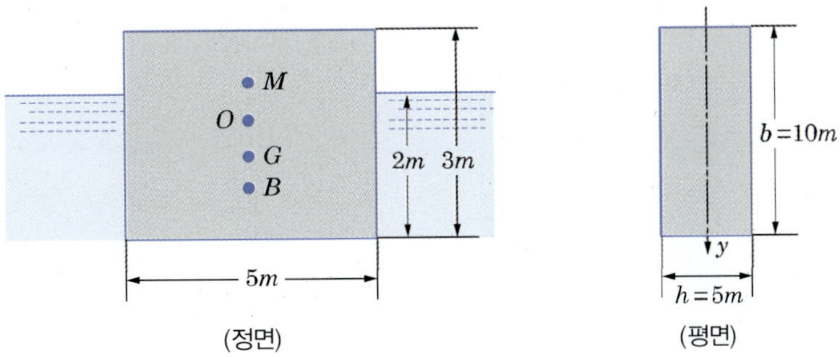

풀이

① 경심 높이 $\overline{MG}$

왼쪽 그림에서 정면에 수직인 축($O-y$축)에 대한 관성모멘트 I_y

$$I_y = \frac{bh^3}{12} = \frac{(10)(5^3)}{12} = 104.2m^4$$

잠긴 직육면체의 체적

$$V = 5 \times 2 \times 10 = 100m^3$$

부력중심 B는 밑면에서부터 잠긴 직육면체의 높이/2 = $2/2 = 1m$에 있고, 직육면체의 무게중심 G는 밑면에서부터 전체 직육면체의 높이/2 = $3/2 = 1.5m$이므로

$$\overline{BG} = 1.5 - 1 = 0.5m$$

경심 높이

$$\overline{MG} = \frac{I_y}{V} - \overline{BG} = \frac{104.2}{100} - 0.5 = 0.542m$$

② 안정 상태

$\overline{MG} = \frac{I_y}{V} - \overline{BG} = 0.542 > 0$이므로 안정하다.

예제 2.21

그림과 같이 비중 13.6인 수은 속에 직경 $8cm$, 길이 $20cm$, 비중 7.8인 철봉을 띄웠을 때, (1) 흘수 d, (2) 철봉 전체를 가라앉히는 데 필요한 힘 F, (3) 철봉의 안정 상태를 구하라.

그림

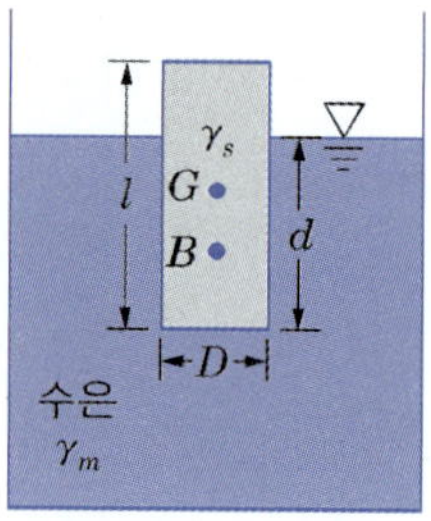

풀이

(1) 흘수 d : 철봉이 받는 부력 F_B는 배제된 수은의 무게와 같으므로

$$\gamma_s\left[\left(\frac{\pi D^2}{4}l\right)\right]=\gamma_m\left[\left(\frac{\pi D^2}{4}d\right)\right]$$

$$\therefore\ d=\frac{\gamma_s}{\gamma_m}l=\frac{7,800}{136,00}(0.2)=0.1147m$$

(2) 철봉 전체를 가라앉히는 데 필요한 힘 F

$$F=\gamma_m\frac{\pi D^2}{4}(l-d)=(13,600)\left[\frac{(3.14)(0.08^2)}{4}\right](0.2-0.1147)=5.83kg_f$$

(3) 안정 상태 : 무게중심과 경심까지의 거리 $\overline{MG}=\frac{I_y}{V}-\overline{BG}$에서부터 $I_y=\frac{\pi D^4}{64}$, $V=\frac{\pi D^2}{4}d$이므로

$$\frac{I_y}{V}=\frac{D^2}{16d}=\frac{8^2}{16(11.47)}=0.349cm$$

부력중심 B는 밑면에서 $d/2=5.735cm$, 철봉의 무게중심 G는 밑면에서 $l/2=10cm$에 있으므로

$$\overline{BG}=10-5.735=4.265cm$$

$\overline{MG}=0.349-4.265<0$이므로 불안정하다.

2.9 상대적 평형

상대적 평형(relative equilibrium) 등가속도로 이동하는 유체 내에서 상대적인 운동이 없어 전단력이 발생하는 않는 상태로, 유체에 작용하는 표면력은 압력에 의한 힘만 존재한다.

평형방정식 물체가 정지한 상태에서 평형을 이루고 있으며, 수평 방향, 수직 방향의 힘 및 회전력 등 전체의 힘이 영(zero)이 되는 조건식

물이 담겨진 용기가 일정한 등가속도를 받으면 물은 용기와 함께 등가속도 운동을 하게 된다. 이에 따라 물 분자 상호 간에는 상대적인 운동이 발생하지 않고, 마찰응력은 작용하지 않는다. 그러므로 물에 작용하는 표면력은 압력에 의한 힘만 있으며, 물은 용기에 대해 상대적으로 평형(relative equilibrium)하게 되고 정수역학의 원리를 적용할 수 있다.

2.9.1 평형방정식

그림 2.21과 같이 정지해 있는 물속에 있는 임의의 미소 육면체 $dxdydz$를 생각해 보자. 이 미소 육면체의 단위질량당 작용하는 힘의 x, y, z 방향 성분을 X, Y, Z라고 하고, 육면체의 중심에서의 압력을 p라고 할 때, x 방향으로 작용하는 힘은 압력에 의한 힘과 질량에 의한 힘만 있으며, 이 두 힘은 정역학적으로 평형을 이루고 다음과 같다.

그림 2.21 정지해 있는 물에서의 상대적 평형

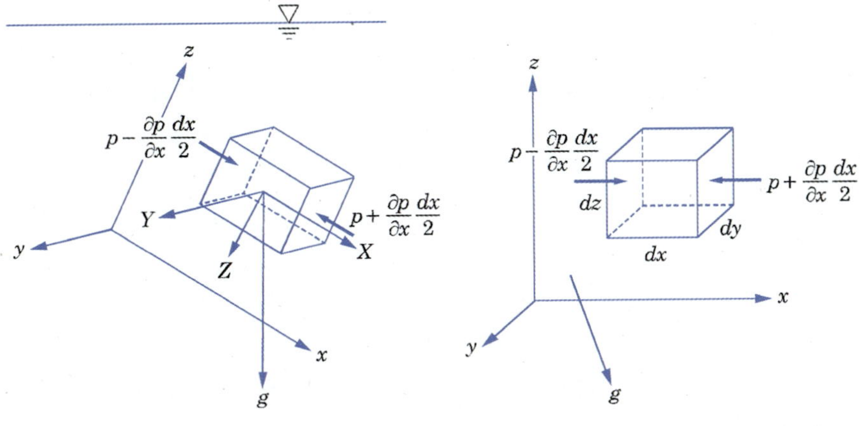

$$\rho dxdydzX+\left(p-\frac{\partial p}{\partial x}\frac{dx}{2}\right)dydz-\left(p+\frac{\partial p}{\partial x}\frac{dx}{2}\right)dydz=0$$

$$\therefore\ \frac{\partial p}{\partial x}=\rho X \tag{2.56}$$

위와 같은 방법으로 y, z 방향에 대한 식을 구하면

$$\frac{\partial p}{\partial y}=\rho Y \tag{2.57}$$

$$\frac{\partial p}{\partial z}=\rho Z \tag{2.58}$$

식(2.56), 식(2.57), 식(2.58) 양변에 각각 dx, dy, dz를 곱한 후 모두 더하면

$$\frac{\partial p}{\partial x}dx+\frac{\partial p}{\partial y}dy+\frac{\partial p}{\partial z}dz=dp=\rho(Xdx+Ydy+Zdz) \tag{2.59}$$

여기서, dp는 압력 p에 대한 전체 미분으로 x, y, z 방향 압력의 전체 변화량을 나타낸다. 수면에서부터 같은 깊이에 있는 점들을 연결한 등압면에서의 압력 p는 일정하므로 $dp=0$이 되고, 등압면에서의 방정식은 식(2.59)에서부터 다음과 같이 된다.

$$Xdx+Ydy+Zdz=0 \tag{2.60}$$

2.9.2 D'Alembert의 원리

Newton의 운동에 관한 제2법칙(운동의 법칙) $\vec{F}=m\vec{a}=m\frac{d\vec{V}}{dt}$에서부터 $m\frac{d\vec{V}}{dt}$를 이항시키면 다음과 같다.

$$\sum F=\vec{F}-m\frac{d\vec{V}}{dt}=0$$

여기서, $m\frac{d\vec{V}}{dt}$는 관성력이다. 위 식은 힘 $\vec{F}$에 관성력 $(-)m\frac{d\vec{V}}{dt}$를 작용

시키면 $\sum F=0$이 되어 평형상태가 되는 것을 의미하며, 이 원리를 D'Alembert의 원리라고 한다.

2.9.3 수평 등가속도를 받는 수체

그림 2.22와 같이 물이 들어 있는 상부가 개방된 용기에 일정한 가속도 a를 수평 x 방향으로 작용하여 이동시킨다고 하면, 용기는 $+x$ 방향으로 a의 가속도를 받으므로 물은 D'Alembert의 원리에 의해 $-a$의 가속도를 받게 되고, 그 후 평형상태에 도달하여 수면은 그림과 같이 기울어진다. 이때 그림 2.22의 좌표축을 사용하여 단위질량당 물이 받는 x, y, z 방향의 힘을 구하면 다음과 같다.

$$X=-a,\quad Y=0,\quad Z=-g \tag{2.61}$$

그림 2.22 수평 등가속도를 받는 수체

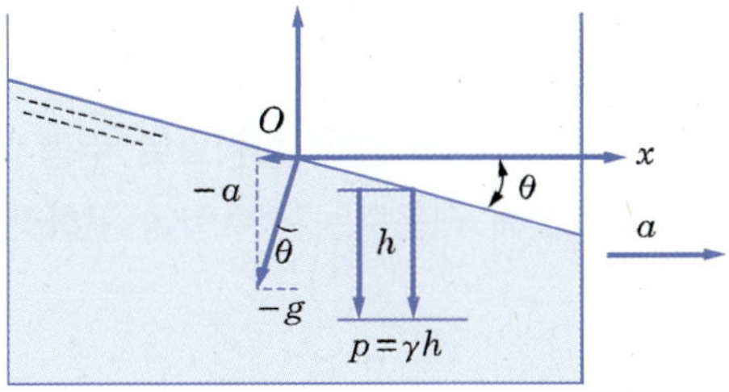

식(2.61)의 X, Y, Z 값을 식(2.60)에 대입하여 적분하면

$$\begin{aligned} &-adx-gdz=0 \\ &-a\int dx-g\int dz=0 \\ &-ax-gz+C=0 \end{aligned} \tag{2.62}$$

그림 2.22와 같이 $x=0$일 때 $z=0$이므로 $C=0$이 되고, 식(2.62)는 다음과 같이 된다.

$$z = -\frac{a}{g}x \tag{2.63}$$

식(2.63)은 평형수면방정식이며, x 방향으로의 수면의 변화를 나타낸다. 그림 2.22의 원점 O를 지나는 직선과 수면이 이루는 각 θ는 다음과 같다.

$$\tan\theta = \frac{dz}{dx} = -\frac{a}{g} \tag{2.64}$$

그리고 수면 아래 수직방향 압력의 변화는 식(2.58)에서부터

$$\frac{dp}{dz} = -\rho g = -\gamma$$

$$\therefore\ p = -\gamma z \tag{2.65}$$

식(2.65)는 수면에서부터 $z = -h$인 지점에서의 압력은 $p = \gamma h$이며 식(2.11)과 같음을 알 수 있다.

예제 2.22

그림과 같이 길이 $6m$, 폭 $2.1m$, 높이 $1.8m$의 직사각형 수조에 물이 바닥에서부터 $0.9m$ 채워져 있다. 수조의 길이 방향으로 수평 가속도 $2.45m/s^2$가 작용할 때, 수조 AB와 CD에 작용하는 정수력을 구하라.

그림

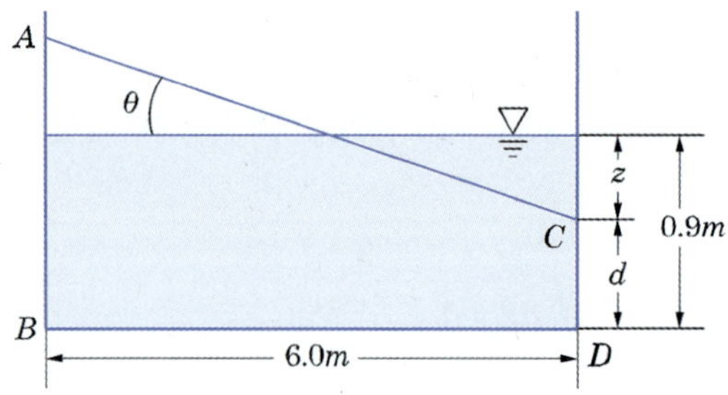

풀이

그림에서부터

$$\tan\theta = \frac{\text{수평가속도}}{\text{중력가속도}} = \frac{2.45}{9.81} = 0.25 \qquad \therefore\ \theta = 14°2'$$

수심 CD : $d = 0.9 - z = 0.9 - 3.0\tan 14°2' = 0.15m$

수심 AB : $0.9 + z = 0.9 + (0.9 - 0.15) = 1.65m$

정수력 $F_{AB} = \gamma h_{c_{AB}} A_{AB} = (1{,}000)(1.65/2)(1.65 \times 2.1) = 2{,}858.6kg_f$

정수력 $F_{CD} = \gamma h_{c_{CD}} A_{CD} = (1{,}000)(0.15/2)(0.15 \times 2.1) = 23.6kg_f$

예제 2.23

그림과 같은 길이 $6m$, 높이 $1.8m$인 트럭의 탱크에 단위중량이 $6{,}600\,N/m^3$인 휘발유가 가득 채워져 있다. 이 트럭이 $3m/s^2$로 감속할 때, (1) 탱크 전면 상단에 작용하는 압력을 구하고, (2) 탱크 전면에 작용하는 최대 압력을 구하라.

그림

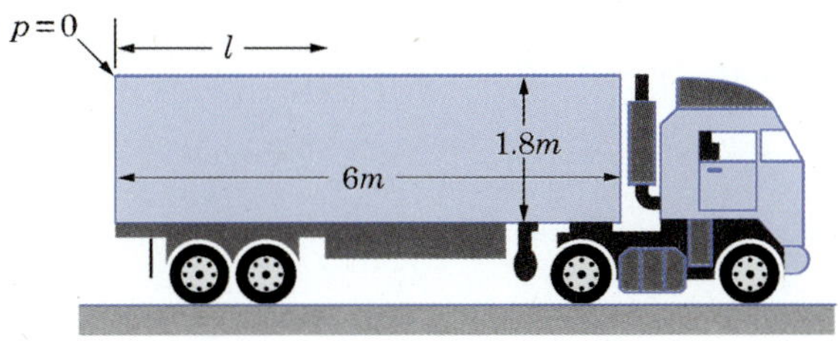

풀이

탱크의 $+x$ 방향으로 $-a_l$의 가속도가 작용하므로 탱크 내의 휘발유는 $+a_l$의 가속도를 받게 된다. 그러므로 $\partial p/\partial x = \rho X$에 $X = a_l$을 대입하면 탱크의 윗면을 따른 압력은 다음과 같다.

$$\frac{\partial p}{\partial l} = \rho a_l$$

위 식을 적분하면

$$p = \rho a_l l + C$$

$l = 0$에서 $p = 0$이고, $C = 0$이 되므로

$$p = \rho a_l l$$

$a_l = 3m/s^2$, $l = 6m$, $\rho = 6{,}600/9.81 = 673kg/m^3$를 대입하면

$$p = (673)(3)(6) = 12{,}114 N/m^2$$

탱크에 작용하는 최대 압력은 탱크 전면의 바닥에서 발생하므로

$$p_{\max} = p_{윗면} + p_{바닥} = 12{,}114 + (6{,}600)(1.8) = 23{,}994 N/m^2$$

2.9.4 수직 등가속도를 받는 수체

그림 2.23과 같이 물이 든 용기를 수직상향으로 a의 등가속도로 이동시키면 물은 이동방향과 반대되는 방향으로 등가속도를 받게 된다. 이때 좌표축을 그림 2.23과 같이 두면, 평형상태에 도달했을 때 단위질량당 물이 받는 x, y, z 방향의 힘은 다음과 같다.

$$X = 0, \quad Y = 0, \quad Z = -(a + g) \tag{2.66}$$

그림 2.23 수직 등가속도를 받는 수체

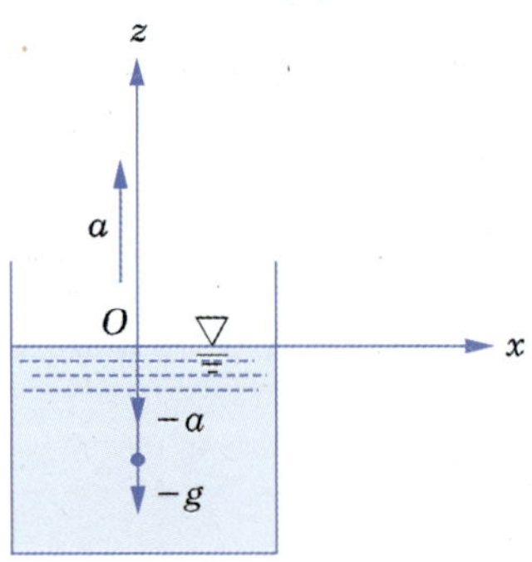

식(2.66)의 X, Y, Z 값을 식(2.60)에 대입하여 적분하면 다음과 같다.

$$-(a + g)dz = 0$$

$$\therefore \; z = constant \tag{2.67}$$

식(2.67)은 수직 등가속도를 받는 수체의 수면은 수평을 유지함을 나타낸다. 수면 아래 수직방향 압력의 변화는 식(2.58)에서부터

$$\frac{dp}{dz} = -\rho(a+g) = -\gamma\left(1+\frac{a}{g}\right) \quad \frac{dp}{dz} = \rho(a-g) = -\gamma\left(1-\frac{a}{g}\right)$$

$$\therefore\ p = -\gamma z\left(1+\frac{a}{g}\right) \tag{2.68}$$

수면에서부터 $z = -h$인 지점에서의 압력은 다음과 같다.

$$p = \gamma h\left(1+\frac{a}{g}\right) \tag{2.69}$$

식(2.69)에서부터 수직 상향의 등가속도 a를 받는 경우에는 중력가속도만을 받는 경우보다 압력이 a/g배만큼 더 커짐을 알 수 있고, $a=g$로 작용할 때에는 $p=2\gamma h$가 된다.

만일 등가속도 a가 수직 하향으로 작용할 경우에는 물은 수직 상향으로 등가속도를 받게 되므로 식(2.68)과 식(2.69)의 괄호 안의 부호는 '−'가 되고, 압력은 중력가속도만을 받는 경우보다 a/g배만큼 작아지게 된다. 그리고 $a=g$로 작용할 때에는 $p=0$가 되어 무압력 상태가 된다.

예제 2.24

그림과 같이 정육면체 수조에 물이 바닥에서부터 $1.5m$ 채워져 있다. 이 수조에 수직상향으로 $5m/s^2$의 등가속도가 작용할 때, 수조 AB에 작용하는 정수력을 구하라.

그림

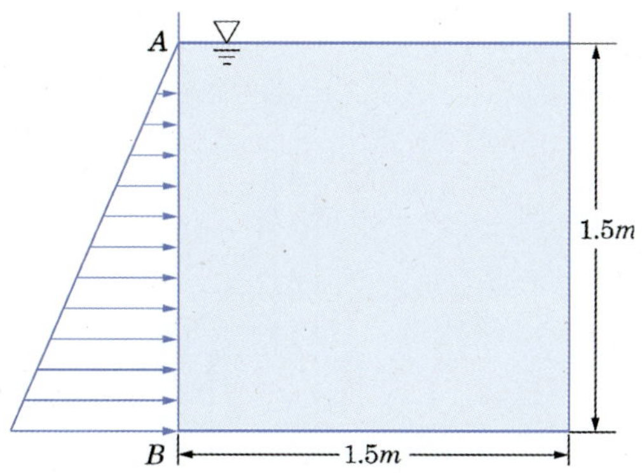

풀이

B에 작용하는 압력

$$p_B = \gamma h\left(1+\frac{a}{g}\right) = (1{,}000)(1.5)\left(1+\frac{5}{9.81}\right) = 2{,}264.5kg_f/m^2$$

그러므로 AB에 작용하는 정수력은 다음과 같다.

$$F_{AB} = \gamma h_{c_{AB}} A_{AB} = \frac{1}{2}(2{,}264.5)(1.5\times 1.5) = 2{,}547.6kg_f$$

2.9.5 회전 등가속도를 받는 수체

그림 2.24와 같이 반경 r인 원통에 수심 h로 물을 담고, 원통의 중심축을 중심으로 일정한 각속도 ω로 회전시키면, 원통 내의 물은 각속도 ω로 회전하게 된다. 그 후 상대적 평형상태에 이르게 되면 수면은 그림 2.24와 같이 곡면을 이루게 된다. 그림 2.24 (a)의 회전 중심축 z에서부터 거리 x인 수면에서 단위질량의 물이 작용하는 힘은 곡면에 접선인 방향으로 작용하는 회전각속도 ω로 인한 원심력(centrifugal force) $x\omega^2$과 중력가속도 g로 인한 물의 무게가 있으며, x, y, z 방향의 힘은 다음과 같다.

$$X = x\omega^2,\ \ Y = 0,\ \ Z = -g \tag{2.70}$$

그림 2.24 회전 등가속도를 받는 수체

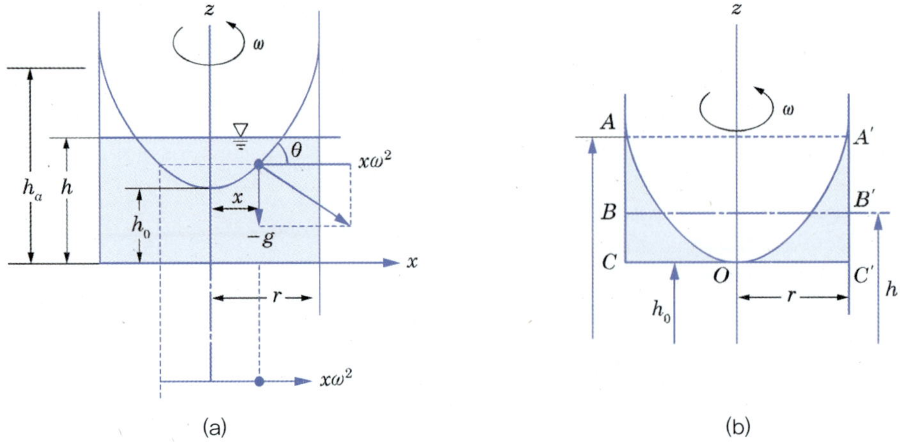

식(2.70)의 X, Y, Z 값을 식(2.60)에 대입하여 적분하면

$$x\omega^2 dx - g dz = 0$$

$$\int x\omega^2 dx - \int g dz = 0$$

$$\frac{x^2}{2}\omega^2 - gz + C = 0 \tag{2.71}$$

그림 2.24 (a)의 좌표축에서 $x = 0$일 때 $z = h_0$이므로 $C = gh_0$이 되고, 식(2.71)은 다음과 같이 된다.

$$z = \frac{\omega^2}{2g}x^2 + h_0 \tag{2.72}$$

식(2.72)는 회전 등가속도 운동을 하는 수체의 수면곡선식이며, 수면 곡선 상 임의의 점에서의 수면경사는 다음과 같다.

$$\frac{dz}{dx} = \tan\theta = \frac{\omega^2}{g}x \tag{2.73}$$

여기서, θ는 수면에 대한 접선이 수평선과 이루는 각이다.
수면 곡선 아래 수직방향 압력의 변화는 식(2.58)에서부터

$$\frac{dp}{dz} = -\rho g = -\gamma$$

$$\therefore\ p = -\gamma z \tag{2.74}$$

식(2.74)는 수면 곡선상 임의의 점에서부터 $z = -h$인 지점에서의 압력은 $p = \gamma h$이며, 식(2.11)과 같음을 알 수 있다.
그림 2.24 (a)의 회전운동이 없을 때, 정수 시 원통 내 수심 h, 회전 평형 상태에서의 회전 중심축에서의 수심 h_0과 회전운동 시 원통 벽면에서의 수심 h_a 사이의 관계는 수체의 기하학적 형상과 식(2.72)를 이용하여 구할 수 있다.
그림 2.24 (b)에서 사선 부분의 체적 $ACOC'A'OA$는 정수 시의 원통의 체적 $BCC'B'B$와 같으므로

$$\text{사선 부분의 체적} = \pi r^2 (h - h_0) \tag{2.75}$$

수면 곡선 AOA'는 원통 $ACC'A'A$의 체적을 2등분하므로(수면 곡선 또는 회전 포물선 $z=\omega^2 x^2/2g$ 아래의 체적을 적분하여 원통 $ACC'A'A$의 체적과 비교하면 됨) 원통 $ACC'A'A$의 체적의 반과 식(2.75)는 같다.

$$\frac{1}{2}\pi r^2(h_a - h_0) = \pi r^2(h - h_0)$$

$$\therefore\ h_0 = 2h - h_a \tag{2.76}$$

식(2.72)에서 $x=r$(원통의 벽면)에서 $z=h_a$이므로

$$h_a = \frac{\omega^2}{2g}r^2 + h_0 \tag{2.77}$$

식(2.76)을 식(2.77)에 대입하여 h_a에 대해 정리하면

$$h_a = \frac{1}{2}\left(2h + \frac{\omega^2}{2g}r^2\right) \tag{2.78}$$

식(2.77)을 식(2.78)에 대입하여 h_0에 대해 정리하면

$$h_0 = \frac{1}{2}\left(2h - \frac{\omega^2}{2g}r^2\right) \tag{2.79}$$

식(2.78)과 식(2.79)에서부터 h_0과 h_a는 정수 시 수심 h, 원통의 반경 r 및 회전각속도 ω의 함수임을 알 수 있다.

예제 2.25

그림과 같이 직경 $40cm$, 깊이 $80cm$인 원통에 물이 가득 차 있다. 이 원통의 중심을 축으로 하여 $100rpm$으로 회전시켰을 때, 중심축에서의 수심은 얼마인가?

그림

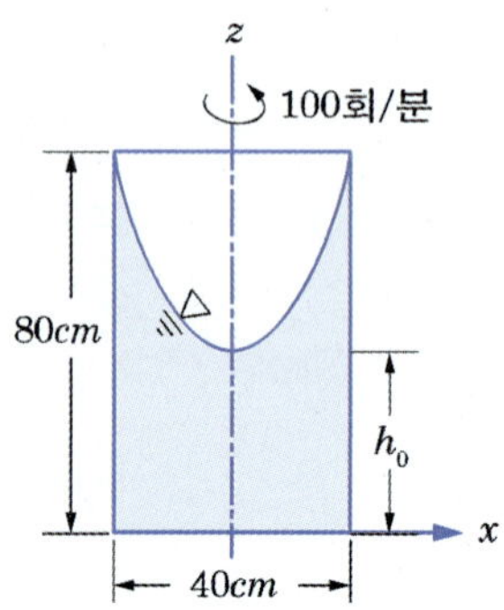

풀이

수면 곡선방정식 $z=\dfrac{\omega^2}{2g}x^2 + h_0$에서부터

$$\omega = 100rpm = 100\times 2\pi/60 = 10.47rad/s$$

$$h_0 = 80 - \frac{(10.47^2)(20^2)}{2(981)} = 57.63cm$$

예제 2.26

그림과 같이 물이 담겨 있는 반경 $1m$인 원통을 각속도 $30rpm$으로 회전시켰을 때, 수면 곡선방정식과 원통 바닥 A와 B에서의 압력을 구하라.

그림

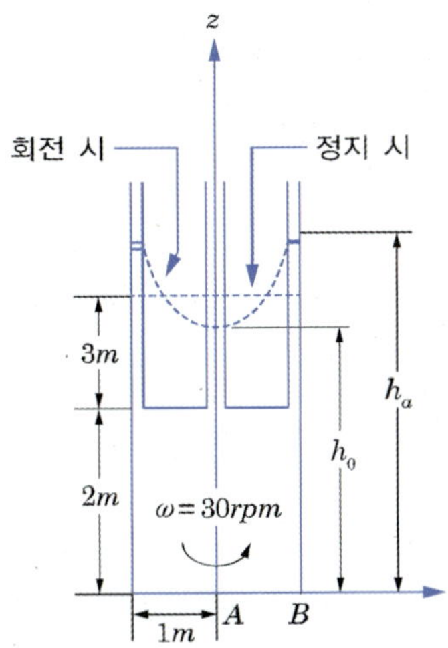

풀이

① $\omega = 30rpm = 30 \times 2\pi/60 = 3.14rad/s$, $r = 1m$, $h = 5m$이므로

$$h_a = \frac{1}{2}\left(2h + \frac{\omega^2}{2g}r^2\right) = \frac{1}{2}\left[(2\times 5) + \left(\frac{3.14^2}{2\times 9.8}\times 1^2\right)\right] = 5.252m$$

$$h_0 = \frac{1}{2}\left(2h - \frac{\omega^2}{2g}r^2\right) = \frac{1}{2}\left[(2\times 5) - \left(\frac{3.14^2}{2\times 9.8}\times 1^2\right)\right] = 4.749m$$

수면 곡선방정식

$$z = \frac{\omega^2}{2g}x^2 + h_0 = 0.503x^2 + 4.749$$

② A와 B에서의 압력 p_A와 p_B

$$p_A = \gamma h_0 = (1{,}000)(4.749) = 4{,}749kg_f/m^2$$

$$p_B = \gamma h_a = (1{,}000)(5.252) = 5{,}252kg_f/m^2$$

연습문제

01 아래 그림과 같이 밀폐된 용기에 물이 들어 있고, $3.2N/cm^2$의 압력을 받고 있다. 용기 바닥에서의 압력과 수직 관에서 상승한 물의 높이를 구하라.

그림

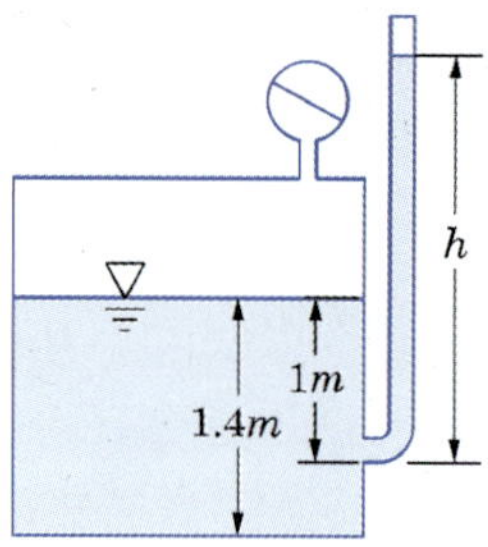

02 호수 표면에서의 대기압이 $98kPa$(절대압력)일 때, 수심 $10m$에서의 절대압력은 대기압의 몇 배가 되는가?

03 아래 그림에서 피스톤 A와 B의 면적이 각각 $0.04m^2$와 $0.4m^2$이고, 피스톤 B의 무게는 $4{,}000kg_f$이다. 실린더와 연결관 속에 밀도 0.75인 기름으로 채워져 있을 때, 평형상태를 유지하기 위한 힘 F는 얼마인가? 여기서, 피스톤 A의 무게를 무시한다.

그림

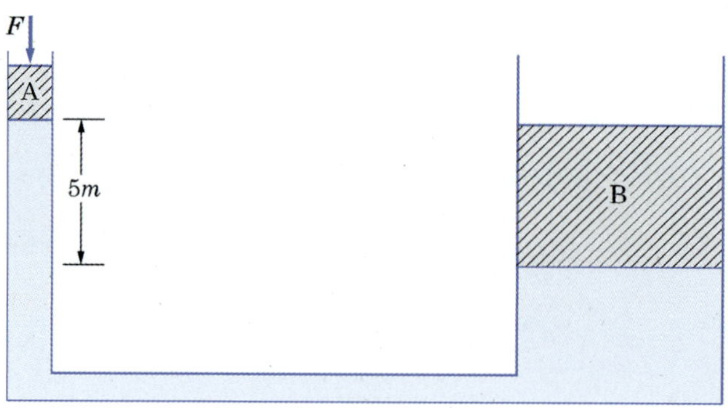

04 아래 그림과 같은 단면적 $0.09m^2$인 피스톤이 물이 들어 있는 실린더에 설치되어 있고, 끝이 개방된 U자형 액주계가 연결되어 있다. $h_1 = 60mm$이고 $h_2 = 100mm$일 때, 피스톤에 작용해야 하는 힘 F는 얼마인가? 여기서, 피스톤의 무게는 무시한다.

그림

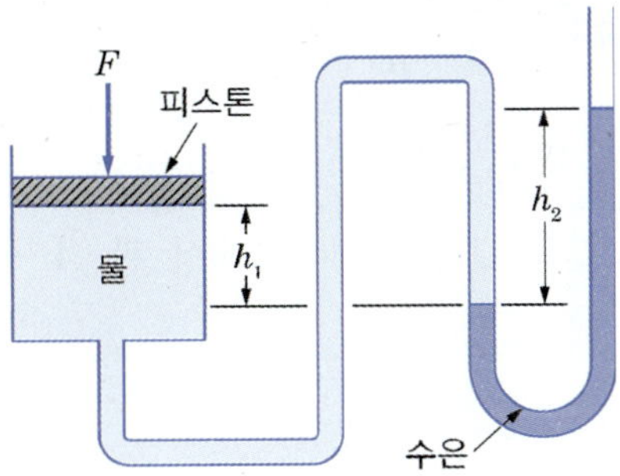

05 아래 그림과 같은 관 A에서의 압력이 $25mmHg$ 진공일 때, 관 B에서의 압력은 얼마인가? 여기서, 기름의 단위중량은 $8,950N/m^3$이다.

그림

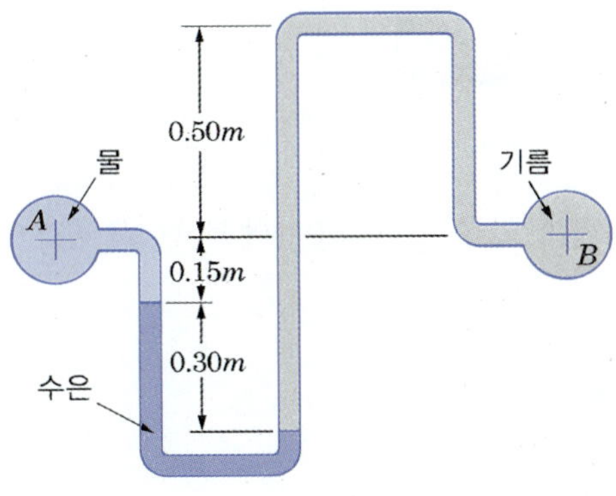

06 다음 그림과 같은 액주계에서 관 A 중심에서의 압력이 $20kPa$이고, 관 B 중심에서의 압력이 $150mmHg$일 때, 높이 차이 h를 구하라. 여기서, 휘발유의 비중은 0.65이다.

그림

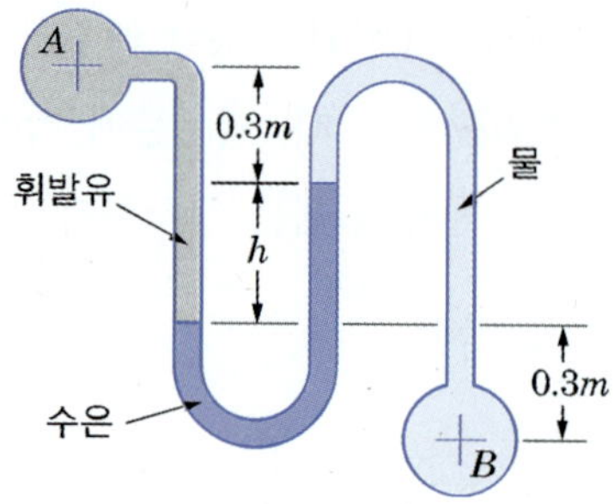

07 아래 그림과 같은 U자형 액주계에서 관 A 중심에서의 압력은 얼마인가?

그림

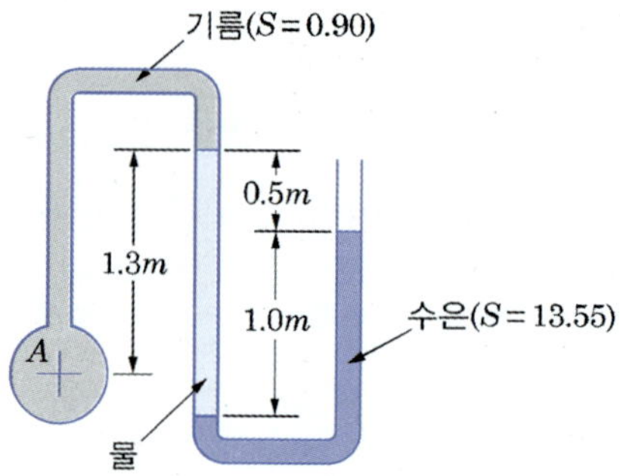

08 아래 그림과 같은 경사액주계에서 관 B 중심에서의 압력은 얼마인가?

그림

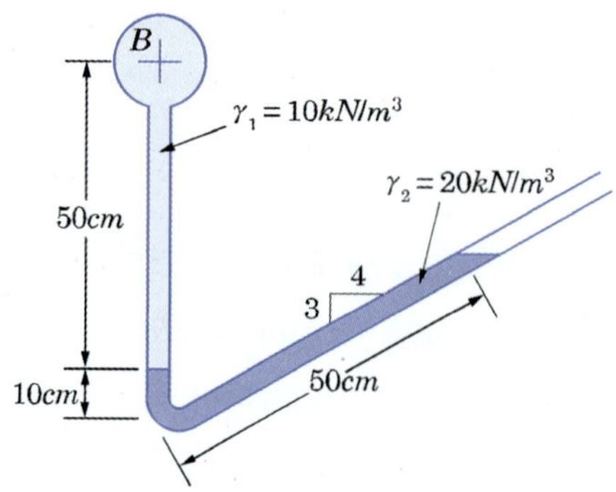

09 아래 그림과 같은 경사액주계에서 관 A의 압력이 $12kPa$ 감소하고, 관 B의 압력은 변하지 않을 때, 경사관을 따라 수은의 눈금은 얼마 변하는가? 여기서, 수은의 비중은 13.6이고, 오일의 비중은 0.9이다.

그림

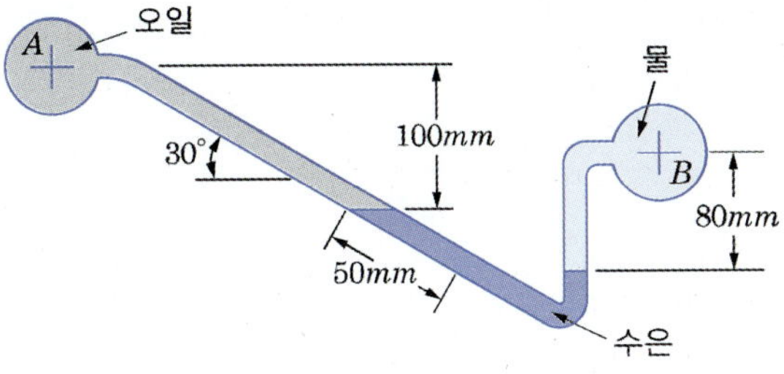

10 아래 그림과 같은 U자형 액주계에서 $p_A - p_B$를 구하라. 여기서, $x = 3.0m$, $y = 1.0m$, $z = 2.0m$이고, 액체 1과 3은 등유이고 2는 물이며, 등유의 비중은 0.8이다.

그림

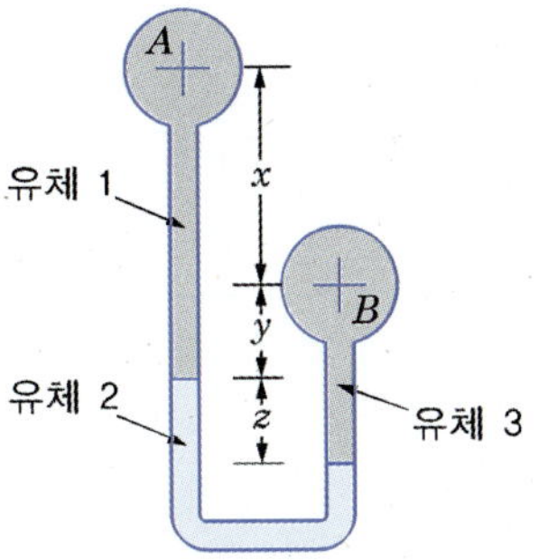

11 다음 그림과 같은 역 U자형 액주계에서 $p_A - p_B$를 구하라. 여기서, 벤젠의 비중은 0.9이고, $h_1 = 30cm$, $h_2 = 15cm$, $h_3 = 50cm$이다.

그림

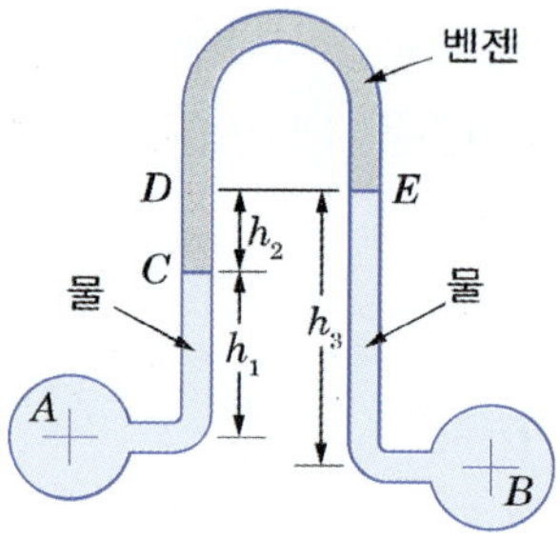

12 폭 $2m$, 높이 $3m$인 직사각형 평판을 물속에 수직으로 세우고, 평판의 상단이 수면에서부터 $1m$ 깊이에 있게 하였다. 평판에 작용하는 정수력과 작용점을 구하라.

13 아래 그림과 같이 수문이 벽면 아래에 힌지로 연결되어 있을 때, 수문에 의해 힌지에 작용하는 힘을 구하라. 여기서, 수문의 무게는 무시한다.

그림

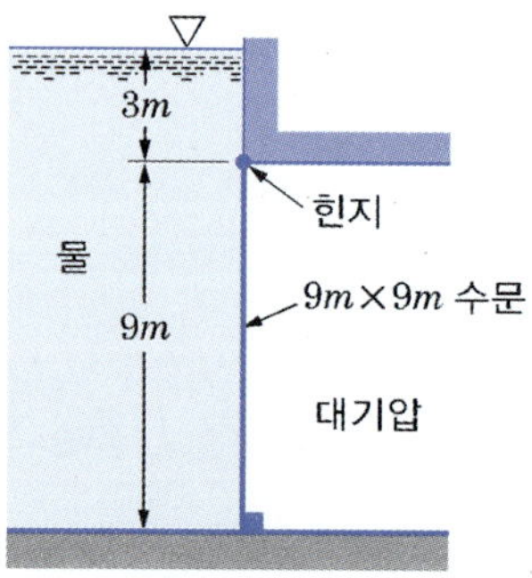

14 다음 그림과 같이 상단이 힌지로 연결되어 있는 $12m \times 12m$의 직사각형 수문이 저수지 끝단에 설치되어 있다. 힌지는 저수지 수면 $6m$ 아래에 있고, 수문은 폭 $12m$, 깊이 $6m$의 물이 담겨 있는 직사각형 수조와 지레에 의해 연결되어 있다. 수문을 열기 위한 수조의 길이 L을 구하라. 여기서, 수문의 무게는 무시한다.

그림

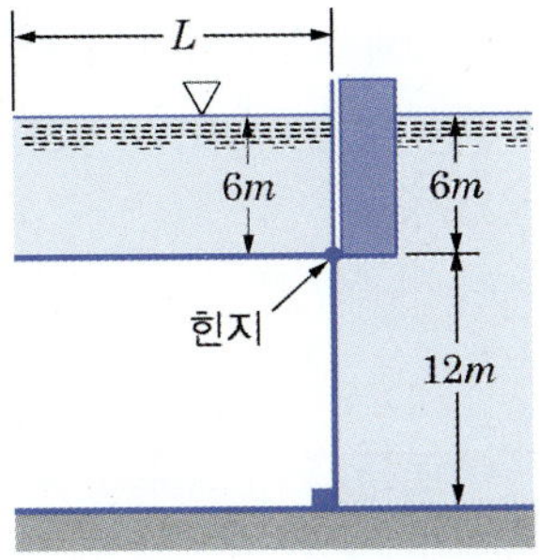

15 아래 그림과 같은 길이 $l=6m$, 폭 $b=2m$, 무게 $W=1{,}000kg_f$인 수문이 평형상태를 유지하기 위한 각 θ를 구하라.

그림

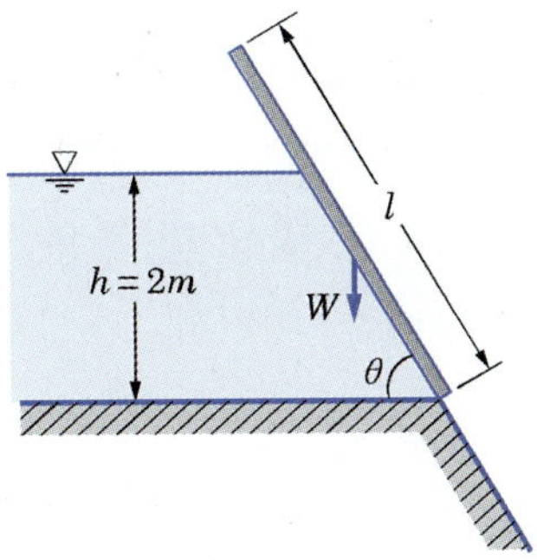

16 아래 그림과 같이 경사진 수문이 벽면 아래에 힌지로 연결되어 있을 때, A 지점에서 작용하는 반력을 구하라. 여기서, 수문은 $6m \times 4m$의 직사각형이며, 수문의 무게는 무시한다.

그림

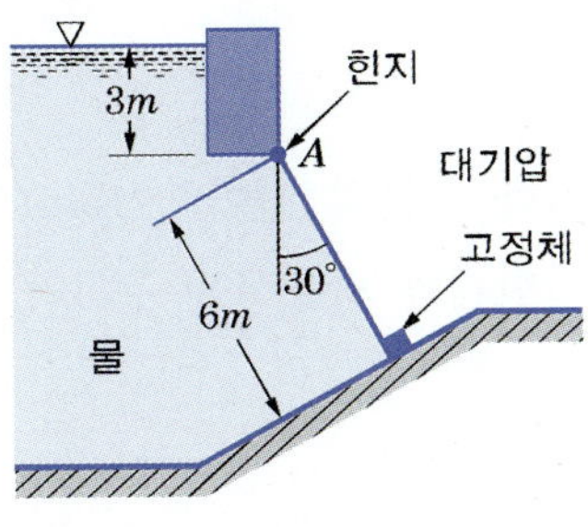

17 아래 그림과 같은 수문에서 $\alpha = 45°$, $y_1 = 1m$, $y_2 = 3m$이며, 수문의 무게가 $90kN$, 폭이 $1m$일 때, 정수력과 중력의 작용하에 수문이 아래로 넘어질 것인지 아니면 정지 상태로 있을 것인지를 검토하라. 여기서, 수문의 무게는 무시한다.

그림

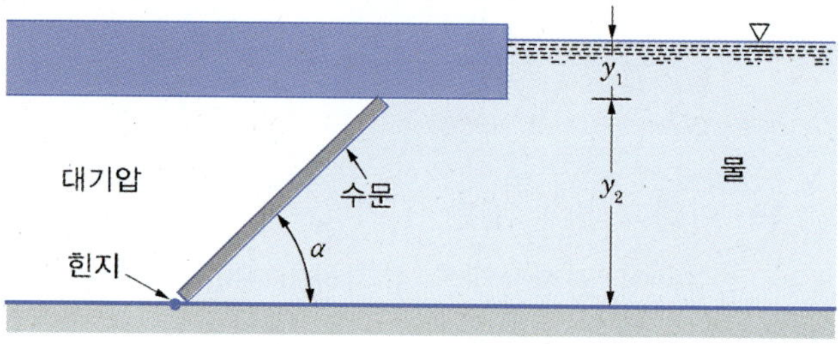

18 아래 그림과 같은 곡면 AB에서 (1) 곡면 AB에 작용하는 정수력의 수직방향 성분의 크기, 방향 및 작용선, (2) 곡면 AB에 작용하는 정수력의 수평방향 성분의 크기, 방향 및 작용선, (3) 곡면 AB에 작용하는 정수력의 합력을 구하라. 여기서, $r = 1m$이다.

그림

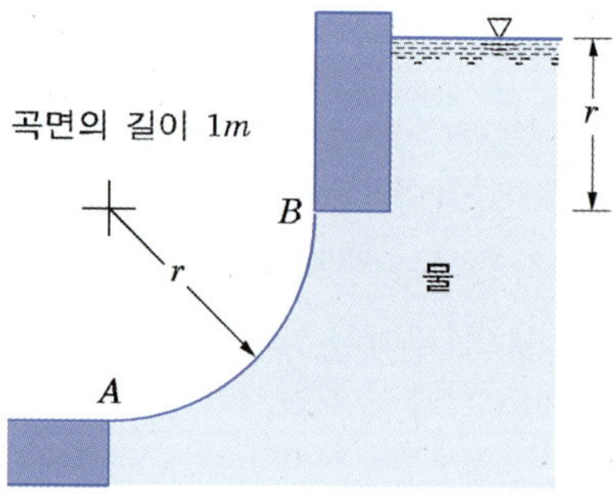

19 다음 그림과 같은 원형 수문의 길이가 $15m$(지면과 수직한 방향)일 때, 수문에 작용하는 합력과 작용선을 구하라.

그림

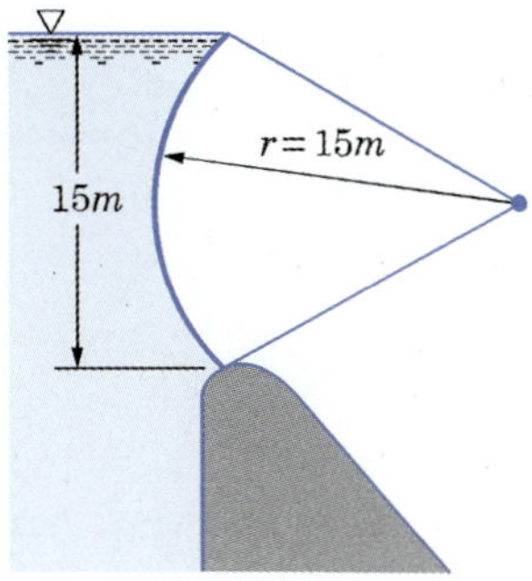

20 아래 그림과 같은 길이 $3m$인 곡면 수문이 저수조에 설치되어 있다. 수문이 받는 수평 및 수직 방향 정수력을 구하라. 그리고 이 합력은 A 지점을 지나는가?

그림

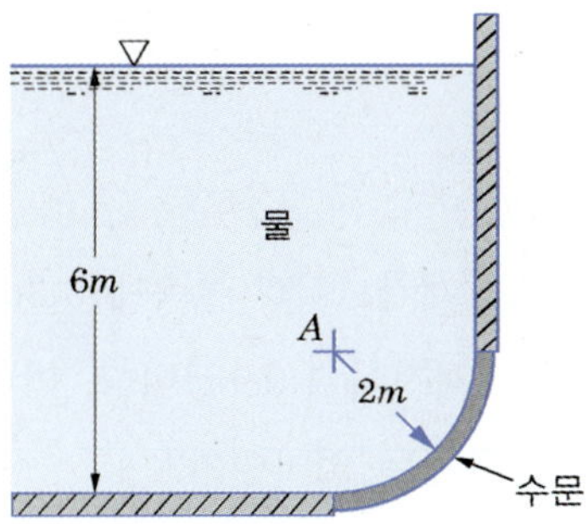

21 수중 무게가 $500N$, 공기 중의 무게가 $650N$인 체적을 알 수 없는 물체가 물속에 잠겨 있다. 이 물체의 단위중량과 체적을 구하라.

22 다음 그림과 같이 역삼각형 원뿔형 용기에 깊이 $10cm$로 물이 담겨져 있고, 물의 체적은 $\forall = (\pi/3)h^3$으로 주어진다. 이 용기에 비중 0.5, 체적 $200cm^3$인 블록을 띄웠을 때, 수면이 얼마나 상승하는가?

그림

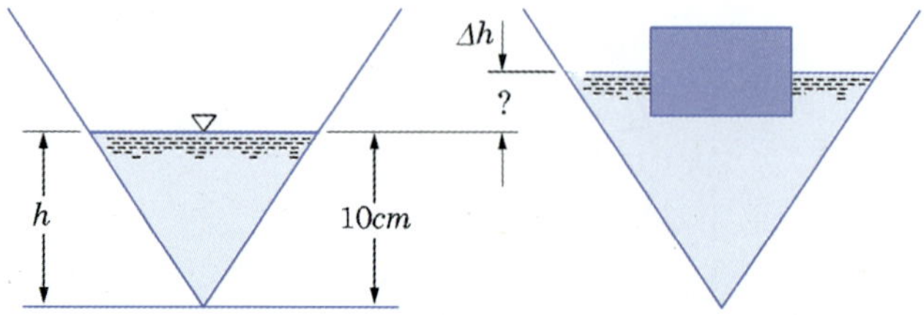

23 아래 그림과 같은 비중 0.7인 직육면체가 수면에 떠 있을 때, 이 물체의 안정성을 검토하라.

그림

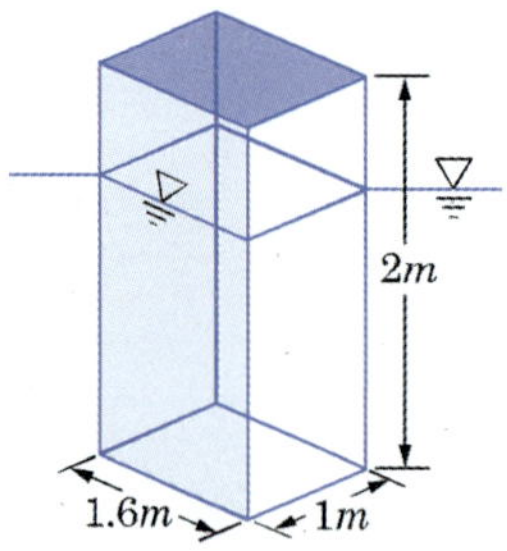

24 아래 그림과 같이 비중계가 15°C 물속에 5.3cm만큼 잠겨 있다. 비중계 아래 구형의 배수 체적이 1.0cm^3이고, 막대 부분의 단면적이 0.1 cm^2이면, 비중계의 무게는 얼마인가?

그림

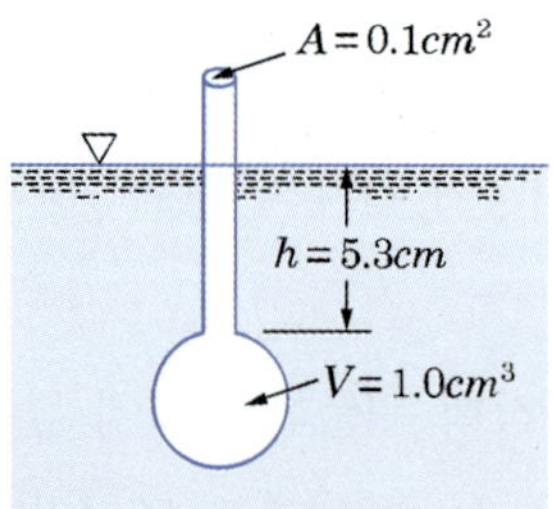

25 뚜껑이 없는 길이 5m, 폭 1.5m, 높이 2m인 탱크를 트럭이 운반하고 있다. 운전사가 트럭을 2.5m/s^2보다 더 가속하거나 감속하지 않는다면 물이 넘치지 않게 탱크에 채울 수 있는 최대 수심은 얼마인가?

26 직경 $2m$, 길이 $6m$인 밀폐된 원통형 탱크에 휘발유가 가득 차 있고, 이 탱크를 트럭이 긴 축으로 연결하여 수평방향으로 끌고 있다. 트럭이 $1.5m/s^2$로 가속 운동할 때, 탱크의 축 방향 양 끝단에서의 압력 차이를 구하라.

27 아래 그림과 같은 개방된 U자관에 액체가 일부 차 있다. 이 U자관이 수평으로 a의 가속도로 운동할 때, 거리 L만큼 떨어져 있는 두 관 기둥에서의 액체 높이가 h만큼 차이가 난다. a, L과 h 사이의 관계식을 구하라.

그림

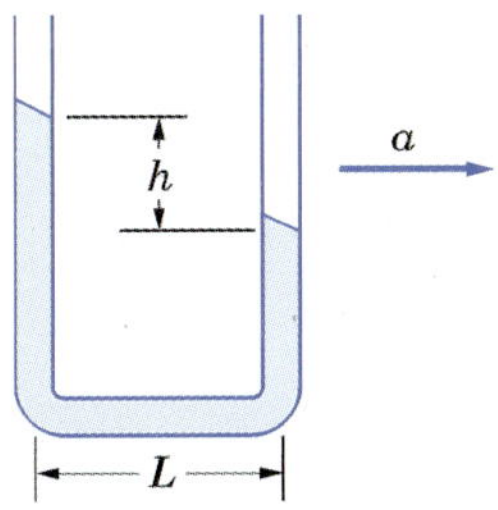

28 직경 $3m$, 높이 $1.5m$의 원통형 용기에 물을 가득 넣고 $3m/s^2$로 하향 가속시켰을 때, 용기 바닥에 작용하는 압력을 구하라.

29 직경 $1m$인 개방된 원통형 탱크에 물이 $0.5m$ 깊이로 채워져 있다. 이 탱크의 중앙의 축을 중심으로 회전시켰을 때, 회전 도중에 탱크 밖으로 물은 넘치지 않고 탱크의 바닥이 처음으로 노출되는 각속도를 구하라.

30 직경 $1m$, 높이 $1.5m$인 원통에 물을 가득 넣고 중앙의 축을 중심으로 하여 $100rpm$으로 회전시켰을 때, 원통 밖으로 쏟아져 나오는 물의 양을 구하라.

3

제3장

동수역학

이상유체(ideal fluid) 점성이 없는 유체로, 점성으로 인한 와류의 형성이나 에너지의 손실 등이 없음

점성유체(viscous fluid) 유동에 있어 점성이 작용하는 실제유체로, 점성으로 인한 에너지의 손실이 발생

비압축성 유체(incompressible fluid) 물과 같이 압력과 온도의 변화에 대해 밀도의 변화가 아주 작아 이를 무시할 수 있는 유체

동수역학의 기본방정식 연속방정식, 운동량방정식, Euler 방정식, Bernoulli 방정식 등

유체의 유동(또는 흐름)에 대한 기본원리는 가상적인 이상유체(ideal fluid)의 유동 원리에서부터 쉽게 이해할 수 있다. 이상유체란 점성(viscosity)이 없는 유체로, 유체 입자 사이 또는 유체 입자와 고체 경계면 사이에 점성으로 인한 마찰 효과가 없어 와류의 형성이나 에너지의 손실 등이 없다. 점성이 없는 유체에는 면에 평행한 응력은 작용하지 않고 수직인 응력만이 작용한다. 그러므로 흐름 방향으로 힘이 작용하지 않아 어떤 물체이든지 유동에 밀려가지 않는다. 실제유체(real fluid) 또는 점성유체(viscous fluid)의 유동에 있어서는 점성으로 인한 에너지의 손실이 발생한다. 그러나 이러한 점성이 있는 실제유체를 이상유체로 가정함으로써 유체의 유동에 대한 기본방정식들을 단순화시킬 수 있고, 이로부터 실제유체에 대한 문제를 해결할 수 있다.

유체의 성질을 이상유체로 가정하는 것 외에 유체를 비압축성으로 가정하면, 압력과 온도의 변화에 따른 밀도의 변화를 무시할 수 있어 유동 문제를 보다 간단하게 다룰 수 있다. 유체의 밀도가 압력이나 온도에 따라 크게 변하는 기체의 유동에 있어서는 유체를 비압축성으로 가정해서는 안되며, 압축성으로 해석해야 한다. 그러나 앞에서 언급한 바와 같이 토목공학에서 주로 다루는 물은 압력과 온도의 변화에 대해 밀도의 변화가 아주 작으므로 비압축성으로 가정해도 무방하다.

본 장에서는 비압축성 유체에 대한 동수역학(유체 동역학; fluid dynamics)에 대해 살펴보고자 한다. 그리고 유체의 유동 원리를 다루는 동역학의 기본방정식인 연속방정식, 운동량방정식, Euler 방정식, Navier-Stokes 방정식, Bernoulli 방정식 등을 유도하고 물리적인 의미를 이해하며, 이들 방정식의 적용에 대해 알아보기로 한다.

3.1 유동의 분류

3.1.1 정상유동과 비정상유동

정상유동(또는 정류; steady flow) 임의의 한 점에서 유체의 흐름 특성(속도, 유량, 밀도, 압력 등)이 시간에 따라 변하지 않는 유동

비정상유동(또는 부정류; unsteady flow) 임의의 한 점에서 유체의 흐름 특성(속도, 유량, 밀도, 압력 등)이 시간에 따라 변하는 유동

유체의 유동 특성이 시간에 따라 변하는지 또는 변하지 않는지는 정상유동(또는 정류; steady flow)과 비정상유동(또는 부정류; unsteady flow)을 분류하는 기준이 된다. 유체의 유동에 있어 임의의 한 점에서의 속도, 유량, 밀도, 압력 등의 유동 특성이 시간에 따라 변하지 않고 일정하게 유지하는 유동을 정상유동이라고 하고, 시간에 따라 변하는 유동을 비정상유동이라고 한다.

정상유동을 하는 유체의 어느 한 점에서의 속도를 V라고 하면, 속도 V는 시간 t가 경과하여도 크기와 방향은 모두 변하지 않는다. 그러나 여기서 유의할 점은 정상유동은 유동장의 모든 점에서 유동 조건이 같다는 것은 아니고, 유동 조건은 위치에 따라 변할 수 있으나, 각 점에서의 조건이 다음과 같이 시간에 따라 변하지 않고 일정하다는 의미이다.

$$\frac{\partial V}{\partial t} = 0 \tag{3.1}$$

실제 자연에서의 대부분 유동은 시간에 따라 유동 조건이 변하는 비정상유동에 속하며, 비정상유동에서의 유동 조건은 다음과 같다.

$$\frac{\partial V}{\partial t} \neq 0 \tag{3.2}$$

비정상유동에서의 문제는 유체의 성질이 시간에 대한 함수가 되므로 미지수가 하나 더 늘어나 상당히 복잡해진다. 그러므로 비정상유동을 보다 단순한 정상유동으로 가정하여 문제에 적용하면 더 편리하게 문제를 해결할 수 있다. 물론 정상유동으로 가정하는 과정에서 발생하는 오차는 있을 수

있지만 많은 유동 문제에 있어 무시할 수 있는 정도라고 할 수 있다.
수도꼭지를 통해 일정한 양의 물이 흐를 때 또는 하천의 수위가 증가하지 않고 일정한 시간 동안 일정한 양의 물이 흐를 때 등은 정상유동이며, 수위가 하강하는 탱크로부터 물이 유출될 때, 또는 홍수 시의 하천에서의 흐름 등은 비정상유동이다.

3.1.2 등류와 부등류

등류(uniform flow) 임의의 시간에 흐름의 상태(속도, 유량, 수심 등)가 위치에 따라 변하지 않는 흐름
부등류(nonuniform or varied flow) 임의의 시간에 흐름의 상태(속도, 유량, 수심 등)가 위치에 따라 변하는 흐름

임의의 시간에 유동장의 어떤 공간적인 영역 내에서 속도가 위치에 관계없이 동일한 유동을 등류(uniform flow)라고 한다. V를 속도, s를 임의의 공간, 그리고 t를 시간이라고 하면 등류에서의 유동 조건은 다음과 같다.

$$\frac{\partial V}{\partial s} = 0 \tag{3.3}$$

만일 등류가 시간에 따라 변하지 않으면 이 유동을 정상등류(steady uniform flow)라고 하고, 시간에 따라 변하면 비정상등류(unsteady uniform flow)라고 하며, 유동 조건은 각각 식(3.4a), 식(3.4b)와 같다.

$$\frac{\partial V}{\partial s} = 0, \ \frac{\partial V}{\partial t} = 0 \tag{3.4a}$$

$$\frac{\partial V}{\partial s} = 0, \ \frac{\partial V}{\partial t} \neq 0 \tag{3.4b}$$

단면적이 일정하고 직선인 관을 일정한 속도와 유량으로 흐르는 유체의 유동은 정상등류이고, 단면적이 일정하고 직선인 관에서 유량의 증가 또는 감소에 따라 관내의 위치와는 관계없이 속도가 가속 또는 감속하여 흐르는 유동은 비정상등류이다.
임의의 시간에 유동장의 어떤 공간적인 영역 내에서 속도가 위치에 따라

변할 때, 이 유동을 부등류(nonuniform or varied flow)라고 하고 유동 조건은 다음과 같다.

$$\frac{\partial V}{\partial s} \neq 0 \tag{3.5}$$

만일 부등류가 시간에 따라 변하지 않으면 이 유동을 정상부등류(steady nonuniform flow)라고 하고, 시간에 따라 변하면 비정상부등류(unsteady nonuniform flow)라고 하며, 유동 조건은 각각 식(3.6a), 식(3.6b)와 같다.

$$\frac{\partial V}{\partial s} \neq 0, \ \frac{\partial V}{\partial t} = 0 \tag{3.6a}$$

$$\frac{\partial V}{\partial s} \neq 0, \ \frac{\partial V}{\partial t} \neq 0 \tag{3.6b}$$

점진적으로 단면적이 축소 또는 확대되는 관이나 곡관에 일정한 유량의 유체가 흐를 때, 공간상의 각 점에서의 속도가 시간에는 관계없이 일정하나 관내의 위치에 따라 변하는 유동은 정상부등류이고, 점진적으로 단면적이 축소 또는 확대되는 관에서의 유량이 일시적으로 변할 때, 단면적이 일정하지 않은 관내에서는 일시적인 유량의 변화에 따라 속도가 시간과 위치에 따라 변하게 되는데, 이렇게 시간과 위치에 따라 속도가 변하는 유동은 비정상부등류이다.

자연 하천은 지점에 따라 단면이 변하므로 일반적으로 부등류이나 단면의 변화가 거의 없는 짧은 구간에 대해서는 등류로 생각해도 무방하다. 그리고 홍수 시와 같이 시간에 따라 유동이 변할 때에는 비정상등류 또는 비정상부등류가 된다.

3.1.3 층류와 난류

층류유동(또는 층류; laminar flow) 유체 입자들이 층을 이루면서 규칙 정연하게 흐르는 유동으로, Reynolds 수가 2,000 이하

난류유동(또는 난류; turbulent flow) 유체 입자들이 시간적, 공간적으로 매우 불규칙하게 회전하면서 흐르는 유동으로, Reynolds 수가 4,000 이상

천이유동(transition flow) 층류에서부터 난류로 성장하는 사이에 나타나는 유동으로, Reynolds 수가 2,000에서 4,000 사이

Reynolds 수 유체의 관성력과 점성력의 비

유체 입자들이 층을 이루면서 규칙 정연하게 흐르는 유동을 층류유동(또는 층류; laminar flow)이라고 한다. 층류유동에서 서로 접하고 있는 층과 층 사이에서는 유체의 미시적 혼합(분자의 교환)은 있으나 유체 입자의 거시적 혼합(유체 입자의 교환)은 없고, 서로 접하는 층과 층은 원활하게 미끄러지면서 흐른다. 그러므로 관내에서 층류유동 하는 유체에 유동방향으로 물감을 떨어뜨리면 물감은 하나의 선으로만 나타나고 유체 입자 사이에서는 혼합되지 않는다.

유체 입자들이 매우 불규칙한 경로를 따라 회전하면서 불규칙하게 흐르는 유동을 난류유동(또는 난류; turbulent flow)이라고 한다. 난류유동을 하는 유체 입자들은 불규칙한 유동을 하므로 속도도 불규칙하게 변한다. 난류유동에서는 층류유동과는 다르게 거시적 혼합이 일어나므로 난류유동 하는 유체에 물감을 떨어뜨리면 유체 전체에 바로 혼합된다. 층류유동에서의 운동량 수송은 층과 층 사이에서 나타나나, 난류유동에서의 운동량 수송은 유체 입자의 불규칙한 유동에 의해 중첩되어 나타난다.

하천, 관내에서의 유동 등 우리가 일반적으로 다루는 수리 문제는 대부분 난류유동이며, 유동속도가 아주 느린 지하수 유동 등은 층류유동이다.

층류 또는 난류의 분류는 유체가 갖는 관성력과 점성력의 상대적 크기에 의해 결정되며, 이러한 관계를 나타내는 무차원수(dimensionless number)를 Reynolds 수(Reynolds number) R_e라고 한다. Reynolds 수는 1883년 영국의 Osborne Reynolds에 의해 제안되었으며 다음과 같다.

그림 3.1 층류, 천이유동 그리고 난류

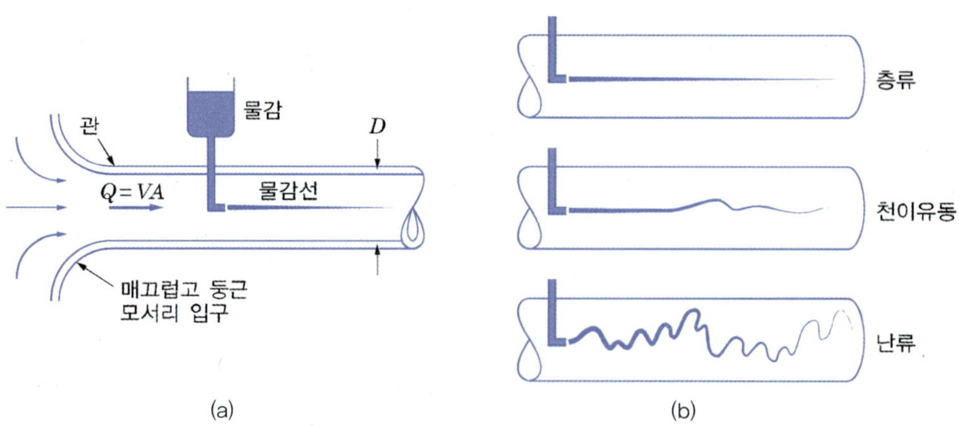

$$R_e = \frac{\text{관성력(intertia force)}}{\text{점성력(viscous force)}} = \frac{VD}{\nu}$$

여기서, V는 관내의 평균유속, D는 관의 직경, 그리고 ν는 동점성계수이다. 점성력에 비해 관성력이 상대적으로 커지면 (유속 또는 유량이 점성보다 상대적으로 커지는 경우) 층류는 불안정하게 되어 점진적으로 난류로 성장하면서 유체 전역에 걸쳐 완전한 난류로 발달한다. 층류에서부터 난류로 성장하는 사이에 나타나는 유동을 천이유동(transition flow)이라고 한다. 천이유동에서의 한 지점 또는 한 단면에서의 유동은 층류와 난류가 동시에 나타나는 것이 아니고, 층류와 난류가 번갈아가면서 나타난다. 다시 말하면, 어느 시간 동안에는 층류가 나타나고 다음 어느 순간에는 난류로 바뀌며, 난류가 어느 시간 동안 지속되다가 다시 층류로 바뀐다. 이러한 과정을 반복하면서 난류가 발생하는 시간은 점점 길어지고 유체 전역은 난류로 발달한다.

원형 관내 유동에서의 층류와 난류를 분류하는 일반적인 Reynolds 수는 2,000이며, 이를 한계 Reynolds 수(critical Reynolds number)라고 하고, 이 지점에서 층류는 난류로 변하기 시작한다. 그러므로 Reynolds 수가 2,000보다 작을 때에는 층류로 규정할 수 있다. 그러나 난류가 발생하는 Reynolds 수는 실험 조건에 따라 다르므로 명확히 규정하기 어렵다. 난류에 대한 Reynolds 수는 정도의 차이는 있으나, 천이유동을 고려하지 않은 2,000을 기준으로 하기도 하고, 보다 큰 값인 4,000을 기준으로 하기도 하며, 그 사이 값일 때에는 유동이 층류에서 난류로 전이되는 과정인 천이유동($2,000 < R_e < 4,000$)으로 규정한다.

예제 3.1

직경 $2cm$인 관에 물이 흐르고 있을 때, 층류를 유지하기 위한 한계 유속은 얼마인가? 여기서 물의 동점성계수는 $0.012cm^2/s$이다.

풀이

Reynolds 수

$$R_e = \frac{VD}{\nu} = \frac{2V_{crit}}{0.012} < 2,000 \qquad \therefore V_{crit} < \frac{(2,000)(0.012)}{2} = 12cm/s$$

3.2 속도장

유동장(flow field) 유동을 공간과 시간의 좌표 함수로 나타내는 것으로, 속도, 압력, 온도 등의 공간적, 시간적 분포를 나타낸다.

속도장(velocity field) 유체 입자의 속도가 아닌 공간적, 시간적으로 유동의 속도를 표현하는 장

유체는 수많은 분자로 구성되어 있으며, 한 점에서 다른 점으로의 분자운동은 시간의 함수로 존재한다. 그러나 유체의 운동을 수많은 유체분자들의 운동으로 나타내는 것은 사실상 불가능하다. 그러므로 유체의 운동은 수많은 유체 분자들로 구성되어 있는 무한히 작은 유체 입자들이 상호간 또는 주변과 상호작용을 하면서 운동하는 것으로 나타내는 것이 편리하며, 이 운동은 속도와 가속도로 표현된다.

그림 3.2 유체 입자의 위치벡터

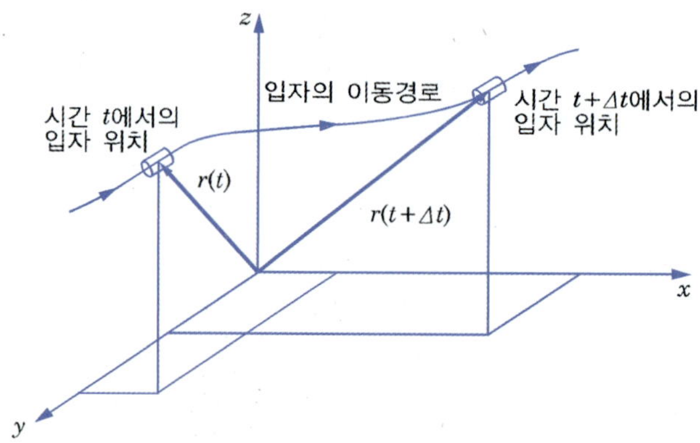

유체의 유동을 표현하기 위해서는 유체가 가지는 여러 가지 매개변수를 공간 좌표에 대한 함수뿐만 아니라 시간에 대한 함수로도 나타내야 한다. 유체의 매개변수 중 가장 중요한 하나는 속도장(velocity field)이며, 공간상의 한 점에서의 유체 입자의 속도를 정의하면 다음과 같다.

$$\vec{V}(x,\ y,\ z,\ t) = u(x,\ y,\ z,\ t)\hat{i} + v(x,\ y,\ z,\ t)\hat{j} + w(x,\ y,\ z,\ t)\hat{k} \tag{3.7}$$

여기서, u, v, w는 속도벡터의 x, y, z 방향 속도성분이며, 속도는 유체 입자의 위치벡터에 대한 시간변화율로 정의된다. 그림 3.2에서 $\vec{r}$는 유체 입자의 위치벡터로 $\vec{r} = x_{\hat{i}} + y_{\hat{j}} + z_{\hat{k}}$이고, 속도는 위치벡터에 대한 시간 변화율로 $\vec{V}(x,\ y,\ z,\ t) = d\vec{r}/dt$이 된다. 그리고 속도의 크기는 속력으로, 속력 $V = |\vec{V}| = (u^2 + v^2 + w^2)^{1/2}$이 된다.

3.2.1 유동장 기술방법

Euler 기술방법(Eulerian or spacial representation) 공간상에 고정되어 있는 각 지점을 통과하는 유체의 물리량을 기술하는 것으로, 유동장에서의 속도, 밀도, 압력 등의 유체 성질을 공간상의 고정된 위치에서 시간의 함수로 기술하는 방법

Lagrange 기술방법(Lagrangian or material representation) 움직이는 각각의 유체 입자를 따라 가면서 그 입자의 물리량 기술하는 것으로, 유체 입자에 대한 유체 성질을 시간과 공간에 대한 변화로 기술하는 방법

유동장(flow field)을 기술하는 방법에는 속도, 밀도, 압력 등의 유체 성질을 공간상의 고정된 위치에서 시간의 함수로 기술하는 Euler 기술방법(Eulerian or spacial representation)과 움직이는 유체 입자를 따라가면서 그 유체 입자에 대한 유체 성질을 시간과 공간에 대한 변화로 기술하는 Lagrange 기술방법(Lagrangian or material representation)이 있다.

그림 3.3 Euler 기술방법

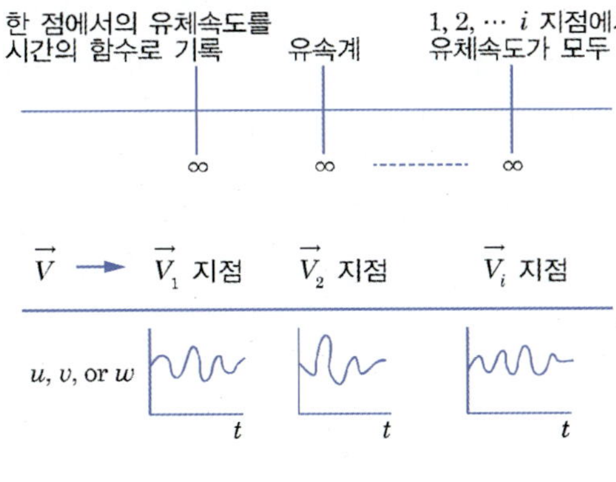

그림 3.4 Lagrange 기술방법

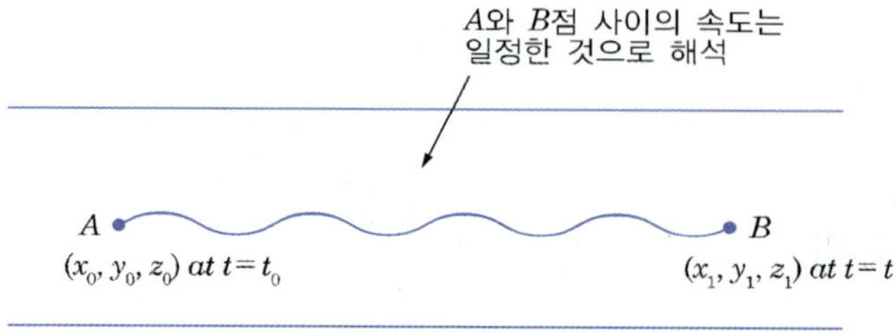

3.2.2 유동선

유선(stream line) 임의의 시각에 유체 입자의 각 위치에서 속도벡터에 접하는 연속적인 선으로, 이 선 위의 어느 한 점에서의 접선은 그 점에서 유체의 흐름방향을 나타낸다.
유적선(path line) 주어진 유체 입자가 일정한 시간 동안 이동한 경로를 연결한 선
유맥선(streak line) 유동장 내 특정한 어느 한 점을 일정한 시간 동안 지나간 유체 입자들을 이은 선
유관(stream tube) 유동장 내 어떤 폐곡선을 통과하는 유체가 그리는 유선들 사이의 가상공간

유체의 유동을 표현하는 방식으로는 유선, 유적선, 유맥선, 유관 네 가지 기본 형태가 있으며 다음과 같다.

(1) 유선

유선(stream line)은 Euler 기술방법으로 임의의 시각에 유동장의 모든 점에서 발생하는 속도벡터에 접하는 선을 연결한 선이다. 비정상유동에서의 유선의 모양은 시간에 따라 다르며, 임의의 시각에 그려진 유선은 그 유선을 따른 공간상 점들에서의 유체의 운동방향을 나타낸다.

그림 3.5 유선

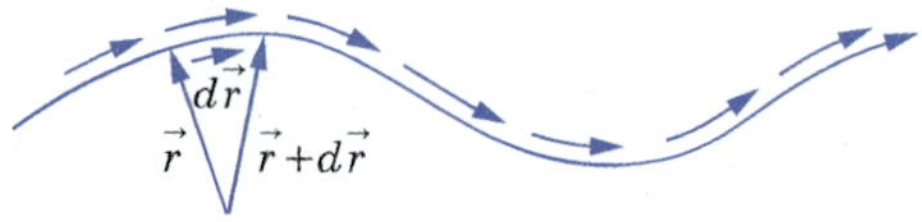

$d\vec{r}$을 유선의 변위벡터라고 할 때, 유체 입자의 이동방향과 유선에서 그은 접선은 항상 일치하므로 유선의 방정식은 두 벡터의 외적(cross product)

에 따라 다음과 같이 된다.

$$\vec{V} \times \vec{dr} = 0 \tag{3.8}$$

직각좌표계(Cartesian or rectangular coordinate)에서 속도벡터와 변위벡터의 외적은 다음과 같으므로

$$\begin{aligned}\vec{V} \times \vec{dr} &= \begin{vmatrix} \hat{i} & \hat{j} & \hat{k} \\ u & v & w \\ dx & dy & dz \end{vmatrix} \\ &= (vdz - wdy)_{\hat{i}} + (wdx - udz)_{\hat{j}} + (udy - vdx)_{\hat{k}} = 0\end{aligned} \tag{3.9}$$

이를 정리하면

$$\frac{dx}{u} = \frac{dy}{v} = \frac{dz}{w} \tag{3.10}$$

식(3.10)을 유선방정식이라고 하며, 속도장이 주어졌을 때 시간 t에서의 유선군은 이로부터 구할 수 있다.

(2) 유적선

유적선(path line)은 Lagrange 기술방법으로 주어진 유체 입자가 일정한 시간 동안 이동한 경로를 연결한 선이다. 그리고 유적선은 유동장 내에서 이동하는 한 개의 유체 입자를 시간에 따라 촬영함으로써 얻을 수 있다.

그림 3.6 유적선

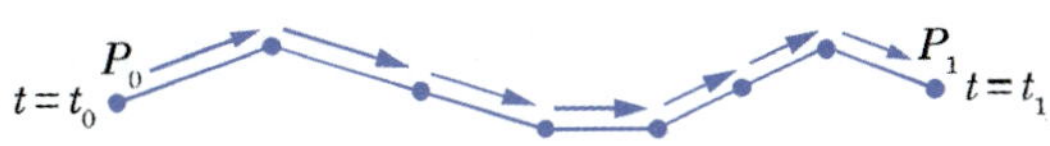

그림 3.6에서 시간 $t = t_0$일 때 점 P_0에 있는 유체 입자는 미소 시간 $(t_1 = t_0 + \Delta t)$ 후에 점 P_1에 도달한다. 그 후 시간 $t = t_1$에서 점 P_1을 지난 유체 입자는 $t_2 = t_1 + \Delta t$에서 점 P_2까지 이동한다. 이와 같이 한 유체 입자는 각 시간에 걸쳐 유동의 방향을 따라 이동하며 각 시간마다 이동한 점들을 연결한 선이 유적선이다.

어떤 유체 입자의 초기 위치벡터 $\vec{r_0}$이라고 하면 유적선의 방정식과 x, y,

z 방향에 대한 평균 속도는 다음과 같다.

$$\vec{r} = \vec{r}(\vec{r_0},\ t)$$

$$\vec{V}(\vec{r},\ t) = \frac{d\vec{r}}{dt}$$

$$:\ u = \frac{\partial x}{\partial t} = \frac{x_1 - x_0}{t_1 - t_0},\ v = \frac{\partial y}{\partial t} = \frac{y_1 - y_0}{t_1 - t_0},\ w = \frac{\partial z}{\partial t} = \frac{z_1 - z_0}{t_1 - t_0} \quad (3.11)$$

(3) 유맥선

유동장 내 특정한 어느 한 점을 일정한 시간 동안 지나간 유체 입자들의 위치를 순서에 따라 이은 선을 유맥선(streak line)이라고 한다. 즉, 고정된 공간상의 어느 한 점에서 출발한 유체 입자가 그리는 유적선이다.

그림 3.7 유맥선

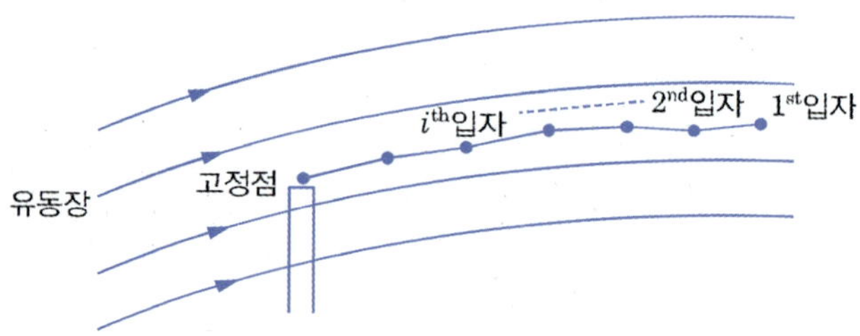

유동장의 어느 한 점에서 물감을 분출시키면 물감은 하나의 선을 만들면서 유동한다. 그 후 어느 순간에 이 유동을 촬영하면 물감의 연속된 선이 나타나는데, 이 선이 유맥선이 된다. 정상유동에서는 유적선, 유선, 유맥선이 모두 같게 나타나나, 비정상유동에서는 이들 세 선이 모두 같을 필요는 없다.

(4) 유관

유동장 내 어떤 폐곡선을 통과하는 유체의 유선을 그리면 속도는 항상 유선에 대해 접선방향이므로 유선은 유체 입자들이 가로지를 수 없는 경계면을 형성하는데, 이 유선들 사이의 가상공간을 유관(stream tube)이라고 한다. 그리고 이와 같은 유관은 인접하는 유체에서 분리되어 있는 고체의 벽으로 둘러싸인 관과 같은 새로운 개체처럼 취급할 수 있다.

그림 3.8 유관

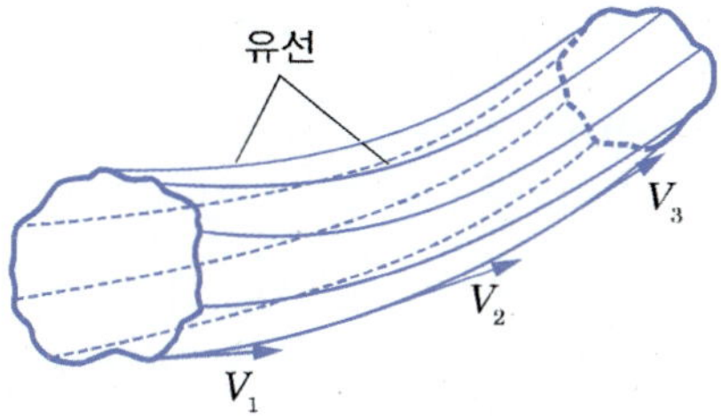

예제 3.2

평면상 x, y 방향 속도성분이 $u=-r\omega\sin\theta$이고 $v=r\omega\cos\theta$일 때, 이 유동은 어떤 운동을 하는가? 여기서, $x^2+y^2=r^2$, $\tan\theta=y/x$이고, r은 반경, ω는 각속도이다.

풀이

속도성분에 대해 유선방정식을 적용하면

$$\frac{dx}{-r\omega\sin\theta}=\frac{dy}{r\omega\cos\theta}$$

$$\frac{dy}{dx}=-\frac{\cos\theta}{\sin\theta}=-\frac{1}{\tan\theta}=-\frac{x}{y}$$

$$xdx+ydy=0$$

$$\int xdx+\int ydy=0$$

$$x^2+y^2=constant=r^2$$

그러므로 이 유동은 반경 r인 원형 운동을 한다.

3.3 가속도장

물질도함수(material or substantial derivative) 여러 가지 유체의 매개변수(속도, 밀도, 온도 등)를 해석하는 데 있어 유용하며, 시간에 따른 변화를 나타내는 시간도함수(또는 국소도함수; local derivative)와 공간에 따른 변화를 나타내는 공간도함수(또는 대류도함수; convective derivative)로 구성되어 있다.

비정상유동에서 공간상의 임의의 한 점에서의 속도는 시간에 따라 변하게 되고, 이는 가속도로 나타난다. 또한 공간상의 한 점에서 다른 점으로 유체 입자가 흐를 때에도 속도의 변화에 따른 가속도가 발생한다.

유체의 운동에 있어 Newton의 제2법칙, $\vec{F} = m\vec{a}$를 적용하기 위해서는 유체 입자의 가속도를 적절하게 나타낼 수 있어야 한다. Lagrange 기술방법에서는 유체 입자의 가속도를 $\vec{a} = \vec{a}(t)$로 나타낸다. 그러나 Euler 기술방법에서는 가속도장(acceleration field)을 위치와 시간의 함수로 나타내며, 속도장 $\vec{V} = \vec{V}(x,\ y,\ z,\ t)$와 유사하게 나타낸다.

물질도함수(material or total derivative)의 개념은 여러 가지 유체의 매개변수를 해석하는 데 있어 매우 유용하다.

그림 3.9 시간에 따른 유체 입자의 위치벡터 변화

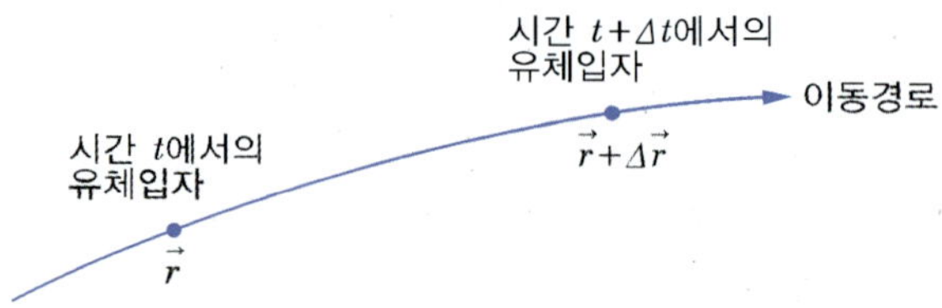

그림 3.9와 같이 유체 입자가 입자의 이동경로(유적선)을 따라 움직이고 있을 때, F를 속도, 밀도, 온도 등의 유체의 매개변수라고 하면, 매개변수 F는 이동경로 상에서의 위치와 시간에 따라 변하므로 $F = F(x,\ y,\ z,\ t)$의 함수로 나타낼 수 있고, 매개변수 F의 시간과 위치의 변화에 따른 변화율은 다음과 같다.

$$\frac{DF}{Dt} = \lim_{\Delta t \to 0} \frac{F(\vec{r}+\Delta\vec{r},\ t+\Delta t) - F(\vec{r},\ t)}{\Delta t} \tag{3.12}$$

$F(\vec{r}+\Delta\vec{r},\ t+\Delta t) = F(\vec{r},\ t) + \dfrac{\partial F}{\partial x}\Delta x + \dfrac{\partial F}{\partial y}\Delta y + \dfrac{\partial F}{\partial z}\Delta z + \dfrac{\partial F}{\partial t}\Delta t$이므로

$$\frac{DF}{Dt} = \lim_{\Delta t \to 0}\left[\frac{\partial F}{\partial t} + \frac{\partial F}{\partial x}\frac{\Delta x}{\Delta t} + \frac{\partial F}{\partial y}\frac{\Delta y}{\Delta t} + \frac{\partial F}{\partial z}\frac{\Delta z}{\Delta t}\right] \tag{3.13}$$

$\lim\limits_{\Delta t \to 0}\dfrac{\Delta x}{\Delta t} = u,\ \lim\limits_{\Delta t \to 0}\dfrac{\Delta y}{\Delta t} = v,\ \lim\limits_{\Delta t \to 0}\dfrac{\Delta z}{\Delta t} = w$라고 하면

$$\frac{DF}{Dt}=\frac{\partial F}{\partial t}+u\frac{\partial F}{\partial x}+v\frac{\partial F}{\partial y}+w\frac{\partial F}{\partial z}$$

$$\therefore\ \frac{DF}{Dt}=\frac{\partial F}{\partial t}+\vec{V}\cdot\nabla F \tag{3.14}$$

여기서, DF/Dt는 물질도함수, $\partial F/\partial t$는 시간도함수(또는 국소도함수; local derivative), $\vec{V}\cdot\nabla F$는 공간도함수(또는 대류도함수; convective derivative), 그리고 ∇은 구배연산자(gradient)로 $\frac{\partial}{\partial x}\hat{i}+\frac{\partial}{\partial y}\hat{j}+\frac{\partial}{\partial z}\hat{k}$이다. 시간도함수는 유동의 비정상성을 나타내는 항으로, 정상유동에서는 시간도함수 $\partial(\,)/\partial t=0$이다. 공간도함수는 유체 입자가 이동할 때, 입자의 위치에 따라 매개변수의 값, 즉 유동의 성질이 변하는 것을 나타내는 항이다.

식(3.15)에서 매개변수 F를 속도 $\vec{V}$로 두면, 속도의 시간변화율인 가속도는 다음과 같이 된다.

$$\vec{a}=\frac{D\vec{V}}{Dt}=\frac{\partial\vec{V}}{\partial t}+\vec{V}\cdot\nabla\vec{V}=\frac{\partial\vec{V}}{\partial t}+u\frac{\partial\vec{V}}{\partial x}+v\frac{\partial\vec{V}}{\partial y}+w\frac{\partial\vec{V}}{\partial z} \tag{3.15}$$

식(3.15)는 벡터이므로 이를 x, y, z 방향에 대한 스칼라로 나타내면 다음과 같다.

$$\begin{aligned}a_x&=\frac{\partial u}{\partial t}+u\frac{\partial u}{\partial x}+v\frac{\partial u}{\partial y}+w\frac{\partial u}{\partial z}\\a_y&=\frac{\partial v}{\partial t}+u\frac{\partial v}{\partial x}+v\frac{\partial v}{\partial y}+w\frac{\partial v}{\partial z}\\a_z&=\frac{\partial w}{\partial t}+u\frac{\partial w}{\partial x}+v\frac{\partial w}{\partial y}+w\frac{\partial w}{\partial z}\end{aligned} \tag{3.16}$$

여기서, a_x, a_y, a_z는 가속도 $\vec{a}$의 x, y, z 방향 성분이다.

예제 3.3

그림과 같이 시작부에서 끝단까지 단면적이 선형적으로 감소하는 노즐이 있다. 노즐의 시작부와 끝단의 직경이 각각 $9cm$와 $3cm$이고 노즐의 길이가 $36cm$일 때, 노즐의 시작부와 끝단의 중간 단면에서 공간가속도는 얼마인가? 여기서, 유량은 $0.02m^3/s$이고, x 방향 1차원 정상유동으로 가정한다.

그림

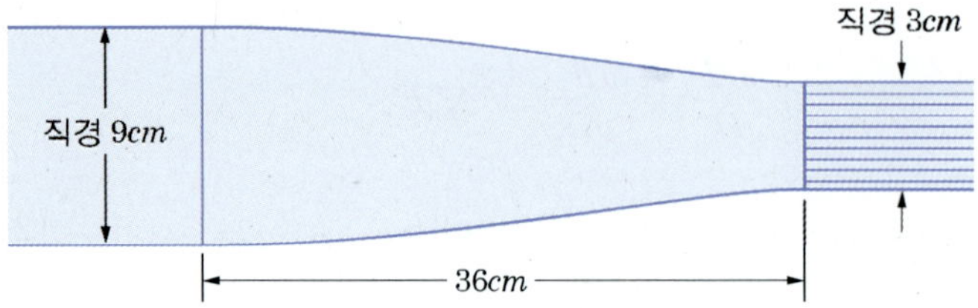

풀이

x 방향 1차원 정상유동에 대한 공간가속도

$$a_x = u\frac{\partial u}{\partial x}$$

시작부와 끝단에서의 단면적

$$A_b = \frac{\pi(0.09^2)}{4} = 0.00636m^2,\ \ A_e = \frac{\pi(0.03^2)}{4} = 0.00071m^2$$

단면적이 선형적으로 감소하므로

$$A = A_b - \frac{\Delta A}{\Delta x}x$$

$$A = A_b - \frac{(A_b - A_e)}{\Delta x}x = 0.00636 - \frac{(0.00636 - 0.00071)}{0.36}x$$

$$= 0.00636 - 0.0157x$$

노즐 중간에서의 단면적 및 평균유속

$$A_m = 0.00636 - (0.0157)(0.36/2) = 0.00353m^2$$

$$u_m = \frac{Q}{A_m} = \frac{0.02}{0.00353} = 5.66m/s$$

속도경사

$$\frac{\partial u}{\partial x} = \frac{\partial}{\partial x}\frac{Q}{A} = \frac{\partial}{\partial x}\frac{Q}{0.00636 - 0.0157x} = \frac{0.0157Q}{(0.00636 - 0.0157x)^2}$$

노즐의 중간부에서는 $x = 0.18m$이므로 공간가속도는 다음과 같다.

$$\frac{\partial u}{\partial x} = 25.1s^{-1} \quad \therefore\ a_x = u\frac{\partial u}{\partial x} = 142m/s^2$$

3.4 Reynolds 수송정리

유동장에서 유체의 특정한 부분에서 발생하는 현상 또는 유체가 어떤 물체나 체적과 상호작용하여 발생하는 현상을 해석할 때, 시스템 개념(주어진 유체의 질량)이나 검사체적 개념(주어진 체적)을 이용하여 유체의 운동을 지배하는 법칙을 표현할 필요가 있다. 이를 수행하기 위해 하나의 개념을 다른 개념으로 전환하여 유동 현상을 해석할 수 있는 도구가 Reynolds 수송정리(Reynolds transport theorem)이다.

3.4.1 시스템과 검사체적

시스템(또는 계; system) 질량이 보존되는 일정하게 정해진 양의 유체, 공기 등과 같은 물질

검사체적(control volume) 유체의 유동을 쉽게 해석하기 위해 임의로 정한 가상의 체적으로, 시간에 따라 체적은 변하지 않으나 질량, 운동량, 에너지 등의 물리량은 유동적인 공간

검사표면(control surface) 검사체적을 둘러싸고 있는 표면

Reynolds 수송정리를 유도하기 위해서는 먼저 시스템과 검사체적에 대한 개념을 이해해야 한다.

시스템(또는 계; system)은 일정하게 정해진 양(일정한 질량 즉, 질량이 보존)의 물질(유체, 공기 등)로, 유동 가능하고 크기와 모양이 변할 수 있으며 주변과 상호작용을 한다. 검사체적(control volume)은 유동 가능한 물질이 흐르는 공간상의 주어진 체적으로, 고정 또는 이동 가능하고 기하학적 존재이며 유체의 유동 및 질량과는 관계가 없다. (본 절에서의 검사체적은 검사체적의 변형이 없고, 이동하지 않으며, 고정된 경우만을 고려한다.) 검사표면(control surface)은 검사체적을 둘러싸고 있는 표면으로, 유동은 검사표면의 일부를 가로지르나 표면 전체를 가로지르는 것은 아니다.

3.4.2 Reynolds 수송정리

Reynolds 수송정리(Reynolds transport theorem) 시스템 해석을 검사체적 해석으로 전환하여 유동 현상을 해석하는 도구

모든 물리법칙은 여러 가지 변수들로 구성되어 있으며, 질량, 속도, 가속도, 운동량, 운동에너지 등은 일반적인 매개변수이다. B를 시스템, 즉 유체가 가지는 매개변수(질량, 속도, 가속도, 운동량, 운동에너지 등으로 질량에 비례)라고 하면 B는 다음과 같이 정의된다.

$$B = mb$$

여기서, b는 매개변수 B의 단위질량당 양으로 질량과는 무관하고, m은 유체의 질량이다. 그리고 B와 b는 벡터와 스칼라에 모두 적용 가능하다. 예를 들어, $B = m$(질량)이면 $b = B/m = m/m = 1$(단위질량당 질량)이 되고, $B = mV^2/2$(질량의 운동에너지)이면 $b = V^2/2$(단위질량당 운동에너지)가 되며, $\vec{B} = m\vec{V}$(운동량)이면 $\vec{b} = \vec{V}$(단위질량당 운동량, 즉 속도)가 된다.

Reynolds 수송정리는 그림 3.10과 같은 고정된 관내의 검사체적(검사체적의 변형이 없고, 고정된 경우)을 흐르는 1차원 유동에서부터 구할 수 있다.

그림 3.10 단면적이 변하는 관내 유동에 대한 시스템과 검사체적

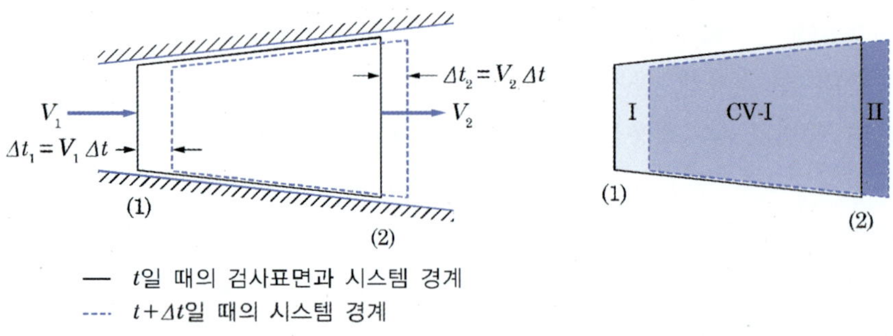

그림 3.10에서 최초 시간 t에서의 검사체적 내에 있는 시스템을 유체라고 하고, 단면 (1)과 (2)에서의 유체의 속도를 V_1과 V_2라고 하면(V_1과 V_2는 각 단면에서 균일하고 수직으로 흐른다), 이 시스템은 짧은 시간이 지

난 시간 $t+\Delta t$에서 단면 (1)에서는 $\Delta l_1 = V_1 \Delta t$ 그리고 단면 (2)에서는 $\Delta l_2 = V_2 \Delta t$ 움직일 것이다. 그리고 검사체적을 CV로 표시하고, 시간이 t에서 $t+\Delta t$로 변하는 동안 검사체적으로 유입, 유출되는 유량을 체적 Ⅰ과 체적 Ⅱ로 표시하면, 시간 t에서의 시스템은 CV 내에 있는 유체로 구성되기 때문에 $SYS = CV$가 되지만, 시간 $t+\Delta t$에서는 시스템을 구성하는 유체의 체적이 $(CV - \text{I}) + \text{II}$가 되므로 $SYS = CV - \text{I} + \text{II}$가 된다. 그러나 검사체적은 항상 CV로 유지된다.

B를 시스템이 가지는 매개변수라고 하면, 시간 t에서의 시스템과 검사체적 내의 유체는 일치하므로

$$B_{SYS}(t) = B_{CV}(t) \tag{3.17}$$

시간 $t+\Delta t$에서는

$$B_{SYS}(t+\Delta t) = B_{CV}(t+\Delta t) - B_{\text{I}}(t+\Delta t) + B_{\text{II}}(t+\Delta t) \tag{3.18}$$

그러므로 Δt 시간 동안 B의 변화량은 다음과 같이 된다.

$$\begin{aligned}\frac{\Delta B_{SYS}}{\Delta t} &= \frac{B_{SYS}(t+\Delta t) - B_{SYS}(t)}{\Delta t} \\ &= \frac{B_{CV}(t+\Delta t) - B_{\text{I}}(t+\Delta t) + B_{\text{II}}(t+\Delta t) - B_{SYS}(t)}{\Delta t}\end{aligned} \tag{3.19}$$

시간 t에서는 $B_{SYS}(t) = B_{CV}(t)$이므로 식(3.19)는 다음과 같이 된다.

$$\begin{aligned}&\frac{\Delta B_{SYS}}{\Delta t} \\ &= \frac{B_{CV}(t+\Delta t) - B_{CV}(t)}{\Delta t} - \frac{B_{\text{I}}(t+\Delta t)}{\Delta t} + \frac{B_{\text{II}}(t+\Delta t)}{\Delta t}\end{aligned} \tag{3.20}$$

$\Delta t \to 0$일 때 식(3.20)의 좌변은 B의 변화율이 되고 다음과 같이 나타낼 수 있다.

$$\lim_{\Delta t \to 0} \frac{\Delta B_{SYS}}{\Delta t} = \frac{DB_{SYS}}{Dt} \tag{3.21}$$

$\Delta t \to 0$일 때 식(3.20) 우변의 첫째 항은 검사체적 내에서의 B의 변화율을 나타내고 다음과 같이 된다.

$$\lim_{\Delta t \to 0} \frac{B_{CV}(t+\Delta t) - B_{CV}(t)}{\Delta t} = \frac{\partial B_{CV}}{\partial t} = \frac{\partial \left(\int_{CV} \rho b d\forall \right)}{\partial t} \tag{3.22}$$

우변의 셋째 항은 오른쪽 검사표면을 통해 나가는 B의 유출률이 되고 다음과 같이 된다.

$$B_{\mathrm{II}}(t+\Delta t) = (mb)_2 = \rho_2 \Delta \forall_2 b_2 = \rho_2 \Delta l_2 A_2 b_2 = \rho_2 V_2 \Delta t A_2 b_2$$

$$\lim_{\Delta t \to 0} \frac{B_{\mathrm{II}}(t+\Delta t)}{\Delta t} = \rho_2 b_2 A_2 V_2 \tag{3.23}$$

그리고 우변의 둘째 항은 왼쪽 검사표면을 통한 들어오는 B의 유입률이 되고 다음과 같이 된다.

$$B_{\mathrm{I}}(t+\Delta t) = (mb)_1 = \rho_1 \Delta \forall_1 b_1 = \rho_1 \Delta l_1 A_1 b_1 = \rho_1 V_1 \Delta t A_1 b_1$$

$$\lim_{\Delta t \to 0} \frac{B_{\mathrm{I}}(t+\Delta t)}{\Delta t} = \rho_1 b_1 A_1 V_1 \tag{3.24}$$

그러므로 식(3.20)에 식(3.22), 식(3.23), 식(3.24)를 대입하면, 시스템의 매개변수 B의 변화율은 다음과 같이 되고, 이 식이 Reynolds 수송정리이다.

$$\frac{DB_{SYS}}{Dt} = \frac{\partial B_{CV}}{\partial t} + \rho_2 A_2 V_2 b_2 - \rho_1 A_1 V_1 b_1 \tag{3.25}$$

식(3.25)를

$$\frac{\partial B_{CV}}{\partial t} = \frac{\partial}{\partial t} \int_{CV} \rho b d\forall \text{ 와 } (\rho_2 A_2 V_2 b_2 - \rho_1 A_1 V_1 b_1) = \int_{CS} \rho b \vec{V} \cdot \hat{n} dA$$

을 이용하여 적분형으로 나타내면 다음과 같다.

$$\frac{DB_{SYS}}{Dt} = \frac{\partial}{\partial t} \int_{CV} \rho b d\forall + \int_{CS} \rho b \vec{V} \cdot \hat{n} dA \tag{3.26}$$

3.5 연속방정식

연속방정식(continuity equation) 질량보존법칙(conservation of mass)에 의해 유체의 운동에서 새로이 생성되거나 소멸되는 것이 없을 때 질량이 보존된다는 이론을 나타내는 방정식으로, 유동장에 임의의 공간을 설정했을 때, 그 공간으로 단위시간당 유입되고 유출되는 유체의 체적은 같아야 한다는 조건을 만족시키는 방정식

체적유량(volume flow rate) 단위시간당 통수단면을 흐르는 유체의 체적으로, 유속×단면적이다.

질량유량(mass flow rate) 단위시간당 통수단면을 흐르는 유체의 질량으로, 밀도×유속×단면적이다.

연속방정식(continuity equation)은 질량보존법칙(conservation of mass; 시스템 내의 질량변화율 = 0)에서부터 도출되는 유동의 기본방정식으로, 한 단면에서 다른 단면으로 흐르는 유동의 연속성을 나타낸다.

Reynolds 수송정리에서 시스템 B를 질량 m으로 두면, $B = mb$에서부터 $b = 1$이 되고, 질량 m에 대한 Reynolds 수송정리는 다음과 같이 된다.

$$\frac{Dm_{SYS}}{Dt} = \frac{\partial m_{CV}}{\partial t} + \int_{CS} \rho \vec{V} \cdot \hat{n} dA \tag{3.27}$$

여기서, $m_{SYS} = \int_{SYS} \rho d\forall$ (질량 = 밀도 × 체적)이다. 그리고 식(3.27)은 시스템 내의 질량변화율은 검사체적 내에서의 질량변화율과 검사표면을 흐르는 질량의 총 유동률의 합이 됨을 나타낸다.

비압축성 유체로 가정하고, 식(3.27)에 $m = \int \rho d\forall$ 를 대입하여 적분형으로 나타내면

$$\frac{D}{Dt}\int_{SYS} \rho d\forall = \frac{\partial}{\partial t}\int_{CV} \rho d\forall + \int_{CS} \rho \vec{V} \cdot \hat{n} dA \tag{3.28}$$

여기서, $\frac{D}{Dt}\int_{SYS} \rho d\forall$ 는 시스템 내의 질량변화율, $\frac{\partial}{\partial t}\int_{CV} \rho d\forall$ 는 검사체적 내의 질량변화율, 그리고 $\int_{CS} \rho \vec{V} \cdot \hat{n} dA$는 검사표면을 흐르는 질량의 총 유동률이다.

시스템 내의 질량의 변화율은 없으므로 $\frac{Dm_{SYS}}{Dt} = \frac{D}{Dt}\int_{SYS} \rho d\forall = 0$이 되고, 식(3.28)은 다음과 같이 된다.

$$\frac{\partial}{\partial t}\int_{CV} \rho d\forall + \int_{CS} \rho \vec{V} \cdot \hat{n} dA = 0 \tag{3.29}$$

식(3.29) 좌변 둘째 항의 $\vec{V} \cdot \hat{n} dA$는 검사표면의 미소 면적 dA에 수직인 속도성분 $\vec{V}$와 미소 면적 dA의 곱으로, $\vec{V} \cdot \hat{n} dA$는 미소 면적 dA를 통과하는 체적유량(volume flow rate) Q이고, $\rho \vec{V} \cdot \hat{n} dA$는 미소 면적 dA를 통과하는 질량유량(mass flow rate) $\dot{m}$이다. 그리고 $\vec{V} \cdot \hat{n}$에서 법선벡터(normal vector) $\hat{n}$은 밖으로 향할 때 양의 부호를 가지므로, 유동이 검사표면에서 유출하면 '+', 유입하면 '−'로 나타낸다. 그러므로 식(3.29)는 다음과 같이 된다.

$$\int_{CS_{out}} \rho \vec{V} \cdot \hat{n} dA - \int_{CS_{in}} \rho \vec{V} \cdot \hat{n} dA = -\frac{\partial}{\partial t}\int_{CV} \rho d\forall \tag{3.30}$$

여기서, $\int_{CS_{out}} \rho \vec{V} \cdot \hat{n} dA = \dot{m}_{out}$이고, $\int_{CS_{in}} \rho \vec{V} \cdot \hat{n} dA = \dot{m}_{in}$이다.

그림 3.11 관내에서의 연속방정식

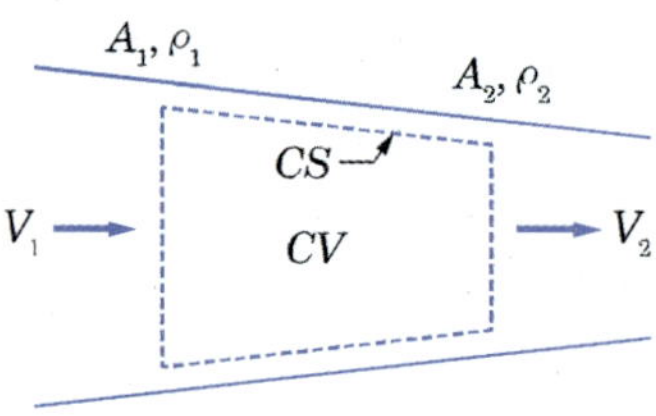

1차원 유동인 경우

$$\rho_2 V_2 A_2 - \rho_1 V_1 A_1 = -\frac{\partial m_{CV}}{\partial t} \tag{3.31}$$

정상유동인 경우, 모든 유체의 성질은 시간에 대해 일정하고, 검사체적 내에서의 질량변화율은 없으므로 $\partial m_{CV}/\partial t = 0$이 되고, 식(3.31)은 다음과 같은 연속방정식이 된다.

$$\dot{m} = \rho_1 V_1 A_1 = \rho_2 V_2 A_2 \ \text{(질량유량)} \tag{3.32}$$

비압축성 유체인 경우, 밀도 ρ는 일정하므로($D\rho/Dt = 0$) $\rho_1 = \rho_2$가 되고, 식(3.32)는 다음과 같이 된다.

$$Q = A_1 V_1 = A_2 V_2 \ \text{(체적유량)} \tag{3.33}$$

예제 3.4

그림과 같이 관의 단면이 직경 $20cm$에서 $10cm$로 축소된 후 다시 $15cm$로 확대된다. 직경 $10cm$인 관에서의 평균유속이 $3m/s$일 때, 관내에 흐르는 유량을 구하고, 이 유량에 대한 직경 $15cm$ 및 $20cm$ 관에서의 평균유속을 구하라. 여기서, 유체는 비압축성으로 가정하라.

그림

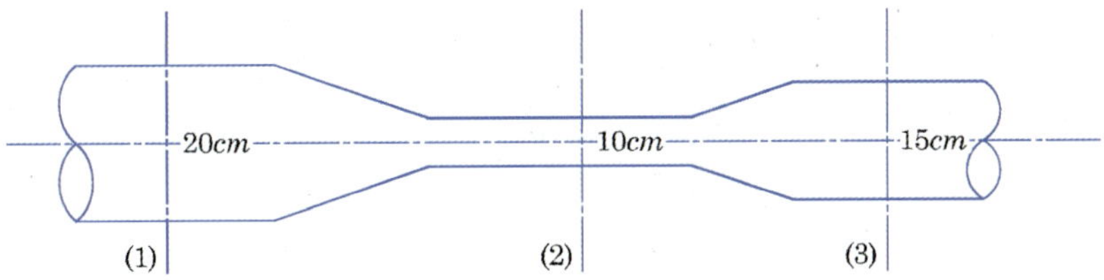

풀이

유량과 유속

$$Q = A_2 V_2 = \frac{\pi(0.1)^2}{4}(3) = 0.0236 m^3/s$$

$$V_1 = \frac{Q}{A_1} = \frac{0.0236}{\pi(0.2)^2/4} = 0.75 m/s$$

$$V_3 = \frac{Q}{A_3} = \frac{0.0236}{\pi(0.15)^2/4} = 1.33 m/s$$

또는 $Q = A_1 V_1 = A_2 V_2 = A_3 V_3$이므로

$$V_1 = \frac{A_2 V_2}{A_1} = \frac{[\pi(0.1)^2/4](3)}{\pi(0.2)^2/4} = 0.75 m/s$$

$$V_3 = \frac{A_2 V_2}{A_3} = \frac{[\pi(0.1)^2/4](3)}{\pi(0.15)^2/4} = 1.33 m/s$$

예제 3.5

그림과 같은 직경 $D_2 = 25cm$인 관에 물이 유속 $V_2 = 1.77m/s$로 흐르고 있다. $V_3 = 1.43m/s$일 때, $Q_3 = 2Q_2$가 되기 위한 직경 D_3와 단면 (1)에서의 유량 Q_1을 구하라.

그림

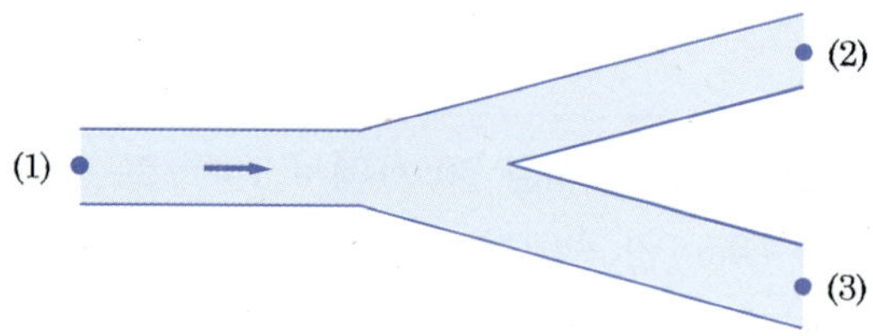

풀이

$Q_3 = 2Q_2$에서부터 $A_3V_3 = 2A_2V_2$이므로

$$\frac{\pi D_3^2}{4}(1.43) = 2\left[\frac{\pi(0.25^2)}{4}\right](1.77)$$

$$\therefore\ D_3 = 0.393m/s$$

$Q_2 = A_2V_2$에서부터

$$Q_2 = A_2V_2 = \frac{\pi(0.25^2)}{4}(1.77) = 0.087m^3/s$$

$$Q_3 = 2Q_2 = 2(0.087) = 0.174m^3/s$$

$$\therefore\ Q_1 = Q_2 + Q_3 = 0.261m^3/s$$

3.6 운동량방정식

운동량방정식(momentum equation) 물체의 운동을 기술하는 변수들 사이의 시간에 따른 관계를 나타내는 방정식

Navier-Stokes 방정식 뉴턴의 운동법칙을 비압축성, 점성 유체에 응용한 비선형 편미분 운동방정식으로, 점성이 없는 이상유체에서부터 경계층의 난류 발생 현상까지 다룰 수 있다.

Euler 방정식 점성이 없는 유체(비점성유체 또는 이상유체)의 운동을 기술하는 미분방정식

운동량(momentum)은 질량과 속도의 곱이므로, 질량이 $\rho d\forall$ 인 미소 입자의 운동량은 $\vec{V}\rho d\forall$ 가 된다. 그러므로 전체 시스템의 운동량은 $\int_{SYS}\vec{V}\rho d\forall$ 가 되고, Newton의 제2법칙(운동의 법칙; equation of motion)은 다음과 같다.

$$\frac{D}{Dt}\int_{SYS}\vec{V}\rho d\forall=\sum\vec{F}_{SYS}=\sum m\vec{a} \tag{3.34}$$

여기서, m은 질량이고, $\vec{a}$는 가속도이다. 그리고 $\frac{D}{Dt}\int_{SYS}\vec{V}\rho d\forall$ 는 시스템의 운동량변화율이고, $\sum\vec{F}_{SYS}$은 시스템에 작용하는 외력의 합이다.

시스템 B를 $m\vec{V}$로 두면 $B=mb$에서부터 $b=\vec{V}$가 되며, 운동량 $m\vec{V}$에 대한 Reynolds 수송정리는 다음과 같이 된다.

$$\frac{D}{Dt}\int_{SYS}\vec{V}\rho d\forall=\frac{\partial}{\partial t}\int_{CV}\vec{V}\rho d\forall+\int_{CS}\vec{V}\rho\vec{V}\cdot\hat{n}dA \tag{3.35}$$

여기서, $\frac{\partial}{\partial t}\int_{CV}\vec{V}\rho d\forall$ 는 검사체적 내의 운동량변화율이고, $\int_{CS}\vec{V}\rho\vec{V}\cdot\hat{n}dA$ 는 검사표면을 통과하는 운동량의 총 유동률이다.

시스템과 검사체적이 일치할 때, 시스템에 작용하는 외력은 검사체적에 작용하는 외력이 되므로 운동량방정식(momentum equation)은 다음과 같이 된다.

$$\sum\vec{F}_{SYS}=\sum\vec{F}_{CV}=\frac{\partial}{\partial t}\int_{CV}\vec{V}\rho d\forall+\int_{CS}\vec{V}\rho\vec{V}\cdot\hat{n}dA \tag{3.36}$$

여기서, $\sum\vec{F}_{CV}=\sum\vec{F}_s$(표면력)$+\sum\vec{F}_b$(체적력)이다.

유체 요소에 작용하는 힘은 표면력(surface force)과 체적력(body force)이므로, 미소 질량 Δm(미소 체적 $\Delta\forall$)에 작용하는 힘은 다음과 같다.

$$\Delta\vec{F}=\Delta m\frac{D\vec{V}}{Dt}=\Delta m\vec{a}=\Delta\vec{F}_s+\Delta\vec{F}_b \tag{3.37}$$

표면력(surface force)은 요소 주위와의 상호작용에 의해 요소에 작용하는 힘으로 수직력(압력에 의한 힘)과 접선력(전단력)이 있다. 그림 3.12와 같이 미소 면적 ΔA에 작용하는 (3차원 공간상의) 표면력은 $\Delta \vec{F}_s$로 나타낼 수 있다. 이 표면력은 ΔA에 수직한 성분(수직력) ΔF_n과 ΔA에 평행한 성분(전단력) ΔF_1과 ΔF_2로 분리할 수 있으며, 수직응력(normal stress) σ_n과 전단응력(shear stress) τ_1, τ_2는 다음과 같다.

$$\sigma_n = \lim_{\Delta A \to 0} \frac{\Delta F_n}{\Delta A} \tag{3.38}$$

$$\tau_1 = \lim_{\Delta A \to 0} \frac{\Delta F_1}{\Delta A}, \quad \tau_2 = \lim_{\Delta A \to 0} \frac{\Delta F_2}{\Delta A} \tag{3.39}$$

그림 3.12 임의의 미소 단면에 작용하는 표면력

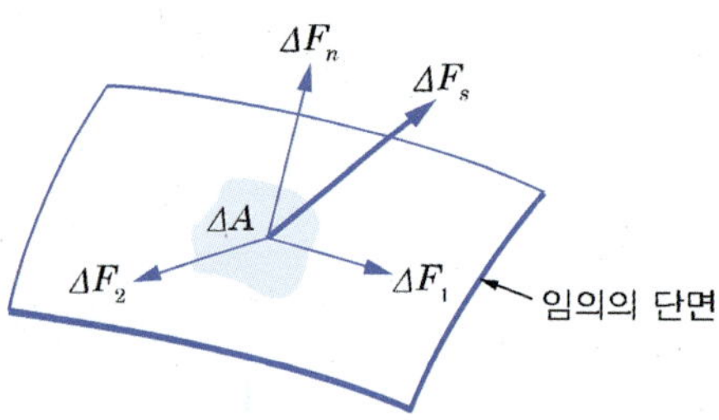

응력성분을 보다 쉽게 나타내기 위해 그림 3.13과 같은 직각좌표계에서 수직응력 σ와 전단응력 τ를 2중 첨자를 사용하여 나타내었다. 여기서 첫째 첨자는 응력이 작용하는 평면에 대한 수직방향이고, 둘째 첨자는 응력이 작용하는 방향을 나타낸다. 그러므로 수직응력의 두 첨자는 항상 같고, 전단응력의 두 첨자는 항상 다르다. 그리고 응력의 양과 음의 방향은 좌표에서의 양과 음의 방향으로 규정한다. 그러므로 양의 방향으로 작용하는 수직응력은 잡아당기는 응력인 인장응력을 의미하고, 음의 방향으로 작용하는 수직응력은 압축시키는 응력인 압축응력을 의미한다.

그림 3.14는 미소 육면체 모양의 유체 요소 표면에 작용하는 x 방향 표면력을 나타내고 있다. 표면력은 표면에 작용하는 응력과 표면적의 곱이므로, x 방향으로 작용하는 표면력에 의한 힘은 다음과 같다.

그림 3.13 2중 첨자에 의한 응력

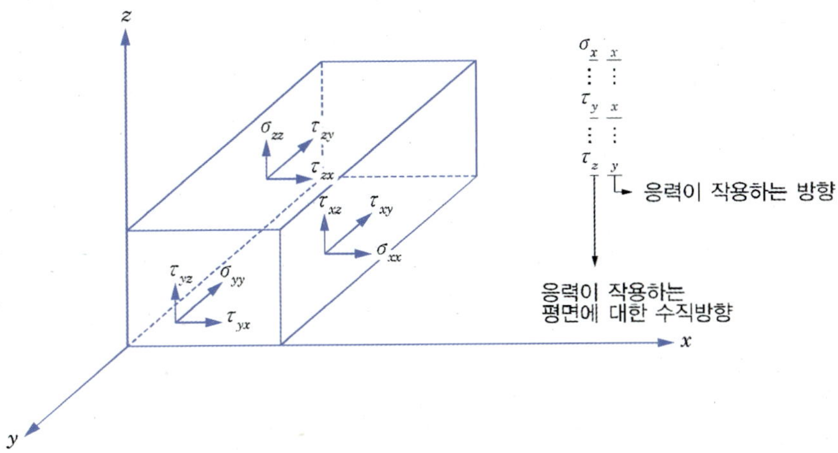

그림 3.14 유체 요소에 작용하는 x 방향 표면력

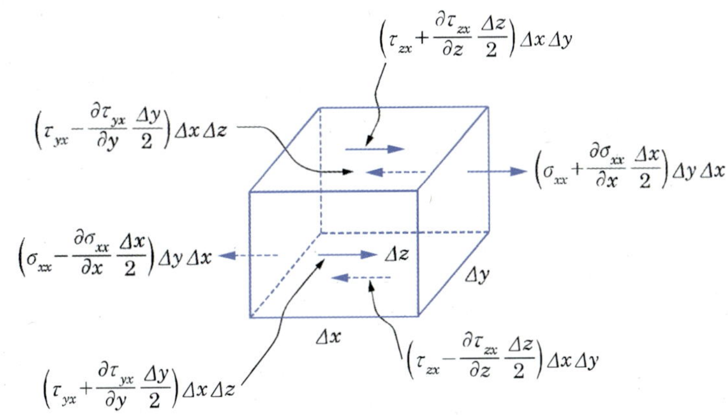

$$\begin{aligned}\Delta F_{sx} &= \left[\left(\sigma_{xx}+\frac{\partial\sigma_{xx}}{\partial x}\frac{\Delta x}{2}\right)-\left(\sigma_{xx}-\frac{\partial\sigma_{xx}}{\partial x}\frac{\Delta x}{2}\right)\right]\Delta y\Delta z + \\ &\quad \left[\left(\tau_{yx}+\frac{\partial\tau_{yx}}{\partial y}\frac{\Delta y}{2}\right)-\left(\tau_{yx}-\frac{\partial\tau_{yx}}{\partial y}\frac{\Delta y}{2}\right)\right]\Delta x\Delta z + \\ &\quad \left[\left(\tau_{zx}+\frac{\partial\tau_{zx}}{\partial z}\frac{\Delta z}{2}\right)-\left(\tau_{zx}-\frac{\partial\tau_{zx}}{\partial z}\frac{\Delta z}{2}\right)\right]\Delta x\Delta y \\ &= \left(\frac{\partial\sigma_{xx}}{\partial x}+\frac{\partial\tau_{yx}}{\partial y}+\frac{\partial\tau_{zx}}{\partial z}\right)\Delta x\Delta y\Delta z \end{aligned} \tag{3.40a}$$

위와 같은 방법으로 y, z 방향으로 작용하는 표면력에 의한 힘을 구하면 다음과 같다.

$$\Delta F_{sy} = \left(\frac{\partial \tau_{xy}}{\partial x} + \frac{\partial \sigma_{yy}}{\partial y} + \frac{\partial \tau_{zy}}{\partial z}\right)\Delta x \Delta y \Delta z \tag{3.40b}$$

$$\Delta F_{sz} = \left(\frac{\partial \tau_{xz}}{\partial x} + \frac{\partial \tau_{yz}}{\partial y} + \frac{\partial \sigma_{zz}}{\partial z}\right)\Delta x \Delta y \Delta z \tag{3.40c}$$

그러므로 표면력에 의한 힘의 총합은 다음과 같다.

$$\Delta \vec{F}_s = \Delta F_{sx\hat{i}} + \Delta F_{sy\hat{j}} + \Delta F_{sz\hat{k}} \tag{3.41}$$

체적력(body force)은 중력 작용에 의한 힘(무게)이며, 미소 요소의 체적력은 다음과 같다.

$$\Delta \vec{F}_b = \Delta m \vec{g} \tag{3.42}$$

여기서, $\vec{g}$는 중력가속도 벡터이다. 식(3.42)를 x, y, z 방향 성분에 대해 나타내면

$$\Delta F_{bx} = \Delta m g_x = \rho \Delta x \Delta y \Delta z g_x \tag{3.43a}$$

$$\Delta F_{by} = \Delta m g_y = \rho \Delta x \Delta y \Delta z g_y \tag{3.43b}$$

$$\Delta F_{bz} = \Delta m g_z = \rho \Delta x \Delta y \Delta z g_z \tag{3.43c}$$

여기서, g_x, g_y, g_z는 중력가속도의 x, y, z 방향 성분이다.
$\Delta \vec{F} = \Delta \vec{F}_s + \Delta \vec{F}_b = \Delta m \vec{a}$에서부터 x, y, z 방향으로 작용하는 힘은 다음과 같다.

$$\Delta F_x = \Delta m a_x = \rho \Delta x \Delta y \Delta z a_x = \Delta F_{sx} + \Delta F_{bx} \tag{3.44a}$$

$$\Delta F_y = \Delta m a_y = \rho \Delta x \Delta y \Delta z a_y = \Delta F_{sy} + \Delta F_{by} \tag{3.44b}$$

$$\Delta F_z = \Delta m a_z = \rho \Delta x \Delta y \Delta z a_z = \Delta F_{sz} + \Delta F_{bz} \tag{3.44c}$$

그러므로 표면력과 체적력에 대한 식(3.40)과 식(3.43)을 식(3.44)에 대입하여 x, y, z 방향에 대한 운동방정식을 구하면 다음과 같고, 단위체적당 힘을 나타낸다.

$$\rho\left(\frac{\partial u}{\partial t}+u\frac{\partial u}{\partial x}+v\frac{\partial u}{\partial y}+w\frac{\partial u}{\partial z}\right)=\frac{\partial \sigma_{xx}}{\partial x}+\frac{\partial \tau_{yx}}{\partial y}+\frac{\partial \tau_{zx}}{\partial z}+\rho g_x \tag{3.45a}$$

$$\rho\left(\frac{\partial v}{\partial t}+u\frac{\partial v}{\partial x}+v\frac{\partial v}{\partial y}+w\frac{\partial v}{\partial z}\right)=\frac{\partial \tau_{xy}}{\partial x}+\frac{\partial \sigma_{yy}}{\partial y}+\frac{\partial \tau_{zy}}{\partial z}+\rho g_y \tag{3.45b}$$

$$\rho\left(\frac{\partial w}{\partial t}+u\frac{\partial w}{\partial x}+v\frac{\partial w}{\partial y}+w\frac{\partial w}{\partial z}\right)=\frac{\partial \tau_{xz}}{\partial x}+\frac{\partial \tau_{yz}}{\partial y}+\frac{\partial \sigma_{zz}}{\partial z}+\rho g_z \tag{3.45c}$$

유체 요소에 작용하는 수직응력은 압력(압축하는 수직응력)이므로

$$\sigma_{xx}=\sigma_{yy}=\sigma_{zz}=-p-p \tag{3.46}$$

비압축성, Newton 유체에서는 전단응력이 전단변형률과 선형적인 관계가 있으므로 식(3.45) 우변의 전단응력 항은 다음과 같이 나타낼 수 있다.

$$\tau_{xy}=\tau_{yx}=\mu\left(\frac{\partial u}{\partial y}+\frac{\partial v}{\partial x}\right) \tag{3.47a}$$

$$\tau_{yz}=\tau_{zy}=\mu\left(\frac{\partial v}{\partial z}+\frac{\partial w}{\partial y}\right) \tag{3.47b}$$

$$\tau_{xz}=\tau_{zx}=\mu\left(\frac{\partial u}{\partial z}+\frac{\partial w}{\partial x}\right) \tag{3.47c}$$

그러므로 식(3.46)과 식(3.47)을 식(3.45)에 대입하면 다음과 같은 Navier (프랑스, 1823년)–Stokes(영국, 1845년) 방정식이 된다.

$$\rho\left(\frac{\partial u}{\partial t}+u\frac{\partial u}{\partial x}+v\frac{\partial u}{\partial y}+w\frac{\partial u}{\partial z}\right)$$
$$=-\frac{\partial p}{\partial x}+\left(\frac{\partial^2 u}{\partial x^2}+\frac{\partial^2 u}{\partial y^2}+\frac{\partial^2 u}{\partial z^2}\right)+\rho g_x \tag{3.48a}$$

$$\rho\left(\frac{\partial v}{\partial t}+u\frac{\partial v}{\partial x}+v\frac{\partial v}{\partial y}+w\frac{\partial v}{\partial z}\right)$$
$$=-\frac{\partial p}{\partial y}+\left(\frac{\partial^2 v}{\partial x^2}+\frac{\partial^2 v}{\partial y^2}+\frac{\partial^2 v}{\partial z^2}\right)+\rho g_y \tag{3.48b}$$

$$\rho\left(\frac{\partial w}{\partial t}+u\frac{\partial w}{\partial x}+v\frac{\partial w}{\partial y}+w\frac{\partial w}{\partial z}\right)$$
$$=-\frac{\partial p}{\partial z}+\left(\frac{\partial^2 w}{\partial x^2}+\frac{\partial^2 w}{\partial y^2}+\frac{\partial^2 w}{\partial z^2}\right)+\rho g_z \tag{3.48c}$$

그리고 식(3.48)에서 점성의 영향을 무시하면($\nu = 0$), 식(3.48)은 Euler 운동방정식이 되고 다음과 같다.

$$\rho \frac{Du}{Dt} = -\frac{\partial p}{\partial x} + \rho g_x \tag{3.49a}$$

$$\rho \frac{Dv}{Dt} = -\frac{\partial p}{\partial y} + \rho g_y \tag{3.49b}$$

$$\rho \frac{Dw}{Dt} = -\frac{\partial p}{\partial z} + \rho g_z \tag{3.49c}$$

운동량방정식에서 표면력 $\overrightarrow{F}_s$ =수직력(압력에 의한 힘) $\overrightarrow{F}_p$ + 접선력(전단력) $\overrightarrow{F}_\tau$이므로

$$\sum \overrightarrow{F} = \overrightarrow{F}_p + \overrightarrow{F}_\tau + \overrightarrow{F}_b = \frac{\partial}{\partial t}\int_{CV} \overrightarrow{V} \rho d\forall + \int_{CS} \overrightarrow{V} \rho \overrightarrow{V} \cdot \hat{n} dA \tag{3.50}$$

식(3.50)의 $\int_{CS} \overrightarrow{V} \rho \overrightarrow{V} \cdot \overrightarrow{n} dA$에 있어 검사체적으로 유입하는 유동의 $\overrightarrow{V} \cdot \overrightarrow{n}$은 '$-$'이고, 검사체적에서 유출하는 유동의 $\overrightarrow{V} \cdot \overrightarrow{n}$은 '+'이다. 그리고 좌표축의 양의 방향으로의 유동은 '+'이고, 좌표축의 음의 방향으로의 유동은 '$-$'이다. 그러므로 식(3.50)을 x, y, z 방향 성분에 대해 나타내면

$$\begin{aligned} \sum F_x &= F_{px} + F_{\tau x} + F_{bx} \\ &= \frac{\partial}{\partial t}\int_{CV} u \rho d\forall + \int_{CS} u \rho \overrightarrow{V} \cdot \hat{n} dA \end{aligned} \tag{3.51a}$$

$$\begin{aligned} \sum F_y &= F_{py} + F_{\tau y} + F_{by} \\ &= \frac{\partial}{\partial t}\int_{CV} v \rho d\forall + \int_{CS} v \rho \overrightarrow{V} \cdot \hat{n} dA \end{aligned} \tag{3.51b}$$

$$\begin{aligned} \sum F_z &= F_{pz} + F_{\tau z} + F_{bz} \\ &= \frac{\partial}{\partial t}\int_{CV} w \rho d\forall + \int_{CS} w \rho \overrightarrow{V} \cdot \hat{n} dA \end{aligned} \tag{3.51c}$$

여기서, x, y, z 방향에 대한 $\overrightarrow{V} \cdot \hat{n}$은 u, v, w이다.

그림 3.15 x 방향 정상 1차원 유동 (수평 관에 작용하는 힘)

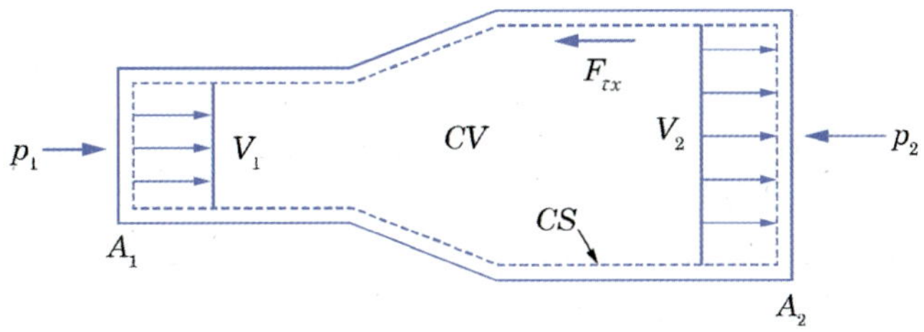

x 방향 정상 1차원 유동인 경우, $\frac{\partial}{\partial t}\int_{CV} \vec{V}\rho d\forall = 0$이므로, 식(3.50)은 다음과 같이 된다.

$$\sum F_x = F_{px} + F_{\tau x} + F_{bx} = \int_{CS} V\rho \vec{V}\cdot \hat{n} dA \tag{3.52}$$

x 방향에 대한 체적력은 없으므로 $F_{bx} = 0$이고, $\vec{V}\cdot\hat{n}$은 검사체적으로 유입, 유출하는 속도성분 V_1, V_2이므로

$$\begin{aligned}\sum F_x &= p_1 A_1 - p_2 A_2 - F_{\tau x} \\ &= \int_{CS_{out}} V_2\rho_2 V_2 dA_2 + \left(-\int_{CS_{in}} V_1\rho_1 V_1 dA_1\right) \\ &= \int_{A_2} V_2\rho_2 V_2 dA_2 - \int_{A_1} V_1\rho_1 V_1 dA_1\end{aligned} \tag{3.53}$$

질량유량 $\dot{m} = \rho_1 V_1 A_1 = \rho_2 V_2 A_2$로 일정하고, $\rho_1 = \rho_2 = \rho$이므로

$$\begin{aligned}\sum F_x &= p_1 A_1 - p_2 A_2 - F_{\tau x} = \dot{m} V_2 - \dot{m} V_1 \\ &= \rho Q(V_2 - V_1)\end{aligned} \tag{3.54}$$

관수로나 개수로에서의 유동에 대한 문제를 쉽게 풀이하기 위해 일반적으로 1차원 유동 단면 전체에 대한 평균유속 V를 사용한다. 그러나 평균유속 V를 사용한 운동량은 단면 각 미소 면적에 대한 운동량을 적분하여 산출한 총 운동량의 평균값은 아니다. 그러므로 어느 한 단면을 흐르는 유체의 평균 운동량을 평균유속 V를 사용하여 계산하기 위해서는 운동량 보정계수 β를 곱해 산출해야 하며, 운동량 보정계수 β를 적용한 운동량

방정식은 다음과 같다.

$$\sum F_x = \rho Q(\beta_2 V_2 - \beta_1 V_1) \tag{3.55}$$

여기서, β_1과 β_2는 1 지점과 2 지점에서의 운동량 보정계수이다. 관수로 유동에 있어 등속도 유동일 때에는 $\beta = 1.02$, 층류일 때에는 $\beta = 4/3$, 그리고 난류일 때에는 $\beta = 1.01 \sim 1.05$의 값을 사용한다.

x, z 방향 정상 2차원 유동인 경우, 그림 3.16과 같이 관로의 단면적과 방향이 모두 변하며, 관 벽이 유체에 또는 유체가 관 벽에 작용하는 힘은 다음과 같다.

그림 3.16 x, z 방향 정상 2차원 유동 (곡관에 작용하는 힘)

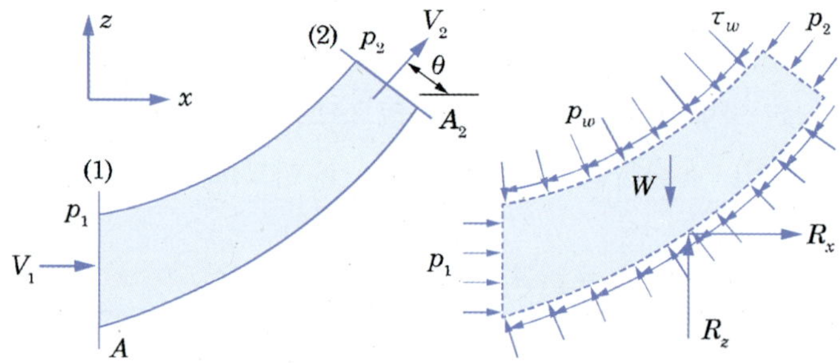

(a) (b)

검사체적을 단면 (1), (2) 그리고 경계면으로 둘러싸인 체적으로 설정하면 검사체적은 그림 3.16 (b)와 같다. 여기서 작용하는 외력으로는 중력에 의해 수직방향으로 작용하는 검사체적 내의 체적력인 유체의 무게 W가 있고, 표면력으로는 단면 (1), (2)에 작용하는 수직력(압력에 의한 힘)과 유체와 관 벽의 경계면에서 관 벽이 유체에 작용하는 전단력과 수직력(p_w에 의한 힘)이 있다.

경계면에서 작용하는 전단력과 수직력의 합성력을 R이라고 하고, R의 x, z 방향 성분을 R_x, R_z라고 하면, x, z 방향으로 작용하는 외력은 다음과 같다.

$$\sum F_x = F_{sx} = p_1 A_1 - p_2 A_2 \cos\theta + R_x \tag{3.56a}$$

$$\sum F_z = F_{sz} + F_{bz} = -p_2 A_2 \sin\theta + R_z - W \tag{3.56b}$$

정상유동인 경우 $\frac{\partial}{\partial t}\int_{CV} u\rho d\forall = 0$이므로, 식(3.56a)는 다음과 같이 된다.

$$\int_{A_2} u_2\rho_2 \overrightarrow{V}\cdot \hat{n}dA_2 - \int_{A_1} u_1\rho_1 \overrightarrow{V}\cdot \hat{n}dA_1$$
$$= p_1A_1 - p_2A_2\cos\theta + R_x \tag{3.57}$$

여기서, u_1과 u_2는 V_1과 $V_2\cos\theta$이므로

$$\int_{A_2} V_2\cos\theta\rho_2 \overrightarrow{V}\cdot \hat{n}dA_2 - \int_{A_1} V_1\rho_1 \overrightarrow{V}\cdot \hat{n}dA_1$$
$$= p_1A_1 - p_2A_2\cos\theta + R_x \tag{3.58}$$

여기서 $\int_{A_2} \rho_2 \overrightarrow{V}\cdot \hat{n}dA_2 = \rho_2 V_2A_2$, $\int_{A_1} \rho_1 \overrightarrow{V}\cdot \hat{n}dA_1 = \rho_1 V_1A_1$이고,

$\rho_1 V_1A_1 = \rho_2 V_2A_2 = \rho Q$이므로

$$(V_2\cos\theta - V_1)\rho Q = p_1A_1 - p_2A_2\cos\theta + R_x \tag{3.59}$$

위와 같은 방법으로 식(3.56b)를 풀면

$$\int_{A_2} w_2\rho_2 \overrightarrow{V}\cdot \hat{n}dA_2 - \int_{A_1} w_1\rho_1 \overrightarrow{V}\cdot \hat{n}dA_1$$
$$= - p_2A_2\sin\theta + R_z - W \tag{3.60}$$

$$\int_{A_2} V_2\sin\theta\rho_2 \overrightarrow{V}\cdot \hat{n}dA_2 - 0$$
$$= - p_2A_2\sin\theta + R_z - W \tag{3.61}$$

$$V_2\sin\theta\rho Q = - p_2A_2\sin\theta + R_z - W \tag{3.62}$$

그러므로 관 벽이 유체에 작용한 힘은 식(3.59)와 식(3.62)의 R_x와 R_z에 대해 풀면 구할 수 있다. 여기서 계산한 R_x나 R_z의 값이 양이면 가정한 힘의 방향과 실제 힘이 작용하는 방향은 같음을 의미하고, 음이면 실제 힘이 작용하는 방향은 반대라는 것을 의미한다. 반대로 유체가 관 벽에 작용하는 힘을 K_x와 K_z라고 하면, K_x와 K_z는 다음과 같다.

$$K_x = - R_x,\ K_z = - R_z \tag{3.63}$$

예제 3.6

그림 3.16과 같은 곡관에 물이 흐르고 있다. 유량이 $0.35m^3/s$이고, 단면 (1)과 (2)의 직경이 각각 $40cm$와 $30cm$일 때, 곡관의 벽이 유체에 작용하는 힘과 방향을 구하라. 여기서, 단면 (1)과 (2)에서의 압력 $p_1 = 15,000kg_f/m^2$, $p_2 = 14,140kg_f/m^2$이고 $\theta = 60°$이며, 정상유동으로 가정하라.

풀이

유속

$$V_1 = \frac{Q}{A_1} = \frac{0.35}{0.126} = 2.78m/s,\quad V_2 = \frac{Q}{A_2} = \frac{0.35}{0.0707} = 4.95m/s$$

여기서, $A_1 = \dfrac{\pi(0.4)^2}{4} = 0.126m^2$, $A_2 = \dfrac{\pi(0.3)^2}{4} = 0.0707m^2$

관내의 유체의 무게를 무시한 운동량방정식에서부터

$$(V_2\cos\theta - V_1)\frac{\gamma}{g}Q = p_1A_1 - p_2A_2\cos\theta + R_x,\quad V_2\sin\theta\frac{\gamma}{g}Q = -p_2A_2\sin\theta + R_z$$

$$\begin{aligned} R_x &= (4.95\cos 60° - 2.78)(1,000/9.81)(0.35) - (15,000)(0.126) \\ &\quad + (14,140)(0.0707\cos 60°) \\ &= -1,401.0kg_f \end{aligned}$$

$$\begin{aligned} R_z &= (4.95\sin 60°)(1,000/9.81)(0.35) + (14,140)(0.0707\sin 60°) \\ &= 1,018.7kg_f \end{aligned}$$

그러므로 R_x는 가정한 반대방향(왼쪽)으로 작용하고, R_z는 가정한 방향(위쪽)으로 작용한다.

$$\text{합력 : } R = \sqrt{(-1,401)^2 + 1,018.7^2} = 1,732.2kg_f$$

$$\text{작용방향 : } \alpha = \tan^{-1}\frac{R_z}{R_x} = \tan^{-1}\frac{1,018.7}{(-1,401.0)} = 36°$$

예제 3.7

그림과 같이 직경 $40mm$의 자유분류가 $60m/s$의 속도로 고정된 평판에 $45°$의 각도로 충돌할 때, 평판이 받는 힘을 구하라. 여기서, 정상유동으로 가정하라.

그림

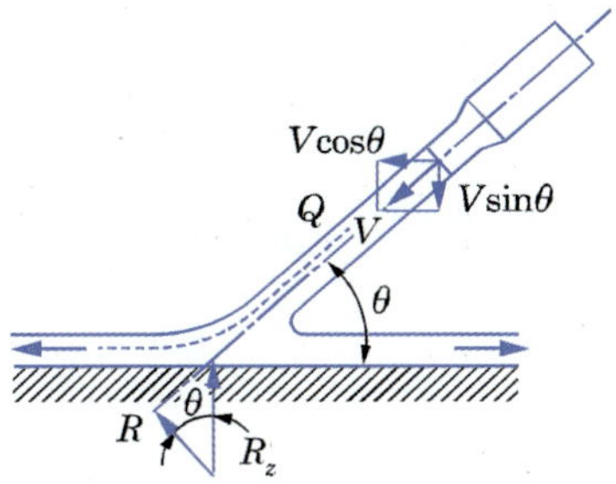

풀이

$p_1 = p_2 = 0$이고 V_2의 z 방향 성분은 없으므로 평판이 유체에 작용하는 힘은 다음과 같다.

$$R_z = \rho Q[V_2\sin 0° - (-V_1\sin\theta)] = \frac{\gamma}{g}Q[V_2\sin 0° - (-V_1\sin 45°)]$$

$$R_z = -(-V_1\sin\theta)\frac{\gamma}{g}Q$$

여기서, 좌변의 첫 번째 '−' 부호는 유입, 두 번째 '−' 부호는 $-z$ 방향을 의미한다.

$$R_z = (60\sin 45°)\left(\frac{1,000}{9.81}\right)\left[(60)\frac{\pi(0.04^2)}{4}\right] = 326.25kg_f$$

그러므로 R_z는 가정한 방향(위쪽)으로 작용한다. 그리고 유체가 평판에 작용하는 힘, 즉 평판이 받는 힘은 반대 방향(아래쪽)이므로

$$K_z = -326.25kg_f$$

예제 3.8

그림과 같이 $15m/s$로 이동하는 날개에 직경 $8cm$의 분류가 $40m/s$로 충돌할 때, 날개에 작용하는 힘을 구하라. 여기서, 정상유동으로 가정하라.

그림

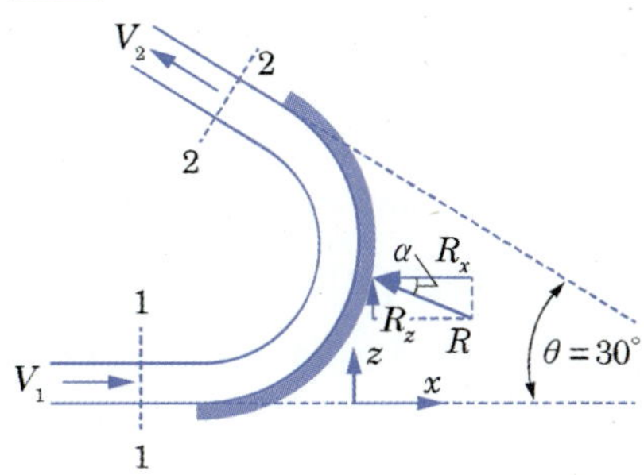

풀이

날개의 속도를 u, 분류의 속도를 V라고 하면, 날개에 충돌하는 실제 속도는 $V_r = V-u=25m/s$가 되므로

$$Q=(V-u)A=(25)\frac{(\pi\times 0.08^2)}{4}=0.126m^3/s$$

$$-R_x=\frac{\gamma}{g}Q(-V_{r_2}\cos30° - V_{r_1}\cos0°)=\frac{1,000}{9.81}(0.126)(-25\cos30°-25)$$
$$=-599kg_f$$

$$R_z=\frac{\gamma}{g}Q(V_{r_2}\sin30° - V_{r_1}\sin0°)=\frac{1,000}{9.81}(0.126)(25\sin30°-0)$$
$$=161kg_f$$

$$\therefore\ R_x=599kg_f,\ R_z=161kg_f$$

그러므로 R_x는 가정한 방향(왼쪽)으로 작용하고, R_z도 가정한 방향(위쪽)으로 작용한다. 그러나 R_x와 R_z는 날개가 분류에 작용하는 힘이므로, 분류가 날개에 작용하는 힘은 반대가 되어 K_x는 오른쪽으로 작용하고 K_z는 아래쪽으로 작용한다.

합력 : $K=\sqrt{(-599)^2+(-161)^2}=620kg_f$

작용방향 : $\alpha=\tan^{-1}\frac{K_z}{K_x}=\tan^{-1}\frac{(-161)}{(-599)}=15°4'$

3.7 비점성유동

Bernoulli 방정식 에너지보존법칙(conservation of energy)으로, 정상, 비압축성, 비점성 유동에서 동일한 유선 상의 유체의 속도, 압력, 그리고 위치 에너지 사이의 관계(이 세 에너지의 합은 일정)를 나타내는 방정식이다. 유량계의 원리, 비행기 날개가 양력을 발생하는 원리, 자동차의 공기 저항을 최소화하기 위한 연구, 회전하는 야구공이 커브를 그리며 날아가는 원리 등 다양한 분야에 적용된다.

비점성유동(inviscid flow)은 유체에 작용하는 점성의 영향을 무시하는 이상유동(ideal flow)으로, 운동량방정식이나 Bernoulli 방정식을 비점성유동으로 가정할 경우에는 전단응력에 대한 항이 없어지기 때문에 식이 다소 간단해진다.

3.7.1 Euler 운동방정식

유체 입자에 작용하는 표면력 중 전단응력은 작용하지 않고 수직응력(압력)만 작용할 때, 유체 입자의 운동을 지배하는 Newton의 운동법칙을 Euler의 운동방정식이라고 한다. Euler의 운동방정식은 1750년 스위스 수학자 Leonhard Euler에 의해 유도되었으며 다음과 같다.

그림 3.17 유선을 따라 운동하고 있는 유체에 작용하는 힘

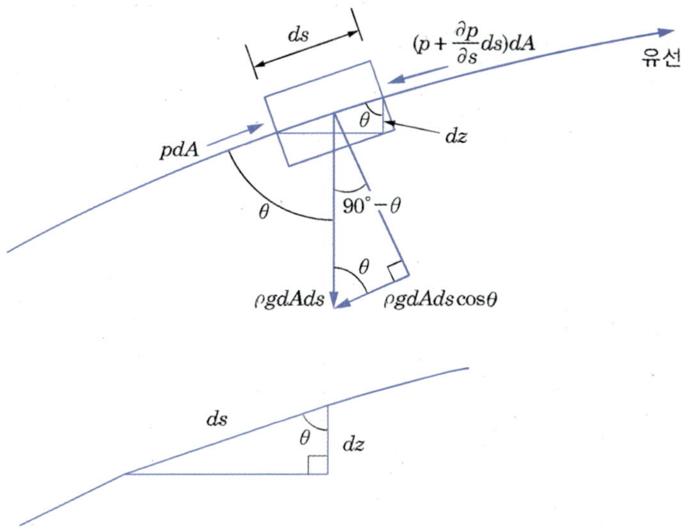

그림 3.17과 같이 임의의 유선을 따라 운동하는 미소 유체 체적 $dV = dAds$에 작용하는 힘은 압력에 의한 힘(표면력)과 유체 중량의 운동방향 성분(체적력)뿐이므로

$$pdA - \left(p + \frac{\partial p}{\partial s}ds\right)dA - \rho g dAds\cos\theta = \rho dAds\frac{D\vec{V}}{Dt} \tag{3.64}$$

식(3.64)를 $\rho dAds$로 나누어 정리하면

$$-\frac{1}{\rho}\frac{\partial p}{\partial s} - g\cos\theta = \frac{D\vec{V}}{dt} \tag{3.65}$$

$\dfrac{D\vec{V}}{Dt} = \dfrac{\partial\vec{V}}{\partial t} + \vec{V}\dfrac{\partial\vec{V}}{\partial s}$이고 $\cos\theta = \dfrac{\partial z}{\partial s}$이므로

$$\frac{\partial \vec{V}}{\partial t} + \vec{V}\frac{\partial \vec{V}}{\partial s} + \frac{1}{\rho}\frac{\partial p}{\partial s} + g\frac{\partial z}{\partial s} = 0 \tag{3.66}$$

정상유동인 경우 $\partial \vec{V}/\partial t = 0$이고, 유선을 따르는 $\vec{V}$의 속도성분은 V이므로

$$V\frac{\partial V}{\partial s} + \frac{1}{\rho}\frac{\partial p}{\partial s} + g\frac{\partial z}{\partial s} = 0 \tag{3.67}$$

여기서 V, ρ, g는 모두 s의 함수이므로 편미분을 상미분으로 나타내면

$$V\frac{dV}{ds} + \frac{1}{\rho}\frac{dp}{ds} + g\frac{dz}{ds} = 0 \quad \text{또는} \quad VdV + \frac{dp}{\rho} + gdz = 0 \tag{3.68}$$

식(3.68)을 유선을 따르는 Euler의 운동방정식이라고 하고, 이 식은 유체가 유선을 따라 점성의 영향을 받지 않고 유동할 때 에너지의 변화는 없다는 에너지보존법칙을 의미하고 있다. 그리고 유선에 따르는 Euler 운동방정식은 동일한 유선을 따라 운동하는 유동, 점성이 없는 유동, 그리고 정상유동을 가정할 수 있는 문제에만 적용할 수 있다.

3.7.2 Bernoulli 방정식

1738년 스위스 수학자 Daniel Bernoulli에 의해 유도된 Bernoulli 방정식(에너지방정식)은 유선을 따르는 Euler 운동방정식에서부터 유도할 수 있고, Euler 운동방정식을 적분하여 풀면 다음과 같다.

$$\int V\partial V + \frac{1}{\rho}\int \partial p + g\int \partial z = 0 \tag{3.69}$$

$$\frac{V^2}{2} + \frac{p}{\rho} + gz = constant \quad \text{(에너지/단위질량)} \tag{3.70}$$

여기서, $V^2/2$는 운동에너지(kinetic energy), p/ρ는 압력에너지(pressure energy), 그리고 gz는 위치에너지(potential energy)이다.
식(3.70)에 g를 나누어 정리하면 다음과 같은 Bernoulli 방정식을 구할 수 있다.

$$\frac{V^2}{2g}+\frac{p}{\gamma}+z=constant \ \text{(에너지/단위중량)} \tag{3.71}$$

여기서, $V^2/2g$는 속도수두(velocity head), p/γ는 압력수두(pressure head), 그리고 z는 위치수두(potential head)이며, 이 수두들은 길이의 단위(m)를 가진다.

Bernoulli 방정식은 동일한 유선상의 각 점에서의 운동에너지, 압력에너지 및 위치에너지의 합은 항상 일정하다는 것을 의미하며, 비압축성 유동, 정상유동, 비점성유동, 그리고 동일한 유선상의 유동 가정하에 적용할 수 있다.

그림 3.18 속도수두, 압력수두 및 위치수두

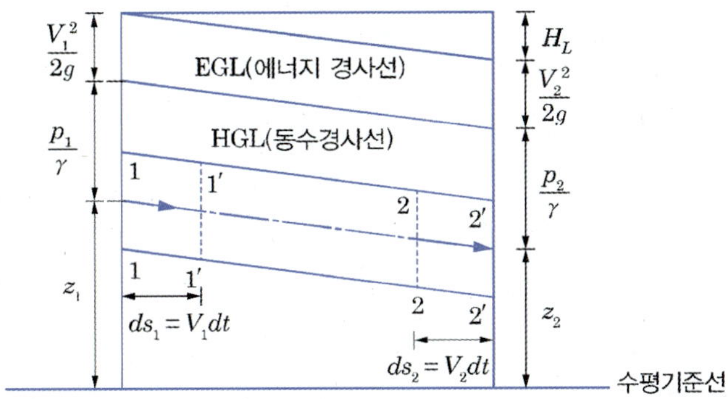

그림 3.18과 같은 동일한 유선상의 두 지점 1과 2에 Bernoulli 방정식을 적용하면

$$\frac{V_1^2}{2g}+\frac{p_1}{\gamma}+z_1=\frac{V_2^2}{2g}+\frac{p_2}{\gamma}+z_2 \tag{3.72}$$

그러나 실제 유동에 있어서는 두 지점 1과 2 사이에서 유체의 점성(또는 마찰) 등으로 인한 유동방향으로의 에너지손실이 발생하므로, 식(3.72)는 다음과 같이 나타낼 수 있다.

$$\frac{V_1^2}{2g}+\frac{p_1}{\gamma}+z_1=\frac{V_2^2}{2g}+\frac{p_2}{\gamma}+z_2+h_L \tag{3.73}$$

여기서, h_L은 손실수두(head loss)이다.

한 유선상의 모든 점에서의 $V^2/2g+p/\gamma+z$를 연결한 선을 에너지경사선(또는 에너지선; energy grade line)이라고 하고, $p/\gamma+z$를 연결한 선을 동수경사선(hydraulic grade line)이라고 한다. 동수경사선은 액주계의 높이를 나타내는 선이며, 에너지경사선보다 항상 $V^2/2g$만큼 아래에 위치한다.

관수로나 개수로에서의 유동에 대한 문제를 쉽게 풀이하기 위해 일반적으로 1차원 유동 단면 전체에 대한 평균유속 V를 사용한다. 그러나 평균유속 V를 사용한 운동에너지 $V^2/2g$는 단면 각 미소 면적에 대한 운동에너지를 적분하여 산출한 총 운동에너지의 평균값은 아니다. 그러므로 어느 한 단면을 흐르는 유체의 평균 운동에너지를 평균유속 V를 사용하여 계산하기 위해서는 운동에너지 보정계수 α를 $V^2/2g$에 곱해 산출할 수 있으며, 운동에너지 보정계수 α를 적용한 Bernoulli 방정식은 다음과 같다.

$$\alpha_1\frac{V_1^2}{2g}+\frac{p_1}{\gamma}+z_1=\alpha_2\frac{V_2^2}{2g}+\frac{p_2}{\gamma}+z_2 \tag{3.74}$$

여기서, α_1과 α_2는 1 지점과 2 지점에서의 운동에너지 보정계수이다. 관수로 유동에 있어 층류일 때에는 $\alpha=2$, 난류일 때에는 $\alpha=1.01\sim1.10$의 값을 사용하나, 일반적으로 난류에서는 관 벽 근처를 제외하고는 단면 전체에 대한 유속이 거의 일정하므로 $\alpha=1.0$을 사용한다.

예제 3.9

그림과 같은 복합관로가 수평으로 놓여 있다. 직경 $15cm$인 관내의 평균유속은 $4.8m/s$이고, 압력은 $350kg_f/m^2$이다. 직경 $30cm$ 및 $20cm$ 관내에서의 평균유속과 압력을 구하시오.

그림

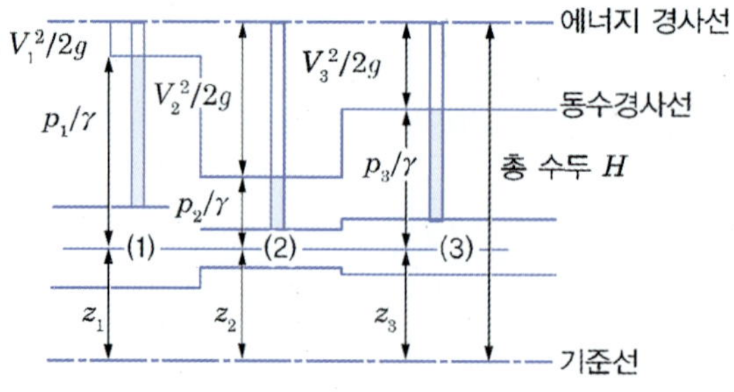

풀이

$V_2 = 4.8m/s$이므로

$$V_1 = \frac{A_2}{A_1} V_2 = \left(\frac{0.15}{0.3}\right)^2 \times 4.8 = 1.2m/s$$

$$V_3 = \frac{A_2}{A_3} V_2 = \left(\frac{0.15}{0.2}\right)^2 \times 4.8 = 2.7m/s$$

$z_1 = z_2 = z_3$이므로 Bernoulli 방정식은 다음과 같다.

$$\frac{V_1^2}{2g} + \frac{p_1}{\gamma} = \frac{V_2^2}{2g} + \frac{p_2}{\gamma} = \frac{V_3^2}{2g} + \frac{p_3}{\gamma}$$

$p_2 = 350kg_f/m^2$이므로

$$\frac{p_1}{\gamma} = \frac{1}{2g}(V_2^2 - V_1^2) + \frac{p_2}{\gamma} = \frac{4.8^2 - 1.2^2}{2 \times 9.81} + \frac{350}{1,000} = 1.453m$$

$$\therefore\ p_1 = 1,453kg_f/m^2$$

$$\frac{p_3}{\gamma} = \frac{1}{2g}(V_2^2 - V_3^2) + \frac{p_2}{\gamma} = \frac{4.8^2 - 2.7^2}{2 \times 9.81} + \frac{350}{1,000} = 1.153m$$

$$\therefore\ p_3 = 1,153kg_f/m^2$$

예제 3.10

그림과 같은 사이펀(siphon)이 연못의 물을 $1.65m^3/\min$의 유량으로 퍼 올린다. (1)과 (3) 지점 사이의 손실수두를 구하라. 그리고 (1)과 (2) 지점 사이의 손실수두가 (1)과 (3) 지점 사이의 전체 손실수두의 $2/3$일 때, (2) 지점에서의 압력은 얼마인가?

그림

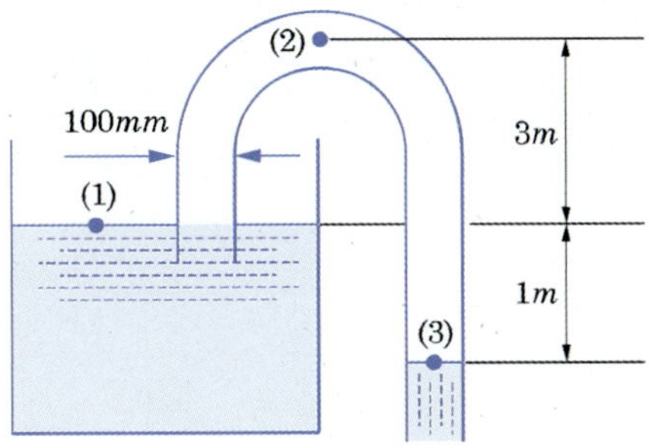

풀이

(1)과 (3) 지점 사이에 대해 Bernoulli 방정식을 적용하면

$$\frac{V_1^2}{2g}+\frac{p_1}{\gamma}+z_1=\frac{V_3^2}{2g}+\frac{p_3}{\gamma}+z_3+h_L$$

(3) 지점에서의 유속에 비해 (1) 지점에서 물이 하강하는 속도는 매우 작아 무시할 수 있으므로 $V_1 \approx 0$이고, (1)과 (3) 지점에서는 대기압이 작용하므로 $p_1=p_3=0$이다. 그리고 위치수두의 기준면을 z_3로 하면

$$0+0+1=\frac{V_3^2}{2g}+0+0+h_L$$

연속방정식에서부터

$$V_3=Q/A_3=1.65(60)/\left(\frac{\pi}{4}\times 0.1^2\right)=3.5m/s$$

$$h_L=1-\frac{3.5^2}{(2)(9.81)}=0.376m$$

(1)과 (2) 지점 사이의 손실수두는 $0.376\times 2/3=0.251m$이므로 (2) 지점에서의 압력은 Bernoulli 방정식에서부터

$$0+0+0=0.624+\frac{p_2}{\gamma}+3+0.251$$

$$p_2=-(3.875)(1{,}000)=-3{,}875kg_f/m^2(\text{진공})$$

예제 3.11

그림과 같은 직경 $50cm$인 관에 펌프를 설치하여 $0.5m^3/s$의 물을 송수하고 있다. 단면 (1)에서의 압력이 $70{,}000Pa$이고, 단면 (2)에서의 압력이 $350{,}000 Pa$일 때, 펌프가 물의 송수에 작용한 동력을 구하라. 여기서, $z_1=30m$, $z_2=40m$이고, 손실수두는 $3m$이며, 펌프가 공급하는 동력 $P=Q\gamma h_p$(h_p는 펌프가 공급하는 수두)이다.

그림

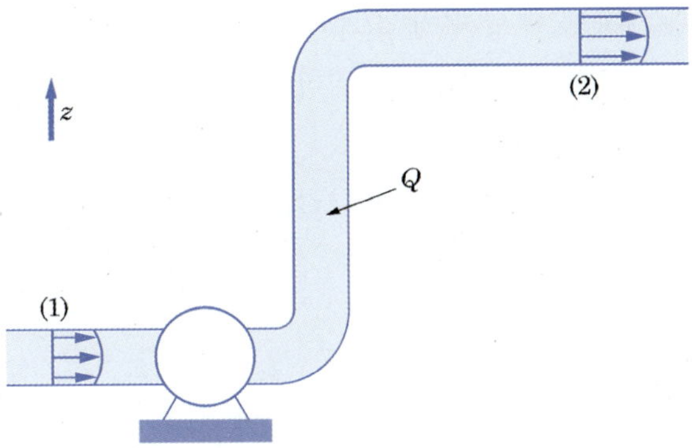

풀이

단면 (1)과 (2)에 대해 Bernoulli 방정식을 적용하면

$$\frac{V_1^2}{2g}+\frac{p_1}{\gamma}+z_1+h_p=\frac{V_2^2}{2g}+\frac{p_2}{\gamma}+z_2+h_L$$

$V_1=V_2=0.5/[(\pi\times 0.5^2)/4]=2.55m/s$, $p_1=70{,}000N/m^2$, $p_2=350{,}000N/m^2$, $z_1=30m$, $z_2=40m$, $h_L=3m$이므로

$$h_p=\frac{(V_2^2-V_1^2)}{2g}+\frac{(p_2-p_1)}{\gamma}+(z_2-z_1)+h_L$$
$$=\frac{(2.55^2-2.55^2)}{2(9.81)}+\frac{(350{,}000-70{,}000)}{9{,}810}+(40-30)+3=41.5m$$

$P=Q\gamma h_p$에서부터

$$P=(0.5)(9{,}810)(41.5)=204{,}000J/s=204{,}000\,W$$

3.8 유체 요소의 운동

그림 3.19와 같이 정육면체 모양의 미소한 유체 요소가 시간 t_0에서 짧은 시간 Δt가 지난 후 다른 위치로 이동해 있다. 이렇게 유체 요소가 한 점에서 다른 점으로 이동하는 동안 유체 요소는 병진운동(평행 이동), 선형

변형(체적 변화), 회전운동(각운동), 각변형(모양 변화)을 동시에 한다. 이 절에서는 유동장에서 유체 요소의 운동을 $x-y$ 2차원 평면 유동에서 수학적으로 나타내는 방법을 설명하고자 한다.

그림 3.19 유체 요소의 운동과 변형(청문각, 유체역학, 김병하 등 353쪽 그림 6.1)

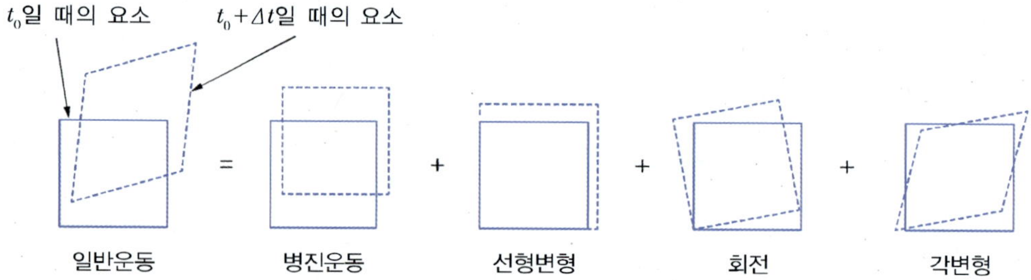

3.8.1 병진운동

병진운동은 유체 요소의 운동 중에서 평행 이동하는 가장 간단한 운동으로, 유체 요소가 속도구배 없이 모든 점에서 동일한 속도를 가지고 변형 없이 이동하며 다음과 같다.

$$\frac{\partial u}{\partial x}=\frac{\partial v}{\partial y}=\frac{\partial w}{\partial z}=0 \tag{3.75}$$

그림 3.20 병진운동

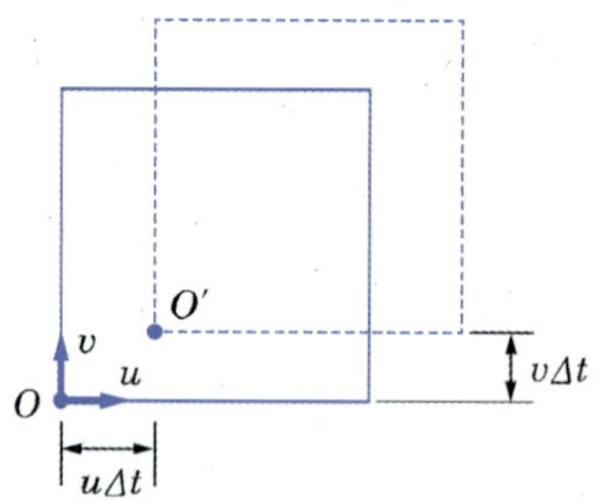

3.8.2 선형변형

선형변형은 유체 요소가 운동하면서 각 축 방향으로만 변형하는 것으로, 미소 체적 ΔV의 각 변은 직각을 유지한 채 모양만 변화한다. 그림 3.21과 같이 각 변이 Δx, Δy, Δz인 작은 육면체가 x 방향으로 속도구배 $\partial u/\partial x$의 영향을 받는다고 하자. O와 B에서의 x 방향 속도를 u라고 하면, A와 C에서의 x 방향 속도는 $u+(\partial u/\partial x)(\Delta x)$가 된다. O와 A 그리고 B와 C에서는 속도 차이에 의해 미소 시간 Δt 동안 유체 요소의 체적은 $u+(\partial u/\partial x)(\Delta x)(\Delta t)$만큼 신장(stretching)된다. 즉, 선분 $\overline{OA}$는 $\overline{OA'}$로 그리고 $\overline{BC}$는 $\overline{BC'}$로 늘어난다. 그러므로 원래의 체적 $\Delta V=\Delta x\Delta y\Delta z$에서부터 속도구배 $\partial u/\partial x$로 인해 변화한 체적의 양은 $\left(\frac{\partial u}{\partial x}\Delta x\right)(\Delta y\Delta z)(\Delta t)$가 된다.

그림 3.21 선형변형

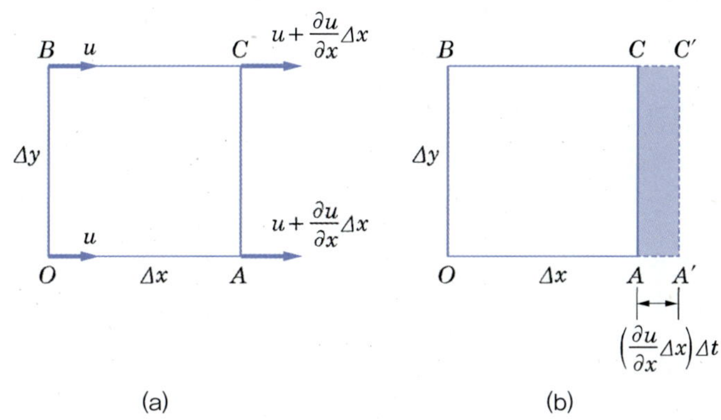

단위체적당 체적변화율을 체적팽창률이라고 하고, 속도구배 $\partial u/\partial x$에 의한 체적팽창률은 다음과 같다.

$$\left[\frac{1}{\Delta V}\frac{d(\Delta V)}{dt}\right]_x=\lim_{\Delta t\to 0}\left[\frac{(\partial u/\partial x)\Delta t}{\Delta t}\right]=\frac{\partial u}{\partial x} \tag{3.76}$$

x, y, z 모든 방향에 대한 체적팽창률은 다음과 같다.

$$\frac{1}{\Delta V}\frac{d(\Delta V)}{dt} = \frac{\partial u}{\partial x} + \frac{\partial v}{\partial y} + \frac{\partial w}{\partial z} = \nabla \cdot \vec{V} \tag{3.77}$$

그러나 비압축성 유체에서는 밀도의 변화가 없기 때문에 유체 요소의 체적은 변하지 않고, 체적팽창률은 0이다.

3.8.3 회전운동과 각변형

유체 요소가 유동하는 중 그림 3.22와 같이 미소 시간 Δt 동안 선분 $\overline{OA}$와 $\overline{OB}$가 $\Delta\alpha$와 $\Delta\beta$만큼 회전하여 $\overline{OA'}$와 $\overline{OB'}$로 된다고 하면, 선분 $\overline{OA}$와 $\overline{OB}$의 각속도는 다음과 같다.

$$\omega_{OA} = \lim_{\Delta t \to 0}\frac{\Delta\alpha}{\Delta t} \tag{3.78a}$$

$$\omega_{OB} = \lim_{\Delta t \to 0}\frac{\Delta\beta}{\Delta t} \tag{3.78b}$$

그림 3.22 각운동과 각변형

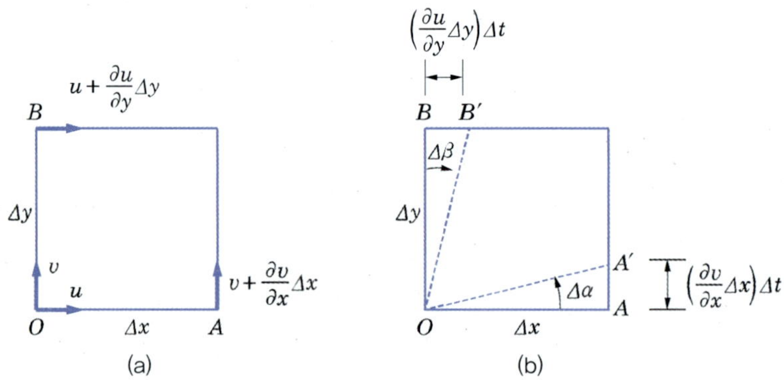

각변형이 작을 경우, $\tan\Delta\alpha \cong \Delta\alpha$, $\tan\Delta\beta \cong \Delta\beta$가 되므로

$$\tan\Delta\alpha \cong \Delta\alpha = \frac{(\partial v/\partial x)\Delta x\Delta t}{\Delta x} = \frac{\partial v}{\partial x}\Delta t \tag{3.79a}$$

$$\tan\Delta\beta \cong \Delta\beta = \frac{(\partial u/\partial y)\Delta y\Delta t}{\Delta y} = \frac{\partial u}{\partial y}\Delta t \tag{3.79b}$$

그러므로 각속도 ω_{OA}와 ω_{OB}는 다음과 같다.

$$\omega_{OA} = \lim_{\Delta t \to 0}\left[\frac{(\partial v/\partial x)\Delta t}{\Delta t}\right] = \frac{\partial v}{\partial x} \tag{3.80a}$$

$$\omega_{OB} = \lim_{\Delta t \to 0}\left[\frac{(\partial u/\partial y)\Delta t}{\Delta t}\right] = \frac{\partial u}{\partial y} \tag{3.80b}$$

여기서, $\partial v/\partial x$가 양이면 ω_{OA}는 반시계방향으로 회전함을 의미하고, 음이면 시계방향으로 회전함을 의미한다. 이와 반대로 $\partial u/\partial y$가 양이면 ω_{OB}는 시계방향으로 회전함을 의미하고, 음이면 반시계방향으로 회전함을 의미한다.

z축에 대한 유체 요소의 회전 ω_z는 서로 직각인 두 선분 $\overline{OA}$와 $\overline{OB}$의 각속도 ω_{OA}와 ω_{OB}의 평균값으로 정의된다. 그러므로 반시계방향으로의 회전을 양으로 한 ω_z는 다음과 같다.

$$\omega_z = \frac{1}{2}\left[\frac{\partial v}{\partial x} + \left(-\frac{\partial u}{\partial y}\right)\right] = \frac{1}{2}\left(\frac{\partial v}{\partial x} - \frac{\partial u}{\partial y}\right) \tag{3.81a}$$

위와 같은 방법으로 x축과 y축에 대한 유체 요소의 회전을 구하면 다음과 같다.

$$\omega_x = \frac{1}{2}\left(\frac{\partial w}{\partial y} - \frac{\partial v}{\partial z}\right) \tag{3.81b}$$

$$\omega_y = \frac{1}{2}\left(\frac{\partial u}{\partial z} - \frac{\partial w}{\partial x}\right) \tag{3.81c}$$

식(3.81a), 식(3.81b) 및 식(3.81c)를 종합하여 벡터로 나타내면 다음과 같다.

$$\begin{aligned}
\vec{\omega} &= \omega_{x\hat{i}} + \omega_{y\hat{j}} + \omega_{z\hat{k}} = \frac{1}{2}(\nabla \times \vec{V}) \\
&= \frac{1}{2}\begin{vmatrix} \hat{i} & \hat{j} & \hat{k} \\ \dfrac{\partial}{\partial x} & \dfrac{\partial}{\partial y} & \dfrac{\partial}{\partial z} \\ u & v & w \end{vmatrix} \\
&= \frac{1}{2}\left[\left(\frac{\partial w}{\partial y} - \frac{\partial v}{\partial z}\right)\hat{i} + \left(\frac{\partial u}{\partial z} - \frac{\partial w}{\partial x}\right)\hat{j} + \left(\frac{\partial v}{\partial x} - \frac{\partial u}{\partial y}\right)\hat{k}\right]
\end{aligned} \tag{3.82}$$

여기서, $\left(\frac{\partial w}{\partial y}-\frac{\partial v}{\partial z}\right)$, $\left(\frac{\partial u}{\partial z}-\frac{\partial w}{\partial x}\right)$, $\left(\frac{\partial v}{\partial x}-\frac{\partial u}{\partial y}\right)$는 크기(magnitude)를 나타내고, $\hat{i}$, $\hat{j}$, $\hat{k}$는 방향(direction)을 나타낸다.

그림 3.23 와도의 크기와 방향

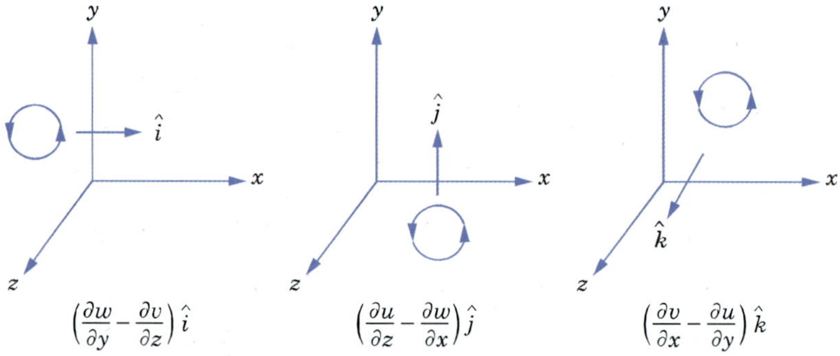

와도(vorticity) $\vec{\zeta}$는 회전벡터의 두 배로 정의되므로

$$\vec{\zeta} = 2\vec{\omega} = \nabla \times \vec{V} \tag{3.83}$$

여기서 $\nabla \times \vec{V} = 0$이면 와도는 0이 되고, 유체 요소는 회전하지 않는 비회전유동이 되며, 복잡한 유동의 해석을 보다 간단하게 해준다. 회전유동(rotational flow)과 비회전유동(irrotational flow)에 대한 조건은 다음과 같다.

회전유동 : $\vec{\zeta} = \nabla \times \vec{V}$

$$\rightarrow \frac{\partial v}{\partial z} = -\frac{\partial w}{\partial y},\ \frac{\partial w}{\partial x} = -\frac{\partial u}{\partial z},\ \frac{\partial u}{\partial y} = -\frac{\partial v}{\partial x} \tag{3.84a}$$

비회전유동 : $\vec{\zeta} = \nabla \times \vec{V} = 0$

$$\rightarrow \frac{\partial v}{\partial z} = \frac{\partial w}{\partial y},\ \frac{\partial w}{\partial x} = \frac{\partial u}{\partial z},\ \frac{\partial u}{\partial y} = \frac{\partial v}{\partial x} \tag{3.84b}$$

그림 3.22와 같이 $\partial u/\partial y$와 $\partial v/\partial x$는 유체 요소의 회전을 일으키는 것 외에도 각변형을 일으켜 유체 요소의 모양을 변화시키는 원인이 된다. 최초 직각이었던 두 선분 $\overline{OA}$와 $\overline{OB}$가 이루는 사이각의 변화량을 전단변형 $\Delta\gamma$라고 하면, $\Delta\gamma = \Delta\alpha + \Delta\beta$이 된다. 여기서 $\Delta\gamma$은 최초의 직각에서부

터 줄어든 각도의 양이며, $\Delta\gamma$의 변화율을 전단변형률 또는 각변형률 $\dot{\gamma}$ 이라고 하고 다음과 같다.

$$\dot{\gamma} = \lim_{\Delta t \to 0}\frac{\Delta\gamma}{\Delta t} = \lim_{\Delta t \to 0}\left[\frac{(\partial v/\partial x)\Delta t + (\partial u/\partial y)\Delta t}{\Delta t}\right]$$
$$= \frac{\partial v}{\partial x} + \frac{\partial u}{\partial y} \qquad (3.85)$$

이렇게 각변형률은 유체 요소를 변형시키는 전단응력과 관계되며, $\partial u/\partial y = -\partial v/\partial x$이면 각변형률은 없다.

예제 3.12

2차원 비압축성 유동에 대한 속도식이 $\vec{V} = 10x\hat{i} - 10y\hat{j}$일 때, 이 유동이 회전유동인지 비회전유동인지를 검토하라.

풀이

$u = 10x$, $v = -10y$에서부터 $\partial u/\partial y = 0$, $\partial v/\partial x = 0$이 되고, $\partial u/\partial y = \partial v/\partial x$이므로 이 유동은 비회전유동이다.

3.9 속도포텐셜과 유동함수

3.9.1 속도포텐셜

속도포텐셜(velocity potential) 유체의 운동이 비회전일 때(정상유동, 비정상유동에 관계없이) 유체의 속도를 어떤 함수의 위치에 따른 변화율로 표현할 수 있는데, 이 함수를 속도포텐셜(velocity potential) ϕ(스칼라함수)이라고 하며, 유체의 속도나 압력을 속도포텐셜로 전환하여 표현할 수 있는 유동을 포텐셜유동이라고 한다.

비회전유동에서 속도성분은 스칼라함수인 속도포텐셜(velocity potential) $\phi(x, y, z)$을 사용하여 다음과 같이 정의할 수 있다.

$$u = \frac{\partial \phi}{\partial x}, \quad v = \frac{\partial \phi}{\partial y}, \quad w = \frac{\partial \phi}{\partial z} \tag{3.86}$$

식(3.86)을 벡터로 나타내면 다음과 같으며, 비회전유동의 속도는 스칼라 함수 ϕ의 구배로 나타낼 수 있음을 의미한다.

$$\overrightarrow{V} = u_{\hat{i}} + v_{\hat{j}} + w_{\hat{k}} = \frac{\partial \phi}{\partial x}\hat{i} + \frac{\partial \phi}{\partial y}\hat{j} + \frac{\partial \phi}{\partial z}\hat{k} = \nabla \phi \tag{3.87}$$

비압축성 유체에서의 미분형 연속방정식은 $\nabla \cdot \overrightarrow{V} = 0$이므로, 비압축성, 비회전성유동($\overrightarrow{V} = \nabla \phi$)에서의 $\nabla \cdot \overrightarrow{V} = \nabla \cdot (\nabla \phi) = \nabla^2 \phi$는 다음과 같은 Laplace 방정식이 된다.

$$\frac{\partial^2 \phi}{\partial x^2} + \frac{\partial^2 \phi}{\partial y^2} + \frac{\partial^2 \phi}{\partial z^2} = 0 \tag{3.88}$$

여기서, $\nabla^2(\;) = \nabla \cdot \nabla(\;)$이며 Laplace 연산자라고 한다. 비압축성, 비점성 및 비회전성 유동장은 Laplace 방정식의 지배를 받으며 이러한 유동을 포텐셜유동이라고 한다. 경계조건이 설정된 유동장에서 포텐셜함수가 결정되면, 식(3.86)에서부터 유동장 내 모든 지점에서의 속도가 구해지고, 이로부터 Bernoulli 방정식에서부터 압력을 구할 수 있다. 그리고 속도포텐셜 개념은 정상유동과 비정상유동 모두에 적용된다.

속도포텐셜을 이용하여 비회전유동에서의 와도 $\vec{\zeta}$를 나타내면 다음과 같고, $\hat{i}$, $\hat{j}$, $\hat{k}$ 모든 방향에서의 회전이 0이 되어 속도포텐셜을 만족함을 알 수 있다.

$$\begin{aligned}
\vec{\zeta} &= \nabla \times \overrightarrow{V} \\
&= \left(\frac{\partial w}{\partial y} - \frac{\partial v}{\partial z}\right)\hat{i} + \left(\frac{\partial u}{\partial z} - \frac{\partial w}{\partial x}\right)\hat{j} + \left(\frac{\partial v}{\partial x} - \frac{\partial u}{\partial y}\right)\hat{k} = 0
\end{aligned} \tag{3.89}$$

$$i\text{-성분} : \; \frac{\partial w}{\partial y} - \frac{\partial v}{\partial z} = \frac{\partial}{\partial y}\left(\frac{\partial \phi}{\partial z}\right) - \frac{\partial}{\partial z}\left(\frac{\partial \phi}{\partial y}\right) = 0$$

$$j\text{-성분} : \; \frac{\partial u}{\partial z} - \frac{\partial w}{\partial x} = \frac{\partial}{\partial z}\left(\frac{\partial \phi}{\partial x}\right) - \frac{\partial}{\partial x}\left(\frac{\partial \phi}{\partial z}\right) = 0$$

$$k\text{-성분} : \; \frac{\partial v}{\partial x} - \frac{\partial u}{\partial y} = \frac{\partial}{\partial x}\left(\frac{\partial \phi}{\partial y}\right) - \frac{\partial}{\partial y}\left(\frac{\partial \phi}{\partial x}\right) = 0$$

3.9.2 유동함수

유동함수(stream function) 비압축성, 정상 2차원 평면 유동에서 유동의 형태를 수학적으로 기술하는 함수로, 유동함수로부터 유체입자의 이동 경로를 나타내는 유선을 그릴 수 있다.

$x-y$ 평면 2차원 유동에서 유동함수(stream function) $\psi(x, y)$를 다음과 같이 정의하면 연속방정식은 유동함수를 만족한다.

그림 3.24 $x-y$ 평면 2차원 유동에서의 유동함수

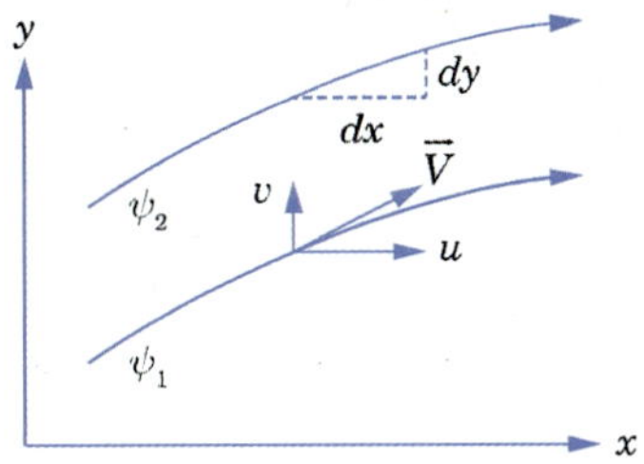

$$u = \frac{\partial \psi}{\partial y}, \quad v = -\frac{\partial \psi}{\partial x} \tag{3.90}$$

$$\nabla \cdot \vec{V} = \frac{\partial u}{\partial x} + \frac{\partial v}{\partial y} = \frac{\partial}{\partial x}\left(\frac{\partial \psi}{\partial y}\right) + \frac{\partial}{\partial y}\left(-\frac{\partial \psi}{\partial x}\right)$$

$$= \frac{\partial^2 \psi}{\partial x \partial y} - \frac{\partial^2 \psi}{\partial y \partial x} = 0 \tag{3.91}$$

그러므로 속도성분이 유동함수로 정의되면 질량보존법칙이 성립됨을 알 수 있다. 그리고 어떤 문제에서 $u(x, y)$와 $v(x, y)$가 미지의 함수일 때, 미지의 함수 $u(x, y)$와 $v(x, y)$ 대신에 하나의 미지의 함수 $\psi(x, y)$를 구함으로써 해석을 단순화시킬 수 있다.

유동함수를 사용함으로 인한 또 다른 이점은 ψ가 일정한 선들로 구성된 유선이라는 것이다. 유선은 속도벡터에 접하는 선으로, 유선의 정의에서부터 유선 상에 있는 임의의 점에서의 기울기는 다음과 같다.

$$\frac{dy}{dx} = \frac{v}{u} \tag{3.92}$$

유동장의 한 점 (x, y)에서 그 근처의 다른 점 $(x+dx, y+dy)$로 이동했

을 때의 ψ의 변화는 다음과 같다.

$$d\psi = \frac{\partial \psi}{\partial x}dx + \frac{\partial \psi}{\partial y}dy = -vdx + udy \tag{3.93}$$

ψ가 일정한 선에서는 $d\psi = 0$이므로 $-vdx + udy = 0$이 되고, 다음과 같은 유선의 정의와 같이 된다.

$$\frac{dy}{dx} = \frac{v}{u} \tag{3.94}$$

그러므로 유동함수 $\psi(x, y)$를 알면 각각의 ψ에 대한 유선을 그릴 수 있고, 이로부터 유선들로 구성된 유동장을 나타낼 수 있다.
그림 3.25와 같은 좁은 간격을 두고 있는 두 개의 유선 사이를 통과하는 체적유량은 다음과 같다. 아래쪽 유선을 ψ라고 하고 위쪽 유선을 $\psi + d\psi$라고 하면, 두 유선 사이를 지나는 체적유량은 임의의 면 AC로 들어오는 유량과 같다. 그리고 질량보존법칙에서부터 임의의 면 AC로 들어오는 유량 dq는 AB면과 BC면을 통해 나가는 유량과 같으므로

$$dq = dq_{AB} + dq_{BC} = udy - vdx = \frac{\partial \psi}{\partial y}dy + \frac{\partial \psi}{\partial x}dx = d\psi \tag{3.95}$$

그러므로 유선 ψ_1과 ψ_2 사이의 체적유량 q는 다음과 같이 된다.

$$q = \int_{\psi_1}^{\psi_2} d\psi = \psi_2 - \psi_1 \tag{3.96}$$

그림 3.25 두 유선 사이의 유동

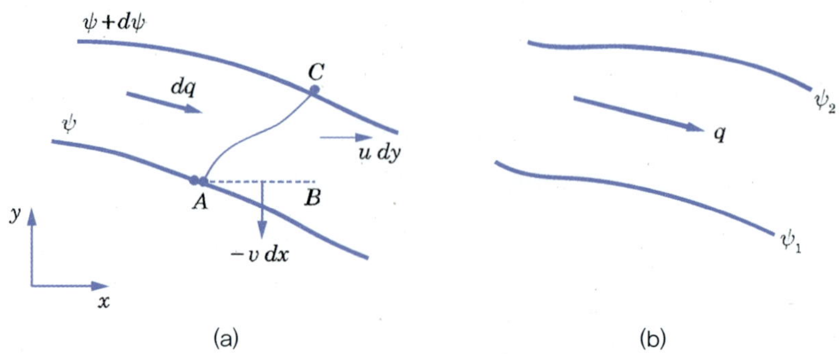

여기서 만일 유선 ψ_2가 유선 ψ_1보다 큰 값을 가지면 q는 양이 되고, 유동이 왼쪽에서 오른쪽으로 이동함을 의미하고, 만일 유선 ψ_1이 유선 ψ_2보다 큰 값을 가지면 q는 음이 되고, 유동이 오른쪽에서 왼쪽으로 이동함을 의미한다.

식(3.84b)의 비회전유동 조건 $\partial v/\partial x - \partial u/\partial y = 0$에 유동함수를 적용하면 다음과 같이 비회전유동 조건을 만족한다.

$$\frac{\partial v}{\partial x} - \frac{\partial u}{\partial y} = \frac{\partial}{\partial x}\left(-\frac{\partial \psi}{\partial x}\right) - \frac{\partial}{\partial y}\left(\frac{\partial \psi}{\partial y}\right) = 0, \text{ 즉}$$

$$\frac{\partial^2 \psi}{\partial x^2} + \frac{\partial^2 \psi}{\partial y^2} = 0 \tag{3.97}$$

그러므로 평면 2차원, 비회전유동에서는 속도포텐셜과 같이 유동함수를 사용할 수 있다는 것을 알 수 있다.

그림 3.26 유선과 속도포텐셜

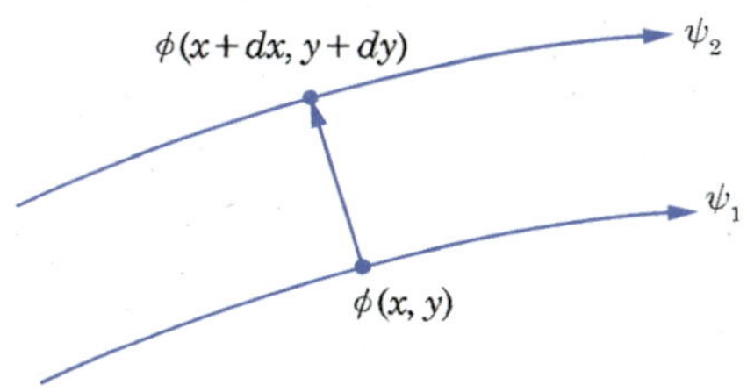

앞에서 알 수 있었듯이 ψ가 일정한 선은 유선이므로

$$\left(\frac{dy}{dx}\right)_{\psi = constant} = \frac{v}{u} \tag{3.98}$$

한 점 (x, y)에서 인접한 다른 한 점 $(x+dx, y+dy)$로 유체 요소가 이동하는 경우의 속도포텐셜 ϕ의 변화는 다음과 같다.

$$d\phi = \frac{\partial \phi}{\partial x}dx + \frac{\partial \phi}{\partial y}dy = udx + vdy \tag{3.99}$$

ϕ가 일정한 선에서는 $d\phi = 0$이므로

$$\left(\frac{dy}{dx}\right)_{\phi=const} = -\frac{u}{v} = -\frac{1}{(dy/dx)_{\psi=const}} \tag{3.100}$$

그러므로 ϕ가 일정한 선(등포텐셜선)과 ψ가 일정한 선(유선)은 교차하는 모든 점에서 서로 직교함을 알 수 있다.

포텐셜 유동장에서는 유선과 등포텐셜선을 이용하여 유동망(flow net)을 그릴 수 있다. 유동망은 유동의 형태를 가시적으로 나타내는 데 유용하며, 모든 교차점에서 유선과 등포텐셜선이 직교하도록 그려서 그림을 통한 도식적인 해(graphical solution)를 구할 수 있다.

그림 3.27 유동망(flow net)

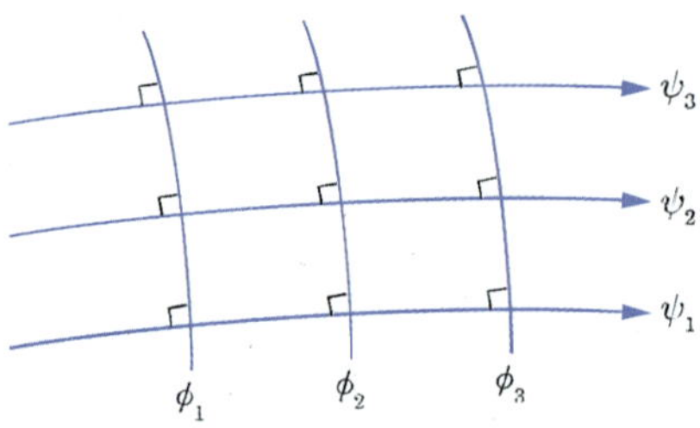

포텐셜 유동장

연습문제

01 유동의 속도장이 $\vec{V}=(3y+2)\hat{i}+(x-8)\hat{j}+5z\hat{k}\,(m/s)$일 때, 원점 $(x=y=z=0)$과 y축 상$(x=z=0)$에서의 유체의 속도를 구하라.

02 속도장이 $u=x-y$와 $v=x^2y-8$일 때, 정체점, 즉 속도가 0인 좌표를 구하라.

03 $u=xt+2y$, $v=xt^2-yt$, $w=0$일 때, $x=1m$, $y=1m$, 그리고 $t=2s$에서의 가속도를 구하라.

04 아래 그림과 같이 x축을 따라 유체의 속도가 $12m/s$(A 지점)에서부터 $36m/s$(B 지점)까지 변하고, 속도는 유선을 따르는 거리의 함수일 때, A, B, 그리고 C 지점에서의 가속도를 구하라. 여기서, 유동은 정상유동이다.

그림

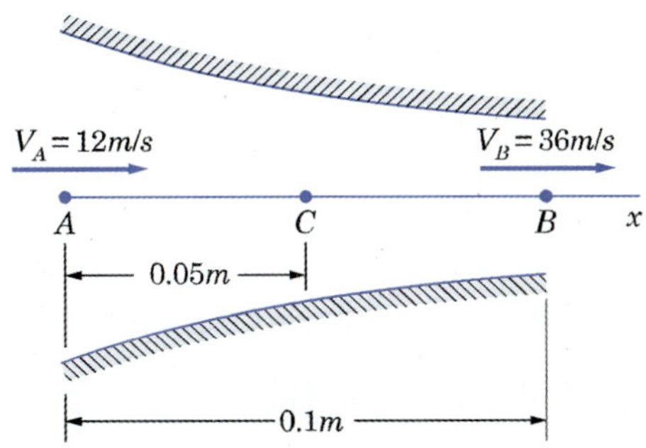

05 다음 그림과 같이 두 개의 관에서부터 하나의 관으로 유입되는 흐름이 있다. 이 흐름은 비압축성이며, $Q_A=0.01tm^3/s$, $Q_B=0.005t^2\,m^3/s$이다. 시간 $t=1s$일 때, 출구에서의 흐름의 속도와 가속도를 구하라. 여기서, 출구의 단면적 $A=0.01m^2$이다.

그림

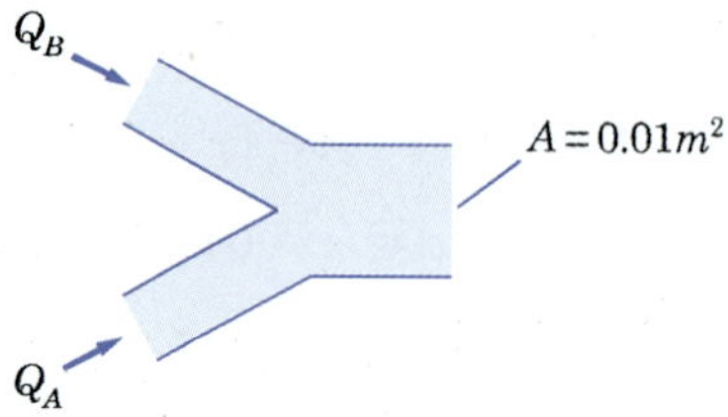

06 아래 그림과 같은 원형 관 내 속도분포가 $v/V_0 = 1 - r/R$이라고 할 때, 원형 관 중심축에서의 속도에 대한 평균 속도의 비율을 구하라. 여기서, r은 원형 관 방사방향으로의 위치, R은 원형 관의 반경, 그리고 V_0은 관의 중심축에서의 속도이다.

그림

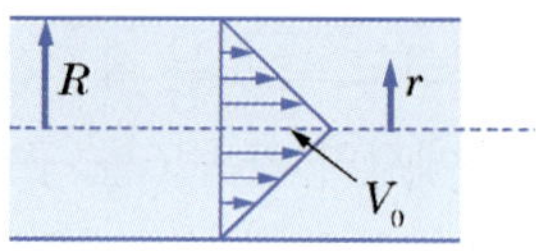

07 직경 $10cm$인 관에 $2.5m/s$의 유속으로 물이 흐르고 있을 때와 기름이 흐르고 있을 때의 Reynolds 수를 구하라. 여기서, 물과 기름의 동점성계수는 각각 $0.012cm^2/s$와 $4.8cm^2/s$이다.

08 직경 $5cm$인 관에 Reynolds 수 5,000으로 물이 흐르고 있다. 이 관을 확대하여 층류유동을 발생시키고자 한다면 관의 직경을 얼마로 해야 하는가? 여기서, 물의 동점성계수는 $0.012cm^2/s$이다.

09 직경 $20cm$인 관을 통해 질량유량 $1,000kg/\text{min}$의 물이 흐르고 있을 때, 평균유속은 얼마인가?

10 다음 그림과 같이 $0.1m^3/s$의 물과 $0.3m^3/s$의 비중 0.8인 알코올이 Y자형 관형에 섞이고 있을 때, 물과 알코올 혼합물의 밀도를 구하라.

그림

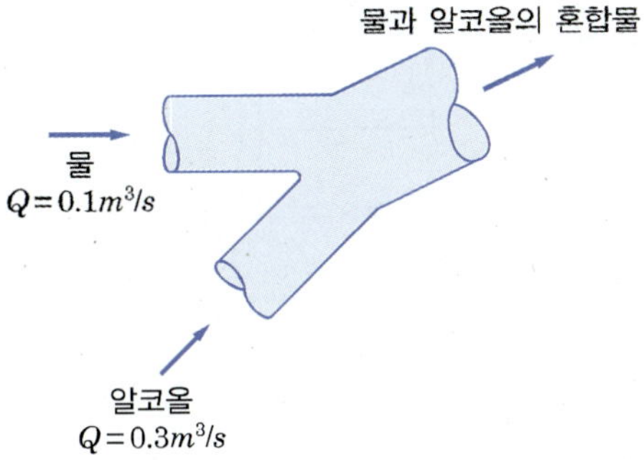

11 직경 $30cm$인 관이 직경 $20cm$와 직경 $15cm$인 관으로 분기된다. 총 유량이 $0.3m^3/s$이고, 각 분기관에서의 유속이 동일하다면 각 분기관에서의 유량은 얼마인가?

12 문제 11과 같은 조건에서 직경 $20cm$인 분기관 유량이 직경 $15cm$인 분기관 유량의 두 배일 때, 각 분기관에서의 평균유속을 구하라.

13 아래 그림과 같은 피하용 주사기의 밀대(plunger)를 $20mm/s$로 일정하게 전진시킬 때, 밀대 옆으로 새는 주사액의 누설량은 바늘을 통하는 나가는 양의 10% 정도이다. 바늘을 통해 나가는 주사액의 평균속도를 구하라. 여기서, 주사기와 바늘의 직경은 각각 $20mm$와 0.7 mm이다.

그림

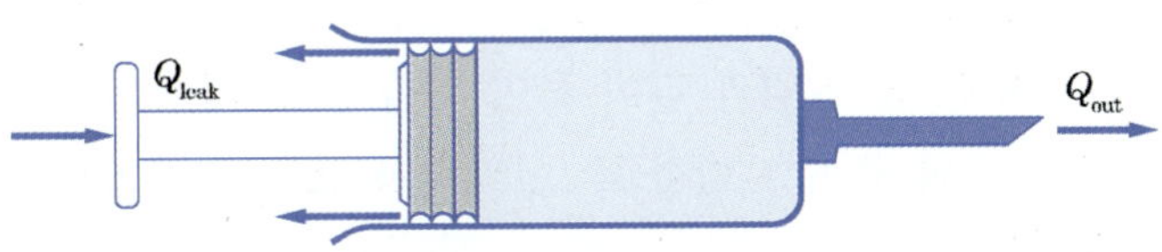

14 다음 그림과 같이 단면적이 축소되는 관을 통해 물이 흐르고 있다. 액주계의 높이 차이가 $0.2m$일 때, 유량을 관의 직경 D의 함수로 나타내라.

그림

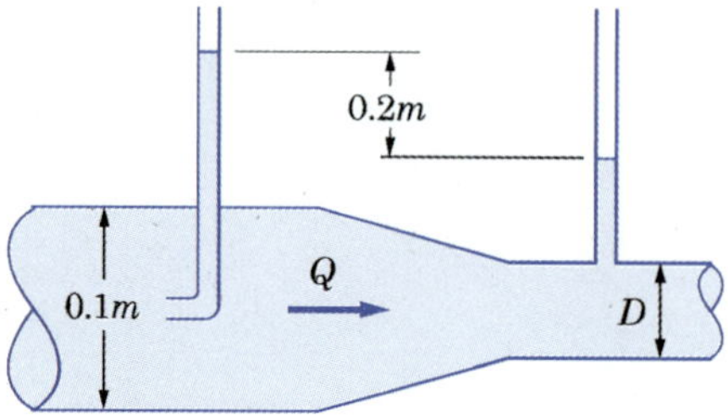

15 아래 그림과 같은 미소한 직경의 고압 물 제트는 여러 가지 물질을 절단하는 데 이용된다. 직경 $0.1mm$인 물 제트를 $700m/s$로 분사하려면 얼마의 압력이 필요한가? 그리고 유량은 얼마인가? 여기서, 점성의 영향은 무시한다.

그림

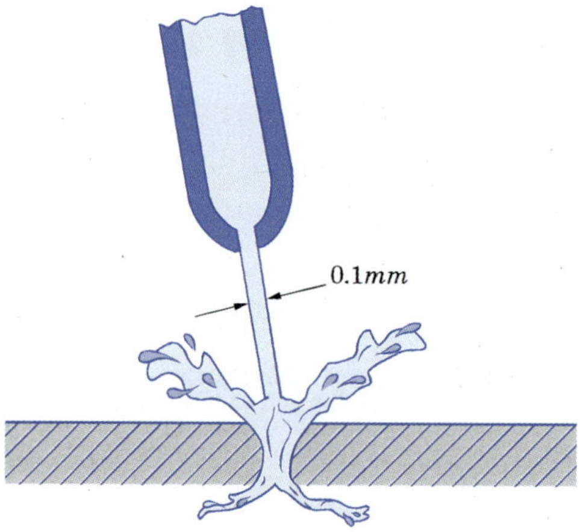

16 다음 그림과 같이 물이 노즐에서부터 위로 분사될 때, 분사되는 유량과 물이 도달할 수 있는 높이 h를 구하라. 여기서, 점성의 영향은 무시한다.

그림

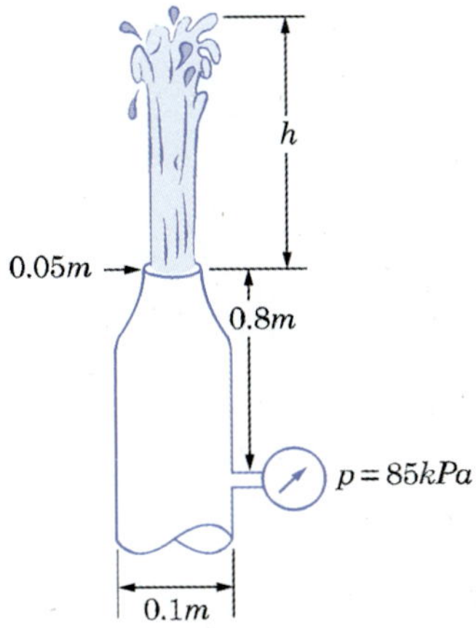

17 아래 그림과 같이 큰 물탱크에 연결되어 있는 오리피스로부터 수평방향 물 제트가 분출되어 물 제트에 수직으로 놓여 있는 평판에 부딪친다. 물 제트의 유량이 $0.4m^3/s$이고, 탱크 내 A 지점에서의 압력이 $50kPa$일 때, 평판을 지지하는데 필요한 수평방향 힘을 구하라.

그림

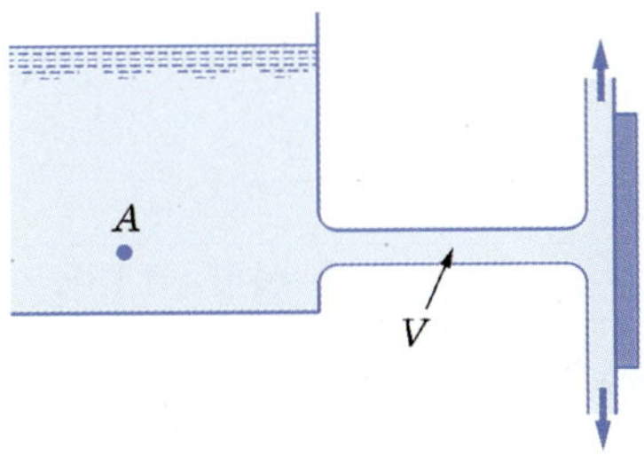

18 다음 그림과 같이 직경 $6cm$, 유속 $20m/s$인 수평 물 제트가 베인에 의해 방향이 바뀐다. 베인이 x 방향으로 $7m/s$의 속도로 이동할 때, 베인에 작용하는 수평 및 수직 방향 힘은 얼마인가? 여기서, 물과 베인 사이의 마찰은 무시한다.

그림

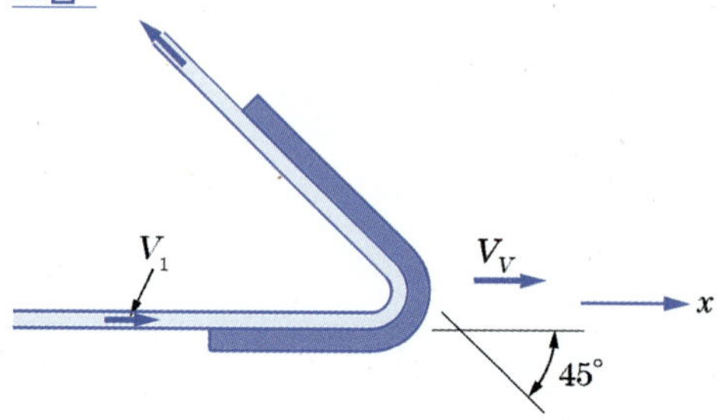

19 아래 그림과 같이 수평 관에 180° 방향을 바꿀 수 있는 곡관이 연결되어 있다. 관의 직경이 $30cm$, 유량이 $0.6m^3/s$, 압력이 $100kPa$이고, 곡관의 체적이 $0.1m^3$, 무게가 $500N$일 때, 곡관을 지지하는 데 필요한 힘을 구하라.

그림

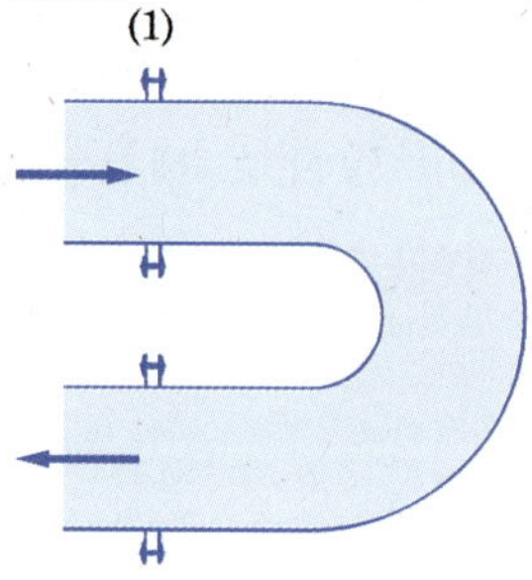

20 아래 그림과 같은 노즐이 수직 상향 흐름을 수평면과 30°로 방향을 바꾸어 유속 $30m/s$로 분출시킨다. 노즐의 체적이 $0.05m^3$이고, 무게가 $450N$일 때, 플랜지에 연결된 노즐을 지지하기 위해 필요한 수직 방향 힘은 얼마인가?

그림

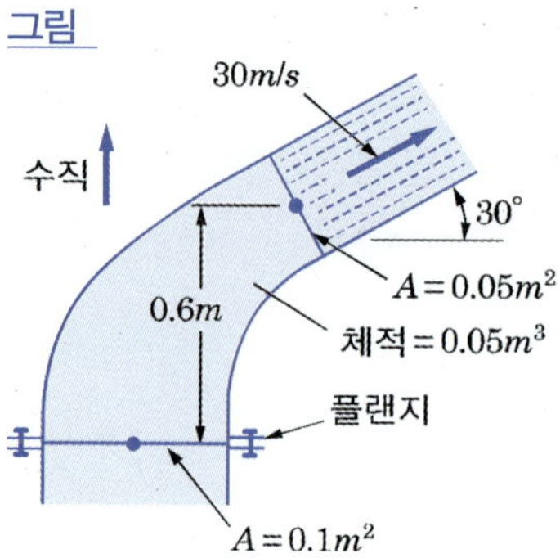

21 아래 그림과 같은 사이펀에서 $0.1m^3/s$의 유량이 흐를 때, 수조의 수면과 C 지점 사이에서의 손실수두를 구하라. 그리고 손실수두의 2/3가 수조의 수면과 B 지점 사이에서 발생한다면 B 지점에서의 압력은 얼마인가? 여기서, $D = 15cm$, $L_1 = 1m$, $L_2 = 1m$이다.

그림

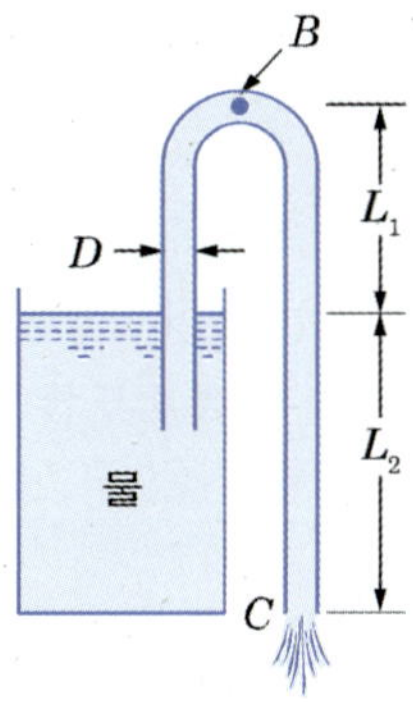

22 아래 그림과 같이 큰 수조로부터 물을 끌어 내리기 위해 사이펀을 사용한다. 수조의 수면에서부터 사이펀 정점까지의 높이 h의 변화에 따라 유량이 변하는지를 검토하라. 그리고 h의 최대 가능한 높이는 얼마인가?

그림

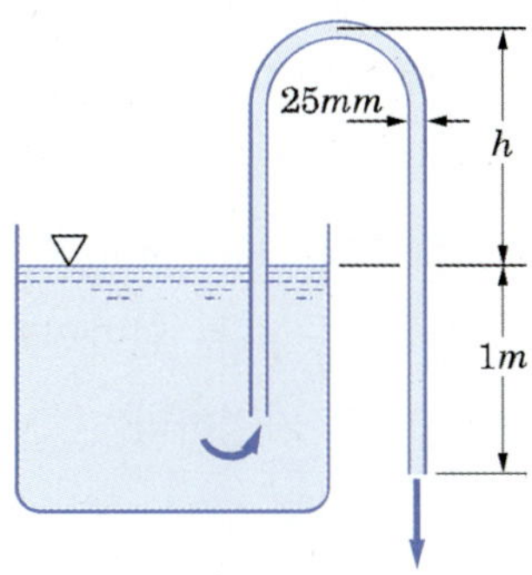

23 다음 그림과 같은 수직 관에 물이 흐르고 있다. A 지점에서의 압력이 $10kPa$이고, B 지점에서의 압력이 $98kPa$일 때, 관내의 물은 어느 방향으로 흐르는가?

그림

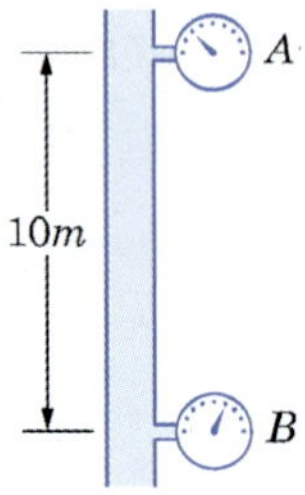

24 아래 그림과 같은 관로에서 $x = 1.0m$, $y = 2.0m$, $z = 7.0m$이고, 유량이 $0.2m^3/s$, 관의 직경이 $30cm$이다. 직경 $15cm$인 노즐에서 물제트가 분출될 때, (2) 지점에서의 압력수두를 구하라. 여기서, 손실수두는 무시한다.

그림

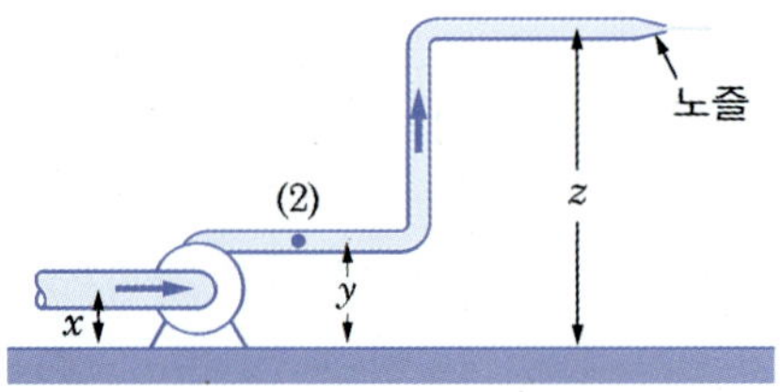

25 아래 그림과 같이 북미 대초원에 사는 프레리독(prairie dog)의 땅굴에는 두 개의 출입구가 있는데, 입구는 지면과 평평하고 출구는 지면에서부터 약간 돋아 올라와 있다. 바람이 V_0의 속도로 입구를 지나가면, 출구 위를 지나는 바람의 속도는 돋아 올라온 지면의 영향으로 V_0보다 크게 된다. 바람의 속도 $V_0 = 6m/s$일 때, 땅굴 속에 신선한 공기를 제공하는 압력 차이 $p_1 - p_2$는 얼마인가? 여기서, 출구를 지나는 바람의 속도는 $1.07\,V_0$으로 가정하라.

그림

26 유동장의 세 개의 속도성분 $u = x^2 + y^2 + z^2$, $v = xy + yz + z^2$, $w = -3xz - z^2/2 + 4$일 때, 체적팽창률을 구하고 이 유동이 비회전유동인지를 검토하라.

27 $\vec{V} = -4xy^3\hat{i} + y^4\hat{j}$인 유동장에서 와도를 구하고, 이 유동장이 비회전 유동인지를 검토하라.

28 아래 그림과 같이 비압축성 점성유체가 평행한 두 평판 사이에 있다. 아래쪽 평판은 고정되어 있고 위쪽 평판은 일정한 속도 U로 움직일 때, 평판 사이의 속도분포는 선형적이며 $u = U(z/b)$로 나타난다. 이러한 조건에서 체적팽창률, 회전벡터, 와도, 그리고 각변형률을 구하라.

그림

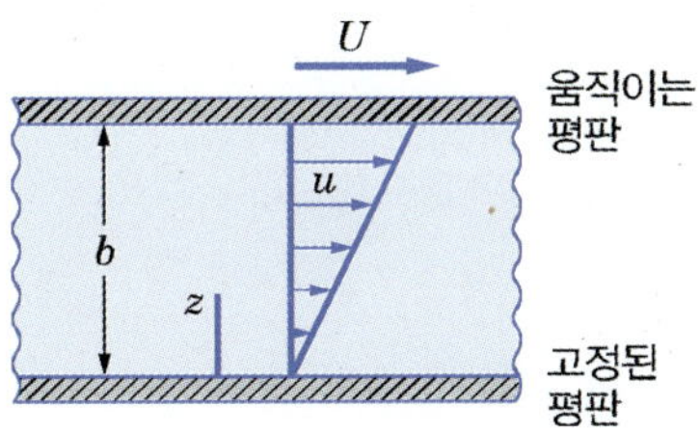

4

제4장

관수로 유동

관수로 유동(pipe flow) 밀폐된 관의 단면에 유체가 가득 찬 상태에서 압력 차이에 의해 흐르는 유동으로, 자유수면을 갖지 않는다.
개수로 유동(open channel flow) 유체의 수면이 대기에 접해 자유수면을 가지고 중력에 의해 흐르는 유동

일반적으로 유동의 종류에는 관수로 유동(pipe flow)과 개수로 유동(open channel flow)이 있다. 관수로 유동은 어떤 압력구배하에서 단면이 밀폐된 관에 유체가 가득 차 흐르는 유동이며, 점성에 의한 마찰력을 고려해야 한다. 개수로 유동은 대기압이 작용하는 자유수면(free water surface)을 가진 수로에서의 중력에 의한 유동이다.

4.1 층류와 난류

층류(laminar flow) 유체가 흐트러지지 않고 일정하게 규칙적으로 흐르는 것
난류(turbulent flow) 유체가 시간적, 공간적으로 불규칙한 운동을 하면서 흐르는 것
천이유동(transition flow) 층류에서 난류로 바뀌어 가는 중간 과정에서의 유동

3.1.3에서 유체가 층을 이루면서 규칙 정연하게 흐르는 유동을 층류유동(또는 층류; laminar flow)이라고 하고, 유체 입자들이 매우 불규칙한 경로를 따라 회전하면서 불규칙하게 흐르는 유동을 난류유동(또는 난류; turbulent flow)이라고 하였다. 그리고 원형 관내 유동에서의 층류와 난류의 분류는 유체가 갖는 관성력과 점성력의 상대적 크기에 의해 결정되며, 일반적으로 Reynolds 수가 2,000보다 작을 때에는 층류, 4,000보다 클 때에는 난류로 규정하고, 그 사이 값에서는 층류에서 난류로 전이되는 천이유동(transition flow)이 발생한다고 하였다.

층류와 난류에서의 관내 속도분포는 그림 4.1과 같다. 층류에서의 관내 속도분포는 포물선의 형태로, 관 벽 부근에서는 마찰의 영향으로 인해 속도가 매우 작고, 관의 중심으로 갈수록 마찰의 영향이 점점 감소하여 속도가 증가하며, 관의 중심에서 속도는 최대에 도달한다. 난류에서의 속도분포는 마찰의 영향을 받는 관 벽에서는 속도가 매우 작으나, 관 벽 부근에서부터

관의 중심까지의 영역에서는 관 벽 부근의 느린 속도의 물 입자와 관의 중심부에서의 빠른 속도의 물 입자가 서로 혼합되어 어느 정도 일정한 속도분포가 나타난다.

그림 4.1 층류와 난류에서의 속도분포

예제 4.1

물이 직경 $5cm$인 관내에 흐르고 있다. 층류 상태로 물이 흐를 수 있는 유속과 유량을 구하라. 여기서, 물의 동점성계수는 $1.788\times10^{-6}m^2/s$이다.

풀이

$$R_e=\frac{VD}{\nu}=\frac{V(0.05)}{1.788\times10^{-6}}=2{,}000$$

$$\therefore\ V=0.0715m/s$$

$$\therefore\ Q=VA=(0.0715)[(\pi\times0.005^2)/4]=1.403\times10^{-4}m/s$$

4.2 원형 관내 층류유동 : Hagen-Poiseuille 법칙

4.2.1 수평 원형 관내에서의 층류유동

수평 원형 관내에서의 층류유동에 대한 연구는 1839년 독일의 G. Hagen과 1840년 프랑스의 J. Poiseuille에 의해 수행되었으며, 이러한 특성을 가진 유동을 Hagen-Poiseuille 유동이라고 한다.

그림 4.2와 같은 직경 D인 원형 관내에 길이 L, 반경 r인 원통형 유체요소가 관의 가로축에 수평으로 놓여 있다. 정상유동($\partial\vec{V}/\partial t=0$), 완전발달 층류유동($\vec{V}\cdot\nabla\vec{V}=0$), 점성유동[$\tau=\tau(r)$]이고, 압력이 유동방향으로

감소할 경우(여기서, 압력은 관의 가로축 방향으로는 변하지만 세로축 방향으로는 일정하다고 가정), 단면 (1)에서의 압력이 $p = p_1$이라고 하면 단면 (2)에서의 압력은 $p_2 = p_1 - \Delta p$가 된다.

그림 4.2 수평 원형 관내 층류유동에서 유체에 작용하는 힘

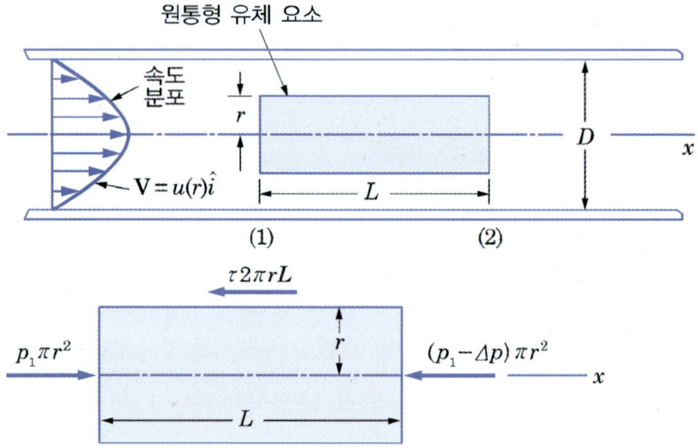

Newton의 제2법칙 $F_x = ma_x$에서부터 정상유동인 경우, 가속도 성분 $a_x = 0$이므로 원통형 유체 요소에 작용하는 힘은 압력에 의한 힘과 전단력만 있고, 다음과 같은 평형상태가 된다.

$$p_1 \pi r^2 - (p_1 - \Delta p)\pi r^2 - \tau(r) 2\pi r L = 0 \tag{4.1}$$

$$\tau(r) = \frac{\Delta p r}{2L} \tag{4.2}$$

관의 중심선($r = 0$)에서는 전단응력이 없고($\tau = 0$), 관의 벽면($r = D/2$)에서의 전단응력(τ_w)은 최대가 되므로

$$\tau_w = \frac{\Delta p D}{4L} \tag{4.3}$$

$$\Delta p = \frac{4L\tau_w}{D} \tag{4.4}$$

식(4.4)는 관의 길이가 상대적으로 긴 경우($L/D \gg 1$), 작은 전단응력에 의해서도 큰 압력 차이가 발생할 수 있음을 나타낸다.

그림 4.3 수평 원형 관내 층류유동에서의 속도분포와 전단응력분포

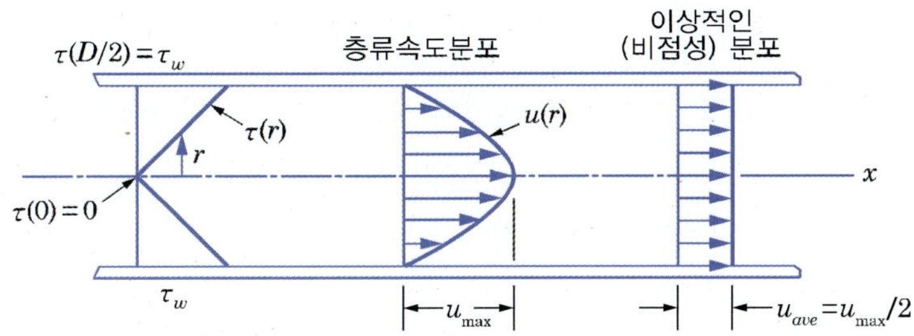

층류유동에서는 전단응력이 속도구배에 비례하므로

$$\tau(r) = -\mu\frac{du}{dr} \tag{4.5}$$

여기서, 음의 부호는 관의 중심선에서 벽면으로 갈수록 벽면과 유체 사이의 점성에 의해 속도는 감소($du/dr < 0$)하고, 전단응력은 증가($\tau > 0$)함을 의미한다.

식(4.2)와 식(4.5)에서부터

$$\frac{du}{dr} = -\left(\frac{\Delta p}{2\mu L}\right)r \tag{4.6}$$

식(4.6)을 적분하면 다음과 같은 속도분포에 대한 식이 된다.

$$\int du = -\frac{\Delta p}{2\mu L}\int r dr$$

$$u = -\left(\frac{\Delta p}{4\mu L}\right)r^2 + C \tag{4.7}$$

점성유체에서 관의 벽면에서의 속도는 0($r = D/2$에서 $u = 0$)이므로, $0 = -\frac{\Delta p}{16\mu L}D^2 + C$에서부터 $C = \frac{\Delta p D^2}{16\mu L}$가 되고, 원형 관내에서의 속도분포는 다음과 같이 된다.

$$u(r) = -\frac{\Delta p r^2}{4\mu L} + \frac{\Delta p D^2}{16\mu L} = \frac{\Delta p D^2}{16\mu L}\left[1 - \left(\frac{2r}{D}\right)^2\right] \tag{4.8}$$

원형 관의 반경을 R이라고 하면 $D = 2R$이므로, 식(4.8)은 다음과 같이 된다.

$$u(r) = \frac{\Delta p R^2}{4\mu L}\left[1 - \left(\frac{r}{R}\right)^2\right] \tag{4.9}$$

식(4.9)는 원형 관내에서의 속도분포는 그림 4.3과 같이 r 방향으로 포물선 형임을 나타내며, 관의 중심선에서 최대 속도 u_{max}가 발생하고, 관 벽으로 갈수록 속도는 감소하여 관의 벽면에서 속도는 0이 됨을 알 수 있다. 관의 중심선에서의 최대 속도 u_{max}(또는 V_c)와 관의 벽면에서의 최소 속도 u_{min}은 다음과 같다.

$$u_{max}(r=0) = \frac{\Delta p R^2}{4\mu L} \tag{4.10}$$

$$u_{min}(r=R) = 0 \tag{4.11}$$

관내에서의 평균 속도 u_{ave}(또는 V)는 유량(Q)/단면적(A)이므로

$$u_{ave} = \frac{Q}{A} = \frac{\int_{r=o}^{r=R} u(r) 2\pi r dr}{\int_{r=o}^{r=R} 2\pi r dr} = \frac{\frac{\Delta p 2\pi}{4\mu L}\int_{o}^{R}[R^2 - r^2] r dr}{2\pi \int_{0}^{R} r dr}$$

$$= \frac{\frac{\Delta p}{4\mu L}\left[R^2 \frac{r^2}{2} - \frac{r^4}{4}\right]_0^R}{\frac{R^2}{2}} = \frac{\frac{\Delta p}{4\mu L}\frac{R^4}{4}}{\frac{R^2}{2}} = \frac{\Delta p R^2}{8\mu L}$$

$$= \frac{\Delta p D^2}{32\mu L} \tag{4.12}$$

식(4.10)과 식(4.12)에서부터 u_{max}/u_{ave}를 구하면, 관의 중심선에서의 최대 속도는 관내 평균 속도의 2배가 됨을 알 수 있다.

$$\frac{u_{max}}{u_{ave}} = \frac{u(r=0)}{u_{ave}} = \frac{\Delta p R^2/4\mu L}{\Delta p R^2/8\mu L} = 2.0 \tag{4.13}$$

유량 Q는 $u_{ave}A$이므로

$$Q = u_{ave}A = \frac{\pi D^2}{4}\frac{\Delta p D^2}{32\mu L} = \frac{\pi D^4 \Delta p}{128\mu L} \tag{4.14}$$

4.2.2 경사진 원형 관내 층류유동

그림 4.4와 같은 원형 관이 경사진 경우, 원통형 유체 요소에 작용하는 표면력과 체적력 사이의 힘의 평형은 다음과 같다.

$$p_1 \pi r^2 - (p_1 - \Delta p)\pi r^2 - \tau 2\pi r L - \gamma \pi r^2 L \sin\theta = 0 \tag{4.15}$$

그림 4.4 경사진 원형 관내 층류유동에서 유체에 작용하는 힘

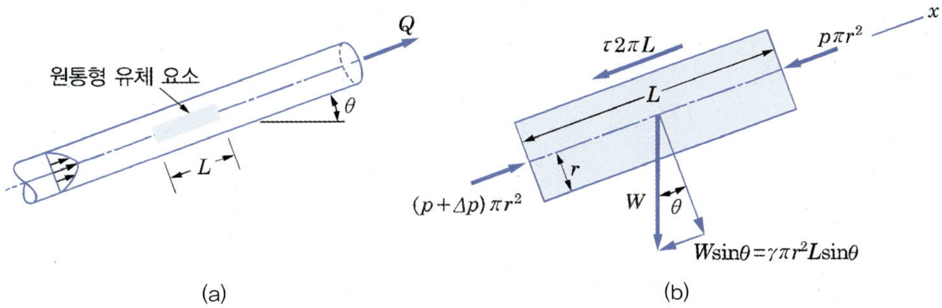

식(4.15)를 정리하면

$$\tau(r) = \frac{r(\Delta p - \gamma L \sin\theta)}{2L} \tag{4.16}$$

식(4.16)을 식(4.2)와 비교해 볼 때, 관이 경사진 경우에는 압력강하 Δp를 압력강하와 중력에 의한 효과 $\Delta p - \gamma L \sin\theta$로 대체시키면 되는 것을 알 수 있다. 그러므로 경사진 관내에서의 평균 속도 u_{ave}와 유량 Q는 다음과 같이 된다.

$$u_{ave} = \frac{(\Delta p - \gamma L \sin\theta)D^2}{32\mu L} \tag{4.17}$$

$$Q = \frac{\pi(\Delta p - \gamma L \sin\theta)D^4}{128\mu L} \tag{4.18}$$

이상과 같이 경사진 관내에서 유체를 흐르게 하는 힘은 압력강하 Δp와 중력의 유동방향 성분 $-\gamma L \sin\theta$이다. 만일 유체가 아래 방향($\sin\theta < 0$)으로 흐르면 중력은 유동방향으로 작용하여 유체가 흐르는 데 도움을 주며, 위 방향($\sin\theta > 0$)으로 흐르면 중력은 유동방향의 반대로 작용한다.

예제 4.2

비중 0.85, 동점성계수 $6\times10^{-4}m^2/s$인 오일이 $0.02m^3/s$의 유량으로 직경 $15cm$인 수평 관로에 흐르고 있다. 관로의 길이 $100m$당 마찰손실수두를 구하라.

풀이

평균유속과 Reynolds 수

$$V=\frac{Q}{A}=\frac{0.02}{(\pi\times0.15^2)/4}=1.13m/s$$

$$R_e=\frac{VD}{\nu}=\frac{(1.13)(0.15)}{6\times10^{-4}}=283\ (\text{층류})$$

마찰에 의한 손실수두 h_f만 고려하고, Bernoulli 방정식을 적용하면

$$\frac{V_1}{2g}+\frac{p_1}{\gamma}+z_1=\frac{V_2}{2g}+\frac{p_2}{\gamma}+z_2+h_f$$

수평 관로인 경우, $V_1=V_2$, $p_1-p_2=\Delta p$, $z_1=z_2$이므로

$$h_f=\frac{\Delta p}{\gamma}=\frac{1}{\gamma}\frac{128\mu LQ}{\pi D^4}=\frac{1}{\gamma}\frac{32\mu LV}{D^2}=\frac{32\nu LV}{gD^2}$$
$$=\frac{32(6\times10^{-4})(100)(0.15)}{(9.81)(0.15^2)}=9.83m$$

예제 4.3

반경 $0.2cm$, 길이 $10cm$인 관을 통해 10분 동안 $0.5l$의 물이 층류로 흐를 때 필요한 손실수두가 $4.3cm$라면, 물의 점성계수는 얼마가 되어야 하는가?

풀이

$$Q=500cm^3/10\min=\frac{500cm^3}{10\min}\frac{1\min}{60s}=0.83cm^3/s$$

$Q=\pi D^4\Delta p/128\mu L$에서부터

$$\mu=\frac{\pi D^4\Delta p}{128QL}=\frac{\gamma\pi r^4}{8QL}\frac{\Delta p}{\gamma}=\frac{\gamma\pi r^4}{8QL}h_L=\frac{(1)(3.14)(0.2^4)}{8(0.83)(10)}(4.3)$$
$$=8.1\times10^{-5}g_f\cdot s/cm^2$$

예제 4.4

점성계수가 $0.40N\cdot s/m^2$, 밀도가 $900kg/m^3$인 오일이 직경 $0.02m$인 원형 관에 흐르고 있다. (1) 관이 수평으로 놓여 있을 때, 유량이 $2.0\times10^{-5}m^3/s$가 되도록 하려면 $x_1=0m$와 $x_2=10m$ 사이에서의 압력강하 p_1-p_2는 얼마가 되어야 하는가? (2) $p_1=p_2$로 유지하고 관을 기울여서 오일의 유량이 (1)과 같이 되도록 하려면 관의 기울기 θ는 얼마로 해야 하는가?

풀이

(1) 평균 속도 $V=Q/A=2.0\times10^{-5}/(\pi\times0.02^2/4)=0.637m/s$이고, $R_e=\rho VD/\mu=28.7$에서부터 Reynolds 수가 2,000보다 작으므로 이 유동은 층류이다. 그러므로 층류유동에 대한 식에서부터

$$\Delta p=p_1-p_2=\frac{128\mu LQ}{\pi D^4}=\frac{128(0.40)(10.0)(2\times10^{-5})}{(3.14)(0.02^4)}$$
$$=20{,}400N/m^2=20.4kPa$$

(2) $p_1=p_2$이고 유량이 (1)과 같이 될 수 있는 관의 기울기 θ

$$\sin\theta=-\frac{128\mu Q}{\pi\rho gD^4}=-\frac{128(0.40)(2.0\times10^{-5})}{(3.14)(900)(9.81)(0.02^4)}=-0.231$$
$$\therefore\ \theta=-13.34°$$

예제 4.5

그림과 같은 직경 $40cm$, 길이 $1{,}000m$의 관수로 내에 물이 흐를 때, 흐름의 방향을 결정하고, 관 벽에서의 전단응력을 구하라. 여기서, (1)과 (2) 지점에서의 압력은 각각 $35{,}000kg_f/m^2$와 $2{,}000kg_f/m^2$이다.

그림

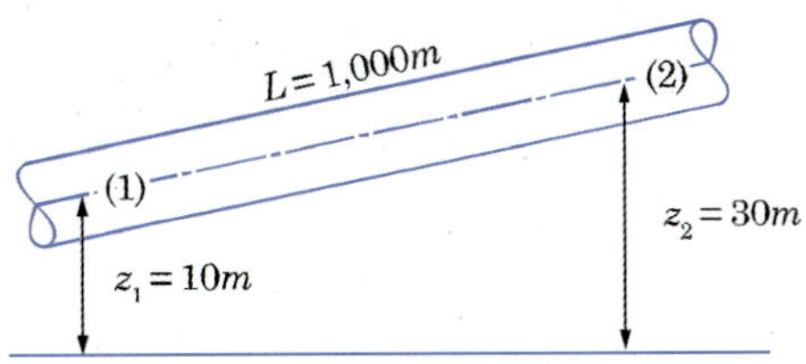

풀이

관수로 내에서의 흐름은 압력 차이에 의해 유지되므로, (1)과 (2) 지점에서의 압력수두를 구하면

$$p_1/\gamma = 35{,}000/1{,}000 = 35m, \ p_2/\gamma = 2{,}000/1{,}000 = 2m$$

(1)과 (2) 지점에서의 유속은 같으므로, (1)과 (2) 지점에서의 총 수두의 차이는 $H_1 - H_2 = (35+10)-(2+30) = 13m$가 되고, 물은 (1) 지점에서 (2) 지점으로 흐른다.

$V_1 = V_2$, $p_1 - p_2 = \Delta p$, $z_2 - z_1 = L\sin\theta$이므로, Bernoulli 방정식에서부터 마찰에 의한 손실수두 h_f는 다음과 같다.

$$h_f = \frac{\Delta p}{\gamma} - L\sin\theta \tag{1}$$

$p_1\pi r^2 - (p_1 - \Delta p)\pi r^2 - \tau 2\pi r L - \gamma\pi r^2 L\sin\theta = 0$에 $\gamma\pi r^2$을 나누고 정리하면

$$\frac{\Delta p}{\gamma} = \frac{\tau 2L}{\gamma r} + L\sin\theta = 0 \tag{2}$$

식(2)를 식(1)에 대입하여 정리하여 마찰손실수두와 전단응력을 구하면

$$h_f = \frac{2L}{\gamma r}\tau, \ \tau = \frac{\gamma h_f}{2L}r$$

관의 중심에서 관 벽까지의 거리를 a라고 하면, $r=a$에서의 마찰손실수두와 전단응력은 다음과 같다.

$$h_f = \frac{2L}{\gamma a}\tau_w, \ \tau_w = \frac{\gamma h_f}{2L}a$$

그러므로 관 벽에서의 전단응력은 다음과 같다.

$$\tau_w = \frac{\gamma h_f}{2L}a = \frac{\gamma(H_1 - H_2)}{2L}a = \frac{(1{,}000)(13)(0.2)}{2(1{,}000)} = 1.3kg_f/m^2$$

4.3 원형 관내 난류유동

와동(eddy) 유체의 회전운동에 의해 발생하는 불규칙한 소용돌이로, 이와 같은 와동을 수반하는 흐름이 난류이다.
와점성(eddy viscosity) 난류 확산으로 인해 발생하는 Reynolds 응력

원형 관에 밸브가 연결되어 있을 때, 밸브를 열면 유동은 시작되고 유동에 의한 속도는 그림 4.5와 같이 초기 0에서부터 시간이 지남에 따라 점점 증가하여 정상유동에 이르렀을 때 최대가 된다. 유동의 시작 단계에서는 Reynolds 수가 작은 층류가 발생하나, 시간이 지나 Reynolds 수가 2,000에 도달하면 유동은 점점 난류로 변하고, Reynolds 수가 4,000 이상이 되면 완전한 난류가 발생한다.

그림 4.5 원형 관내 유동에서 층류에서 난류로의 천이

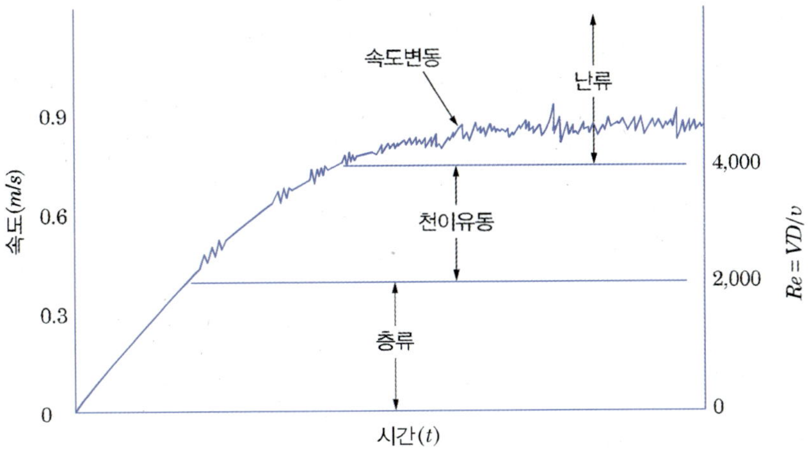

난류에서의 유체 입자의 운동은 시간과 공간적으로 매우 불규칙하고 빠르게 회전하는 3차원적인 와동(eddy) 특성을 가진다. 이러한 와동의 크기는 매우 작은 것에서부터 매우 큰 것까지 다양하다. 이러한 와동은 평균 속도의 크기로 질량을 전달하면서 매우 교란되고 불규칙한 운동을 하며, 유동장 내에서 유체의 혼합을 촉진시키면서 층류보다 상대적으로 큰 전단응력을 발생시킨다.

난류에서의 속도성분은 그림 4.6과 같이 시간에 따른 평균 속도와 속도변동(평균 속도에 비해 매우 작음)을 사용하여 나타낼 수 있다. $u = u(x,\ y,\ z,\ t)$가 속도의 x 방향 성분이라고 하면, 시간에 따른 평균 속도(mean velocity) $\bar{u}$는 다음과 같다.

$$\bar{u} = \frac{1}{T}\int_{t_0}^{t_0+T} u dt \tag{4.19}$$

그림 4.6 난류유동에서의 시간에 따른 평균 속도와 속도변동

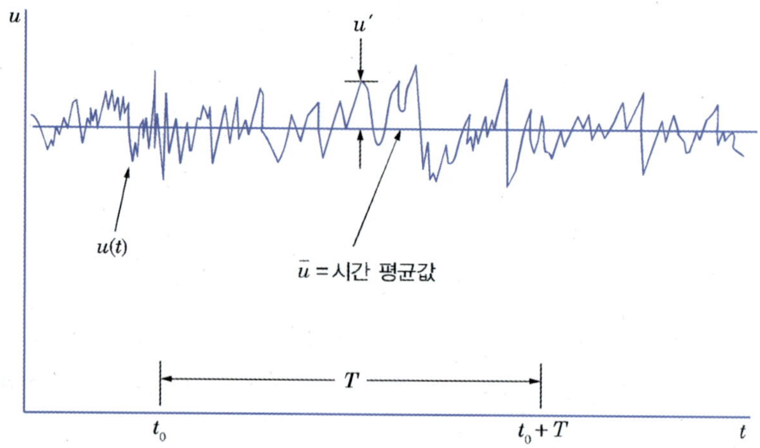

속도변동(velocity fluctuation) u'는 시간에 따라 변하고 $u = \bar{u} + u'$에서부터

$$u' = u - \bar{u} \tag{4.20}$$

속도변동을 시간에 대해 평균하면 다음과 같이 0이 된다.

$$\begin{aligned}\overline{u'} &= \frac{1}{T}\int_{t_0}^{t_0+T}(u - \bar{u})dt = \frac{1}{T}\left[\int_{t_0}^{t_0+T} udt - \bar{u}\int_{t_0}^{t_0+T} dt\right] \\ &= \bar{u} - \bar{u} = 0\end{aligned} \tag{4.21}$$

이는 속도변동은 평균 속도 위, 아래에 균등하게 분포해 있다는 것을 의미한다. 그리고 속도변동의 제곱은 항상 양수이며[$(u')^2 \ge 0$], 그 평균 또한 항상 양수이고 다음과 같다.

$$\overline{(u')^2} = \frac{1}{T}\int_{t_0}^{t_0+T}(u')^2 dt > 0 \tag{4.22}$$

그러나 다른 두 방향에 대한 속도변동의 곱의 평균(예를 들면, x 방향 속도변동 u'와 z 방향 속도변동 w'의 곱의 평균 $\overline{u'w'}$)은 양수, 음수, 또는 0 모두 될 수 있다.

층류에서의 전단응력과 난류에서의 전단응력을 포함한 $x-z$ 평면 2차원 유동에서 발생하는 전단응력은 다음과 같다.

$$\tau = \tau_{lam} + \tau_{turb} = \mu\frac{d\overline{u}}{dz} - \rho\overline{u'w'} \tag{4.23}$$

여기서, 유동이 층류이면 $u' = w' = 0$이 되어 $\overline{u'w'} = 0$이 되므로 점성이 지배하는 층류전단응력(또는 점성전단응력) $\tau_{lam} = \mu(du/dz)$가 되고, 난류에서는 $\rho\overline{u'w'}$가 $\mu(du/dz)$보다 훨씬 큰 난류전단응력(또는 Reynolds 응력) $\tau_{turb} = -\rho\overline{u'w'}$가 된다. 그리고 천이유동에서는 두 전단응력 τ_{lam}와 τ_{turb}가 모두 존재한다.

그림 4.7 (a) 층류유동에서 분자운동에 의한 전단응력, (b) 난류유동에서의 와동

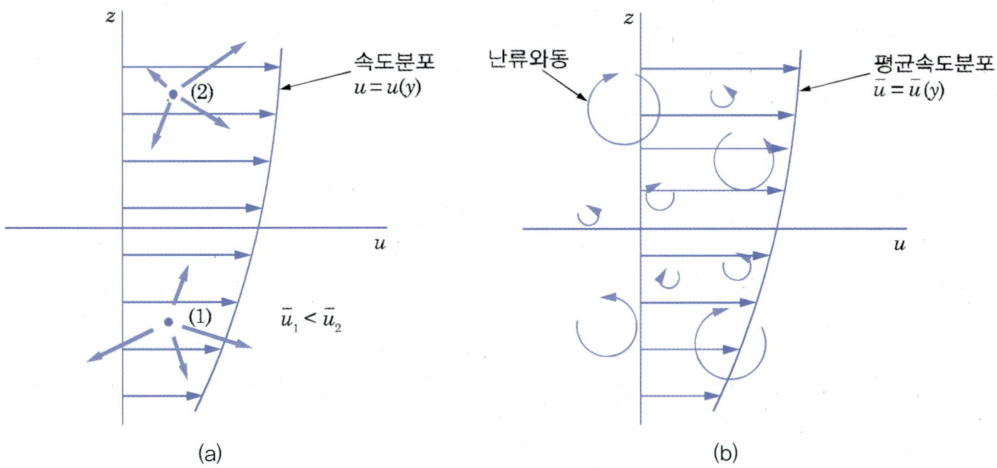

Boussinesq(프랑스, 1877년)는 난류에서의 전단응력을 층류의 개념을 도입하여 다음과 같이 나타내었다.

$$\tau = \epsilon\frac{d\overline{u}}{dz} \tag{4.24}$$

여기서, ϵ은 와점성계수(eddy viscosity)로 유체의 종류와 유동 조건에 따라 다르다. 즉, 물의 와점성계수는 난류의 조건에 따라 다르고, 난류 유동장에서의 각 지점마다 다르다.

앞에서 언급한 바와 같이 난류에 있어 관내에서의 속도분포는 불규칙한 운동을 하는 물 입자들의 혼합으로 인해 어느 정도 일정하게 나타난다. 그러나 관 벽 경계 부근에서는 물 입자의 교란이 거의 없어 관 벽 근처에서는 층류전단응력이 지배적인 매우 얇은 영역이 존재한다. 이 얇은 영역을 층류저층(laminar sublayer)이라고 하며, 난류가 발달할수록 층류저층의 두께는 감소한다. 그리고 층류저층을 조금 벗어난 지점에서는 층류와 난류 모두가 존재하는 천이영역인 중복층(overlap layer)이 나타나고, 중복층을 벗어나 관의 중심부로 가면서 난류전단응력이 지배적인 외층(난류층; outer layer)이 나타난다.

그림 4.8 관내 난류유동의 구조

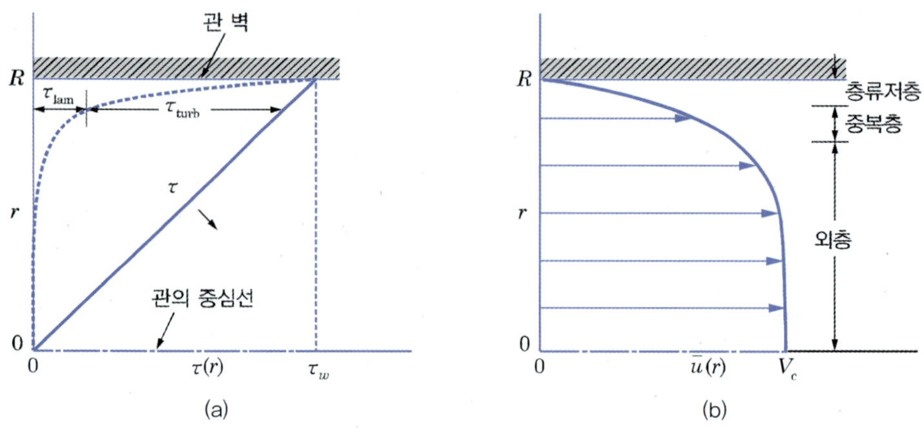

층류저층에서의 속도분포는 다음과 같은 무차원의 형태로 나타낼 수 있다.

$$\frac{u}{u_*} = \frac{z u_*}{\nu} \tag{4.25}$$

여기서, z는 $R-r$로 관 벽에서부터 측정된 거리이고, u_*는 마찰속도(friction velocity)로 τ_w/ρ이며, u_*는 실제유체의 속도가 아니라 단지 속도의 차원을 가진 가상의 속도 개념이다. 그리고 식(4.25)는 매끄러운 벽 부근 $0 \le z u_*/\nu \le 5$에서 적합하다.

중복층에서의 속도분포는 z에 대한 로그함수이며 다음과 같다.

$$\frac{\bar{u}}{u_*} = 2.5\ln\left(\frac{zu_*}{\nu}\right) + 5.0 \tag{4.26}$$

여기서, 상수 2.5와 5.0은 실험에 의해 정해진 것이다.
외층에서의 속도분포를 나타내는 식으로는 다음과 같은 식이 있으며, 실험 결과와 잘 일치한다.

$$\frac{(V_c - u)}{u_*} = 2.5\ln\left(\frac{R}{z}\right) \tag{4.27}$$

여기서, V_c는 관의 중심에서의 속도이다. 이 외에도 경험적인 지수법칙 속도분포(power-law velocity profile)가 있으며 다음과 같다.

$$\frac{\bar{u}}{V_c} = \left(1 - \frac{r}{R}\right)^{1/n} \tag{4.28}$$

여기서, n값은 Reynolds 수의 함수이며, $R_e = 4.0 \times 10^3$이면 $n = 6$, $R_e = 1.1 \times 10^5$이면 $n = 7$, $R_e = 3.2 \times 10^6$이면 $n = 10$이 되고, $n = 7$은 실제 유동문제에 있어 납득할 만한 근사식으로 자주 사용된다.

4.4 관수로 내의 유속공식

관수로 유동에서의 평균유속공식 Chezy 공식, Hazen-Williams 공식, Manning 공식 등이 있으며, 관로 내에서의 마찰손실을 포함하는 유속계수 또는 조도계수가 적용된다.

관수로 내 유동을 계산하기 위한 유속공식은 유동의 평균유속을 계산하기 위해 특정한 조건하에서 개발된 경험공식으로, 마찰손실을 포함하는 계수를 사용하고 있다. 경험공식 중 대표적인 것은 Chezy 공식, Hazen-Williams 공식, Manning 공식 등이 있다.

4.4.1 Chezy의 평균유속공식

Chezy(프랑스) 공식은 프랑스 파리에 물을 공급하기 위한 운하를 설계한 Chezy에 의해 1768년에 유도되었으며, 다음과 같은 Darcy(프랑스)-Weisbach(독일) 공식에서부터 유도될 수 있다.

$$h_f = f\frac{L}{D}\frac{V^2}{2g} \tag{4.29}$$

여기서, h_f는 마찰에 의한 손실수두, f는 마찰손실계수(friction factor), 그리고 L은 관의 길이이다.
식(4.29)를 V에 대해 정리하면 다음과 같은 Chezy 공식이 된다.

$$V^2 = \frac{2gh_L D}{fL} = \frac{8g}{f}\frac{h_f}{L}\frac{D}{4}$$

$$V = \sqrt{\frac{8g}{f}}\sqrt{R_h\frac{h_f}{L}}$$

$$\therefore\ V = C\sqrt{R_h S_0} \tag{4.30}$$

여기서, C는 Chezy의 마찰손실계수로 $\sqrt{8g/f}$ 이며, 관내의 조도(roughness)가 증가하면 C는 감소한다. R_h는 동수반경(또는 경심; hydraulic radius)으로 단면적(cross sectional area)/윤변(wetted perimeter)$= A/P$이고, 원형 관인 경우 $D/4$이다. 그리고 S_0은 에너지선의 경사로 h_f/L(마찰손실에 대한 것이며, 전체 손실에 대해서는 h_L/L)이다.

4.4.2 Hazen-Williams의 평균유속공식

Hazen(미국)-Williams(미국) 공식(1906)은 미국의 상수도시스템 설계에서 많이 사용되어 온 공식이다. 비교적 직경이 큰 관($D > 5cm$)에서 유속 $V \le 3m/\sec$인 경우에 적합하며 다음과 같다.

$$V = 0.85\,C_{HW}R_h^{0.63}S_0^{0.54} \tag{4.31}$$

여기서, C_{HW}는 Hazen-Williams의 계수로, 매끈한 관에서는 $C_{HW} = 150$,

거친 관에서는 $C_{HW}=80$이 사용되며, 일반적인 설계에서는 $C_{HW}=100$이 사용된다. 표 4.1은 관의 재료에 따른 C_{HW}의 값으로, Chezy의 C값과 같이 조도가 커지면 C_{HW}는 작아지고 조도가 작아지면 C_{HW}는 커진다.

표 4.1 Hazen-Williams의 계수

관의 재료	C_{HW}	관의 재료	C_{HW}
주철관, 신품	130～135	황동관	130～140
주철관, 5년	120	납관	130～140
주철관, 10년	110	주석관	130
주철관, 15년	105	흄관(직경 100～600*mm*)	150～
주철관, 20년	95	흄관(직경 100*mm* 이하)	120～140
주철관, 30년	85	콘크리트관	120～140
주철관, 40년	80	토관	110
강철관	140～150	플라스틱관	140～150
리벳 강철관	110	소화용관(고무)	110～140
연철관	110～120	목관	120
아연철	120	유리관	140
구리관	120		

그림 4.9 Hazen-Williams의 계수를 이용한 평균유속 계산도표

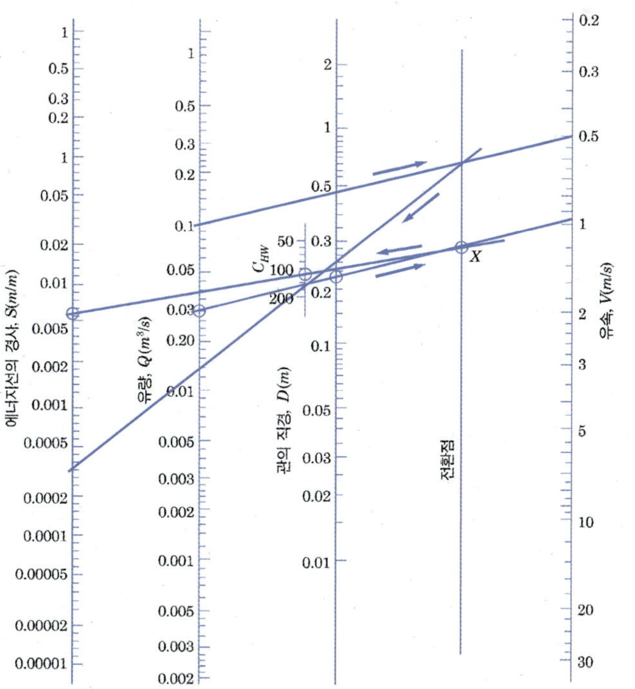

4.4.3 Manning의 평균유속공식

Manning(아일랜드, 1890년) 공식은 개수로의 설계를 위해 개발되어 널리 사용되어 온 경험공식이나 관수로 내 유동의 해석에도 사용된다. Chezy 공식[식(4.30)]에서 $C = R_h^{1/6}/n$이라고 두면, Manning 공식은 다음과 같이 된다.

$$V = \frac{1}{n} R_h^{2/3} S_0^{1/2} \tag{4.32}$$

여기서, n은 Manning의 조도계수로, 관수로의 재료에 따른 n의 값은 표 4.2와 같다.

표 4.2 관수로의 재료에 따른 Manning의 조도계수

관의 재료	n
주철관, 신품	0.011～0.012
주철관, 보통	0.012～0.013
주철관, 녹이 생긴 것	0.014～0.015
강철관	0.010～0.013
리벳 강철관	0.017～0.020
연철관	0.012～0.014
도금한 연철관	0.013～0.015
유리, 황동, 구리관	0.009～0.013
흄관	0.011～0.014
콘크리트관	0.011～0.015
목관, 매끈한 것	0.010～0.011
목관, 거친 것	0.012～0.015
염화비닐관, 신품	0.009～0.012

Chezy 공식 $C = \sqrt{8g/f}$ 와 $C = R_h^{1/6}/n$에서부터 원형 관인 경우의 마찰손실계수 f를 구하면 다음과 같다.

$$f = \frac{124.6n^2}{D^{1/3}} \tag{4.33}$$

그림 4.10 Manning의 조도계수를 이용한 평균유속 계산도표

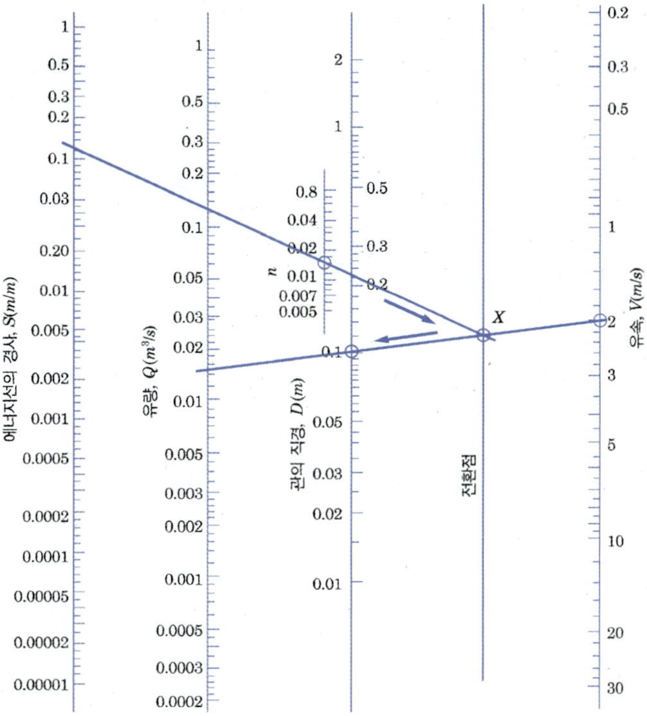

예제 4.6

직경 $20cm$, 길이 $100m$인 관에 유량 $0.03m^3/s$의 물이 흐르고 있을 때, 손실수두를 Hazen–Williams 공식을 사용하여 구하라. 여기서, Hazen–Williams의 계수는 110이다.

풀이

Hazen-Williams 공식에서부터

$$V = \frac{Q}{A} = \frac{0.03}{(\pi \times 0.2^2)/4} = 0.85(110)\left(\frac{0.2}{4}\right)^{0.63} S_0^{0.54}$$

$$S_0 = \frac{h_L}{L} = 0.0068$$

$$\therefore\ h_L = 0.0068 \times 100 = 0.68m$$

그림 4.9에서 $Q = 0.03m^3/s$, $D = 0.2m$를 연결하여 전환점 X를 구한 후, 전환점 X에서부터 $C_{HW} = 110$을 연결하여 에너지선의 경사를 읽으면 $S_0 = 0.0061m/m$가 된

다. 그러므로

$$h_L = S_0 L = 0.0061 \times 100 = 0.61m$$

예제 4.7

직경 $10cm$, 길이 $200m$인 관수로에서 측정된 손실수두가 $24.6m$일 때, 관내를 흐르는 유량을 Manning 공식을 이용하여 구하라. 여기서, Manning의 조도계수는 0.015이다.

풀이

Manning 공식에서부터 $S_0 = h_L/L = 24.6/200 = 0.123$, $R_h = D/4 = 0.025m$이므로

$$V = \frac{1}{0.015}(0.025)^{2/3}(0.123)^{1/2} = 1.999m/s$$

$$\therefore\ Q = AV = \frac{\pi(0.10)^2}{4}(1.999) = 0.0157m^3/s$$

그림 4.10에서 $S_0 = 0.123$, $n = 0.015$를 연결하여 전환점 X를 구한 후, 전환점 X에서부터 $D = 0.1m$를 연결하여 유량과 유속을 읽으면 $Q = 0.0157m^3/s$, $V = 2m/s$가 된다.

예제 4.8

수면 차이가 $3m$인 2개의 저수지를 길이 $1,500m$의 콘크리트관을 연결하여 $1.1m^3/s$의 물을 송수하려고 한다. 관의 직경을 얼마로 해야 하는지를 Hazen-Williams 및 Manning 공식을 사용하여 구하라.

풀이

(1) Hazen-Williams 공식 : 콘크리트관인 경우 $C_{HW} = 130$이며, $Q = AV$에서부터

$$1.1 = \left(\frac{\pi D^2}{4}\right)(0.85)(130)\left(\frac{D}{4}\right)^{0.63}\left(\frac{3}{1500}\right)^{0.54}$$

$$\therefore\ D = 0.95m$$

(2) Manning 공식 : 콘크리트관인 경우 $n = 0.014$이며, $Q = AV$에서부터

$$1.1 = \left(\frac{\pi D^2}{4}\right)\left(\frac{1}{0.014}\right)\left(\frac{D}{4}\right)^{2/3}\left(\frac{3}{1500}\right)^{1/2}$$

$$\therefore\ D = 1.04m$$

4.5 손실수두

단면이 일정한 완전발달 관수로 유동에서 발생하는 전체 손실수두로는 관 내 마찰에 의한 주 손실수두와 관의 입구, 출구, 단면 변화, 전환 부분, 연결 부분 등에서 와(vortex), 가속, 감속 등에 의해 발생하는 부 손실수두가 있다.

4.5.1 주 손실수두와 Moody 선도

주 손실　관내 마찰에 의한 손실
Moody 선도(Moody diagram)　관수로 유동에서 마찰손실계수를 구하는 데 이용되며, 마찰손실계수를 Reynolds 수와 상대조도에 대한 함수 관계로 나타낸 도표

식(3.75)와 같이 완전발달, 비압축성, 정상유동에 대한 Bernoulli 방정식은 다음과 같다.

$$\alpha_1 \frac{V_1^2}{2g} + \frac{p_1}{\gamma} + z_1 = \alpha_2 \frac{V_2^2}{2g} + \frac{p_2}{\gamma} + z_2 + h_L$$

관의 직경이 일정($D_1 = D_2$, $V_1 = V_2$)하고, 관이 수평($z_1 = z_2$)이며, 완전발달유동($\alpha_1 = \alpha_2$)인 경우, 식(3.75)는 다음과 같이 된다.

$$h_L = \frac{p_1 - p_2}{\gamma} \tag{4.34}$$

완전발달 층류유동에서 유량 $Q = \pi D^4 \Delta p / 128 \mu L$이며, 이를 Δp에 대해 정리하면

$$\Delta p = 32 \frac{L}{D} \frac{\mu V}{D} \tag{4.35}$$

식(4.35)를 식(4.34)에 대입하여 정리하면 다음과 같은 Darcy-Weisbach 공식이 된다.

$$h_L = h_f = \frac{64}{R_e}\frac{L}{D}\frac{V^2}{2g} = f\frac{L}{D}\frac{V^2}{2g} \tag{4.36}$$

여기서, f는 마찰손실계수(friction factor)이다. 층류인 경우 $f = 64/R_e$로 Reynolds 수 R_e만의 함수이고 관내 조도(surface roughness) e와는 무관하다. 난류인 경우 f는 관내 상대조도(relative roughness) e/D와 R_e의 함수로 실험에 의해 결정된다. Blasius(독일)는 $3{,}000 < R_e < 100{,}000$에서 마찰손실계수 f를 Reynolds 수 R_e의 함수로 나타낼 수 있는 경험식인 Blasius 난류마찰식을 다음과 같이 제안하였다.

$$f = \frac{0.316}{R_e^{1/4}} \tag{4.37}$$

관이 경사진 경우의 압력의 변화는 다음과 같이 마찰과 위치의 변화에 의해 발생하고, 손실수두에 기인한다.

$$p_1 - p_2 = \gamma(z_2 - z_1) + \gamma h_L = \gamma(z_2 - z_1) + f\frac{L}{D}\frac{\rho V^2}{2} \tag{4.38}$$

층류에서의 마찰손실계수는 단순히 Reynolds 수의 함수이므로 쉽게 구할 수 있으나, 난류에서의 마찰손실계수는 Reynolds 수와 상대조도에 대한 함수이므로 이를 구하는 것은 쉽지 않다.

Colebrook(영국)는 관 벽이 매끈한 관($\delta_s > 1.7e$, $eu_*/\nu \le 5$)에 대한 마찰손실계수를 구하는 식을 다음과 같이 제안하였다.

$$\frac{1}{\sqrt{f}} = 0.86\ln(R_e\sqrt{f}) - 0.8 \tag{4.39}$$

한편 Nikuradse(독일)는 어떤 크기의 모래를 관 벽에 붙여 인공적인 조도를 만들고 실험한 후, 거친 관 벽을 갖는 관에서의 유동이 완전난류($\delta_s < 0.08e$, $eu_*/\nu \ge 70$)일 때, Reynolds 수와 상대조도에 대한 마찰손실계수를 구하는 식을 다음과 같이 제안하였다.

$$\frac{1}{\sqrt{f}} + 0.8\ln\frac{e}{D} = 1.14 \tag{4.40}$$

표 4.3 여러 가지 관 표면에 대한 조도

관의 종류	조도, e(mm)
리벳강	0.9~9.0
콘크리트	0.3~3.0
목재	0.18~0.9
주철	0.26
아연도금철	0.15
상업용 강 또는 연철	0.045
인발관	0.0015
플라스틱, 유리	0.0 (부드러움)

그림 4.11은 Moody(미국, 1944년)가 마찰손실계수 f를 Reynolds 수 R_e와 상대조도 e/D에 대한 함수 관계로 나타낸 Moody 선도(Moody diagram)이며, 관수로 유동에서 마찰을 계산하는 데 있어 가장 많이 이용되는 도표이다. Moody 선도에서 f, R_e, 그리고 e/D의 관계는 다음과 같

그림 4.11 Moody 선도

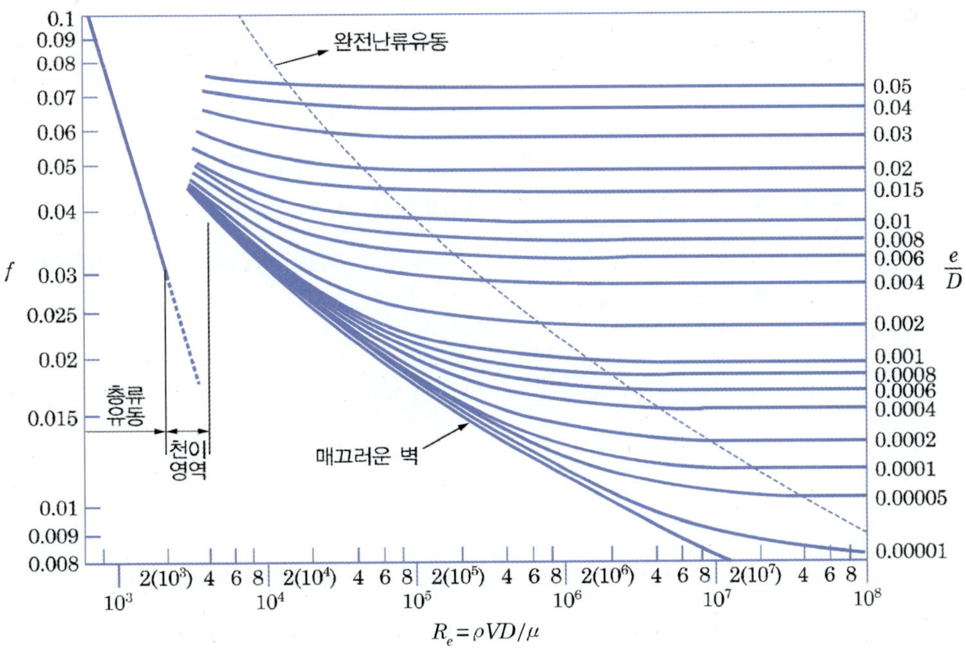

다. 첫째, 층류영역에서의 f는 e/D에 관계없이 R_e만의 함수가 되고 $f=64/R_e$가 된다. 둘째, 완전난류영역에서의 f는 R_e와는 관계없고 e/D의 영향만 받는다. 셋째, 천이영역에서의 f는 R_e와 e/D 모두의 함수가 된다.

Colebrook는 실제 상업용 관에서의 유동이 난류일 때, 매끈한 관과 거친 관 모두에 대해 적용시킬 수 있는 다음과 같은 경험식을 제안하였다.

$$\frac{1}{\sqrt{f}}=-0.86\ln\left(\frac{e/D}{3.7}+\frac{2.51}{R_e\sqrt{f}}\right) \tag{4.41}$$

식(4.41)은 Moody 선도에서 층류가 아닌 모든 영역에서 적용 가능하며, Moody 선도는 관수로 유동에서 압력강하에 대한 실험 결과를 수식화한 이 식을 도식적으로 나타낸 것이라 할 수 있다.

Swamee와 Jain은 Moody 선도를 이용하지 않고 f와 Q를 구할 수 있는 다음과 같은 식을 제안하였다.

$$f=\frac{0.25}{\left[\log\left(\frac{e}{3.7D}+\frac{5.74}{R_e^{0.9}}\right)\right]^2} \tag{4.42}$$

$$Q=-2.22D^{5/2}\sqrt{gh_f/L}\log\left(\frac{e}{3.7D}+\frac{1.78\nu}{D^{3/2}\sqrt{gh_f/L}}\right) \tag{4.43}$$

이 공식은 $10^{-5}<e/D<2\times10^{-2}$와 $4\times10^3<R_e<10^8$의 범위 내에서 적용될 때 좋은 결과를 가져오며, Moody 선도로부터 구한 결과와는 3% 이상 차이가 나지 않는 것으로 알려져 있다.

또한 Swamee와 Jain은 D를 구할 수 있는 식을 제안하였으며, Streeter와 Wylie에 의해 수정된 식은 다음과 같다.

$$D=0.66\left[e^{1.25}\left(\frac{LQ^2}{gh_f}\right)^{4.75}+\nu Q^{9.4}\left(\frac{L}{gh_f}\right)^{5.2}\right]^{0.04} \tag{4.44}$$

예제 4.9

직경 $10cm$인 매끈한 원형 관을 통해 40°C의 물이 흐르고 있다. 유량이 $0.02m^3/s$와 $0.0001m^3/s$일 때, 길이 $400m$에 대한 마찰손실수두를 구하라.

여기서, 40°C인 물의 동점성계수는 $0.685\times10^{-6}m^2/s$이고, 상대조도는 0.0001이다.

풀이

유량이 $0.02m^3/s$인 경우

$$V=\frac{Q}{A}=\frac{0.02}{(\pi\times0.1)^2/4}=2.548m/s,\ \ R_e=\frac{VD}{\nu}=\frac{(2.548)(0.1)}{0.658\times10^{-6}}=3.87\times10^5\ (\text{난류})$$

난류인 경우, Moody 선도로부터 $R_e=3.87\times10^5$에 대한 $f=0.015$이며, 이를 Darcy-Weisbach 공식에 대입하면

$$h_f=f\frac{L}{D}\frac{V^2}{2g}=(0.015)\frac{400}{0.1}\frac{(2.548^2)}{(2)(9.81)}=19.85m$$

유량이 $0.0001m^3/s$인 경우

$$V=\frac{Q}{A}=\frac{0.0001}{(\pi\times0.1)^2/4}=0.0127m/s,\ \ R_e=\frac{VD}{\nu}=\frac{(0.0127)(0.1)}{0.658\times10^{-6}}=1{,}930\ (\text{층류})$$

층류인 경우, $f=\frac{64}{Re}=\frac{64}{1930}=0.033$이며, 이를 Darcy-Weisbach 공식에 대입하면

$$h_f=f\frac{L}{D}\frac{V^2}{2g}=(0.033)\frac{(400)}{(0.1)}\frac{(0.0127)^2}{(2)(9.81)}=1.096\times10^{-3}m$$

예제 4.10

그림과 같은 직경 $50cm$의 강철관을 흐르는 유량을 구하라. 여기서, 관의 조도는 $4.6\times10^{-5}m$이다.

그림

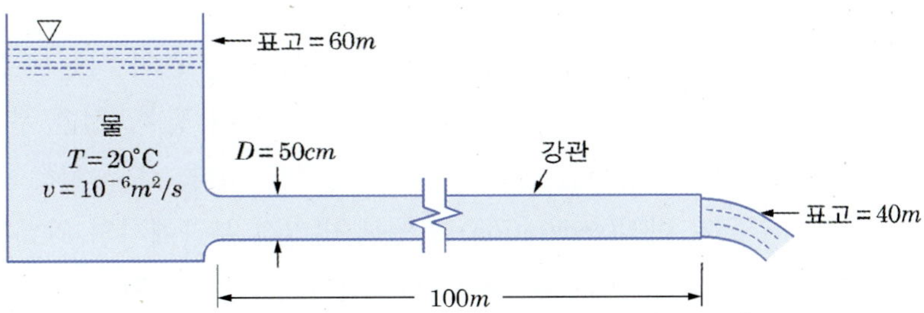

풀이

마찰에 의한 손실만 고려하고, 수조의 수면과 관의 출구를 1과 2 지점으로 하여 Bernoulli 방정식을 적용하면

$$\frac{V_1}{2g}+\frac{p_1}{\gamma}+z_1=\frac{V_2}{2g}+\frac{p_2}{\gamma}+z_2+h_f$$

$V_1=0,\ p_1=p_2=0,\ z_1-z_2=20m,$ 그리고 $h_f=f(L/D)(V_2^2/2g)$에서부터

$$\frac{V_2^2}{2g}(1+f\frac{L}{D})=20$$

$$V_2=V=\left[\frac{(2g)(20)}{(1+fL/D)}\right]^{1/2}=\left(\frac{40g}{1+200f}\right)^{1/2}$$

$f=0.02$로 가정하면 $V=8.86m/s$이고, $R_e=4.43\times10^6$이 된다. Moody 선도에서 $R_e=4.43\times10^6$과 상대조도 $e/D=4.6\times10^{-5}/0.5=9.2\times10^{-5}$에 대한 마찰손실계수를 구하면 $f=0.012$이므로 가정한 $f=0.02$와 일치하지 않는다.

그러므로 다시 $f=0.012$로 가정하여 V를 구하면, $V=10.74m/s$가 되며, $R_e=$ $=5.35\times10^6$이 된다. Moody 선도에서 $R_e=5.35\times10^6$과 상대조도 $e/D=9.2\times10^{-5}$에 대한 마찰손실계수를 구하면 $f=0.012$가 되므로 가정한 $f=0.02$와 일치하고 유량은 다음과 같다.

$$Q=VA=(10.74)[(\pi\times0.5^2)/4]=2.1m^3/s$$

4.5.2 부 손실수두

부 손실 관의 입구, 출구, 단면 변화, 전환 부분, 연결 부분 등에서 와(vortex), 가속, 감속 등에 의해 발생하는 손실

관수로 유동에서 대부분의 에너지손실은 관의 직선 부분에서 마찰에 의해 발생하나, 때로는 관의 입구, 출구, 단면 변화, 전환 부분, 연결 부분 등에 의한 부차적인 손실이 더 큰 경우도 있다. 부 손실은 점성효과가 아닌 유동의 박리(separation)로 인해 박리점 부근에서의 와류유동에 의한 운동에너지 소산에 의해 주로 발생한다. 일정한 단면을 가진 긴 관에서는 부 손실이 주 손실에 비해 작다. 일반적으로 관의 직경에 대한 관의 총 길이의

비 L/D이 3,000 이상인 경우에는 부 손실은 주 손실인 마찰에 의한 손실보다 매우 작으므로 무시할 수 있다.

(1) 단면 변화에 따른 손실수두

대부분의 관수로시스템에서는 관의 단면적(또는 직경)이 축소 또는 확대되는 부분이 있다. 유동 단면이 변하는 부분에서는 마찰에 의한 손실수두를 계산할 때 포함되지 않는 단면 변화에 따른 부차적인 손실수두가 발생한다. 그림 4.12는 단면이 급격하게 축소하거나 확대되는 관에서의 유동 현상을 보여준다.

그림 4.12 급격한 단면 변화가 있는 곳에서의 유동 현상

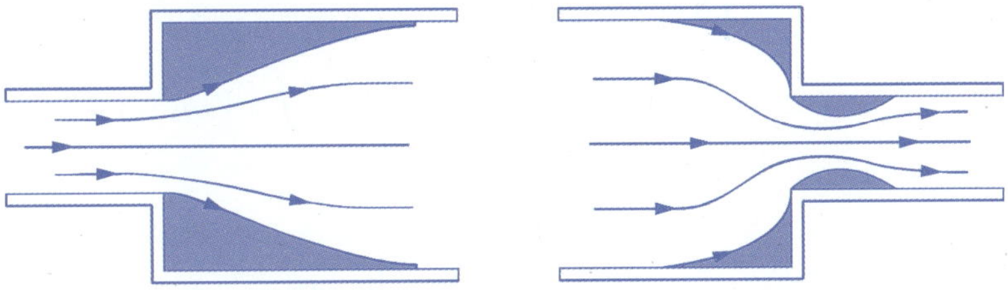

(a) 단면 확대　　(b) 단면 축소

단면이 급격하게 확대되는 관으로 유체가 유출될 때에는 그림 4.13과 같이 제트 형태의 유동이 형성된다. 그 후 확대된 관의 직경 2~3배 정도의 거리에서 제트는 분산되고 완전발달유동이 다시 형성되는데, 이러한 과정 [단면 (2)와 (3) 사이]에서 운동에너지의 일부는 점성에 의해 소산된다. 그림 4.13의 검사체적에 대해 운동량방정식을 적용하면

$$\sum F_x = F_{sx} + F_{bx} = F_{px} + F_{\tau x} + F_{bx} = \int_{CS} u\rho \vec{V} \cdot \hat{n} dA \qquad (4.45)$$

수평방향에 대한 체적력 $F_{bx} = 0$이고, 단면이 변하는 (2)에서부터는 유동이 관 벽에서부터 이탈되어 점성의 영향이 매우 작게 작용하므로, 전단력 $F_{\tau x} \approx 0$이 되어 식(4.45)는 다음과 같이 된다.

$$\sum F_x = F_{px} = \int_{CS} u\rho \vec{V} \cdot \hat{n} dA \qquad (4.46)$$

그림 4.13 단면이 급격하게 확대되는 관에서의 유동

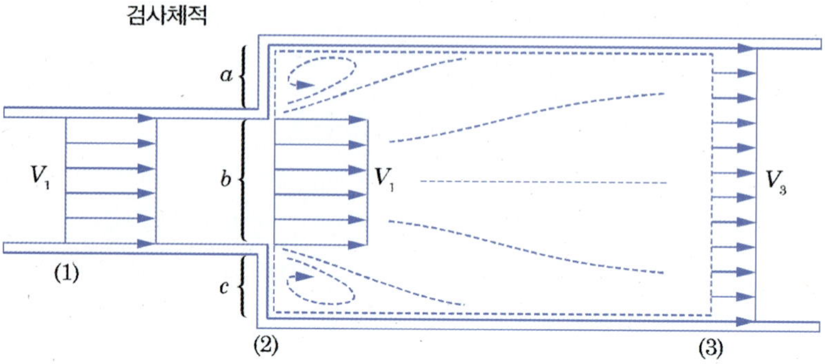

검사체적 단면 (2)에서 작용하는 압력 $p_a \approx p_b \approx p_c \approx p_1$이라고 하면

$$\sum F_x = p_1 A_1 + p_1(A_3 - A_1) - p_3 A_3$$
$$= \int_{A_2} V_3 \rho_3 V_3 dA_3 - \int_{A_1} V_1 \rho_1 V_1 dA_1$$
$$p_1 A_3 - p_3 A_3 = \rho Q(V_3 - V_1)$$
$$\frac{p_1 - p_3}{\gamma} = \frac{\rho Q}{A_3 \gamma}(V_3 - V_1) = \frac{V_3}{g}(V_3 - V_1) \tag{4.47}$$

단면 (1)과 (3) 사이에 Bernoulli 방정식을 적용하고, 식(4.47)을 대입하여 관의 확대에 따른 손실수두 h_e에 대해 정리하면

$$\frac{V_1^2}{2g} + \frac{p_1}{\gamma} = \frac{V_3^2}{2g} + \frac{p_3}{\gamma} + h_e$$
$$h_e = \frac{1}{2g}(V_1^2 - V_3^2) + \frac{p_1 - p_3}{\gamma} = \frac{1}{2g}(V_1^2 - V_3^2) + \frac{V_3}{g}(V_3 - V_1)$$
$$= \frac{V_1^2 - V_2^3 + 2V_3^2 - 2V_1 V_3}{2g} = \frac{V_1^2 - 2V_1 V_3 + V_3^2}{2g}$$
$$= \frac{(V_1 - V_3)^2}{2g} \tag{4.48}$$

연속방정식 $A_1 V_1 = A_3 V_3$에서부터 $V_3 = (A_1/A_3)V_1$을 식(4.48)에 대입하고, $A_3 = A_2$이므로

그림 4.14 단면이 급격하게 확대되는 관에 대한 손실계수

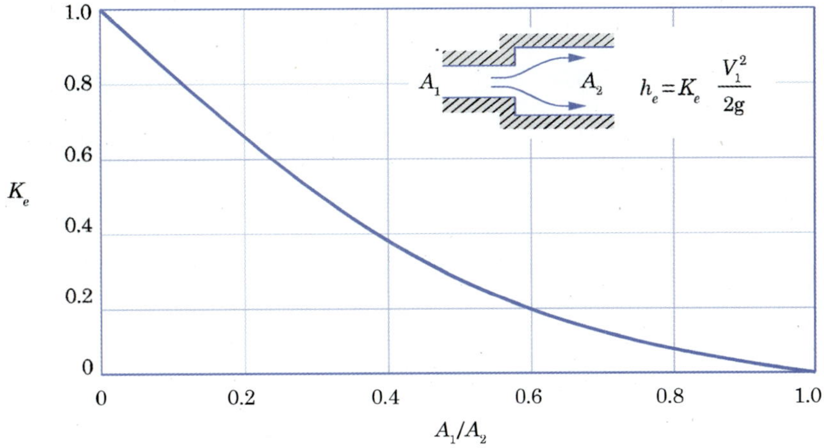

$$h_e = \frac{[V_1 - (A_1/A_2)V_1]^2}{2g} = \left(1 - \frac{A_1}{A_2}\right)^2 \frac{V_1^2}{2g}$$

$$\therefore\ h_e = K_e \frac{V_1^2}{2g} \tag{4.49}$$

여기서, K_e는 단면확대손실계수로 $K_e = (1 - A_1/A_2)^2 > 0$이다.

그림 4.15는 유체가 관수로에서부터 단면이 매우 큰 수조 또는 저수지와 같은 곳으로 유출되는 경우이다. 이 경우 관수로로부터 유출되는 유체의 운동에너지(속도 V_1)는 수조 또는 저수지로 유출되는 과정에서 점성에 의해 모두 소산되고, 결국 $V_2 \approx 0$이 된다. 그리고 관의 단면적 A_1에 비해 A_2가 매우 크기 때문에 $A_1/A_2 \approx 0$이 되어 출구손실계수 $h_e = V_1^2/2g$가 된다.

그림 4.15 단면이 매우 큰 저수조로 유입되는 유동

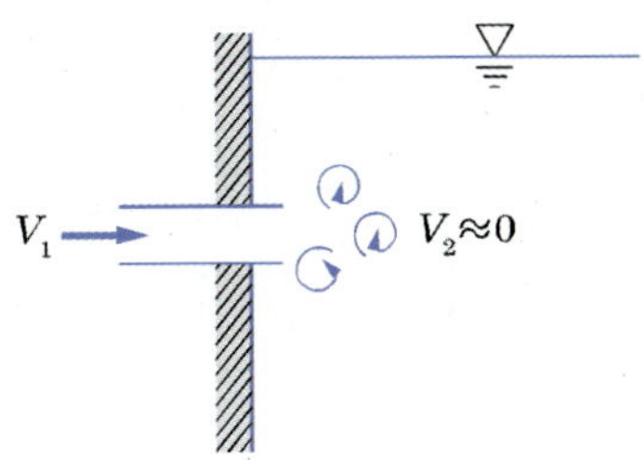

그림 4.16 관수로의 유출 조건과 출구손실계수

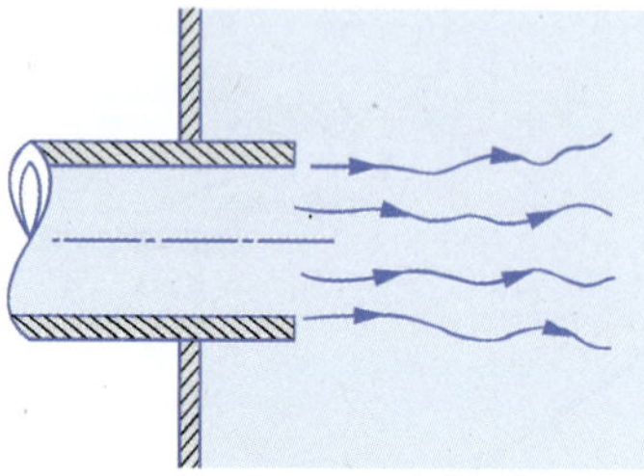

(a) 돌출형 출구, $K_e = 1.0$

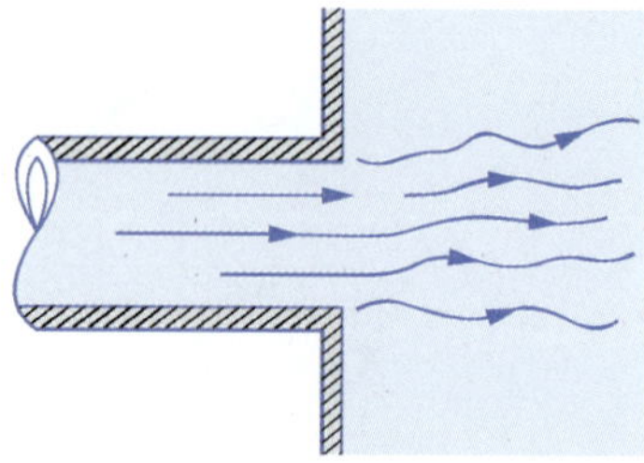

(b) 직각 모서리형 출구, $K_e = 1.0$

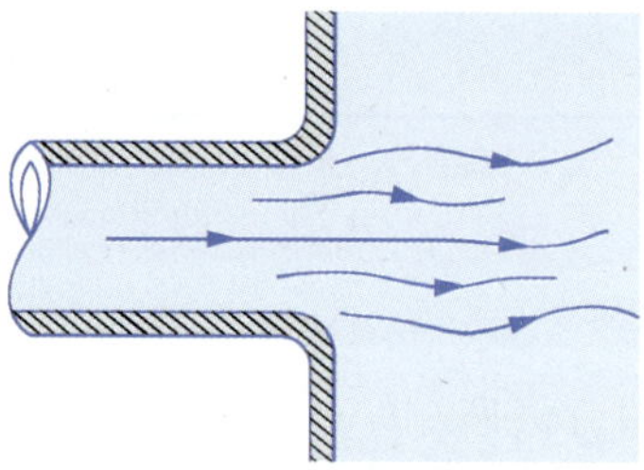

(c) 직각 둥근 모서리형 출구, $K_e = 1.0$

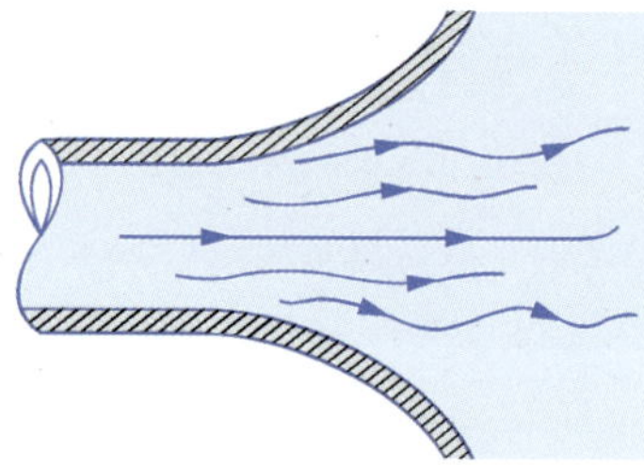

(d) 디퓨저형 출구, $K_e = 1.0$

그림 4.17과 같이 단면이 점진적으로 확대되는 원추형 디퓨저(diffuser)와 같은 경우에는 관내의 유동이 점진적으로 변하므로, 관이 확대되는 부분에서 발생하는 와동을 줄일 수 있어 K_e 값($\theta < 30°$)이 작아지는 것을 알 수 있다. 단면이 점진적으로 확대되는 관에서의 손실수두 $h_e^{'}$는 다음과 같다.

$$h_e^{'} = K_e{'} \frac{(V_1 - V_2)^2}{2g} \tag{4.50}$$

여기서, $K_e{'}$는 점진적 단면확대손실계수로 단면이 확대되는 각도 θ와 단면적의 비율 A_2/A_1에 따라 다르다. θ가 작은 경우에는 디퓨저(diffusor)

그림 4.17 단면이 점진적으로 확대되는 원추형 디퓨저(좌)와 이에 대한 손실계수(우)

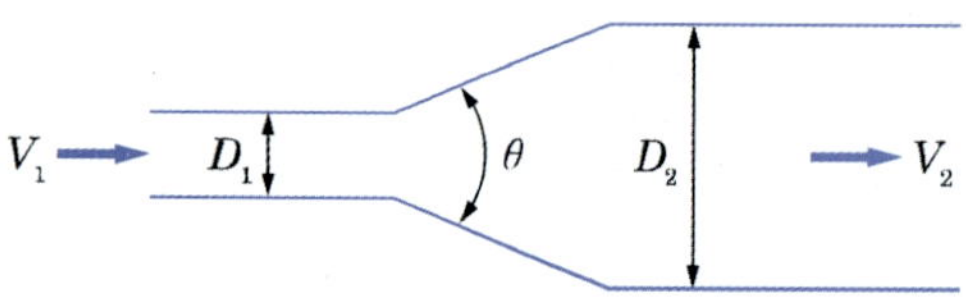

θ	10°	20°	30°	40°	50°	60°	75°
$K_e{'}$	0.078	0.31	0.49	0.60	0.67	0.72	0.72

의 길이가 길어져 대부분의 손실수두는 관 벽에서의 마찰에 의해 발생하고, θ가 큰 경우에는 디퓨저의 길이가 짧아져 유동이 관 벽에서부터 이탈되고 와동이 발생하여 관 확대에 의한 손실수두가 발생한다.

단면이 급격하게 축소되는 관으로 유체가 유입될 때에는 그림 4.18과 같이 유동은 날카로운 직각 모서리를 따라 흐를 수 없기 때문에 유동이 박리되어 베나 콘트랙타(vena contracta)가 발생한다. 단면 (2)(베나 콘트랙타)에서의 속도는 단면 (3)에서 보다 크고 압력은 작아진다.

그림 4.18 단면이 급격하게 축소되는 관에서의 유동

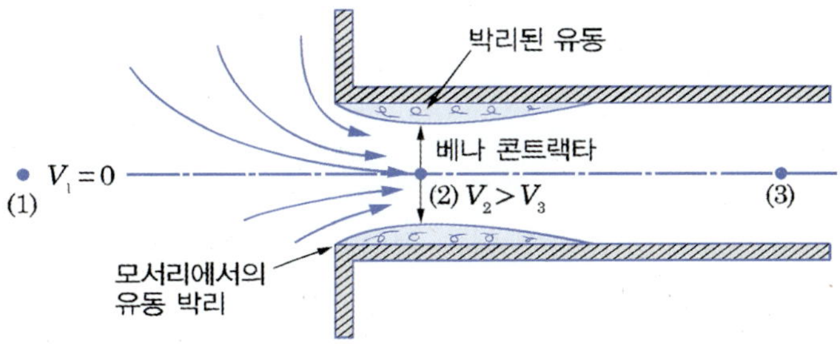

관의 축소에 따른 손실수두 h_c는 앞의 관의 확대에 따른 손실수두 h_e를 구하는 방법과 같으며 다음과 같다.

$$h_c = \frac{(V_c - V_3)^2}{2g} \tag{4.51}$$

단면 (2)와 (3)에 대한 연속방정식 $V_c C_c A_3 = V_3 A_3$에서부터 $V_c = V_3 / C_c$가 되고, 식(4.51)은 다음과 같이 된다.

$$h_c = \frac{[V_3 / C_c - V_3]^2}{2g} = \left(\frac{1}{C_c} - 1\right)\frac{V_3^2}{2g} = K_c \frac{V_3^2}{2g} \tag{4.52}$$

여기서, C_c는 단면축소계수로 $C_c = A_c / A_3$이고, K_c는 단면축소손실계수로 $K_c = \left(\frac{1}{C_c} - 1\right) = \left(\frac{A_3}{A_c} - 1\right) > 0$이다.

그림 4.19 단면이 급격하게 축소되는 관에 대한 손실계수

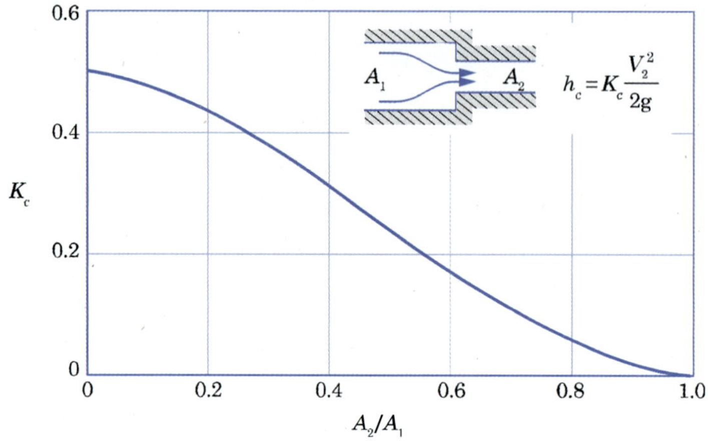

수조 또는 저수지에서 유체가 관수로에 유입할 때 발생하는 입구손실은 관수로가 부착되어 있는 형상에 따라 다르며 그림 4.20과 같다.

그림 4.20 관수로의 유입 조건과 입구손실계수

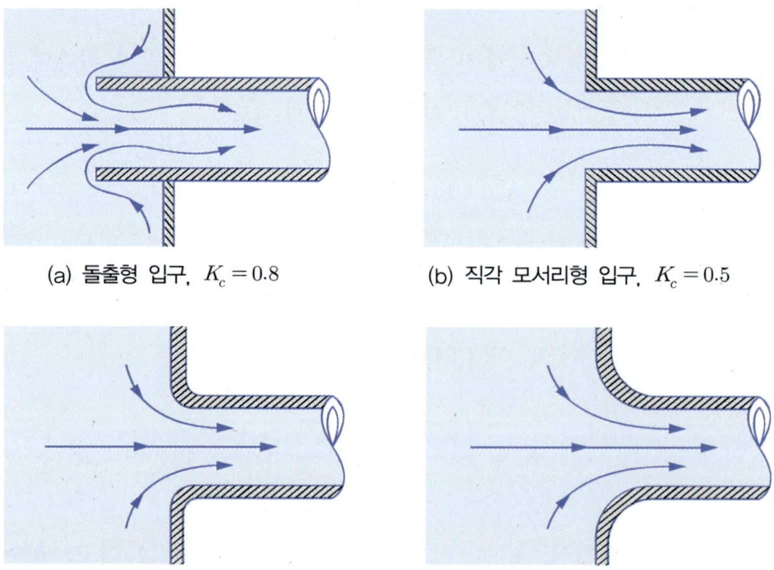

(a) 돌출형 입구, $K_c = 0.8$

(b) 직각 모서리형 입구, $K_c = 0.5$

(c) 직각 둥근 모서리형 입구, $K_c = 0.2$

(d) 디퓨저형 입구, $K_c = 0.04$

그림 4.21은 단면이 점진적으로 축소되는 원추형 디퓨저(diffuser)로 손실수두 h_c'는 다음과 같다.

$$h_c' = K_c' \frac{V_2^2}{2g} \tag{4.53}$$

$$K_c' = \frac{0.025}{8(\sin\theta/2)}\left[1-\left(\frac{A_2}{A_1}\right)^2\right] \text{ (Gibson, 실험치)}$$

여기서, K_c'는 점진적 단면축소손실계수로 단면이 축소되는 각도 θ와 단면적의 비율 A_2/A_1에 따라 다르다. 이 경우에도 앞의 점진적으로 단면이 확대되는 디퓨저와 같이 θ가 작은 경우에는 컨퓨저(confusor)의 길이가 길어져 대부분의 손실수두는 관 벽에서의 마찰에 의해 발생하고, θ가 큰 경우에는 컨퓨저의 길이가 짧아져 유동이 관 벽에서부터 이탈되고 와동이 발생하여 관 축소에 의한 손실수두가 발생한다.

그림 4.21 단면이 점진적으로 축소되는 원추형 컨퓨저(상)와 이에 대한 손실수두(하)

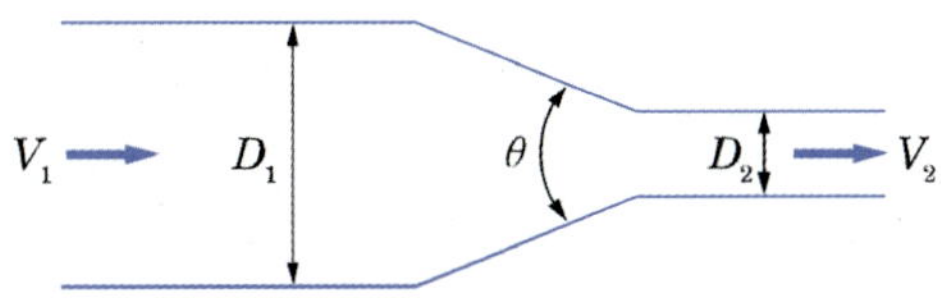

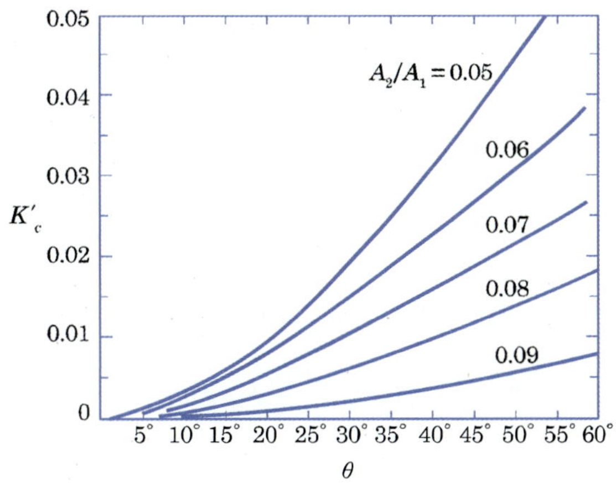

예제 4.11

그림과 같이 단면이 급격히 확대되는 원형 관로에 물이 유속 $6m/s$로 흐르고 있다. 물이 관로로 유입, 유출되는 과정에서 발생하는 총 손실수두를 구하라. 여기서, 관로 (1)에서의 마찰손실계수는 0.017이고, 관로 (2)에서의 마찰손실계수는 0.0142이다.

그림

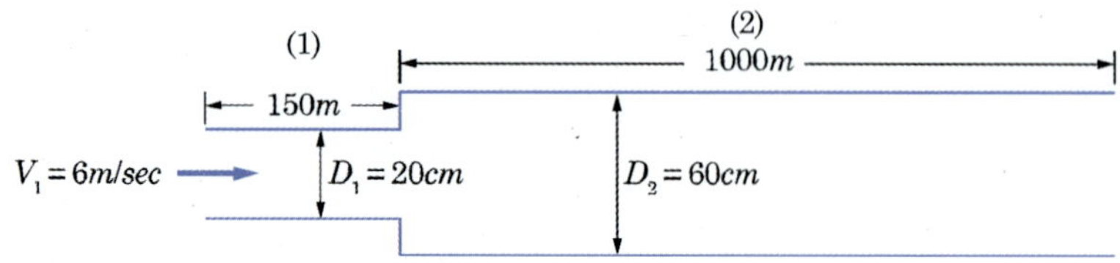

풀이

관로 (1)에서의 손실수두

$$h_{f_1} = f_1 \frac{L_1}{D_1}\frac{V_1^2}{2g} = (0.017)\frac{150}{0.2}\frac{6^2}{(2)(9.81)} = 23.4m$$

관로 (2)에서의 유속과 손실수두

$$V_2 = V_1 \frac{A_1}{A_2} = V_1 \frac{D_1^2}{D_2^2} = (6)\left(\frac{0.2}{0.6}\right)^2 = 0.67m/s$$

$$h_{f_2} = f_2 \frac{L_2}{D_2}\frac{V_2^2}{2g} = (0.0142)\frac{1,000}{0.6}\frac{0.67^2}{(2)(9.81)} = 0.54m$$

관로 (1)에서의 입구손실계수 $K_{ent} = 0.5$, 급확대부에서의 손실계수 $K_e = (1 - A_1/A_2)^2 = 0.44$, 관로 (2)에서의 출구손실계수 $K_{exit} = 1.0$이므로

$$h_{ent} = K_{ent}\frac{V_1^2}{2g} = (0.5)\frac{6^2}{(2)(9.81)} = 0.92m$$

$$h_e = K_e \frac{V_1^2}{2g} = (0.44)\frac{6^2}{(2)(9.81)} = 0.81m$$

$$h_{exit} = K_{exit}\frac{V_2^2}{2g} = (1.0)\frac{0.67^2}{(2)(9.81)} = 0.22m$$

그러므로 총 손실수두는 다음과 같다.

$$\begin{aligned} h_L &= h_{ent} + h_{f_1} + h_e + h_{f_2} + h_{exit} \\ &= 0.92 + 23.4 + 0.81 + 0.54 + 0.22 \\ &= 25.87m \end{aligned}$$

예제 4.12

직경 $15cm$인 관에 직경 $10cm$인 관이 연결되어 있다. 직경 $15cm$인 관에서의 유속이 $2.3m/s$, 압력이 $3,500kg_f/m^2$일 때, 직경 $10cm$인 관에서의 유속과 압력을 구하라. 여기서, 관은 수평으로 놓여 있고, 단면축소손실계수는 0.27이다.

풀이

연속방정식 $Q = V_1A_1 = V_2A_2$에서부터

$$V_2 = \frac{V_1A_1}{A_2} = \frac{(2.3)[(\pi\times0.15^2)/4]}{[(\pi\times0.1^2)/4]} = 5.23m/s$$

Bernoulli 방정식에서 $z_1 = z_2$이므로

$$\frac{V_1^2}{2g} + \frac{p_1}{\gamma} = \frac{V_2^2}{2g} + \frac{p_2}{\gamma} + h_c$$

$$\frac{p_2}{\gamma} = \frac{V_1^2}{2g} + \frac{p_1}{\gamma} - \frac{V_2^2}{2g} - K_c\frac{V_2^2}{2g} = \frac{V_1^2}{2g} + \frac{p_1}{\gamma} - \frac{V_2^2}{2g}(1+K_c)$$

$$\frac{p_2}{\gamma} = \frac{2.3^2}{2(9.81)} + \frac{3{,}500}{1{,}000} - \frac{5.23^2}{2(9.81)}(1+0.27) = 1.998m$$

$$p_2 = 1{,}998kg_f/m^2$$

(2) 곡관에 의한 손실수두

곡관(bend pipe)에서의 유동은 양쪽 관 벽에서 평행하게 흐르지 않고 복잡한 양상을 보이며, 곡관에서의 손실수두는 직관에서보다 훨씬 크다. 손실수두는 곡관의 안쪽 벽면 근방에서 발생하는 유동의 박리에 의해 1차적으로 발생하고, 그리고 관의 만곡에 따른 구심력의 불균형으로 인한 와동(소용돌이)에 의해 2차적으로 발생한다. 그림 4.22는 90°곡관에서의 유동 특성과 손실계수를 나타내며, 곡관에 의한 손실수두 h_b는 다음과 같다.

$$h_b = K_b\frac{V^2}{2g} \tag{4.54}$$

여기서, K_b는 곡관손실계수로 관이 굽는 각도 θ와 R(곡률반경)/ D(직경)에 따라 다르다.

그림 4.22 90°곡관에서의 유동 특성과 손실계수(Reynolds 수가 매우 큰 경우)

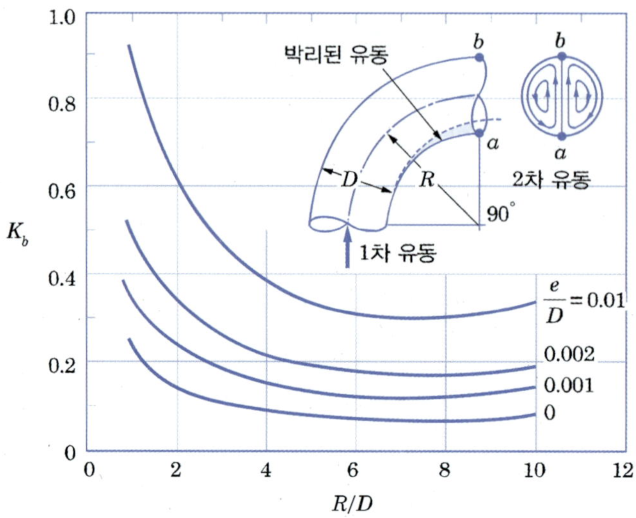

예제 4.13

그림과 같은 직경 $3.2m$, 길이 $1,200m$인 원형 철근콘크리트 압력 터널에 $18m^3/s$의 유량이 흐르고 있을 때, 총 손실수두를 구하라. 터널 중간에는 만곡부가 한 군데 있으며, 만곡에 의한 손실계수는 0.11이고, Manning의 조도계수는 0.015이다.

그림

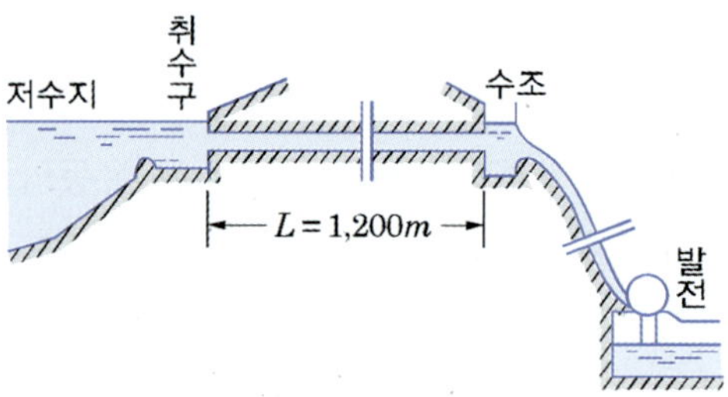

풀이

총 손실수두

$$h_L = h_{ent} + h_b + h_{exit} + h_f = \left(K_{ent} + K_b + K_{exit} + f\frac{L}{D}\right)\frac{V^2}{2g}$$

$$= \left(0.5 + 0.11 + 1.0 + f\frac{L}{D}\right)\frac{V^2}{2g}$$

$$V = \frac{Q}{A} = \frac{18}{(\pi \times 3.2^2)/4} = 2.24m/s$$

$$f = \frac{124.6n^2}{D^{1/3}} = \frac{124.6(0.015^2)}{(3.2)^{1/3}} = 0.019$$

그러므로

$$h_L = \left[1.61 + (0.019)\frac{1,200}{3.2}\right]\frac{(2.24)^2}{(2)(9.81)} = 2.236m$$

(3) 밸브에 의한 손실수두

밸브는 유량을 조절하는 기구이며, 유동이 밸브를 지나갈 때 손실수두가 발생한다. 밸브를 완전히 닫으면 유동에 대한 저항은 무한대가 되고 유체는 흐를 수 없으며, 밸브를 완전히 열면 밸브로 인한 저항은 무시할 수 있을 정도로 작아진다. 그림 4.23은 밸브를 통과하는 유동을 나타내며, 밸브에 의한 손실수두 h_v는 다음과 같다.

$$h_v = K_v \frac{V^2}{2g} \tag{4.55}$$

여기서, K_v는 밸브손실계수로 $K_v = \dfrac{\Delta p}{1/2(\rho V^2)}$이며, 밸브의 형상과 Reynolds 수에 따라 다르다.

그림 4.23 밸브를 통과하는 유동

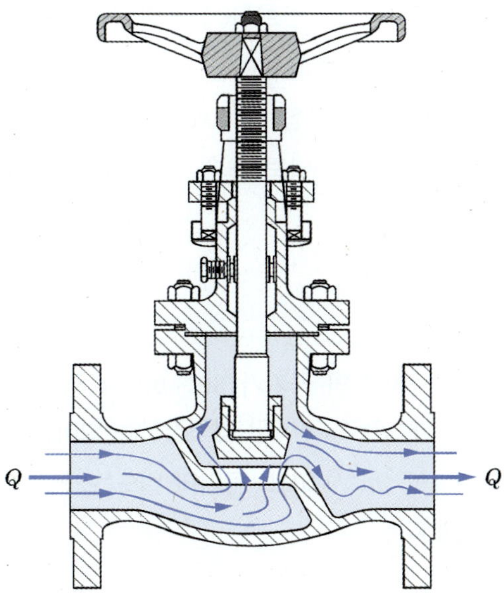

4.6 비원형단면의 관

유체를 수송하는 데 사용되는 관들 중에는 원형이 아닌 경우가 많다. 이러한 관들 내부에서의 유동은 단면형상에 따라 다르지만, 원형 관에서 얻어진 결과들을 약간 수정하면 여러 가지 형상의 관에 적용할 수 있다.

동수반경 R_h는 단면적 A를 윤변 P로 나눈 값으로 정의된다. 그러므로 원형 관에 대한 동수반경은 다음과 같다.

$$R_h = \frac{A}{P} = \frac{\pi D^2/4}{\pi D} = \frac{D}{4} \tag{4.56}$$

식(4.56)에서 D는 등가직경으로 원형 관의 직경이며 $D = 4R_h$가 되고, 이를 Darcy-Weisbach 공식, Reynolds 수 R_e, 그리고 상대조도 e/D에에 적용하면 다음과 같다.

$$h_f = f\frac{1}{4R_h}\frac{V^2}{2g}, \quad R_e = \frac{\rho V(4R_h)}{\mu}, \quad \frac{e}{D} = \frac{e}{4R_h} \tag{4.57}$$

그러므로 식(4.57)을 이용하면 비원형단면의 관들에 대해서도 Moody 선도를 이용할 수 있으며, 15% 내외의 오차는 있지만 마찰손실계수를 구할 수 있다. 그리고 인위적으로 정의한 동수반경의 개념은 실질적으로 물리적인 의미를 가지는 것이 아니기 때문에 모든 경우에 대해 완전하게 적용시킬 수 있는 것은 아니다. 실험 결과에 의하면 난류유동에 대한 동수반경의 개념으로 분석한 결과는 별로 오차가 없지만, 층류유동에서는 비교적 많은 오차가 나타난다.

예제 4.14

절대압력 $101kPa$인 $20°C$의 공기가 $30 \times 60cm^2$의 강관 내를 $2.5m^3/s$ 유량으로 흐르고 있을 때, 관로 $50m$당 압력강하는 얼마인가? 여기서, 공기의 동점성계수는 $1.51 \times 10^{-5}m^2/s$이고, 공기의 밀도는 $1.2kg/m^3$이며, 관의 조도는 $4.6 \times 10^{-5}m$이다.

풀이

속도, 동수반경, Reynolds 수, 그리고 상대조도

$$V = Q/A = 2.5/0.18 = 13.9m/s$$
$$R_h = A/P = 0.18/1.8 = 0.1m$$
$$R_e = \frac{V(4R_h)}{\nu} = \frac{(13.9)(4\times 0.1)}{1.15\times 10^{-5}} = 3.68\times 10^5$$
$$\frac{e}{4R_h} = \frac{4.6\times 10^{-5}}{0.4} = 3.68\times 10^5$$

Moody 선도에서부터 $f = 0.015$이고, $h_f = f\frac{L}{4R_h}\frac{V_2}{2g}$에서부터

$$\gamma h_f = \Delta p = f\frac{L}{4R_h}\rho\frac{V^2}{2} = (0.015)\frac{50}{4(0.1)}(1.2)\frac{13.9^2}{2} = 217N$$

4.7 원형 관 유동

단일관로 관수로의 입구에서 출구까지가 하나의 관으로 이루어져 있는 관로
복합관로 두 개 이상의 관이 직렬 또는 병렬로 연결되어 있는 관로
다지관 한 개의 교차점을 갖는 여러 개의 관이 서로 다른 수조 또는 저수지에 연결되어 있는 관로
관망 도시의 상수관이나 하수관과 같이 여러 개의 관로가 서로 복잡하게 연결되어 하나의 망(network)을 형성하는 관로

이 절에서는 앞에서 설명된 유동 개념을 여러 가지 이음 부품이 포함되어 있는 단일관로와 직렬, 병렬 또는 망으로 구성된 복합관로 등에서의 실제적인 유동 문제에 적용해 보기로 하겠다. 이러한 실제적인 문제를 해결하기 위해서는 우선, 관수로 유동 내 적절한 두 위치 사이의 Bernoulli 방정식을 수립하고, 여기에서부터 마찰에 의한 주 손실과 그 외 부 손실을 계산하여 주어진 문제를 해결하면 된다.

4.7.1 단일관로

관수로 유동의 일반적인 공학적 문제를 살펴보면 다음과 같은 세 가지 유형으로 분류할 수 있다.

- **유형 Ⅰ** : 유량과 관의 특성(관의 길이, 직경, 관내 조도 등)이 주어졌을 때, 손실수두 또는 압력 차이를 계산하는 문제
- **유형 Ⅱ** : 관의 특성과 손실수두가 주어졌을 때, 유량을 계산하는 문제
- **유형 Ⅲ** : 유량과 손실수두 또는 압력 차이가 주어졌을 때, 관의 직경을 계산하는 문제

위의 세 가지 유형 중에서 유형 I은 가장 보편적이고 단순한 문제로 쉽게 해결될 수 있으나, 유형 II와 III은 시행착오법(trial and error method)으로 해결해야 한다.

(1) 유형 Ⅰ

그림 4.24와 같이 10°C의 물이 유량 $0.0007m^3/s$로 직경 $2cm$의 구리관을 통해 지하실에서 2층으로 수송되어 직경 $1.25cm$의 수도꼭지를 통해 유출된다. (a) 모든 손실을 무시할 경우, (b) 마찰손실만 고려할 경우, (c) 모든 손실을 다 고려할 경우에 대한 (1) 지점에서의 압력을 구하라.

그림 4.24 유형 Ⅰ의 예

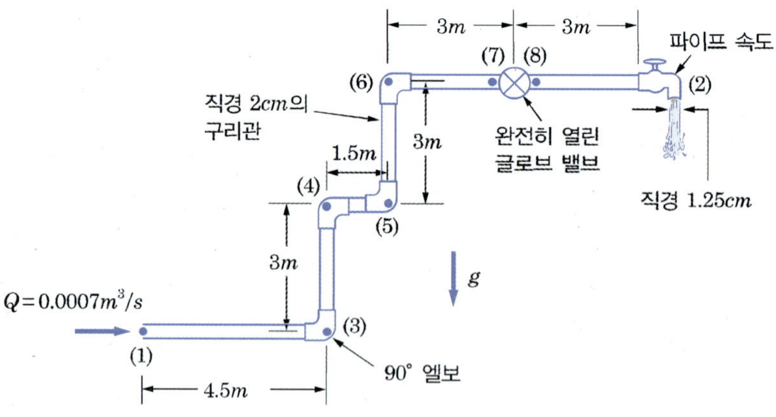

풀이

관내의 유속은 $V_1 = Q/A_1 = Q/(\pi D^2/4) = (0.0007m^3/s)/[\pi(0.02m)^2/4] = 2.23m/s$ 이며, 10°C 물의 점성계수 $\mu = 0.001307N \cdot s/m^2$이므로, $R_e = \rho VD/\mu = (1,000$

$kg/m^3)(2.23m/s)(0.02m)/(0.001307N{\cdot}s/m^2) = 34{,}124$이고 난류유동이다.

(a), (b), (c) 모든 경우에 대한 Bernoulli 방정식은 다음과 같다.

$$\alpha_1 \frac{V_1^2}{2g} + \frac{p_1}{\gamma} + z_1 = \alpha_2 \frac{V_2^2}{2g} + \frac{p_2}{\gamma} + z_2 + h_L$$

여기서, $p_2 = 0$(자유제트), $\gamma = 9{,}800N/m^3$, $z_1 = 0$, $z_2 = 6m$이며, 출구속도 $V_2 = Q/A_2 = (0.0007m^3/s)/[\pi(0.0125m)^2/4] = 5.71m/s$이다. 그리고 난류유동에서의 관 내 속도분포는 거의 균일하므로 운동에너지 보정계수 $\alpha_1 = \alpha_2 = 1$로 가정하면 위 식은 다음과 같이 된다.

$$p_1 = \frac{1}{2}\rho(V_2^2 - V_1^2) + \gamma z_2 + \gamma h_L$$

(a) 모든 손실을 무시할 경우, $h_L = 0$이므로

$$p_1 = \frac{1}{2}(1{,}000)\left[(5.71)^2 - (2.23)^2\right] + (9{,}800)(6)$$
$$= (13{,}816 + 58{,}800) = 72{,}616N/m^2$$
$$\therefore\ p_1 = 7.26N/cm^2$$

그러므로 $p_1 = 7.26N/cm^2$에서 $p_2 = 0$이 되기까지의 압력강하는 운동에너지 증가로 인한 $\rho(V_2^2 - V_1^2)/2 = 1.38N/cm^2$과 위치에너지 증가로 인한 $\gamma(z_2 - z_1) = 5.88\,N/cm^2$에 의해 발생한다. 이는 관내 유동이 (1) 지점에서부터 (2) 지점으로 도달하는 동안 압력 $p_1 = 7.26N/cm^2$가 $1.38N/cm^2$의 운동에너지로 전환되어 소모되고 그리고 위치의 차이를 극복하기 위해 $5.88N/cm^2$의 위치에너지로 소모되었다는 것을 의미한다.

(b) 마찰손실만 고려할 경우, 손실수두 $h_L = h_f = f\dfrac{L}{D}\dfrac{V_1^2}{2g}$이다. 구리관에 대한 상대조도 $e/D = (0.15 \times 10^{-5})/0.02 = 7.5 \times 10^{-5}$이다. $R_e = 34{,}123$와 $e/D = 7.5 \times 10^{-5}$에서부터 Moody 선도에서 마찰손실계수 f를 구하면 $f = 0.024$이다. 관의 전체 길이 $L = 4.5 + 3 + 1.5 + 3 + 3 + 3 = 18m$이고, 운동에너지와 위치의 차이는 (a)와 같으므로

$$p_1 = \frac{1}{2}\rho(V_2^2 - V_1^2) + \gamma z_2 + \gamma f \frac{L}{D}\frac{V_1^2}{2g}$$
$$= \frac{1}{2}(1{,}000)\left[(5.71)^2 - (2.23)^2\right] + (9{,}800)(6)$$
$$+ (9{,}800)(0.024)(18/0.02)[2.23^2/(2 \times 9.81)]$$

$$= (13{,}816 + 58{,}800 + 53{,}653) = 126{,}269 N/m^2$$
$$\therefore\ p_1 = 12.63 N/cm^2$$

그러므로 $p_1 = 12.63 N/cm^2$에서 $p_2 = 0$이 되는 압력강하에서 마찰에 의한 손실수두는 $5.37 N/cm^2$가 된다.

(c) 모든 손실을 다 고려할 경우, 마찰에 의한 주 손실과 그 외 부 손실을 모두 고려해야 하므로

$$p_1 = \frac{1}{2}\rho(V_2^2 - V_1^2) + \gamma z_2 + \gamma f \frac{L}{D}\frac{V_1^2}{2g} + \sum \gamma K \frac{V_1^2}{2g}$$

여기서, $\sum K\frac{V_1^2}{2g}$는 모든 부 손실수두이다. 여기서 유동은 관내에서 발생하고 있으므로 입구와 출구에 의한 부 손실은 없고, 부 손실수두는 4개의 90° 엘보($K_b = 1.5$), 1개의 완전히 열린 글로브밸브($K_{v_1} = 10$), 그리고 수도꼭지($K_{v_2} = 2$)에 의해 발생하며 다음과 같다.

$$\sum K\frac{V_1^2}{2g} = (4K_b + K_{v_1} + K_{v_2})\frac{V_1^2}{2g}$$
$$= [(4)(1.5) + 10 + 2]\frac{2.23^2}{(2)(9.81)} = 4.56m$$
$$\sum \gamma K\frac{V_1^2}{2g} = (9{,}800)(4.56) = 44{,}688 N/m^2$$
$$p_1 = \frac{1}{2}\rho(V_2^2 - V_1^2) + \gamma z_2 + \gamma f \frac{L}{D}\frac{V_1^2}{2g} + \sum \gamma K \frac{V_1^2}{2g}$$
$$= (13{,}816 + 58{,}800 + 53{,}653 + 44{,}688) = 170{,}957 N/m^2$$
$$\therefore\ p_1 = 17.10 N/cm^2$$

그러므로 $p_1 = 17.10 N/cm^2$에서 $p_2 = 0$이 되는 압력강하에서 곡관과 밸브에 의한 부 손실수두는 $4.47 N/cm^2$가 된다.

(a)의 경우에는 손실이 없으므로 에너지경사선은 수평이 되고, (1) 지점과 (2) 지점에서의 총 수두 H_1과 H_2는 다음과 같이 동일하다.

$$H_1 = \frac{V_1^2}{2g} + \frac{p_1}{\gamma} + z_1 = \frac{2.23^2}{(2)(9.81)} + \frac{72{,}616}{9{,}800} + 0 = 7.66m$$
$$H_2 = \frac{V_2^2}{2g} + \frac{p_2}{\gamma} + z_2 = \frac{5.71^2}{(2)(9.81)} + 0 + 6 = 7.66m$$

(c)의 경우에는 관내에서의 마찰에 의한 주 손실과 관로 각 부분에서의 부 손실로 인해 에너지경사선은 점점 낮아지며, (1) 지점과 (2) 지점에서의 총 수두 H_1, H_2와 총 손실수두 h_L은 다음과 같다.

$$H_1 = \frac{V_1^2}{2g} + \frac{p_1}{\gamma} + z_1 = \frac{2.23^2}{(2)(9.81)} + \frac{170{,}957}{9{,}800} + 0 = 17.70m$$

$$H_2 = \frac{V_2^2}{2g} + \frac{p_2}{\gamma} + z_2 = \frac{5.71^2}{(2)(9.81)} + 0 + 6 = 7.66m$$

$$h_L = 17.70 - 7.66 = 10.04m$$

관의 단위길이(m)당 마찰에 의한 손실수두는 관 전체에 걸쳐 일정하며 다음과 같다.

$$\frac{h_f}{L} = f\frac{V_1^2}{2gD} = (0.024)\frac{(2.23)^2}{2(9.81)(0.02)} = 0.30m/m$$

(2) 유형 II

그림 4.25와 같이 대형 수조에서 10°C의 물이 직경 $30cm$, 길이 $100m$의 관을 통해 지상에서 유출되고 있을 때, (2) 지점에서의 유량을 구하라. 여기서, 지상에서부터 수조 수면까지의 높이는 $30m$이고, 관내 조도는 0.00025 m이다.

그림 4.25 유형 2의 예

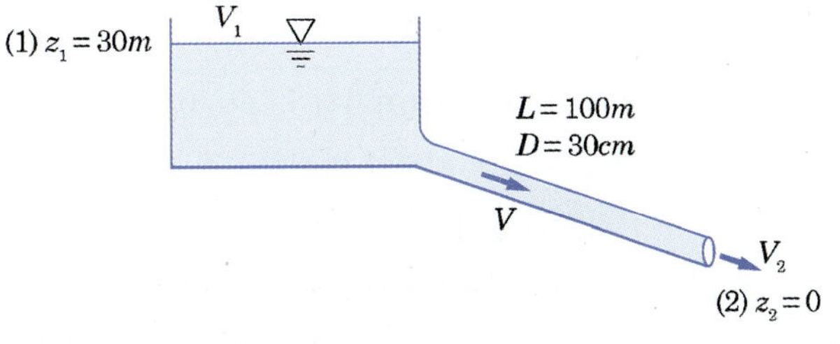

풀이

(1) 지점과 (2) 지점에 대해 Bernoulli 방정식을 적용하면

$$\frac{V_1^2}{2g} + \frac{p_1}{\gamma} + z_1 = \frac{V_2^2}{2g} + \frac{p_2}{\gamma} + z_2 + h_L \qquad (1)$$

수조 수면 (1) 지점에서의 수위 하강속도 V_1은 (2) 지점에서의 출구속도 V_2에 비해 매우 작으므로 $V_1 \approx 0$이고, (1) 지점에서는 대기압이 작용하고 (2) 지점에서는 자유제트가 발생하므로 $p_1 = p_2 = 0$이며, (2) 지점을 기준선으로 두면 $z_2 = 0$, $z_1 = 30m$

이 된다. 그리고 난류로 가정하면 운동에너지 보정계수 $\alpha_1 = \alpha_2 = 1$이 되므로 식(1)은 다음과 같이 된다.

$$30 = \frac{V_2^2}{2g} + h_L$$

$$h_L = h_f = f\frac{L}{D}\frac{V^2}{2g} = f\frac{100}{0.3}\frac{V^2}{(2)(9.81)} = 16.99fV^2 \text{이므로}$$

$$30 = \frac{V_2^2}{2g} + 16.99fV^2$$

$V_2 \approx V$라고 하고 V에 대해 정리하면

$$V = \left(\frac{30}{1/2g + 16.99f}\right)^{1/2} \tag{2}$$

10°C에서의 점성계수 $\mu = 0.001307 N \cdot s/m^2$이므로, Reynolds 수는 다음과 같다.

$$R_e = \frac{\rho VD}{\mu} = \frac{(1000)V(0.3)}{0.001307} = 229{,}533V \tag{3}$$

미지수 f, R_e 및 V는 식(2)와 식(3) 그리고 Moody 선도에서부터 다음과 같이 구할 수 있다. 우선 미지수 f는 f를 가정하여 구하는 것이 편리하므로 다음과 같은 절차에 따라 구한다.

① f를 가정하여 식(2)에서부터 V를 구한다.

② 식(3)에서부터 R_e를 구한다.

③ Moody 선도에서 R_e와 e/D(여기서 $e/D = 0.00083$)에 대한 f를 구한다.

④ 구해진 f와 가정한 f가 일치하면 가정한 f를 사용하면 되고, 일치하지 않으면 f를 다시 가정하여 가정한 f와 구해진 f가 일치할 때까지 위의 과정을 반복한다.

$f = 0.02$로 가정하면, $V = 7.31m/s$가 되고 $R_e = 1{,}677{,}888$이 된다. Moody 선도에서 $R_e = 1{,}677{,}888$과 $e/D = 0.00083$에 대한 마찰손실계수를 구하면 $f = 0.019$가 되며, 이 값은 가정한 $f = 0.02$와 일치하지 않으므로 사용할 수 없다.

$f = 0.0192$로 다시 가정하면, $V = 8.92m/s$가 되고 $R_e = 2{,}047{,}434$가 된다. Moody 선도에서 $R_e = 2{,}047{,}434$와 $e/D = 0.00083$에 대한 마찰손실계수를 구하면 $f = 0.0192$가 되며, 이 값은 가정한 $f = 0.0192$와 일치하므로, 유량 Q는 다음과 같이 구해진다.

$$Q = AV = \frac{(\pi \times 0.3^2)}{4}(8.92) = 0.63m^3/s$$

(3) 유형 III

그림 4.26과 같이 10°C의 물이 저수지 A에서 저수지 B로 길이 $20m$의 주철관 관을 통해 $0.002m^3/s$의 유량으로 흐를 때, 관의 직경을 구하라. 여기서, 물의 동점성계수, 관의 조도, 입구, 출구 및 곡관 손실계수는 각각 $\nu = 1.307 \times 10^{-6} m^2/\mathrm{sec}$, $e = 0.26mm$, $K_{ent} = 0.5$, $K_{exit} = 1.0$ 및 $K_b = 1.5$이다.

그림 4.26 유형 3의 예

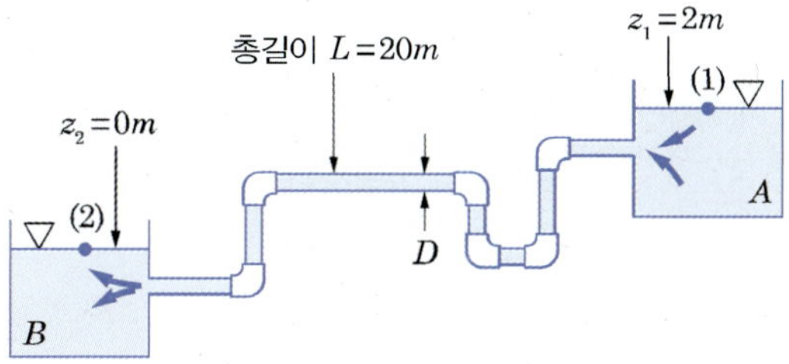

풀이

(1) 지점과 (2) 지점에 대해 Bernoulli 방정식을 적용하면

$$\frac{V_1^2}{2g} + \frac{p_1}{\gamma} + z_1 = \frac{V_2^2}{2g} + \frac{p_2}{\gamma} + z_2 + h_L$$

두 저수지 수면에서의 $V_1 = V_2 = 0$, $p_1 = p_2 = 0$이고 $z_2 = 0$이므로

$$z_1 = h_L = f\frac{L}{D}\frac{V^2}{2g} + \sum K \frac{V^2}{2g} = \frac{V^2}{2g}\left(f\frac{L}{D} + \sum K\right)$$

$V = Q/A = 0.002/\pi D^2/4 = 0.00255/D^2$이고,

$\sum K = K_{ent} + 6K_b + K_{exit} = 0.5 + 6(1.5) + 1 = 10.5m$이므로

$$2 = \frac{(0.00255/D^2)^2}{(2)(9.81)}\left(f\frac{20}{D} + 10.5\right) = \frac{0.0000065}{(2)(9.81)D^4}\left(f\frac{20}{D} + 10.5\right)$$

$$= \frac{0.0000066f}{D^5} + \frac{0.0000035}{D^4}$$

$$2 \times 10^6 D^5 - 3.5D - 6.6f = 0 \qquad (1)$$

D를 구하기 위해서는 Moody 선도에서 R_e와 e/D의 함수인 f를 구해야 하므로

$$R_e = \frac{VD}{\nu} = \frac{(0.00255/D^2)D}{1.307\times 10^{-6}} = \frac{1,950}{D} \tag{2}$$

$$\frac{e}{D} = \frac{0.00026}{D} \tag{3}$$

여기에서도 식(1), 식(2)와 식(3) 그리고 Moody 선도에서부터 미지수 f, R_e 및 e/D를 구할 수 있다.

$f=0.02$로 가정하면

$$2\times 10^6 D^5 - 3.5D - (6.6\times 0.02) = 0 \quad \text{(5차 방정식)}$$

이러한 5차 방정식인 경우에는 D의 값을 가정하여 이에 대한 f를 식(1)에서 구하고, 식(2)와 식(3)에서부터 R_e와 e/D를 구한 후, Moody 선도에서 f를 구하는 것이 편리하다. 그러므로 $D=0.05m$로 가정하면

$$f = \frac{2\times 10^6(0.05)^5 - (3.5)(0.05)}{6.6} = 0.0682$$

$$R_e = \frac{1,950}{0.05} = 3.9\times 10^4, \quad \frac{e}{D} = \frac{0.00026}{0.05} = 0.0052$$

Moody 선도에서 R_e와 e/D에 대한 f를 구하면 $f=0.033$으로 가정치와 일치하지 않는다. 그러므로 D를 다시 가정하여 f를 구해야 한다. $D=0.045m$로 가정하면

$$f = \frac{2\times 10^6(0.045)^5 - (3.5)(0.045)}{6.6} = 0.032$$

$$R_e = \frac{1,950}{0.045} = 4.3\times 10^4$$

Moody 선도에서 f를 구하면 $f=0.032$로 가정치와 일치한다. 그러므로 식(1)에서부터 D를 구하면

$$\frac{e}{D} = \frac{0.00026}{0.045} = 0.0058$$

$$D = 0.045m = 45mm$$

예제 4.15

그림과 같은 관내를 흐르는 유량을 구하라. 여기서 마찰손실계수는 0.0184이다.

그림

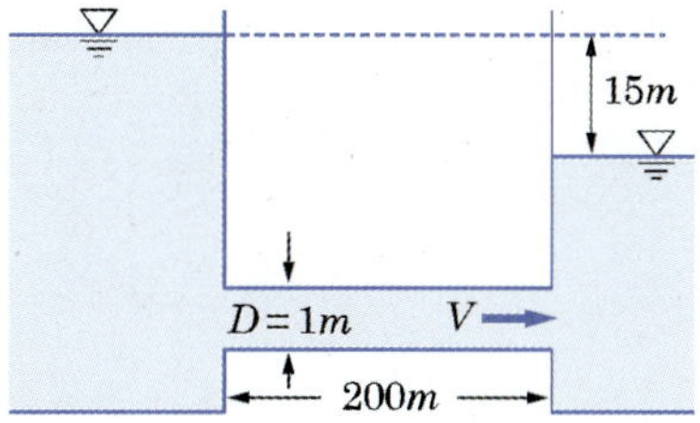

풀이

두 수조의 수면에 대해 Bernoulli 방정식을 적용하여 정리하면

$$15=\left(K_{ent}+K_{exit}+f\frac{L}{D}\right)\frac{V^2}{2g}=\left[0.5+1.0+(0.0184)\frac{200}{1}\right]\frac{V^2}{2g}$$

$$V^2=\frac{(15)(2)(9.81)}{5.18}$$

$$V=7.53m/s$$

$$\therefore\ Q=AV=\left[\frac{(3.14)(1^2)}{4}\right](7.53)=5.91m^3/s$$

예제 4.16

그림과 같이 수심 $50m$인 수조에 직경 $20cm$인 관로를 수평으로 연결하였다. 관로의 길이가 $100m$이고, 마찰손실계수가 0.02일 때, 관로 끝 출구에서의 유속을 구하라.

그림

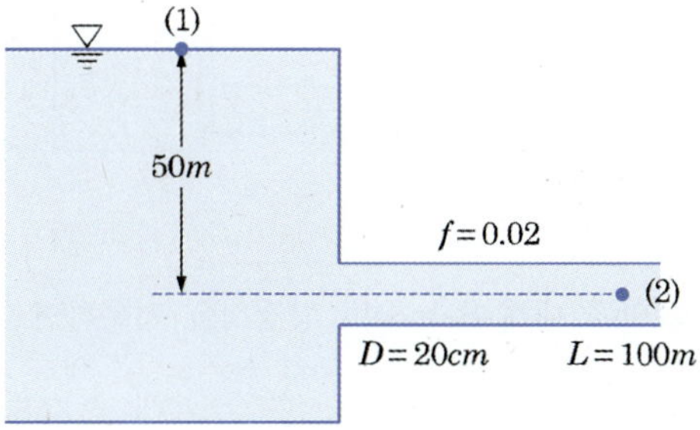

풀이

(1)과 (2) 지점에 대해 Bernoulli 방정식을 적용하면

$$\frac{V_1^2}{2g}+\frac{p_1}{\gamma}+z_1=\frac{V_1^2}{2g}+\frac{p_1}{\gamma}+z_1+h_L$$

$V_1 \ll V_2$이므로 $V_1 \approx 0$이고, $p_1 = p_2 = 0$이므로

$$z_1 - z_2 = \frac{V_2^2}{2g}+h_L$$

$z_1 - z_2 = 50m$이고, $h_L = h_f = f\frac{L}{D}\frac{V^2}{2g}$이므로

$$50 = \left[1+(0.02)\frac{100}{0.2}\right]\frac{V_2^2}{2g}$$

$$V_2 = \left[\frac{2(9.81)(50)(0.2)}{0.2+(0.02)(100)}\right]^{1/2} = 9.44m/s$$

예제 4.17

그림과 같이 직경 $15cm$인 관에 유량 $0.028m^3/s$의 오일이 수조 (1)에서부터 수조 (2)로 흐르고 있을 때, 수조 (2)에서의 오일의 표면 표고를 구하라. 여기서, 오일의 동점성계수, 관의 조도, 입구, 출구 및 곡관 손실계수는 각각 $\nu = 4\times10^{-5}m^2/s$, $K_{ent} = 0.5$, $K_{exit} = 1.0$ 및 $K_b = 0.19$이다.

그림

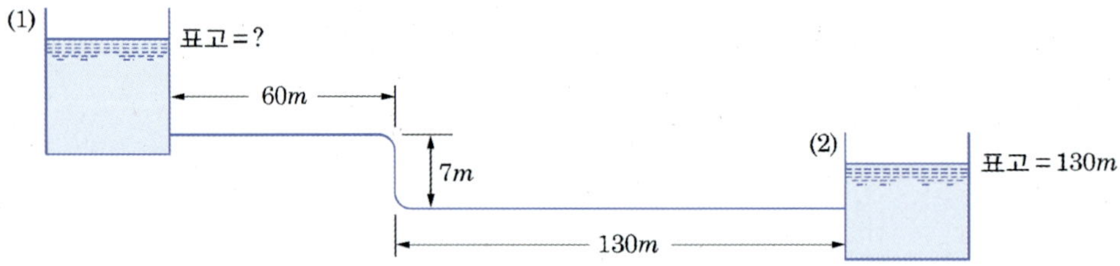

풀이

수조 (1)과 (2)의 표면에 대해 Bernoulli 방정식을 적용하면

$$\frac{V_1^2}{2g}+\frac{p_1}{\gamma}+z_1=\frac{V_2^2}{2g}+\frac{p_2}{\gamma}+z_2+\sum h_L$$

$V_1 = V_2 \approx 0$이고, $p_A = p_B = 0$이므로

$$z_1 = 130 + \left(K_{ent}+K_{exit}+2K_b+f\frac{L}{D}\right)\frac{V^2}{2g}$$

$V = Q/A = 0.028/[(\pi \times 0.15^2)/4] = 1.58 m/s$와

$R_e = \dfrac{VD}{\nu} = \dfrac{(1.58)(0.15)}{4 \times 10^{-5}} = 5.93 \times 10^3$에서부터 $f = 0.035$이므로

$$z_1 = 130 + \left(K_{ent} + K_{exit} + 2K_b + f\frac{L}{D}\right)\frac{V^2}{2g}$$

$$= 130 + \left[0.5 + 1.0 + 2(0.19) + (0.035)\frac{197}{0.15}\right]\frac{(1.58)^2}{2(9.81)} = 136.1m$$

4.7.2 복합관로

(1) 평형관(parallel pipes)

일반적으로 관수로시스템은 하나 이상의 관으로 구성되어 있다. 도시에서의 상수도 관망이나 화학공장에서의 배관은 아주 복잡하게 설치되어 있다. 복합관로시스템에서의 유동에 대한 기본적인 개념은 앞에서 논의된 단일관로와 같으나, 미지수가 많이 내포되어 있기 때문에 유동에 대한 해석은 좀 더 복잡하다.

그림 4.27 직렬구조(a)와 병렬구조(b)

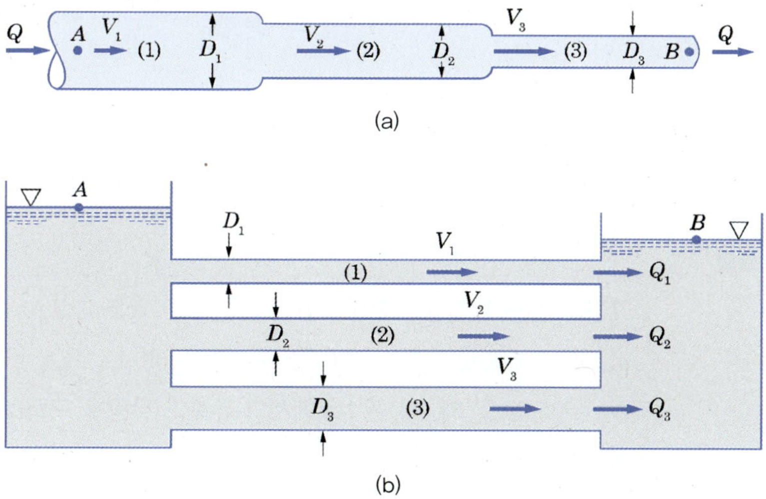

가장 간단한 복합관로시스템 중 하나는 그림 4.27 (a)와 같이 관들이 직렬로 연결되어 있는 경우이다. 관로시스템을 구성하고 있는 각 관들의 직경

이 다른 직렬구조인 경우, 직경이 다른 각 관내에서의 유속은 다르지만 유량은 동일하고, A 지점과 B 지점 사이에서 발생하는 손실수두는 각 관들에서 발생하는 손실수두의 합이 되며 다음과 같다.

$$Q_1 = Q_2 = Q_3 \tag{4.58}$$

$$h_{L_{A-B}} = h_{L_1} + h_{L_2} + h_{L_3} \tag{4.59}$$

여기서, 첨자 1, 2, 3은 각 관을 나타낸다. 각 관의 마찰손실계수는 각 관에서의 Reynolds 수와 상대조도에 따라 다르기 때문에 모두 다르다. 직렬구조의 계산에 있어 유량이 주어지면 앞에서의 유형 I과 같이 압력 차이를 직접 구할 수 있지만, 압력 차이가 주어지고 유량을 구할 때에는 유형 II와 같이 시행착오법이 필요하고, 단일관로에서 보다 더 많은 시행착오법을 반복 수행해야 한다. 그리고 관의 직경을 구하는 유형 III의 경우에도 많은 시행착오법을 수행해야 한다.

또 다른 복합관로시스템은 그림 4.27 (b)와 같이 관들이 병렬로 연결되어 있는 경우이다. 이러한 병렬구조에서의 총 유량은 A 지점과 B 지점 사이 각 관들에 흐르는 모든 유량을 합한 것과 같고, A 지점과 B 지점 사이에서 발생하는 손실수두는 각 관들의 경로와는 관계없이 동일하며 다음과 같다.

$$Q = Q_1 + Q_2 + Q_3 \tag{4.60}$$

$$h_{L_1} = h_{L_2} = h_{L_3} \tag{4.61}$$

예제 4.18

그림과 같은 복합관수로에서 $H = z_1 - z_2 = 8.7m$, $L_1 = 3{,}000m$, $L_2 = 730\ m$, $L_3 = 600m$, $L_4 = 300m$이고, $D_1 = 30cm$, $D_2 = 20cm$ $D_3 = 25cm$, $D_4 = 25cm$일 때, 각 관수로에서의 유속과 유량을 구하라. 여기에서는 마찰손실만 고려하며, 마찰손실계수는 0.02이다.

그림

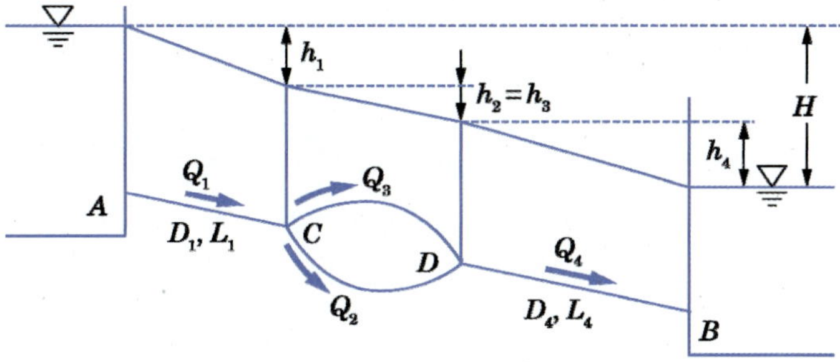

풀이

$$Q_1 = Q_2 + Q_3 = Q_4,\ \ H = h_1 + h_2 + h_4 = h_1 + h_3 + h_4,\ \ h_2 = h_3$$

마찰손실수두를 구하는 식에서부터

$$f_1\frac{L_1}{D_1} = (0.02)\frac{3{,}000}{0.3} = 200$$

$$f_2\frac{L_2}{D_2} = (0.02)\frac{730}{0.2} = 73,\ \ \lambda_2 = \sqrt{f_2\frac{L_2}{D_2}} = 8.54$$

$$f_3\frac{L_3}{D_3} = (0.02)\frac{600}{0.25} = 48,\ \ \lambda_3 = \sqrt{f_3\frac{L_3}{D_3}} = 6.93$$

$$f_4\frac{L_4}{D_4} = (0.02)\frac{300}{0.25} = 24$$

$h_2 = h_3$이므로

$$f_2\frac{L_2}{D_2}\frac{V_2^2}{2g} = f_3\frac{L_3}{D_3}\frac{V_3^2}{2g} \qquad \therefore \lambda_2 V_2 = \lambda_3 V_3 \rightarrow V_2 = \frac{\lambda_3}{\lambda_2}V_3 \text{ 또는 } V_3 = \frac{\lambda_2}{\lambda_3}V_2$$

$$Q_1 = Q_2 + Q_3 = \frac{\pi D_2^2}{4}V_2 + \frac{\pi D_3^2}{4}V_3 = \frac{\pi D_2^2}{4}V_2 + \frac{\pi D_3^2}{4}\left(\frac{\lambda_2}{\lambda_3}V_2\right)$$

$$\frac{\pi D_1^2}{4}V_1 = \left(\frac{\pi D_2^2}{4} + \frac{\pi D_3^2}{4}\frac{\lambda_2}{\lambda_3}\right)V_2 \qquad \therefore V_2 = \frac{\lambda_3 D_1^2}{\lambda_3 D_2^2 + \lambda_2 D_3^2}V_1$$

$Q_1 = Q_4$에서부터

$$\frac{\pi D_1^2}{4}V_1 = \frac{\pi D_4^2}{4}V_4 \qquad \therefore V_4 = \frac{D_1^2}{D_4^2}V_1$$

$$H = h_1 + h_2 + h_4 = \left[f_1 \frac{L_1}{D_1} + f_2 \frac{L_2}{D_2} \left(\frac{\lambda_3 D_1^2}{\lambda_3 D_2^2 + \lambda_2 D_3^2} \right)^2 + f_4 \frac{L_4}{D_4} \left(\frac{D_1}{D_4} \right)^4 \right] \frac{V_1^2}{2g} \text{ 에서부터}$$

$$8.7 = \left\{ 200 + 73 \left[\frac{6.93 \times 0.3^2}{(6.93 \times 0.2^2) + (8.54 \times 0.25^2)} \right]^2 + 24 \left(\frac{0.3}{0.25} \right)^4 \right\} \frac{V_1^2}{(2)(9.81)}$$

$$\therefore V_1 = 0.76 m/s,\ V_2 = 0.59 m/s,\ V_3 = 0.73 m/s,\ V_4 = 1.09 m/s$$

$$\therefore Q_1 = 0.054 m^3/s,\ Q_2 = 0.019 m^3/s,\ Q_3 = 0.035 m^3/s,\ Q_4 = 0.054 m^3/s$$

(2) 다지관(branching pipes)

다지관은 그림 4.28과 같이 한 개의 교차점을 갖는 여러 개의 관이 서로 다른 저수지에 연결되어 있는 경우이다.

그림 4.28 3개의 저수지에 연결된 관에서의 유동

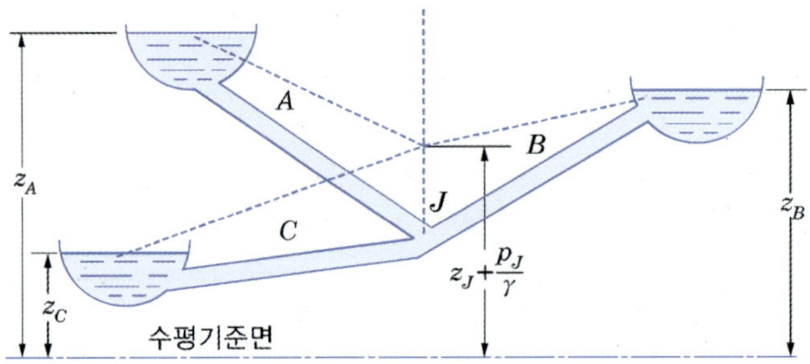

그림 4.28의 각 관에서 물이 흐를 수 있는 방향은 다음과 같은 3가지 경우로 생각할 수 있다.

첫째, 물이 저수지 A에서부터 저수지 B, C로 흐르는 경우
둘째, 물이 저수지 B와는 관계없이 저수지 A에서부터 저수지 C로 흐르는 경우
셋째, 물이 저수지 A와 B에서부터 저수지 C로 흐르는 경우

저수지 수면 A, B, C에서의 수위 하강(유출 시) 또는 상승(유입 시) 속도가 매우 작다고 생각하면 $V_A = V_B = V_C \approx 0$이고, 수면 A, B, C에는 대기압이 작용하므로 $p_A = p_B = p_C = 0$이다. 교차점 J에서의 총 수두 $H_J = V_J^2/2g + p_J/\gamma + z_J$(여기서, $V_J \approx 0$)는 저수지 A, B, C에 대해 모두

동일하므로, 위에서 언급한 세 경우에 대해 저수지 수면 A, B, C와 교차점 J 사이에 Bernoulli 방정식을 수립하면 다음과 같다.

첫 번째 경우,

$$Q_A = Q_B + Q_C$$
$$\left| z_{A,B,C} - \left(\frac{p_J}{\gamma} + z_J \right) \right| = h_{L_{A,B,C}} = f_{A,B,C} \frac{L_{A,B,C}}{D_{A,B,C}} \frac{V_{A,B,C}^2}{2g} \tag{4.62}$$

두 번째 경우,

$$Q_A = Q_C$$
$$\left| z_{A,C} - \left(\frac{p_J}{\gamma} + z_J \right) \right| = h_{L_{A,C}} = f_{A,C} \frac{L_{A,C}}{D_{A,C}} \frac{V_{A,C}^2}{2g} \tag{4.63}$$

세 번째 경우,

$$Q_A + Q_B = Q_C$$
$$\left| z_{A,B,C} - \left(\frac{p_J}{\gamma} + z_J \right) \right| = h_{L_{A,B,C}} = f_{A,B,C} \frac{L_{A,B,C}}{D_{A,B,C}} \frac{V_{A,B,C}^2}{2g} \tag{4.64}$$

여기서, 손실수두 $h_{L_{A,B,C}}$는 마찰에 의한 손실만 고려하고 부 손실(미소 손실)은 무시한다.
위의 식들에서부터 유체가 흐르는 경로와 유량을 구하는 계산 절차는 다음과 같다.

첫째, $Q_A = Q_B + Q_C$, $Q_A = Q_C$, $Q_A + Q_B = Q_C$ 중 유체가 흐르는 경로를 가정한다.
둘째, 교차점에서의 총 수두 $H_J (= p_J/\gamma + z_J)$를 가정한다.
셋째, Darcy-Weisbach 공식을 이용하여 각 관에서의 속도 $V_{A,B,C}$를 구하고, 이로부터 유량 $Q_{A,B,C}$을 구한다.
넷째, 가정한 $Q_A = Q_B + Q_C$, $Q_A = Q_C$, $Q_A + Q_B = Q_C$, 즉 $\sum Q = 0$이면 위에서 가정한 경로와 총 수두가 맞는 값이고, $\sum Q \neq 0$이면

첫 번째 절차부터 다시 시작하여 $\sum Q = 0$이 될 때까지 반복하여 계산한다.

예제 4.19

그림 4.28과 같이 각 관에 물이 흐르고 있다. 각 관에서의 유동 조건이 다음과 같을 때, 각 관에서 흐를 수 있는 유량을 구하라.

$L_A = 300m,\ L_B = 600m,\ L_C = 1{,}200m,$

$D_A = 0.9m,\ D_B = 0.45m,\ D_C = 0.6m,$

$z_A = 30m,\ z_B = 18m,\ z_C = 9m,$

$e_A/D_A = 0.002,\ e_B/D_B = 0.002,\ e_C/D_C = 0.001$

풀이

먼저 $Q_A = Q_B + Q_C$, $H_J = z_J + p_J/\gamma = 20m$로 가정한다. 그리고 관내의 유동이 완전 난류라고 가정하면 마찰손실계수 f는 Reynolds 수에 관계없이 상대조도 e/D만으로 구할 수 있다. 교차점에서의 총 수두 $H_J = 20m$로 가정하였으므로

$$10 = f_A \frac{300}{0.9}\frac{V_A^2}{2g},\ f_A = 0.014,\ V_A = 2.05m/s,\ Q_A = 1.30m^3/s$$

$$2 = f_B \frac{600}{0.45}\frac{V_B^2}{2g},\ f_B = 0.024,\ V_B = 1.11m/s,\ Q_B = 0.18m^3/s$$

$$11 = f_C \frac{1{,}200}{0.6}\frac{V_C^2}{2g},\ f_C = 0.02,\ V_C = 2.32m/s,\ Q_C = 0.66m^3/s$$

가정한 $Q_A = Q_B + Q_C$에서부터 $1.30 - 0.18 - 0.66 = 0.46m^3/s$이므로 $Q_A > (Q_B + Q_C)$가 되어 가정한 흐름의 경로가 적합하지 않음을 알 수 있다. 그러므로 $H_J = 24m$로 다시 가정하면

$$6 = f_A \frac{300}{0.9}\frac{V_A^2}{2g},\ f_A = 0.014,\ V_A = 1.59m/s,\ Q_A = 1.01m^3/s$$

$$6 = f_B \frac{600}{0.45}\frac{V_B^2}{2g},\ f_B = 0.024,\ V_B = 1.92m/s,\ Q_B = 0.31m^3/s$$

$$15 = f_C \frac{1200}{0.6}\frac{V_C^2}{2g},\ f_C = 0.02,\ V_C = 2.71m/s,\ Q_C = 0.77m^3/s$$

다시 가정한 $H_J = 24m$에서부터 $1.01 - 0.31 - 0.77 = -0.07m^3/s$이므로 $Q_A < (Q_B$

$+Q_C$)가 되어 다시 가정한 흐름의 경로 또한 적합하지 않음을 알 수 있다. 그러므로 H_J를 20m와 24m 사이에 대한 직선적인 보간법을 사용하여 $H_J = 23.7m$로 가정하면

$$6.3 = f_A \frac{300}{0.9} \frac{V_A^2}{2g}, \; f_A = 0.014, \; V_A = 1.63m/s, \; Q_A = 1.034m^3/s$$

$$5.7 = f_B \frac{600}{0.45} \frac{V_B^2}{2g}, \; f_B = 0.024, \; V_B = 1.87m/s, \; Q_B = 0.297m^3/s$$

$$14.7 = f_C \frac{1200}{0.6} \frac{V_C^2}{2g}, \; f_C = 0.02, \; V_C = 2.68m/s, \; Q_C = 0.758m^3/s$$

$$1.034 - 0.297 - 0.758 = -0.021m^3/s$$

이 값은 아직도 약간의 오차는 있지만 어느 정도 만족스러운 답이 된다. 그러나 정확한 답을 얻기 위해서는 다시 보간법을 사용하여 H_J를 가정하고, $Q_A - Q_B - Q_C = 0$이 될 때까지 계산을 반복 수행해야 된다.

예제 4.20

그림과 같이 저수지 A에서 저수지 B와 C로 물을 송수할 때, 관을 통해 송수되는 유량 또는 관의 직경을 구하는 식을 유도하라. 여기에서는 마찰에 의한 손실만 고려한다.

그림

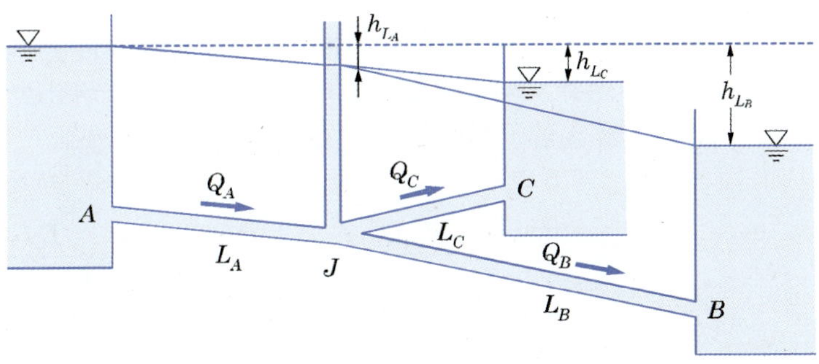

풀이

물이 저수지 A에서부터 저수지 B와 C로 송수되므로

$$Q_A = Q_B + Q_C \tag{1}$$

단일관로에 있어 두 저수지의 수면 차이는 손실수두 h_L과 같으므로, 저수지 A와 교차점 J 그리고 저수지 B와 교차점 J 사이의 에너지손실은 다음과 같다.

$$\left|z_A - \left(\frac{p_J}{\gamma} + z_J\right)\right| = h_{L_A} = f_A \frac{L_A}{D_A}\frac{V_A^2}{2g}$$

$$\left|z_B - \left(\frac{p_J}{\gamma} + z_J\right)\right| = h_{L_B} - h_{L_A} = f_B \frac{L_B}{D_B}\frac{V_B^2}{2g}$$

$$\therefore h_{L_B} = f_A \frac{L_A}{D_A}\frac{V_A^2}{2g} + f_B \frac{L_B}{D_B}\frac{V_B^2}{2g}$$

$V_{A,B} = \dfrac{Q_{A,B}}{\pi D_{A,B}^2/4} = \dfrac{4Q_{A,B}}{\pi D_{A,B}^2}$ 에서부터 $V_{A,B}^2 = \left(\dfrac{4Q_{A,B}}{\pi D_{A,B}^2}\right)^2$가 되고, 이를 정리하면

$$\begin{aligned} h_{L_B} &= f_A \frac{L_A}{D_A}\frac{1}{2g}\left(\frac{4Q_A}{\pi D_A^2}\right)^2 + f_B \frac{L_B}{D_B}\frac{1}{2g}\left(\frac{4Q_B}{\pi D_B^2}\right)^2 \\ &= 0.08271\left[f_A \frac{L_A Q_A^2}{D_A^5} + f_B \frac{L_B Q_B^2}{D_B^5}\right] \end{aligned} \tag{2}$$

위와 같은 방법으로 h_{L_C}를 구하면

$$h_{L_C} = 0.08271\left[f_A \frac{L_A Q_A^2}{D_A^5} + f_C \frac{L_C Q_C^2}{D_C^5}\right] \tag{3}$$

그러므로 관의 직경 및 길이와 저수지의 수위를 알고 있을 때, 각 관을 통해 송수되는 유량은 식(1), 식(2) 및 식(3)을 연립해서 풀어 구하면 된다. 그리고 관의 길이, 저수지의 수위, 그리고 유량을 알고 있을 때, 각 관의 직경은 식(2)와 식(3)을 D_B와 D_C에 대해 정리한 다음과 같은 식에서부터 구하면 된다.

$$D_B = \left[\frac{f_B L_B Q_B^2}{\dfrac{h_{L_B}}{0.08271} - f_A \dfrac{L_A Q_A^2}{D_A^5}}\right]^{1/5}, \quad D_C = \left[\frac{f_C L_C Q_C^2}{\dfrac{h_{L_C}}{0.08271} - f_A \dfrac{L_A Q_A^2}{D_A^5}}\right]^{1/5}$$

이 경우에는 $h_{L_B} > h_{L_C} > h_{L_A}$의 관계였으나, $h_{L_B} > h_{L_A} > h_{L_C}$인 관계에서는 교차점에서 유량이 합류되는 경우가 되며 $Q_A + Q_C = Q_B$가 된다.

예제 4.21

그림과 같이 수조 A와 C 사이에서의 수면 차이가 $3m$이고, 관로 AB에 $Q_{AB} = 0.15m^3/s$의 유량이 흐르고 있다. 관로 BC에서의 흐름방향과 유량 Q_{BC}를 구하고, 관로 BD에서의 유량 Q_{BD}와 수조 A와 D 사이에서의 수면 차이를 구하라. 여기서, $L_{AB} = 200m$, $L_{BC} = 250m$, $L_{BD} = 300m$, $D_{AB} = 0.4m$, $D_{BC} = 0.3m$, $D_{BD} = 0.2m$이고, 마찰손실만 고려하며, Manning의 조도계수는 0.013이다.

그림

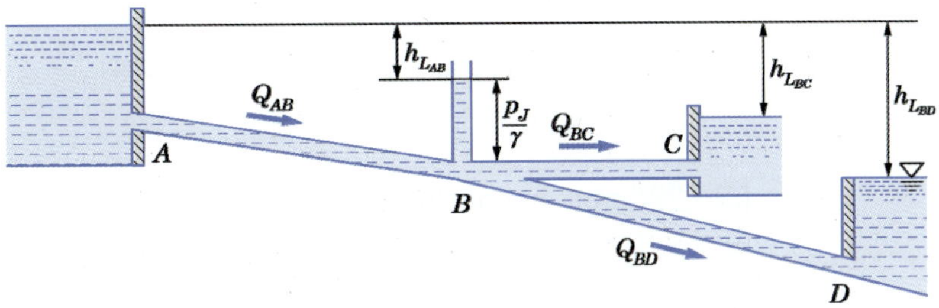

풀이

Manning 공식에서부터 마찰손실계수를 구하면

$$f_{AB} = \frac{124.6n^2}{D_{AB}^{1/3}} = \frac{124.6(0.013)}{(0.4)^{1/3}} = 0.0286,$$

$$f_{BC} = \frac{124.6n^2}{D_{BC}^{1/3}} = \frac{124.6(0.013)}{(0.3)^{1/3}} = 0.0314$$

$$f_{BD} = \frac{124.6n^2}{D_{BD}^{1/3}} = \frac{124.6(0.013)}{(0.2)^{1/3}} = 0.0360$$

$$V_{AB} = \frac{Q_{AB}}{A_{AB}} = \frac{0.15}{[(\pi \times 0.4^2)/4]} = 1.194m/s$$

$$h_{L_{AB}} = f_{AB}\frac{L_{AB}}{D_{AB}}\frac{V_{AB}}{2g} = (0.0286)\frac{200}{0.4}\frac{1.194^2}{2(9.81)} = 1.040m$$

단일관로에 있어 두 수조의 수면 차이는 두 수조 사이에서의 손실수두 h_L과 같으므로, 손실수두 $h_{L_{AB}} = 1.040m$는 수조 A와 교차점 B 사이에서의 수면 차이가 된다. 이에 따라 $h_{L_{BC}} = 3 - 1.040 = 1.960m$이 되고, $h_{L_{AB}} < h_{L_{BC}}$, 즉 B에서의 에너지가 C에서의 에너지보다 크므로 흐름은 B에서 C로 발생한다.

$h_{L_{BC}} - h_{L_{AB}} = f_{BC}\dfrac{L_{BC}}{D_{BC}}\dfrac{V_{BC}}{2g}$ 이므로

$$3 - 1.040 = (0.0314)\frac{250}{0.3}\frac{V_{BC}^2}{2(9.81)}$$

$$V_{BC} = 1.210m/s,\ \ Q_{BC} = V_{BC}A_{BC} = (1.210)[(\pi \times 0.3^2)/4] = 0.086m^3/s$$

$Q_{AB} = Q_{BC} + Q_{BD}$ 에서부터

$$Q_{BD} = Q_{AB} - Q_{BC} = 0.15 - 0.086 = 0.064m^3/s$$

$$V_{BD} = \frac{Q_{BD}}{A_{BD}} = \frac{0.064}{[(\pi \times 0.2^2)/4]} = 2.037m/s$$

$$h_{L_{BD}} = h_{L_{AB}} + f_{BD}\frac{L_{BD}}{D_{BD}}\frac{V_{BD}}{2g} = 1.040 + (0.036)\frac{300}{0.2}\frac{2.037^2}{2(9.81)} = 12.472m$$

(3) 관망(pipe network)

도시의 상수관이나 가스관과 같이 여러 개의 관이 서로 복잡하게 연결되어 하나의 망(network)을 이루고 있는 경우가 많다. 이러한 관망 문제는 대부분 시행착오법을 사용하여 풀이하며, 가장 대표적인 방법으로는 Hardy-Cross 방법이 있고, 다음과 같은 기본 조건들을 만족해야 한다.

첫째, 각 회로(loop)의 교차점에서 유입되는 유량의 합과 유출되는 유량의 합은 같아야 한다.

$$\sum Q_{in} = \sum Q_{out} \ \rightarrow \text{(예)}\ \ Q_d + Q_h = Q_5 \ \ \text{(그림 4.29 참조)}$$

둘째, 각 회로에서 시계방향으로 흐르는 유량에 대한 손실수두와 반시계방향으로 흐르는 유량에 대한 손실수두가 서로 같아야 한다.

$$\sum h_{Lc} = \sum h_{Lcc} \ \rightarrow \text{(예)}\ \ h_{L_{ad}} + h_{L_{de}} = h_{L_{ab}} + h_{L_{be}} \ \ \text{(그림 4.29 참조)}$$

그리하여 각 회로에서 시계방향으로의 손실수두와 반시계방향으로의 손실수두가 같아질 때까지 유량을 조정해야 한다.

셋째, 시계방향에 대한 부호는 '+'로, 반시계방향에 대한 부호는 '−'로 규정한다.

그림 4.29 관망

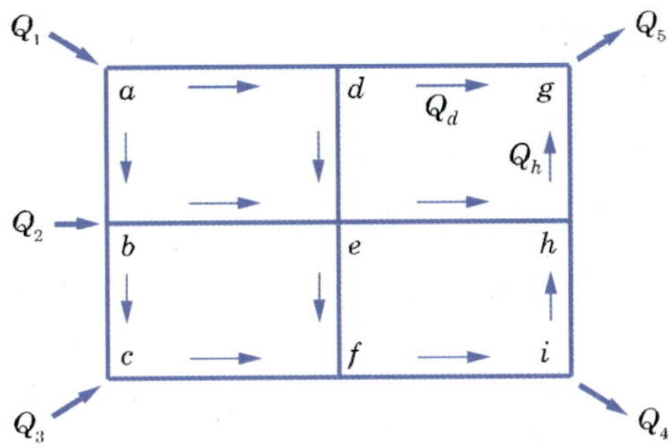

Hazen-Williams 공식 $V = 0.85\,C_{HW}R_h^{0.63}S_0^{0.54}$에서부터 유량은 다음과 같다.

$$Q = A \cdot 0.85\,C_{HW}R_hS_0^{0.54} \tag{4.65}$$

식(4.65)에서 $A \cdot 0.85\,C_{HW}R_h = K_1$으로 두면

$$Q = K_1S_0^{0.54} \tag{4.66}$$

식(4.66)에서 $(1/K_1)^{1/0.54} = K_2$로 두고 S_0에 대해 정리하면

$$S_0 = K_2Q^{1.85} \tag{4.67}$$

손실수두 $h_L = S_0L$이고 $K_2L = K_3$로 두면

$$h_L = (K_2Q^{1.85})L = K_3Q^{1.85} \tag{4.68}$$

그러므로 총 손실수두는 다음과 같이 된다.

$$\sum h_L = \sum K_3Q^{1.85} \tag{4.69}$$

실제 Q=가정유량 Q+수정유량 ΔQ이므로

$$\begin{aligned}\sum h_L &= \sum K_3(Q + \Delta Q)^{1.85} \\ &= \sum K_3[Q^{1.85} + 1.85\,Q^{0.85}\Delta Q \\ &\qquad + (1.85)(0.85)\,Q^{-0.15}\Delta Q^2]\end{aligned} \tag{4.70}$$

여기서, $(1.85)(0.85)Q^{-0.15}\Delta Q^2$는 아주 작으므로 무시하고, 각 회로에서 $\sum h_L = 0$이 되어야 하므로

$$\sum K_3[Q^{1.85} + 1.85Q^{0.85}\Delta Q] = 0$$

$$\therefore \ \Delta Q = \frac{-\sum K_3 Q^{1.85}}{\sum 1.85 K_3 Q^{0.85}} \tag{4.71}$$

$\sum h_L = \sum K_3 Q^{1.85}$에서부터

$$\sum \frac{h_L}{Q} = \sum \frac{K_3 Q^{1.85}}{Q} = \sum K_3 Q^{0.85}$$

$$\therefore \ \Delta Q = \frac{-\sum h_L}{1.85 \sum \frac{h_L}{Q}} \tag{4.72a}$$

식(4.72a)를 Darcy-Weisbach 공식 $h_L = f\frac{L}{D}\frac{V^2}{2g}$에서부터 유도하면 다음과 같다.

$$\Delta Q = \frac{-\sum h_L}{2\sum \frac{h_L}{Q}} \tag{4.72b}$$

여기서, $\sum h_L = \sum KQ^2$이고, $K = f\frac{L}{D}\frac{1}{2g}\left(\frac{4}{\pi D^2}\right)^2$이다.

Hardy-Cross 방법에 의해 관망을 풀이하는 절차는 다음과 같으며, 여기서 각 관에서 발생하는 미소 손실은 무시한다.

첫째, 관로의 각 연결점에서 $\sum Q_{in} = \sum Q_{out}$을 만족시킬 수 있는 각 관로에 대한 유량 Q를 가정한다.

둘째, 각 관로에 대한 손실수두 h_L을 계산하고, 관로로 연결된 회로에 대한 $\sum h_L$을 계산한다. 여기서 가정한 유량의 값들이 맞으면 $\sum h_L = 0$이 된다.

셋째, 수정유량 ΔQ를 계산한다.

넷째, ΔQ를 이용하여 각 관로에서의 유량을 수정한다.

다섯째, ΔQ의 값이 거의 0이 될 때까지 위의 절차를 반복한다.

예제 4.22

그림과 같이 주어진 관망에서 각 관에 흐르는 유량을 구하라. 그림에서의 숫자는 유량을 나타내고 화살표는 유동 방향을 나타낸다. 여기서, $n=0.013$이다.

그림

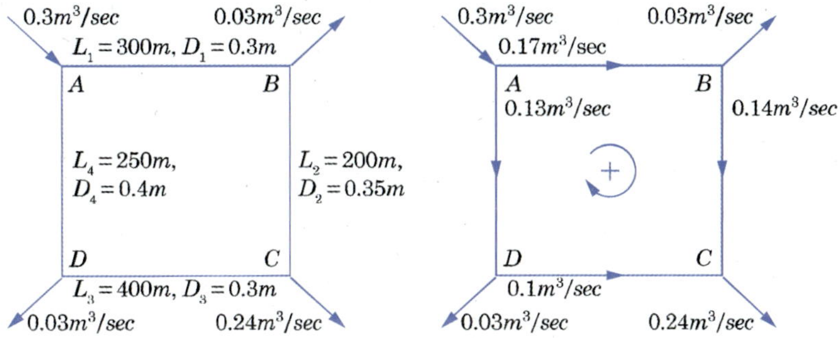

(가정 유량도)

풀이

문제를 단계적으로 계산한 과정을 나타내면 다음과 같다.

$$K=f\frac{L}{D}\frac{1}{2g}\left(\frac{4}{\pi D^2}\right)^2=\frac{124.6n^2}{D^{1/3}}\frac{L}{D}\frac{1}{2g}\frac{16}{\pi^2 D^4}=\frac{10.29n^2 L}{D^{16/3}}$$

각 관에서의 K를 구하면

$$K_{AB}=322.0,\ K_{BC}=94.1,\ K_{DC}=429.6,\ K_{AD}=58.0$$

관로	K	가정유량 Q	KQ	$h_L=KQ^2$	수정유량 ΔQ
$A-B$	322.0	0.17	54.74	+9.306	−0.025
$B-C$	94.1	0.14	13.17	+1.844	−0.025
$D-C$	429.6	0.10	42.96	−4.296	+0.025
$A-D$	58.0	0.13	7.54	−0.980	+0.025
			$\sum KQ=118.41$	$\sum h_L=+5.874$	

$$\Delta Q=\frac{-\sum kQ^2}{2\sum kQ}=\frac{-5.874}{2\times 118.41}=-0.025m^3/s$$

$\Delta Q = -0.025m^3/s$를 가정유량 Q에 더하고 여기서 나온 값(관로 $A-B$: $Q = 0.17-0.025=0.145m^3/s$)을 다시 가정유량으로 하여 $\Delta Q \approx 0$이 될 때까지 계산을 반복 수행한다.

제1차 수정

관로	K	가정유량 Q	KQ	$h_L = KQ^2$	수정유량 ΔQ
$A-B$	322.0	0.145	46.69	+6.770	−0.025
$B-C$	94.1	0.115	10.82	+1.244	−0.025
$D-C$	429.6	0.125	53.70	−6.713	+0.025
$A-D$	58.0	0.155	8.99	−1.393	+0.025
			$\sum KQ = 120.20$	$\sum h_L = -0.092$	

$$\Delta Q = \frac{-\sum kQ^2}{2\sum kQ} = \frac{-(-0.092)}{2\times 120.20} = -0.0004m^3/s$$

제2차 수정

관로	K	가정유량 Q	KQ	$h_L = KQ^2$	수정유량 ΔQ
$A-B$	322.0	0.1454	46.82	+6.808	
$B-C$	94.1	0.1154	10.86	+1.253	
$D-C$	429.6	0.1246	53.53	−6.669	
$A-D$	58.0	0.1546	8.47	−1.387	
			$\sum KQ = 120.18$	$\sum h_L = +0.005$	

$$\Delta Q = \frac{-\sum kQ^2}{2\sum kQ} = \frac{-0.005}{2\times 120.18} = -0.0002m^3/s$$

보다 정확한 답을 얻기 위해서는 수정유량 $\Delta Q \approx 0$이 될 때까지 계산을 반복 수행해야 하나, 제3차 수정에서의 수정유량 $\Delta Q = 0.0002 \simeq 0$으로 판단하여 이 값들을 최종 유량으로 결정한다. 그러므로

$$Q_{AB} = 0.1454m^3/s,\quad Q_{BC} = 0.1154m^3/s$$
$$Q_{DC} = 0.1246m^3/s,\quad Q_{AD} = 0.1546m^3/s$$

4.8 부압을 받는 관로

사이펀(siphon) 관로의 일부가 동수경사선 위에 설치되어 있어 관내 압력이 대기압보다 낮은 부압을 받는 관수로

물을 수송하는 관로는 지형의 형상에 따라 설치되며, 경우에 따라서는 그림 4.30과 같이 관로를 수리경사선 또는 에너지경사선 위의 높이에 위치시켜야 한다. 어느 지점에서의 에너지경사선과 수리경사선 사이의 수직거리는 그 지점에서의 속도수두 $V^2/2g$이고, 수리경사선과 관로 사이의 수직거리는 압력수두 p/γ이다. 그림 4.30과 같은 관로 정상 S에서의 총 수두 H_S는 다음과 같다.

$$H_S = \frac{V_S^2}{2g} + \frac{p_S}{\gamma} + z_S \tag{4.73}$$

그림 4.30 부압을 받는 관로

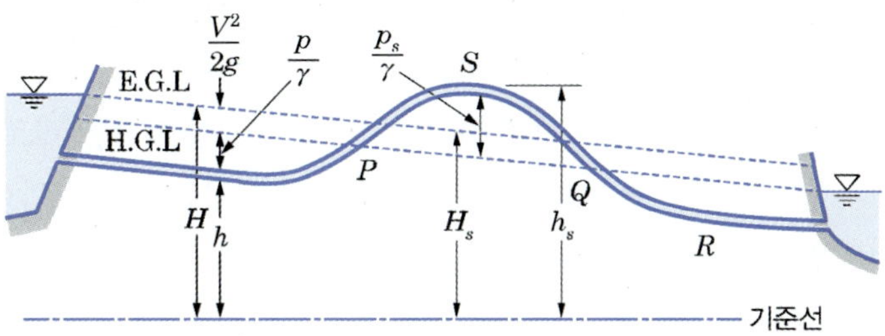

그러나 관로 정상 S에서의 총 수두는 기준선과 에너지경사선 사이의 수직거리와 같아야 하기 때문에 압력수두는 음의 값이 되어야 한다. 이를 다시 설명하면 정상에서의 높이 z_S는 양의 값으로 주어지고, 물이 흐르기 위해서는 속도수두 $V_S^2/2g$도 양의 값이 되어야 한다. 그러나 $V_S^2/2g + z_S$가 H_S보다 더 크므로 압력수두 p_S/γ는 음의 값, 즉 부압(negative pressure)이 되어야 하며, 총 수두 H_S는 다음과 같이 된다.

$$H_S = \frac{V_S^2}{2g} + z_S - \frac{p_S}{\gamma} \tag{4.74}$$

부압은 관로가 수리경사선 위로 올라간 지점(P와 Q 사이)에서 존재하고, 정상에서 $-p_S/\gamma$가 된다. 일반적으로 유동은 높은 압력에서부터 낮은 압력으로 발생하나, $S-R$ 구간에서는 S에서의 총 수두가 R에서의 총 수두보다 크므로, S에서의 위치수두가 유동이 R에 이를 때까지 압력수두로 전환되어 낮은 압력에서 높은 압력으로 유동이 발생하는 것을 가능하게 한다. 그러므로 $S-R$ 구간에서의 Bernoulli 방정식은 다음과 같이 된다.

$$\frac{V_S^2}{2g}+z_S-\frac{p_S}{\gamma}=\frac{V_R^2}{2g}+z_R+\frac{p_R}{\gamma}+h_L \tag{4.75}$$

$V_S \approx V_R$이라고 하면

$$z_S-z_R=\left(\frac{p_R}{\gamma}+\frac{p_S}{\gamma}\right)+h_L \tag{4.76}$$

여기서, $z_S-z_R(z_S>z_R)$는 위치수두 차이이며, $p_R/\gamma+p_S/\gamma(p_R/\gamma>p_S/\gamma)$는 압력수두 차이이다.

밀폐된 관로 내에서 부압이 발생하여 압력이 증기압 이하로 내려가면 물은 빠르게 증기화 되어 물이 흐를 수 없게 되고 공동현상(cavitation; 4.10 공동현상 참조)이 발생하는데, 이러한 공동현상은 관로의 심각한 손상 원인이 된다. 그러므로 부압이 발생하는 구간에서의 압력은 증기압이 되는 점까지 내려가서는 안 된다.

예제 4.23

그림과 같이 단면적 $1m\times 1m$, 길이 $40m$의 정사각형 단면의 사이펀이 설치되어 있다. 최고부에서의 압력수두와 유량을 구하라. 여기서, 위에 있는 저수지 입구와 최고부 사이의 거리는 $10m$이고, 마찰손실계수, 입구손실계수, 출구손실계수 및 최고부에서 굴곡손실계수는 각각 $f=0.025$, $K_{ent}=0.1$, $K_{exit}=1.0$, 및 $K_b=0.8$이다.

그림

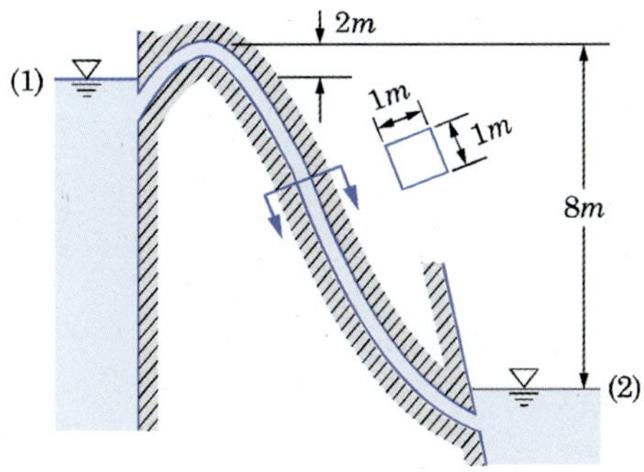

풀이

(1)과 (2) 지점 사이에 Bernoulli 방정식을 적용하면

$$\frac{V_1^2}{2g}+\frac{p_1}{\gamma}+z_1=\frac{V_2^2}{2g}+\frac{p_2}{\gamma}+z_2+0.1\frac{V^2}{2g}+1.0\frac{V^2}{2g}+0.8\frac{V^2}{2g}+0.025\frac{L}{4R_h}\frac{V^2}{2g}$$

$V_1=V_2=0$, $p_1/\gamma=p_2/\gamma=0$, $z_1=6m$, $z_2=0$이므로

$$6=\left[0.1+1.0+0.8+0.025\left(\frac{40}{1}\right)\right]\frac{V^2}{2g}$$

$$\therefore\ V=6.37m/s,\ \ Q=VA=(6.37)(1^2)=6.37m^3/s$$

(1)과 최고부 t 지점 사이에 Bernoulli 방정식을 적용하면

$$\frac{V_1^2}{2g}+\frac{p_1}{\gamma}+6=\frac{V_t^2}{2g}+\frac{p_t}{\gamma}+8+0.1\frac{V_t^2}{2g}+0.8\frac{V_t^2}{2g}+0.025\left(\frac{10}{1}\right)\frac{V_t^2}{2g}$$

$V_1=0$, $p_1/\gamma=0$, $V_t=V=6.37m/s$이므로

$$6=\frac{p_t}{\gamma}+8+\left[1.0+0.1+0.8+0.025\left(\frac{10}{1}\right)\right]\frac{(6.37)^2}{(2)(9.81)}$$

그러므로 최고부에서의 압력수두는 다음과 같다.

$$\frac{p_t}{\gamma}=-6.45m$$

예제 4.24

그림과 같이 사이펀에서 사이펀으로 작용할 수 있는 B 지점의 최고 높이는 얼마인가? 여기서, 최고부에서의 부압의 한계는 $-8{,}000kg_f/m^2$이고, 마찰손실계수, 입구손실계수, 출구손실계수 및 최고부에서 굴곡손실계수는 각각 $f=0.036$, $K_{ent}=0.6$ $K_{exit}=1.0$ 및 $K_b=0.3$이다.

그림

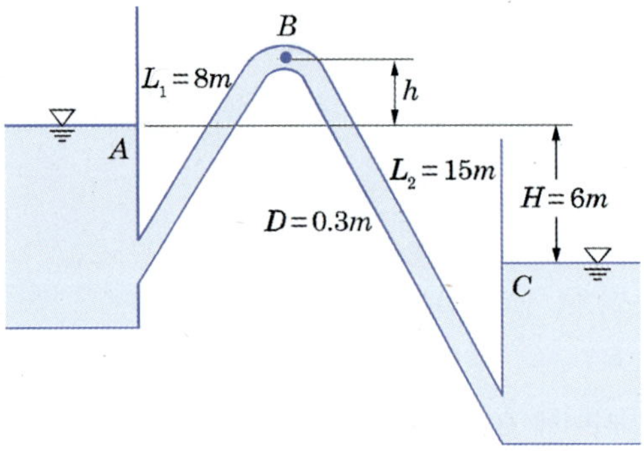

풀이

A와 C 지점 사이에 Bernoulli 방정식을 적용하면

$$\frac{V_A^2}{2g}+\frac{p_A}{\gamma}+z_A=\frac{V_C^2}{2g}+\frac{p_C}{\gamma}+z_C+0.6\frac{V^2}{2g}+0.3\frac{V^2}{2g}+1.0\frac{V^2}{2g}+0.036\frac{L}{D}\frac{V^2}{2g}$$

$V_A=V_C\approx 0$, $p_A/\gamma=p_C/\gamma=0$, $z_A=6m$, $z_C=0$이므로

$$6=\left[0.6+0.3+1.0+0.036\left(\frac{23}{0.3}\right)\right]\frac{V^2}{2(9.81)}$$

$$\therefore\ V=5.03m/s,\ \ Q=VA=(5.03)[(\pi\times 0.3^2)/4]=0.355m^3/s$$

A 지점과 최고부 B 지점 사이에 Bernoulli 방정식을 적용하면

$$\frac{V_A^2}{2g}+\frac{p_A}{\gamma}+6=\frac{V_B^2}{2g}+\frac{p_B}{\gamma}+(6+h)+0.6\frac{V_B^2}{2g}+0.3\frac{V_B^2}{2g}+0.036\left(\frac{8}{0.3}\right)\frac{V_B^2}{2g}$$

$V_A=0$, $p_A/\gamma=0$, $V_B=V=5.03m/s$이므로

$$6=\frac{p_B}{\gamma}+(6+h)+\left[1.0+0.6+0.3+0.036\left(\frac{8}{0.3}\right)\right]\frac{(5.03)^2}{(2)(9.81)}$$

최고부에서의 부압의 한계는 $-8{,}000kg_f/m^2$이므로 $p_B/\gamma=-8m$

$$6=-8+(6+h)+\left[1.0+0.6+0.3+0.036\left(\frac{8}{0.3}\right)\right]\frac{(5.03)^2}{(2)(9.81)}$$

$$\therefore\ h=4.31m$$

4.9 수격작용

수격작용 유체가 가득 차서 흐르는 관로에서 밸브를 급격히 닫으면, 관 속을 흐르던 유체의 흐름이 급격히 감속되어 운동에너지가 압력에너지로 변환되면서 관 내부에 이상압력이 발생하는 현상

수격작용(water hammer)은 관로에서 유체의 유동에 갑작스런 변화(밸브 폐쇄, 펌프 정지, 방향 전환 등)가 발생할 때 순간적으로 압력이 급격히 상승하고 압력파가 발생하는 현상으로, 관로의 손상, 소음과 진동의 원인이 된다.

그림 4.31 수격작용

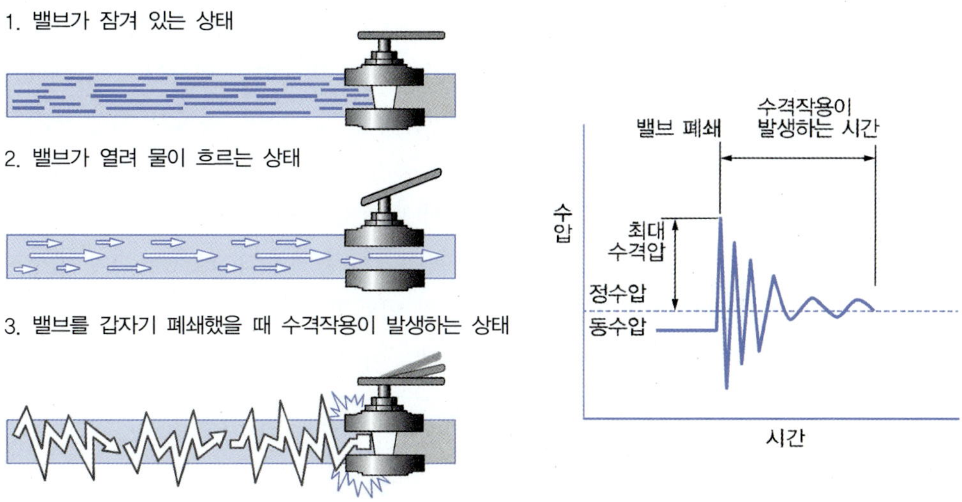

그림 4.31과 같이 밸브를 순간적으로 폐쇄시켜 관내 속도를 순간적으로 0으로 감소시킬 수 있다면, 이때 발생하는 힘은 Newton의 제2법칙 $F=m(dV/dt)$에서부터 다음과 같이 무한할 것이다.

$$F=m\frac{(V_0-0)}{0}=m\frac{V_0}{0}=\infty \tag{4.77}$$

그러나 기계적 밸브를 완전히 폐쇄하는 데 있어서는 미소하더라도 어느 정도의 시간이 요구되므로 이러한 순간적인 변화는 거의 불가능하다. 이와

같이 갑작스러운 밸브 폐쇄 등에 의한 유동의 급격한 정지는 속도의 급격한 감소와 이로 인한 압력의 급격한 상승(운동에너지가 압력에너지로 급격히 전환)을 야기시켜 밸브, 관 벽 또는 관로시스템 등에 손상을 일으킨다.

4.10 공동현상

공동현상 유체 속에 빈 곳이 생긴다는 뜻으로, 유체의 흐름에서 국지적인 부압으로 인해 공동이 발생하는 것이며, 유체가 빠른 속도로 유동할 때 유체의 압력이 증기압 이하로 낮아져서 유체 내에 증기 기포가 발생하는 현상이다.

공동현상(cavitation)이란 유체가 빠른 속도로 유동할 때 유체의 압력이 증기압 이하로 낮아져서 유체 내에 증기 기포가 발생하는 현상이다. Bernoulli 방정식에서 유체의 속도가 증가하면 압력은 감소하며, 속도가 계속 증가하면 압력은 포화증기압 이하로 내려가 증기 기포가 생기는 공동현상이 발생하게 된다. 그 후 유체의 속도가 다시 느려져 압력이 포화증기압보다 높아지게 되면 기포는 터지게 되고, 이 과정에서 충격파(shock wave)가 발생하여 관로시스템, 배의 프로펠러, 펌프의 임펠러 등에 충격을 주어 소음과 진동 그리고 마모 현상을 야기하는데, 이러한 현상을 캐비테이션 손상(cavitation damage)이라고도 한다.

그림 4.32 여수로 내에서의 공동현상

예제 4.25

그림과 같이 직경 $50cm$의 수평 관이 직경 $8cm$로 축소된다. 관내를 흐르는 유량이 $0.3m^3/s$이고, 단면 A에서의 압력이 $47,000kg_f/m^2$일 때, 축소 단면 B에서 공동현상이 발생하는지를 검토하라. 여기서, 모든 손실은 무시한다.

그림

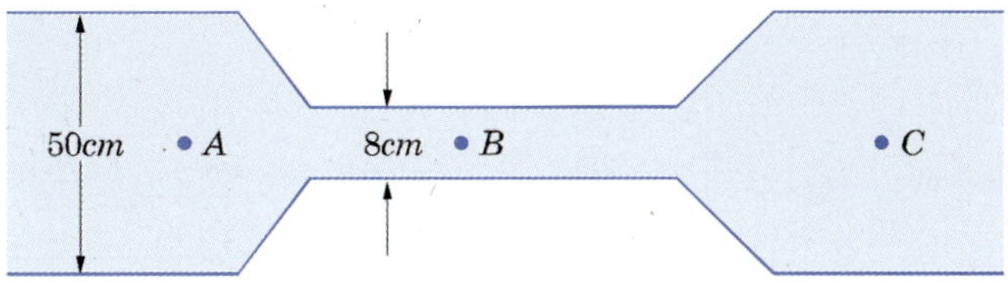

풀이

공동현상은 부압이 생길 때 발생하므로, 단면 B에서 부압이 발생하는지에 대한 여부를 알아보면 된다. 단면 A와 B에 대해 Bernoulli 방정식을 적용하면

$$\frac{V_A^2}{2g}+\frac{p_A}{\gamma}=\frac{V_B^2}{2g}+\frac{p_B}{\gamma}$$

유량이 주어져 있으므로

$$\frac{Q^2}{2gA_A^2}+\frac{p_A}{\gamma}=\frac{Q^2}{2gA_B^2}+\frac{p_B}{\gamma}$$

$$\frac{0.3^2}{2(9.81)[(\pi\times 0.5^2)/4]^2}+\frac{47,000}{1,000}=\frac{0.3^2}{2(9.81)[(\pi\times 0.08^2)/4]^2}+\frac{p_B}{1,000}$$

$$p_B=-134,700kg_f/m^2$$

그러므로 단면 B에서는 공동현상이 발생하고, 단면 A에서의 압력 $47,000kg_f/m^2$는 유량을 흘려보내는 데 있어 충분하지 못하다. 단면 B에서 공동현상이 발생하면 단면 BC 사이에는 심한 굉음과 진동이 생기고, 에너지의 대부분은 일시에 소멸된다. 그러므로 이와 같은 흐름에 있어서는 Bernoulli 방정식을 적용할 수 없고, 비정상유동에 대한 해석 방법을 적용시켜야 한다.

연습문제

01 아래 그림과 같은 복합관에서 직경 $1m$인 관의 단위길이당 손실수두와 직경 $2m$인 관의 단위길이당 손실수두의 비율을 구하라.

그림

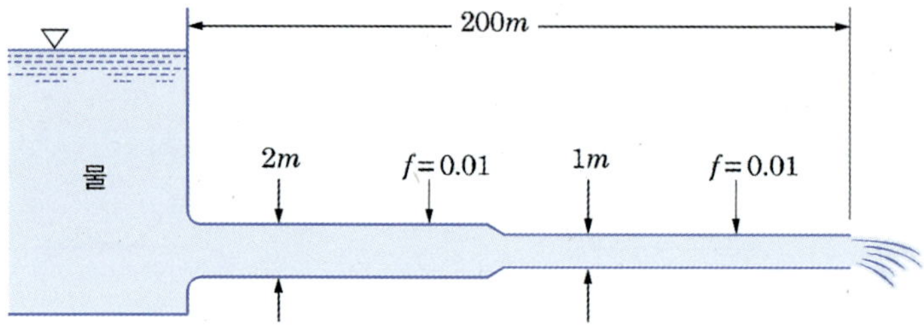

02 동점성계수를 측정하기 위한 직경 $30cm$, 길이 $1m$인 매끈한 관내를 어떤 유체가 유속 $2m/s$로 흐르고 있다. 손실수두가 $30cm$로 측정되었다면, 이 유체의 동점성계수는 얼마인가?

03 아래 그림과 같은 직경 $5cm$인 매끈한 관에 비중 0.8인 오일이 유속 $1.2m/s$로 흐르고 있을 때, 흐름의 방향, 마찰손실계수, 그리고 오일의 점성계수를 구하라. 여기서, $L = 10m$, $z_1 = 1m$, $z_2 = 2m$이고 액주계의 높이 차이는 $10cm$이며, 층류로 가정하라.

그림

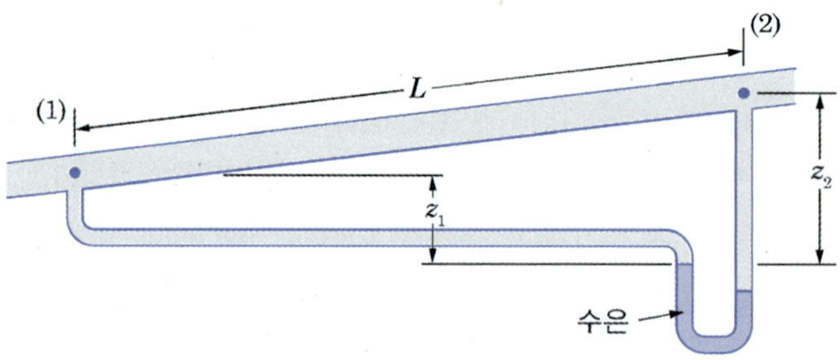

04 직경 $20cm$인 관에 물이 유속 $5m/s$로 흐르고 있다. 관의 길이 $50m$에 대해 $5m$의 손실수두가 발생했을 때, 마찰손실계수와 마찰속도는 얼마인가?

05 직경 $10cm$인 매끈한 관에 오일($\rho_{oil} = 900kg/m^3$, $\mu_{oil} = 10^{-1}N\cdot s/m^2$)이 유속 $1.0m/s$로 흐르고 있을 때의 최대 유속과 동일한 관에 기체($\rho_{air} = 1.0kg/m^3$, $\mu_{air} = 10^{-5}N\cdot s/m^2$)가 같은 유속으로 흐르고 있을 때의 최대 유속을 비교하라.

06 직경 $30cm$, 길이 $2,000m$인 주철관에 10°C의 물이 흐르고 있다. $4.6m$의 손실수두를 허용할 때, 관을 흐르는 최대 유량은 얼마인가? 여기서 물의 동점성계수는 $1.31 \times 10^{-6}m^2/s$이다.

07 직경 $200cm$의 콘크리트 관이 길이 $2km$에 걸쳐 부설되어 있다. 양단의 수위 차이가 $5m$일 때, 유량을 Manning 공식과 Hazen-Williams 공식으로 구하고 비교하라. 여기서, $n = 0.014$이고, $C_{HW} = 130$이다.

08 직경 D_1인 1개의 관으로 나르던 유량을 직경 D_2인 4개의 관으로 대체하고자 할 때, D_1/D_2의 비율은 얼마인가?

09 20°C의 글리세린이 직경 $75mm$의 수직 관에서 위로 흐르고 있다. 관의 중심에서의 속도가 $1.0m/s$일 때, 관의 길이 $10m$에 대한 손실수두와 압력강하를 구하고, 관 벽에서부터 10, 20 및 $30mm$ 떨어진 지점에서의 속도를 구하라. 여기서, 글리세린의 점성계수는 $1.5 \times 10^{-1}N\cdot s/m^2$이다.

10 직경 $100mm$인 매끈한 관에 어떤 유체($\rho = 800kg/m^3$, $\mu = 10^{-2}N\cdot s/m^2$)가 유속 $100mm/s$로 흐르고 있을 때, (1) 관내의 최대 유속, (2) 마찰손실계수, (3) 마찰속도, (4) 관 중앙에서부터 $25mm$ 떨어진 지점에서의 전단응력, (5) 유량이 두 배가 되었을 때의 단위길이당 손실수두를 구하라.

11 아래 그림과 같은 탱크와 2개의 곡관으로 연결된 관로시스템이 있다. 관의 직경이 $2cm$, 길이가 $10m$일 때, 유출구에서의 유속과 물 제트가 올라가는 높이를 구하라. 여기서, 탱크 내부에서의 유속은 무시할 정도로 작다.

그림

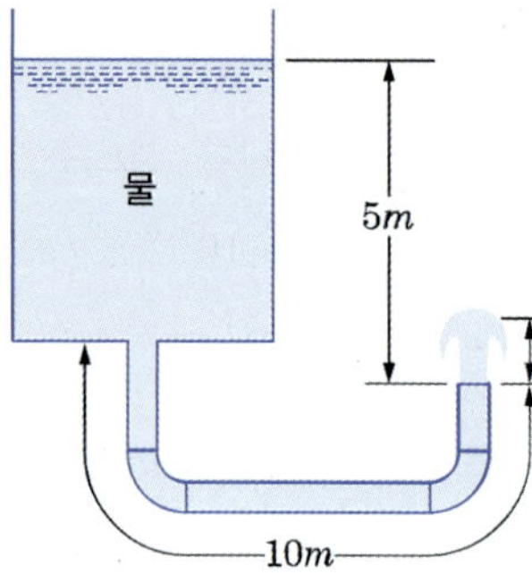

12 $1km$ 떨어진 두 지점(1, 2 지점) 사이에 있는 직경 $15cm$인 강관에 유량 $0.03m^3/s$의 원유($\mu_{oil}=10^{-2}N\cdot s/m^2$)가 흐르게 하려면 1 지점에서의 압력은 얼마를 유지하여야 하는가? 여기서, 2 지점은 1 지점보다 $20m$ 위에 있고, 2 지점에서의 압력은 $250kPa$이다.

13 아래 그림과 같은 관로를 흐르는 유량을 구하라. 여기서, 조도계수는 0.012, 밸브손실계수는 0.1, 입구손실계수는 0.5 및 출구손실계수는 1.0이다.

그림

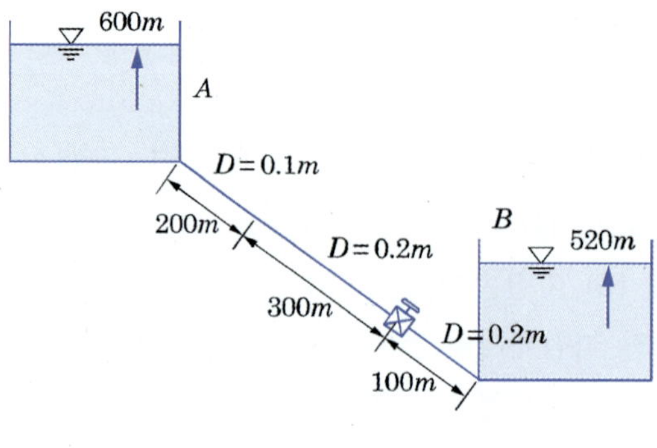

14 수면 차이가 $10m$인 두 저수지를 길이 $30m$의 관로로 연결하고 $0.25m^3/s$의 유량을 흐르게 하고자 할 때, 관의 직경을 구하라. 여기서, 관로 중간에는 밸브가 있고, 조도계수는 0.013, 밸브손실계수는 0.2, 입구손실계수는 0.5 및 출구손실계수는 1.0이다.

15 아래 그림과 같은 관로에 $0.1m^3/s$의 물이 흐르고 있을 때, 두 저수지 수면 표고의 차이를 구하라. 여기서, $D_1 = 15cm$, $D_2 = 30cm$, $L_1 = 50m$, $L_2 = 160m$이고, 관내의 조도는 $0.1mm$이다.

그림

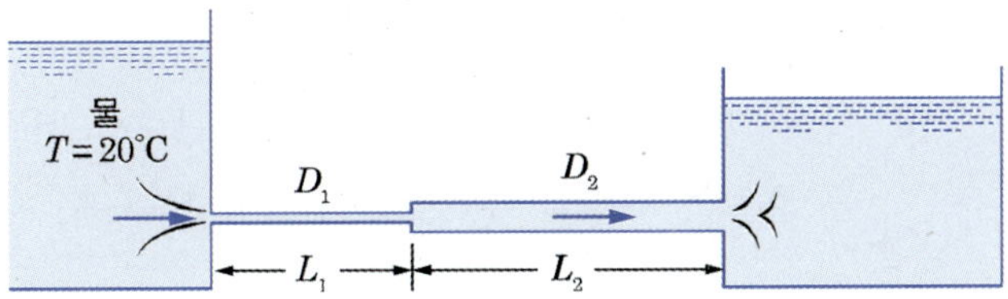

16 아래 그림과 같은 3개의 병렬관로에 $400l/s$의 유량이 흐를 때, 1과 2 사이의 수두 차이와 각 관로를 흐르는 유량을 구하라. 여기서, 조도계수는 0.016이고, 마찰손실수두만을 고려한다.

그림

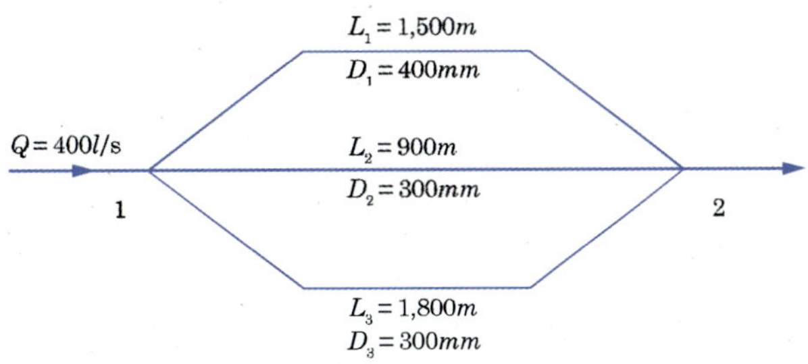

17 아래 그림과 같은 콘크리트 병렬관로에 $0.5m^3/s$의 유량이 세 관로로 분기되었다가 다시 합류한다. A 지점과 B 지점 사이의 손실수두를 구하라. 여기서, 모든 관에서의 마찰손실계수는 0.03이다.

그림

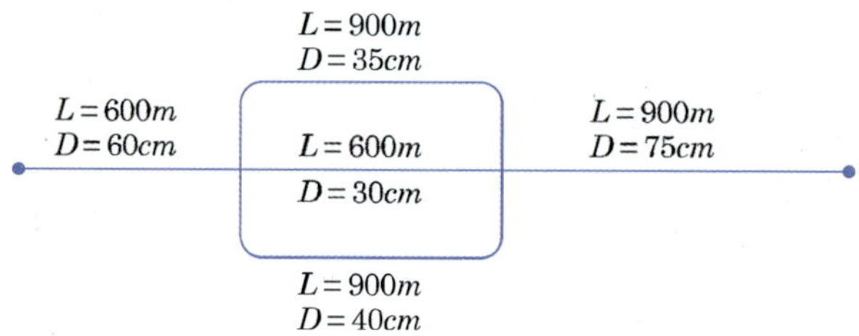

18 아래 그림과 같이 세 개의 탱크가 관로로 연결되어 있을 때, 각 관로를 흐르는 유량을 구하라. 여기서, 모든 부 손실은 무시한다.

그림

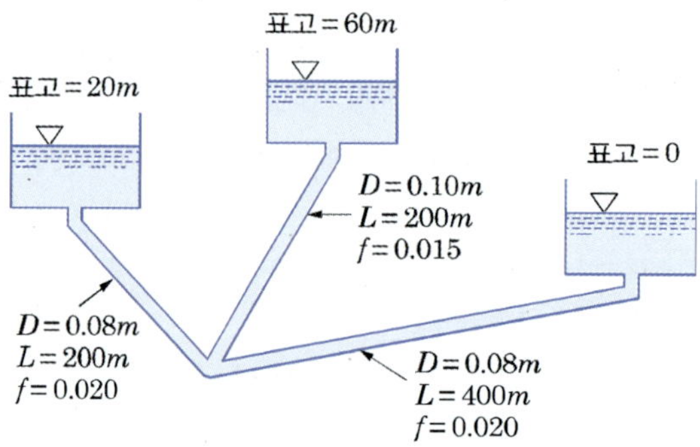

19 다음 그림과 같이 세 저수지가 관로로 연결되어 있을 때, (1) Hazen-Williams 공식을 이용하여, (2) 관의 조도가 $0.05mm$일 때 Moody 선도를 이용하여, 세 저수지에서의 유출 또는 유입되는 유량을 구하라. 여기서, $C_{HW} = 120$이다.

그림

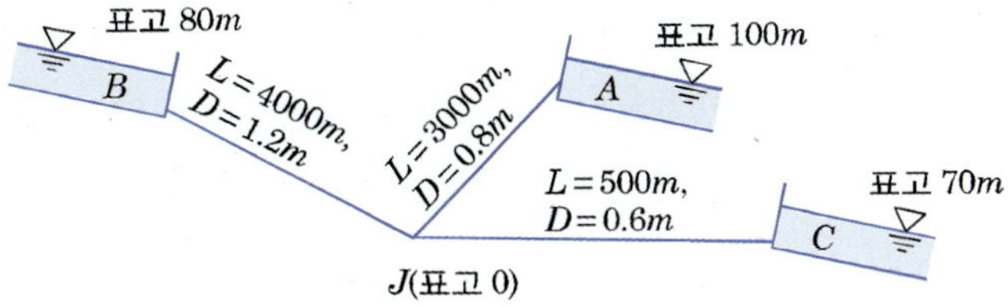

20 아래 그림과 같은 관망에서 각 관을 흐르는 유량을 Hardy-Cross 방법으로 구하라. 여기서, $L_1 = 1{,}000m$, $L_2 = 1{,}500m$, $L_3 = 2{,}300m$, $L_4 = 2{,}800m$이고, $D_1 = 0.15m$, $D_2 = 0.2m$, $D_3 = 0.17m$, $D_4 = 0.25m$이며, $n = 0.013$이다.

그림

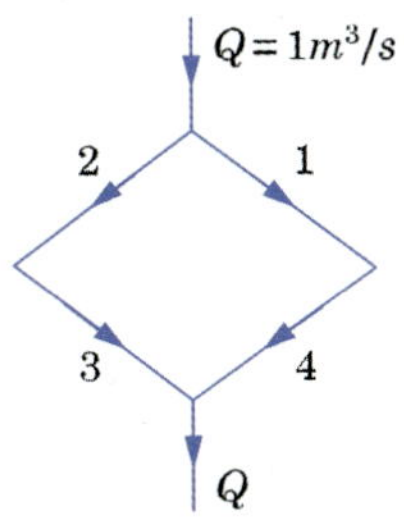

21 아래 그림과 같은 길이 $12m$, 직경 $10cm$인 관이 저수지로부터 물을 배출하는데 사용된다. 관의 입구와 정상 S 지점 사이에서의 손실수두가 $1.2m$일 때, 관을 흐르는 유량과 S 지점에서의 압력을 구하라. 여기서, 저수지 바깥쪽 관 끝에서는 물이 대기로 유출된다.

그림

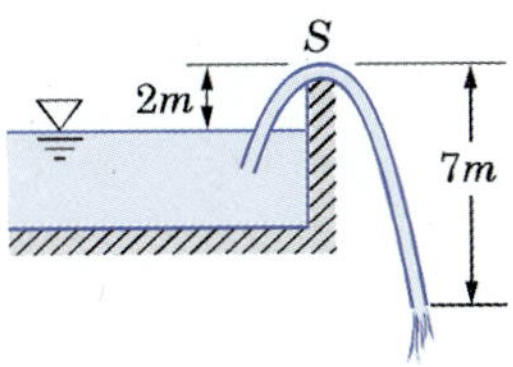

22 아래 그림과 같은 압력계 A에서의 압력이 $100kPa$일 때, 벤투리관에서 공동현상이 나타나기 시작한다. $D = 40cm$, $d = 10cm$일 때, 공동현상이 나타나기 시작하는 유량은 얼마인가? 여기서, 대기압은 $100kPa$이고, 물의 온도는 10°C이며, 중력의 영향은 무시한다.

그림

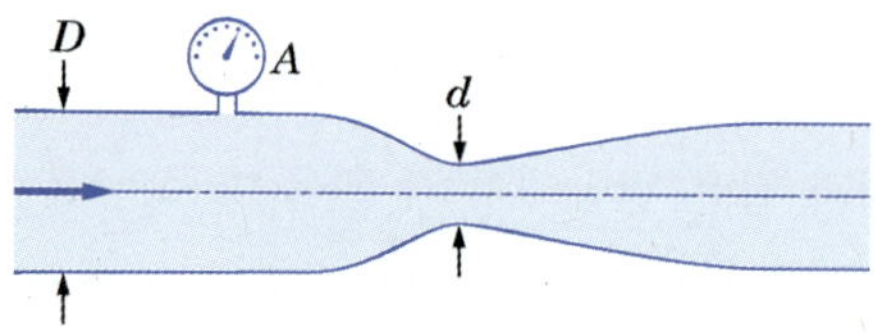

5

제5장

물체 주위에서의 유동

유체 속에 있는 물체의 주위에서는 여러 가지 유동이 발생한다. 비행기, 자동차, 지상 구조물 등의 주위에서 발생하는 공기의 유동이나 잠수함, 수중 구조물 등의 주위에서 발생하는 물의 유동이 이러한 예이다. 이러한 유동은 공기 또는 물에 완전히 싸여 있지만 수면을 운항하는 선박과 같은 경우에는 공기와 물 모두의 영향을 받는다. 또한 유동 내에 있는 물체의 표면에는 유동방향으로 작용하는 항력(drag force)과 유동에 대해 수직방향으로 작용하는 양력(lift force)과 같은 힘이 발생하는데, 이 힘은 항공기, 자동차, 수중 구조물 등의 설계에 있어 중요한 요인이 된다.

항공기, 자동차, 선박과 같은 물체가 유체 내에서 움직이면 유체는 물체의 운동에 대해(또는 유동하는 유체 내에 수중 구조물과 같은 물체가 놓여 있을 때 유체는 물체에 대해) 저항하게 되는데, 이러한 저항을 항력이라고 한다. 물체에 대한 항력은 유체가 물체에 작용하는 두 가지 힘인 전단력과 압력에 의해 발생하며, 전단력에 의한 항력을 마찰항력(skin friction drag)이라고 하고 압력에 의한 항력을 압력항력(또는 형상항력; pressure drag or form drag)이라고 한다.

5.1 물체 주위를 흐르는 유동의 특성

경계층(boundary layer) 물체 표면에서의 유체 흐름에 있어 점성의 영향이 크게 나타나는 표면 근처의 얇은 층으로, 물체의 표면에 가까운 곳에서는 점성의 영향으로 인해 속도경사가 크게 나타나고, 물체의 표면에서 멀어질수록 속도는 증가한다. 그리고 유체의 점성이 클수록 경계층은 두꺼워진다.

자유유동속도(free stream velocity) 물체의 표면에서부터 멀어져 점성의 영향을 무시할 수 있는 영역에서의 유동속도

물체의 형상에 따른 유동 특성은 크기, 방향, 속도, 유체의 성질 등과 같은 여러 가지 매개변수에 따라 다르게 나타난다. 그리고 유동 특성은 Reynolds 수(관성력/점성력), Mach 수(관성력/탄성력), Froude 수(관성력/중력) 등 여러 가지 무차원 매개변수에 따라 다르다. Reynolds 수의 경우, $R_e > 100$인 유동은 주로 관성의 지배를 받고, $R_e < 1$인 유동은 주로 점성의 지배를 받는다. 그러므로 우리가 접하는 외부 유동은 주로 관성의 지배를 받는다.

그림 5.1은 $R_{ex} = 0.1$, 10, 10^7일 때, 길이가 L인 평판을 지나는 3가지 유동을 보여 주고 있다. Reynolds 수가 작은 경우($R_{ex} = 0.1$)에는 점성의 효

그림 5.1 평판을 지나는 정상, 점성 유동의 특성

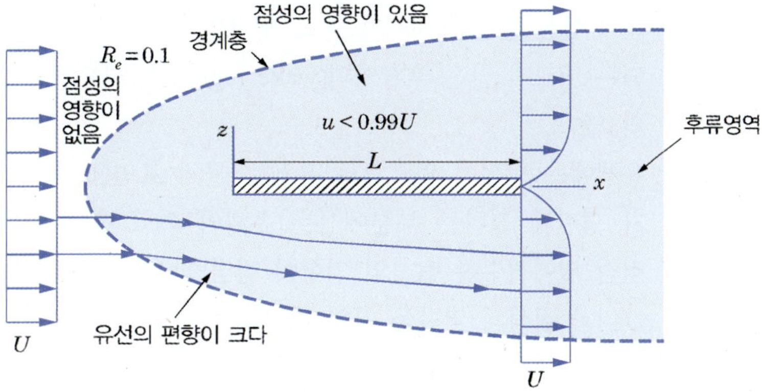

(a) 작은 Reynolds 수($R_{ex} = 0.1$)

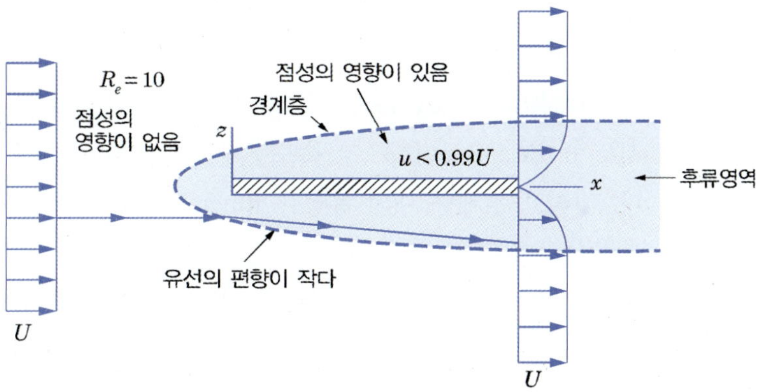

(b) 중간 Reynolds 수($R_{ex} = 10$)

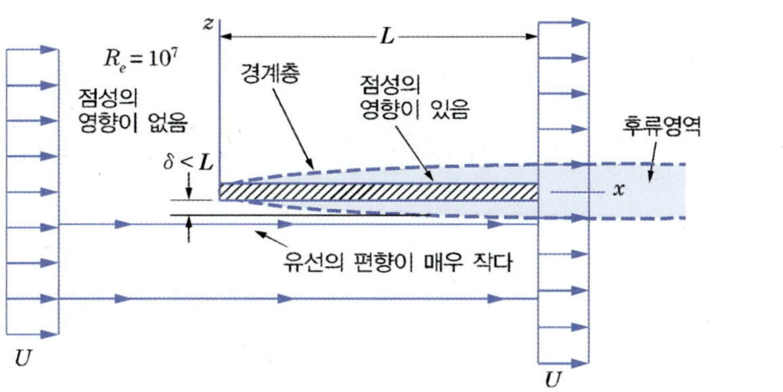

(c) 큰 Reynolds 수($R_{ex} = 10^7$)

과가 상대적으로 커져 평판으로부터 모든 방향 멀리까지 점성의 영향이 미친다. Reynolds 수가 커지면($R_{ex}=10$) 관성의 효과가 상대적으로 커져서 점성의 영향은 평판의 하류방향을 제외하고는 모든 방향에서 작아지고 영향을 미치는 범위도 그리 크지 않다. Reynolds 수가 클 경우($R_{ex}=10^7$)에는 유동은 관성의 지배를 받고, 평판의 아주 인접한 부분과 평판 뒤에 형성되는 비교적 얇은 후류영역(wake region)을 제외하고는 점성의 영향은 거의 없다.

유체에는 점성이 있으므로 유체는 물체 표면에 부착된다. 그러므로 유체가 평판에 접하는 부분에서는 유체의 속도 $u=0$이 되고, 평판에서부터 점점 멀어질수록 점성의 영향이 점점 감소해 유체의 속도는 점점 커진다. 그리고 점성의 영향을 거의 받지 않는 어느 위치에서의 유체의 속도는 평판으로 진입해 오는 자유유동속도(free stream velocity 또는 undisturbed flow velocity) U, 즉 $u=U$가 된다. 그러므로 평판을 따라 흐르는 유체의 속도는 $u=0$에서부터 $u=U$까지 어떤 속도구배를 가지고 변하고, 이에 따라 평판 표면에서부터 점진적으로 변하는 두께가 $\delta[\delta=\delta(x)]$인 얇은 경계층(boundary layer)이 생긴다. 이 경계층의 두께는 평판의 선단에서는 0이고, 유동방향으로 속도구배가 발달함에 따라 점진적으로 증가한다. 그리고 경계층 내의 유동은 Reynolds 수에 따라 층류일수도 있고 난류일수도 있다.

경계층 개념은 1904년 독일의 L. Prandtl에 의해 정립되었다. Prandtl은 물체 주위를 흐르는 유체를 물체와 인접해 있는 영역에서는 점성의 영향을 받는 유동으로 해석하고, 어느 정도의 얇은 경계층을 벗어난 영역에서부터는 점성의 영향을 받지 않는 비점성유체로 해석하는 개념을 도입하였다. 이러한 개념은 Reynolds 수가 큰 유동에 대한 해석을 단순화시킬 수 있게 하였고, 이에 따라 복잡한 유동장에서의 문제를 용이하게 해결할 수 있는 중요한 전환점이 되었다.

5.2 경계층의 특성

경계층 두께(boundary layer thickness) 물체의 표면에서 점성의 영향으로 인해 유체의 속도가 변하는 물체 표면으로부터의 높이로, 표면의 상태가 거칠수록 두꺼워지고, 유체가 흐를수록 그 두께가 성장한다.

노-슬립 컨디션(no-slip condition) 물체의 표면에서 유체가 미끄러지지 않는다는 뜻으로, 유체가 물체의 표면 위를 흐를 때, 유체와 물체 표면 사이에서 점성에 의해 발생하는 마찰에 의해 유체의 속도가 0이 되는 조건

앞에서 논의되었던 바와 같이 물체를 지나는 유동은 경계층 내의 점성유동과 그 외 영역에서의 비점성유동으로 분류할 수 있다.

평판의 길이가 무한한 경우, 평판에서의 Reynolds 수는 평판의 선단에서부터의 거리 x에 대해 $R_{ex} = Ux/\nu$로 정의한다. 평판의 길이가 L로 유한한 경우의 Reynolds 수는 평판의 길이에 대해 $R_{eL} = UL/\nu$이 된다. 유동이 평판의 선단에서부터 어느 정도 하류방향으로 이동하면 유동은 불안정하게 되고, 천이과정을 거쳐 불규칙한 혼합이 발생하는 난류로 변하며, 난류로 천이되는 Reynolds 수는 $R_{ex} = 5 \times 10^5$ 정도이다.

그림 5.2와 같은 경계층 내에서의 유체 입자의 변형을 생각하면 경계층의 구조를 잘 이해할 수 있다. 경계층 외에서의 유체 입자는 유동장에서의 균일한 속도로 인해 그 모양이 그대로 유지되어 이동하나, 경계층 내에서의 유체 입자는 경계층 내의 속도구배로 인해 변형이 발생한다. 그리고 경계층 외에서의 유체 입자는 회전을 하지 않으나, 점성의 영향이 있는 경계층 내에 있는 유체 입자는 회전하면서 이동한다. 그러므로 경계층 외에서의 유동은 비회전유동이고 경계층 내에서의 유동은 회전유동이다.

실제 유동에서 경계층을 구분할 수 있는 뚜렷한 기준은 없다. 평판에서의 유체의 속도 $u = 0$이고, 평판에서부터 멀어져 점성의 영향을 거의 받지 않는 어느 위치에서는 유체의 속도 $u = U$가 되나, 경계층 $z = \delta$에서 정확히 $u = U$가 되는 것은 아니다. 그러므로 경계층 두께(boundary layer thickness)는 평판 표면에서부터 유체의 속도가 평판으로 진입하는 자유유동속도 또는 평판 위에서 점성의 영향을 거의 받지 않는 위치에서의 속도 $u = U$가 되는 위치까지의 거리로 정의하며, 일반적으로 $z = \delta$에서 $u = 0.99\,U$가 된다.

그림 5.2 (a) 경계층 내외에서의 유체 입자의 변형, (b) 경계층 두께

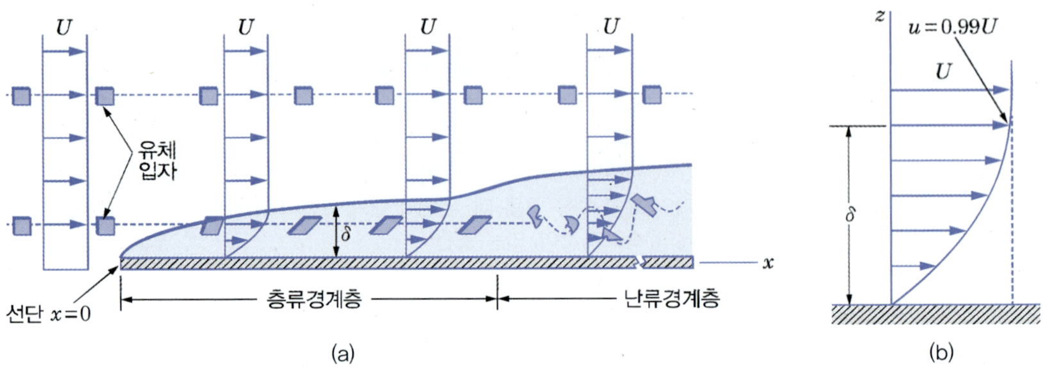

5.3 층류경계층과 난류경계층

층류경계층(laminar boundary layer) 평판 위를 흐르는 유동에서 평판의 선단 부분에서 생기는 얇은 층류의 특성을 띠는 경계층

난류경계층(turbulent boundary layer) 평판 위를 흐르는 유동에서 유체 입자가 매우 불규칙하게 움직이고 혼합되어 일정한 속도분포를 보이는 경계층으로, 층류경계층보다 더 두껍다.

그림 5.3과 같이 평판의 선단 부근 경계층 내에서의 유동은 규칙적인 층을 이루고, 층 내에서 발생하는 가벼운 동요는 점성에 의해 소멸되는 층류경계층(laminar boundary layer)이 발생한다. 그러나 평판을 따라 유동이 하류방향으로 진행하여 나아가면 층류경계층은 점점 없어지며, 유체 입자가 매우 불규칙하게 움직이고 혼합되어 일정한 속도분포를 보이는 난류경계층(turbulent boundary layer)으로 변한다. 난류경계층 내 평판에 근접한 부분에서는 평판 표면에서의 점성효과에 의해 난류유동이 약화되고 층류가 발생하는 얇은 영역이 나타나는데, 이를 층류저층(laminar sublayer)이라고 한다.

그림 5.3 평판 위에서의 경계층

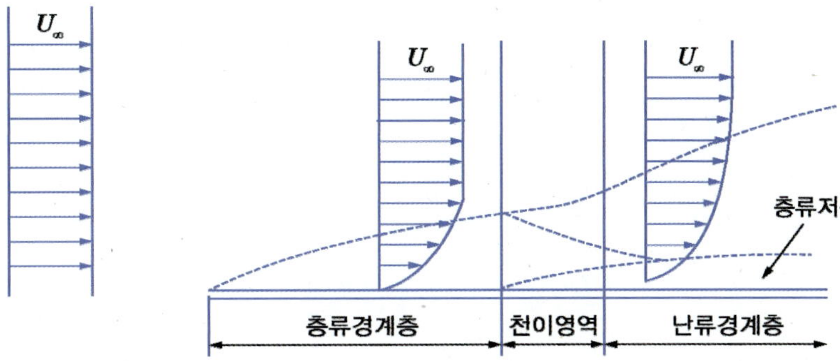

그림 5.4 층류와 난류경계층에서의 경계층 두께와 벽면전단응력의 변화

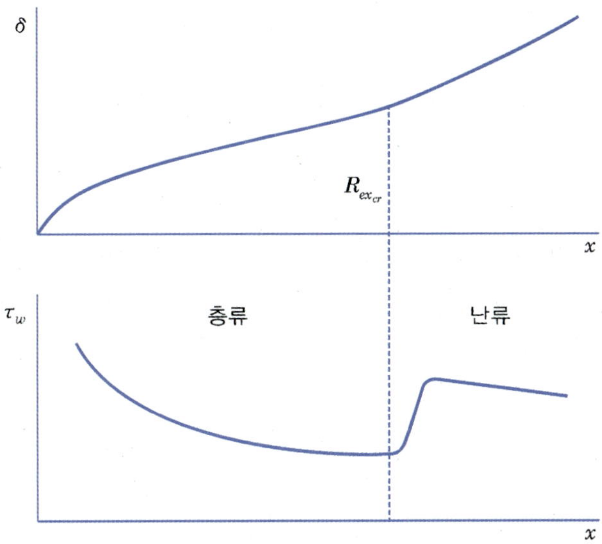

층류경계층 내에서의 전단응력은 식(4.23)과 같이 $\tau_{lam} = \mu(du/dz)$이고, 난류경계층에서의 전단응력은 식(4.24)와 같이 $\tau_{turb} = \epsilon(d\overline{u}/dz)$이다. 그리고 난류경계층에서의 와점성계수 ϵ은 층류경계층에서의 점성계수 μ보다 수백 배 이상 크므로, 층류전단응력은 난류전단응력과 비교해 볼 때 무시할 수 있다.

5.3.1 층류경계층

$x-z$ 평면 2차원 정상유동에 대한 Navier-Stokes 방정식과 연속방정식은 다음과 같다.

$$\frac{Du}{Dt}=-\frac{1}{\rho}\frac{\partial p}{\partial x}+\nu\left(\frac{\partial^2 u}{\partial x^2}+\frac{\partial^2 u}{\partial y^2}+\frac{\partial^2 u}{\partial z^2}\right)-g_{\hat{k}} \tag{5.1a}$$

$$\frac{Dw}{Dt}=-\frac{1}{\rho}\frac{\partial p}{\partial z}+\nu\left(\frac{\partial^2 w}{\partial x^2}+\frac{\partial^2 w}{\partial y^2}+\frac{\partial^2 w}{\partial z^2}\right)-g_{\hat{k}} \tag{5.1b}$$

$$\nabla\cdot\vec{V}=\frac{\partial u}{\partial x}+\frac{\partial w}{\partial z}=0 \tag{5.2}$$

경계층은 매우 얇기 때문에 평판에 수직인 z 방향의 속도성분은 평판과 평행한 x 방향의 속도성분에 비해 매우 작고, 이에 따라 z 방향에서의 운동량은 x 방향에서의 운동량에 비해 매우 작다. 그러므로 x 방향에 대한 운동량만 고려하고 Du/Dt를 풀어 쓰면 다음과 같다.

$$\begin{aligned}\frac{\partial u}{\partial t}+u\frac{\partial u}{\partial x}+v\frac{\partial u}{\partial y}+w\frac{\partial u}{\partial z}\\ =-\frac{1}{\rho}\frac{\partial p}{\partial x}+\nu\left(\frac{\partial^2 u}{\partial x^2}+\frac{\partial^2 u}{\partial y^2}+\frac{\partial^2 u}{\partial z^2}\right)-g_{\hat{k}}\end{aligned} \tag{5.3}$$

식(5.3)에서 정상유동이므로 $\frac{\partial u}{\partial t}=0$이 되고, $x-z$ 평면 2차원 유동이므로 y 방향 성분 $v\frac{\partial u}{\partial y}=0$, $\frac{\partial^2 u}{\partial y^2}=0$이 된다. 그리고 점성에 비해 압력의 변화는 매우 작으므로 $\frac{1}{\rho}\frac{\partial p}{\partial x}=0$이 되고, x 방향으로의 중력가속도는 없으므로 $g_{\hat{k}}=0$이 된다. 그리고 경계층은 매우 얇기 때문에 평판에 수직인 z 방향의 속도성분은 평판과 평행한 x 방향의 속도성분에 비해 매우 작으므로$\left(u\frac{\partial u}{\partial x}\gg w\frac{\partial u}{\partial z}\right)$, z 방향의 속도성분에 대한 $w\frac{\partial u}{\partial z}$는 무시할 수 있다. 그러므로 이러한 조건들을 식(5.3)에 적용하면 다음과 같이 된다.

$$u\frac{\partial u}{\partial x}=\nu\left(\frac{\partial^2 u}{\partial x^2}+\frac{\partial^2 u}{\partial z^2}\right) \tag{5.4}$$

x 방향으로의 척도(scale)를 평판을 따른 거리 L, z 방향으로의 척도를 층류경계층 두께 δ_L이라고 하고, 식(5.5) 우변의 $\frac{\partial^2 u}{\partial x^2}+\frac{\partial^2 u}{\partial z^2}$에 x 대신 L 그리고 z 대신 δ_L을 적용하면 식(5.4)는 다음과 같이 된다.

$$\frac{u}{L^2}+\frac{u}{\delta_L^2} \tag{5.5}$$

δ_L은 L에 비해 매우 작으므로 $\frac{u}{L^2} \ll \frac{u}{\delta_L^2}$가 되고, 이에 따라 $\frac{\partial^2 u}{\partial x^2} \ll \frac{\partial^2 u}{\partial z^2}$가 되며, $\frac{\partial^2 u}{\partial x^2}$는 무시할 수 있다. 그러므로 식(5.4) 우변에는 $\nu\frac{\partial^2 u}{\partial z^2}$만 남고, 식(5.4)는 다음과 같이 된다.

$$u\frac{\partial u}{\partial x}=\nu\frac{\partial^2 u}{\partial z^2} \tag{5.6}$$

식(5.6)을 위와 같은 방법으로 전개하면 $\frac{u^2}{L}=\nu\frac{u}{\delta_L^2}$가 되고, 이를 다시 쓰면 $\frac{\delta_L^2}{L}=\frac{\nu}{u}$가 된다. 양변을 L로 나누면 $\frac{\delta_L^2}{L^2}=\frac{\nu}{uL}$가 되고, $\frac{\delta_L}{L}=\left(\frac{\nu}{uL}\right)^{1/2}$이 된다. 이 식에 L 대신 x를 적용하면 다음과 같이 된다.

$$\frac{\delta_L}{x}=\left(\frac{\nu}{ux}\right)^{1/2}=\frac{1}{\sqrt{R_{ex}}} \tag{5.7}$$

식(5.7)은 x 방향으로의 거리 또는 동점성계수 ν가 증가하면 층류경계층 두께 δ_L은 증가하고, x 방향 속도성분 u 또는 Reynolds 수 R_{ex}가 증가하면 층류경계층 두께 δ_L은 감소하는 것을 나타낸다.

1908년 Blasius는 그림 5.5와 같이 $z\sqrt{R_{ex}}/x$에 대한 u/U의 곡선을 나타내었다. 그림 5.5에서 경계층 내의 속도 u는 R_{ex}가 증가함에 따라 점진적으로 자유유동속도 U에 접근하는 것을 알 수 있다. 앞에서 언급한 바와 같이 경계층의 두께 δ_L은 $u=0.99\,U$에서 구할 수 있고, $u/U=0.99$에서 $z\sqrt{R_{ex}}/x=5.0$이므로 $\delta_L\sqrt{R_{ex}}/x=5.0$이 된다. 이를 층류경계층 두께 δ_L에 대해 정리하면 다음과 같다.

$$\delta_L = \frac{5.0x}{\sqrt{R_{ex}}} \tag{5.8}$$

여기서, $R_{ex} = Ux/\nu$이다.

그림 5.5 Blasius의 층류경계층에서의 유속분포

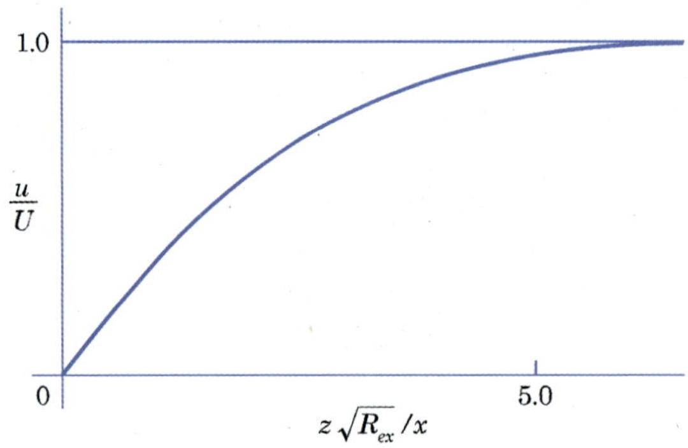

표 5.1 평판 위 층류유동에 대한 Blasius의 해

$z\sqrt{R_{ex}}/x$	u/U	$z\sqrt{R_{ex}}/x$	u/U
0	0	3.6	0.9233
0.4	0.1328	4.0	0.9555
0.8	0.2647	4.4	0.9759
1.2	0.3938	4.8	0.9878
1.6	0.5168	5.0	0.9916
2.0	0.6298	5.2	0.9943
2.4	0.7290	5.6	0.9975
2.8	0.8115	6.0	0.9990
3.2	0.8761	∞	1.0000

비행기와 같은 물체 표면에서 유체의 유동에 의해 발생하는 항력과 같은 힘은 물체를 설계하는 데 있어 매우 중요하다. 층류경계층 평판 표면에서의 전단응력 τ_0은 다음과 같다.

$$\tau_0 = \mu\left(\frac{\partial u}{\partial z}\right)_{z=0} \tag{5.9}$$

그림 5.5에서 주어진 Blasius의 해로부터 $z=0$에서의 곡선 기울기를 구할 수 있는데, 그 값은 0.332이며 다음과 같다.

$$\left[\frac{\partial(u/U)}{\partial(z\sqrt{R_{ex}/x})}\right]_{z=0} = 0.332 \tag{5.10}$$

x, R_{ex}, U는 일정하므로

$$\left(\frac{\partial u}{\partial z}\right)_{z=0} = 0.332\frac{U\sqrt{R_{ex}}}{x} = 0.332\frac{U^{3/2}}{x^{1/2}\nu^{1/2}} \tag{5.11}$$

그러므로 평판 표면에서의 전단응력 τ_0은 다음과 같다.

$$\tau_0 = 0.332\mu\frac{U\sqrt{R_{ex}}}{x} \tag{5.12}$$

길이 L, 폭 B인 평판 위를 유동하는 유체에 의해 발생하는 총 항력 F_D는 다음과 같다.

$$\begin{aligned} F_D &= \int_0^L\int_0^B \tau_0 dydx = \int_0^L \tau_0 B dx = \int_0^L 0.332B\mu\frac{U^{3/2}}{x^{1/2}\nu^{1/2}}dx \\ &= 0.332B\mu\frac{U^{3/2}}{\nu^{1/2}}\int_0^L x^{-1/2}dx = 0.664B\mu\frac{U^{3/2}L^{1/2}}{\nu^{1/2}} \end{aligned}$$

$$F_D = 0.664B\mu U\sqrt{R_{eL}} \tag{5.13}$$

여기서, $R_{eL} = UL/\nu$이다.

평판 표면 어느 지점에서의 국소마찰계수 C_{fx}는 다음과 같다.

$$C_{fx} = \frac{\tau_0}{\frac{1}{2}\rho U^2} = \frac{0.332\mu\frac{U\sqrt{R_{ex}}}{x}}{\frac{1}{2}\rho U^2} = \frac{0.664\mu U\frac{x^{1/2}U^{1/2}}{\nu^{1/2}}}{\rho U^2 x}$$

$$= \frac{0.664\mu}{\rho U^{1/2} x^{1/2} \nu^{1/2}} = \frac{0.664\nu^{1/2}}{U^{1/2} x^{1/2}}$$

$$C_{fx} = \frac{0.664}{\sqrt{R_{ex}}} \tag{5.14}$$

평판 표면 전체에서의 마찰항력계수 C_{Df}는 다음과 같다.

$$C_{Df} = \frac{F_D}{\frac{1}{2}\rho U^2 BL} = \frac{0.664 B\mu U(U^{1/2} L^{1/2}/\nu^{1/2})}{\frac{1}{2}\rho U^2 BL}$$

$$= \frac{1.328\mu}{\rho L^{1/2} U^2 \nu^{1/2}} = \frac{1.328\nu}{L^{1/2} U^2 \nu^{1/2}}$$

$$C_{Df} = \frac{1.328}{\sqrt{R_{eL}}} \tag{5.15}$$

예제 5.1

동점성계수 $9.0 \times 10^{-6} m^2/s$, 비중 0.86인 원유가 $3m/s$의 자유유동속도로 폭 $1.8m$, 길이 $1.2m$인 평판 위를 흐르고 있을 때, 경계층 두께와 전단응력 분포를 구하고, 평판 표면 전체에서의 마찰항력계수와 총 항력을 구하라.

풀이

Reynolds 수

$$R_{ex} = \frac{Ux}{\nu} = \frac{3x}{9.0 \times 10^{-6}} = 333.3x$$

평판 위에서의 전단응력 τ_0

$$\tau_0 = 0.332\mu \frac{U\sqrt{R_{ex}}}{x} = 0.332\rho_{oil}\nu \frac{U\sqrt{R_{ex}}}{x}$$

$$= 0.332(1{,}000 \times 0.86) \frac{(3)(333.3)^{1/2} x^{1/2}}{x}$$

$$= 15{,}637.8 x^{-1/2}$$

경계층 두께

$$\delta_L = \frac{5.0x}{\sqrt{R_{ex}}} = \frac{5.0x}{\sqrt{333.3x}} = 0.27x^{1/2}$$

그러므로 전단응력과 경계층의 분포는 아래 표와 같다.

$x(m)$	$\tau_0(N/m^2)$	$\delta_L(m)$
0.2	34,967	0.12
0.4	24,726	0.17
0.6	20,188	0.21
0.8	17,484	0.24
1.0	15,637	0.27
1.2	14,725	0.30

마찰항력계수

$$C_{Df} = \frac{1.328}{\sqrt{R_{eL}}} = \frac{1.328}{\sqrt{(333.3)(1.2)}} = 0.0664$$

총 항력

$$F_D = \frac{C_{Df}\rho_{oil}U^2BL}{2} = \frac{(0.0664)(1,000\times 0.86)(3^2)(1.8)(1.2)}{2} = 555.1N$$

5.3.2 난류경계층

난류유동은 일련의 와류로 구성되어 있으며, 이 와류들은 더욱 더 작은 에너지의 와류 형태로 세분되고 상호간의 점성효과(viscous dissipation)에 의해 소멸된다. 난류경계층(turbulent boundary layer) 내의 유동은 층류저층(또는 점성저층; laminar or viscous sublayer), 천이영역(transition region) 그리고 완전난류영역(free turbulence region) 3개의 영역으로 분류할 수 있다.

그림 5.6 완전난류영역, 천이영역, 층류저층

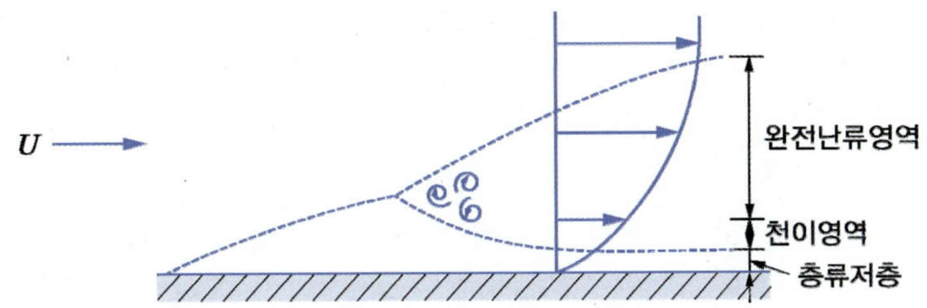

층류저층은 평판 표면과 매우 인접한 곳(very near a boundary)에서 층류가 나타나는 매우 얇은 층으로 $0 < u_* z/\nu < 5$에서 발생하고, 난류는 평판 표면에 의해 소멸된다. 층류저층에서는 점성에 의한 전단응력이 우세하므로 전단응력은 $\tau_{lam} = \mu(\partial \overrightarrow{V}/\partial z)$가 된다. 층류저층 내의 전단응력 τ_{lam}는 평판 표면에서의 전단응력 τ_0과 같다고 생각할 수 있으므로

$$\tau_{lam} = \tau_0 = \mu \frac{\partial u}{\partial z} = \rho u_*^2 \tag{5.16}$$

여기서, u_*는 마찰속도(friction velocity)로 $u_* = \sqrt{\tau_0/\rho}$ 이다.
식(5.16)을 적분하면

$$\mu \int du = \rho u_*^2 \int dz$$

$$u = \frac{\rho}{\mu} u_*^2 z + C \tag{5.17}$$

$z = 0$에서 $u = 0$이므로 적분상수 $C = 0$이 되며, 식(5.17)은 다음과 같이 된다.

$$u = \frac{u_*^2 z}{\nu} \quad \text{또는} \quad \frac{u}{u_*} = \frac{u_* z}{\nu} \tag{5.18}$$

여기서, z는 평판 표면에서부터 측정된 거리이다.
층류저층은 $0 < u_* z/\nu < 5$에서 발생하므로 층류저층의 최대 두께 $(\delta_{TL})_{\max}$는 다음과 같다.

$$(\delta_{TL})_{\max} = \frac{5\nu}{u_*} \tag{5.19}$$

식(5.19)는 $\tau_{lam} = \mu \frac{\partial u}{\partial z} = \rho u_*^2$, 즉 u_*가 증가함에 따라 층류저층의 두께 δ_{TL}은 감소하고, 유동이 하류방향으로 진행함에 따라 τ_{lam}는 감소하므로 이에 따라 δ_{TL}은 증가하는 것을 나타낸다.
천이영역은 평판 표면에 가까운 곳(near a boundary)에서 나타나며, τ_{lam}와 τ_{turb}가 모두 작용하고 $5 < u_* z/\nu < 30$에서 발생한다. 천이영역에서의

와류의 크기는 점성에 의한 작용으로 인해 평판 표면에서의 수직거리에 따라 다르다.

완전난류영역은 평판 표면에서 떨어진 곳(farther from a boundary)에서 나타나며, τ_{turb}가 주로 작용하고 $30 < u_* z/\nu < 350$에서 발생한다.

Prandtl은 난류유동의 진행과정을 각각의 다른 속도를 가지는 두 영역 사이의 혼합거리(mixing length)에서 유체 입자가 전달되는 것으로 간주하고, 와점성계수를 다음과 같이 제안하였다.

$$\epsilon = \rho l^2 \left| \frac{\partial u}{\partial z} \right| \tag{5.20}$$

여기서, l은 혼합거리로 난류에서 유체 입자가 운동량의 변화 없이 움직일 수 있는 거리이며, 난류가 발달하면 유체 입자의 운동량도 증가하므로 혼합거리도 증가한다. 혼합거리는 $l = \kappa z$로 나타낼 수 있으며, 평판 표면에서부터의 거리에 비례한다. 여기서, κ는 Von Karman 상수로 0.4이다.

와점성계수를 사용한 난류에서의 전단응력 $\tau = \epsilon (du/dz)$에 식(5.20)의 와점성계수를 대입하면 난류에서의 전단응력은 다음과 같이 된다.

$$\tau_{turb} = \rho l^2 \frac{\partial u}{\partial z} \left| \frac{\partial u}{\partial z} \right| = \rho \kappa^2 z^2 \frac{\partial u}{\partial z} \left| \frac{\partial u}{\partial z} \right|$$

$$\tau_{turb} = \rho \kappa^2 z^2 \left(\frac{\partial u}{\partial z} \right)^2 = \rho u^{*2} \tag{5.21}$$

식(5.21)에서부터 $\frac{\partial u}{\partial z} = \frac{u_*}{\kappa z}$이 되고 이를 적분하면 다음과 같이 된다.

$$u = \frac{u_*}{\kappa} \ln z + C \tag{5.22}$$

평판 표면 $z = z_0$에서 $u = 0$이므로 적분상수 $C = -\frac{u_*}{\kappa} \ln z_0$이 되고, 식(5.22)는 다음과 같이 된다.

$$u = \frac{u_*}{\kappa} (\ln z - \ln z_0) = \frac{u_*}{\kappa} \ln \left(\frac{z}{z_0} \right) \tag{5.23}$$

실험에 의하면 표면이 매끄러운 경우, 식(5.22)의 적분상수 $C = 5.56 - \frac{u_*}{\kappa}\ln\frac{\nu}{u_*}$가 되고, 식(5.22)는 다음과 같이 된다.

$$u = \frac{u_*}{\kappa}\ln\frac{u_* z}{\nu} + 5.56 \tag{5.24a}$$

$$u = 5.75\frac{u_*}{\kappa}\log\frac{u_* z}{\nu} + 5.56 \tag{5.24b}$$

$x-z$ 평면 2차원 정상유동에서의 x 방향에 대한 Navier-Stokes 방정식은 다음과 같다.

$$\begin{aligned}&\frac{\partial u}{\partial t} + u\frac{\partial u}{\partial x} + v\frac{\partial u}{\partial y} + w\frac{\partial u}{\partial z}\\&= -\frac{1}{\rho}\frac{\partial p}{\partial x} + \frac{1}{\rho}\left(\frac{\partial \tau_{yx}}{\partial y} + \frac{\partial \tau_{zx}}{\partial z}\right) - g_{\hat{k}}\end{aligned} \tag{5.25}$$

식(5.4)에서와 같이 식(5.25)에서도 정상유동이므로 $\frac{\partial u}{\partial t} = 0$이 되고, $x-z$ 평면 2차원 유동이므로 y 방향 성분 $v\frac{\partial u}{\partial y} = 0$, $\frac{\partial \tau_{yx}}{\partial y} = 0$이 되며, 전단응력에 비해 압력의 변화는 매우 작으므로 $\frac{1}{\rho}\frac{\partial p}{\partial x} = 0$이 되고, x 방향으로의 중력가속도는 없으므로 $g_{\hat{k}} = 0$이 된다. 그리고 경계층은 매우 얇기 때문에 평판에 수직인 z 방향의 속도성분은 평판과 평행한 x 방향의 속도성분에 비해 매우 작으므로$\left(u\frac{\partial u}{\partial x} \gg w\frac{\partial u}{\partial z}\right)$, z 방향의 속도성분에 대한 $w\frac{\partial u}{\partial z}$는 무시할 수 있다. 그러므로 이러한 조건들을 식(5.25)에 적용하면 다음과 같이 된다.

$$u\frac{\partial u}{\partial x} = \frac{1}{\rho}\frac{\partial \tau_{zx}}{\partial z} \tag{5.26}$$

$x-z$ 평면에서의 난류전단응력은 $\tau_{zx} = -\rho\overline{u'w'}$이므로

$$u\frac{\partial u}{\partial x} = \frac{1}{\rho}\left[\frac{\partial}{\partial z}(-\rho\overline{u'w'})\right] \tag{5.27}$$

등방성 난류(isotropic turbulence)로 가정하면 $u' = w'$가 되므로

$$u\frac{\partial u}{\partial x} = -\frac{\partial}{\partial z}(\overline{u'u'}) \tag{5.28}$$

x 방향으로의 척도(scale)를 평판을 따른 거리 L, z 방향으로의 척도를 난류경계층 두께 δ_T라고 하고, 식(5.28)에 x 대신 L 그리고 z 대신 δ_T을 적용하면 식(5.28)은 다음과 같이 된다.

$$\frac{u^2}{L} = -\frac{\overline{u'u'}}{\delta_T}$$

$$\frac{\delta_T}{L} = \frac{\overline{u'u'}}{u^2} \tag{5.29}$$

식(5.29)에 L 대신 x를 적용하면 다음과 같다.

$$\frac{\delta_T}{x} = \frac{\overline{u'u'}}{u^2} \tag{5.30}$$

식(5.30)은 x 방향으로의 거리가 증가하면 난류경계층 두께 δ_T가 증가한다는 것을 나타낸다.

$x-z$ 평면 2차원 비압축성 정상유동에 있어 $z=0$에서 $z=\delta$까지의 단면에 포함된 유체에 대한 운동량적분방정식(층류와 난류 경계층 유동에 모두 적용 가능)을 적용하면 다음과 같다.

$$\rho\frac{d}{dx}\left(\int_0^{\delta_T} u^2 dz\right) - \rho U\frac{d}{dx}\left(\int_0^{\delta_T} u dz\right) = -\delta_T\frac{dp}{dx} - \tau_0 \tag{5.31}$$

그림 5.7 난류경계층에서의 운동량적분방정식 적용

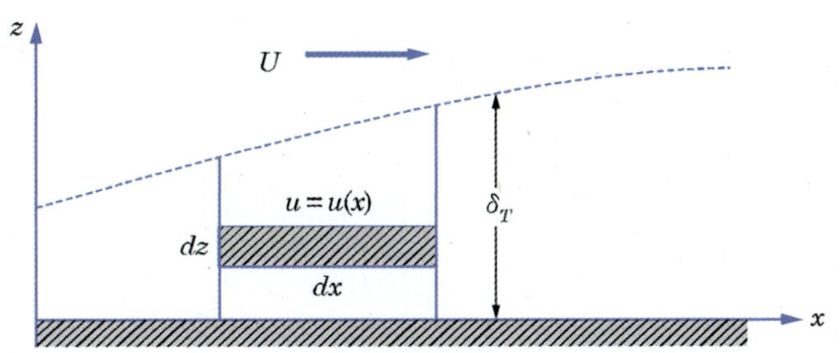

평판 주위의 유동에 있어 $\partial p/\partial x$는 거의 0이므로

$$\rho\frac{d}{dx}\left(\int_0^{\delta_T}u^2dz\right)-\rho U\frac{d}{dx}\left(\int_0^{\delta_T}udz\right)=-\tau_0 \tag{5.32}$$

층류저층을 벗어난 난류경계층에서의 속도분포는 그림 5.8과 같이 $z/\delta_T \le 1$에서 $u/U=(z/\delta_T)^{1/7}$이므로

$$u=U\left(\frac{z}{\delta_T}\right)^{1/7} \tag{5.33}$$

그림 5.8 평판에서의 층류경계층과 난류경계층에서의 속도분포
(평판 표면에서는 난류가 소멸되므로 층류저층에서는 적용하지 못함)

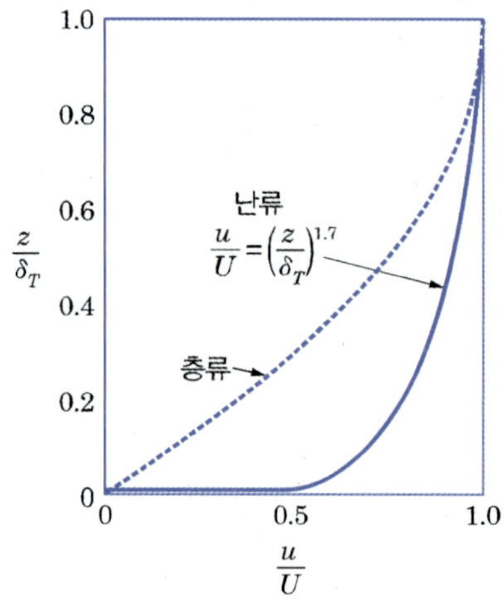

난류유동에서의 Reynolds 수가 $5\times10^5 < R_{ex} < 10^7$인 범위에서 실험 데이터와 잘 일치하는 Blasius의 저항공식은 다음과 같다.

$$\frac{\tau_0}{\rho U^2}=0.0225\left(\frac{\nu}{U\delta_T}\right)^{1/4} \tag{5.34}$$

식(5.30) 운동량적분방정식에 $u=U(z/\delta_T)^{1/7}$과 $\tau_0=0.0225\rho U^2(\nu/U\delta_T)^{1/4}$을 대입하면

$$\rho\frac{d}{dx}\left[\int_0^{\delta_T}U^2\left(\frac{z}{\delta_T}\right)^{2/7}dz\right]-\rho U\frac{d}{dx}\left[\int_0^{\delta_T}U\left(\frac{z}{\delta_T}\right)^{1/7}dz\right]$$

$$=-0.0225\rho U^2\left(\frac{\nu}{U\delta_T}\right)^{1/4}$$

$$\rho U^2\frac{d}{dx}\int_0^{\delta_T}\left(\frac{z}{\delta_T}\right)^{2/7}dz-\rho U^2\frac{d}{dx}\int_0^{\delta_T}\left(\frac{z}{\delta_T}\right)^{1/7}dz$$

$$=-0.0225\rho U^2\left(\frac{\nu}{U\delta_T}\right)^{1/4}$$

$$\frac{d}{dx}\left(\frac{7}{9}\frac{\delta_T^{9/7}}{\delta_T^{2/7}}\right)-\frac{d}{dx}\left(\frac{7}{8}\frac{\delta_T^{8/7}}{\delta_T^{1/7}}\right)=-0.0225\left(\frac{\nu}{U\delta_T}\right)^{1/4}$$

$$\frac{d}{dx}\left(\frac{7}{9}\delta_T-\frac{7}{8}\delta_T\right)=-0.0225\left(\frac{\nu}{U\delta_T}\right)^{1/4}$$

$$\frac{7}{72}\frac{d\delta_T}{dx}=0.0225\left(\frac{\nu}{U\delta_T}\right)^{1/4}$$

$$\delta_T^{1/4}d\delta_T=\frac{72\times0.0225}{7}\left(\frac{\nu}{U}\right)^{1/4}dx$$

$$\int\delta_T^{1/4}d\delta_T=\frac{72\times0.0225}{7}\int\left(\frac{\nu}{U}\right)^{1/4}dx$$

$$\frac{4}{5}\delta_T^{5/4}=\frac{72\times0.0225}{7}\left(\frac{\nu}{U}\right)^{1/4}x+C \tag{5.35}$$

평판 표면 $z=z_0$에서 $\delta_T=0$이므로 $C=0$이 되고, 식(5.35)를 정리하면 다음과 같이 된다.

$$\left(\delta_T^{5/4}\right)^{4/5}=\left[0.29\left(\frac{\nu}{U}\right)^{1/4}x\right]^{4/5}$$

$$\delta_T=0.37xx^{-1/5}\left(\frac{\nu}{U}\right)^{1/5}=0.37x\left(\frac{\nu}{Ux}\right)^{1/5}$$

$$\delta_T=\frac{0.37x}{R_{ex}^{1/5}} \tag{5.36}$$

식(5.36)은 x가 증가함에 따라, 즉 유동이 하류방향으로 진행함에 따라 δ_T는 증가하고, R_{ex}가 증가함에 따라 δ_T는 감소하는 것을 나타낸다. Blasius의 저항공식 식(5.34)에 식(5.36)을 대입하면 다음과 같다.

$$\tau_0 = 0.0225\rho U^2\left(\frac{\nu}{U\delta_T}\right)^{1/4} = 0.0225\rho U^2\left[\frac{\nu}{U}\frac{(Ux/\nu)^{1/5}}{0.37x}\right]^{1/4}$$
$$= 0.029\rho U^2\left[\frac{\nu^{4/5}}{U^{4/5}x^{4/5}}\right]^{1/4}$$
$$\tau_0 = 0.029\rho U^2\left(\frac{1}{R_{ex}}\right)^{1/5} \quad (5.37)$$

길이 L, 폭 B인 평판 위를 유동하는 유체에 의해 발생하는 총 항력 F_D는 다음과 같다.

$$F_D = \int_0^L\int_0^B \tau_0 dydx = \int_0^L \tau_0 Bdx$$
$$= 0.029\rho U^2\int_0^L BRe_x^{-1/5}dx = 0.029\rho U^2 B\int_0^L \frac{\nu^{1/5}}{U^{1/5}x^{1/5}}dx$$
$$= 0.029\rho U^2 BU^{-1/5}\nu^{1/5}\left[\frac{5}{4}x^{4/5}\right]_0^L$$
$$= 0.029\rho U^2 BU^{-1/5}\nu^{1/5}\frac{5}{4}L^{4/5}$$
$$= 0.036\rho U^2 BLL^{-1/5}U^{-1/5}\nu^{1/5}$$
$$F_D = 0.036\rho U^2 BL(R_{ex})^{-1/5} \quad (5.38)$$

평판 표면 어느 지점에서의 국소마찰계수 C_{fx}는 다음과 같다.

$$C_{fx} = \frac{\tau_0}{\frac{1}{2}\rho U^2} = \frac{0.029\rho U^2(R_{ex})^{-1/5}}{\frac{1}{2}\rho U^2} = \frac{0.058}{(R_{ex})^{1/5}} \quad (5.39)$$

평판 표면 전체에서의 마찰항력계수 C_{Df}는 다음과 같다.

$$C_{Df} = \frac{F_D}{\frac{1}{2}\rho U^2 BL} = \frac{0.036\rho U^2 BL(Re_x)^{-1/5}}{\frac{1}{2}\rho U^2 BL} = \frac{0.072}{(R_{eL})^{1/5}} \quad (5.40)$$

$$C_{Df} = \frac{0.074}{(R_{eL})^{1/5}} \text{ (실험치)} \quad (5.41)$$

예제 5.2

기온 20°C에서 공기가 폭 $3m$, 길이 $6m$인 얇은 평판 위를 $30m/s$의 속도로 지나가고 있다. 평판의 선단에서부터 난류경계층이 발생할 경우, 평판의 선단에서부터 $5m$ 하류에서의 전단응력, 층류저층의 최대 두께, 그리고 경계층 두께를 구하고, 평판 전체에서의 마찰항력계수와 총 항력을 구하라. 여기서, 기온 20°C에서 공기의 밀도는 $1.204kg/m^3$이고, 점성계수는 $1.806\times10^{-5}N\cdot s/m^2$이다.

풀이

평판의 시작 부분에서부터 $5m$ 하류에서의 Reynolds 수

$$R_{ex}=\frac{\rho Ux}{\mu}=\frac{(1.204)(30)(5)}{1.806\times10^{-5}}=10^7$$

전단응력

$$\tau_0=0.029\rho U^2\left(\frac{1}{R_{ex}}\right)^{1/5}=(0.029)(1.204)(30^2)\left(\frac{1}{10^7}\right)^{1/5}$$
$$=1.251N/m^2=0.128kg_f/m^2$$

층류저층의 두께

$$\delta_{TL}=\frac{5\nu}{u_*}=\frac{5\nu}{(\tau_0/\rho)^{1/2}}=\frac{5\mu}{(\tau_0\rho)^{1/2}}=\frac{(5)(1.806\times10^{-5})}{(1.251\times1.204)^{1/2}}$$
$$=7.35\times10^{-5}m=0.07mm$$

경계층 두께

$$\delta_T=\frac{0.37x}{R_{ex}^{1/5}}=\frac{(0.37)(5)}{(10^7)^{1/5}}=0.074m=74mm$$

평판 전체에서의 Reynolds 수

$$R_{eL}=\frac{\rho UL}{\mu}=\frac{(1.204)(30)(6)}{1.806\times10^{-5}}=1.2\times10^7$$

마찰항력계수

$$C_{Df}=\frac{0.072}{(1.2\times10^7)^{1/5}}=0.00276$$

총 항력

$$F_D = \frac{1}{2} C_{Df} \rho U^2 BL = \frac{1}{2}(0.00276)(1.204)(30^2)(3)(6) = 26.95N = 2.75kg_f$$

예제 5-3

평판 위에서 10°C 물이 자유유동속도 $6m/s$로 흐르고 있다. 평판의 선단에서부터 하류의 어떤 지점에서의 전단응력이 $45N/m^2$이고, 경계층 두께가 $2cm$일 때, 평판에서부터 수직으로 $0.2cm$ 떨어진 곳에서의 유속을 구하라. 여기서, 유동은 난류이고, 동점성계수는 $1.41 \times 10^{-5} m^2/s$이다.

풀이

$$u = 5.75 \frac{u_*}{\kappa} \log \frac{u_* z}{\nu} + 5.56 = 5.75 \frac{0.21}{0.4} \log \frac{(0.21)(0.002)}{1.41 \times 10^{-5}} = 4.45m/s$$

여기서, $u_* = \sqrt{\tau_0 \rho} = \sqrt{45/1{,}000} = 0.21m/s$

또는

$$u = U\left(\frac{z}{\delta_T}\right)^{1/7} = (6)\left(\frac{0.002}{0.02}\right)^{1/7} = 4.32m/s$$

5.3.3 층류경계층과 난류경계층의 분류

층류에서 난류로 천이되는 임계 Reynolds 수를 $R_{e_{cr}} = 5 \times 10^5$이라고 할 때, 평판 선단에서부터 평판 끝, 즉 평판 전체 구간에서의 Reynolds 수 R_{ex}가 5×10^5보다 크면 평판 전체 구간에 대해 난류경계층이 적용된다. 그러나 평판의 길이 L에 대한 Reynolds 수 R_{eL}이 5×10^5보다 크다 하더라도 평판의 어떤 임계점($x = x_{crit}$)까지는 R_{ex}가 5×10^5보다 작을 수 있다. 이러한 경우, R_{ex}가 $R_{e_{cr}} = 5 \times 10^5$보다 작은 영역($0 < R_{ex} < 5 \times 10^5$)에서는 층류경계층으로 생각하고, R_{ex}가 $R_{e_{cr}} = 5 \times 10^5$보다 큰 영역($R_{ex} > 5 \times 10^5$)에서는 난류경계층으로 생각해야 하며, 평판 전 길이에 대한 총 항력은 다음과 같다.

그림 5.9 층류경계층과 난류경계층의 분류

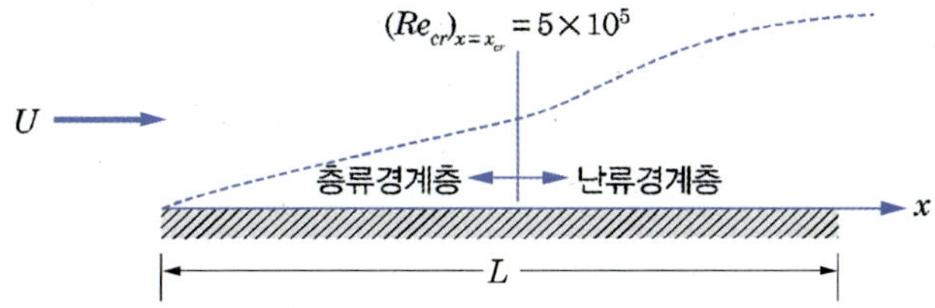

총 항력 = 난류항력($x=0\sim x=L$) − 난류항력($x=0\sim x=x_{cr}$)
+ 층류항력($x=0\sim x=x_{cr}$)

$$C_D\frac{1}{2}\rho U^2BL = \frac{0.074}{(Re_L)^{1/5}}\frac{1}{2}\rho U^2BL - \frac{0.074}{(5\times10^5)^{1/5}}\frac{1}{2}\rho U^2BL\frac{x_{cr}}{L} + \frac{1.33}{(5\times10^5)^{1/2}}\frac{1}{2}\rho U^2BL\frac{x_{cr}}{L} \tag{5.42}$$

여기서, C_D는 층류와 난류 경계층 모두가 존재하는 평판에서의 마찰항력 계수이고, $x_{cr}/L = R_{e_{cr}}/R_{eL}$이다.

$$\begin{aligned} C_D &= C_{Df} - \frac{0.074}{(5\times10^5)^{1/5}}\frac{R_{e_{cr}}}{R_{eL}} + \frac{1.33}{(5\times10^5)^{1/2}}\frac{R_{e_{cr}}}{R_{eL}} \\ &= C_{Df} - \frac{0.074}{(5\times10^5)^{1/5}}\frac{(5\times10^5)^{5/5}}{R_{eL}} + \frac{1.33}{(5\times10^5)^{1/2}}\frac{(5\times10^5)^{5/5}}{R_{eL}} \\ &= C_{Df} - \frac{0.074(5\times10^5)^{4/5}}{R_{eL}} + \frac{1.33(5\times10^5)^{1/2}}{R_{eL}} \end{aligned} \tag{5.43}$$

식(5.43)을 간단하게 정리하면 다음과 같고, $R_{eL} = 1\times10^7$까지 적용할 수 있다.

$$C_D = C_{Df} - \frac{1743}{R_{eL}} \cong C_{Df} - \frac{1700}{R_{eL}} \tag{5.44}$$

또한 실험 데이터와 잘 맞는 Prandtl-Schlichting에 의한 식은 다음과 같다.

$$C_D = \frac{0.455}{(\log_{10} R_{eL})^{2.58}} - \frac{1700}{R_{eL}} \tag{5.45}$$

식(5.43)에 적용되는 천이임계 Reynolds 수는 $R_{e_{cr}} = 5 \times 10^5$이며, 천이임계 Reynolds 수 $R_{e_{cr}} = 5 \times 10^6$인 경우에는 다음과 같다.

$$C_D = \frac{0.455}{(\log_{10} R_{eL})^{2.58}} - \frac{3300}{R_{eL}} \tag{5.46}$$

예제 5.4

기온 20°C에서 공기가 폭 $1m$, 길이 $3m$인 매끈한 평판 위를 $30m/s$의 속도로 지나가고 있다. 평판 위에서의 유동이 처음에는 층류였다가 천이임계 Reynolds 수 5×10^5에서부터 난류가 된다고 할 때, 평판 위에서의 평균 마찰항력계수 C_D를 구하라. 또한, 평판 위에서의 총 항력 F_D를 구하고, 층류유동 부분과 난류유동 부분에서의 항력을 구하라. 여기서, 기온 20°C에서 공기의 밀도는 $1.204kg/m^3$이고, 동점성계수는 $1.5 \times 10^{-5} m^2/s$이다.

풀이

평판 위에서의 Reynolds 수

$$R_{ex} = \frac{Ux}{\nu} = \frac{(30)(3)}{1.5 \times 10^{-5}} = 6 \times 10^6$$

마찰항력계수

$$C_D = C_{Df} - \frac{1700}{R_{eL}} = \frac{0.072}{(R_{eL})^{1/5}} - \frac{1700}{R_{eL}} = \frac{0.072}{(6 \times 10^6)^{1/5}} - \frac{1700}{6 \times 10^6} = 0.00289$$

총 항력

$$F_D = \frac{C_D \rho U^2 BL}{2} = \frac{(0.00289)(1.204)(30)^2(1)(3)}{2} = 4.697N = 0.479kg_f$$

층류유동 부분에서의 항력

$$\frac{Ux_{cr}}{\nu} = 500{,}000$$

$$x_{cr}=\frac{(500{,}000)(1.5\times10^{-5})}{30}=0.25m$$

$$F_{D_{lam}}=\frac{1.33}{(5\times10^5)^{1/2}}\frac{1}{2}\rho U^2BL\frac{x_{cr}}{L}$$

$$=\frac{1.33}{(5\times10^5)^{1/2}}\frac{1}{2}(1.204)(30)^2(1)(3)\frac{0.25}{3}=0.255N=0.026kg_f$$

난류유동 부분에서의 항력

$$F_{D_{turb}}=4.679-0.255=4.424N=0.451kg_f$$

5.4 유동의 박리

유동의 박리(flow separation) 유체의 유동방향에 따라 압력이 증가하면서 유체의 속도는 점점 감소하여 멈추게 되고, 그 결과 유체 입자가 물체의 표면으로부터 이탈되는 현상

유동의 박리(flow separation)는 고체 경계면을 흐르는 유동장에서 나타나는 현상으로, 주류(main stream)가 물체 표면에서 점성의 효과로 인해 이탈되는 현상이다. 그리고 유동의 박리는 유동장 내의 물체가 유체로부터 받는 항력의 주된 원인이 된다.

유체가 평판이 아닌 곡면과 같은 표면을 가진 물체 주위를 흐를 때에는 압력은 곡면을 따라 변하게 된다. 그리고 경계층 가장자리에서의 자유유동속도의 변화는 경계층 내에서의 압력구배의 원인이 되며, 전체 유동의 특성은 경계층 내의 압력구배에 따라 달라진다.

유동의 박리는 유동장 내의 압력구배와 밀접한 관계가 있으며, 유동의 진행방향에 따라 압력이 증가하는 유동장, 즉 압력구배가 양($\partial p/\partial x>0$)일 때 발생한다. 이상유동(또는 점성유동의 경우에는 물체 표면에서 멀리 떨어진 유동)에 대해 위치에너지를 무시한 Bernoulli 방정식은 다음과 같다.

$$\frac{V^2}{2}+\frac{p}{\rho}=constant \tag{5.47}$$

여기서, $V^2/2$는 운동에너지이고, p/ρ는 압력에너지이다. 식(5.47)은 어떤

지점에서 유동이 가지는 에너지는 운동에너지와 압력에너지의 합과 같고 일정하다는 것을 나타내며, 운동에너지가 증가하면 압력에너지는 감소하고, 운동에너지가 감소하면 압력에너지는 증가하는 것을 나타낸다.

유동방향의 변화에 따른 에너지의 전환은 점성유동인 경우, 물체 표면에서 멀리 떨어져 있는 곳에서의 유동 또는 물체 표면에 가까운 경계층 내에서의 압력구배가 감소($\partial p/\partial x < 0$)하는 유동에서는 순조롭게 이루어진다.

$\partial p/\partial x < 0$인 경우, 압력구배의 감소(순압력구배; favorable pressure gradient)에 따라 압력에너지는 운동에너지로 전환되고, 증가된 운동에너지는 물체 표면의 점성효과를 저지하면서 유동은 진행한다. (p가 감소함에 따라 V는 증가하므로 $+V$를 유지함)

$\partial p/\partial x > 0$인 경우, 압력에너지의 증가(역압력구배; adverse pressure gradient)에 따라 운동에너지는 감소한다. 유체는 감소한 운동에너지를 가지고 압력에너지의 증가량과 점성력에 대항하여 유동하나, 점점 감소하여 유체의 속도구배($\partial u/\partial z$)가 0이 되는 박리점에 이르게 된다. 그 후 결국 유동은 물체 표면에서부터 이탈하면서 유동의 박리가 나타나고, 역류가 발생하며, 경계층 두께는 증가한다. (p가 증가함에 따라 V는 감소하므로 결국 유동이 박리하는 $-V$가 발생함) 그리고 박리는 압력구배가 증가하는 정도가 클수록 일찍 발생한다.

그림 5.10 유동의 박리

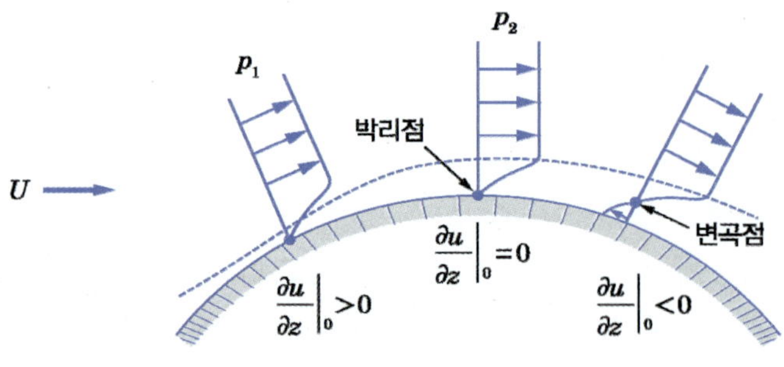

$\partial p/\partial x > 0$인 난류유동의 경우에는 와류의 발생으로 인해 유동의 수직방향으로의 운동에너지 혼합이 활발하게 발생한다. 이렇게 활성화된 운동에너지는 압력에너지의 증가량에 대항하고, 물체 표면에서의 점성에 의해 손실된 운동에너지를 보충하여, 층류의 경우보다 박리를 늦게 발생시키고 항력도 감소시킨다.

5.5 유동장 내의 물체가 유체로부터 받는 힘

항력(drag force) 유체의 저항력으로, 물체가 유체 내에서 운동하거나 흐르는 유체 내에 물체가 정지해 있을 때 유체에 의해 운동에 방해되는 힘을 받는데 이를 항력이라고 한다. 항력은 유체의 종류, 운동하는 물체의 형태, 크기, 속도 등에 따라 다르게 발생한다.
양력(lift force) 물체의 위 표면의 압력이 아래 표면의 압력보다 작아 힘이 위로 작용하는 것으로, 물체와 유동의 상대운동방향과 수직으로 작용하는 힘

유동장 내에 잠겨 있는 물체와 유체 사이에 상대적인 운동이 있을 경우에는 물체는 유체로부터 힘을 받으며, 이 힘은 유체에 의해 물체 표면에 작용하는 전단력과 압력에 의한 힘에 의해 발생한다. 유체가 물체 표면에 작용하는 총 힘을 $\vec{F}$라고 하면, $\vec{F}$는 물체 표면에 작용하는 모든 벡터의 합과 같고 다음과 같다.

$$\vec{F} = \int_S d\vec{F} = \int_S d\vec{F_\tau} + \int_S d\vec{F_p} \tag{5.48}$$

여기서, $\vec{F_\tau}$는 물체 표면에 접하는 방향으로 작용하는 전단력이고, $\vec{F_p}$는 물체 표면에 수직방향으로 작용하는 압력에 의한 힘이다.
일반적으로 힘 $\vec{F}$는 유동방향 성분인 항력(drag force)과 수직방향 성분인 양력(lift force)으로 분류할 수 있고 다음과 같다.

$$\vec{F} = F_{D\hat{i}} + F_{L\hat{k}} \tag{5.49}$$

여기서, $F_{D\hat{i}}$는 항력으로, 물체 표면에서 점성의 영향으로 인해 발생하는 마찰항력(skin friction drag or viscous drag)과 물체 표면에서의 압력분포의 불평형으로 인해 발생하는 압력항력(또는 형상항력; pressure drag or form drag)으로 나뉘고, $F_{L\hat{k}}$는 양력이다.

그림 5.11 항력과 양력

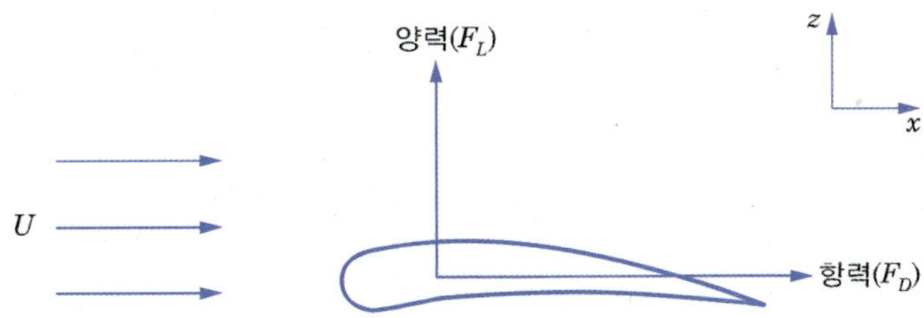

항력의 유형은 물체의 형상에 따라 다르기 때문에 주어진 물체의 형상에 대한 항력이 어떻게 나타나는지를 아는 것이 필요하다.

그림 5.12는 어떤 속도를 가진 유체가 구(sphere)를 지나갈 때, 구 주위에서 발생하는 유동을 보여 주고 있다. 이를 바꾸어 생각하면, 구가 정지 유체 내에서 어떤 속도로 이동할 때, 구 주위에서 발생하는 유동으로 볼 수 있다.

그림 5.12 Reynolds 수에 따른 구 주위에서의 유동

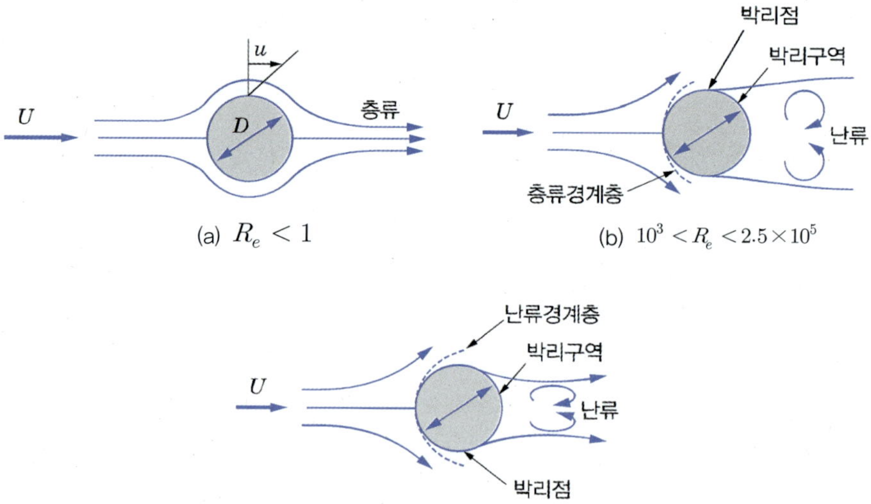

(a) $R_e < 1$ (b) $10^3 < R_e < 2.5\times10^5$ (c) $R_e > 2.5\times10^5$

그림 5.12 (a)와 같이 구가 이동하는 속도가 매우 느릴 경우, 구는 유체를 스치고 지나가는 것이 아니라 유체를 밀고 나아가는 것으로 여겨질 수 있으며, 유선은 구의 표면을 따라 흐르고 구의 뒤에서 다시 합류하게 된다. 이러한 경우에는 관성의 효과가 거의 없어 구의 움직임은 유동장 내 매우 넓은 영역에 영향을 미치게 된다. Stokes는 관성력을 무시하고 Reynolds 수가 1보다 작을 때, 구에 대한 항력을 구하는 식을 다음과 같이 제안하였다.

$$F_D = 3\pi\mu UD \tag{5.50}$$

그림 5.12 (b)와 같이 구의 이동속도가 증가하여 Reynolds 수가 10^3에 이르면 유동은 구 주위를 스쳐 지나가게 된다. 이때 구의 앞부분에는 층류경

계층이 형성되고, 그 뒤로 넓은 박리영역(separation region)이 나타나며, Reynolds 수가 2×10^5이 될 때까지 정도의 차이는 있으나 이러한 유동 현상이 지속된다. 이러한 경우에는 경계층 내의 속도구배, 즉 전단응력으로 인해 마찰항력이 나타나나, 상대적으로 더 큰 크기의 압력이 구의 앞부분에서 나타나고, 정체점(stagnation point)에서 최대가 된다. 박리영역 내에서는 후류가 크게 발생하여 구의 뒷부분에서는 주위의 압력에 비해 상대적으로 낮은 압력이 나타난다. 그러므로 구의 앞부분에서의 높은 압력과 구의 뒷부분에서의 낮은 압력 차이는 큰 압력항력을 발생시키고, 이 항력은 구에 작용하게 된다.

그림 5.12 (c)와 같이 Reynolds 수가 2×10^5에 이르면 난류경계층이 나타나고, 난류에서는 층류에서보다 박리가 늦게 발생하므로, 박리점은 구의 중·후반부에서 나타난다. 이때 박리영역에서는 후류가 작게 발생하고 압력은 크게 되므로, 층류경계층과는 다르게 작은 압력항력이 발생한다.

5.6 항력

마찰항력(skin friction drag or viscous drag) 유체의 점성으로 인해 생기는 저항으로, 유체 내에서 물체가 운동할 때 또는 유체가 물체 표면을 지날 때 표면의 마찰에 의해 발생하는 저항력

압력항력(pressure drag or form drag) 유체 내의 물체 표면에 작용하는 압력 차이에 의해 발생하는 흐름방향으로의 힘

항력계수(drag coefficient) 유체 내에 있는 물체의 저항 또는 항력을 나타내는 계수로, 물체의 형상과 Reynolds 수에 따라 다르다.

항력(drag force)은 유동장 내의 물체에 작용하는 힘의 유동방향 성분으로, 전단력으로 인한 마찰항력과 압력 차이로 인한 압력항력이 있다.

직경 D인 구(sphere)가 비압축성, 점성유체 내에서 속도 U로 이동하고 있을 때, 구에 작용하는 항력 F_D는 다음과 같은 함수로 나타낼 수 있다.

$$F_D = f(D,\ U,\ \rho,\ \mu) \tag{5.51}$$

식(5.51)을 차원해석하면 다음과 같은 식을 얻을 수 있다.

$$\frac{F_D}{\rho U^2 A} = f\left(\frac{\rho UD}{\mu}\right) = f\,(R_e) \tag{5.52}$$

식(5.52)는 구에 대한 식이지만, 비압축성유동 내의 어떠한 물체에 대해서도 적용할 수 있다.

항력계수는 다음과 같이 정의된다.

$$C_D = \frac{F_D}{\frac{1}{2}\rho U^2 A} \tag{5.53}$$

여기서, 분모에 1/2이 포함된 것은 동압력(dynamic pressure)의 형태로 나타내기 위해서이다. 그리고 C_D는 물체의 형상 및 Reynolds 수, Mach 수, Froude 수, 물체 표면의 상대조도와 같은 무차원변수의 함수이다.

5.6.1 마찰항력

마찰항력(skin friction drag or viscous drag)은 항력의 하나로, 물체 표면에서 작용하는 전단응력의 크기뿐만 아니라 물체 표면이 가지는 방향에 대한 함수이다. 물체 표면이 자유유동속도와 평행하면 전단응력은 항력에 직접 영향을 미치나, 표면이 자유유동속도와 수직이면 전단응력은 항력에 전혀 영향을 미치지 않는다. 평판 위의 유동에 있어 평판에 작용하는 마찰항력 F_{DS}와 마찰항력계수 C_{DS}는 다음과 같다.

$$F_{DS} = \int_S \tau_0 dA \tag{5.54}$$

$$C_{DS} = \frac{F_{DS}}{\frac{1}{2}\rho U^2 A} = \frac{\int_S \tau_0 dA}{\frac{1}{2}\rho U^2 A} \tag{5.55}$$

여기서, 전단응력 τ_0은 물체 표면과 자유유동이 평행한 경우에 대한 값이다. 만일 물체 표면과 자유유동이 어떤 각을 이루고 있다면 식(5.55)에서 전단응력은 $\tau_0 \sin\theta$가 된다. 여기서, θ(radian)는 물체 표면에서부터 그은 수직선, 즉 물체 표면에 압력이 작용하는 선과 자유유동이 이루는 각도이며, 물체 표면이 자유유동과 평행할 경우에는 $\theta = 90°$이고, 수직인 경우에는 $\theta = 0°$가 된다.

그림 5.13 물체 표면의 미소 면적에 작용하는 압력과 전단응력에 의한 힘

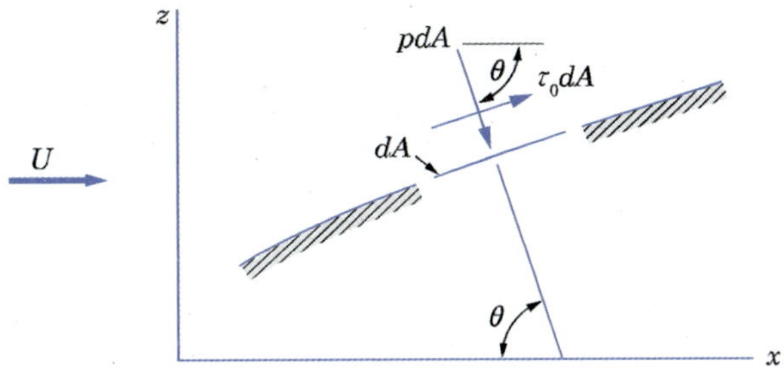

식(5.15)에서와 같이 층류경계층에서의 $C_{DS} = 1.328/(R_{eL})^{1/2}$이고, 식(5.41)에서와 같이 $R_e < 2 \times 10^7$인 경우 난류경계층에서의 $C_{DS} = 0.074/(R_{eL})^{1/5}$이다. 또한 난류경계층에서 $R_e > 2 \times 10^7$인 경우에는 $1/(C_{DS})^{1/2} = 4.13\log_{10}(R_{eL}C_{DS})$ (Von Karman-Schoenherr), $10^6 < R_e < 10^9$인 경우에는 $C_{DS} = 0.455/(\log_{10}R_{eL})^{2.58}$ (Schlichting)에서부터 마찰항력계수를 구할 수 있다. 그리고 천이영역에서는 실험치를 사용한다. 그림 5.14는 Reynolds 수에 따른 마찰항력계수를 나타낸 그림이다.

그림 5.14 마찰항력계수

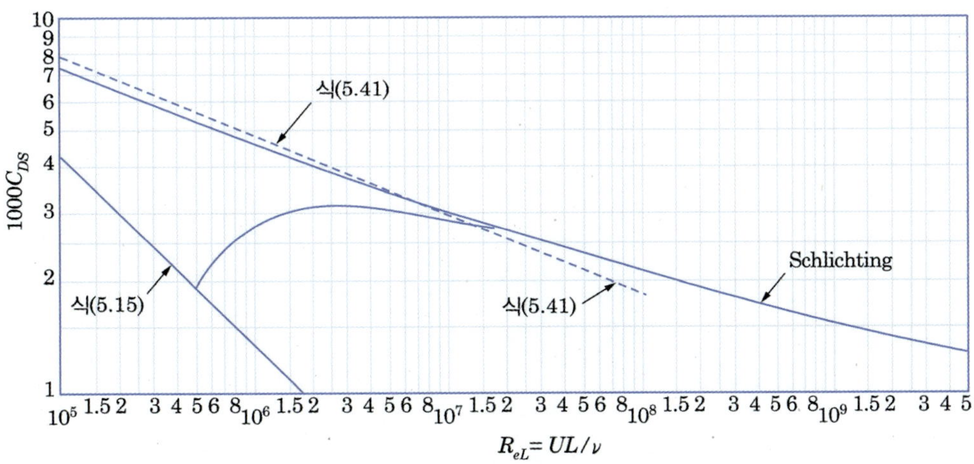

5.6.2 압력항력

평판 위를 유동하는 유체는 점성의 영향으로 인해 평판 표면에 마찰항력을 발생시킨다. 그리고 마찰항력 외에 물체 표면에서의 유동속도가 일정하지 않을 때에는 유동방향을 따라 압력의 차이가 발생하며, 이 압력의 차이에 의해 압력항력(또는 형상항력; pressure drag or form drag)이 발생한다. 그러므로 마찰항력은 표면에 접하는 힘(접선력)들의 합이며, 압력항력은 표면에 수직한 힘(수직력)들의 합이다.

이상유동(비점성유동)인 경우에는 점성이 없으므로, 물체 주위를 유동하는 유선과 속도분포는 대칭이 되고, 압력분포도 대칭이 되어 압력항력은 발생하지 않는다[그림 5.15 (a)].

물체 주위를 흐르는 대부분의 유동에서는 물체 표면에서부터 유동이 이탈하는 박리점이 발생하고, 박리점 하류에서는 크고 작은 와동이 존재하는 후류(wake flow)가 발생하여 박리영역은 크게 교란된다. 그리고 이 후류에 의해 압력에너지가 운동에너지로 소산되어 압력은 감소하고, 물체에 작용하는 압력항력은 증가한다[그림 5.15 (b)].

그림 5.15 이상유동(a)과 점성유동(b)에서의 속도 및 압력 분포

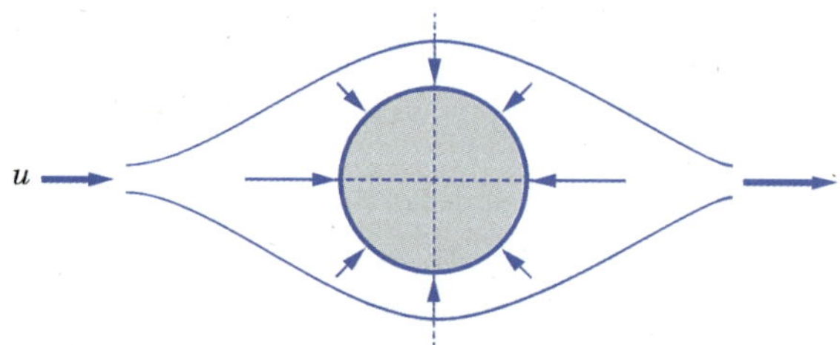

대칭 압력분포: $\int p dA = 0$

(a)

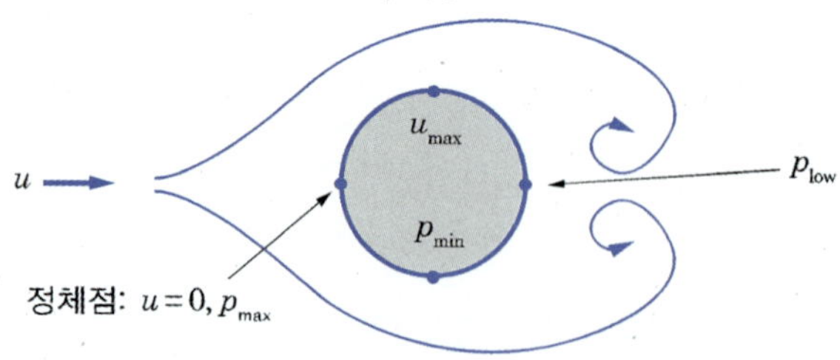

비대칭 압력분포: $\int p dA \neq 0$

(b)

압력항력의 크기는 후류의 크기에 따라 다르며, 박리가 발생하는 위치에 따라서도 다르다. 만일 박리가 물체의 앞부분에서 발생하면 후류는 크게 발생하고, 물체의 뒷부분에서 발생하면 후류는 적게 발생하여 압력항력은 작아진다.

그림 5.16은 여러 가지 물체에서 발생하는 후류의 형태를 보여 주고 있다. (a)와 같은 유선형의 물체(streamlined body)의 경우에는 박리가 물체의 뒷부분 끝 지점에서 발생하여 후류가 아주 적게 발생하고, 이에 따라 압력항력이 아주 적게 발생하여 전 항력은 마찰항력에 의해서만 발생한다. 그러나 (c)와 같이 세로로 놓인 평판인 경우에는 유동이 평판 표면에서부터 멀리 떨어져 분리되어 흐르기 때문에 후류가 매우 크게 발생하고, 하류방향으로는 더 이상 물체가 없기 때문에 마찰항력은 거의 발생하지 않고 압력항력만 존재한다. 이와 같은 경우에는 유동과 평행하게 놓여 있는 평판에서 발생하는 항력보다 약 100배 정도 더 큰 항력이 발생한다.

그림 5.16 후류의 형태

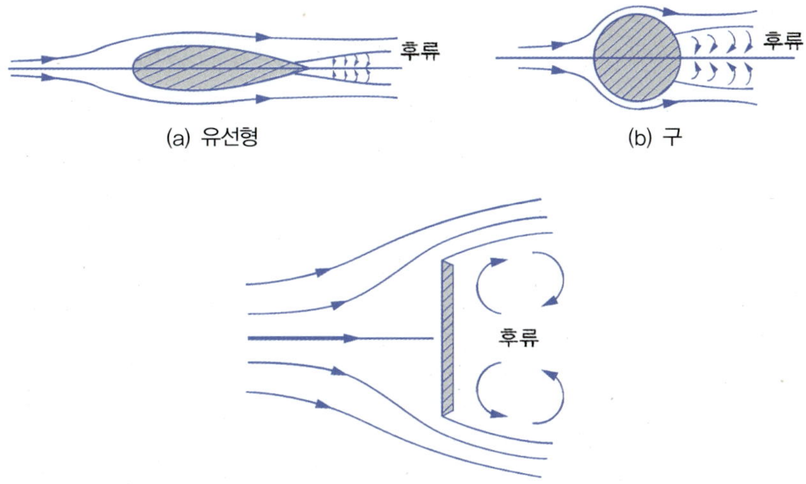

(a) 유선형 (b) 구 (c) 세로로 놓인 평판

압력항력은 와동의 크기, 와동의 수, 와동의 주파수, 후류의 폭에 따라 다르며, 압력항력 F_{DP}와 압력항력계수 C_{DP}는 다음과 같다.

$$F_{DP} = \int_S p dA \tag{5.56}$$

$$C_{DP} = \frac{F_{DP}}{\frac{1}{2}\rho U^2 A} = \frac{\int_S p dA}{\frac{1}{2}\rho U^2 A} \tag{5.57}$$

여기서, A는 유체의 유동방향에 수직한 표면적이다. 압력항력은 압력의 크기와 압력이 작용하는 표면이 가지는 방향에 대한 함수이다. 유동과 평행하게 놓여 있는 평판에서는 비록 압력이 크게 발생하더라도 압력은 자유유동의 수직방향으로 작용하기 때문에 압력에 의한 항력은 없다. 반면, 유동과 수직하게 놓여 있는 평판에서는 항력의 전체가 압력에 의해 발생한다. 그림 5.16과 같이 압력이 작용하는 선이 자유유동과 어떤 각을 이루고 있다면, 식(5.57)에서 압력은 $p\cos\theta$가 된다. 여기서, θ(radian)는 압력이 작용하는 선과 자유유동이 이루는 각도이며, 물체 표면이 자유유동과 평행할 경우에는 $\theta = 90°$이고, 수직인 경우에는 $\theta = 0°$가 된다.

후류의 폭은 박리점의 위치에 따라 다르다. 난류경계층에서는 층류경계층에서보다 박리가 훨씬 후방에서 발생하며, 이에 따라 후류도 아주 작게 형성된다.

그림 5.17은 골프공에 작용하는 압력항력을 보여 주고 있다. (a)는 골프공 표면에 홈(dimple)이 없는 경우이고, (b)는 골프공 표면에 홈이 있는 경우이다. (a)와 같이 골프공 표면에 홈이 없는 경우에는 공의 표면에서의 점성의 효과로 인해 공의 앞부분에서 층류경계층이 발생하고, 유동의 박리 또한 공의 앞부분에서 발생하여 박리영역이 증가한다. 이에 따라 공의 뒷부분에서는 후류가 크게 발생하고, 압력항력이 커져 공의 진행속도를 감소시킨다. (b)와 같이 골프공 표면에 홈이 있는 경우에는 공의 뒷부분에서 난류경계층이 발생하고, 유동의 박리 또한 공의 뒷부분에서 발생하여 박리영역이 감소한다. 이에 따라 공의 뒷부분에서는 후류가 작게 발생하고,

그림 5.17 골프공에 작용하는 압력항력

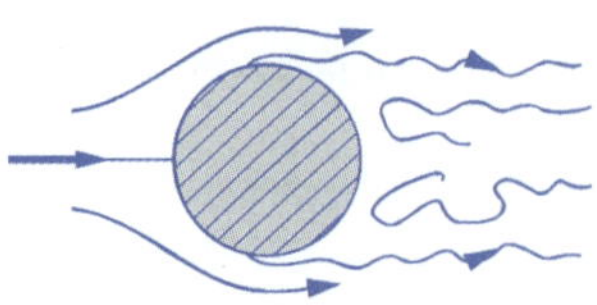

층류경계층, 넓은 후류

(a) 표면에 홈이 없는 경우

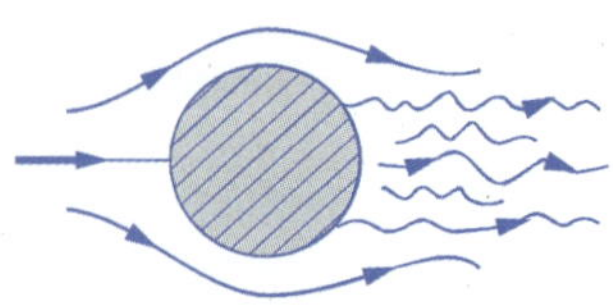

난류경계층, 좁은 후류

(b) 표면에 홈이 있는 경우

압력항력이 작아져 매끈한 표면의 공보다 공의 진행속도가 증가한다. 이와 같이 골프공 표면에 홈을 내는 이유는 공 표면에 있는 홈에 의해 난류 경계층을 발생시키고, 후류의 폭을 작게 하여 공을 더 멀리 날아가도록 하기 위함이다.

그림 5.18은 직경이 D이고, 축이 유동에 수직한 긴 원통에서의 Reynolds 수에 따른 후류의 형태를 보여 주고 있다. (a)는 $R_e < 0.5$인 경우로 관성력은 무시할 수 있고, 유선은 원통 표면을 따라 흐르며 원통 뒤에서 다시 합류하게 된다. $R_e = 20 \sim 30$인 (b)의 경우에는 유동은 S점에서 박리되어 대칭으로 분리되어 흐르고 원통 뒷부분에서 후류가 발생하나, 원통 뒤 어느 정도 지난 지점에서 주류와 합류하면서 후류의 길이는 한정된다. $R_e = 40 \sim 70$인 (c)의 경우에는 유동의 박리가 (b)의 경우보다 조금 더 뒷부분에서 발생하며 후류는 더욱 커지고 불안정해지며, 주기적인 후류의 진동 현상이 나타난다. $R_e = 90$인 (d)에 이르면 후류 속에서는 크고 작은 와동이 아래 위 교대로 비대칭적으로 불안정하게 발생하면서 2개의 와열(row of vortex)이 형성되고, 후류의 진동은 더욱 증폭된다. 후류 속 와동은 원통 후방으로 이동하면서 점성에 의해 점점 소멸되고, 이에 따라 후류의 진

그림 5.18 유동에 수직한 원통에서의 Reynolds 수에 따른 후류의 형태

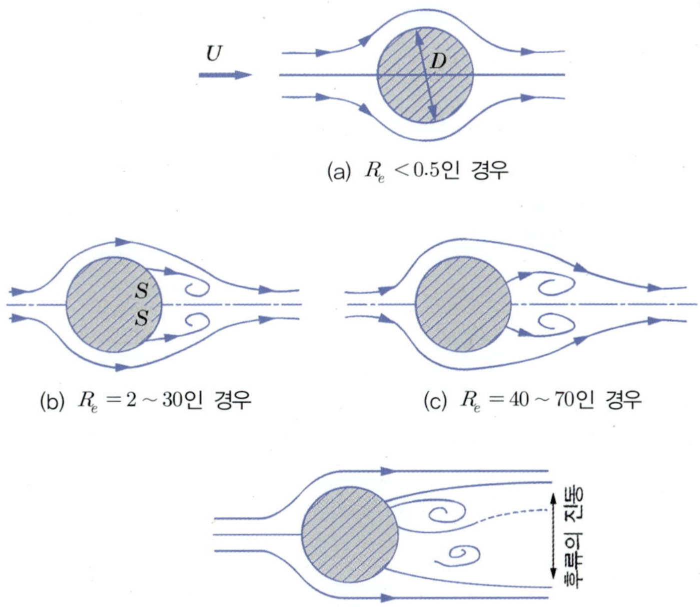

(a) $R_e < 0.5$인 경우

(b) $R_e = 2 \sim 30$인 경우

(c) $R_e = 40 \sim 70$인 경우

(d) $R_e = 90$인 경우

동 현상도 없어진다. 이러한 아래 위에서 교대로 발생하는 와동에 의해 원통에서는 진동이 발생하고, 전선이 바람에 의해 울리는 현상도 이러한 진동 현상에 의한 것이다.

5.6.3 항력계수

앞에서 언급한 바와 같이 총 항력은 전단력에 의한 마찰항력과 압력 차이에 의한 압력항력으로 이루어져 있다. 그러나 대부분의 경우, 이 두 항력을 함께 고려하여 식(5.53)과 같은 전 항력계수 C_D를 사용하며, 항력계수(drag coefficient)는 물체의 형상과 Reynolds 수에 따라 다르다.
물체의 형상은 유선형, 구형, 원통형, 사각형 등 여러 가지가 있으며, 항력계수는 물체의 형상에 따라 다르다. 다양한 물체의 형상에 따른 항력계수는 많으나, 여기에서는 그림 5.19와 같은 몇 가지 형상에 대한 항력계수만 기술하기로 하겠다.

그림 5.19 여러 가지 물체의 형상에 대한 항력계수

물체의 종류	C_D	Reynolds 수의 범위	길이	면적
평판(수평) 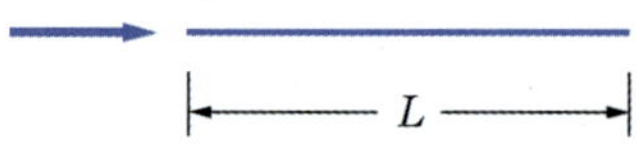	$1.33(R_e)^{-1/2}$	laminar	L	평판 표면적
	$0.074(R_e)^{-1/5}$	$R_e < 10^7$		
평판(수직) 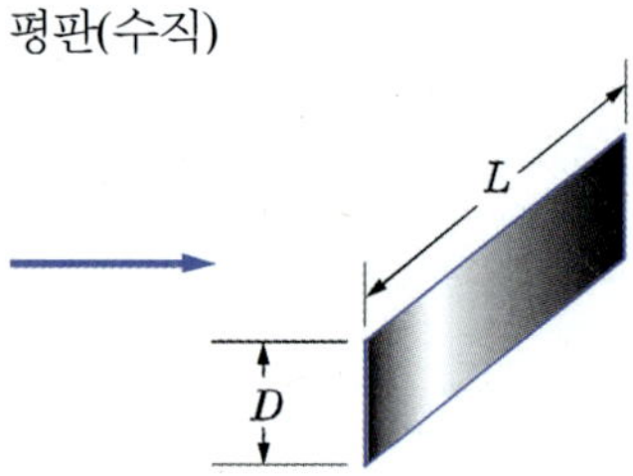	L/D 1 1.18 5 1.2 10 1.3 20 1.5 30 1.6 ∞ 1.95	$R_e < 10^5$	D	평판 표면적
원판(수직) 	1.17	$R_e < 10^3$	D	

물체의 종류	C_D	Reynolds 수의 범위	길이	면적
구 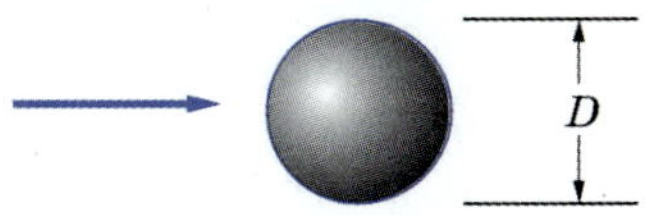	$24(R_e)^{1/2}$	$R_e < 1$	D	투영 면적
	0.47	$10^3 < R_e < 3 \times 10^5$		
	0.2	$R_e > 3 \times 10^5$		
속이 빈 반구 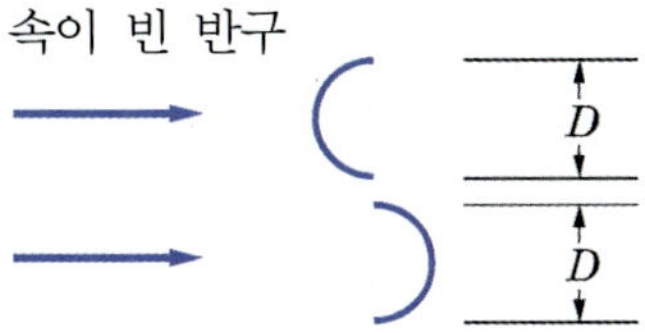	0.34	$10^4 < R_e < 10^6$	D	투영 면적
	1.42	$10^4 < R_e < 10^6$		
속이 찬 반구 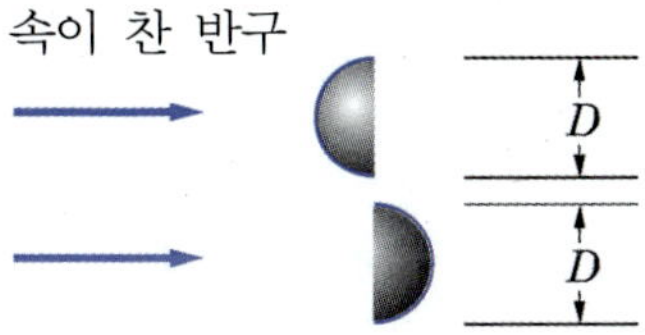	0.42	$10^4 < R_e < 10^6$	D	투영 면적
	1.17	$10^4 < R_e < 10^6$		
원통 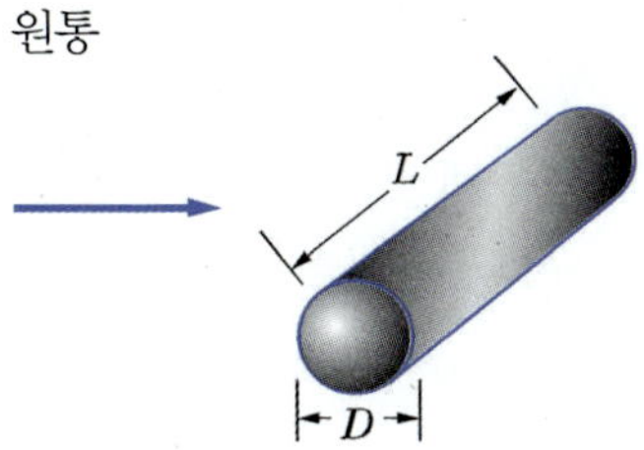	L/d 1 0.63 5 0.8 10 0.83 20 0.93 30 1.0 ∞ 1.2	$10^3 < R_e < 10^5$	D	투영 면적
정사각통 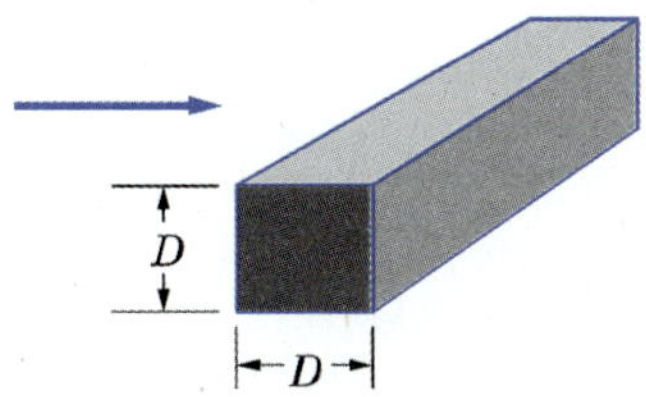	2.0	$3.5(10)^4$	D	투영 면적

항력에 크게 영향을 미치는 또 다른 매개변수는 Reynolds 수이며, 매우 작은 Reynolds 수에서의 유동, 중간 정도의 Reynolds 수에서의 유동(층류경계층이 발생), 그리고 매우 큰 Reynolds 수에서의 유동(난류경계층이 발생)으로 분류할 수 있다.

매우 작은 Reynolds 수에서의 유동($R_e < 1$)에서는 관성력은 무시되고, 항력은 점성력과 압력에 의해 지배되며, 다음과 같이 자유유동속도, 물체의 길이, 그리고 점성계수의 함수가 된다.

$$F_D = f(U,\ L,\ \mu) \tag{5.58}$$

식(5.58)을 차원해석하면 다음과 같이 된다.

$$F_D = C\mu LU \tag{5.59}$$

여기서, C는 상수로 물체의 형상에 따라 다르다.
식(5.59)를 항력계수에 대해 나타내면 다음과 같다.

$$C_D = \frac{F_D}{\frac{1}{2}\rho U^2 L^2} = \frac{2C\mu LU}{\rho U^2 L^2} = \frac{2C}{R_e} \tag{5.60}$$

여기서, $R_e = \rho UL/\mu$이다.

그림 5.20에서 유동에 수직한 원판의 항력은 유동에 평행한 원판의 항력보다 1.5배 정도밖에 더 크지 않다. 그러나 큰 Reynolds 수에서는 유동에 수직한 원판의 항력은 유동에 평행한 원판의 항력보다 매우 크게 나타난다. 유선형 물체에서의 항력은 대부분 전단력에 의해 발생된다. 그러므로 유선형 물체인 경우, 큰 Reynolds 수에서는 항력이 상당히 감소하나, 매우 작은 Reynolds 수에서는 전단력이 작용하는 범위가 커져 항력이 증가한다.

그림 5.20 매우 작은 Reynolds 수에서의 항력계수

물체		$C_D = F_D(\rho U^2 A/2)$ $[R_e \lesssim 1]$
a. 유동에 수직한 원판	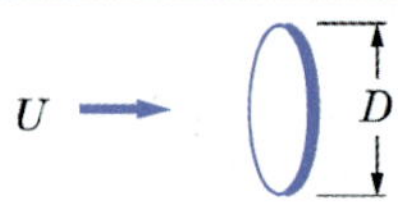	$20.4/R_e$
b. 유동에 평행한 원판	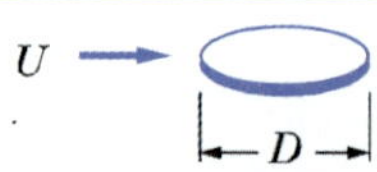	$13.6/R_e$
c. 구	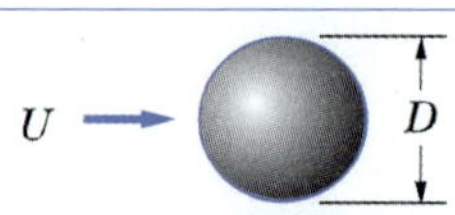	$24.0/R_e$
d. 반구	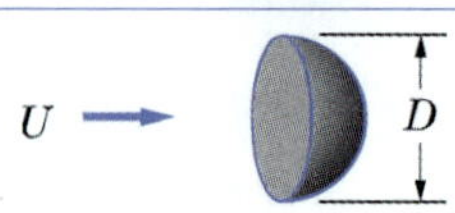	$22.2/R_e$

중간 정도의 Reynolds 수에서의 유동은 일반적으로 층류경계층을 발생시킨다. 그리고 유선형 물체를 지나는 유동에서는 Reynolds 수가 증가함에 따라 항력계수는 감소한다. 그림 5.21은 Reynolds 수에 따른 매끄러운 구와 원통에서의 항력계수를 보여 주고 있다.

그림 5.21 Reynolds 수에 따른 매끈한 구와 원통에서의 항력계수

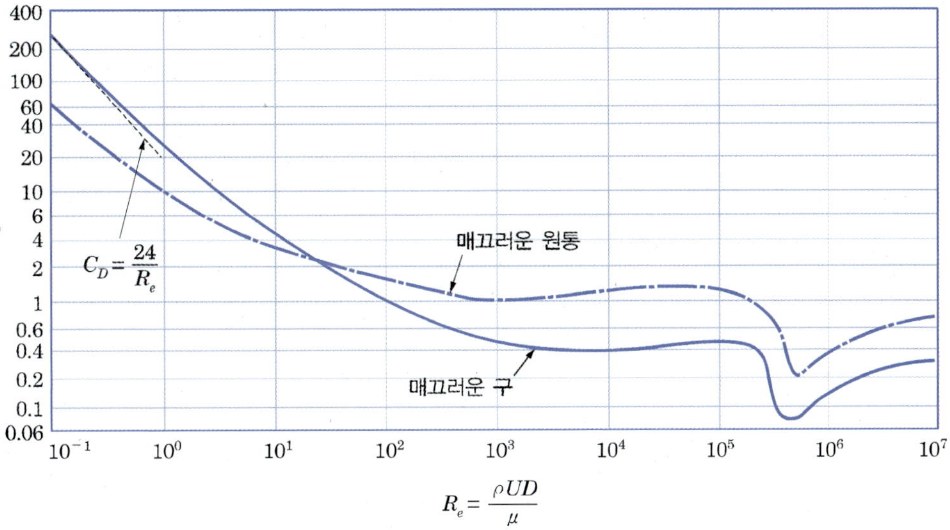

구에서 발생하는 항력의 약 90% 이상은 압력항력이므로 마찰항력은 무시할 수 있다. Reynolds 수가 증가함에 따라 마찰항력은 감소하고, $R_e = 1{,}000$에서 마찰항력은 총 항력의 약 5% 정도가 된다. $R_e < 2 \times 10^5$ 때에는 층류경계층의 발생으로 인해 박리가 구의 앞부분에서에서 발생하고 넓은 후류가 형성된다. 이로 인해 구의 앞뒷면 사이에서의 압력 차이는 증가하고 큰 항력이 발생한다. $R_e > 2 \times 10^5$ 때에는 난류경계층의 발생으로 인해 박리가 구의 뒷부분에서 발생하고 좁은 후류가 형성되며, 구 앞뒷면 사이의 압력 차이가 감소하여 항력계수는 급격히 감소한다. 그림과 같이 $R_e = 1{,}000$이 될 때까지는 항력계수가 지속적으로 감소하고, $10^3 < R_e < 2 \times 10^5$에서의 항력계수는 거의 균일하다. 난류로의 천이는 $R_e = 4 \times 10^5$에서 발생하고, 항력계수의 특성은 급격히 변하며, 거친 표면인 경우에는 1×10^5에서 발생한다.

원통에서의 Reynolds 수에 따른 C_D의 변화는 구의 경우와 비슷하나, 그 크기는 구의 경우보다 2배 정도 크다.
그러므로 항력을 줄이기 위한 방법으로는 다음과 같은 것들이 있다. 첫째, 구와 원통의 경우, 표면에 인위적으로 조도를 형성시켜 난류를 발생시키고 박리가 늦게 발생하게 하여 후류를 작게 하는 방법, 둘째, 평판의 경우, 표면을 매끄럽게 하여 마찰저항을 감소시키는 방법, 셋째, 물체를 유선형으로 하여 압력항력을 감소시키는 방법 등이 있다.

예제 5.5

건물 옥상에 직경 $30cm$, 높이 $20m$인 원통형 국기게양대가 설치되어 있다. 풍속이 $35m/s$일 때, 원통에서의 항력과 원통 하단에서의 휨모멘트를 구하라. 여기서, 공기의 밀도는 $1.204kg/m^3$이고, 항력계수는 0.2이다.

풀이

항력

$$F_D = \frac{C_D \rho_a U^2 A}{2} = \frac{(0.2)(1.204)(35)^2(0.3\times 20)}{2} = 884.9N = 90.2kg_f$$

항력이 국기게양대 중앙에 작용한다고 하면

$$M = F_D L = (884.9)(20/2) = 8{,}849n\cdot m = 902kg_f\cdot m$$

예제 5.6

점성계수 $0.1N\cdot s/m^2$, 비중 0.8인 오일 속에서 직경 $12mm$인 구가 $8cm/s$로 하강하고 있을 때, 구의 항력을 구하라. 여기서, 구의 항력계수 $C_D = 5.3$이다.

풀이

Reynolds 수

$$R_e = \frac{\rho UD}{\mu} = \frac{(850)(0.08)(0.012)}{0.1} = 8.16$$

여기서, $\rho = (0.85)(1{,}000) = 850kg/m^3$
항력계수 $C_D = 5.3$이므로 항력은 다음과 같다.

$$F_D = \frac{C_D \rho U^2 A}{2} = \frac{(5.3)(850)(0.08)^2[\pi(0.012)^2/4]}{2} = 1.63 \times 10^{-3} N$$
$$= 1.66 \times 10^{-4} kg_f$$

5.7 양력

양력(lift force) 유체의 흐름에 대해 물체의 표면에서 발생하는 수직방향 힘으로, 압력의 차이로 인해 높은 압력에서 낮은 압력 쪽으로 발생한다.

유체 내에서 움직이는 모든 물체는 유체에 의해 힘을 받는다. 대칭인 물체의 경우에는 자유유동방향의 항력을 받고, 비대칭 물체의 경우에는 항력뿐만 아니라 비대칭으로 인한 자유유동방향에 수직한 힘인 양력도 받는다. 그러므로 양력(lift force)은 유동장 내의 물체가 유체로부터 받는 유동방향에 수직되는 힘의 성분이다. 비행기 날개와 같은 물체는 양력을 발생시키기 위해 설계되어 있고, 자동차는 양력이 작용하면 바퀴와 도로면의 접촉력이 감소하므로 양력을 최대한 줄일 수 있도록 설계되어 있다.

그림 5.22 비행기 날개의 양력

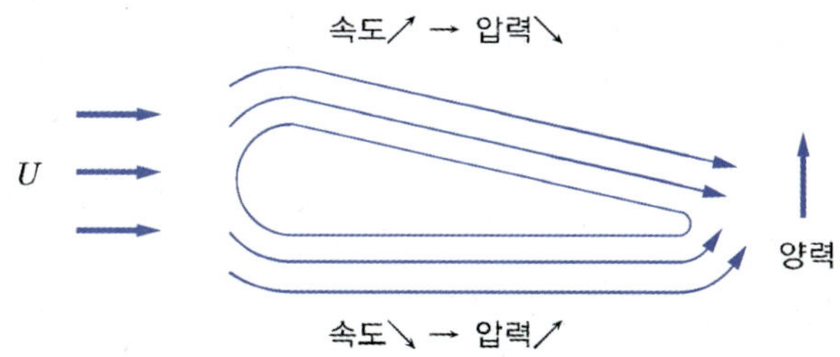

양력계수 C_L은 물체의 형상과 Reynolds 수, Mach 수, Froude 수, 물체 표면의 상대조도와 같은 무차원 변수의 함수이며, 다음과 같이 정의된다.

$$C_L = \frac{F_L}{\frac{1}{2}\rho U^2 A} \tag{5.61}$$

여기서, F_L은 양력이고, C_L은 일반적으로 실험이나 수치적인 방법으로 구한다.

연습문제

01 점성유체가 평형한 평판 위를 흐르고 있다. 평판 시점에서부터 $1.3m$ 지점에서의 경계층 두께가 $12mm$일 때, 평판 시점에서부터 0.2, 2.0, $20m$인 지점에서의 경계층 두께는 얼마인가? 그리고 자유유동속도가 $1.5m/s$일 때, 유체의 동점성계수는 얼마인가? 여기서, 유동은 층류로 가정한다.

02 길이 $6m$, 폭 $4m$인 매끄러운 평판이 자유유동속도 $0.5m/s$인 물속에 놓여 있다. 평판의 중앙과 종점에서의 경계층 두께와 전단응력을 구하라. 여기서, 유동은 층류로 가정한다.

03 가로 $2m$, 세로 $1m$인 평판이 $2m/s$로 흐르는 물속에 고정되어 잠겨 있다. 층류경계층으로 가정하고 $R_{ex}=500{,}000$일 때, 경계층의 두께는 얼마인가? 그리고 평판의 시점에서부터 어느 정도 떨어진 지점에서 이 크기의 Reynolds 수가 발생하고, 그 지점에서의 전단응력은 얼마인가?

04 아래 그림과 같은 원형 관 내 속도분포가 $v/V_c=1-r/R$이라고 할 때, 원형 관 중심축에서의 속도에 대한 평균 속도의 비율을 구하라. 여기서, r은 원형 관 방사방향으로의 위치, R은 원형 관의 반경, 그리고 V_c은 관의 중심축에서의 속도이다.

그림

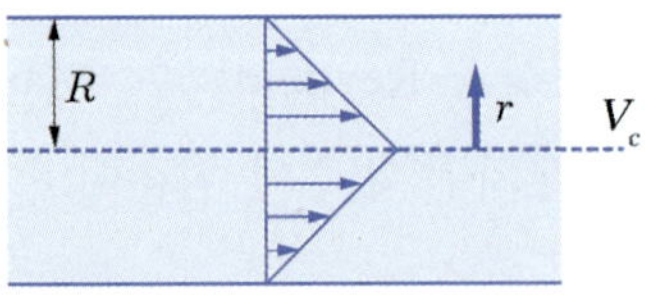

05 직경 $10cm$, 길이 $35m$인 국기게양대가 풍속 $25m/s$에 노출되어 있을 때, 국기게양대 제일 아랫부분에 작용하는 모멘트를 구하라. 여기서, 공기의 밀도는 $1.20kg/m^3$이고, 항력계수는 0.2이다.

06 직경 $6m$인 원형 게시판이 풍속 $30m/s$의 바람에 직각으로 노출되어 있을 때, 바람이 게시판에 작용하는 총 힘을 구하라. 여기서, 대기압은 $101kPa$(절대압력)이고, 기온은 10°C이다.

07 아래 그림과 같이 평판이 자유유동에 대해 평행하게 놓여 있다. 층류유동인 경우, 그림 (a)와 (b)에 작용하는 항력의 비율을 구하라.

그림

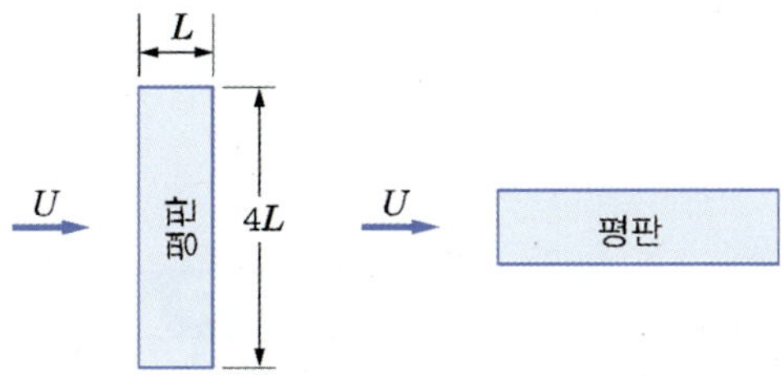

08 $100km/hr$로 달리는 차창 밖으로 손을 내밀었을 때, 바람에 의해 손에 작용하는 힘을 구하라. 그리고 $600km/hr$로 날고 있는 비행기의 창밖으로 손을 내밀었을 때는 어떠한가?

09 아래 그림과 같이 트럭이 직사각형 신호판을 부착하고 $20m/s$로 주행하고 있을 때, 신호판 없이 주행하는 경우에 비해 추가적으로 필요한 동력은 얼마인가?

그림

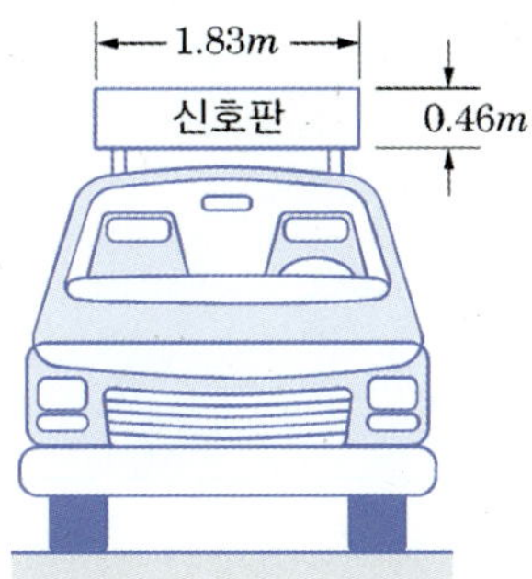

10 앞이 뭉툭한 물체에 미치는 저항을 줄여 주는 한 방법으로 물체에 날개를 달아준다. 물체에 날개를 달기 전 항력계수는 0.78이었고, 날개를 단 후 항력계수는 25% 감소하였다. 아래 그림과 같은 전면 면적이 $8.36m^2$이고 $93km/hr$로 달리는 트럭에 날개를 단다면 항력은 어느 정도 감소할 것인가?

그림

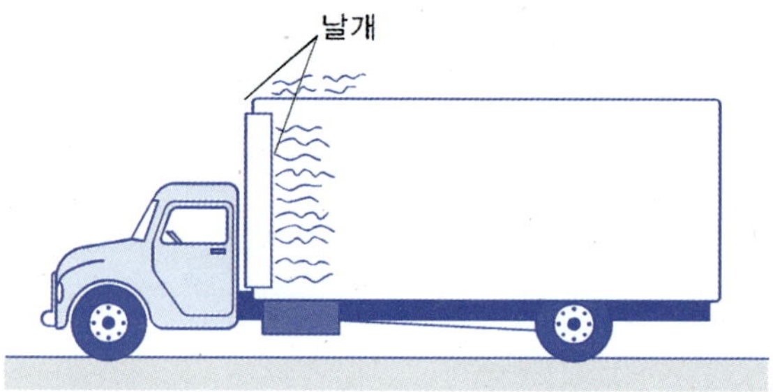

11 아래 그림과 같이 전체 부피의 1/7만이 공기 중에 노출되어 있는 빙산이 있다. 물은 정지되어 있고, 바람의 속도가 U라고 할 때, 바람에 의한 빙산의 속도를 구하라.

그림

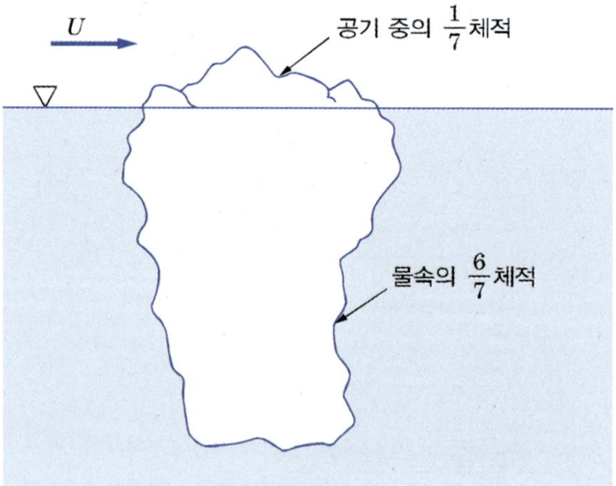

12 직경 $1m$ 원판 위에 작용하는 압력 분포가 아래 그림과 같을 때, 원판이 받는 항력을 구하라.

그림

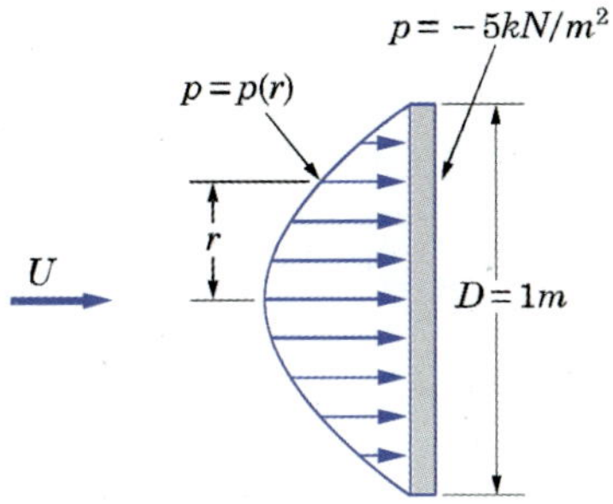

13 한 변이 $1m$인 정사각형 평판 표면에 작용하는 평균 압력과 전단응력이 아래 그림과 같을 때의 항력과 양력을 구하고, 전단응력이 무시될 때의 항력과 양력을 구해 비교하라.

그림

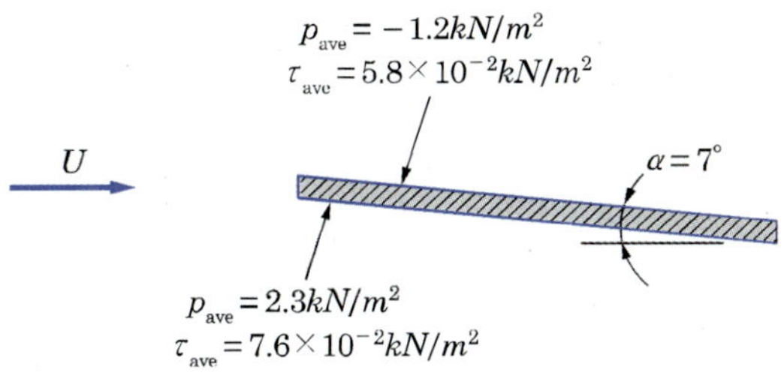

14 무게 $6kN$, 날개 면적이 $10m^2$인 작은 비행기가 속도 $200km/hr$로 순항하고 있을 때, 비행기 날개의 양력계수를 구하라.

6

제6장

개수로 유동

개수로 유동(open channel flow) 유체의 수면이 대기에 접해 자유수면을 가지고 중력에 의해 흐르는 유동으로, 뚜껑이 없는 수로를 개거라고 하고, 뚜껑이 있는 것은 암거라고 한다.

관수로 유동(pipe flow) 밀폐된 관의 단면에 유체가 가득 찬 상태에서 압력 차이에 의해 흐르는 유동으로, 자유수면을 갖지 않는다.

개수로(open channel)는 유체의 유동이 고체 경계면에 의해 완전히 폐쇄되지 않고 대기압이 작용하는 자유수면(free water surface)을 가진 수로로, 하천, 인공 수로, 하수관, 여수로 등이 개수로의 예이다. 개수로 유동(open channel flow)의 주된 구동력은 관내의 압력 차이에 의한 관수로 유동(pipe flow)과는 다르게 유체의 무게, 즉 수로의 높이 차이에 의해 유체를 아래 방향으로 흐르게 하는 중력이다. 개수로에서의 유동은 수로 바닥의 경사와 표면에 따라 다르며, 자유수면으로 인해 유동 단면적이 시간과 공간에 따라 변하여 관수로의 경우보다 복잡하다. 개수로 유동은 일반적으로 물에 대한 것이며, 대부분 난류유동이다.

그림 6.1과 같이 개수로 유동에 있어 동수경사선(hydraulic grade line)은 자유수면과 일치하고, 에너지경사선(energy grade line)은 자유수면 위로 속도수두만큼 올라가며, 손실수두는 에너지경사선과 수평선의 차이로 나타난다. 그림 6.2는 관수로와 개수로 유동에서의 에너지 수두를 비교한 것이다.

그림 6.1 개수로 유동

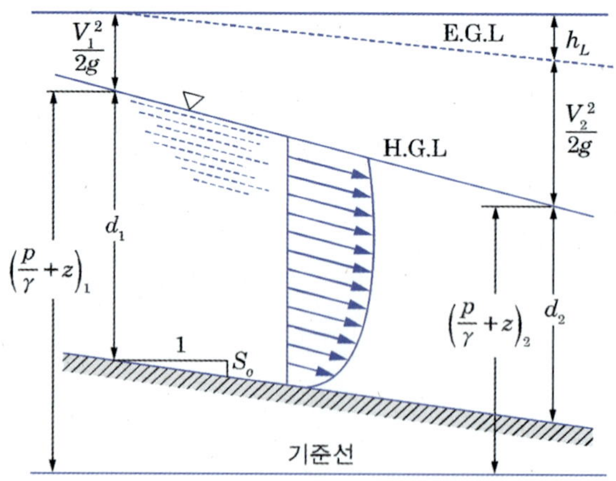

그림 6.2 관수로(a)와 개수로(b) 유동의 비교

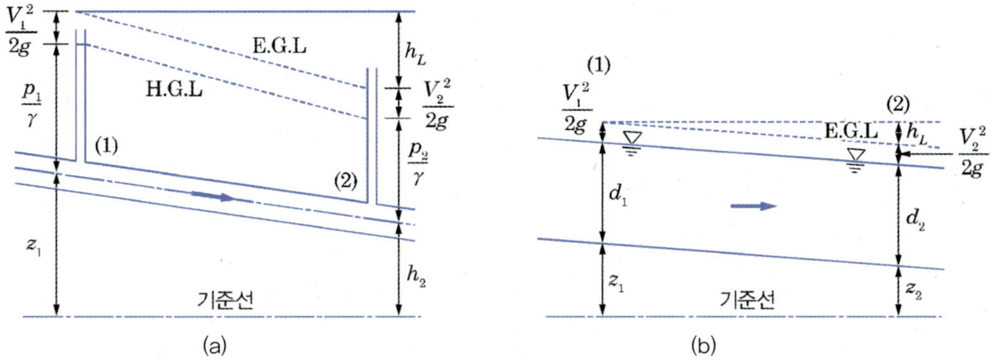

6.1 개수로에서의 유동의 분류

층류(laminar flow) Reynolds 수 < 500

난류(turbulent flow) Reynolds 수 $> 12{,}500$

등류(uniform flow) 수로 구간 내 흐름의 수심, 유속, 유량 등이 공간적으로 변하지 않은 흐름

부등류(non-uniform flow) 수로 구간 내의 흐름의 수심, 유속, 유량 등이 공간적으로 변하는 흐름

상류(subcritical flow or tranquil flow) 개수로 유동에서 유속이 한계유속보다 작은 흐름으로, Froude 수가 1보다 작은 경우

사류(supercritical flow or rapid flow) 개수로 유동에서 유속이 한계유속보다 큰 흐름으로, Froude 수가 1보다 큰 경우

한계류(critical flow) 개수로 유동에서 한계수심일 때의 흐름으로, Froude 수가 1인 경우

개수로 유동은 여러 가지 형태를 가지며, 층류와 난류, 정상류와 비정상류, 등류와 부등류, 그리고 상류(常流; subcritical flow or tranquil flow), 사류(射流; supercritical flow or rapid flow) 및 한계류(限界流; critical flow)로 분류된다.

층류와 난류의 분류는 관수로 유동에서와 같이 Reynolds 수로 결정되나, 개수로에서는 관수로에서와 같이 관의 직경 D를 사용할 수 없으므로, 동수반경(hydraulic radius)을 사용한 Reynolds 수로 나타낸다. $R_e < 500$이

면 층류, $500 < R_e < 12,500$이면 천이유동, 그리고 $R_e > 12,500$이면 난류이다. 층류와 난류를 분류하는 이러한 Reynolds 수는 단지 근사치이며, 정확한 값은 수로의 기하학적 형상에 따라 다르다.

$$R_e = \frac{VR_h}{\nu} \tag{6.1}$$

그림 6.3과 같이 이상유체(ideal fluid)가 일정한 수면 높이를 유지하는 수조로부터 균일한 수로의 경사로 흘러 내려갈 때, 이상유체는 점성의 영향을 받지 않으므로 유동은 어떠한 저항도 없이 하류방향으로 갈수록 중력에 의해 가속된다. 그러므로 유량이 일정할 경우, 연속방정식에서부터 속도의 증가에 따라 유동 단면, 즉 수심은 감소해야 하며, 이와 같이 유동이 공간에 따라 속도 또는 수심의 변화가 나타나는 것을 부등류(varied flow or non-uniform flow)라고 한다. 그러나 수로에서의 실제유체의 유동은 점성과 수로의 경사에 의해 달라진다. 유동이 느린 상류(subcritical flow)에서는 저항력이 적고 중력의 유동방향 분력은 이상유체의 경우와 같으므로, 두 힘은 불평형(중력의 유동방향 분력 > 저항력)을 이루게 된다. 이러한 불평형에 의해 유체는 가속되고 부등유동을 한다. 속도의 증가는 두 힘이 평형에 도달할 때까지 지속되며, 두 힘이 평형에 도달하는 순간 등속운동이 이루어진다. 등속운동이 나타나는 구간에서는 유동 단면, 즉 수심이 일정하게 유지되며, 이러한 유동을 등류(uniform flow)라고 한다. 그 후

그림 6.3 수로에서의 이상유체와 실제유체의 유동

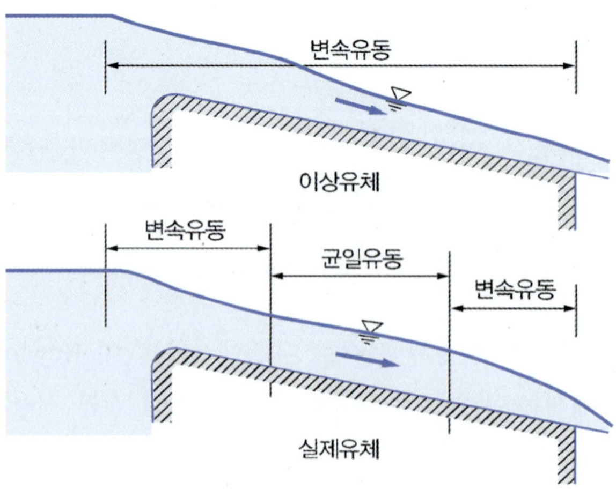

유동이 수로의 경사가 변하는 하류방향으로 이동하게 되면, 힘의 불평형은 다시 나타나고 유동은 다시 부등류가 되며, 수로에서는 이러한 부등류와 등류가 반복적으로 나타난다. 그러나 실제 수로에서는 힘의 평형이 거의 이루어지지 않으므로 등류는 거의 발생하지 않고, 유동의 대부분은 부등류이다.

그림 6.4 개수로 유동의 분류

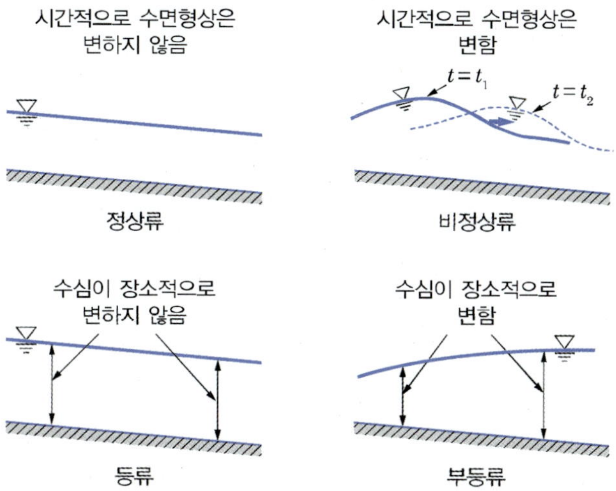

유동은 또한 상류와 사류로 분류된다. 상류는 수로의 경사가 급하지 않은 경우에 나타나는 느린 유동으로, 장애물이 있으면 장애물의 영향을 받아 수심이 증가한다. 사류는 수로의 경사가 급한 경우에 나타나는 유동으로, 장애물이 있더라도 장애물의 영향을 받지 않고 그대로 넘어가며, 수심이 증가하지 않는다. 개수로 유동은 파형으로 변형될 수 있는 자유수면을 가진다. 그리고 개수로 유동의 특성은 이러한 자유수면에서 형성되는 파(wave)가 수로의 유동에 대해 얼마나 빨리 이동하는가에 따라 다르며, 이러한 거동을 나타내는 것이 무차원 매개변수인 Froude 수(중력에 대한 관성력의 비)이다. Froude 수는 $F_r = V/\sqrt{gd}$ 로 나타내며(여기서, V는 수로에서의 유동속도이고, $\sqrt{gd}$ 은 수면에서의 파의 전파속도), $F_r < 1$이면 상류이고, $F_r > 1$이면 사류이며, $F_r = 1$일 때에는 유동속도와 파의 이동속도가 같게 되는 한계류이다.

그림 6.5 상류와 사류에서의 수면 전파

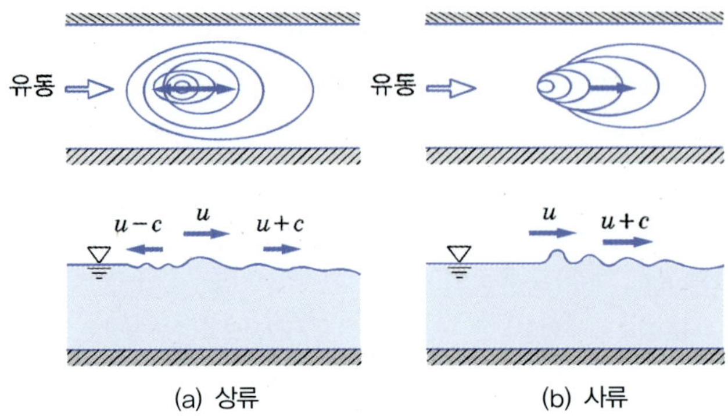

표 6.1 각종 개수로 단면형과 수리량

단면	단면적 A	윤변 P	동수반경 R	수면 폭 B	수리수심 D	단면계수 Z
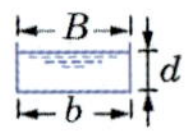 직사각형	bd	$b+2d$	$\frac{bd}{b+2d}$	b	d	$bd^{1.5}$
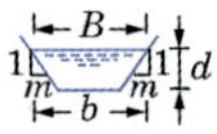 사다리꼴형	$(b+2d)d$	$b+2d\sqrt{1+m^2}$	$\frac{(b+md)d}{b+2d\sqrt{1+m^2}}$	$b+2md$	$\frac{(b+md)d}{b+2md}$	$\frac{[(b+md)d]^{1.5}}{\sqrt{b+2md}}$
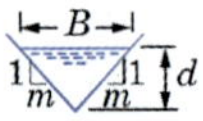 삼각형	zd^2	$2d\sqrt{1+m^2}$	$\frac{md}{2d\sqrt{1+m^2}}$	$2md$	$\frac{d}{2}$	$\frac{\sqrt{2}}{2}md^{2.5}$
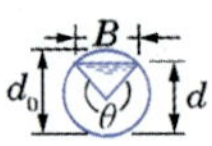 원형	$1/8(\theta-\sin\theta)d_0$	$(1/2)\theta d_0$	$1/4\left(1-\frac{\sin\theta}{\theta}\right)d_0$	$\left(\sin\frac{\theta}{2}\right)d_0$ 또는 $2\sqrt{d(d_0-d)}$	$1/8\left(\frac{\theta-\sin\theta}{\sin\frac{\theta}{2}}\right)d_0$	$\frac{\sqrt{2}(\theta-\sin\theta)^{1.5}}{32\left(\sin\frac{\theta}{2}\right)^{0.5}}d_0^{2.5}$
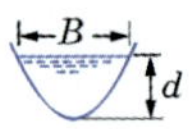 포물선형	$2/3Bd$	$B+\frac{8d^2}{3B}$	$\frac{2b^2d}{3B^2+8d^2}$	$\frac{3A}{2d}$	$2/3d$	$2/9\sqrt{6}Bd^{1.5}$
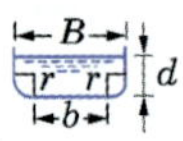 양옆이 둥근 구형	$\left(\frac{\pi}{2}-2\right)r^2+(b+2r)d$	$(\pi-2)r+b+2d$	$\frac{[(\pi/2-2)r^2+(b+2r)d]}{(\pi-2)r+b+2d}$	$b+2r$	$\frac{(\pi/2-2)r^2}{b+2r}+d$	$\frac{[(\pi/2-2)r^2+(b+2r)d]^{1.5}}{\sqrt{b+2r}}$
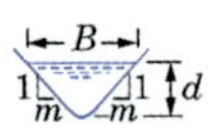 바닥이 둥근 삼각형	$\frac{B^2}{4m}-\frac{r^2}{m}x\times(1-m\cot^{-1}m)$	$b^2\sqrt{1+m^2}-\frac{2r}{m}\times(1-m\cot^{-1}m)$	$\frac{A}{P}$	$2[m(d-r)+r\sqrt{1+m^2}$	$\frac{A}{B}$	$A\sqrt{\frac{A}{B}}$

개수로의 단면형상 특징은 일반적으로 다음과 같은 형상 요소로 설명된다.

① 수심(d) : 수로 바닥과 자유수면과의 수직거리

② 수면 폭(B) : 자유수면에서의 수로 단면의 폭이며, 수면 폭은 통수단면적과 수심과의 관계에서부터 $B = \partial A/\partial d$

③ 통수단면적(A) : 유동방향을 직각방향으로 자른 횡단면적

④ 윤변(P) : 통수단면에서 물과 접하고 있는 길이

⑤ 동수반경(또는 경심; R_h) : 통수단면적과 윤변의 비, $R_h = A/P$

⑥ 수리수심(D) : 수로의 평균 수심으로 통수단면적과 수면 폭의 비, $D = A/B$

⑦ 단면계수(Z) : 한계수심의 계산 등에 이용되며, $Z = \sqrt{A^3/B} = A\sqrt{D}$

예제 6.1

밑변 $2m$, 빗변의 경사 1(수직) : 0.5(수평)인 사다리꼴 수로에서 수심이 $1.8m$ 일 때, 동수반경, 수리수심 및 단면계수를 구하라.

풀이

사다리꼴 수로의 경우

$$P = b + 2d\sqrt{1+m^2} = 2 + 2(1.8)\sqrt{1+0.5^2} = 6.03m$$

$$A = d(b+md) = (1.8)(2+0.5\times 1.8) = 5.22m^2$$

$$\therefore\ R_h = A/P = 5.22/6.03 = 0.87m$$

$$B = 2.0 + [(2)(0.5\times 1.8)] = 3.8m$$

$$\therefore\ D = A/B = 5.22/3.8 = 1.37m \qquad \therefore\ Z = A\sqrt{D} = 5.22\sqrt{1.37} = 6.12m^{5/2}$$

예제 6.2

그림과 같은 직경 $2m$인 관에 $1.5m$의 수심으로 물이 흐르는 경우와 물이 가득 차서 흐르는 경우의 동수반경을 구하라.

그림

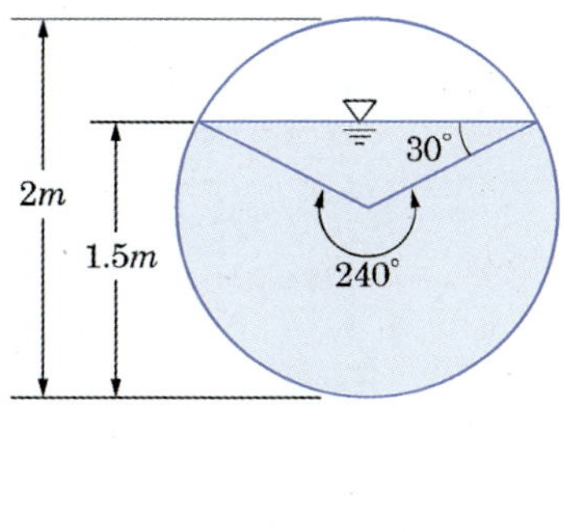

풀이

수심 1.5m로 물이 흐르는 경우

$$1\sin 30° = 0.5$$

$$P = \left(\frac{240}{360}\pi\right)(2) = 4.187m$$

$$A = \frac{240}{360}\frac{\pi}{4}(2^2) + 2\left[\frac{1}{2}(1\cos 30° \times 0.5)\right] = 2.526m^2$$

$$R_h = A/P = 2.526/4.187 = 0.603m$$

물이 가득 차서 흐르는 경우

$$R_h = \frac{D}{4} = 0.5m$$

6.2 개수로에서의 등류

개수로 유동에서의 평균유속 Chezy 공식, Manning 공식, Ganguillet와 Kutter 공식, Bazin 공식 등이 있으며, 수로 내에서의 마찰손실을 포함하는 유속계수 또는 조도계수가 적용된다.

개수로의 등류에서는 두 지점 사이의 속도의 변화가 없어 운동량의 변화는 없고, 저항력은 유동방향으로의 중력에 의한 힘의 크기와 같고 방향은 반대이다.

그림 6.6 개수로에서의 등류에 대한 검사체적

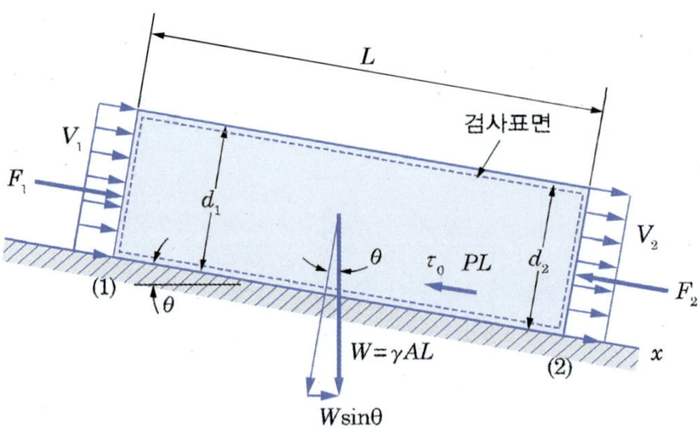

그림 6.6과 같은 개수로에서 단면 (1)과 (2) 사이의 유동을 등류라고 하면, 검사체적 $ABCD$에 작용하는 힘들은 단면 (1)과 (2)에 작용하는 정수력, 물 무게의 유동방향 성분, 그리고 수로의 바닥과 양측 벽면에서 발생하는 마찰력이 있고, 힘의 평형관계에서부터 다음과 같다.

$$F_1 + W\sin\theta - F_2 - PL\tau_0 = 0 \tag{6.2}$$

여기서, F_1과 F_2는 단면 (1)과 (2)에 작용하는 정수력, W는 물의 무게, $W\sin\theta$는 물 무게의 유동방향 성분, θ는 수로 바닥과 수평면이 이루는 각, P는 윤변, 그리고 τ_0은 벽면에서의 전단응력이다.

등류인 경우, 수심의 변화가 없으므로 $F_1 = F_2$이고, $W = \gamma AL$(여기서, γ는 물의 단위중량이고, L은 수로의 길이)이다. 그리고 θ가 작은 경우, $\sin\theta = \tan\theta = S_0$이고, $A/P = R_h$이므로 식(6.2)는 다음과 같이 된다.

$$\tau_0 = \gamma \frac{A}{P} \sin\theta = \gamma R_h S_0 \tag{6.3}$$

여기서, S_0은 수로경사이다.

Reynolds 수가 매우 큰 관수로 유동에서의 마찰손실계수 f는 Reynolds 수와는 관계가 없고 관 표면의 상대조도 e/D에 따라 다르므로, 이러한 경우 벽면에서의 전단응력은 동압 $\rho V^2/2$에 비례하고, 점성과는 관계가 없다. 즉, $\tau_0 = K\rho V^2/2$(여기서, K는 수로 표면의 조도에 따른 비례상수)가 된다. $\tau_0 = K\rho V^2/2$을 식(6.3)에 대입하여 풀면

$$V = \sqrt{\frac{2\gamma R_h S_0}{K\rho}} = C\sqrt{R_h S_0} \tag{6.4}$$

여기서, C는 Chezy의 유속계수이고, 식(6.4)는 Chezy 공식이다.

Manning(1890)은 개수로에서의 유속은 수로 바닥의 마찰력과 관계가 있고, 마찰력은 수로표면의 조도와 관계가 있다는 개념하에서 유속계수를 $C = \frac{1}{n} R_h^{\frac{1}{6}}$로 나타내고, 다음과 같은 평균유속공식을 유도하였다.

$$V = \frac{1}{n} R_h^{2/3} S_0^{1/2} \quad \text{(SI 단위)} \tag{6.5a}$$

$$V = \frac{1.486}{n} R_h^{2/3} S_0^{1/2} \text{ (British 단위)} \tag{6.5b}$$

여기서, $n(s/m^{1/3},\ s/ft^{1/3})$은 Manning의 조도계수이며 표 6.2와 같다. 유량 $Q = AV$이므로

$$Q = \frac{1}{n} A R_h^{2/3} S_0^{1/2} \tag{6.6}$$

표 6.2 Manning의 조도계수

윤변	n	윤변	n
A. 자연수로		D. 인공수로	
깨끗하고 곧음	0.030	유리	0.010
깊은 웅덩이가 있고 완만함	0.040	황동	0.011
주요 강	0.035	매끈한 철	0.012
B. 범람원		페인트칠한 철	0.014
목초지, 농지	0.035	리벳된 철	0.015
울창하지 않은 잡목림	0.050	주철	0.013
울창한 잡목림	0.075	마감질 된 콘크리트	0.012
수목	0.150	마감질 안 된 콘크리트	0.014
C. 굴착된 흙수로		대패질한 나무	0.012
깨끗함	0.022	점토타일	0.014
자갈	0.025	벽돌	0.015
잡초	0.030	아스팔트	0.016
돌, 자갈	0.035	골진 금속	0.022
		잡석	0.025

Ganguillet와 Kutter(스위스, 1869)는 Chezy 공식에서의 유속계수 C가 동수반경 R_h, 수로경사 S_0, 그리고 수로 벽면의 조도에 의해 달라진다고 생각하고, 다음과 같은 식을 제안하였다.

$$C = \frac{23 + \dfrac{0.00155}{S_0} + \dfrac{1}{n}}{1 + \left(23 + \dfrac{0.00155}{S_0}\right)\dfrac{n}{\sqrt{R_h}}} \tag{6.7}$$

n은 Ganguillet와 Kutter의 조도계수로 수로 벽면에서의 조도를 나타낸 값이다.

표 6.3 수로 벽면의 조도계수(Ganguillet와 kutter)

벽면	n
매끈한 판자, 시멘트 면	0.010～0.013
거친 판자, 다듬은 콘크리트 면	0.012～0.018
벽돌 면	0.013～0.017
거친 콘크리트 면	0.015～0.020
거친 돌벽 면	0.017～0.030
평평한 모래바닥의 면	0.025～0.035
돌과 풀이 있는 하천의 면	0.030～0.050

Bazin(프랑스, 1879)은 개수로 유동에 있어 수로경사 S_0의 영향은 적어 무시할 수 있다고 생각하고, 다음과 같은 간단한 식을 제안하였다.

$$C = \frac{87}{1 + \dfrac{K}{\sqrt{R_h}}} \tag{6.8}$$

여기서, K는 Bazin의 조도계수로 수로 벽면의 조도에 따라 다르다.

식(6.8)은 R_h가 커짐에 따라 K의 영향은 점차 감소함을 나타낸다. 이것은 폭이 넓고 수심이 큰 수로, 즉 R_h의 값이 큰 유동에서는 수로 바닥과 양쪽 벽면의 조도가 유동에 미치는 영향이 적다는 것을 의미한다.

표 6.4 수로 벽면의 조도계수(Bazin)

벽면	K
매끈한 면	0.06
벽돌 면	0.16
거친 돌벽 면	0.46
모래 면	0.85
보통 토사 면	1.30
작은 돌과 풀이 있는 하천의 면	1.75
굵은 자갈이 있는 하천의 면	2.00

예제 6.3

폭 $3m$, 수심 $1.2m$인 직사각형 수로에 $25.3m^3/s$의 유량이 흐르고 있을 때, 수로의 경사를 구하라. 여기서, Manning의 조도계수는 0.022이다.

풀이

직사각형 수로의 단면적, 윤변, 그리고 동수반경

$$A = bd = (3)(1.2) = 3.6m^2$$
$$P = b + 2d = 5.4m$$
$$R_h = A/P = 3.6/5.4 = 0.667m$$

$Q = \frac{1}{n} A R_h^{2/3} S_0^{1/2}$에서부터

$$S_0 = \left(\frac{nQ}{AR_h^{2/3}} \right)^2 = 0.041$$

예제 6.4

밑변 $6m$, 빗변의 경사 1(수직) : 2(수평)인 사다리꼴 수로에 유량 $12m^3/s$가 흐르고 있을 때, 수심과 평균유속을 구하라. 여기서, 수로의 경사는 0.0016이고, Manning의 조도계수는 0.025이다.

풀이

사다리꼴 수로의 단면적, 윤변, 동수반경, 그리고 유량

$$A = bd + 2\left[\frac{1}{2}(d \times md) \right] = (b+2d)d = [6 + (2d)]d = (6+2d)d$$
$$P = b + 2(d^2 + m^2 d^2)^{1/2} = b + 2\sqrt{1+m^2}\, d = 6 + 2\sqrt{5}\, d$$
$$R_h = \frac{A}{P} = \frac{(6+2d)d}{6+2\sqrt{5}\,d}, \quad V = \frac{Q}{A} = \frac{12}{(6+2d)d}$$
$$\frac{12}{(6+2d)d} = \frac{1}{0.025}\left[\frac{(6+2d)d}{6+2\sqrt{5}\,d} \right]^{2/3} (0.0016)^{1/2}$$
$$\therefore d = 1.07m$$
$$V = \frac{12}{(6+2d)d} = \frac{12}{(6+2\times 1.07)(1.07)} = 1.38m/s$$

예제 6.5

그림과 같이 직경 $1.5m$, 길이 $60m$인 암거가 고속도로 제방 아래에 0.01의 경사로 설치되어 있다. 이 암거는 물이 가득 차 흐를 때 50년 빈도의 홍수량을 $6m^3/s$ 통과시키도록 설계되어 있다. 이러한 조건 하에서 요구되는 수두를 구하라. 여기서, Manning의 조도계수는 0.012이고, 입구와 출구에서의 손실계수는 각각 $K_{ent}=0.5$, $K_{exit}=1.0$이다.

그림

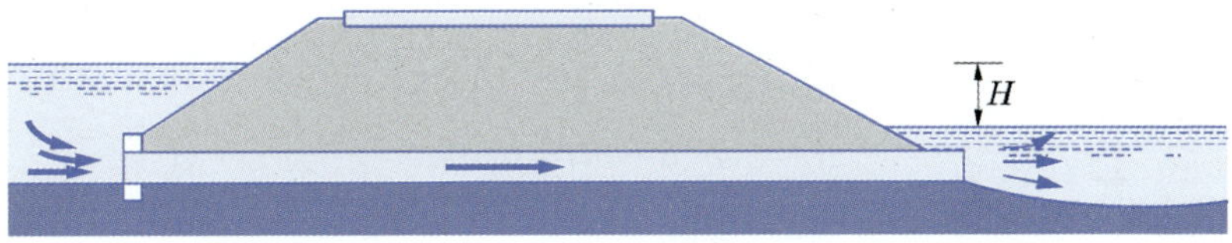

풀이

좌측 유입구 쪽 수면과 우측 유출구 쪽 수면을 1과 2 지점으로 두고 Bernoulli 방정식을 적용하면

$$\frac{V_1^2}{2g}+\frac{p_1}{\gamma}+z_1=\frac{V_2^2}{2g}+\frac{p_2}{\gamma}+z_2+\sum h_L$$

$V_1=V_2\approx 0,\ p_1=p_2=0,\ z_1-z_2=H$이므로

$$H=\sum h_L=\frac{V^2}{2g}(K_{ent}+K_{exit})+h_f$$

$S_0=h_f/L$로 두면 $h_f=0.6m$이고, $V=Q/A=6/[(\pi\times 1.5^2)/4]=3.4m/s$이므로

$$\therefore H=\frac{3.4^2}{2(9.81)}(0.5+1.0)+0.6=1.484m$$

예제 6.6

폭 $3m$, 수심 $1.8m$인 직사각형 수로에 $0.03m/s$의 유속으로 물이 흐르고 있을 때, Reynolds 수를 구하라. 그리고 이러한 유속에서 층류가 되기 위한 최대 수심은 얼마인가? 여기서, 물의 동점성계수는 $1.1\times 10^{-6}m^2/s$이다.

풀이

직사각형 수로의 단면적, 윤변, 그리고 동수반경

$$A = bd = (3)(1.8) = 5.4m^2$$
$$P = b + 2d = 6.6m$$
$$R_h = A/P = 5.4/6.6 = 0.82m$$

$V = 0.03m/s$에서부터 $R_e = \dfrac{VR_h}{\nu} = \dfrac{(0.03)(0.82)}{1.1 \times 10^{-6}} = 24{,}600$이므로 난류이다.
그러므로 개수로에서 층류가 되기 위해서는 $R_e < 500$이 되어야 하고, 이 조건을 만족할 수 있는 수심은 다음과 같다.

$$R_e = \frac{VR_h}{\nu} = 500$$
$$R_h = 500(1.1 \times 10^{-6})/0.03 = 0.0183$$
$$R_h = 3d/(3 + 2d) = 0.0183$$
$$\therefore d = 0.018m$$

예제 6.7

폭 $50cm$의 목재로 된 직사각형 수로에서 수심 $0.2m$로 물이 흐르고 있을 때, 유량을 Ganguillet와 Kutter($n = 0.001$), Bazin($K = 0.06$), 그리고 Manning ($n = 0.001$) 공식으로 구하라. 여기서, 수로의 경사는 $1:2{,}000$이다.

풀이

동수반경 $R_h = A/P = 0.1/0.9 = 0.1111m$

Ganguillet와 Kutter 공식

$$V = C\sqrt{R_h S_0} = \frac{23 + \dfrac{0.00155}{S_0} + \dfrac{1}{n}}{1 + \left(23 + \dfrac{0.00155}{S_0}\right)\dfrac{n}{\sqrt{R_h}}}\sqrt{R_h S_0}$$

$$= \frac{23 + \dfrac{0.00155}{0.0005} + \dfrac{1}{0.011}}{1 + \left(23 + \dfrac{0.00155}{0.0005}\right)\dfrac{0.011}{\sqrt{0.1111}}}\sqrt{(0.1111)(0.0005)} = 0.47m/s$$

$$Q = AV = (0.1)(0.47) = 0.047m^3/s$$

Bazin 공식

$$V = \frac{87}{1 + \dfrac{K}{\sqrt{R_h}}}\sqrt{R_h S_0} = \frac{87}{1 + \dfrac{0.06}{\sqrt{0.1111}}}\sqrt{(0.1111)(0.0005)} = 0.55m/s$$

$$Q = AV = (0.1)(0.55) = 0.055m^3/s$$

Manning 공식 값을 Chezy 공식에 대입하여 평균유속 V와 유량 Q를 구하면

$$V = \frac{1}{n}R_h^{2/3}S_0^{1/2} = \frac{1}{0.011}(0.1111)^{2/3}(0.0005)^{1/2} = 0.47m/s$$
$$Q = AV = (0.1)(0.47) = 0.047m^3/s$$

6.3 개수로에서의 유속분포

6.3.1 등류유동에서의 층류 유속분포

그림 6.7 등류유동에서의 층류

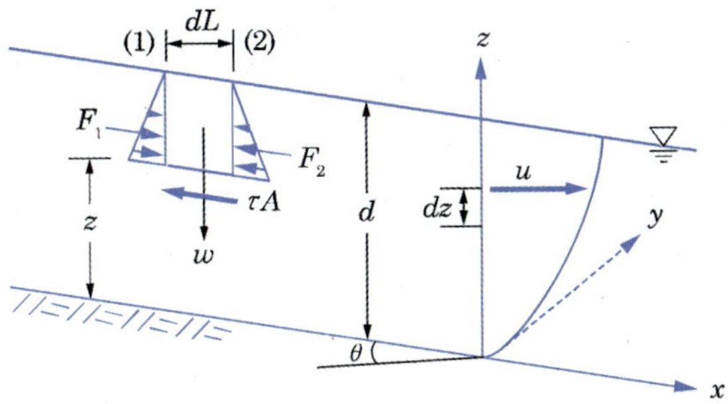

수로의 x 방향 미소 구간 dL에 있어 유동방향에 대한 힘의 평형조건에서부터

$$F_1 - F_2 + \gamma(d-z)dLdy\sin\theta - \tau dLdy = 0 \tag{6.9}$$

등류유동에서는 $F_1 = F_2$이므로

$$\tau = \gamma(d-z)\sin\theta \tag{6.10}$$

층류유동에서 $\tau = \mu(du/dz)$이고, 수로의 경사가 작을 때 $\sin\alpha = \tan\alpha = S_0$이므로

$$du = \frac{\gamma}{\mu}(d-z)\sin\theta dz = \frac{\gamma S_0}{\mu}(d-z)dz \tag{6.11}$$

$$\int du = \int \frac{\gamma S_0}{\mu}(d-z)dz$$

$$u = \frac{\gamma S_0}{\mu}\left(zd - \frac{z^2}{2}\right) + C \tag{6.12}$$

$z=0$에서 $u=0$이므로 $C=0$이 되어 식(6.12)는 다음과 같은 포물선 2차 방정식이 된다.

$$u = \frac{\gamma S_0}{\mu}\left(zd - \frac{z^2}{2}\right) \tag{6.13}$$

수로에서의 평균유속 $V = Q/A$이므로

$$V = \frac{Q}{A} = \frac{\int_A dQ}{\int_A dA} = \frac{\int_A udA}{\int_A dA} = \frac{\frac{\gamma S_0}{\mu}\int_0^d \left(zd - \frac{z^2}{2}\right)dydz}{\int_0^d dydz}$$

$$= \frac{\frac{\gamma S_0}{\mu}\int_0^d \left(zd - \frac{z^2}{2}\right)dydz}{ddy}$$

$$= \frac{\gamma S_0 dy}{\mu ddy}\int_0^d \left(zd - \frac{z^2}{2}\right)dz = \frac{\gamma S_0}{\mu d}\left[\frac{d^3}{2} - \frac{d^3}{6}\right] = \frac{\gamma S_0 d^2}{3\mu} = \frac{\rho g S_0 d^2}{3\rho\nu}$$

$$\therefore V = \frac{g S_0 d^2}{3\nu} \tag{6.14}$$

그림 6.8 등류유동에서의 층류 유속분포

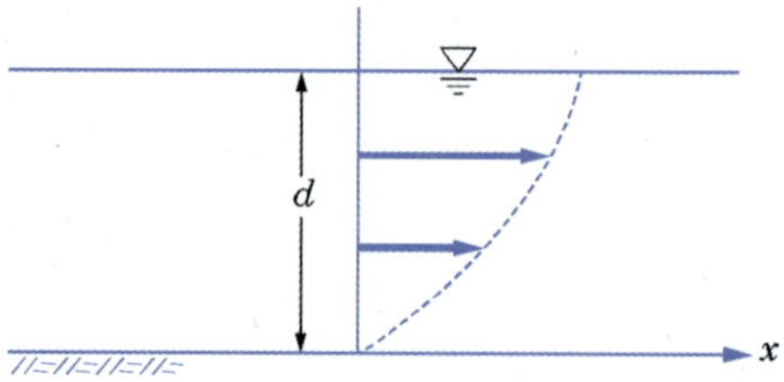

6.3.2 등류유동에서의 난류

그림 6.9 등류유동에서의 난류

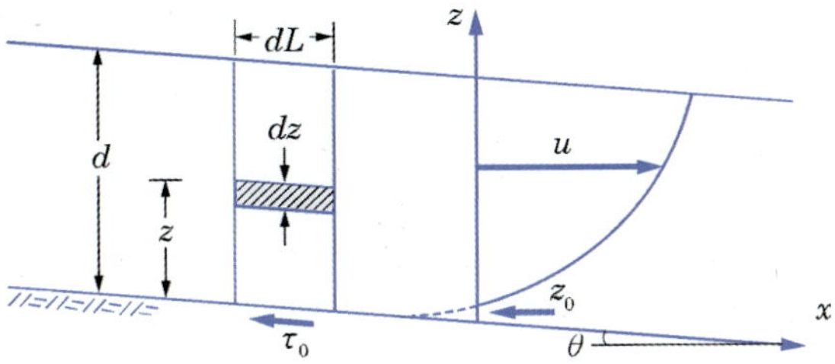

난류유동에서의 유속분포공식에서부터

$$u = \frac{1}{\kappa}u_*\ln\frac{z}{z_0} = 2.5u_*\ln\frac{z}{z_0} \tag{6.15}$$

여기서, κ는 Von Karman 상수로 0.4이며, u_*는 마찰속도(frictional velocity)로 $\sqrt{\tau_0/\rho}$이고, 그리고 z_0은 수로 바닥에서 미소하게 떨어진 거리로 $u \simeq 0$인 점이며 약 $\nu/9u_*$이다.

평균유속은 $z = 0.4d$(수면에서부터 $0.6d$)에서 발생하므로

$$V = 2.5u_*\ln\frac{0.4d}{z_0} \tag{6.16}$$

6.3.3 개수로에서의 유속분포

그림 6.10은 개수로 유동에 있어 수로 바닥(또는 하상)에서부터 수직선상으로의 유속분포를 나타내는 것으로, 일반적으로 포물선의 형상을 보인다. 그림에서 u_0, u_m, u_a 그리고 u_b는 수면에서의 유속, 최대 유속, 평균유속, 그리고 수로 바닥에서의 유속을 나타내고, d_m, d_a, 그리고 d는 최대 유속이 나타나는 수심, 평균유속이 나타나는 수심, 그리고 수로의 수심을 나타낸다.

그림 6.10 개수로 유동에서의 유속분포

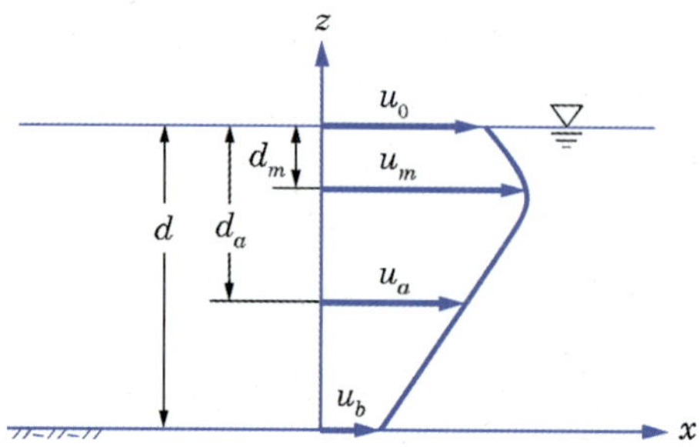

수심에 대한 최대 유속과 평균유속의 비율은 일반적으로 다음과 같다.

$$\frac{d_a}{d} = 0.5 \sim 0.8 \ \text{(일반적으로 수면에서부터 } 0.6d\text{)} \tag{6.17a}$$

$$\frac{d_m}{d} = 0 \sim 0.25 \ \text{(일반적으로 수면에서부터 } 0.2d\text{)} \tag{6.17b}$$

Rankine은 일반적인 수로와 완만한 수로에 대한 u_0, u_a 그리고 u_b의 비율을 다음과 같이 제시하였다.

$$u_0 : u_a : u_b = 5 : 4 : 3 \ \text{(일반적인 수로)} \tag{6.18a}$$

$$u_0 : u_a : u_b = 4 : 3 : 2 \ \text{(완만한 수로)} \tag{6.18b}$$

평균유속을 결정하는 데에는 다음과 같은 방법들이 있으며, 자연하천에서의 유속 측정에 널리 사용된다.

1점법 : $V = u_{0.6}$ (수면에서 $0.6d$ 깊이에서의 유속) (6.19a)

2점법 : $V = \frac{1}{2}(u_{0.2} + u_{0.8})$ (6.19b)

3점법 : $V = \frac{1}{4}(u_{0.2} + 2u_{0.6} + u_{0.8})$ (6.19c)

4점법 : $V = \frac{1}{5}\left[(u_{0.2} + u_{0.4} + u_{0.6} + u_{0.8}) + \frac{1}{2}(u_{0.2} + \frac{1}{2}u_{0.8})\right]$ (6.19d)

5점법 : $V = \frac{1}{10}(u_{\text{수면}} + 3u_{0.2} + 3u_{0.6} + 2u_{0.8} + u_{\text{하상}})$ (6.19e)

6점법 : $V = \frac{1}{10}(u_{\text{수면}} + 2u_{0.2} + 2u_{0.4} + 2u_{0.6} + 2u_{0.8} + u_{\text{하상}})$ (6.19f)

여기서, $u_{0.2}$, $u_{0.4}$, $u_{0.6}$ 그리고 $u_{0.8}$은 수면에서부터 $0.2d$, $0.4d$, $0.6d$ 그리고 $0.8d$ 지점에서의 유속이며, 미국지질조사국(U.S. Geological Survey)에서는 일반적인 유속 측정에 대해 2점법을 권장하고 있다.

예제 6.8

점성계수 $0.0856 N \cdot s/m^2$, 비중 0.92인 원유가 경사 0.02인 평판 위에서 수심 $6mm$로 흐르고 있을 때, $[u]_{z=d}$, 단위폭당 유량, 그리고 Reynolds 수를 구하라.

풀이

층류로 가정하면

$$[u]_{z=d} = \frac{\gamma_{oil} S_0}{\mu} \frac{d^2}{2} = \frac{(9{,}810 \times 0.92)(0.02)}{0.0856} \left(\frac{0.006^2}{2} \right) = 0.038 m/s$$

$Q = VA = \dfrac{g S_0 d^2}{3\nu} A$에서부터 단위폭당 유량을 구하면

$$q = Q/b = Vd = \frac{g S_0 d^2}{3\nu} d = \frac{(9.81)(0.02)(0.006^2)}{3(9.3 \times 10^{-5})} = 0.0253 m^2/s$$

수심에 비해 폭이 넓다고 가정하면, $R_e = VR_h/\nu$에서 $R_h \approx d$이므로

$$R_e = \frac{Vd}{\nu} = \frac{q}{\nu} = \frac{0.0253}{9.3 \times 10^{-5}} = 272$$

그러므로 Reynolds 수가 500보다 작으므로 층류유동으로 가정한 것이 유효하다.

예제 6.9

자연하천에서 측정된 수직상의 유속 분포가 아래와 같을 때, 식(6.19)를 이용하여 평균유속을 구하라.

수심 비	0.05	0.20	0.40	0.60	0.80	0.95
유속(m/s)	0.36	0.35	0.34	0.32	0.28	0.20

풀이

1점법 : $V = u_{0.6} = 0.32 m/s$

$$2\text{점법}:\ V=\frac{1}{2}(u_{0.2}+u_{0.8})=\frac{1}{2}(0.35+0.28)=0.315m/s$$

$$3\text{점법}:\ V=\frac{1}{4}(u_{0.2}+2u_{0.6}+u_{0.8})=\frac{1}{4}(0.35+2\times0.32+0.28)=0.318m/s$$

$$4\text{점법}:\ V=\frac{1}{5}\left[(u_{0.2}+u_{0.4}+u_{0.6}+u_{0.8})+\frac{1}{2}(u_{0.2}+\frac{1}{2}u_{0.8})\right]$$

$$=\frac{1}{5}\left[(0.35+0.34+0.32+0.28)+\frac{1}{2}(0.32+\frac{0.28}{2})\right]=0.307m/s$$

$$5\text{점법}:\ V=\frac{1}{10}(u_{\text{수면}}+3u_{0.2}+3u_{0.6}+2u_{0.8}+u_{\text{하상}})$$

$$=\frac{1}{10}(0.36+3\times0.35+3\times0.32+2\times0.28+0.20)=0.313m/s$$

$$6\text{점법}:\ V=\frac{1}{10}(u_{\text{수면}}+2u_{0.2}+2u_{0.4}+2u_{0.6}+2u_{0.8}+u_{\text{하상}})$$

$$=\frac{1}{10}(0.36+2\times0.35+2\times0.34+2\times0.32+2\times0.28+0.20)=0.314m/s$$

6.4 수로의 단면형과 수리곡선특성

6.4.1 최적수리단면

최적수리단면(best hydraulic section) 일정한 수로의 단면적에 있어 최대의 유량이 흐를 수 있는 수로의 단면으로, 동수반경이 최대 또는 윤변이 최소일 때가 된다.

개수로에서 동일한 유량을 수송하는 경우, 경제적이고 효율적인 최적의 수리단면형상이 모색되어야 한다. 최적수리단면(best hydraulic section)이란 수로의 경사, 조도 및 단면적이 일정할 때, 최대의 유량이 흐를 수 있는 수로의 단면이다. Manning 공식에서부터 유량은 동수반경이 증가하거나 또는 윤변이 감소하면 증가한다. 그러므로 주어진 단면적과 수로의 경사에 대한 최적의 수리단면은 동수반경이 최대이거나 또는 윤변이 최소가 되는 단면이며, 인공 수로의 경우에는 재료, 축조 등의 비용이 적어지므로 경제적인 단면이라 할 수 있다.

(1) 직사각형 수로

그림 6.11 직사각형 수로

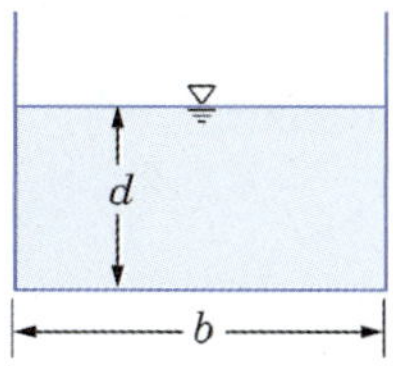

최대 유량이 흐르기 위한 조건은 동수반경이 최대가 되거나 또는 윤변이 최소가 되어야 한다. 직사각형 수로의 경우, 단면적 $A=bd$, 동수반경 $R_h = \dfrac{A}{P} = \dfrac{bd}{b+2d}$, 그리고 윤변 $P = b+2d = \dfrac{A}{d} + 2d$이다. 최대 유량이 흐르기 위해서는 윤변이 최소가 되어야 하므로, P를 d에 대해 미분하고 $\partial P/\partial d = 0$으로 두면 다음과 같다.

$$\frac{\partial P}{\partial d} = -\frac{A}{d^2} + 2 = 0$$

$$d = \pm\sqrt{\frac{A}{2}} \tag{6.20}$$

식(6.20)에서 양의 값을 취하면 $d = \sqrt{A/2} = \sqrt{bd/2}$ 이 되므로

$$d = \frac{b}{2} \tag{6.21}$$

식(6.21)은 직사각형 수로의 경우에는 수로의 단면형상이 반정사각형(half square)일 때 최적수리단면을 가지는 것을 나타내고 있다. 이를 동수반경에 대해 적용하면 동수반경 $R_h = d/2$ 또는 $R_h = b/4$일 때 최적수리단면을 가진다.

(2) 사다리꼴 수로

그림 6.12 사다리꼴 수로

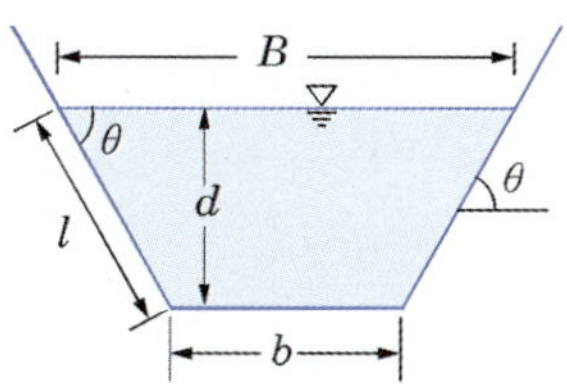

사다리꼴 수로의 단면적 A, 밑변 b, 동수반경 R_h, 그리고 윤변 P는 다음과 같다.

$$A = bd + 2\left(\frac{1}{2}d \cdot d\cot\theta\right) = bd + d^2\cot\theta \tag{6.22a}$$

$$b = \frac{\left(A - 2 \cdot \frac{1}{2}\cot\theta dd\right)}{d} = \frac{(A - d^2\cot\theta)}{d} \tag{6.22b}$$

$$R_h = \frac{A}{P} = \frac{A}{b + 2d\,\mathrm{cosec}\theta} = \frac{A}{\dfrac{A - d^2\cot\theta}{d} + 2d\,\mathrm{cosec}\theta}$$

$$= \frac{Ad}{A - d^2(\cot\theta - 2\mathrm{cosec}\theta)} \tag{6.22c}$$

$$P = b + 2d\,\mathrm{cosec}\theta = \frac{A - d^2\cot\theta}{d} + 2d\,\mathrm{cosec}\theta$$

$$= \frac{A}{d} - d\cot\theta + \frac{2d}{\sin\theta} \tag{6.22d}$$

최대 유량이 흐르기 위해서는 윤변이 최소가 되어야 하므로, θ(빗변과 수평면이 이루는 각도)를 상수로 두고, P를 d에 대해 미분하고 $\partial P/\partial d = 0$으로 두면 다음과 같다.

$$\frac{\partial P}{\partial d} = -\frac{A}{d^2} - \cot\theta + \frac{2}{\sin\theta} = 0$$

$$\frac{A}{d^2} = \frac{2 - \sin\theta\cot\theta}{\sin\theta} = \frac{2 - \sin\theta\dfrac{\cos\theta}{\sin\theta}}{\sin\theta} = \frac{2 - \cos\theta}{\sin\theta}$$

$$d^2 = \frac{A\sin\theta}{2 - \cos\theta}$$

$$\therefore\ d = \left(\frac{A\sin\theta}{2 - \cos\theta}\right)^{1/2} \tag{6.23}$$

식(6.23)을 θ에 대해 미분하고 θ의 최적치를 구하면 다음과 같다.

$$2d\frac{\partial d}{\partial\theta} = A\left[\frac{\cos\theta(2 - \cos\theta) - \sin\theta(\sin\theta)}{(2 - \cos\theta)^2}\right]$$

$$= A\left[\frac{2\cos\theta - \cos^2\theta - \sin^2\theta}{(2 - \cos\theta)^2}\right]$$

$$= A\left[\frac{2\cos\theta - (\sin^2\theta + \cos^2\theta)}{(2-\cos\theta)^2}\right] = A\frac{2\cos\theta - 1}{(2-\cos\theta)^2} = 0$$

$$2\cos\theta - 1 = 0$$

$$\cos\theta = \frac{1}{2}$$

$$\therefore\ \theta = \frac{\pi}{3},\ \frac{5\pi}{3} \tag{6.24}$$

식(6.24)에서 $\theta = 5\pi/3$는 적용할 수 없으므로 $\theta = \pi/3$가 되고, 이를 식(6.23)에 대입하여 수로의 밑변 b, 수심 d, 그리고 빗변 l을 구하면 다음과 같다.

$$d^2 = \frac{A\sin\theta}{2-\cos\theta} = A\frac{\sqrt{3}/2}{2-1/2} = \frac{A}{\sqrt{3}}$$

$$A = \sqrt{3}\,d^2 = bd + d^2\cot 60° = bd + \frac{d^2}{\sqrt{3}}$$

$$\therefore\ b = \frac{\left(A - d^2\cot\theta\right)}{d} = \frac{\sqrt{3}\,d^2 - d^2\cot 60°}{d} = \sqrt{3}\,d - \frac{d}{\tan 60°}$$

$$= \sqrt{3}\,d - \frac{d}{\sqrt{3}} = \frac{3d-d}{\sqrt{3}} = \frac{2d}{\sqrt{3}} = \frac{2\sqrt{3}\,d}{3} \tag{6.25}$$

$$\therefore\ d = \frac{3b}{2\sqrt{3}} \tag{6.26}$$

$$\therefore\ l = d\,\mathrm{cosec}\theta = \frac{d}{\sin 60°} = \frac{d}{\sqrt{3}/2} = \frac{2d}{\sqrt{3}}$$

$$= \frac{2}{\sqrt{3}}\cdot\frac{3b}{2\sqrt{3}} = b \tag{6.27}$$

식(6.27)은 사다리꼴 수로의 경우, 수로의 단면형상이 반정육각형(half hexagon)일 때 최적수리단면을 가지는 것을 나타내고 있다.

(3) 원형 수로

원형 관내에 물이 가득 차서 흐르지 않을 경우에는 원형 관은 개수로로 취급된다. 원형 수로는 수리 효율성이 좋으나, 시공 및 유지관리 비용은 많이 들어 일반적으로 작은 수로에 이용된다.

그림 6.13 원형 수로

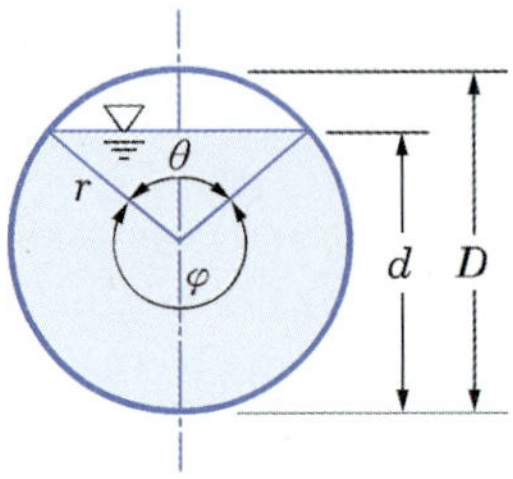

원형 수로 내에서 수면 위 단면적 $A(\text{◓})$, 수면 아래 단면적 $A(\text{◒})$, 동수반경 R_h, 그리고 윤변 P는 다음과 같다.

$$A(\text{◓})=\frac{r^2}{2}(\theta-\sin\theta) \tag{6.28a}$$

$$\begin{aligned} A(\text{◒}) &= \pi r^2-\frac{r^2}{2}(\theta-\sin\theta) \\ &= \frac{r^2}{2}(2\pi-\theta+\sin\theta)=\frac{r^2}{2}[\phi+\sin(2\pi-\phi)] \\ &= \frac{r^2}{2}(\phi-\sin\phi)=\frac{D^2}{8}(\phi-\sin\phi) \end{aligned} \tag{6.28b}$$

$$P=\frac{D}{2}\phi \tag{6.28c}$$

$$R_h=\frac{A}{P}=\frac{D}{4}\left(1-\frac{\sin\phi}{\phi}\right) \tag{6.28d}$$

여기서, r은 원형 수로의 반경이고, D은 원형 수로의 직경이며, 그리고 ϕ는 라디안(radian)을 사용한다.

원형 수로에서 물이 가득 차서 흐르는 경우의 단면적, 윤변, 동수반경, 그리고 유량은 다음과 같다.

$$A_{full}=\frac{\pi D^2}{4},\ P_{full}=\pi D,\ R_{h_{full}}=\frac{\pi D^2/4}{\pi d_0}=\frac{D}{4},$$

$$Q_{full}=\frac{1}{n}A_{full}R_{h_{full}}^{2/3}S_0^{1/2} \tag{6.29}$$

그리고 원형 수로에서 물이 가득 차서 흐를 때의 유속 및 유량에 대한 물이 일부 차서 흐를 때의 유속 및 유량의 비율은 다음과 같다.

$$\frac{d}{D} = 0.95 \ : \ \frac{V}{V_{full}} = 1.10, \ \frac{Q}{Q_{full}} = 1.073\,(\text{최대 } Q) \tag{6.30a}$$

$$\frac{d}{D} = 0.80 \ : \ \frac{V}{V_{full}} = 1.16, \ \frac{Q}{Q_{full}} = 0.98\,(\text{최대 } V) \tag{6.30b}$$

여기서, d는 원형 수로에서 물이 일부 차서 흐를 때의 수심이며, 식(6.30)에서부터 원형 수로에서의 최대 유량 및 유속은 물이 가득 차서 흐를 때에 발생하는 것이 아니라, 물이 95% 및 80% 차서 흐를 때에 최대 유량과 유속이 발생하는 것을 알 수 있다.

(4) 포물선형 수로

일반적인 자연하천의 단면은 포물선형 단면과 유사하며, 포물선형 수로의 단면적 A, 수면 폭 B, 동수반경 R_h, 그리고 윤변 P는 다음과 같다.

그림 6.14 포물선형 수로

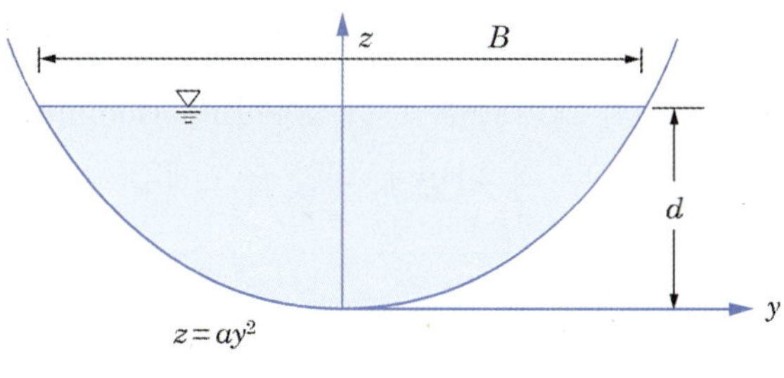

$$A = \frac{2}{3}Bd \tag{6.31a}$$

$$P = B\left[1 + \frac{2}{3}\left(\frac{2d}{B}\right)^2 - \frac{2}{5}\left(\frac{2d}{B}\right)^4 \pm - - \right] \tag{6.31b}$$

수면 폭 $B > 5d$인 경우의 윤변 P와 동수반경 R_h는 다음과 같다.

$$P \cong B\left[1 + \frac{2}{3}\left(\frac{2d}{B}\right)^2\right] \tag{6.32a}$$

$$R_h = \frac{A}{P} = \frac{2d}{3 + 8(d/B)^2} \tag{6.32b}$$

수면 폭 $B > 10d$인 경우의 윤변 P와 동수반경 R_h는 다음과 같다.

$$P \cong B \tag{6.33a}$$

$$R_h = 2/3d \tag{6.33b}$$

식(6.31a)와 식(6.33b)를 Chezy의 평균유속공식에 대입하면

$$Q = AC\sqrt{R_h S_0} = \frac{2}{3}Bd \cdot C\sqrt{\frac{2}{3}d \cdot S_0} \tag{6.34}$$

$z = ay^2$에서 $z = d$, $y = B/2$라고 하면 $B = \sqrt{4d/a}$가 되고, 이를 식(6.34)에 대입하여 d에 대해 정리하면 다음과 같다.

$$d = \left(\frac{27}{32}\frac{aQ^2}{C^2 S_0}\right)^{1/3} \tag{6.35}$$

(5) 복합형 수로

복합형 수로는 유량의 변화가 큰 경우에 사용되며, 수로의 단면이 여러 가지 형상으로 이루어져 있다. 이러한 경우에는 각 단면에 대해 각 수로의 단면적, 동수반경, 그리고 윤변을 적용하고, Manning 공식을 사용해 유량을 계산할 경우에는 각 단면에 대한 조도계수 n을 적용하며, 총 유량은 다음과 같다.

그림 6.15 복합형 수로

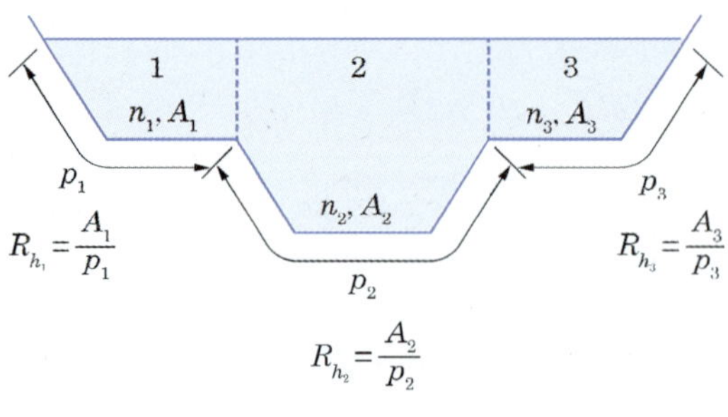

$$Q_1 = \frac{1}{n_1}A_1 R_{h_1}^{2/3} S_0^{1/2}$$

$$Q_2 = \frac{1}{n_2}A_2 R_{h_2}^{2/3} S_0^{1/2}$$

$$Q_3 = \frac{1}{n_3} A_3 R_{h_3}^{2/3} S_0^{1/2} \tag{6.36a}$$

$$\sum Q = Q_1 + Q_2 + Q_3 \tag{6.36b}$$

예제 6.10

그림과 같은 직경 $1.2m$, 경사 0.002인 원형 수로에서 흐를 수 있는 최대 유량과 그때의 수심을 구하라. 여기서, Manning의 조도계수는 0.014이다.

그림

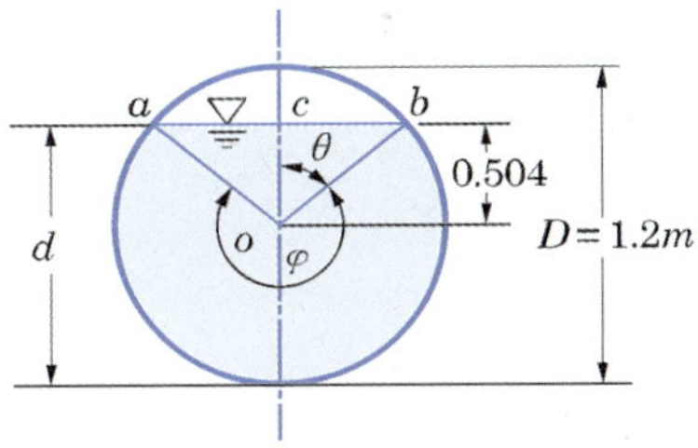

풀이

원형 수로에서 최대 유량이 발생하는 수심은 $d/D = 0.95$이므로

$$d = 0.95 \times D = (0.95)(1.2) = 1.14m$$

$$\theta = \cos^{-1}(oc/ob) = \cos^{-1}[(1.14 - 0.6)/0.6] = 25.84°$$

$$\phi = 360° - (2 \times 25.84°) = 308.32° = 5.38rad$$

단면적 : $A = \frac{D^2}{8}(\phi - \sin\phi) = \frac{1.2^2}{8}(5.38 - \sin 308.32°) = 1.11m^2$

동수반경 : $R_h = \frac{D}{4}\left(1 - \frac{\sin\phi}{\phi}\right) = \frac{1.2}{4}\left(1 - \frac{\sin 308.32°}{5.38}\right) = 0.344m$

최대 유량 : $Q_{\max} = \frac{1}{n} A R_h^{2/3} S_0^{1/2} = \frac{1}{0.014}(1.11)(0.344)^{2/3}(0.002)^{1/2} = 1.74m^3/s$

예제 6.11

수로경사 0.0004인 사다리꼴 수로에서 유량 $200m^3/s$를 수송하는 데 가장 경제적인 수로의 단면을 구하라. 여기서 Manning의 조도계수는 0.011이다.

풀이

사다리꼴 수로의 최적수리단면이 되기 위해서는 수로의 빗변 $l = b$가 되어야 하므로,

$P = b + 2l$에서부터 $P = 3b$가 되고, $b = 2\sqrt{3}d/3$에서부터 $P = 2\sqrt{3}d$가 된다. 그러므로 $A = \sqrt{3}d^2$와 $P = 2\sqrt{3}d$에서부터 $R_h = \frac{A}{P} = \frac{\sqrt{3}d^2}{2\sqrt{3}d} = \frac{d}{2}$가 되며, Manning 공식에서부터

$$200 = \frac{1}{0.011}\sqrt{3}d^2\left(\frac{d}{2}\right)^{2/3}(0.0004)^{1/2}$$

$$\therefore d = 5.66m,\ b = \frac{2\sqrt{3}d}{3} = 6.53m$$

예제 6.12

그림과 같은 복합형 수로에 흐르는 총 유량과 각 단면에서의 유속을 구하라. 여기서, 수로의 경사는 0.00167이고, 왼쪽 단면과 오른쪽 단면에서의 Manning의 조도계수는 각각 0.05, 0.03이다.

그림

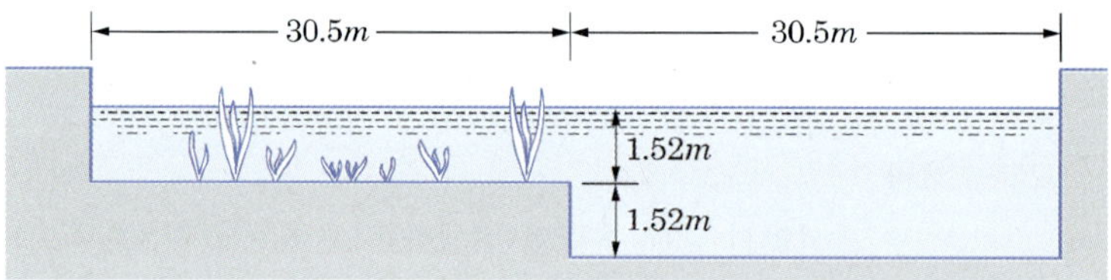

풀이

수로의 단면적, 윤변, 동수반경, 그리고 유량

$$A_{left} = (30.5)(1.52) = 46.36m^2,\ A_{right} = (30.5)(3.04) = 92.72m^2$$

$$P_{left} = 1.52 + 30.5 = 32.02m,\ P_{right} = 1.52 + 30.5 + 3.04m = 35.06m$$

$$R_{h_{left}} = 1.448m,\ R_{h_{right}} = 2.645m$$

$$V_{left} = \frac{1}{n_{left}}R_{h_{left}}^{2/3}S_0^{1/2} = 1.046m/s,\ V_{right} = \frac{1}{n_{right}}R_{h_{right}}^{2/3}S_0^{1/2} = 2.605m/s$$

$$Q_{left} = V_{left}A_{left} = 48.5m^3/s,\ Q_{right} = V_{right}A_{right} = 241.5m^3/s$$

$$Q_{total} = 290m^3/s$$

6.4.2 수리특성곡선과 자유단

수리특성곡선(hydraulic characteristic curve) 수로의 수리량 특성을 나타내는 곡선으로, 임의의 수심에 대한 수리 특성을 만수상태의 수리 특성과의 비율로 나타낸 것이며, 유속, 유량, 동수반경, 단면적 등에 대한 수리특성곡선이 있다.

수리특성곡선(hydraulic characteristic curve)은 수로에 물이 가득 차서 흐르는 경우, 다음과 같이 수로 전 단면의 유량, 유속 등에 대해 수로 각 수심별 유량, 유속 등의 비율을 도식화한 곡선이다.

$$\frac{d}{D} : \frac{Q}{Q_{full}}, \frac{V}{V_{full}}, \frac{R_h}{R_{h_{full}}}, \frac{A}{A_{full}}$$

그림 6.16 원형 수로에서의 수리특성곡선

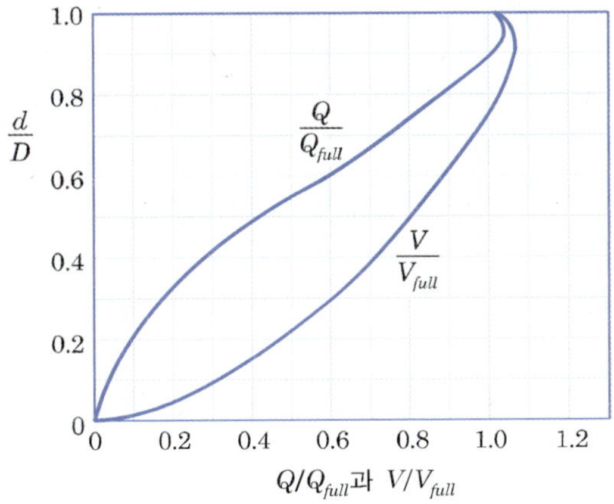

자유단(freeboard)은 수로의 수면에서 물의 파동 작용에 의해 물이 수로 밖으로 넘쳐흐르는 것을 막기 위해 적용시키는 수면에서부터 수로의 제방 꼭대기까지의 수직거리이며, 수로의 설계와 목적에 따라 다르나 일반적으로 설계수심의 5∼30% 정도로 한다.

6.5 상류, 사류 및 한계류

6.5.1 상류, 사류 및 한계류(한계수심)

비에너지(specific energy) 개수로 유동에서 수로 바닥을 기준선으로 했을 때 수심과 속도수두의 합

한계수심(critical depth) 개수로 유동에서 상류에서 사류로 변하는 한계류에서의 수심으로, 유량이 일정하고 비에너지가 최소이며, 또한 비에너지가 일정하고 유량이 최대일 때의 수심

대응수심(alternate depth) 개수로 유동에서 비에너지가 같은 상류에서의 수심과 사류에서의 수심

Froude 수 흐름의 중력에 대한 관성력의 비 또는 흐름의 평균유속에 대한 표면파의 전파속도의 비

그림 6.17 개수로 유동에 대한 개념도

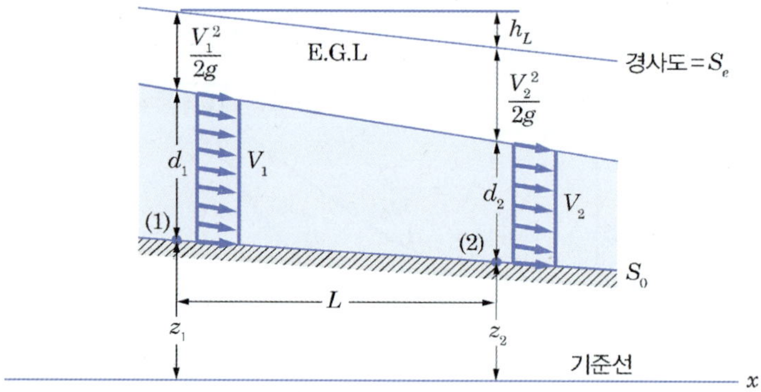

그림 6.17은 전형적인 개수로 유동에서의 에너지 관계를 나타내는 그림이다. 수로 임의의 단면에서의 속도분포가 균일하고, 수로의 바닥경사가 일정하다면, 이 유동에 대한 Bernoulli 방정식은 다음과 같다.

$$\frac{V_1^2}{2g}+\frac{p_1}{\gamma}+z_1=\frac{V_2^2}{2g}+\frac{p_2}{\gamma}+z_2+h_L \tag{6.37}$$

여기서, $V^2/2g$는 속도수두(운동에너지), p/γ는 압력수두(압력에너지), z는 위치수두(위치에너지), 그리고 h_L은 단면 (1)과 (2) 사이에서의 점성효과에 의한 손실수두이다.

임의의 단면에서의 압력은 정수압과 같기 때문에 $p_1/\gamma=d_1$, $p_2/\gamma=d_2$이므로

$$\frac{V_1^2}{2g}+d_1+z_1=\frac{V_2^2}{2g}+d_2+z_2+h_L \tag{6.38}$$

개수로 유동에 있어 수로의 바닥을 기준으로 한 에너지를 비에너지(specific energy)라고 한다. 비에너지 개념은 1911년 유동 해석의 편의를 위해 Bakhmeteff에 의해 제안되어 사용되고 있으며, 개수로 내의 여러 가

지 현상을 간단하고 명료하게 설명하는 데 있어 적절하다.

비에너지 E는 수로의 바닥을 기준으로 하기 때문에 기준선(datum line)에서부터 수로 바닥까지의 위치수두는 비에너지에 포함되지 않고, 속도수두와 압력수두(수심)로 이루어지며 다음과 같다.

$$E = \frac{V^2}{2g} + d = \frac{Q^2}{2gA^2} + d \tag{6.39}$$

그림 6.18은 Q가 일정한 경우 $E = E(d)$에 대한 비에너지 곡선으로, 수심 d가 작아질수록 비에너지 E는 무한히 증가하고, 수심 d가 커질수록 속도수두는 점점 감소하여 E의 대부분은 수심에 의해 발생하며 곡선은 $d = E$인 45°선에 접근한다.

그림 6.18 비에너지 곡선

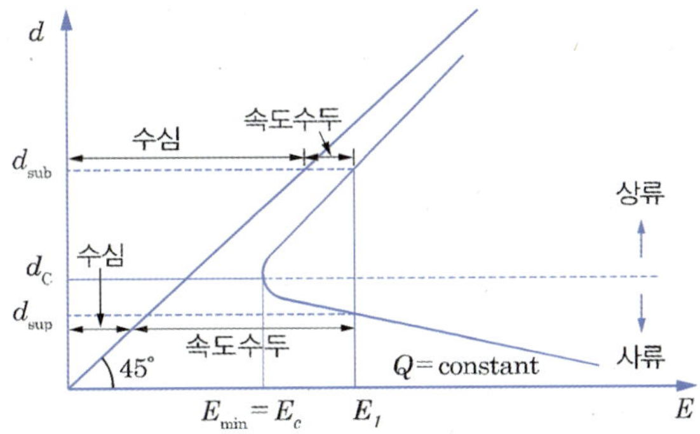

식(6.39)는 3차 방정식으로 3개의 해를 가지며, 이 중 2개는 양수이고 1개는 음수이나, 음수인 해는 물리적인 의미가 없어 배제한다. $E > E_{min}$일 때, 주어진 비에너지 E_1에 대해 2개의 수심 d_{sub}과 d_{sup}이 나타나는데, 이 2개의 수심을 대응수심(alternate depth)이라고 하며, d_{sub}는 상류에서의 수심이고 d_{sup}는 사류에서의 수심이다.

비에너지 곡선 왼쪽 끝 점에서 최소 비에너지 E_{min}이 나타나는데, 이 비에너지에서의 유동을 한계류라고 하고, 이때의 수심을 한계수심(critical depth) d_c라고 한다. 또한 이 점을 기준으로 한 수평선을 경계로 상류와 사류를 분류하는데, 수평선의 상부는 상류에 해당하고 하부는 사류에 해당한다.

그림 6.18에서와 같이 비에너지가 최소일 때의 수심이 한계수심이므로, 한계수심 d_c를 구하기 위해 식(6.39)의 E를 d에 대해 미분하고 $\partial E/\partial d = 0$으로 두면 다음과 같다.

$$\frac{\partial E}{\partial d} = \frac{\partial}{\partial d}\left(\frac{Q^2}{2gA^2} + d\right) = -\frac{Q^2}{gA^3}\frac{\partial A}{\partial d} + 1 = 0 \tag{6.40}$$

여기서, $\partial A/\partial d = B$로 수면 폭이고, $A/B = D$로 수로의 수리수심(hydraulic depth)이다.
직사각형 수로인 경우, $A = bd$이고 $B = b$이므로 식(6.40)은 다음과 같다.

$$1 - \frac{Q^2 B}{gA^3} = 1 - \frac{Q^2 b}{gb^3 d^3} = 0 \tag{6.41}$$

한계류일 때 $d = d_c$이므로

$$1 - \frac{Q^2 b}{gb^3 d_c^3} = 0$$

$$d_c = \left(\frac{Q^2}{gb^2}\right)^{1/3} = \left(\frac{q^2}{g}\right)^{1/3} \tag{6.42a}$$

$$d_c = \left(\frac{\alpha Q^2}{gb^2}\right)^{1/3} = \left(\frac{\alpha q^2}{g}\right)^{1/3} \tag{6.42b}$$

여기서, $q = Q/b$로 단위폭당 유량이다. 그리고 식(6.42b)는 운동에너지 보정계수 α를 적용했을 때에 대한 식이다.
한계수심 d_c에서의 비에너지는 다음과 같으므로

$$E_c = \frac{V_c^2}{2g} + d_c \tag{6.43}$$

식(6.42)에서부터 $Q^2 = gb^2 d_c^3$이 되고 $Q^2 = b^2 d_c^2 V_c^2$이므로

$$Q^2 = gb^2 d_c^3 = b^2 d_c^2 V_c^2$$

$$V_c^2 = g d_c \tag{6.44}$$

식(6.44)를 식(6.43)에 대입하면

$$E_c = \frac{d_c g}{2g} + d_c = \frac{3}{2} d_c$$

$$\therefore\ d_c = \frac{2}{3} E_c \tag{6.45}$$

그림 6.19는 유량 증감에 따른 비에너지 곡선을 나타내는 것으로, 유량이 증가함에 따라 비에너지가 증가하여 비에너지 곡선이 오른쪽으로 이동하는 것을 알 수 있다.

그림 6.19 유량 증감에 따른 비에너지 곡선의 이동

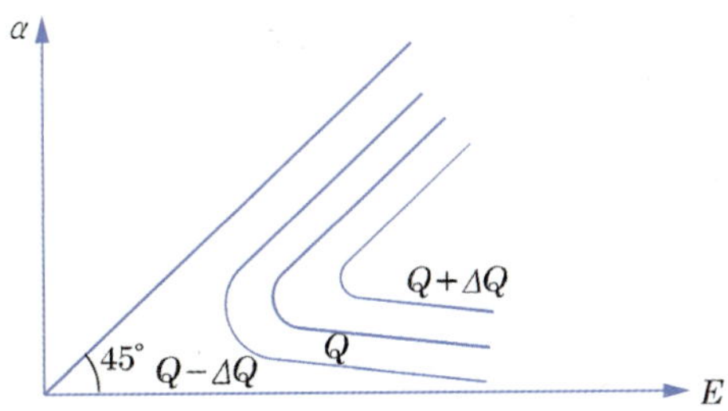

주어진 비에너지에서 최대의 유량이 발생할 수 있는 수로의 수심을 구하기 위해 식(6.39)를 단위폭 당 유량 q에 대해 정리하면 다음과 같다.

$$q^2 = 2g(Ed^2 - d^3) \tag{6.46}$$

주어진 비에너지에 대한 최대 q를 구하기 위해 식(6.46)의 q를 d에 대해 미분하고 $\partial q/\partial d = 0$으로 두면 다음과 같다.

$$\frac{\partial q}{\partial y} = \frac{g}{q}(2Ed - 3d^2) = 0 \tag{6.47}$$

식(6.47)을 수심 d에 대해 정리하면

$$d = \frac{2}{3} E = d_c \tag{6.48}$$

식(6.48)은 한계수심에서 유량이 최대가 되고, 이때 비에너지는 최소가 됨을 나타낸다.

그림 6.20은 일정한 비에너지에서 유량이 변하는 경우, 최대 유량은 한계 수심에서 나타나는 것을 보여준다.

그림 6.20 일정한 비에너지에서 유량 변화에 따른 수심의 변화

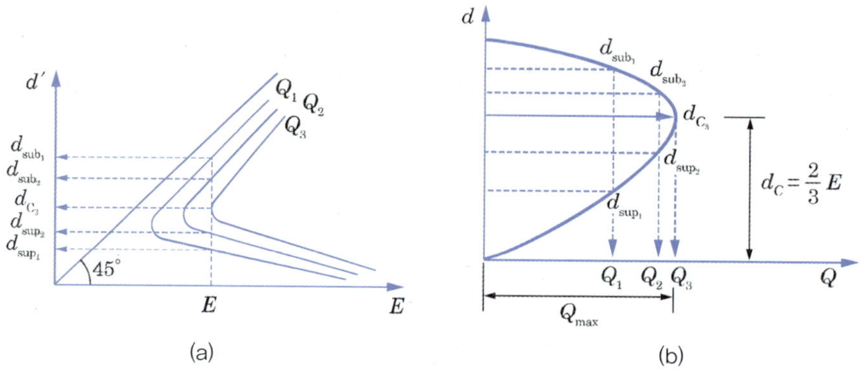

직사각형 수로인 경우, 식(6.41)에서부터

$$1-\frac{Q^2b}{gb^3d^3}=1-\frac{b^2d^2V^2b}{gb^3d^3}=1-\frac{V^2}{gd}=0$$

$$\frac{V}{\sqrt{gd}}=1 \tag{6.49}$$

여기서, $V=\sqrt{gd}$ 는 수로의 수면에서 파의 전파속도(wave speed in shallow water)이다.

Froude 수 F_r은 중력에 대한 관성력의 비를 나타내는 무차원수이며, 수로에서의 평균유속 V에 대한 수면에서 장파가 전파하는 속도 $\sqrt{gd}$ 의 비를 나타낸다. $F_r=1$인 경우, 수로에서의 유동은 한계류(critical state)가 되고 $V=\sqrt{gd}$ 이다. $F_r<1$인 경우, 수로에서의 유동은 상류(subcritical state)가 되고 $V<\sqrt{gd}$ 가 되며, 표면파의 유동은 상류(upstream)방향($V-\sqrt{gd}<0$)이 되고, 수로 상·하류 유동에 영향을 미친다. $F_r>1$인 경우, 수로에서의 유동은 사류(supercritical state)가 되고 $V>\sqrt{gd}$ 가 되며, 표면파의 유동은 하류(downstream)방향($V>\sqrt{gd}$)이 되고, 수로 상류의 유동에 영향을 미치지 않는다.

6.5.2 단면형상에 따른 한계수심

수로의 단면형상이 직사각형이 아닌 수로에 대한 한계수심은 직사각형의 경우보다 다소 복잡하다. 한계수심은 비에너지가 최소일 때의 수심이므로 식(6.40) $\frac{\partial E}{\partial d} = -\frac{Q^2}{gA^3}\frac{\partial A}{\partial d} + 1 = 0$에서부터 수로의 단면형상에 따른 한계수심을 구하면 다음과 같다.

수로의 단면적 A는 일반적으로 $A = ad^n$(여기서, a는 수로 단면형에 의해 결정되는 상수로 수심과는 무관함)으로 표시되므로

$$\frac{\partial A}{\partial d} = and^{n-1} \tag{6.50}$$

식(6.50)을 위의 $\frac{Q^2}{gA^3}\frac{\partial A}{\partial d} - 1 = 0$에 대입하면

$$\frac{Q^2}{ga^3d^{3n}}and^{n-1} = 1 \tag{6.51}$$

식(6.51)을 한계수심 d_c에 대해 고려하면

$$and_c^{n-1} = \frac{ga^3d_c^{3n}}{Q^2}$$

$$\frac{d_c^{3n}}{d_c^{n-1}} = \frac{Q^2an}{ga^3}$$

$$d_c^{2n+1} = \frac{nQ^2}{ga^2}$$

$$\therefore d_c = \left(\frac{nQ^2}{ga^2}\right)^{\frac{1}{2n+1}} \tag{6.52}$$

(1) 직사각형 수로 단면

그림 6.21 직사각형 수로 단면

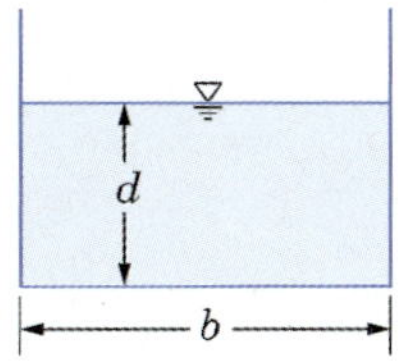

직사각형 수로 단면적 $A = ad^n$에서 $a = b$, $n = 1$이므로

$$d_c = \left(\frac{Q^2}{gb^2}\right)^{1/3} = \left(\frac{q^2}{g}\right)^{1/3} \tag{6.53}$$

(2) 사다리꼴 수로 단면

그림 6.22 사다리꼴 수로 단면

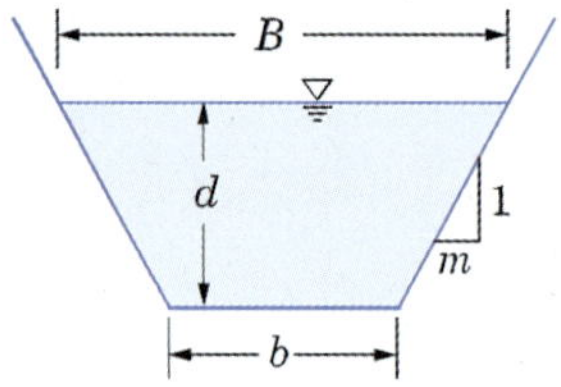

$\dfrac{\partial E}{\partial d} = -\dfrac{Q^2}{gA^3}\dfrac{\partial A}{\partial d} + 1 = 0$에서부터 $A = bd + md^2 = \dfrac{1}{2}(B+b)d$이고 $\dfrac{\partial A}{\partial d} = b + 2md = B$이므로, $\partial E/\partial d$는 다음과 같다.

$$\frac{Q^2}{g(bd+md^2)^3}B = 1 \tag{6.54}$$

한계수심 d_c에 대해 고려하면 다음과 같이 되며, d_c는 시행착오법(trial and error)에 의해 구한다.

$$\frac{Q^2 B}{g(bd_c + md_c^2)^3} = 1 \tag{6.55}$$

(3) 삼각형 수로 단면

그림 6.23 삼각형 수로 단면

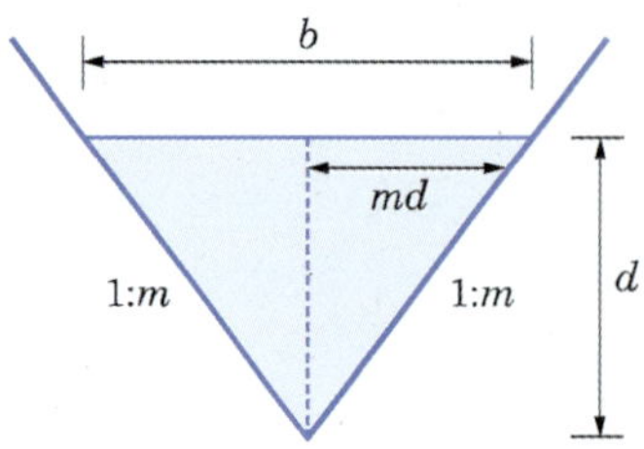

$$d_c = \left(\frac{2Q^2}{gm^2}\right)^{1/5} \tag{6.56}$$

(4) 포물선형 수로 단면

그림 6.24 포물선형 수로

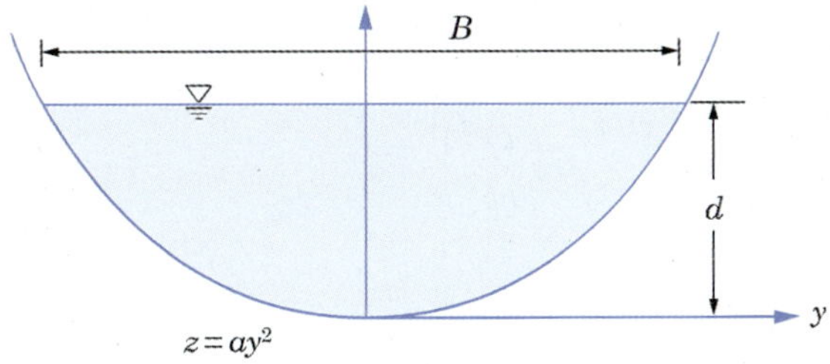

$$d_c = \left(\frac{1.5Q^2}{ga^2}\right)^{1/4} \tag{6.57}$$

여기서, a는 $z = ay^2$에서 $z = d,\ y = B/2$로 두고 구할 수 있다.

6.5.3 한계경사

그림 6.25 한계경사

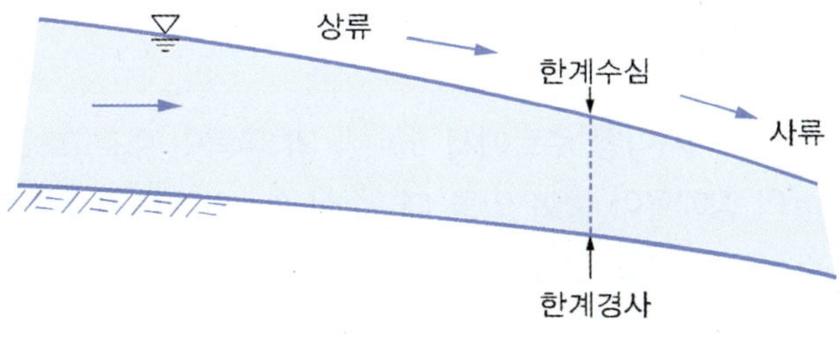

한계경사(critical slope)는 개수로 내 등류의 수심이 한계수심과 같을 때의 수로경사로, 한계류는 한계경사 S_c에서 발생한다고 볼 수 있다.

Chezy 공식을 이용한 직사각형 수로에서의 한계경사를 구하면 다음과 같다.

$$Q = AC\sqrt{R_h S_0} = bdC\sqrt{R_h S_0}$$

폭이 매우 넓은 직사각형 수로($b \gg d$)인 경우, $R_h \approx d$이므로

$$Q = bdC\sqrt{dS_0}$$

$$\therefore\ d = \left(\frac{Q}{bC\sqrt{S_0}}\right)^{2/3} \tag{6.58}$$

한계류인 경우, $d = d_c$이고 $S_0 = S_c$이므로 식(6.58)은 다음과 같다.

$$\left(\frac{Q}{bC\sqrt{S_c}}\right)^{2/3} = \left(\frac{Q^2}{gb^2}\right)^{1/3}$$

$$\frac{Q^2}{b^2C^2S_c} = \frac{Q^2}{gb^2}$$

$$\therefore\ S_c = \frac{g}{C^2} \tag{6.59}$$

유속계수 $C = \frac{1}{n}R_h^{1/6} \cong \frac{1}{n}d^{1/6}$에서 n이 증가하면 C는 감소하고 이에 따라 식(6.59)에서 S_c가 증가하므로, 수로 표면의 조도가 커질수록 상류에서 사류로 변하는 지점에서의 한계경사가 커지는 것을 알 수 있다.
상류인 경우에는 $d > d_c$이므로 $S_0 < g/C^2$ 되고, 사류인 경우에는 $d < d_c$이므로 $S_0 > g/C^2$ 된다.

예제 6.13

폭 $1m$인 직사각형 수로에서 $5m^3/s$의 유량이 흐르고 있다. 수로바닥에 높이 $0.2m$의 장애물이 놓여 있을 때, 수심 $2m$와 $1m$인 경우에 대해 장애물로 인한 수심의 증감을 구하라.

풀이

비에너지 $E = \frac{Q^2}{2gb^2d^2} + d = \frac{1.2755}{d^2} + d$에서부터 비에너지곡선을 그리면 다음과 같다.

그림

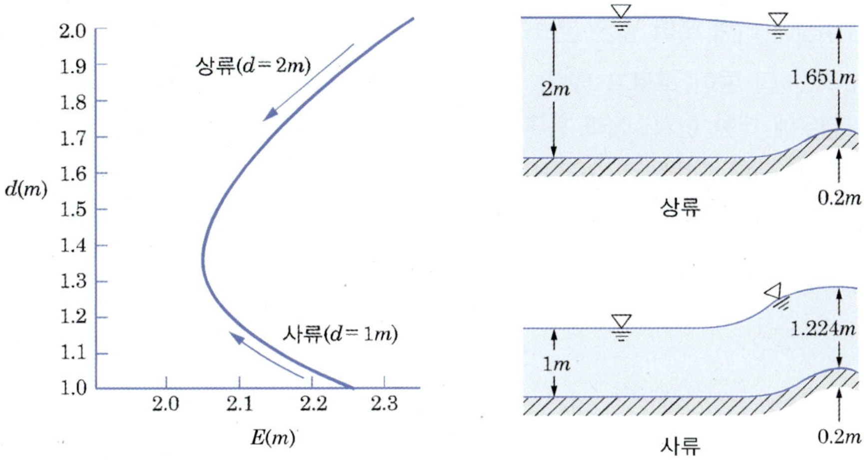

한계수심

$$d_c = \left(\frac{q^2}{g}\right)^{1/3} = \left[\frac{(5/1)^2}{9.81}\right]^{1/3} = 1.366m$$

Case 1 : $d_1 = 2m$인 경우에는 $d_1 > d_c$이므로 상류이다.

$$E_1 = 1.2755/2^2 + 2 = 2.3189m$$

$$E_2 = 2.3189 - 0.2 = 2.1189m,$$

$$E_2 = 2.1189 = \frac{1.2755}{d_2^2} + d_2 \quad \therefore\ d_2 = 1.651m$$

Case 2 : $d_1 = 1m$인 경우에는 $d_1 < d_c$이므로 사류이다.

$$E_1 = 1.2755/1^2 + 1 = 2.2755m$$

$$E_2 = 2.2755 - 0.2 = 2.0755m,$$

$$E_2 = 2.0755 = \frac{1.2755}{d_2^2} + d_2 \quad \therefore\ d_2 = 1.224m$$

예제 6.14

수심에 비해 폭이 넓은 콘크리트 및 토질지반 직사각형 수로에 단위폭당 0.7 m^3/s의 물이 흐르고 있다. 수로의 경사가 1/100, 1/200, 1/300, 1/400인 경우에 대한 한계수심과 등류수심을 구하고, 각 경우에 대한 흐름이 상류인지 사류인지를 검토하라. 여기서, 운동에너지 보정계수는 1.1이고, 콘크리트 및 토질지반 수로에 대한 Manning의 조도계수는 각각 0.015와 0.025이다.

풀이

한계수심

$$d_c = \left(\frac{\alpha q^2}{g}\right)^{1/3} = [(1.1 \times 0.7^2)/9.81]^{1/3} = 0.38m$$

수심에 비해 폭이 넓은 직사각형 수로에서는 $R_h \approx d$이며, Manning 공식에서부터 등류수심 d_n을 구하면

$$Q = \frac{1}{n}(bd_n)R_h^{2/3}S_0^{1/2} = \frac{1}{n}(bd_n)d_n^{2/3}S_0^{1/2} = \frac{1}{n}bd_n^{5/3}S_0^{1/2}$$

$$d_n = \left(\frac{n^2Q^2}{b^2S_0}\right)^{3/10} = \left(\frac{n^2}{S_0}q^2\right)^{3/10} = 0.49\left(\frac{n^2}{S_0}\right)^{3/10}$$

	1/100	1/200	1/300	1/400
$n = 0.015$	$d_n = 0.259$	$d_n = 0.318$	$d_n = 0.360$	$d_n = 0.392$
$n = 0.025$	$d_n = 0.351$	$d_n = 0.433$	$d_n = 0.489$	$d_n = 0.533$

위 표에 나타나 있는 것과 같이 콘크리트 수로에서는 $S_0 = 1/400$인 경우에만 상류이고, 토질지반 수로에서는 $S_0 = 1/100$인 경우에만 사류이며, 이보다 완만한 수로에서는 상류가 발생한다. 그러므로 동일한 유량에서도 수로의 재질, 즉 조도에 따라 흐름의 형태가 달라지는 것을 알 수 있다.

예제 6.15

수심에 비해 폭이 넓은 콘크리트 직사각형 수로에서 폭 $1m$당 $0.4m^3/s$의 유량이 흐르고 있다. 이 흐름을 사류가 아닌 상류로 흐르게 하려면 수로의 경사를 얼마로 제한해야 하는가? 여기서, Manning의 조도계수는 0.013이다.

풀이

한계수심

$$d_c = \left(\frac{q^2}{g}\right)^{1/3} = (0.4^2/9.81)^{1/3} = 0.254m$$

한계경사

$$S_c = \frac{g}{C^2} = \frac{g}{\left[\frac{1}{n}R_{h_c}^{1/6}\right]^2} \cong \frac{g}{\left[\frac{1}{n}d_c^{1/6}\right]^2} = \frac{9.81}{\left[\frac{1}{0.013}(0.254)^{1/6}\right]^2} = 0.00262$$

그러므로 상류가 흐르기 위한 수로의 경사는 0.00262보다 급해서는 안 된다.

6.6 도수

도수(hydraulic jump) 개수로 유동에서 흐름이 사류에서 상류로 변할 때 발생하는 갑작스러운 수위의 변화로, 큰 소용돌이가 발생하며 에너지의 손실을 동반한다.

비력(specific force) 개수로 유동에서 수로바닥을 기준으로 흐름 단면에 작용하는 단위무게당 정수력과 운동량의 합

공액수심(conjugate depth) 개수로 유동에서 동일한 비력을 가지고 흐를 수 있는 두 개의 수심(상류에서의 수심과 사류에서의 수심)이 발생하는데, 이때 하나의 수심과 동일한 비력으로 흐를 수 있는 나머지 수심

도수(hydraulic jump)는 사류에서 상류로 변화하는 유동에서 상류(upstream)로부터 유동하는 사류가 하류(downstream)에 있는 상류와 충돌하면서 유속이 급격히 감소하고, 수면이 불연속($dz/dx = \infty$)적으로 소용돌이와 함께 급격히 상승하는 현상이다. 도수는 급경사부에서 완경사부로의 유동, 댐을 월류하는 유동, 수문에서의 유출 등에서 나타나며, 도수가 발생할 경우에는 에너지의 손실이 크게 발생하므로 에너지 감쇠의 목적으로 이용될 수 있다. 많은 여수로(spillway)에서는 여수로의 에이프런(apron) 상에서 도수가 발생하도록 설계하는데, 이러한 경우에는 하류부에서 유속이 크게 감소되어 수로의 과다한 침식을 방지할 수 있다.

그림 6.26 도수의 개념도

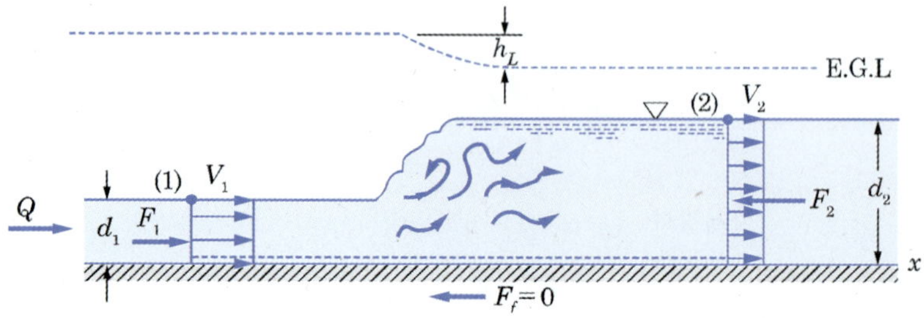

그림 6.26의 단면 (1)과 (2) 사이에 대한 운동량방정식에서부터 도수 전 수심과 도수 후 수심의 관계식을 구하면 다음과 같다.

$$F_1 + W\sin\theta - F_2 - F_f = \rho Q(V_2 - V_1) \tag{6.60}$$

여기서, F_1과 F_2는 단면 (1)과 (2)에서의 정수력, W는 물의 무게, F_f는 마찰력, Q는 유량, 그리고 V_1과 V_2는 단면 (1)과 (2)에서의 유속이다. $\theta \approx 0$이고 도수가 발생하는 구간의 길이가 아주 짧다고 가정하여 마찰력 F_f를 무시하면

$$F_1 - F_2 = \rho Q(V_2 - V_1) \tag{6.61}$$

$F_1 = \int_0^{d_1}\int_0^b \rho g d d b d z = \dfrac{\rho g b d_1^2}{2}$, $F_2 = \dfrac{\rho g b d_2^2}{2}$이고, $V_1 = \dfrac{Q}{A_1}$, $V_2 = \dfrac{Q}{A_2}$ 이므로

$$\frac{\rho g b}{2}(d_1^2 - d_2^2) = \rho Q^2\left(\frac{1}{A_2} - \frac{1}{A_1}\right)$$

$$\frac{\rho g b}{2}(d_1 - d_2)(d_1 + d_2) = \frac{\rho Q^2}{b}\left(\frac{1}{d_2} - \frac{1}{d_1}\right)$$

$$\frac{g}{2}(d_1 - d_2)(d_1 + d_2) = \frac{Q^2}{b^2}\left(\frac{1}{d_2} - \frac{1}{d_1}\right)$$

$$(d_1 - d_2)(d_1 + d_2) = \frac{2q^2}{g}\left(\frac{d_1 - d_2}{d_1 d_2}\right)$$

$$\frac{q^2}{g} = d_1 d_2\left(\frac{d_1 + d_2}{2}\right) \tag{6.62}$$

$$F_{r_1}^2 = \frac{V_1^2}{gd_1} = \frac{Q^2}{gA_1^2 d_1} = \frac{Q^2}{gb^2 d_1^3} = \frac{q^2}{d_1^3 g}$$ 에서부터 $\frac{q^2}{g} = d_1^3 F_{r_1}^2$ 이므로

$$d_1^3 F_{r_1}^2 = d_1 d_2 \left(\frac{d_1 + d_2}{2} \right)$$

$$d_1^2 F_{r_1}^2 = \frac{d_1 d_2}{2} + \frac{d_2^2}{2}$$

$$2F_{r_1}^2 = \frac{d_2}{d_1} + \left(\frac{d_2}{d_1} \right)^2$$

$$\left(\frac{d_2}{d_1} \right)^2 + \frac{d_2}{d_1} - 2F_{r_1}^2 = 0$$

$$\frac{d_2}{d_1} = \frac{1}{2} \left[-1 \pm \sqrt{1 - (4)(1)(-2F_{r_1}^2)} \right] \tag{6.63}$$

식(6.63)에서 음의 부호를 가진 해는 $-d_2/d_1$를 가져오므로 배제하면

$$\frac{d_2}{d_1} = \frac{1}{2} \left(\sqrt{1 + 8F_{r_1}^2} - 1 \right) \tag{6.64}$$

식(6.64)에서부터 도수에서의 수심의 비 d_2/d_1는 Froude 수의 함수로 나타남을 알 수 있고, $F_{r_1} = 1$이면 한계류가 발생하기 때문에 도수는 발생하지 않는다.

도수에는 완전도수와 파상도수가 있다. 완전도수는 d_2/d_1가 클 때, 수면이 급경사를 이루고 상승하며 급경사면에 와류 현상이 생기고, $F_{r_1} > 1.7$인 경우에 발생한다. 파상도수는 d_2/d_1가 크지 않을 때($d_1 \sim d_c$), 도수 부분은 파상을 이루고 와류도 그다지 크지 않으며, $1 < F_{r_1} < 1.7$인 경우에 발생한다.

그림 6.27 도수의 형태

(a) 완전도수

(b) 파상도수

도수의 길이 l은 도수 전, 후의 수심, 수로경사, 조도 등에 따라 다르며, 다음과 같은 실험에 의한 공식에서부터 구할 수 있다.

$$l = 6(d_2 - d_1) \text{ (Smetana 공식)} \tag{6.65a}$$

$$l = 4.5d_2 \text{ (Safranez 공식)} \tag{6.65b}$$

$$l = 6.1d_2 \text{ (미 개척국 공식)} \tag{6.65c}$$

$$l = 6V_1\sqrt{\frac{d_1}{g}} \text{ (Schaffernak 공식)} \tag{6.65d}$$

$$l = \left(8 - 0.05\frac{d_2}{d_1}\right)(d_2 - d_1) \text{ (Woycicki 공식)} \tag{6.65e}$$

단면 (1)과 (2)에서의 단면적을 A_1, A_2, 도심까지의 수심을 d_{G1}, d_{G2}라고 하면, $F_1 = \gamma d_{G1}A_1$, $F_2 = \gamma d_{G2}A_2$이 되고, 식(6.61) $F_1 - F_2 = \rho Q(V_2 - V_1)$에서부터 유체에 작용하는 힘, 즉 비력(specific force) F_s를 구하면 다음과 같다.

$$\gamma d_{G1}A_1 - \gamma d_{G2}A_2 = \rho Q(V_2 - V_1)$$

$$\gamma d_{G1}A_1 - \gamma d_{G2}A_2 = \frac{\gamma}{g}QV_2 - \frac{\gamma}{g}QV_1$$

$$\frac{Q}{g}V_1 + d_{G1}A_1 = \frac{Q}{g}V_2 + d_{G2}A_2$$

$$F_s = \frac{Q}{g}V + d_GA = \text{일정} \tag{6.66a}$$

$$F_s = \frac{Q^2}{gA} + d_GA = \text{일정} \tag{6.66b}$$

그리고 식(6.66b)를 고쳐 나타내면 $F_s = \frac{\rho Q}{\rho g}\frac{Q}{A} + \frac{\gamma d_G A}{\gamma} = \frac{mV}{\gamma} + \frac{\gamma d_G A}{\gamma}$ $=$일정이 되므로, 비력$= \frac{\text{운동량}}{\text{단위중량}} + \frac{\text{정수력}}{\text{단위중량}} =$일정하다는 것을 나타낸다. 일반적으로 도수는 비교적 짧은 구간에서 발생하므로 도수 전후의 비력은 거의 같다고 생각할 수 있다.

식(6.66b)에서부터 직사각형 수로($A = bd$, $d_G = d/2$)에서의 비력은 다음과 같다.

$$F_s = \frac{Q^2}{gbd} + \frac{b}{2} d^2 \tag{6.67}$$

식(6.67)의 F_s를 d에 대해 미분하고 $\partial F_s / \partial d = 0$으로 두면, 비력이 최소가 되는 수심은 식(6.68)과 같이 한계수심과 같다는 것을 알 수 있다.

$$\frac{\partial F_s}{\partial d} = - \frac{Q^2}{gbd^2} + bd = 0$$

$$d = \left(\frac{Q^2}{gb^2} \right)^{1/3} \tag{6.68}$$

도수 시의 비에너지와 수심 그리고 비력과 수심의 관계는 그림 6.28과 같다. 비에너지의 경우와 같이 일정한 유량에 있어 하나의 비력에 대해 두 개의 수심이 존재하는데, 이를 공액수심(conjugate depth)이라고 한다.

그림 6.28 비력 곡선

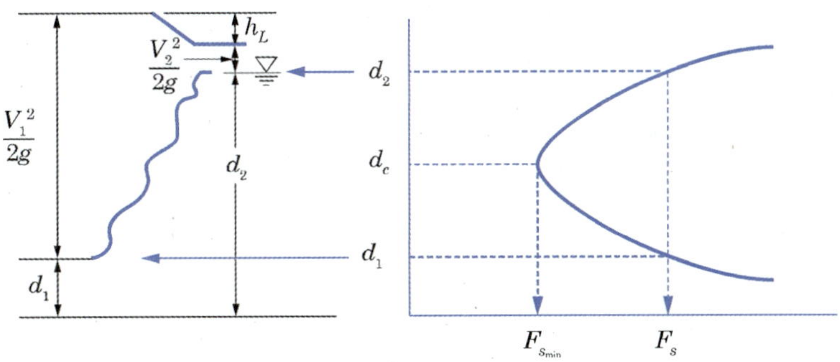

도수에 의한 에너지손실은 주로 소용돌이, 즉 와(vortex)에 의해 발생한다. 도수 전, 후에 대해 Bernoulli 방정식을 적용하여 도수에 의한 에너지손실 ΔE를 구하면 다음과 같다.

$$\frac{V_1^2}{2g} + d_1 = \frac{V_2^2}{2g} + d_2 + h_L \tag{6.69}$$

$$h_L = \left(\frac{V_1^2}{2g} + d_1 \right) - \left(\frac{V_2^2}{2g} + d_2 \right)$$

손실수두 h_L은 도수에 의한 에너지손실 ΔE이므로

$$\Delta E = \left(\frac{V_1^2}{2g} + d_1\right) - \left(\frac{V_2^2}{2g} + d_2\right) = \frac{1}{2g}\left(V_1^2 - V_2^2\right) + (d_1 - d_2)$$

$$\Delta E = \frac{q^2}{2g}\left(\frac{1}{d_1^2} - \frac{1}{d_2^2}\right) + (d_1 - d_2) \tag{6.70}$$

식(6.70)에 식(6.62) $\frac{q^2}{g} = d_1 d_2 \left(\frac{d_1 + d_2}{2}\right)$를 대입하면

$$\Delta E = \frac{d_1 d_2 (d_1 + d_2)}{4}\left(\frac{1}{d_1^2} - \frac{1}{d_2^2}\right) + (d_1 - d_2)$$

$$= \frac{(d_1 + d_2)^2 (d_2 - d_1) - 4 d_1 d_2 (d_2 - d_1)}{4 d_1 d_2}$$

$$\therefore \ \Delta E = \frac{(d_2 - d_1)^3}{4 d_1 d_2} \tag{6.71}$$

그림 6.29 도수에 의한 에너지손실

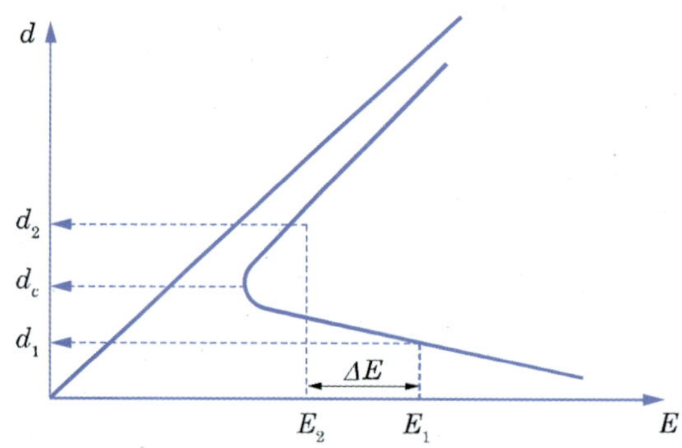

예제 6.16

직사각형 수로에 설치된 폭 $15m$의 수문 하류에서 도수가 발생하고 있다. 도수 전 수심이 $1.5m$이고 유속이 $20m/s$일 때, 도수 후 수심 및 유속, 도수 전, 후의 Froude 수, 그리고 도수로 인한 에너지손실을 구하라.

풀이

도수 후 수심과 유속

$$d_2 = \frac{1}{2}\left(\sqrt{1+8\frac{V_1^2}{gd_1}}-1\right)d_1 = \frac{1}{2}\left(\sqrt{1+(8)\frac{20^2}{(9.81)(1.5)}}-1\right)(1.5) = 10.34m$$

$$V_2 = \frac{A_1}{A_2}V_1 = \frac{1.5b}{10.34b}(20) = 2.9m/s$$

도수 전, 후의 Froude 수

$$F_{r_1} = \frac{V_1}{\sqrt{gd_1}} = \frac{20}{\sqrt{(9.81)(1.5)}} = 5.216,$$

$$F_{r_2} = \frac{V_2}{\sqrt{gd_2}} = \frac{2.9}{\sqrt{(9.81)(10.34)}} = 0.288$$

에너지손실

$$\Delta E = \frac{(d_2-d_1)^3}{4d_1d_2} = \frac{(10.34-1.5)^3}{4(1.5)(10.34)} = 11.13m$$

예제 6.17

그림과 같은 밑변 $3m$, 빗변의 경사 1(수직) : 1(수평)인 사다리꼴 수로에 $8m^3/s$의 유량이 흐르고 있다. 상류 측 수심이 $0.3m$인 곳에서 도수가 발생할 때, 하류 측 도수 후 수심과 유속, 그리고 도수 전, 후의 Froude 수를 구하라.

그림

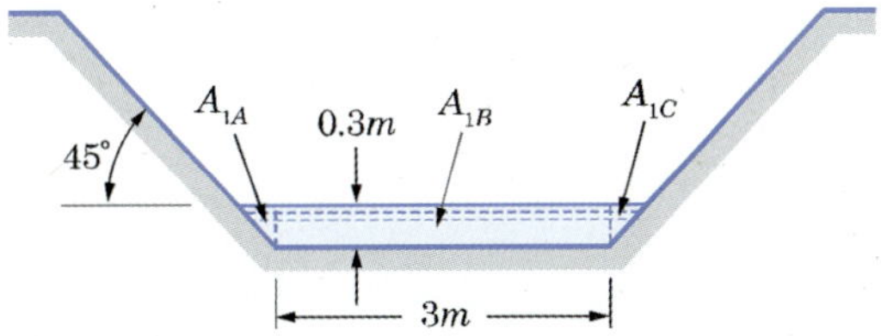

풀이

상류 측 단면적과 유속, 그리고 수리수심

$$A_1 = bd_1 + d_1^2 = (3\times 0.3) + (0.3^2) = 0.99m^2$$

$$V_1 = Q/A_1 = 8/0.99 = 8.08m/s$$

$$D_1 = A_1/B = 0.99/3.6 = 0.275m$$

사다리꼴 수로에서의 Froude 수는 수리수심 D를 사용하여 구하므로

$$F_{r_1} = V_1/\sqrt{gD_1} = 8.08/\sqrt{(9.81)(0.275)} = 4.92$$

단면적 A_1의 도심의 위치는 수면에 대한 흐름 단면의 모멘트에서부터 구할 수 있으므로

$$A_1 d_{G1} = (A_{1A} \times d_{G1_A}) + (A_{1B} \times d_{G1_B}) + (A_{1C} \times d_{G1_C})$$
$$0.99 d_{G1} = (0.5 \times 0.3 \times 0.3 \times 0.1) + (3 \times 0.3 \times 0.15) + (0.5 \times 0.3 \times 0.3 \times 0.1)$$
$$d_{G1} = 0.145m$$

그러므로 상류 측 도심에서의 압력 $p_{G1} = \gamma d_{G1} = (9{,}810)(0.145) = 1{,}422.45 N/m^2$
$\gamma d_{G1} A_1 + \rho Q V_1 = \gamma d_{G2} A_2 + \rho Q V_2$에서부터

$$(1{,}422.45)(0.99) + (1{,}000)(8)(8.08) = \gamma d_{G2} A_2 + \rho Q V_2$$
$$\gamma d_{G2} A_2 + \rho Q^2 / A_2 = 6{,}6048.23$$
$$d_{G2} = \frac{(A_{2A} \times d_{G2_A}) + (A_{2B} \times d_{G2_B}) + (A_{2C} \times d_{G2_C})}{A_2}$$
$$= \frac{(0.5 \times d_2 \times d_2 \times d_2/3) + (bd_2 \times d_2/2) + (0.5 \times d_2 \times d_2 \times d_2/3)}{bd_2 + 2(0.5 \times d_2 \times d_2)}$$
$$= \frac{bd_2^2/2 + d_2^3/3}{bd_2 + d_2^2}$$
$$\gamma\left(\frac{bd_2^2}{2} + \frac{d_2^3}{3}\right) + \frac{\rho Q^2}{(bd_2 + d_2^2)} = 6{,}6048.23$$
$$(9{,}810)\left(\frac{3d_2^2}{2} + \frac{d_2^3}{3}\right) + \frac{(1{,}000)(8^2)}{(3d_2 + d_2^2)} = 6{,}6048.23$$
$$\therefore\ d_2 = 1.7m$$

$V_2 = Q/A_2 = 8/7.99 = 1m/s$, $D_2 = A_2/B = 7.99/6.4 = 1.25m$에서부터

$$F_{r_2} = V_2/\sqrt{gD_2} = 1/\sqrt{(9.81)(1.25)} = 0.285$$

예제 6.18

폭 $1m$인 직사각형 수로에서의 유량이 $0.5m^3/s$이고, 수심이 $0.8m$이다. (1) 이 유량에 대한 비에너지와 동일한 비에너지를 가지고 흐를 수 있는 대응수심, (2) 이 흐름에서의 한계수심, (3) 도수 후 비에너지와 도수 전 비에너지의 비율

을 구하라. 여기서, 운동에너지 보정계수 1.005이다.

풀이

단면적 : $A = bd = (1)(0.8) = 0.8m^2$

유속 : $V = Q/A = 0.5/0.8 = 0.625m/s$

속도수두 : $\alpha\frac{V^2}{2g} = (1.005)\frac{0.625^2}{2(9.8)} = 0.02m$

비에너지 : $E = \alpha\frac{V^2}{2g} + d = 0.02 + 0.8 = 0.82m$

대응수심을 z라고 하면

유속 : $V_1 = Q/bz = 0.5/(1\times z)$

속도수두 : $\alpha\frac{V_1^2}{2g} = (1.005)\frac{(0.5/z)^2}{2(9.8)} = \frac{0.25125}{19.6z^2}$

대응수심 z에서의 비에너지와 수심 $0.8m$에서의 비에너지는 같으므로

$$0.82 = \frac{0.25125}{19.6z^2} + z$$

$$z^3 - 0.82z^2 + 0.0128 = 0 \rightarrow z = 0.137,\ z = 0.137,\ z = -0.117$$

z는 음수가 될 수 없으므로, $Q = 0.5m^3/s$, $E = 0.82m$에 대한 수심은 $0.8m$와 $0.137m$가 된다.

$$한계수심 : d_c = \left(\frac{\alpha Q^2}{g}\right)^{1/3} = \left[\frac{(1.005)(0.5^2)}{9.8}\right]^{1/3} = 0.295m$$

$z = d_1 = 0.137m$에 대한 Froude 수를 구하면

$$F_{r_1} = \frac{V_1}{\sqrt{gd_1}} = \frac{Q/bd_1}{\sqrt{gd_1}} = \frac{0.5/(1\times 0.137)}{\sqrt{(9.8)(0.137)}} = 3.15 \ (사류)$$

그러므로 $d_1 = 0.137m$는 사류수심이며 도수 전 수심이 된다.

도수 후 수심 : $d_2 = \frac{d_1}{2}(\sqrt{1+8F_{r_1}^2} - 1) = \frac{0.137}{2}(\sqrt{1+8(3.15^2)} - 1) = 0.546m$

도수 후 비에너지 : $E_2 = \alpha\frac{V_2^2}{2g} + d_2 = (1.005)\frac{[0.5/(1\times 0.546)]^2}{2(9.8)} + 0.546 = 0.598m$

도수 전, 후의 비에너지 비율 : $E_2/E_1 = 0.589/0.81 = 0.718$

6.7 개수로에서의 점변류

점변류(gradually varied flow) 개수로에서 수심이 수로의 길이 방향에 따라 점진적으로 변하는 흐름으로, 에너지경사선, 동수경사선, 그리고 바닥의 경사가 서로 다르다.
급변류(rapidly varied flow) 개수로의 짧은 구간 내에서 수로의 단면과 수면의 변화가 클 때 발생하는 흐름으로, 경계면에서의 마찰손실보다 와류로 인한 손실이 지배적이다.

개수로 유동에서의 등류에서는 수심이 일정($dz/dx=0$)하게 유지되므로 에너지경사선(S_e)은 수로 바닥의 경사선(S_0)과 평행하고, 속도도 구간을 따라 변하지 않고 유지된다. 그러나 만일 에너지경사선(S_e)이 수로 바닥의 경사선(S_0)과 평행하지 않으면 수심은 수로를 따라 변하게 되고, 속도도 구간을 따라 변하는 부등류가 된다. 부등류는 수심, 유속, 단면이 공간적으로 거리에 따라 점진적으로 변하는 점변류(gradually varied flow)와 수심, 유속, 단면이 공간적으로 급격하게 변하는 급변류(rapidly varied flow)로 분류할 수 있다. 수로의 긴 구간에 걸쳐 수심과 속도가 변하는 점변류에서는 수로 표면에서의 저항이 중요한 인자가 되나, 비교적 짧은 거리에서 수심과 속도가 현저하게 변하는 급변류에서는 수로 표면에서의 저항을 무시할 수 있다. 이 절에서는 점변류에 대한 몇 가지 특성을 알아보기로 하겠다.

6.7.1 점변류방정식

총 에너지수두 $H=\dfrac{V^2}{2g}+d+z=\dfrac{Q^2}{2gA^2}+d+z$에서부터 유동방향을 x축으로 하여 유동에 따른 총 에너지수두의 변화, 즉 에너지경사를 구하면 다음과 같다.

$$\frac{dH}{dx}=-\frac{Q^2}{gA^3}\frac{dA}{dx}+\frac{dd}{dx}+\frac{dz}{dx} \tag{6.72}$$

$\dfrac{dA}{dx}=\dfrac{dA}{dd}\dfrac{dd}{dx}=B\dfrac{dd}{dx}$에서부터

$$\frac{dH}{dx} = -\frac{Q^2B}{gA^3}\frac{dd}{dx} + \frac{dd}{dx} + \frac{dz}{dx} \tag{6.73}$$

부등류에서는 수심이 공간적으로 변화하므로, 식(6.73)에서부터 수심의 변화(수로 바닥에 대한 수면경사)를 나타내는 점변류에 대한 기본방정식을 구하면 다음과 같다.

$$\frac{dd}{dx} = \frac{\frac{dH}{dx} - \frac{dz}{dx}}{1 - \frac{Q^2B}{gA^3}} \tag{6.74}$$

여기서, dH/dx는 에너지경사이고 dz/dx는 수로의 바닥경사이다.
직사각형 수로의 경우 $B = b$, $A = bd$이고, 총 에너지수두는 유동방향에 따라 감소하므로 $S_e = -dH/dx$이고 $S_0 = -dz/dx$이므로

$$\frac{dd}{dx} = \frac{\frac{dH}{dx} - \frac{dz}{dx}}{1 - \frac{Q^2b}{gA^3}} = \frac{-S_e - (-S_0)}{1 - \frac{Q^2b}{g(bd)^3}} = \frac{S_0 - S_e}{1 - \frac{Q^2}{gb^2d^3}} \tag{6.75}$$

그림 6.30 수로의 바닥경사

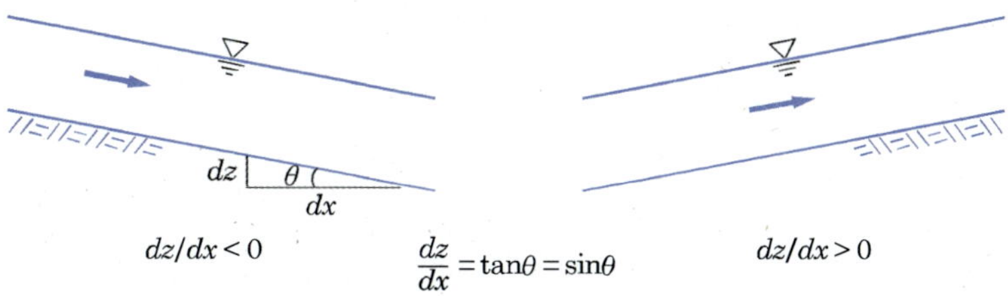

Chezy 공식에서부터 $S_e = Q^2/C^2A^2R_h$이고, 수심에 비해 폭이 넓은 직사각형 수로에서 $R_h \cong d$이므로

$$\frac{dd}{dx} = \frac{S_0 - \frac{Q^2}{C^2A^2R_h}}{1 - \frac{Q^2}{gb^2d^3}} = \frac{S_0 - \frac{Q^2}{C^2(bd)^2d}}{1 - \frac{Q^2}{gb^2d^3}} = \frac{S_0 - \frac{Q^2}{C^2b^2d^3}}{1 - \frac{Q^2}{gb^2d^3}} \tag{6.76}$$

등류에 대한 Chezy 공식에서부터 $Q = AC_n\sqrt{R_{hn}S_0} = bd_nC_n\sqrt{d_nS_0}$ 이 되며 $Q^2 = b^2d_n^3C_n^2S_0$이고, $d_c = (Q^2/gb^2)^{1/3}$에서부터 $d_c^3 = Q^2/gb^2$이므로

$$\frac{dd}{dx} = \frac{S_0 - \dfrac{Q^2}{C^2b^2d^3}}{1 - \dfrac{Q^2}{gb^2d^3}} = \frac{S_0 - \dfrac{Q^2}{C^2b^2}\dfrac{1}{d^3}}{1 - \dfrac{Q^2}{gb^2}\dfrac{1}{d^3}} = \frac{S_0 - \dfrac{b^2d_n^3C_n^2S_0}{C^2b^2}\dfrac{1}{d^3}}{1 - \dfrac{d_c^3}{d^3}}$$

$$= \frac{S_0 - \left(\dfrac{C_n}{C}\right)^2\dfrac{d_n^3}{d^3}S_0}{1 - \dfrac{d_c^3}{d^3}} = \frac{S_0\left[1 - \left(\dfrac{C_n}{C}\right)^2\dfrac{d_n^3}{d^3}\right]}{\dfrac{d^3 - d_c^3}{d^3}}$$

$$\therefore \frac{dd}{dx} = \frac{S_0\left[\dfrac{d^3 - (C_n/C)^2d_n^3}{d^3}\right]}{\dfrac{d^3 - d_c^3}{d^3}} = \frac{S_0\left[d^3 - \left(\dfrac{C_n}{C}\right)^2d_n^3\right]}{d^3 - d_c^3} \tag{6.77}$$

여기서, C_n과 R_{hn}은 등류에 대한 Chezy의 유속계수와 동수반경이다. $\dfrac{C_n}{C} = \dfrac{\dfrac{1}{n}R_{hn}^{1/6}}{\dfrac{1}{n}R_h^{1/6}} = \dfrac{d_n^{1/6}}{d^{1/6}} = \left(\dfrac{d_n}{d}\right)^{1/6}$ 에서부터 $\left(\dfrac{C_n}{C}\right)^2 = \left(\dfrac{d_n}{d}\right)^{1/3}$ 이므로, $C_n/C \equiv 1$인 경우에 대한 점변류방정식은 다음과 같다.

$$\frac{dd}{dx} = \frac{S_0\left[d^3 - d_n^3\right]}{d^3 - d_c^3} = \frac{S_0\left[1 - \left(\dfrac{d_n}{d}\right)^3\right]}{1 - \left(\dfrac{d_c}{d}\right)^3} \tag{6.78}$$

그리고 $C_n/C \neq 1$인 경우에 대한 점변류방정식은 다음과 같다.

$$\frac{dd}{dx} = \frac{S_0\left[1 - \left(\dfrac{d_n}{d}\right)^{1/3}\left(\dfrac{d_n}{d}\right)^3\right]}{1 - \left(\dfrac{d_c}{d}\right)^3} = \frac{S_0\left[1 - \left(\dfrac{d_n}{d}\right)^{10/3}\right]}{1 - \left(\dfrac{d_c}{d}\right)^3} \tag{6.79}$$

여기서, 등류인 경우에는 $dd/dx = 0$이다. 그리고 유동방향에 따라 수심이

감소하는 경우에는 $dd/dx < 0$이고, 유동방향에 따라 수심이 증가하는 경우에는 $dd/dx > 0$이며, 도수와 같이 수면이 급격하게 증가하는 경우에는 $d \approx d_c$에서 $dd/dx \to \infty$가 된다.

또한 $\dfrac{Q^2 b}{gA^3} = \dfrac{A^2 V^2 b}{gb^3 d^3} = \dfrac{b^2 d^2 V^2 b}{gb^3 d^3} = \dfrac{V^2}{gd} = F_r^2$이므로 식(6.75)의 점변류방정식은 다음과 같은 Froude 수에 대해 나타낼 수 있다.

$$\frac{dd}{dx} = \frac{S_0 - S_e}{1 - F_r^2} \tag{6.80}$$

$C_n / C \equiv 1$인 경우, 포물선형 수로에서의 점변류방정식은 다음과 같다.

$$\frac{dd}{dx} = \frac{S_0\left[1 - \left(\dfrac{d_n}{d}\right)^4\right]}{\left[1 - \left(\dfrac{d_c}{d}\right)^4\right]} \tag{6.81}$$

6.7.2 점변류의 수면형

수로의 분류(open channel classification) 한계수심을 기준으로 완경사 수로($d_n > d_c$), 급경사 수로($d_n < d_c$), 그리고 한계경사 수로($d_n = d_c$)로 분류할 수 있고, 수로경사에 따라 수평 수로($S_0 = 0$)와 역경사 수로($S_0 < 0$)로 분류할 수 있다.

수면형상곡선(water surface profile) 수로에서 물이 흐르는 방향을 따라 수평 거리와 수면 표고를 연결하여 나타낸 선으로, 수로 단면에서의 실제 수심(d)에 대한 한계수심(d_c)와 등류수심(d_n)의 관계에 의해 분류된다.

(1) 수로의 분류

개수로는 수로의 단면, 경사 및 표면 조건, 그리고 유량에 의해 완경사 수로, 급경사 수로, 한계경사 수로, 수평 수로, 그리고 역경사 수로 5가지로 분류할 수 있으며 다음과 같다.

완경사 수로(mild channel, M) : $d_n > d_c$

급경사 수로(steep channel, S) : $d_n < d_c$

한계경사 수로(critical channel, C) : $d_n = d_c$

수평 수로(horizontal channel, H) : $S_0 = 0$

역경사 수로(adverse channel, A) : $S_0 < 0$

(2) 수면형상곡선

수면형상곡선(또는 수면곡선; water surface profile)은 수로의 어떤 단면에서의 실제 수심 d에 대한 한계수심 d_c와 등류수심 d_n의 관계에 의해 분류된다. 수면형상곡선은 실제 수심 d에 의해 표현되므로, 여기에서는 편의상 수면형상곡선을 d, 수로의 등류수심선을 d_n, 그리고 한계수심선을 d_c로 표기한다. 그림 6.31은 완경사 수로, 급경사 수로, 한계경사 수로, 수평 수로, 그리고 역경사 수로에서의 여러 가지 형태에 대한 수면형상곡선을 나타내는 것이다.

그림 6.31 수면형상곡선

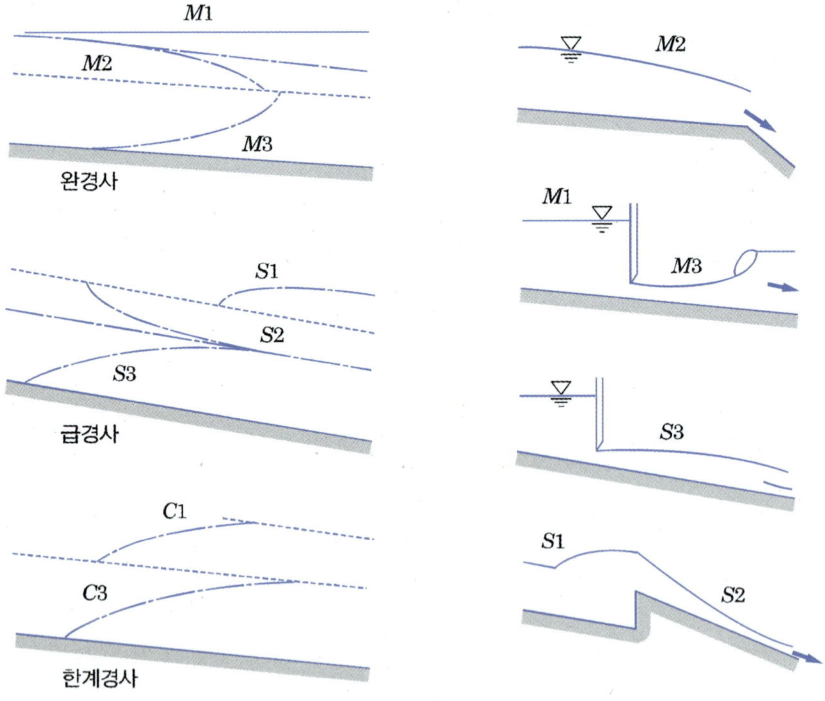

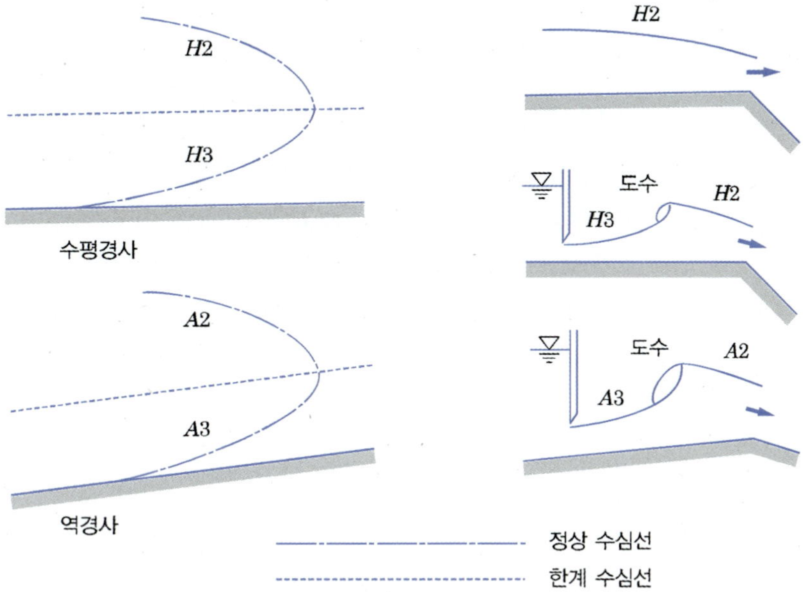

① Type 1 곡선

Type 1 곡선은 수면형상곡선(d)이 수로의 등류수심선(d_n)과 한계수심선(d_c) 위에 있는 곡선이다. 완경사 수로에서는 $d > d_n > d_c$(등류가 상류)이며 $M1$곡선이라고 하며, 급경사 수로에서는 $d > d_c > d_n$(등류가 사류)이며 $S1$ 곡선이라고 하고, 그리고 한계경사 수로에서는 $d > d_c = d_n$이며 $C1$곡선이라고 한다.

유동방향으로 수심이 증가하는 $dd/dx > 0$인 경우, 완경사 수로에서는 d가 d_n에 접근함에 따라 dd/dx는 0에 수렴하며, 상류(upstream)에서 d가 d_n에 접근하는 배수곡선(back water curve)이 나타난다. 급경사 수로에서는 d가 d_c에 접근함에 따라 dd/dx는 ∞에 수렴하며, 수면형상곡선은 이론적으로 수직인 도수와 같은 형상이 나타난다.

② Type 2 곡선

Type 2 곡선은 수면형상곡선(d)이 수로의 등류수심선(d_n)과 한계수심선(d_c) 사이에 있는 곡선이다. 완경사 수로에서는 $d_n > d > d_c$(등류가 상류)이며 $M2$곡선이라고 하고, 급경사 수로에서는 $d_c > d > d_n$(등류가 사류)이며

$S2$곡선이라고 한다. 한계경사 수로에서는 $d_c = d_n$이므로 존재하지 않는다. 유동방향으로 수심이 감소하는 $dd/dx < 0$인 경우, 완경사 수로에서는 d가 d_n에 접근함에 따라 dd/dx는 0에 수렴하며 상류에서 d는 d_n에 접근하고, d가 d_c에 접근함에 따라 dd/dx는 ∞에 수렴하며 하류에서 d가 급격히 감소하는 저하곡선(crop down curve)이 나타난다. 급경사 수로에서는 d가 d_n에 접근함에 따라 dd/dx는 0에 수렴하며 하류에서 d는 d_n에 접근하고, d가 d_c에 접근함에 따라 dd/dx는 ∞에 수렴하며 상류에서 d가 급격히 증가한다.

③ Type 3 곡선

Type 3 곡선은 수면형상곡선(d)이 수로의 등류수심선(d_n)과 한계수심선(d_c) 아래에 있는 곡선이다. 완경사 수로에서는 $d_n > d_c > d$(등류가 상류)이며 $M3$곡선이라고 하고, 급경사 수로에서는 $d_c > d_n > d$(등류가 사류)이며 $S3$곡선이라고 하고, 그리고 한계경사 수로에서는 $d < d_c = d_n$이며 $C3$곡선이라고 한다.

유동방향으로 수심이 증가하는 $dd/dx > 0$인 경우, 완경사 수로에서는 하류에서 d가 d_c에 접근함에 따라 dd/dx는 ∞에 수렴하며, d가 급격히 증가하는 도수가 나타난다. 급경사 수로에서는 d가 d_n에 접근함에 따라 dd/dx는 0에 수렴하며, 하류에서 d는 d_n에 접근한다.

④ 한계경사 수로

한계경사 수로에서는 $d_n = d_c$이므로, $C_n/C \cong 1$에 대한 식(6.78)은 다음과 같다.

$$\frac{dd}{dx} = \frac{S_0\left[1-\left(\frac{d_n}{d}\right)^3\right]}{\left[1-\left(\frac{d_c}{d}\right)^3\right]} = \frac{S_0\left[1-\left(\frac{d_n}{d}\right)^3\right]}{\left[1-\left(\frac{d_n}{d}\right)^3\right]} = S_0 = -\frac{dz}{dx} \tag{6.82}$$

식(6.82)는 한계경사 수로에서 수로 바닥의 높이가 감소하는 비율만큼 수심이 증가하는 것을 나타낸다.

한계경사 수로에서의 Type 1 곡선은 $d > d_c = d_n$이며 $C1$곡선이라고 하고, $d_n/d<1$ 때문에 $dd/dx>0$이 되어 하류로 갈수록 수심이 증가한다. 한계경사 수로에서의 Type 2 곡선은 $d_n=d_c$이므로 존재하지 않는다. 그리고 한계경사 수로에서의 Type 3 곡선은 $d<d_c=d_n$이며 $C3$곡선이라고 하고, $d_n/d>1$ 때문에 $dd/dx>0$이 되어 하류로 갈수록 수심이 증가한다.

⑤ $d_n>d_c$와 $d_n<d_c$인 경우

$d_n>d_c$인 등류가 상류인 경우에는 수면에서의 파의 전파속도 $\sqrt{gd}$가 수로의 유속 V보다 크기 때문에 표면파의 유동은 상류방향이 되고, 수로 상류와 하류의 유동에 영향을 미친다. 그러므로 수로 하류에서의 수심 변화는 상류로 전파되고, 이에 따라 상류 수심의 변화를 초래하므로 수면형상 계산은 하류에서 상류방향으로 실행한다.

$d_n<d_c$인 등류가 사류인 경우에는 수로의 유속 V가 수면에서의 파의 전파속도 $\sqrt{gd}$보다 크기 때문에 표면파의 유동은 하류방향이 되고, 수로 상류의 유동에 영향을 미치지 않는다. 그러므로 수심의 변화는 하류방향으로 전파되는 유동의 교란에 의해 발생하므로 수면형상 계산은 하류방향으로 실행한다.

표 6.5는 수면형상곡선을 요약한 것이다.

표 6.5 수면형상곡선의 특성

수로	기호	형태	경사	수심	곡선
완만	M	1	$S_o>0$	$d>d_n>d_c$	$M1$
완만	M	2	$S_o>0$	$d_n>d>d_c$	$M2$
완만	M	3	$S_o>0$	$d_n>d_c>d$	$M3$
한계	C	1	$S_o>0$	$d>d_n=d_c$	$C1$
한계	C	3	$S_o>0$	$d_n=d_c>d$	$C3$
급한	S	1	$S_o>0$	$d>d_c>d_n$	$S1$
급한	S	2	$S_o>0$	$d_c>d>d_n$	$S2$
급한	S	3	$S_o>0$	$d_c>d_n>d$	$S3$
수평	H	2	$S_o=0$	$d>d_c$	$H2$
수평	H	3	$S_o=0$	$d_c>d$	$H3$
역	A	2	$S_o<0$	$d>d_c$	$A2$
역	A	3	$S_o<0$	$d_c<d$	$A3$

그림 6.32 수면형상곡선 예

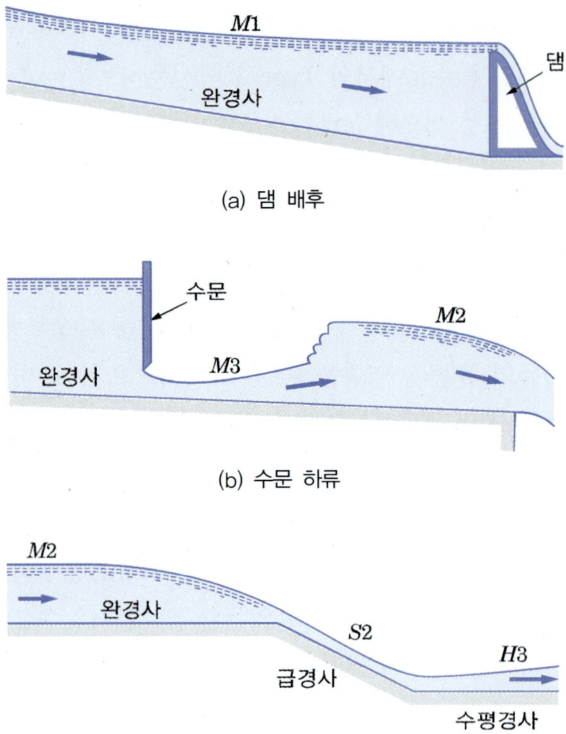

(a) 댐 배후

(b) 수문 하류

(c) 경사가 변하는 수로

예제 6.19

폭 $15m$, 수로경사 0.001, Manning의 조도계수 0.025인 직사각형 수로에 $100m^3/s$의 유량이 흐르고 있으며, 이 흐름은 점변류를 형성하고 있다. 어느 한 단면에서의 수심이 $2m$일 때, 이 흐름의 수면형상곡선을 분류하라. 그리고 만일 수로의 경사가 0.01이면 수면형상곡선형은 어떻게 되는가?

풀이

한계수심

$$d_c = \left[\frac{(100/15)^2}{9.81}\right]^{1/3} = 1.655m$$

Manning 공식에서부터

$$100 = \frac{1}{0.025}(15d_n)\left(\frac{15d_n}{15+2d_n}\right)^{2/3}(0.001)^{1/2} \quad \therefore\ d_n = 3.12m$$

$d_n > d_c$이므로 완경사 수로이고, $d=2m$일 때 $d_n > d > d_c$이므로 Type 2 곡선이 된다. 그러므로 수면형상곡선은 $M2$가 된다.

$S_0 = 0.01$인 경우

$$100 = \frac{1}{0.025}(15d_n)\left(\frac{15d_n}{15+2d_n}\right)^{2/3}(0.01)^{1/2} \quad \therefore d_n = 1.458m$$

$d_c > d_n$이므로 급경사 수로이고, $d=2m$일 때 $d_n > d_c > d$이므로 Type 1 곡선이 된다. 그러므로 수면형상곡선은 $S1$이 된다.

6.8 수면형상계산법

직접적분법(direct integration method) 점변류방정식을 직접 적분하여 수면형상곡선을 계산하는 방법으로, Chow 계산법과 Bresse 계산법이 있다.
축차계산법(step-by-step method) 수로를 짧은 구간으로 나누어 한 구간에서부터 다음 구간으로 단계적으로 수면형상곡선을 계산하는 방법으로, 직접축차계산법(direct step method)과 표준축차계산법(standard step method)이 있다.

수로의 유동에 관계 되는 설계에 있어 주어진 유량에 대한 수면형상곡선을 산정해야 하는 경우가 종종 있다.
점변류에서의 수면형상곡선은 식(6.78)과 (6.79)를 이용하여 산정할 수 있다. 수면형상곡선을 산정할 때에는 유량과 수위(수심) 사이의 관계를 나타낼 수 있는 지점에서의 단면이 있는데, 그 단면을 지배단면(control section)이라고 한다. 이러한 지배단면에서의 수위가 결정되면, 지배단면에서부터 수면형상곡선을 상류부(upstream) 또는 하류부(downstream)로 확장하여 산정할 수 있다. 그림 6.33은 개수로에서 나타나는 몇 가지 주요한 지배단면을 나타내고 있다.
수면형상곡선의 산정을 위해 이용되는 방법은 여러 가지가 있으나, 이 절에서는 일반적으로 가장 많이 이용되는 직접적분법과 축차계산법에 대해 알아보고자 한다.

그림 6.33 개수로에서의 지배단면

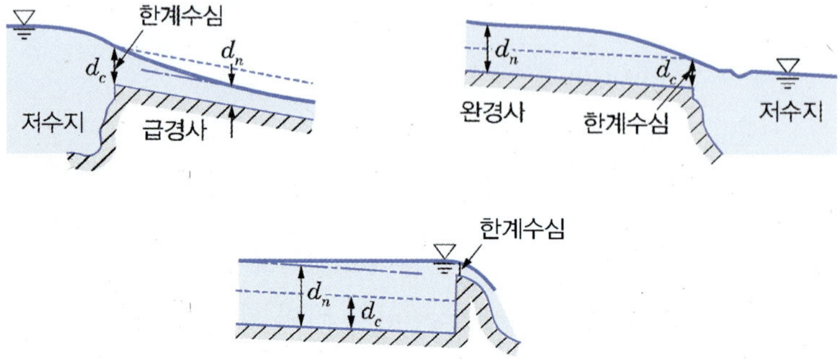

6.8.1 직접적분법

직접적분법(direct integration method)은 부등류의 기본방정식을 직접 적분하여 수면형상곡선을 구하는 방법으로, 단면형이 일정한 수로에 적용된다. 대표적 방법으로는 Chow 계산법과 Bresse 계산법이 있다.

(1) Chow 계산법

Chow 계산법(미국, 1955)은 직접적분법의 대표적인 방법이며, 직사각형, 사다리꼴, 원형 수로 등 대부분의 수로 형상에 적용할 수 있고 다음과 같다. 점변류방정식의 일반적인 형태는 다음과 같다.

$$\frac{dd}{dx} = \frac{S_0\left[1-\left(\dfrac{d_n}{d}\right)^N\right]}{\left[1-\left(\dfrac{d_c}{d}\right)^M\right]} \tag{6.83}$$

여기서, N과 M은 수리지수로 수로 단면의 형상과 유동의 조건에 따라 다르다. 폭이 넓은 직사각형 수로에 있어서는 식(6.79)와 같이 $N=10/3$, $M=3$이다.

$d/d_n = u$라고 두면, $dd = d_n du$가 되고 식(6.83)은 다음과 같이 된다.

$$d_n du = \frac{S_0\left[1-\dfrac{1}{u^N}\right]}{\left[1-\left(\dfrac{d_c}{d}\right)^M\right]}dx \tag{6.84}$$

$$\left[1-\left(\frac{d_c}{d_n}\right)^M\frac{1}{u^M}\right]d_n du = S_0\left[\frac{u^N-1}{u^N}\right]dx$$

$$\left[1-\frac{d_n^M}{d_n^M}\frac{d_c^M}{d^M}\right]d_n du = S_0\left[1-\frac{1}{u^N}\right]dx$$

$$dx = \frac{d_n}{S_0}\left[\frac{u^N}{u^N-1}-\left(\frac{d_c}{d_n}\right)^M\frac{u^{N-M}}{u^N-1}\right]du$$

$1-\dfrac{1}{1-u^N}=\dfrac{1-u^N-1}{1-u^N}=\dfrac{-u^N}{1-u^N}=\dfrac{u^N}{u^N-1}$이므로

$$dx = \frac{d_n}{S_0}\left[1-\frac{1}{1-u^N}+\left(\frac{d_c}{d_n}\right)^M\frac{u^{N-M}}{1-u^N}\right]du$$

$$x = \frac{d_n}{S_0}u-\frac{d_n}{S_0}\int_0^u\frac{1}{1-u^N}du+\left(\frac{d_c}{d_n}\right)^M\frac{d_n}{S_0}\int_0^u\frac{u^{N-M}}{1-u^N}du+C \tag{6.85}$$

$v=u^{N/J}$이라고 두면 $v^J=u^N$, $u=v^{\frac{J}{N}}$이 되므로

$$u^{N-M}=v^{\frac{J(N-M)}{N}}$$

$$du=\frac{J}{N}v^{\frac{J}{N}-1}dv$$

부등류함수 $F(u,\ N)=\displaystyle\int_o^u\frac{du}{1-u^N}$, $F(v,\ J)=\displaystyle\int_o^v\frac{dv}{1-v^J}$이라고 두면

$$x=\frac{d_n}{S_0}\left[u-F(u,\ N)+\left(\frac{d_c}{d_n}\right)^M\int_0^v\frac{v^{\frac{J(N-M)}{N}}}{1-v^J}\frac{J}{N}v^{\frac{J}{N}-1}dv\right]+C$$

$$=\frac{d_n}{S_0}\left[u-F(u,\ N)+\left(\frac{d_c}{d_n}\right)^M\int_0^v\frac{J}{N}\frac{v^{\frac{JN-JM+J-N}{N}}}{1-v^J}dv\right]+C$$

$J = \dfrac{N}{N-M+1}$ 이라고 두면 $JN - JM + J = N$이 되므로

$$x = \frac{d_n}{S_0}\left[u - F(u,\ N) + \left(\frac{d_c}{d_n}\right)^M \int_0^v \frac{J}{N}\frac{dv}{1-v^J}\right] + C$$

$$\therefore\ x = \frac{d_n}{S_0}\left[u - F(u,\ N) + \left(\frac{d_c}{d_n}\right)^M \frac{J}{N}F(v,\ J)\right] + C \tag{6.86}$$

여기서, $S_0 > 0$이면 $F(u,\ N)$, $F(v,\ J) > 0$이고, $S_0 < 0$이면 $F(u,\ N)$, $F(v,\ J) < 0$이다.

그러므로 수로 상 어느 두 연속적인 단면 (1)과 (2) 사이에서의 수면형상 길이 L은 다음과 같다.

$$L = x_2 - x_1 = \frac{d_n}{S_0}\left\{(u_2 - u_1) - [F(u_2,\ N) - F(u_1,\ N)] + \left(\frac{d_c}{d_n}\right)^M \frac{J}{N}[F(v_2,\ J) - F(v_1,\ J)]\right\} \tag{6.87}$$

부등류함수 $F(u,\ N)$과 $F(v,\ J)$를 포함하고 있는 식(6.87)의 해는 표 6.6 Chow의 부등류함수표를 이용하면 편리하게 구할 수 있다.

폭이 넓은 직사각형 수로인 경우, $N = 10/3$, $M = 3$, $J = N/(N-M+1) = 5/2$, $v = u^{N/J} = u^{4/3}$이므로

$$x = \frac{d_n}{S_0}\left[u - F\left(u,\ \frac{10}{3}\right) + \left(\frac{d_c}{d_n}\right)^3\left(\frac{3}{4}\right)F\left(v,\ \frac{5}{2}\right)\right] + C$$

$$L = \frac{d_n}{S_0}\left\{(u_2 - u_1) - \left[F(u_2,\ \frac{10}{3}) - F(u_1,\ \frac{10}{3})\right] + \left(\frac{d_c}{d_n}\right)^3\left(\frac{3}{4}\right)\left[F(v_2,\ \frac{5}{2}) - F(v_1,\ \frac{5}{2})\right]\right\} \tag{6.88}$$

그림 6.34 사다리꼴 및 원형 수로의 N값

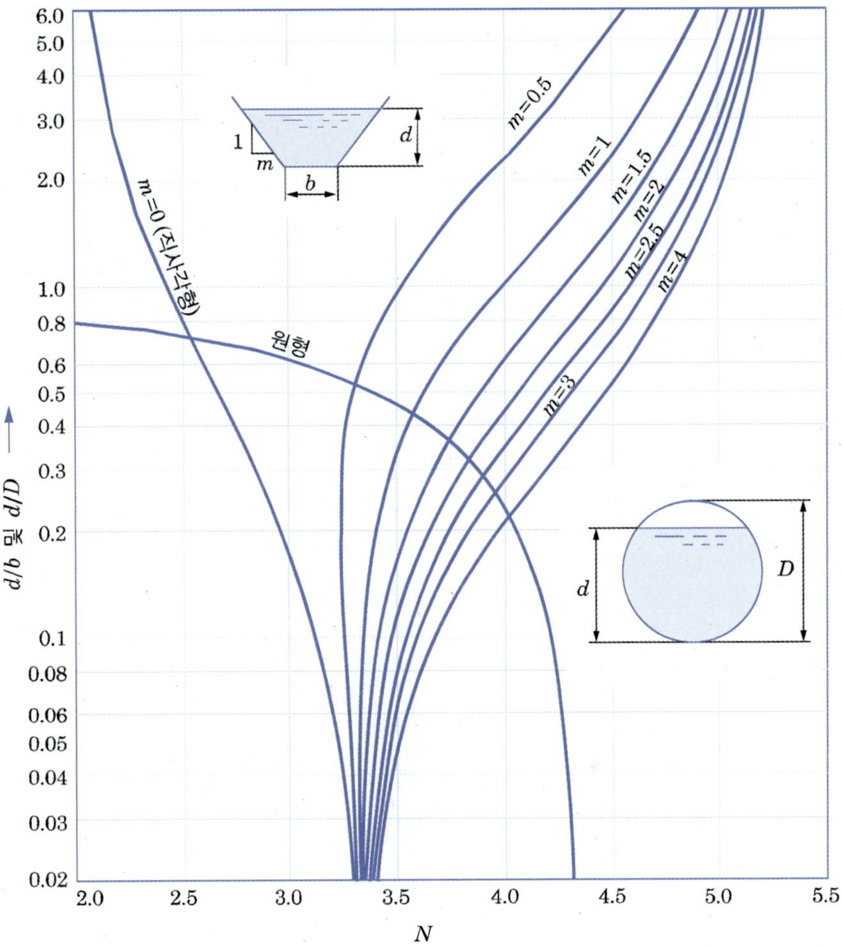

그림 6.35 사다리꼴 및 원형 수로의 M값

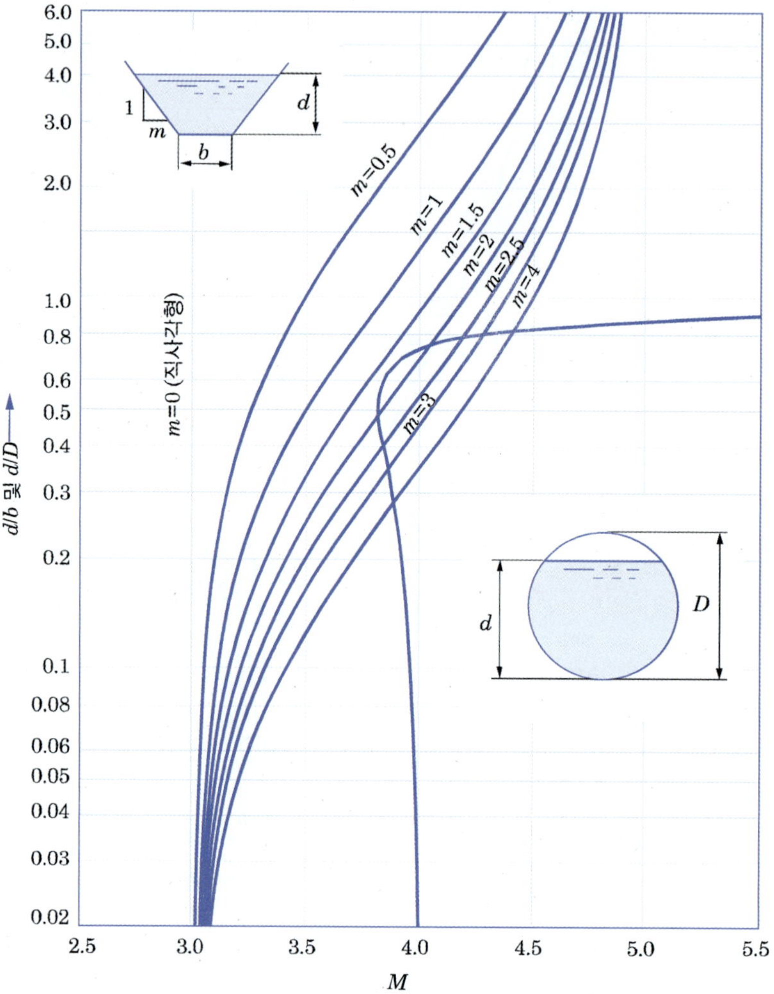

표 6.6 Chow의 부등류함수표 (폭이 넓은 직사각형 수로)

$$F(X,\ Y) = \int_0^x \frac{dx}{1-x^y}$$

양의 경사			음의 경사		
X \ Y	2.50	3.33	X \ Y	2.50	3.33
0.00	0.000	0.000	0.00	0.000	0.000
0.02	0.020	0.020	0.02	0.020	0.020
0.04	0.040	0.040	0.04	0.040	0.040
0.06	0.060	0.060	0.06	0.060	0.060
0.08	0.080	0.080	0.08	0.080	0.080
0.10	0.100	0.100	0.10	0.100	0.100
0.12	0.120	0.120	0.12	0.120	0.120
0.14	0.140	0.140	0.14	0.140	0.140
0.16	0.160	0.160	0.16	0.160	0.160
0.18	0.181	0.180	0.18	0.180	0.180
0.20	0.201	0.200	0.20	0.199	0.200
0.22	0.221	0.220	0.22	0.219	0.220
0.24	0.242	0.240	0.24	0.238	0.240
0.26	0.262	0.261	0.26	0.257	0.260
0.28	0.283	0.281	0.28	0.276	0.279
0.30	0.304	0.301	0.30	0.295	0.298
0.32	0.325	0.322	0.32	0.314	0.318
0.34	0.347	0.342	0.34	0.333	0.338
0.35	0.368	0.363	0.36	0.352	0.357
0.38	0.390	0.383	0.38	0.370	0.376
0.40	0.412	0.414	0.40	0.388	0.395
0.42	0.435	0.425	0.42	0.406	0.413
0.44	0.458	0.447	0.44	0.425	0.433
0.46	0.480	0.469	0.46	0.442	0.452
0.48	0.504	0.490	0.48	0.460	0.470
0.50	0.528	0.513	0.50	0.477	0.488
0.52	0.553	0.535	0.52	0.492	0.506
0.54	0.578	0.558	0.54	0.510	0.524
0.56	0.604	0.580	0.56	0.525	0.542
0.58	0.630	0.605	0.58	0.542	0.560
0.60	0.658	0.629	0.60	0.558	0.577
0.61	0.672	0.642	0.61	0.566	0.575
0.62	0.686	0.656	0.62	0.575	0.593
0.63	0.699	0.666	0.63	0.582	0.602

양의 경사			음의 경사		
X \ Y	2.50	3.33	X \ Y	2.50	3.33
0.64	0.715	0.680	0.64	0.589	0.619
0.65	0.729	0.692	0.65	0.595	0.617
0.66	0.746	0.705	0.66	0.603	0.624
0.67	0.761	0.719	0.67	0.610	0.633
0.68	0.777	0.733	0.68	0.618	0.641
0.69	0.743	0.746	0.69	0.625	0.659
0.70	0.800	0.760	0.70	0.633	0.657
0.71	0.828	0.776	0.71	0.640	0.664
0.72	0.845	0.791	0.72	0.647	0.672
0.73	0.863	0.806	0.73	0.654	0.680
0.74	0.882	0.822	0.74	0.661	0.687
0.75	0.901	0.838	0.75	0.668	0.694
0.76	0.921	0.855	0.76	0.675	0.702
0.77	0.941	0.872	0.77	0.681	0.708
0.78	0.963	0.889	0.78	0.687	0.715
0.79	0.984	0.907	0.79	0.693	0.722
0.80	1.008	0.926	0.80	0.699	0.732
0.81	1.032	0.946	0.81	0.705	0.736
0.82	1.056	0.966	0.82	0.712	0.743
0.83	1.083	0.987	0.83	0.717	0.749
0.84	1.110	1.010	0.84	0.724	0.755
0.85	1.140	1.033	0.85	0.730	0.767
0.86	1.170	1.058	0.86	0.736	0.768
0.87	1.203	1.084	0.87	0.742	0.774
0.88	1.238	1.122	0.88	0.748	0.780
0.89	1.277	1.143	0.89	0.753	0.786
0.90	1.318	1.176	0.90	0.759	0.797
0.91	1.364	1.211	0.91	0.765	0.798
0.92	1.414	1.251	0.92	0.771	0.804
0.93	1.470	1.295	0.93	0.777	0.810
0.94	1.555	1.345	0.94	0.782	0.816
0.950	1.612	1.404	0.950	0.788	0.821
0.960	1.700	1.475	0.960	0.793	0.826
0.970	1.822	1.566	0.970	0.798	0.830
0.975	1.897	1.623	0.975	0.800	0.832
0.980	1.988	1.693	0.980	0.803	0.834
0.985	2.110	1.782	0.985	0.806	0.837

양의 경사			음의 경사		
X \ Y	2.50	3.33	X \ Y	2.50	3.33
0.990	2.272	1.906	0.990	0.809	0.840
0.995	2.549	2.119	0.995	0.811	0.844
0.999	3.194	2.608			
1.000	∞	∞	1.000	0.813	0.846
1.001	2.767	1.932			
1.005	2.146	1.445	1.005	0.815	0.849
1.010	1.870	1.236	1.010	0.817	0.851
1.015	1.702	1.115	1.015	0.819	0.854
1.020	1.595	1.030	1.020	0.823	0.857
1.03	1.436	0.910	1.03	0.827	0.861
1.04	1.322	0.826	1.04	0.833	0.866
1.05	1.273	0.762	1.05	0.836	0.871
1.06	1.167	0.710	1.06	0.841	0.875
1.07	1.108	0.666	1.07	0.846	0.880
1.08	1.057	0.639	1.08	0.852	0.884
1.09	1.013	0.597	1.09	0.856	0.889
1.10	0.973	0.568	1.10	0.860	0.894
1.11	0.938	0.543	1.11	0.865	0.897
1.12	0.906	0.519	1.12	0.868	0.900
1.13	0.877	0.498	1.13	0.873	0.905
1.14	0.850	0.479	1.14	0.876	0.909
1.15	0.815	0.461	1.15	0.881	0.913
1.16	0.802	0.445	1.16	0.885	0.917
1.17	0.780	0.430	1.17	0.888	0.920
1.18	0.760	0.415	1.18	0.892	0.924
1.19	0.741	0.402	1.19	0.896	0.928
1.20	0.723	0.390	1.20	0.900	0.932
1.22	0.691	0.366	1.22	0.904	0.935
1.24	0.661	0.346	1.24	0.912	0.943
1.26	0.634	0.327	1.26	0.923	0.952
1.28	0.610	0.311	1.28	0.930	0.957
1.30	0.587	0.296	1.30	0.937	0.964
1.32	0.566	0.287	1.32	0.944	0.970
1.34	0.547	0.269	1.34	0.951	0.976
1.36	0.529	0.257	1.36	0.957	0.982
1.38	0.512	0.246	1.38	0.963	0.987
1.40	0.496	0.236	1.40	0.969	0.991

양의 경사			음의 경사		
X \ Y	2.50	3.33	X \ Y	2.50	3.33
1.42	0.482	0.227	1.42	0.975	0.997
1.44	0.468	0.217	1.44	0.982	1.002
1.46	0.455	0.206	1.46	0.986	1.006
1.48	0.443	0.201	1.48	0.992	1.020
1.50	0.431	0.194	1.50	0.998	1.014
1.55	0.404	0.171	1.55	1.010	1.023
1.60	0.380	0.163	1.60	1.022	1.033
1.65	0.359	0.150	1.65	1.034	1.041
1.70	0.340	0.139	1.70	1.045	1.049
0.75	0.324	0.129	1.75	1.055	1.056
1.80	0.307	0.120	1.80	1.064	1.062
1.85	0.293	0.111	1.85	1.074	1.067
1.90	0.279	0.105	1.90	1.082	1.075
1.95	0.267	0.699	1.95	1.090	1.080
2.00	0.256	0.093	2.00	1.098	1.084
2.10	0.237	0.082	2.10	1.112	1.091
2.20	0.218	0.073	2.20	1.125	1.098
2.3	0.204	0.066	2.3	1.138	1.106
2.4	0.181	0.060	2.4	1.147	1.112
2.5	0.178	0.054	2.5	1.156	1.117
2.6	0.167	0.050	2.6	1.165	1.121
2.7	0.157	0.045	2.7	1.173	1.124
2.8	0.148	0.042	2.8	1.181	1.126
2.9	0.141	0.038	2.9	1.187	1.130
3.0	0.134	0.035	3.0	1.193	1.133
3.5	0.105	0.025	3.5	1.221	1.144
4.0	0.086	0.018	4.0	1.237	1.149
4.5	0.072	0.014	4.5	1.252	1.153
5.0	0.062	0.011	5.0	1.264	1.156
6.0	0.047	0.005	6.0	1.272	1.160
7.0	0.037	0.005	7.0	1.282	1.162
8.0	0.032	0.004	8.0	1.290	1.163
9.0	0.026	0.003	9.0	1.294	1.165
10.0	0.022	0.002	10.0	1.299	1.165
20.0	0.008	0.000			

(2) Bresse 계산법

Bresse 계산법(프랑스, 1860)은 $M=N=3$일 때 $J=3$, $v=u$가 되는 경우이며, 수심에 비해 폭이 충분히 넓은 직사각형 수로에 적용된다.

하천이나 수로에 댐, 수문, 위어 등의 장애물이 있는 경우, 그 상류(upstream)에 흐름의 변화가 발생하여 수면이 상승하는 것을 배수(backwater)라고 한다. 배수의 영향으로 인해 상승된 수위를 거리에 대해 나타낸 수면곡선을 배수곡선(backwater curve)이라고 하고, Bresse 계산법에 의한 배수곡선식은 다음과 같다.

그림 6.36 배수곡선

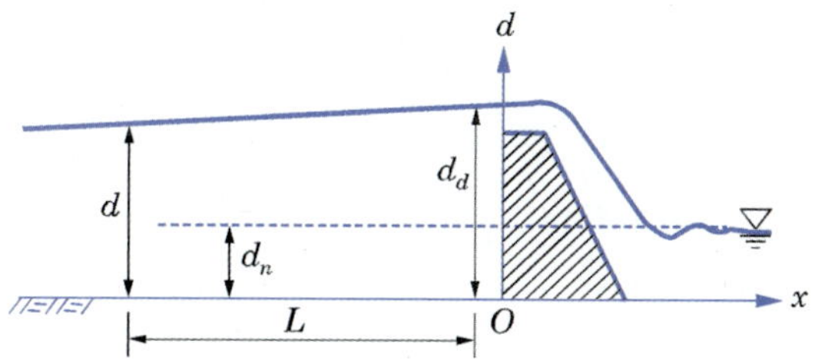

$$L=\frac{d_d-d}{S_0}+\frac{d_n}{S_0}\left[1-\left(\frac{d_c}{d_n}\right)^3\right]\left[B_1\left(\frac{d_n}{d}\right)-B_1\left(\frac{d_n}{d_d}\right)\right] \tag{6.89}$$

여기서, L은 O점(댐, 수문 등 장애물의 원점)에서 상류(upstream)방향으로의 수심 d까지의 거리이고, d_d는 O점에서의 수심이다.

상류(subcritical flow) 수로에서 수로의 바닥경사가 한계경사 이상으로 될 때, 그 지점에서부터 상류(upstream)방향으로의 수심이 등류수심 이하가 되는 구간의 수면곡선을 저하곡선(draw down curve)이라고 하고, Bresse 계산법에 의한 저하곡선식은 다음과 같다.

그림 6.37 저하곡선

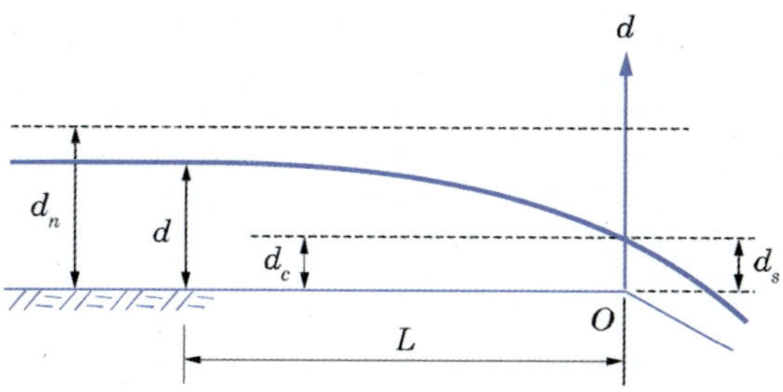

$$L=\frac{d-d_s}{S_0}-\frac{d_n}{S_0}\left[1-\left(\frac{d_c}{d_n}\right)^3\right]\left[B_2\left(\frac{d}{d_n}\right)-B_2\left(\frac{d_s}{d_n}\right)\right] \tag{6.90}$$

여기서, L은 수심 d에서 하류방향으로의 O점까지의 거리이고, d_d는 O점에서의 수심이다.

표 6.7 Bresse의 배수곡선 부등류함수표 (폭이 넓은 직사각형 수로)

$\frac{d_n}{d}, \frac{d_n}{d_d}$	$B_1\left(\frac{d_n}{d}\right), B_1\left(\frac{d_n}{d_d}\right)$	$\frac{d_n}{d}, \frac{d_n}{d_d}$	$B_1\left(\frac{d_n}{d}\right), B_1\left(\frac{d_n}{d_d}\right)$	$\frac{d_n}{d}, \frac{d_n}{d_d}$	$B_1\left(\frac{d_n}{d}\right), B_1\left(\frac{d_n}{d_d}\right)$	$\frac{d_n}{d}, \frac{d_n}{d_d}$	$B_1\left(\frac{d_n}{d}\right), B_1\left(\frac{d_n}{d_d}\right)$
1.000	∽	0.954	0.9073	0.845	0.5037	0.61	0.2058
0.999	2.1834	0.952	0.8931	0.840	0.4932	0.60	0.1980
0.998	1.9523	0.950	0.8795	0.835	0.4831	0.59	0.1905
0.997	1.8172	0.948	0.8665	0.830	0.4733	0.58	0.1832
0.996	1.7213	0.946	0.8539	0.825	0.4637	0.57	0.1761
0.995	1.6469	0.944	0.8418	0.820	0.4544	0.56	0.1692
0.994	1.5861	0.942	0.8301	0.815	0.4454	0.55	0.1625
0.993	1.5348	0.940	0.8188	0.810	0.4367	0.54	0.1560
0.992	1.4902	0.938	0.8079	0.805	0.4281	0.53	0.1497
0.991	1.4510	0.936	0.7973	0.800	0.4198	0.52	0.1435
0.990	1.4159	0.934	0.7871	0.795	0.4117	0.51	0.1376
0.898	1.3841	0.932	0.7772	0.790	0.4039	0.50	0.1318
0.988	1.3551	0.930	0.7675	0.785	0.3962	0.49	0.1262
0.987	1.3284	0.928	0.7581	0.780	0.3886	0.48	0.1207
0.986	1.3037	0.926	0.7490	0.775	0.3813	0.47	0.1152
0.985	1.2807	0.924	0.7401	0.770	0.3741	0.46	0.1102
0.984	1.2592	0.922	0.7315	0.765	0.3671	0.45	0.1052
0.983	1.2390	0.920	0.7231	0.760	0.3603	0.44	0.1003
0.982	1.2199	0.918	0.7149	0.755	0.3536	0.43	0.955
0.981	1.2019	0.916	0.7069	0.750	0.3470	0.42	0.0909
0.980	1.1848	0.914	0.6990	0.745	0.3406	0.41	0.0865
0.979	1.1686	0.912	0.6914	0.740	0.3343	0.40	0.0821
0.978	1.1531	0.910	0.6839	0.735	0.3282	0.39	0.0779
0.977	1.1383	0.908	0.6766	0.730	0.3221	0.38	0.0738
0.976	1.1241	0.906	0.6695	0.725	0.3162	0.37	0.0699
0.975	1.1105	0.904	0.6625	0.720	0.3104	0.36	0.0660
0.974	1.0974	0.902	0.7556	0.715	0.3047	0.35	0.0623
0.973	1.0848	0.900	0.6489	0.710	0.2991	0.34	0.0587
0.972	1.0727	0.895	0.6327	0.705	0.2987	0.33	0.0553
0.971	1.0610	0.890	0.6173	0.70	0.2883	0.32	0.0519
0.970	1.0497	0.885	0.6025	0.69	0.2778	0.30	0.0455
0.968	1.0282	0.880	0.5884	0.68	0.2677	0.78	0.0395
0.966	1.0080	0.875	0.5749	0.67	0.2580	0.25	0.0314
0.964	0.9890	0.870	0.5619	0.66	0.2486	0.20	0.0201
0.962	0.9709			0.65	0.2395	0.15	0.0113
0.960	0.5939	0.860	0.5874	0.64	0.2306	0.10	0.0050
0.958	0.9376	0.855	0.5258	0.63	0.2221	0.05	0.0015
0.956	0.9221	0.850	0.5146	0.62	0.2138	0	0

Bresse의 저하곡선 부등류함수표 (폭이 넓은 직사각형 수로)

$\frac{d}{d_n}, \frac{d_s}{d_n}$	$B_2\left(\frac{d}{d_n}\right), B_2\left(\frac{d_s}{d_n}\right)$	$\frac{d}{d_n}, \frac{d_s}{d_n}$	$B_2\left(\frac{d}{d_n}\right), B_2\left(\frac{d_s}{d_n}\right)$	$\frac{d}{d_n}, \frac{d_s}{d_n}$	$B_2\left(\frac{d}{d_n}\right), B_2\left(\frac{d_s}{d_n}\right)$	$\frac{d}{d_n}, \frac{d_s}{d_n}$	$B_2\left(\frac{d}{d_n}\right), B_2\left(\frac{d_s}{d_n}\right)$
1	∽	0.954	0.8916	0.845	0.4478	0.61	0.0454
0.999	2.1831	0.952	0.8767	0.840	0.4353	0.60	0.0325
0.998	1.9517	0.950	0.8624	0.835	0.4232	0.59	0.0199
0.997	1.8162	0.948	0.8487	0.830	0.4114	0.58	0.0074
0.996	1.7200	0.946	0.8354	0.825	0.3988	0.57	−0.0050
0.995	1.6452	0.944	0.8226	0.820	0.3886	0.56	−0.0172
0.994	1.5841	0.942	0.8102	0.815	0.3776	0.55	−0.0293
0.993	1.5324	0.940	0.7982	0.810	0.3668	0.54	−0.0412
0.992	1.4876	0.938	0.7866	0.805	0.3562	0.53	−0.0530
0.991	1.4486	0.936	0.7753	0.800	0.3459	0.52	−0.0647
0.990	1.4125	0.934	0.7643	0.795	0.3357	0.51	−0.0763
0.989	1.3804	0.932	0.7537	0.790	0.3258	0.50	−0.0878
0.988	1.3511	0.930	0.7433	0.785	0.3160	0.49	−0.0991
0.987	1.3241	0.928	0.7332	0.780	0.3064	0.48	−0.1104
0.986	1.2990	0.926	0.7234	0.775	0.2970	0.47	−0.1216
0.985	1.2757	0.924	0.7138	0.770	0.2877	0.46	−0.1327
0.984	1.2538	0.922	0.7945	0.765	0.2785	0.45	−0.1438
0.983	1.2323	0.920	0.6953	0.760	0.2696	0.44	−0.1547
0.982	1.2139	0.918	0.6864	0.755	0.2607	0.43	−0.1656
0.981	1.1955	0.916	0.6776	0.750	0.2520	0.42	−0.1765
0.980	1.1781	0.914	0.6691	0.745	0.2434	0.41	−0.1872
0.979	1.1615	0.912	0.6607	0.740	0.2350	0.40	−0.1980
0.978	1.1457	0.910	0.7525	0.730	0.2260	0.39	−0.2086
0.977	1.1305	0.908	0.7445	0.725	0.2184	0.38	−5.2192
0.976	1.1160	0.906	0.7366		0.2102	0.37	−0.2298
0.975	1.1020	0.904	0.6289	0.720	0.2022	0.36	−0.2403
0.974	1.0886	0.902	0.6213	0.715	0.1943	0.35	−0.2508
0.973	0.0757	0.900	0.6138	0.710	0.1864	0.34	−0.2612
0.972	1.0632	0.895	0.5958	0.705	0.1787	0.33	−0.2719
0.971	1.0512	0.890	0.5785	0.700	0.1711	0.32	−0.2819
0.970	1.0896	0.885	0.5619	0.690	0.1560	0.30	−0.3025
0.968	1.0174	0.880	0.5459	0.680	0.1413	0.28	−0.3230
0.966	0.9965	0.875	0.5305	0.670	0.1263	0.25	−0.3536
0.964	0.9767	0.870	0.5156	0.660	0.1127	0.20	−0.4042
0.962	0.9580	0.865	0.5012	0.650	0.0987	0.15	−0.4544
0.960	0.9402	0.860	0.4872	0.640	0.0851	0.10	−0.5046
0.958	0.9233	0.855	0.4737	0.630	0.0716	0.05	−0.5546
0.956	0.9671	0,850	0.4605	0.620	0.0584	0.00	−0.6046

(3) 기타 계산법

기타 계산법으로는 Tolkmitt 계산법(독일, 1880), Bakhmeteff 계산법(미국, 1932) 등이 있다.

예제 6.20

수로의 경사가 0.001이고, Manning의 조도계수가 0.025인 폭이 넓은 직사각형 수로에 단위폭당 $2.5m^3/s$의 유량이 흐르고 있다. 이 수로의 하류방향에 댐이 설치되어 있고, 댐 바로 뒤 수심이 $2m$일 때, 댐에 의해 발생되는 배수곡선을 구하라. 여기서, 상류(upstream)방향으로의 계산은 댐 뒤 수심에서부터 수심 6%씩 감소시켜 등류수심까지 실행하라.

풀이

Manning 공식에서 폭이 넓은 직사각형 수로인 경우 $R_h \approx d$이므로

$$AR_h^{2/3} = bd_n(d_n)^{2/3} = Qn/S_0^{1/2}$$

$$d_n^{5/3} = \frac{Q}{b}\frac{n}{S_0^{1/2}} = \frac{qn}{S_0^{1/2}} = \frac{(2.5)(0.025)}{(0.001)^{1/2}} = 1.98m$$

등류수심

$$d_n = (1.98)^{3/5} = 1.51m$$

한계수심

$$d_c = \left(\frac{q^2}{g}\right)^{1/3} = \left(\frac{2.5^2}{9.81}\right)^{1/3} = 0.86m$$

두 지점 사이의 거리

$$L = \frac{d_n}{S_0}\left\{(u_2 - u_1) - \left[F(u_2, \frac{10}{3}) - F(u_1, \frac{10}{3})\right] + \left(\frac{d_c}{d_n}\right)^3\left(\frac{3}{4}\right)\left[F(v_2, \frac{5}{2}) - F(v_1, \frac{5}{2})\right]\right\}$$

$$\frac{d_n}{S_0} = \frac{1.50}{0.001} = 1{,}500, \quad \left(\frac{d_c}{d_n}\right)^3\left(\frac{3}{4}\right) = \left(\frac{0.86}{1.50}\right)^3\left(\frac{3}{4}\right) = 0.141$$

댐 뒤 수심 $d = 2.0m$에서부터 상류방향으로 수심을 $6\%(0.12m)$씩 감소시켜 등류수심 $d_n = 1.51m$에 가까운 $d = 1.52m$까지 수면형상을 계산하면 다음 표와 같다.

$d(m)$	u	v	$F(u, 10/3)$	$F(v, 5/2)$	$L(m)$	$\sum L(m)$
2.00	1.33	1.47	0.277	0.449	−187	187
1.88	1.25	1.35	0.334	0.537	−238	425
1.76	1.17	1.24	0.430	0.661	−325	750
1.64	1.09	1.13	0.597	0.877	−926	1,676
1.52	1.01	1.02	1.236	1.595		

댐 뒤 수심 $d = 2.0m$와 수심 $d = 1.52m$ 사이의 총 거리만을 계산하면

$$\begin{aligned} L &= 1{,}500\left[(1.01 - 1.33) - (1.236 - 0.277) + 0.141(1.595 - 0.449)\right] \\ &= 1{,}676m \end{aligned}$$

그림

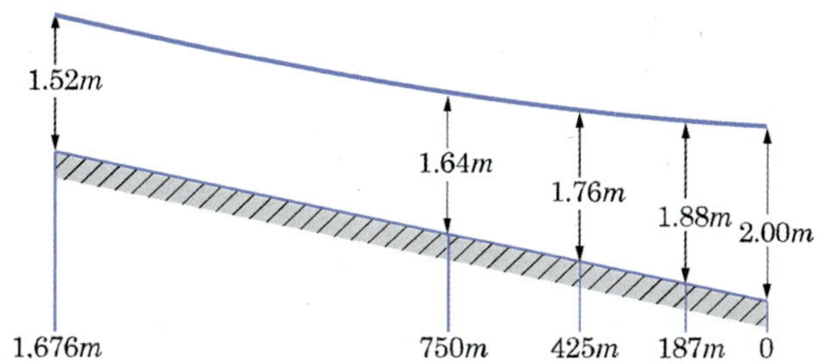

예제 6.21

밑변 $10m$, 빗변 경사 $1:1$인 사다리꼴 수로에 $95m^3/s$의 유량이 등류수심 $2.91m$, 한계수심 $1.35m$로 흐르고 있다. 이 수로에 댐을 설치하여 수심을 $4m$로 높였을 때, 댐 상류방향으로 수심이 $3.5m$가 되는 지점까지의 거리를 Chow와 Bresse 계산법으로 구하라. 여기서, 수로경사는 0.0015이고, Manning의 조도계수는 0.025이다.

풀이

상류($d > d_c$)이므로 배수곡선이 된다.

(1) Chow의 계산법

수심 d를 댐에서의 수심 $d_1 = 4m$와 댐 상류 지점에서의 수심 $d_2 = 3.5m$의 평균치 $d = 3.75m$로 두고, 그림 6.34와 6.35에서 $d/b = 3.75/10 = 0.375$에 대한 수리지수

N과 M을 구하면 $N=3.55$, $M=3.4$ 그리고 $J=N/(N-M+1)=3.55/(3.55-3.4+1)=3.09$가 된다.

$$u_1=d_1/d_n=4/2.91=1.37,\ v_1=u_1^{N/J}=1.37^{3.55/3.09}=1.43$$
$$u_2=d_2/d_n=3.5/2.91=1.20,\ v_2=u_2^{N/J}=1.20^{3.55/3.09}=1.23$$

$u_1=1.37$, $N=3.55$에 대한 $F(u_1,\ N)=0.229$
$u_2=1.20$, $N=3.55$에 대한 $F(u_2,\ N)=0.320$
$v_1=1.43$, $J=3.09$에 대한 $F(v_1,\ J)=0.288$
$v_2=1.23$, $J=3.09$에 대한 $F(v_2,\ J)=0.413$

$$L=\frac{d_n}{S_0}\left\{(u_2-u_1)-[F(u_2,\ N)-F(u_1,\ N)]+\left(\frac{d_c}{d_n}\right)^M\left(\frac{J}{N}\right)[F(v_2,\ J)-F(v_1,\ J)]\right\}$$

에서부터

$$L=\frac{2.91}{0.0015}\left\{[(1.20-1.37)-(0.320-0.229)]+\left(\frac{1.35}{2.91}\right)^{3.4}\left(\frac{3.09}{3.55}\right)(0.413-0.288)\right\}$$
$$=-490.84m$$

그러므로 댐에서부터 댐 상류방향으로 수심이 $3.5m$가 되는 지점까지의 거리는 $490.84m$가 된다.

(2) Bresse의 계산법

사다리꼴 수로이지만 근사적으로 폭이 넓은 직사각형 수로로 생각하고 식을 적용하면

$$d_n/d=2.91/3.5=0.83,\ B_1(d_n/d)=B_1(0.83)=0.4733$$
$$d_n/d_d=2.91/4=0.73,\ B_1(d_n/d_d)=B_1(0.73)=0.3221$$
$$L=\frac{4-3.5}{0.0015}+\frac{2.91}{0.0015}\left[1-\left(\frac{1.35}{2.91}\right)^3\right][0.4733-0.3221]=597.68m$$

그러므로 댐에서부터 댐 상류방향으로 수심이 $3.5m$가 되는 지점까지의 거리는 $597.68m$가 되고, Chow의 계산법에서 산출된 값과는 많은 차이가 난다.

6.8.2 축차계산법

축차계산법(step-by-step method)은 자연하천과 같이 단면형이 불규칙하고 하상경사도 일정하지 않은 수로에서의 수면형상곡선을 구하는 데 적용된다. 축차계산법은 구하고자 하는 수로의 구간을 여러 개의 짧은 구간으로 나누고, 구간별 시점에서부터 다른 쪽 종점까지 단계적으로 계산을 수행하는 방법이다. 축차계산법에는 직접축차계산법(direct step method)과 표준축차계산법(standard step method)이 있다.

(1) 직접축차계산법

직접축차계산법(direct step method)은 수면경사선이 직선에 근접할 수 있는 짧은 거리에서 두 개의 단면 사이에 대한 Bernoulli 방정식에서부터 계산된다.

그림 6.38 축차계산법에 의한 수면형상계산에 대한 개요

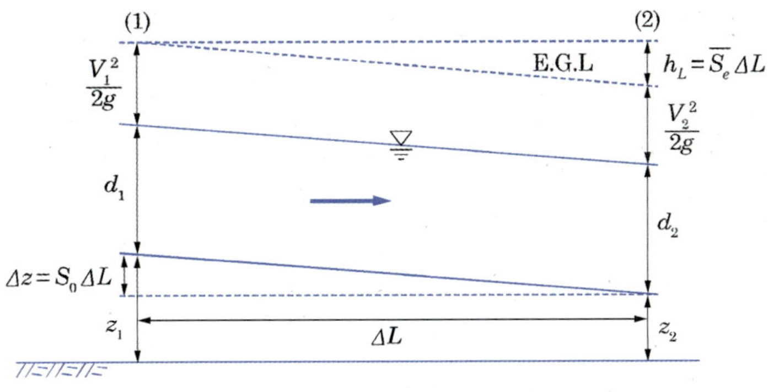

단면 (1)과 (2) 사이의 Bernoulli 방정식에서부터

$$\frac{V_1^2}{2g}+d_1+z_1=\frac{V_2^2}{2g}+d_2+z_2+h_L \tag{6.91}$$

$$\left(\frac{V_1^2}{2g}+d_1\right)+(z_1-z_2)=\left(\frac{V_2^2}{2g}+d_2\right)+h_L$$

$V_2^2/2g+d_2=E_2$, $z_1-z_2=\Delta z=S_0\Delta L$, $V_1^2/2g+d_1=E_1$, 그리고 $h_L=\overline{S_e}\Delta L$이므로

$$E_1 + S_0 \Delta L = E_2 + \overline{S_e} \Delta L$$

$$\therefore \ \Delta L = \frac{E_2 - E_1}{S_0 - \overline{S_e}} \tag{6.92}$$

여기서, $\overline{S_e} = 1/2(S_{e_1} + S_{e_2})$로 단면 (1)과 (2) 사이에서의 에너지경사선 S_e의 평균값이고, S_e는 Manning 공식에서부터 $S_e = n^2 V^2 / R_h^{4/3}$이다.

예제 6.22

예제 6.20에서의 수로에 대해 직접축차계산법을 이용하여 배수곡선을 구하라. 여기서, 수로경사는 0.001이고, Manning의 조도계수는 0.025이며, 단위폭당 유량은 $2.5m^3/s$이다.

풀이

폭이 넓은 직사각형 수로인 경우 $R_h = d$이고, $V = Q/A = q/d$이며, Manning 공식에서부터 $S_e = (n^2 q^2)/d^{10/3}$이다. 그리고 댐 뒤 수심 $d = 2.0m$에서부터 상류방향으로 수심을 $0.06m$씩 감소시켜 수심 $d = 1.52m$까지 수면형상을 계산하면 다음 표와 같다.

(1) 댐 뒤 수심 $d = 2.0m$에서부터 수심 $d = 1.52m$까지 상류방향으로 수심을 $0.06m$씩 감소시킨 수심(m)

(2) 수심에 해당하는 단면적(m^2)

(3) 수심에 해당하는 동수반경(m)

(4) 유량을 (2)의 단면적으로 나눠 구해진 평균유속(m/s)

(5) 속도수두(m)

(6) (1)+(5)에서부터 구해진 비에너지(m)

(7) (6)에서 산출된 비에너지 값과 앞 단계에서 산출된 비에너지 값의 차이, 즉 인접한 두 지점 사이에서의 비에너지의 변화(m)

(8) Manning 공식에서부터 구해진 에너지경사

(9) (8)에서 구해진 에너지경사 값과 앞 단계에서 구해진 에너지경사 값의 평균, 즉 인접한 두 지점 사이의 평균 에너지경사

(10) 수로의 바닥경사($S_0 = 0.001$)와 (9)에서 구해진 평균 에너지경사와의 차이

(11) 인접한 두 지점 사이의 거리(m)

(12) 첫 번째 지점(수심 $d = 2.0m$)에서부터의 거리(m)

(1) d	(2) A	(3) R_h	(4) V	(5) $V^2/2g$	(6) E	(7) ΔE	(8) S_e	(9) $\overline{S_e}$	(10) $S_0-\overline{S_e}$	(11) ΔL	(12) L
2.00	–	2.00	1.25	0.080	2.080	–	0.000388	–	–	–	–
1.94	–	1.94	1.29	0.085	2.025	-0.055	0.000429	0.000409	0.000591	93	93
1.88	–	1.88	1.33	0.090	1.970	-0.055	0.000476	0.000453	0.000547	101	194
1.82	–	1.82	1.37	0.096	1.916	-0.054	0.000531	0.000504	0.000496	108	302
1.76	–	1.76	1.42	0.103	1.863	-0.053	0.000593	0.000592	0.000408	130	432
1.70	–	1.70	1.47	0.110	1.810	-0.053	0.000666	0.000630	0.000370	143	575
1.64	–	1.64	1.52	0.118	1.758	-0.052	0.000751	0.000709	0.000291	179	754
1.58	–	1.58	1.58	0.128	1.708	-0.050	0.000850	0.000801	0.000199	251	1,005
1.52	–	1.52	1.64	0.138	1.658	-0.050	0.000967	0.000909	0.000091	550	1,555

(2) 표준축차계산법

직접축차계산법은 주어진 두 지점에서의 수심으로부터 두 지점 사이의 거리를 계산하는 데 이용되는 반면, 표준축차계산법(standard step method)은 주어진 두 지점 사이의 거리에서부터 수심을 계산하는 데 이용되며, 자연상태의 하천에 적용할 때 유용하다. 표준축차계산법은 먼저 시작하는 지점(시점)에서의 수심을 알고 거리 ΔL만큼 떨어진 지점(종점)에서의 수심을 두 지점 사이의 Bernoulli 방정식을 이용하여 시행착오적으로 계산하면서 수면형상곡선을 구간별로 연결해 나가는 방법이다.

그림 6.38의 단면 (1)과 (2) 사이의 Bernoulli 방정식에서부터

$$\frac{V_1^2}{2g} + d_1 + z_1 = \frac{V_2^2}{2g} + d_2 + z_2 + h_L$$

$$E_2 = E_1 + (z_1 - z_2) + h_L \tag{6.93}$$

$z_1 - z_2 = S_0 \Delta L$이고, $h_L = \overline{S_e}\Delta L$이므로

$$E_2 = E_1 + (S_0 - \overline{S_e})\Delta L \tag{6.94}$$

예제 6.23

예제 6.22에 주어진 수로에 대해 표준축차계산법을 이용하여 배수곡선을 구하라. 여기서, 구간 사이의 거리는 예제 6.22에서 산출된 것과 같다고 가정한다.

풀이

아래 표는 예제 6.22에서와 같이 상류(upstream)방향으로 8개의 구간을 설정하여 표준축차계산법으로 계산을 수행한 것이다. 먼저 첫 구간에서의 종점 수심을 가정하고 (여기서는 예제 6.22에서 산출된 1.94m로 가정), 주어진 첫 구간의 거리 93m와 시점에서의 수심 2m를 이용하여 가정한 종점에서의 비에너지와 식(6.94)에서부터 산출된 비에너지가 같아질 때까지 수심을 변화시키면서 계산을 수행한다. 이러한 방법으로 각 구간에 대해 계산을 수행한 후 배수곡선을 작성한다. 계산 결과에 의하면 가정된 수심에 의한 비에너지 값(6)과 식(6.94)에 의한 비에너지 값(12)이 일치하므로 가정된 수심이 잘 맞는 것을 알 수 있다. 여기에서는 예제 6.22에서의 수심을 종점에서의 수심으로 가정하였다.

(1) d	(2) A	(3) R_h	(4) V	(5) $V^2/2g$	(6) E	(7) S_e	(8) $\overline{S_e}$	(9) $S_0-\overline{S_e}$	(10) ΔL	(11) $(S_0-\overline{S_e})\Delta L$	(12) E
2.00	–	2.00	1.25	0.080	2.080	0.000388	–	–	–	–	2.0800
1.94	–	1.94	1.29	0.085	2.025	0.000429	0.000409	0.000591	93	0.054963	2.0250
1.88	–	1.88	1.33	0.090	1.970	0.000476	0.000453	0.000547	101	0.055247	1.9698
1.82	–	1.82	1.37	0.096	1.916	0.000531	0.000504	0.000496	108	0.053568	1.9162
1.76	–	1.76	1.42	0.103	1.863	0.000593	0.000592	0.000408	130	0.053040	1.8632
1.70	–	1.70	1.47	0.110	1.810	0.000666	0.000630	0.000370	143	0.052910	1.8103
1.64	–	1.64	1.52	0.118	1.758	0.000751	0.000709	0.000291	179	0.052089	1.7582
1.58	–	1.58	1.58	0.128	1.708	0.000850	0.000801	0.000199	251	0.049949	1.7082
1.52	–	1.52	1.64	0.138	1.658	0.000967	0.000909	0.000091	550	0.050050	1.6582

6.9 곡선수로에서의 유동

곡선수로(sinuous channel) 곡선의 형태를 띠는 수로로 만곡수로라고도 하며, 일반적으로 사행하천과 같이 S자 형태를 띠고 있다. 곡선의 안쪽은 퇴적작용으로 인해 점사주(point bar)가 형성되고, 곡선의 바깥쪽은 침식작용으로 인해 깊은 소(pool)가 형성된다. 그리하여 횡방향으로 수면이 경사지게 되어 2차류(secondary flow)가 발생하고, 횡단면의 형태에 많은 영향을 미친다.

곡선수로(sinuous channel)에서의 유동에서는 원심력의 작용으로 인해 곡선 내측에서부터 거리에 따라 유속의 변화가 발생한다.

그림 6.39 곡선수로에서의 유동

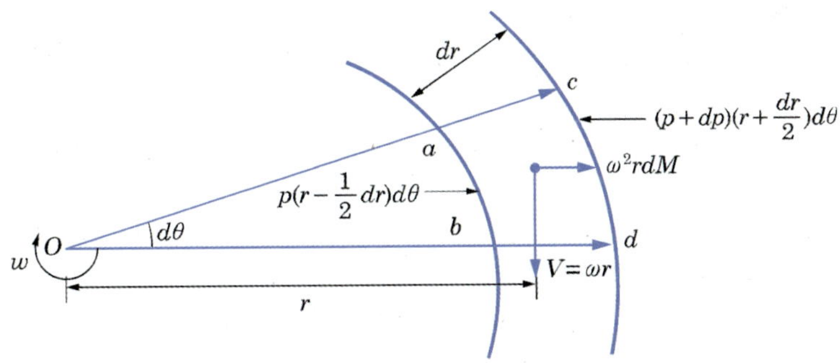

곡선부의 면적 $abcd$에 작용하는 압력에 의한 힘과 원심력의 힘의 평형에서부터

$$p\left(r-\frac{dr}{2}\right)d\theta+\omega^2 rdM-(p+dp)\left(r+\frac{dr}{2}\right)d\theta=0 \tag{6.95}$$

여기서, r은 원점 O에서 곡선부의 면적 $abcd$ 중심부까지의 거리이고, ω는 회전 각속도이다. 그리고 $p\left(r-\frac{dr}{2}\right)d\theta$는 ab면에 작용하는 압력에 의한 힘, $(p+dp)\left(r+\frac{dr}{2}\right)d\theta$는 cd면에 작용하는 압력에 의한 힘, $\omega^2 r$은 원심력의 가속도, 그리고 $\omega^2 rdM$는 면적 $abcd$ 중심부에 작용하는 원심력이다.

식(6.95)에서 $d\theta$, dr 및 dp의 2차 이상의 항 $p\frac{dr}{2}d\theta$, $dp\frac{dr}{2}d\theta$를 무시하면

$$\omega^2 rdM=dprd\theta \tag{6.96}$$

단위수심당 $dM = \left[\frac{1}{2}\left(r + \frac{dr}{2}\right)^2 d\theta - \frac{1}{2}\left(r - \frac{dr}{2}\right)^2 d\theta\right]\rho = \rho r dr d\theta$ 이므로

$$\omega^2 r\rho = \frac{dp}{dr}$$

$$\frac{dp}{dr} = \frac{\gamma}{g}\omega^2 r \tag{6.97}$$

식(6.97)에 접선속도 $V = \omega r$을 대입하면

$$\frac{dp}{dr} = \frac{\gamma}{g}\frac{V^2}{r}$$

$$\frac{dp}{\gamma} = \frac{V^2}{gr}dr \tag{6.98}$$

수평면상 유동에 대한 Bernoulli 방정식 $\frac{V^2}{2g} + \frac{p}{\gamma} = constant$를 p에 대해 미분하여 정리하면

$$\frac{d}{dp}\left(\frac{V^2}{2g}\right) + \frac{d}{dp}\left(\frac{p}{\gamma}\right) = \frac{d}{dp}(constant)$$

$$\frac{2V}{2g}\frac{dV}{dp} + \frac{1}{\gamma} = 0$$

$$\frac{dp}{\gamma} = -\frac{V}{g}dV \tag{6.99}$$

식(6.99)를 식(6.98)에 대입하면

$$-\frac{V}{g}dV = \frac{V^2}{gr}dr$$

$$Vdr + rdV = 0 \tag{6.100}$$

식(6.100)을 적분하면 다음과 같고, 속도 V는 거리 r에 반비례하는 것을 알 수 있다.

$$\int Vdr + \int rdV = 0$$

$$Vr + Vr = constant$$

$$\therefore \ Vr = constant \tag{6.101}$$

식(6.101)에 $p=\gamma d$를 대입하면 다음과 같은 곡선수로에서의 수면경사(수심의 변화)를 나타낸다.

$$\frac{d(\gamma d)}{dr} = \frac{\gamma}{g}\frac{V^2}{r}$$

$$\frac{dd}{dr} = \frac{V^2}{gr} \tag{6.102}$$

그림 6.40 곡선수로에서의 수면경사

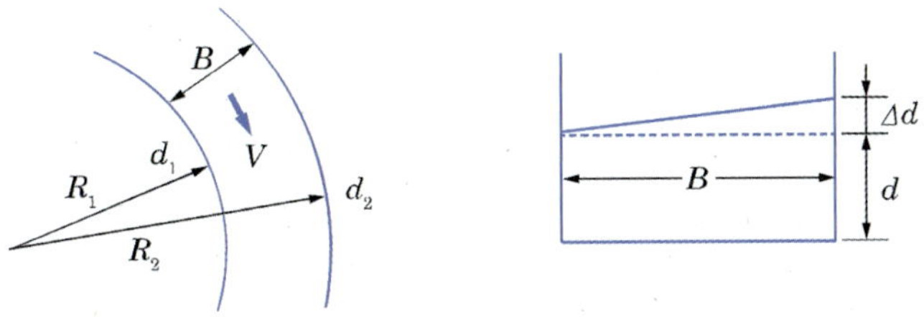

식(6.102)를 수심 d_1과 d_2 그리고 곡률반경 R_1과 R_2에 대해 적분하면 곡선수로 내측과 외측에서의 수면의 차이는 다음과 같다.

$$\int_{d_1}^{d_2} dd = \int_{R_1}^{R_2} \frac{V^2}{gr} dr$$

$$d_2 - d_1 = \frac{V^2}{g} \ln\left(\frac{R_2}{R_1}\right)$$

$$\therefore \ \Delta d = 2.3\frac{V^2}{g}\log_{10}\left(\frac{R_2}{R_1}\right) \tag{6.103}$$

예제 6.24

한강 하류에 있는 잠실대교 부근 만곡부에서의 좌안 곡률반경은 약 $2,500m$이고, 하폭은 약 $1,000m$이며, 유속은 $2m/s$이다. 좌우안의 수면 차이를 구하라.

풀이

$$\Delta d = 2.3\frac{V^2}{g}\log_{10}\left(\frac{R_2}{R_1}\right) = 2.3\frac{2^2}{9.81}\log_{10}\left(\frac{2,500}{1,500}\right) = 0.208m = 21cm$$

6.10 사류수로

경사도수(oblique hydraulic jump) 사각(斜角)도수라고도 하며, 사류가 수직 수로 벽에 의해 유로가 안쪽으로 굽어질 때, 수로 벽과 일정한 각도를 가진 선을 따라 수위가 급격히 상승하는 현상

충격파(shock wave) 사류유동이 굴곡부에 도달하면 굴곡하는 점 부근에서는 유속이 작아지고 수면이 상승한다. 이 수면 상승의 전파속도는 유속보다 작아서 상류 측으로 전파되지 않고 불연속면을 형성하는데, 이것을 충격파라고 한다.

앞에서 언급한 바와 같이 상류인 경우에는 표면파의 전파속도 $\sqrt{gd}$가 수로에서의 유속 V보다 크므로 하류에서의 수면변동은 수로 상·하류 유동에 영향을 미친다. 그러나 사류인 경우에는 수로에서의 유속 V가 표면파의 전파속도 $\sqrt{gd}$보다 크므로 하류(downstream)에서의 수면변동은 수로의 상류(upstream) 유동에 영향을 미치지 않는다.

그림 6.41 (a)와 같이 유속이 전혀 없는 정지수역($V=0$)에서 파동이 발생할 경우, 파동은 동심원의 형상으로 모든 방향에 대해 같은 속도로 전파한다. (b)와 같이 유속 V로 흐르는 상류에서 파동이 발생할 경우, 파동은 유속 V의 방향(하류)으로 주로 전파되고 동시에 반대방향(상류)으로도 전

그림 6.41 수로에서의 표면파의 전파 유형

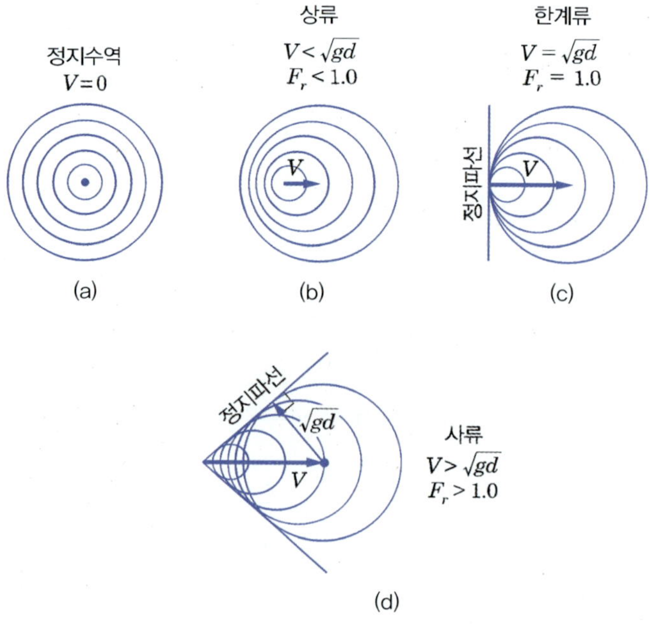

파되어 상류유동에 영향을 미친다. (c)와 같이 유속 V로 흐르는 한계류에서 파동이 발생할 경우, 파동은 정지파선($V=\sqrt{gd}$) 아래 방향(하류)으로만 전파되고 반대방향(상류)으로는 전파되지 않는다. (d)와 같이 유속 V로 흐르는 사류에서 파동이 발생할 경우, 파동은 유속 V의 방향(하류)으로 빠르게 전파되어 그 영향원은 쐐기형 정지파선(standing wave front) 내부에 국한되어 작아지고 반대방향(상류)으로는 전파되지 못한다.

그림 6.42는 사류유동에서의 쐐기형 내부의 영향원을 나타내는 것으로, 쐐기형의 범위 β는 다음과 같다.

$$\sin\beta=\frac{\sqrt{gd}}{V}=\frac{1}{F_r} \tag{6.104}$$

여기서, β를 Mach 각이라고 하고 V가 커질수록 작아지는 것을 알 수 있다.

그림 6.42 사류유동에서의 영향원

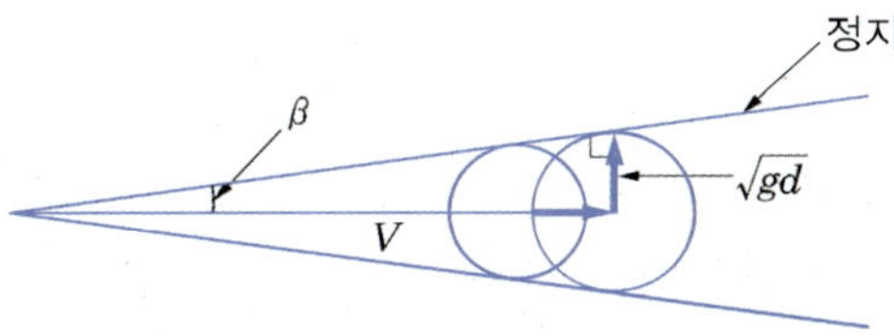

그림 6.43은 수로의 벽이 θ만큼 굴절되는 수로에서의 사류유동을 나타내는 것으로, 수심은 d_1에서 정지파선을 따라 d_2로 증가한다. 굴절되기 전 수로의 벽과 정지파선이 이루는 각도 β는 수로 벽의 굴절각 θ에 따라 다르며, 정지파선을 따른 수면은 불연속적이다. 이러한 현상을 경사도수(oblique hydraulic jump)라고 하고, 정지파선에서의 파동을 충격파(shock wave)라고 한다.

정지파선을 따른 유속성분이 같다면

$$V_1\cos\beta=V_2\cos(\beta-\theta) \tag{6.105}$$

수로 단면에 대해 단위폭당 연속방정식을 적용시키면

그림 6.43 굴절수로에서의 사류

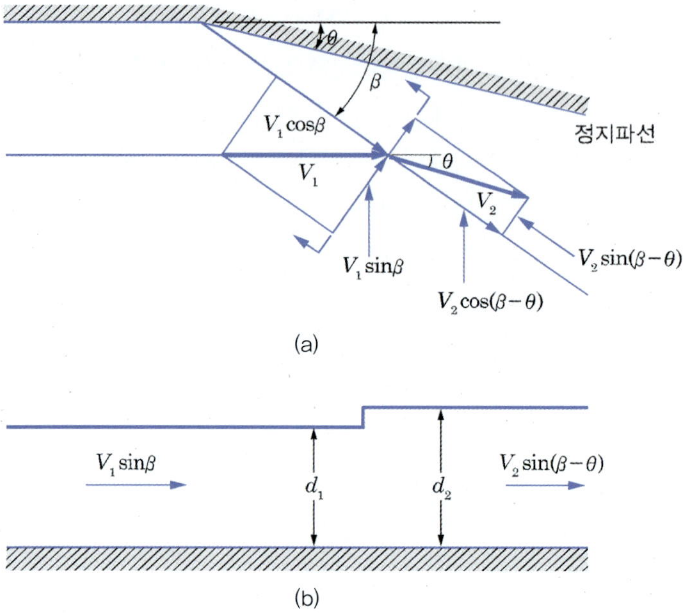

$$d_1 V_1 \sin\beta = d_2 V_2 \sin(\beta-\theta)$$

$$V_2 = \frac{d_1 V_1 \sin\beta}{d_2 \sin(\beta-\theta)} \tag{6.106}$$

수로 단면에 대해 단위폭당 운동량방정식을 적용시키면

$$F_1 + \rho q V_1 \sin\beta = F_2 + \rho q V_2 \sin(\beta-\theta) \tag{6.107}$$

$F_1 = \gamma d_1^2/2$, $F_2 = \gamma d_2^2/2$, $q = d_1 V_1 \sin\beta = d_2 V_2 \sin(\beta-\theta)$이므로

$$\frac{\gamma d_1^2}{2} + \rho d_1 V_1^2 \sin^2\beta = \frac{\gamma d_2^2}{2} + \rho d_2 V_2^2 \sin^2(\beta-\theta) \tag{6.108}$$

식(6.106)을 식(6.108)에 대입하면

$$\frac{\gamma d_1^2}{2} + \rho d_1 V_1^2 \sin^2\beta = \frac{\gamma d_2^2}{2} + \rho d_2 \frac{d_1^2 V_1^2 \sin^2\beta}{d_2^2 \sin^2(\beta-\theta)} \sin^2(\beta-\theta)$$

$$\frac{\rho g}{2}(d_1^2 - d_2^2) = \rho d_1 V_1^2 \sin^2\beta \left(\frac{d_1}{d_2} - 1\right) \tag{6.109}$$

양변에 $1/d_1^2 g$을 곱하면

$$\frac{g}{2g}\frac{(d_1-d_2)(d_1+d_2)}{d_1^2}=\frac{V_1^2}{gd_1}\sin^2\beta\left(\frac{d_1-d_2}{d_2}\right)$$

$$\sin^2\beta=\frac{1}{F_{r1}^2}\frac{1}{2}\left(1+\frac{d_2}{d_1}\right)\frac{d_2}{d_1} \tag{6.110}$$

$$\therefore\ \sin\beta=\frac{1}{F_{r1}}\sqrt{\left(\frac{1}{2}\right)\left(\frac{d_2}{d_1}\right)\left(1+\frac{d_2}{d_1}\right)} \tag{6.111}$$

여기서, F_{r1}은 굴절부로 유입하는 유동의 Froude 수이다. $d_2/d_1>1$인 경우에는 그림 6.43과 같이 정지파선이 안쪽 방향(positive deflection)으로 향하고, $d_2/d_1<1$인 경우에는 정지파선이 바깥쪽 방향(negative deflection)으로 향한다.

$$V_2=\frac{V_1\cos\beta}{\cos(\beta-\theta)},\quad \frac{d_2}{d_1}=\frac{V_1\sin\beta}{V_2\sin(\beta-\theta)} \tag{6.112}$$

식(6.112)에서부터

$$\frac{d_2}{d_1}=\frac{V_1\sin\beta}{\dfrac{V_1\cos\beta}{\cos(\beta-\theta)}\sin(\beta-\theta)}$$

$$=\frac{\sin\beta\cos(\beta-\theta)}{\cos\beta\sin(\beta-\theta)}=\frac{\tan\theta}{\tan(\beta-\theta)} \tag{6.113}$$

식(6.110)에서부터

$$\left(\frac{d_2}{d_1}\right)^2+\frac{d_2}{d_1}-2\sin^2\beta F_{r1}^2=0$$

$$\therefore\ \frac{d_2}{d_1}=\frac{1}{2}\left[-1+\sqrt{1+8\sin^2\beta F_{r1}^2}\right] \tag{6.114}$$

식(6.113)을 식(6.114)에 대입하면

$$\frac{\tan\beta}{\tan(\beta-\theta)}=\frac{1}{2}\left[-1+\sqrt{1+8\sin^2\beta F_{r1}^2}\right] \tag{6.115}$$

정지파선을 따른 수면의 변동이 거의 없는 $d_1 \approx d_2$인 경우의 식(6.115)는 다음과 같다.

$$\sin\beta = \frac{1}{F_r} \tag{6.116}$$

예제 6.25

수로의 벽이 $20°$로 굴절되는 사류수로에서 벽 쪽에서의 수심이 $30cm$이고 유속이 $8.5m/s$일 때, 정지파선을 따른 외측 수심을 구하라. 여기서, 굴절되기 전 수로의 벽과 정지파선이 이루는 각도는 $30°$이다.

풀이

$$F_{r_1} = \frac{V_1}{\sqrt{gd_1}} = \frac{8.5}{\sqrt{(9.8)(0.3)}} = 4.97 \fallingdotseq 5 \ (\text{사류})$$

$$\frac{d_2}{d_1} = \frac{1}{2}\left[-1+\sqrt{1+8\sin^2\beta F_{r1}^2}\,\right] = \frac{1}{2}\left[-1+\sqrt{1+8\sin^2 30° \times 5^2}\,\right] = 3.1$$

$$\therefore d_2 = 0.93m$$

연습문제

01 아래 그림과 같은 목재 수로(flume)의 수심이 $1m$이고, 경사가 0.0013일 때, 유량을 구하라.

그림

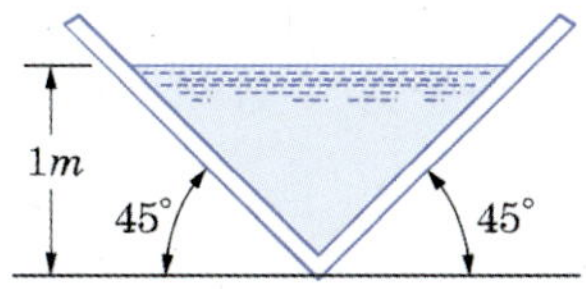

02 폭 $4m$, 경사 0.004인 직사각형 콘크리트 수로에 $25m^3/s$의 유량이 흐르고 있을 때, 수로의 수심은 얼마인가?

03 폭 $3m$, 수심 $0.8m$, 경사 0.01인 직사각형 수로에 $6m^3/s$의 유량이 흐르고 있을 때, 수로의 조도계수는 얼마인가?

04 폭 $3m$, 수심 $1m$, 조도계수 0.016인 직사각형 수로에 $10m^3/s$의 유량이 흐르고 있을 때, 수로의 경사는 얼마인가?

05 직사각형 콘크리트 수로에서 최대 유량이 $10m^3/s$일 때, 직사각형 수로의 폭과 수심을 구하라. 여기서, 수로경사는 0.001이고, 조도계수는 0.016이다.

06 빗변 1(수직) : 2(수평)인 사다리꼴 수로에서 $12m^3/s$의 유량을 흐르게 하기 위한 최적 단면을 결정하고, 수로의 경사를 구하라. 여기서, 세굴을 방지하기 위한 최대 유속은 $1.0m/s$이고, 조도계수는 0.025이다.

07 폭이 넓은 직사각형 수로에 단위폭당 $3m^3/s/m$의 유량이 흐르고 있다. 수심이 $0.2m$, $1.0m$, $2.5m$일 때, 흐름이 상류인지 사류인지를 검토하라.

08 수심 $1.5m$인 산 개울에 송어가 점프하여 떨어지면서 수면에 파동을 발생시킨다. 만일 파동이 상류(upstream) 쪽으로 전파되지 않는다면 흐름의 최소 속도는 얼마인가?

09 직사각형 수로에서 단위폭당 유량 $3m^3/s/m$의 물이 비에너지 $1.5m$로 유동할 때, 두 개의 가능한 수심과 Froude 수를 구하라.

10 $60m \times 150m$의 주차장에서 흘러나온 빗물이 $1m/1km$의 경사면에 놓여진 원형 콘크리트관을 통해 배수된다. 강우강도가 $3cm/hr$일 때 관이 가득 채워진다면 관의 직경은 얼마인가? 여기서, 조도계수는 0.012이다.

11 직경 D_1인 4개의 하수관이 직경 D인 하나의 관에 연결된다. 각 관에서 물이 반만 차서 흐를 때, 직경 D는 얼마인가? 여기서, 모든 관에 대한 조도계수와 경사는 같다.

12 아래 그림과 같은 사다리꼴 수로를 흐르는 유량을 Q라고 할 때, 수심을 변화시키지 않고 유량을 두 배로 흐르게 할 수 있는 부가적인 길이 L을 구하라. 여기서, 수로의 경사, 표면의 재질, 빗변의 경사는 동일하게 한다.

그림

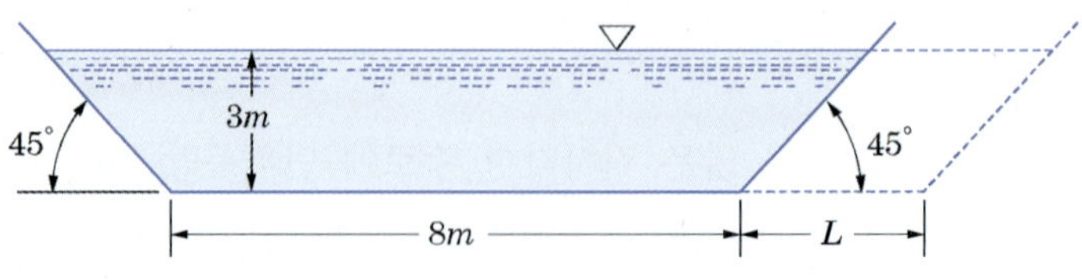

13 아래 그림과 같은 복합단면 하천에서의 유량을 구하라. 여기서, 수로 경사는 0.00064이고, 저수로와 고수로의 조도계수는 각각 0.040과 0.025이다.

그림

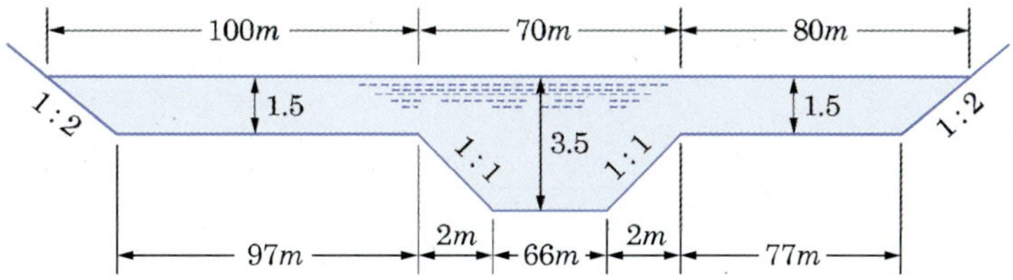

14 폭 $6m$인 직사각형 수로의 흐름에서 비에너지가 $3m$일 때, 수심과 유량의 관계곡선을 그리고, 이 곡선에서부터 (1) 한계수심, (2) 최대 유량, (3) 수심이 $2.4m$일 때의 유량, (4) 유량이 $28m^3/s$일 때의 두 수심과 이들 수심에서의 흐름 상태를 구하라.

15 밑변 $3m$, 빗변의 경사 1(수직) : 1.5(수평), 수심 $3m$인 사다리꼴 수로에 $8m^3/s$의 유량이 흐르고 있을 때, (1) 비에너지와 이 비에너지에 대한 대응수심, (2) 한계수심, (3) 수로경사 0.0004와 $n = 0.022$일 때의 수심과 비에너지곡선을 구하라.

16 폭 $12m$, 수심 $2m$, 조도계수 0.025인 직사각형 수로에 $32m^3/s$의 유량이 흐르고 있다. 이 흐름이 상류인지 사류인지를 검토하라. 그리고 이 수심에서 등류를 발생시킬 수 있는 수로경사를 구하라.

17 수심 $3m$인 직사각형 수로에 $2m/s$의 속도로 물이 흐르고 있다. 하상 표고가 점진적으로 $60cm$ 증가할 때 발생하는 수심과 수면 표고의 변화는 얼마인가? 그리고 하상 표고가 점진적으로 $15cm$ 감소할 때 발생하는 수심과 수면 표고의 변화는 얼마인가?

18 아래 그림과 같은 폭 $0.5m$인 직사각형 수로에 물이 흐르고 있다. 상류의 수심이 $70mm$이고, 수로의 바닥이 $10mm$ 올라간 부분에 물이 흐를 때, 수면의 높이가 $40mm$ 상승하였다면 수로를 흐르는 유량은 얼마인가? 여기서, 점성의 영향은 무시한다.

그림

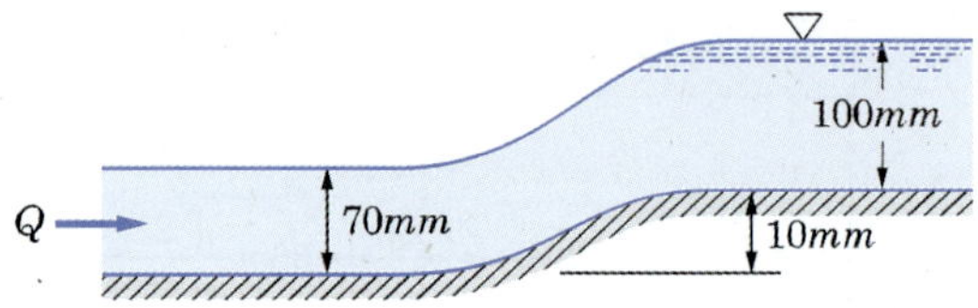

19 수문으로부터 단위폭당 $0.5m^3/s/m$의 물이 수심 $25cm$인 수평 수로로 유출될 때 도수의 발생 여부를 검토하라. 그리고 만일 도수가 발생한다면 도수 후 수심은 얼마인가?

20 수심이 $40cm$인 사다리꼴 수로에 $10m/s$의 유속으로 물이 흐르고 있다. 이 흐름이 장애물에 의해 도수가 발생할 때 도수 후 수심은 얼마이고, 도수로 인한 에너지손실은 얼마인가? 여기서, 수로의 밑변은 $5m$이고 빗변의 경사는 1 : 1이다.

21 아래 그림과 같은 수문 하류 수로에서의 등류수심이 $1m$일 때, 수문의 하류에서 발생하는 수면형상곡선은 무엇인가?

그림

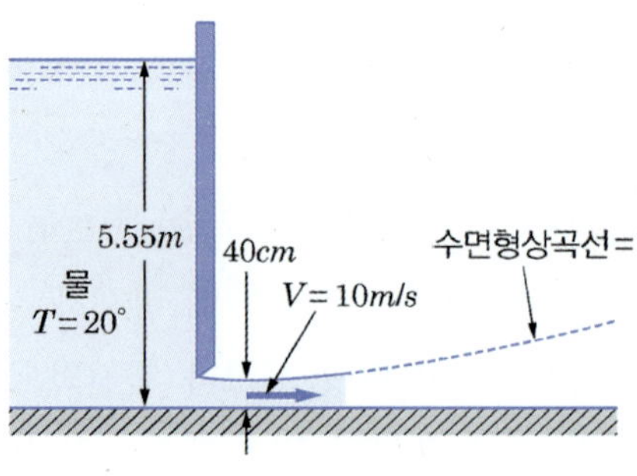

22 폭 $3m$인 직사각형 수로에 $2.5m^3/s$의 물이 흐르고 있다. 이 수로의 등류수심이 $0.6m$이고, 실제 수심이 $1.2m$일 때, 수면형상곡선은 무엇인가?

23 밑변 $10m$, 빗변 경사 $1:1$인 사다리꼴 수로에 $95m^3/s$의 유량이 한계수심 $1.35m$, 등류수심 $2.91m$로 흐른다. 이 수로에 댐을 만들어 댐 지점에서의 수심을 $4m$로 높였을 때, 댐 상류 방향으로 수심이 $3.5m$ 되는 지점까지의 거리를 Chow의 계산법과 Bresse의 계산법으로 구하고 비교하라. 여기서, 수로경사는 0.0015이고, 조도계수는 0.025이다.

24 수로경사가 0.0009이고, 조도계수가 0.015인 폭이 넓은 직사각형 수로에 단위폭당 $1.5m^3/s/m$의 유량이 흐르고 있다. 수심이 $0.75m$인 지점에서부터 수심이 $0.73m$가 되는 지점까지의 거리를 직접적분법과 직접축차계산법으로 구하라.

25 폭 $3.3m$인 직사각형 수로에 $4.95m^3/s$의 유량이 흐르고 있다. 이 흐름이 $\theta = 5°$인 안쪽방향으로 굴절되는 곡선부를 만나 지날 때, 정지파선을 따른 상류부에서의 수심이 $0.5m$이다. 굴절되기 전 수로의 벽과 정지파선이 이루는 각도 β와 정지파선을 따른 하류부에서의 수심을 구하라.

7

제7장

흐름의 측정

7.1 유속 측정

7.2 관수로 유동에서 유량 측정

7.3 개수로 유동에서 유량 측정

관수로, 개수로 및 해안에서의 흐름을 수리학적으로 조사, 분석, 이해하기 위해서는 여러 가지 수리 현상들을 정량적으로 정확히 계측할 필요가 있고, 수위, 유속, 유량 등의 측정된 자료들은 각종 수리구조물과 수리시스템의 계획, 설계 및 관리에 있어 유용하게 활용된다.

7.1 유속 측정

유속계(current meter) 유체의 흐름 속도를 측정하는 계기로, 프로펠러의 회전수가 유속에 비례하는 것을 이용한 회전식, 유체의 동압력에서 유속을 구하는 피토관식, 유속에 의한 전열선의 온도 변화를 전기 저항의 변화로 바꾸어 계측하는 전기저항식, 초음파나 레이저의 센서 등을 이용한 초음파 유속계와 레이저 유속계가 있다.

피토관(pitot tube) 1728년 프랑스의 H. Pitot가 발명한 유속 측정 장치로, 물이 흘러오는 방향으로 개구부를 설치한 동압관에서의 동압력수두와 흐름과 수직방향으로 설치된 정압관에서의 정압력수두의 차이에 의해 흐름의 유속을 측정한다.

정체점(stagnation point) 유체 흐름 속에 놓여 있는 물체의 전면 어느 한 점에서 흐름의 속도가 0이 되는 지점

실험실, 하천, 연안 등에서 유속 또는 해류(조류)를 측정하기 위해 유속계(current meter)를 사용하며, 유속계로는 컵형, 프로펠러형, 피토관, 전기저항식, 초음파식, 레이저식 유속계 등이 있다. 이 절에서는 Bernoulli 방정식을 이용하여 유속을 측정하는 피토관에 대해 알아보기로 한다.

피토관(pitot tube)은 정압력과 정체압력(stagnation pressure)의 차이를 이용하여 유동장 내의 유속을 측정하는 계기로 풍속, 항공기, 선박 등의 속도, 개수로에서의 유속 등을 측정하는 데 사용된다.

그림 7.1은 하천 내 유동장에서 피토관이 유동방향과 평행하게 놓여 있는 경우이다. 피토관 전면 O점을 통과한 속도 V_o의 유체 입자는 피토관의 선단 S점과 충돌하면서 속도 $V_s = 0$이 되고, 이 사이 압력은 p_o에서 p_s로 변하며, O점에서의 속도수두 $V_o^2/2g$는 압력수두로 전환된다. 이와 같이 유동의 속도가 0으로 변하는 S와 같은 점을 정체점(stagnation point)

그림 7.1 피토관(우측 그림 출처 : Deicing Training-deicing innovations)

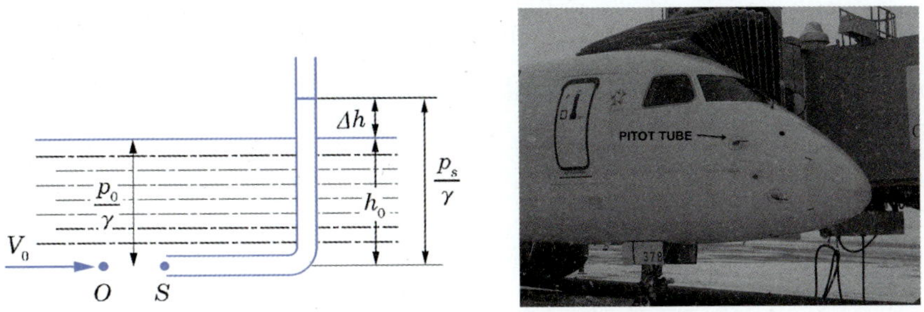

이라고 하고, 이때 S점에서의 압력 p_s를 정체압력(stagnation pressure)이라고 한다.

O점과 S점에 대해 Bernoulli 방정식을 적용하면

$$\frac{V_o^2}{2g} + \frac{p_0}{\gamma} + z_o = \frac{V_s^2}{2g} + \frac{p_s}{\gamma} + z_s \tag{7.1}$$

$V_s = 0,\ p_o/\gamma = h_0,\ p_s/\gamma = h_0 + \Delta h,\ z_0 = z_s$이므로 속도 V_o은 다음과 같다.

$$V_o = \sqrt{2g\Delta h} \tag{7.2}$$

그러므로 피토관의 수면에서부터 높이 Δh를 측정하면 피토관 전면 유동장 내에서의 속도를 구할 수 있다.

피토관에 시차액주계가 연결되어 있는 경우, 시차액주계 속의 액체의 비중이 측정하고자 하는 유체의 비중과 다를 때 식(7.2)는 다음과 같이 된다.

$$V_0 = C\sqrt{2g\Delta h\left(\frac{\gamma_l}{\gamma} - 1\right)} \tag{7.3}$$

여기서, γ_l은 액주계속의 액체의 단위중량, γ는 유체의 단위중량, 그리고 Δh는 액주계의 높이 차이이다. 그리고 C는 보정계수이며, 관의 종류에 따라 다르고, 일반적으로 $C = 1$을 사용한다.

예제 7.1

그림과 같은 피토정압관이 직경 $10cm$인 관내에 설치되어 있다. 평균유속이 관의 중심에서 발생하는 최대 유속의 70%이고 $\Delta h = 10cm$라고 하면, 관내를 흐르는 유량은 얼마인가?

그림

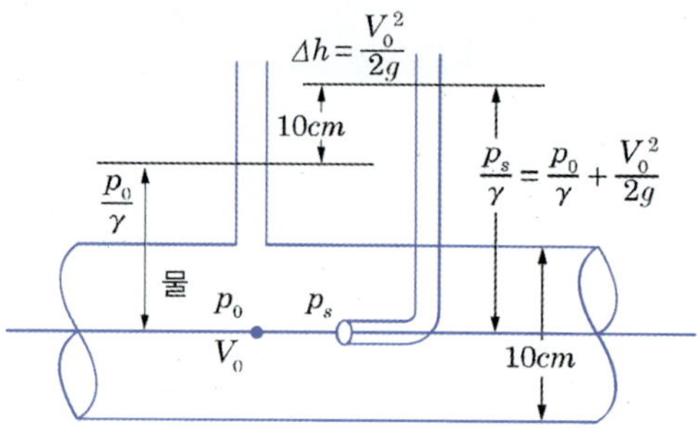

풀이

$\frac{V_0^2}{2g} + \frac{p_0}{\gamma} = \frac{p_s}{\gamma}$ 에서부터 관 중심에서의 유속 V_0을 구하면

$$V_0 = V_{\max} = \sqrt{2g\left(\frac{p_s - p_0}{r}\right)} = \sqrt{2g\Delta h}$$

$$= \sqrt{(2)(9.8)(0.1)} = 1.4m/s$$

$V/V_{\max} = 0.7$이므로

$$V = 0.7V_{\max} = (0.7)(1.4) = 0.98m/s$$

$$\therefore\ Q = AV = \frac{\pi}{4}(0.1)^2 = 7.7 \times 10^{-3} m^3/s$$

예제 7.2

그림과 같이 관 중심에서의 유속을 측정하기 위해 피토관을 사용하였다. B 지점에서의 정체압력이 $5,670kg_f/m^2$이고 A 지점에서의 압력이 $4,720kg_f/m^2$일 때, A 지점에서의 평균유속을 구하라. 여기서, 점성에 의한 에너지손실은 없다고 가정한다.

그림

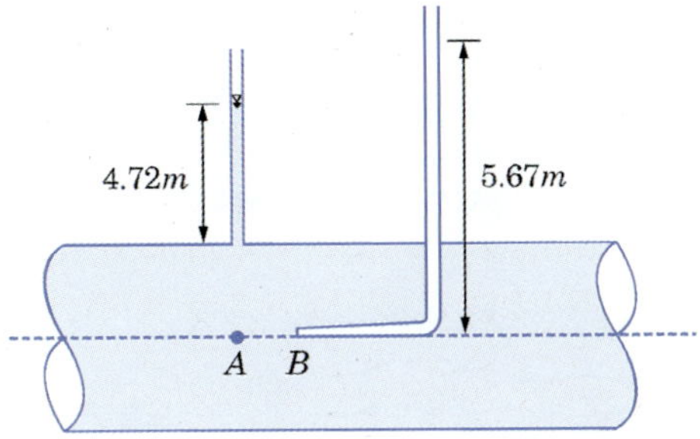

풀이

A와 B 지점에 대해 Bernoulli 방정식을 적용하면

$$\frac{V_A^2}{2g}+\frac{p_A}{\gamma}+z_A=\frac{V_B^2}{2g}+\frac{p_B}{\gamma}+z_B$$

$z_A=z_B$, $V_B\approx 0$, $p_A/\gamma=4{,}720/1{,}000=4.72m$, $p_A/\gamma=5{,}670/1{,}000=5.67m$이므로

$$V_A=\sqrt{2g\left(\frac{p_B}{\gamma}-\frac{p_A}{r}\right)}=\sqrt{(2)(9.81)(5.67-4.72)}=4.32m/s$$

7.2 관수로 유동에서 유량 측정

오리피스(orifice) 관수로 내부에 흐름 단면을 축소시키는 판을 설치하고, 그 판 전후의 압력 차이를 액주계로 측정하여 유속과 유량을 산출하는 장치이다. 동심원형의 구멍이 뚫려 있는 얇은 금속판으로 구성되어 있으며, 관의 이음새에 삽입·연결하여 사용한다.

벤투리관(venturi tube) G. B. Venturi가 고안한 관수로 내 유속과 유량을 측정하는 장치로, 관의 단면적이 급격히 축소되어 중앙부에서 최소가 되었다가 다시 완만하게 확대되는 구조이며, 관내 단면의 축소에 의해 발생하는 압력 차이를 이용하여 유속과 유량을 산출한다.

Bernoulli 방정식의 원리를 이용하여 유체의 속도와 유량을 측정할 수 있는 장치가 여러 가지 형태로 개발되어 있다. 관수로 유동에서 유량을 측정하는 효과적인 방법 중 하나는 그림 7.2와 같이 관 속에 어떤 장치를 설치하여 속도가 느리고 압력이 큰 상류 쪽 단면 (1)과 속도가 빠르고 압력이 작은 하류 쪽 단면 (2) 사이의 압력 차이를 측정하는 것이다.

그림 7.2 관수로 유동에서 유량을 측정하는 대표적인 기구

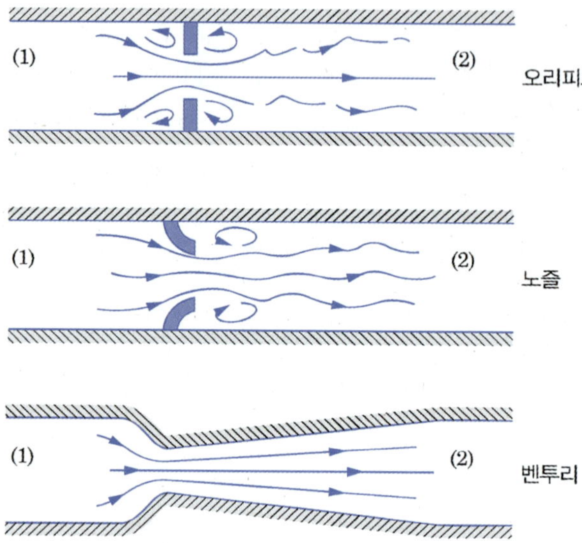

7.2.1 오리피스

(1) 관 내 오리피스

그림 7.3은 유량을 측정하기 위해 관 내부에 유동방향과 수직하게 오리피스(orifice)를 설치한 경우이다.

그림 7.3 관 내 오리피스 (우측 그림 출처 : Canalta Flow Measurement)

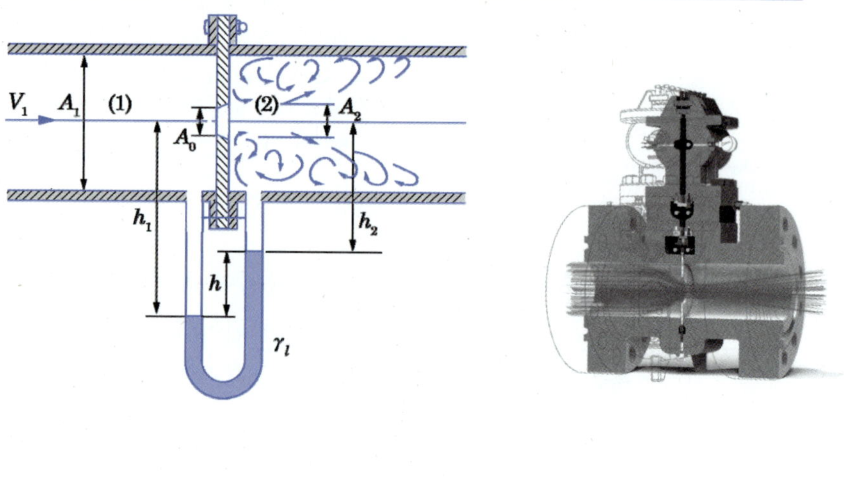

단면 (1)과 (2)에서의 속도, 압력 그리고 높이를 V_1, V_2, p_1, p_2, z_1, z_2 라고 하고, 단면 (1)과 (2) 사이에 Bernoulli 방정식을 적용하면

$$\frac{V_1^2}{2g}+\frac{p_1}{\gamma}+z_1=\frac{V_2^2}{2g}+\frac{p_2}{\gamma}+z_2 \tag{7.4}$$

$z_1=z_2$이므로

$$\frac{V_1^2}{2g}+\frac{p_1}{\gamma}=\frac{V_2^2}{2g}+\frac{p_2}{\gamma} \tag{7.5}$$

식(7.5)를 압력수두의 차이에 대해 정리하면

$$\frac{p_1-p_2}{\gamma}=\frac{V_2^2-V_1^2}{2g}=\frac{V_2^2}{2g}\left[1-\left(\frac{V_1}{V_2}\right)^2\right]=\frac{V_2^2}{2g}\left[1-\left(\frac{A_2}{A_1}\right)^2\right] \tag{7.6}$$

유동이 오리피스를 통해 분출될 때 분류의 단면은 오리피스의 단면 A_0에서 최소가 되어 그 크기가 A_0와 같아야 한다. 그러나 실제 분류의 최소 단면은 오리피스의 단면 A_0를 지난 $C-C$ 단면에서 A_c와 같은 수축된 분류에서 발생하며(그림 7.5 참조), 이와 같은 현상을 수축현상(vena contracta : 축맥)이라고 한다. 그러므로 식(7.6)에 수축현상을 고려한 수축계수(contraction coefficient) $C_c(C_c=A_c/A_0)$를 적용하면 다음과 같다.

$$\frac{p_1-p_2}{\gamma}=\frac{V_2^2}{2g}\left[1-\frac{C_c^2A_0^2}{A_1^2}\right] \tag{7.7}$$

식(7.7)을 V_2에 대해 정리하면

$$V_2=\sqrt{\frac{2g\left(\frac{p_1-p_2}{\gamma}\right)}{1-C_c^2\left(\frac{A_0}{A_1}\right)^2}} \tag{7.8}$$

액주계의 원리에서부터 $p_1-p_2=h(\gamma_l-\gamma)$이고, 식(7.8)은 여러 가지 손실을 고려하지 않고 Bernoulli 방정식에서부터 유도한 이론식이므로 실제 유속은 마찰 등으로 인해 이보다 작다. 그러므로 이 계산치를 보정하기 위

해 보정계수를 적용하면 다음과 같다.

$$V_2 = C_v \sqrt{\frac{2gh\left(\dfrac{\gamma_l}{\gamma} - 1\right)}{1 - C_c^2\left(\dfrac{A_0}{A_1}\right)^2}} \tag{7.9}$$

여기서, C_v는 유속계수이며, $C_v = V_{실제} / V_{이론}$이다.
그러므로 유량 Q는 다음과 같다.

$$Q = A_2 V_2 = C_c A_0 \cdot C_v \sqrt{\frac{2gh\left(\dfrac{\gamma_l}{\gamma} - 1\right)}{1 - C_c^2\left(\dfrac{A_0}{A_1}\right)^2}}$$

$$= CA_0 \sqrt{\frac{2gh\left(\dfrac{\gamma_l}{\gamma} - 1\right)}{1 - C_c^2\left(\dfrac{A_0}{A_1}\right)^2}} \tag{7.10}$$

여기서, C는 유량계수(discharge coefficient)로 $C = C_c C_v$이다.

식(7.10)에서 $\dfrac{C}{\sqrt{1 - C_c^2 \ (A_0/A_1)^2}} \approx C$라고 하고 간단히 나타내면

$$Q = CA_0 \sqrt{2gh\left(\frac{\gamma_l}{\gamma} - 1\right)} \tag{7.11}$$

여기서, C 값은 그림 7.4에서와 같이 Reynolds 수와 관내의 단면적 비 A_0/A_1에 따라 다르며 실험에 의해 측정된다.

(2) 예연 오리피스

그림 7.5와 같이 물이 담겨져 있는 수조에서 수면에서부터 깊이 h인 벽면에 있는 예연 오리피스(sharp-edged orifice)를 통해 물이 대기 중으로 분출되는 것을 자유분출(free jet)이라고 하고, 이때의 유량을 구하면 다음과 같다.

그림 7.4 관 오리피스 유량계수

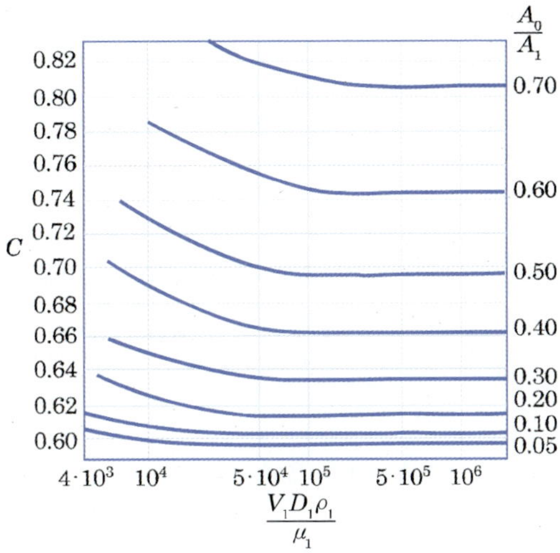

그림 7.5 예연 오리피스 (우측 그림 출처 : Dwyer Instruments)

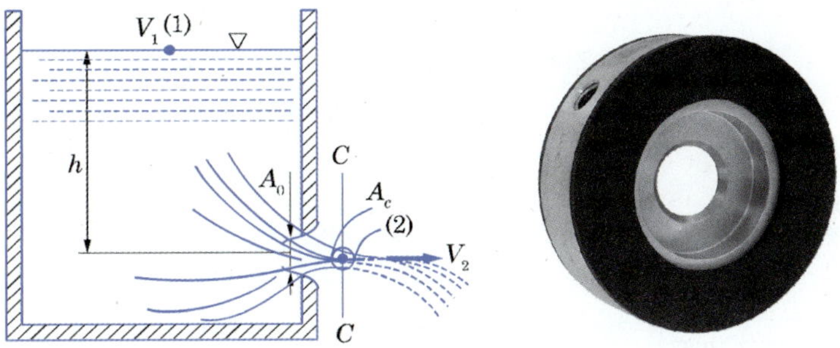

이러한 자유분출의 경우에도 오리피스의 단면 A_0를 지난 $C-C$ 단면에서 A_c와 같은 수축된 분류가 발생한다. 단면 (1)과 (2) 사이에 Bernoulli 방정식을 적용하면

$$\frac{V_1^2}{2g}+\frac{p_1}{\gamma}+z_1=\frac{V_2^2}{2g}+\frac{p_2}{\gamma}+z_2 \tag{7.12}$$

여기서, $p_1=p_2=p_{atm}=0$이고, $z_1=h$, $z_2=0$이며, V_1은 수조 수면에서 물이 하강하는 속도로 오리피스를 통해 자유분출 하는 속도 V_2에 비해 매우 작으므로 $V_1 \approx 0$이 된다. 그러므로

$$h = \frac{V_2^2}{2g}$$

또는

$$V_2 = \sqrt{2gh} \tag{7.13}$$

식(7.13)은 이탈리아의 물리학자 Torricelli가 처음으로 유도한 식으로 Torricelli 식이라고 한다. 수축계수 C_c, 유속계수 C_v, 그리고 유량계수 C를 적용하면

$$V_2 = C_c C_v \sqrt{2gh} = C\sqrt{2gh} \tag{7.14}$$

그러므로 오리피스를 통해 유출되는 실제 유량은 다음과 같다.

$$Q = A_0 C\sqrt{2gh} \tag{7.15}$$

여기서, C 값은 그림 7.6에서와 같이 수면에서부터 깊이 h와 관의 직경 D에 따라 다르며 실험에 의해 측정된다.

그림 7.6 예연 오리피스의 유량계수

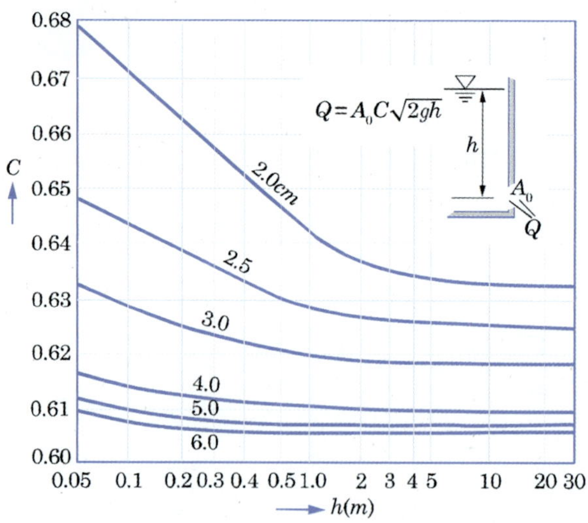

예제 7.3

수조의 수면 $2m$ 아래 직경 $5cm$의 오리피스가 설치되어 있다. 이 오리피스를 통해 $0.0075m^3/s$의 유량이 배출되고 베나 콘트랙타에서의 직경이 $4cm$일 때, 수축계수 C_c, 유속계수 C_v, 그리고 유량계수 C를 구하라.

풀이

유량

$$C_c = A_c/A_0 = 4^2/5^2 = 0.64$$

$$Q = CA_0\sqrt{2gh} = C[(\pi \times 0.05^2)/4]\sqrt{2(9.81)(2)} = 0.0075 \quad \therefore C = 0.611$$

$C = C_c C_v$에서부터 $C_v = C/C_c = 0.611/0.64 = 0.955$

예제 7.4

그림과 같이 댐의 수면 $30m$ 아래 단면적 $A_p = 2A_0$인 원형 관이 부착되어 있고, 이 원형 관에 유속계수가 0.8이고 단면적이 A_0인 오리피스가 설치되어 있다. 물이 오리피스 구간을 흐르는 동안 손실이 없다고 가정할 때, 관 출구에서 물이 분출되는 속도 V_p를 구하라.

그림

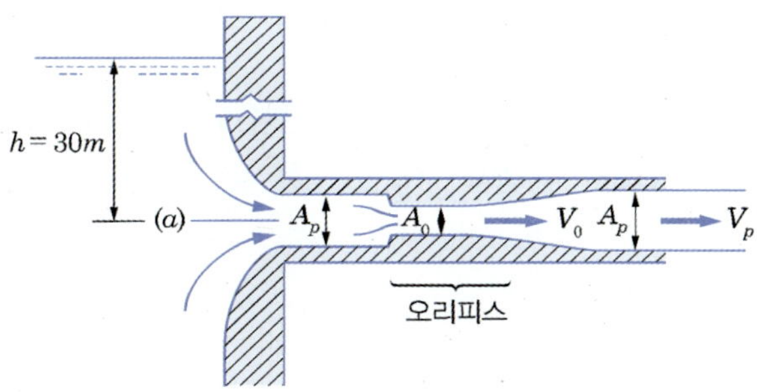

풀이

(a) 지점과 오리피스 출구에 대해 Bernoulli 방정식을 적용하여 V_0에 대해 정리하면

$$\frac{V_a^2}{2g} + \frac{p_a}{\gamma} = \frac{V_0^2}{2g} + \frac{p_0}{\gamma}$$

$V_a \ll V_0$이므로 $V_a \approx 0$ 이고, $p_a/\gamma = h = 30m$이므로

$$V_0 = C_v \sqrt{2g\left(h - \frac{p_0}{\gamma}\right)} \tag{1}$$

오리피스 출구와 관의 출구에 대해 Bernoulli 방정식을 적용하여 p_0/γ에 대해 정리하면

$$\frac{V_0^2}{2g} + \frac{p_0}{\gamma} = \frac{V_p^2}{2g} + \frac{p_p}{\gamma}$$

$p_p = p_{atm} = 0$이고 $A_0 V_0 = A_p V_p$이므로

$$\frac{p_0}{\gamma} = \frac{V_p^2}{2g}\left[1 - \left(\frac{A_p}{A_0}\right)^2\right] \tag{2}$$

식(2)를 식(1)에 대입하여 정리하면

$$V_0 = \frac{A_p}{A_0} V_p = C_v \sqrt{2g\left\{h - \frac{V_p^2}{2g}\left[1 - \left(\frac{A_p}{A_0}\right)^2\right]\right\}} \tag{3}$$

식(3)을 속도 V_p에 대해 정리하면

$$V_p = \sqrt{\frac{2gh}{1 + A_p^2/A_0^2\,(1/C_v^2 - 1)}} = \sqrt{\frac{(2)(9.81)(30)}{1 + 4(1/0.64 - 1)}} = 13.5 m/s$$

예제 7.5

그림과 같이 수심에 비해 직경이 큰 원형 오리피스가 있다. 이러한 원형 큰 오리피스를 통과하는 유량을 구하는 식을 유도하라.

그림

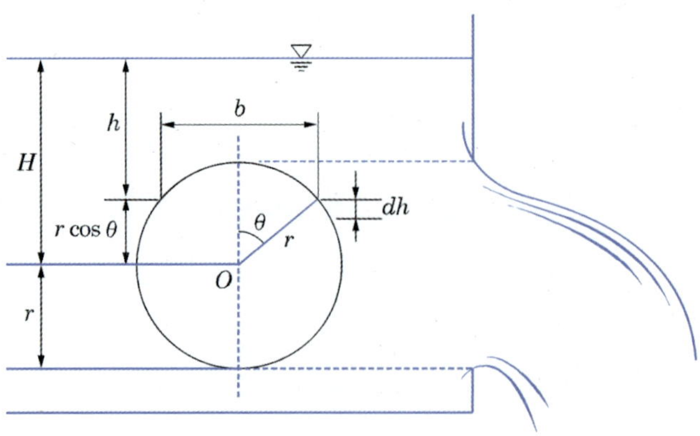

풀이

$$b = 2r\sin\theta,\ h = H - r\cos\theta,\ dh = -(-r\sin\theta)d\theta = r\sin\theta d\theta$$

$\dfrac{V_1^2}{2g} + \dfrac{p_1}{\gamma} + H = \dfrac{V_2^2}{2g} + \dfrac{p_2}{\gamma} + r\cos\theta$에서 $V_1 = 0,\ p_1 = p_2 = 0$이므로

$$\frac{V_2^2}{2g} = H - r\cos\theta \quad \therefore V_2 = \sqrt{2g(H - r\cos\theta)} = \sqrt{2gh}$$

$$dQ = Cbdh\sqrt{2gh} = C2r^2\sin^2\theta\sqrt{2g(H - r\cos\theta)}\,d\theta$$

$$Q = 2Cr^2\sqrt{2gH}\int_0^{\pi}\sin^2\theta\left(1 - \frac{r}{H}\cos\theta\right)^{1/2}d\theta$$

$$= C\pi r^2\sqrt{2gH}\left[1 - \frac{1}{32}\left(\frac{r}{H}\right)^2 + \frac{5}{1024}\left(\frac{r}{H}\right)^4 \pm --\right]$$

$(r/H)^4$ 이하의 항은 값이 작으므로 무시하면

$$Q = C\pi r^2\sqrt{2gH}\left[1 - \frac{1}{32}\left(\frac{r}{H}\right)^2\right]$$

그림 원형 큰 오리피스 유량계수

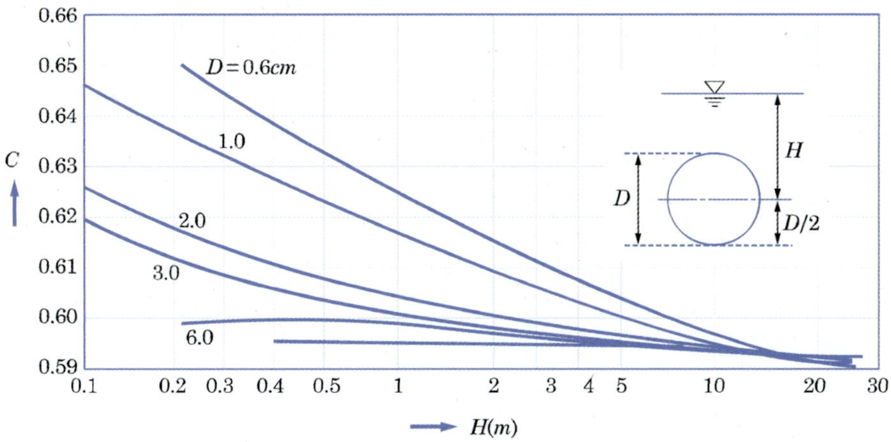

(3) 수중 오리피스

수중 오리피스(submerged orifice)는 수면의 높이가 다른 두 수조 사이의 벽 아래 부분에 있는 작은 구멍을 통해 수면이 높은 곳에서부터 낮은 곳으로 물이 흘러 나가는 경우이다.

그림 7.7 수중 오리피스

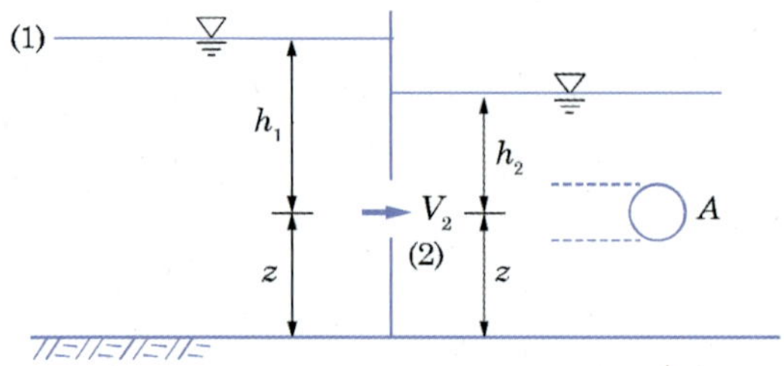

(1) 지점과 (2) 지점에서의 압력과 속도를 p_1, p_2, V_1, V_2라고 하고 Bernoulli 방정식을 적용하면

$$\frac{V_1^2}{2g}+\frac{p_1}{\gamma}+(h_1+z)=\frac{V_2^2}{2g}+\frac{p_2}{\gamma}+z \tag{7.16}$$

$V_1 \approx 0$, $p_1 = 0$, $p_2 = \gamma h_2$이므로

$$V_2 = \sqrt{2g(h_1-h_2)}$$

유속계수 C_v와 유량계수 C를 적용하여 수중 오리피스를 통해 유출되는 실제 유속과 유량을 구하면 다음과 같다.

$$V_2 = C_v\sqrt{2g(h_1-h_2)} \tag{7.17}$$

$$Q = CA\sqrt{2g(h_1-h_2)} \tag{7.18}$$

여기서, $h_1 - h_2$는 두 수조 수면의 높이 차이이다.

(4) 오리피스에 의한 배수시간

그림 7.8 수조 밑면에 설치된 오리피스를 통한 배수

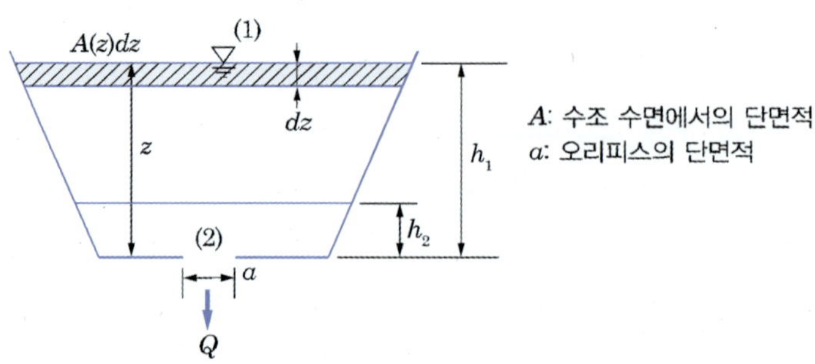

수조의 밑면에 설치된 오리피스로부터 물이 유출되는 경우, 단면 (1)과 (2) 사이에 수면의 높이가 h_1에서 h_2로 내려가는 데 걸리는 시간을 구하면 다음과 같다.
수조의 수면과 밑면 오리피스에 대해 Bernoulli 방정식을 적용하면

$$\frac{V_1^2}{2g}+\frac{p_1}{\gamma}+z=\frac{V_2^2}{2g}+\frac{p_2}{\gamma}+0 \tag{7.19}$$

$V_1=0,\ p_1=p_2=0$이므로

$$V_2=\sqrt{2gz}$$
$$\therefore\ Q=Ca\sqrt{2gz} \tag{7.20}$$

여기서, C는 유량계수이고, a는 오리피스의 단면적이다.
미소 시간 dt 사이에 오리피스로부터 유출되는 물의 체적 $Qdt=Ca\sqrt{2gz}\,dt$와 dt시간 동안 수조의 수면이 dz만큼 하강하는 데 대한 물의 체적 $-A(z)dz$는 같으므로

$$Ca\sqrt{2gz}\,dt=-A(z)dz$$

여기서, A는 수조의 수면에서의 단면적이다.

$$dt=\frac{-A(z)}{Ca\sqrt{2gz}}dz \tag{7.21}$$

수심이 h_1에서 h_2로 하강하는 데 걸리는 시간 t를 구하면 다음과 같다.

$$\int_0^t dt=\int_{h_1}^{h_2}\frac{-A(z)}{Ca\sqrt{2gz}}dz$$
$$t=-\frac{1}{a\sqrt{2g}}\int_{h_1}^{h_2}\frac{A(z)}{C\sqrt{z}}dz$$

수조의 평균 단면적 $A(z)$가 z에 관계없이 일정하고 유량계수 C도 일정하다면

$$t = -\frac{A}{Ca\sqrt{2g}}\int_{h_1}^{h_2} z^{-1/2}dz = -\frac{A}{Ca\sqrt{2g}}\left[2\left(h_2^{1/2} - h_1^{1/2}\right)\right]$$

$$\therefore\ t = \frac{2A}{Ca\sqrt{2g}}\left(h_1^{1/2} - h_2^{1/2}\right) \tag{7.22}$$

수중 오리피스를 통해 수조 1에서부터 수조 2로 물이 유출될 때, 초기 수면 차이 h_1에서 최종 수면 차이 h_2가 될 때까지 걸리는 시간 t는 다음과 같다.

그림 7.9 수중 오리피스를 통한 배수

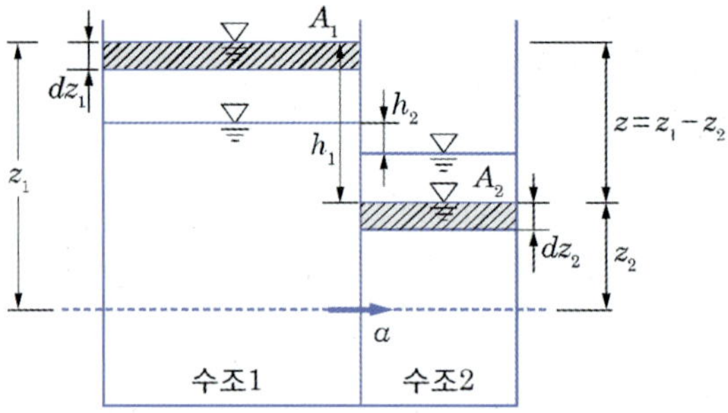

수조 1과 2의 수면에 대해 Bernoulli 방정식을 적용하면

$$\frac{V_1^2}{2g} + \frac{p_1}{\gamma} + z_1 = \frac{V_2^2}{2g} + \frac{p_2}{\gamma} + z_2 \tag{7.23}$$

수조 1의 단면적 $A_1 \gg$ 수조 2의 단면적 A_2인 경우, $V_1 = 0$, $p_1 = p_2 = 0$이므로

$$\frac{V_2^2}{2g} = z_1 - z_2$$

$$V_2 = \sqrt{2g(z_1 - z_2)} = \sqrt{2gz} \tag{7.24}$$

dt시간 사이에 수조 1의 수면 하강을 dz_1, 수조 2의 수면 상승을 dz_2라고 하면, dt시간 사이에 수조 1의 물의 하강 체적과 수조 2의 물의 상승 체적은 같으므로, dt시간 사이에 오리피스를 통해 유출하는 물의 체적은 다음과 같다.

$$-A_1 dz_1 = A_2 dz_2 = Qdt = Ca\sqrt{2gz}\,dt \tag{7.25}$$

$dz_1 = -Q/A_1 dt$, $dz_2 = +Q/A_2 dt$이므로

$$dz_1 - dz_2 = dz = -\left(\frac{1}{A_1} + \frac{1}{A_2}\right)Qdt = -\left(\frac{1}{A_1} + \frac{1}{A_2}\right)Ca\sqrt{2gz}\,dt$$

$$dt = -\left(\frac{A_1 A_2}{A_1 + A_2}\right)\frac{1}{Ca\sqrt{2g}}\frac{1}{\sqrt{z}}dz \tag{7.26}$$

두 수조의 수면 차이가 h_1에서 h_2로 되는 데 걸리는 시간 t를 구하면 다음과 같다.

$$\int_0^t dt = -\left(\frac{A_1 A_2}{A_1 + A_2}\right)\frac{1}{Ca\sqrt{2g}}\int_{h_1}^{h_2} z^{-1/2}dz$$

$$t = -\frac{A_1 A_2}{A_1 + A_2}\frac{1}{Ca\sqrt{2g}}\left[2z^{1/2}\right]_{h_1}^{h_2}$$

$$\therefore\ t = \frac{A_1 A_2}{A_1 + A_2}\frac{2}{Ca\sqrt{2g}}\left(h_1^{1/2} - h_2^{1/2}\right) \tag{7.27}$$

예제 7.6

그림과 같이 수조에 연결된 관로를 통해 물이 대기 중으로 자유 배출될 때, 수조의 수면이 H_1에서 H_2까지 하강하는 데 걸리는 시간을 구하는 식을 유도하라.

그림

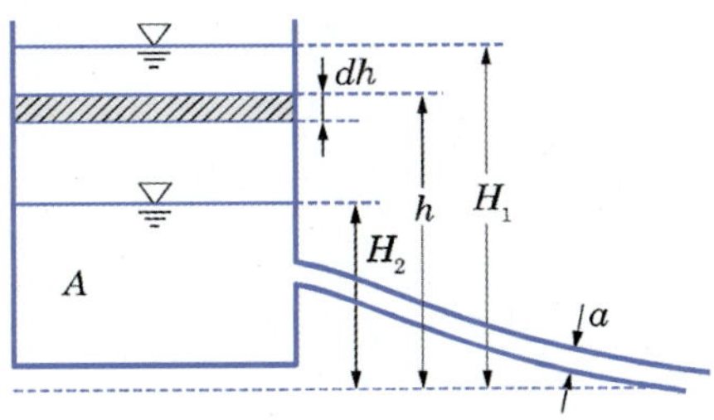

풀이

수조의 수면을 '1', 관로의 출구를 '2'로 두고 Bernoulli 방정식을 적용하면

$$\frac{V_1^2}{2g}+\frac{p_1}{\gamma}+z_1=\frac{V_2^2}{2g}+\frac{p_2}{\gamma}+z_2+h_L$$

관로에서의 마찰손실과 입구에서의 손실을 고려하면

$$\frac{V_1^2}{2g}+\frac{p_1}{\gamma}+z_1=\frac{V_2^2}{2g}+\frac{p_2}{\gamma}+z_2+K_{ent}\frac{V_2^2}{2g}+f\frac{L}{D}\frac{V_2^2}{2g}$$

$V_1\approx 0,\ p_1=p_2=0,\ z_1-z_2=h$이고 $V_2=V$이므로

$$V=\sqrt{\frac{2gh}{1+K_{ent}+f(L/D)}}$$

관로를 통해 물이 배출되는 양만큼 수조로 물이 보충되거나 전혀 보충되지 않으면, 수조의 수위는 점점 낮아지고 이에 따라 출구에서의 유속도 감소하게 되어, 관로 내에서의 흐름은 시간에 따라 유속이 변하는 비정상류가 된다.

관로의 단면적을 a라고 할 때, dt시간 사이에 관로를 통해 배출되는 유량은 다음과 같다.

$$dQ=a\sqrt{\frac{2gh}{1+K_{ent}+f(L/D)}}\,dt$$

수조의 단면적을 A라고 할 때, 관로를 통해 배출되는 유량과 수조에서의 감소량은 같아야 하므로

$$dQ=-Adh$$

$$a\sqrt{\frac{2gh}{1+K_{ent}+f(L/D)}}\,dt=-Adh$$

그러므로 수조의 수면이 H_1에서 H_2까지 하강하는 데 걸리는 시간은 다음과 같다.

$$t=\frac{-A\sqrt{1+K_{ent}+f(L/D)}}{a\sqrt{2g}}\int_{H_1}^{H_2}\frac{1}{\sqrt{h}}dh$$

$$=\frac{2A\sqrt{1+K_{ent}+f(L/D)}}{a\sqrt{2g}}\left(H_1^{1/2}-H_2^{1/2}\right)$$

물이 완전히 배출되는 데 걸리는 시간은 $H_2=0$일 때이므로

$$t=\frac{2A\sqrt{1+K_{ent}+f(L/D)}}{a\sqrt{2g}}H_1^{1/2}$$

예제 7.7

그림과 같이 수조 1과 2의 단면적 A_1, A_2가 매우 큰 경우, 두 수조의 수면 차이가 H_1에서 H_2로 될 때까지 걸리는 시간을 구하는 식을 유도하라.

그림

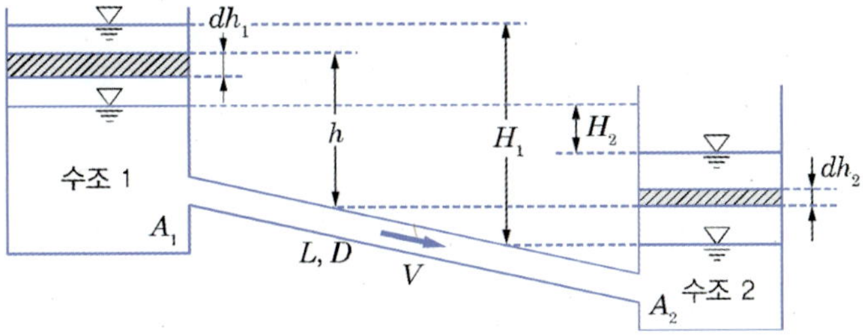

풀이

관로를 통해 흐르는 물의 유속은 두 수조의 수면 차이에 따라 변하며, 수면의 차이가 작아질수록 유속은 작아진다.

(1) 마찰에 의한 손실만 고려하는 경우 : 수면의 차이가 h일 때, 수조 1과 2의 수면에 대해 Bernoulli 방정식을 적용하면

$$\frac{V_1^2}{2g}+\frac{p_1}{\gamma}+z_1=\frac{V_2^2}{2g}+\frac{p_2}{\gamma}+z_2+h_f$$

$p_1=p_2=0$이고, 수조 1과 2의 단면적 A_1과 A_2가 큰 경우에는 $V_1=V_2\approx 0$이므로, $z_1-z_2=h=h_f$가 되고 $h=f\dfrac{L}{D}\dfrac{V^2}{2g}$가 되므로

$$V=\sqrt{\frac{2gh}{f(L/D)}}$$

dt시간 사이에 수조 1의 수면 하강을 dh_1, 수조 2의 수면 상승을 dh_2라고 하면, dt시간 사이에 수조 1의 물의 하강 체적과 수조 2의 물의 상승 체적은 같으므로, dt시간 사이에 수조 1에서 유출되어 수조 2로 유입되는 물의 체적은 다음과 같다.

$$-A_1dh_1=A_2dh_2=Qdt=a\sqrt{\frac{2gh}{f(L/D)}}\,dt$$

$dh_1=-Q/A_1dt$, $dh_2=+Q/A_2dt$이므로

$$dh_1 - dh_2 = dh = -\left(\frac{1}{A_1}+\frac{1}{A_2}\right)Qdt = -\left(\frac{1}{A_1}+\frac{1}{A_2}\right)a\sqrt{\frac{2gh}{f(L/D)}}\,dt$$

$$dt = -\left(\frac{A_1A_2}{A_1+A_2}\right)\frac{1}{a\sqrt{\dfrac{2g}{f(L/D)}}}\frac{1}{\sqrt{h}}dh$$

두 수조의 수면 차이가 H_1에서 H_2로 되는데 걸리는 시간 t를 구하면 다음과 같다.

$$\int_0^t dt = -\left(\frac{A_1A_2}{A_1+A_2}\right)\frac{1}{a\sqrt{\dfrac{2g}{f(L/D)}}}\int_{H_1}^{H_2} h^{-1/2}dh$$

$$t = -\frac{A_1A_2}{A_1+A_2}\frac{\sqrt{f(L/D)}}{a\sqrt{2g}}\left[2h^{1/2}\right]_{H_1}^{H_2}$$

$$\therefore\ t = \frac{A_1A_2}{A_1+A_2}\frac{2\sqrt{f(L/D)}}{a\sqrt{2g}}(H_1^{1/2} - H_2^{1/2})$$

(2) 입구손실, 출구손실, 그리고 마찰손실을 고려하는 경우 :

$$z_1 - z_2 = h = h_L = \left(K_{ent} + K_{exit} + f\frac{L}{D}\right)\frac{V^2}{2g}$$ 이므로

$$V = \sqrt{\frac{2gh}{K_{ent}+K_{exit}+f(L/D)}}$$

(1)과 같은 방법으로 식을 유도하면

$$t = \frac{A_1A_2}{A_1+A_2}\frac{2\sqrt{K_{ent}+K_{exit}+f(L/D)}}{a\sqrt{2g}}(H_1^{1/2} - H_2^{1/2})$$

7.2.2 벤투리관

벤투리관(venturi tube)은 관의 단면을 축소하여 관내 유동의 속도를 높이고 압력강하를 발생시켜 유량을 측정하는 장치이다.

그림 7.10 벤투리관(우측 그림 출처 : EMCO Controls)

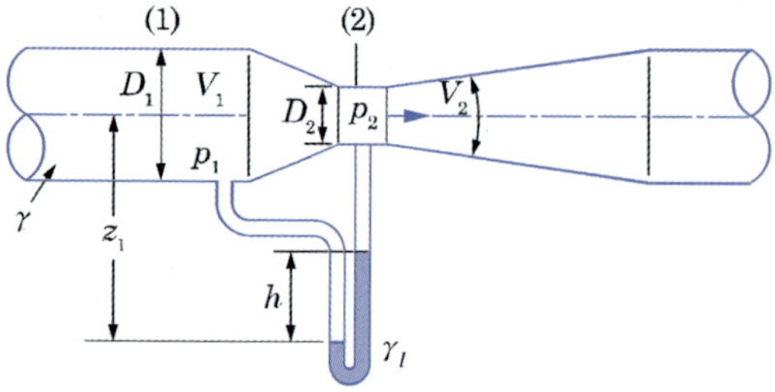

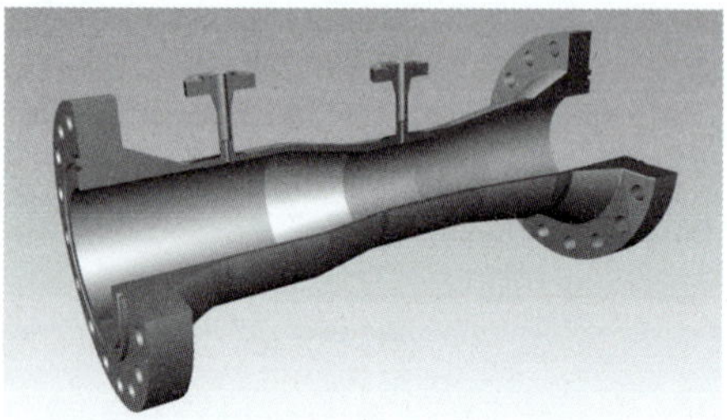

단면 (1)과 (2) 사이에 Bernoulli 방정식을 적용하면

$$\frac{p_1}{\gamma}+\frac{V_1^2}{2g}=\frac{p_2}{\gamma}+\frac{V_2^2}{2g} \tag{7.28}$$

단면 (1)과 (2)의 면적을 A_1, A_2, 속도를 V_1, V_2라고 하면, 연속방정식에서부터 $V_1 = V_2(A_2/A_1)$가 되므로

$$\frac{p_1-p_2}{\gamma}=\frac{V_2^2}{2g}\left[1-\left(\frac{A_2}{A_1}\right)^2\right] \tag{7.29}$$

식(7.29)를 V_2에 대해 정리하면

$$V_2=\frac{1}{\sqrt{1-\left(\frac{A_2}{A_1}\right)^2}}\sqrt{\frac{2g}{\gamma}(p_1-p_2)} \tag{7.30}$$

그러므로 유량 Q는 다음과 같다.

$$Q=A_2V_2=\frac{A_2}{\sqrt{1-\left(\frac{A_2}{A_1}\right)^2}}\sqrt{\frac{2g}{\gamma}(p_1-p_2)} \tag{7.31}$$

단면 (1)과 (2) 사이의 압력 차이를 U자관 액주계로 측정하면

$$p_1+\gamma z_1=p_2+\gamma(z_1-h)+\gamma_l h$$

$$\frac{p_1-p_2}{\gamma}=\frac{(\gamma_l-\gamma)h}{\gamma}=\left(\frac{\gamma_l}{\gamma}-1\right)h \tag{7.32}$$

식(7.32)를 식(7.31)에 대입하고, 관의 단면적을 직경으로 나타내면 실제 유량 Q는 다음과 같다.

$$Q=A_2C_v\sqrt{\frac{2gh\left(\frac{\gamma_l}{\gamma}-1\right)}{1-(D_2/D_1)^4}} \tag{7.33}$$

여기서, 유속계수 C_v는 그림 7.11에서와 같이 Reynolds 수에 따라 다르

며, 그림 7.12는 관의 직경 비 $D_2/D_1 = 0.25 \sim 0.75$ 범위에서의 C_v를 나타내고, 중간에 있는 실선은 $D_2/D_1 = 0.5$인 경우의 C_v이다.

그림 7.11 벤투리관의 유속계수

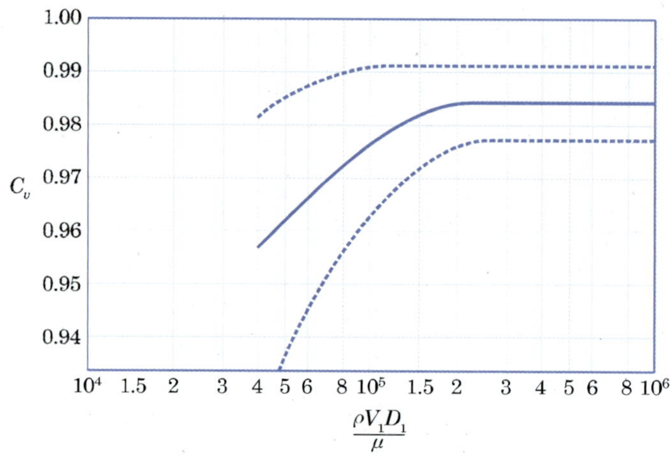

예제 7.8

그림과 같은 수직 원형 관내의 유량을 측정하기 위해 벤투리관을 설치하였다. 시차액주계의 수은주 차이가 $70mm$이면 관내를 흐르는 유량은 얼마인가? 여기서, 물은 위 방향으로 흐른다.

그림

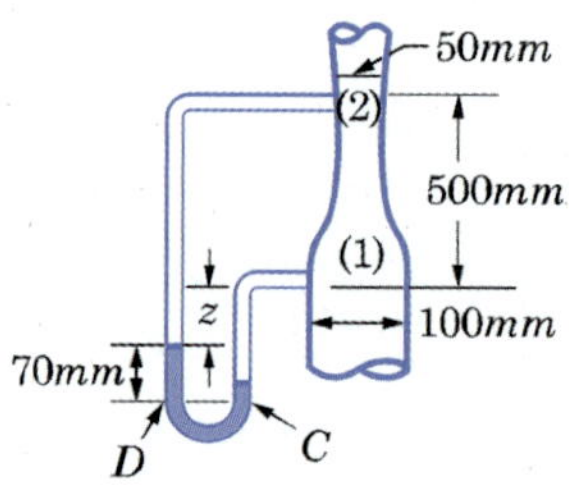

풀이

(1)과 (2) 지점에 대해 연속방정식을 적용하여 V_1에 대해 정리하면

$$V_1 = \frac{A_2}{A_1} V_2 = \frac{\pi(0.05)^2/4}{\pi(0.1)^2/4} V_2 = \frac{1}{4} V_2$$

(1) 지점과 (2) 지점 사이에 Bernoulli 방정식을 적용하면

$$\frac{p_1}{\gamma}+\frac{V_1^2}{2g}=\frac{p_2}{\gamma}+\frac{V_2^2}{2g}+z_2$$

$$\frac{p_1-p_2}{\gamma}=\frac{V_2^2}{2g}\left(1-\frac{V_1^2}{V_2^2}\right)+z_2=\frac{15}{16}\frac{V_2^2}{2g}+0.5 \tag{1}$$

액주계의 원리에 따라 p_C와 p_D를 구하면

$$p_C=p_1+\gamma(0.07+z)$$
$$p_D=p_2+\gamma(0.5+z)+13.6(0.07)$$

액주계에서 C 지점과 D 지점에서의 압력은 같으므로, $p_C=p_D$에서부터

$$\frac{p_1-p_2}{\gamma}=1.382 \tag{2}$$

식(2)를 식(1)에 대입하여 V_2를 구하면

$$1.382=\frac{15}{16}\frac{V_2^2}{2g}+0.5$$
$$V_2=\sqrt{(1.382-0.5)(16/15)(2)(9.81)}=4.294m/s$$

그러므로 유량 Q는 다음과 같다.

$$Q=A_2V_2=\frac{\pi(0.05)^2}{4}(4.294)=8.43\times10^{-3}m^3/s$$

7.3 개수로 유동에서 유량 측정

위어(weir) 유량 측정 및 조절, 수위 증가, 유량 배분 등의 목적으로 수로를 횡단하여 축조한 수공구조물

개수로에서의 유량 측정은 일반적으로 수로를 횡단하여 축조되는 수공구조물인 위어(weir)에 의해 이루어진다. 위어는 유속을 측정하지 않고 수위만을 측정하여 유량을 산출하는 방식으로, 수위 증가, 유량 배분 및 조절 등의 목적으로 이용된다.

그림 7.12 (b)는 교량의 범람을 방지하기 위해 교량 앞 어느 지점에 위어

를 설치하여 수위를 감소시키는 예이다. 그림에서와 같이 위어의 설치로 인해 위어 상류(upstream)에서의 상류(subcritical flow) 수위는 상승하고 위어 마루부를 월류하는 유동은 유동 단면적의 급격한 감소로 인해 가속된다. 이러한 가속은 위어 하류(downstream)방향으로 사류를 발생시키면서 수심의 감소를 가져오고, 그 후 하류방향 어느 지점에서 도수가 발생하면서 수심은 다시 증가한다.

그림 7.12 (a) 위어 (그림 출처 : topsy.one), (b) 위어 마루부에서 월류하는 유동의 가속에 의한 하류방향 수위 감소

(a)

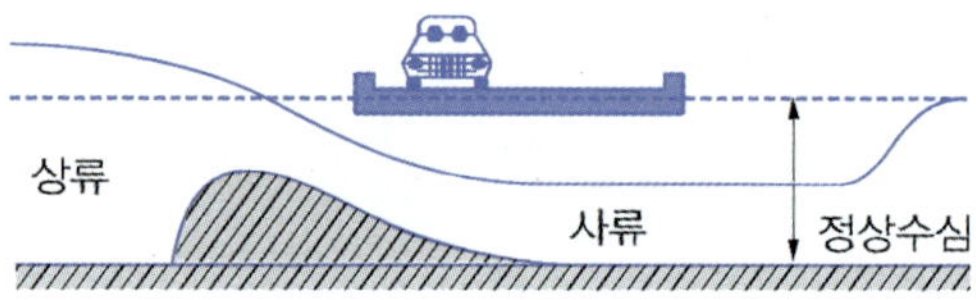

(b)

위어는 단면의 형상에 따라 직사각형, 삼각형, 사다리꼴 등이 있으며, 위어 마루부(crest)의 형상에 따라 예연위어(sharp-crested weir)와 광정위어(broad-crested weir)로 분류된다. 그리고 위어를 월류하는 수맥(nappe)의 하류 수면이 위어 마루부에서의 한계수심보다 높은 경우의 위어를 수중위어(submerged weir)라고 한다. 또한 위어를 월류하는 수맥의 형태에 따라 완전월류와 불완전월류로 분류되며, 완전월류는 위어를 월류하는 수맥의 상·하면에 대기압이 작용하는 경우이고, 불완전월류는 완전월류가 아닌 경우이다.

7.3.1 위어의 기본방정식

그림 7.13은 마찰이 없는 위어(ideal frictionless weir)를 월류하는 유동을 보여 주고 있다. 위어의 마루부에서는 한계수심이 발생하고, 이로부터 위어를 월류하는 유동의 단위폭당 유량을 구할 수 있다.

그림 7.13 마찰이 없는 위어를 월류하는 유동

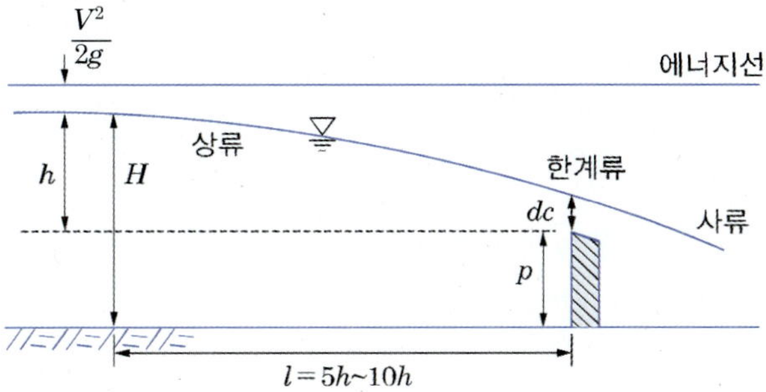

마찰이 없는 위어의 마루부에서 발생하는 한계수심 $V_c/\sqrt{gd_c}=1$에서부터

$$\frac{V_c^2}{2g}=\frac{d_c}{2} \tag{7.34}$$

한계수심에서의 비에너지는 다음과 같다.

$$E_c=\frac{V_c^2}{2g}+d_c=\frac{3}{2}d_c \tag{7.35}$$

위어 상류(upstream)와 위어 사이에 Bernoulli 방정식을 적용하면

$$\frac{V^2}{2g}+H=\frac{V_c^2}{2g}+(P+d_c)=E_c+P \tag{7.36}$$

여기서, H는 위어의 상류 수심이고, P는 위어의 높이이다.
위어 상류에서 위어로 접근하는 유속이 매우 작다고 가정하고 무시하면 $V^2/2g\approx 0$이 되므로

$$H-P=E_c \tag{7.37}$$

$H-P=h$이고, $E_c=3d_c/2$이므로

$$d_c=\frac{2}{3}h \tag{7.38}$$

여기서, h는 월류수심이며, 대략 $l=5h\sim 10h$에서 측정된다.

$d_c = \left(\dfrac{q^2}{g}\right)^{1/3}$ 에 식(7.38)을 대입하면

$$\frac{2}{3}h = \left(\frac{q^2}{g}\right)^{1/3} \tag{7.39}$$

식(7.39)를 유량 q에 대해 정리하면 위어를 월류하는 유량에 대한 기본방정식은 다음과 같이 된다.

$$q = 1.705h^{3/2} \text{ (SI 단위)} \tag{7.40a}$$

$$q = 3.3h^{3/2} \text{ (British 단위)} \tag{7.40b}$$

그러나 식(7.40)에는 마찰력이 무시되었기 때문에 실제 유량은 이보다 작고, 유량계수 C를 적용한 실제 유량은 다음과 같다.

$$Q = bq = Cbh^{3/2} \tag{7.41}$$

예제 7.9

폭 $4m$, 수심 $2m$, 수로경사 0.001, Manning의 조도계수 0.025인 직사각형 수로에 등류가 흐르고 있다. 위어를 설치하여 한계수심이 발생할 수 있도록 하고자 할 때, 위어의 최소 높이를 구하라.

풀이

단면적 $A = 4 \times 2 = 8m^2$, 윤변 $P = 2+2+4 = 8m$, 동수반경 $R_h = A/P = 1.0$이므로, Manning 공식에서부터

$$Q = \frac{1}{0.025}(8)(1.0)^{2/3}(0.001)^{1/2} = 10.12m^3/s$$

$$V = \frac{Q}{A} = \frac{10.12}{8} = 1.26m/s$$

비에너지

$$E = \frac{V^2}{2g} + d = \frac{(1.26)^2}{(2)(9.81)} + 2 = 2.082m$$

한계류에서의 수심, 속도 및 속도수두

$$d_c = \left(\frac{q^2}{g}\right)^{1/3} = \left[\frac{(10.12/4)^2}{9.81}\right]^{1/3} = 0.87m$$

$$V_c = \frac{Q}{4d_c} = \frac{10.12}{(4)(0.87)} = 2.92m/s$$

$$\frac{V_c^2}{2g} = 0.43m$$

에너지손실이 없다는 가정하에서 한계류가 발생될 수 있는 위어의 최소 높이

$$P_{\min} = E - E_c = E - \left(\frac{V_c^2}{2g} + d_c\right) = 2.082 - (0.43 + 0.87) = 0.781m$$

7.3.2 예연위어

예연위어(sharp-crested weir)는 위어 판과 물이 접촉하는 끝이 칼날처럼 날카로운 위어이며, 직사각형, 삼각형, 사다리꼴 위어가 있다.

(1) 직사각형 위어

직사각형 위어는 단 수축이 없는 직사각형 위어(suppressed rectangular weir)와 단 수축이 있는 직사각형 위어(contracted rectangular weir)로 분류된다.

단 수축이 없는 직사각형 위어는 큰 유량 측정 시 사용되며 전폭 위어라고도 한다.

그림 7.14 단 수축이 없는 직사각형 위어

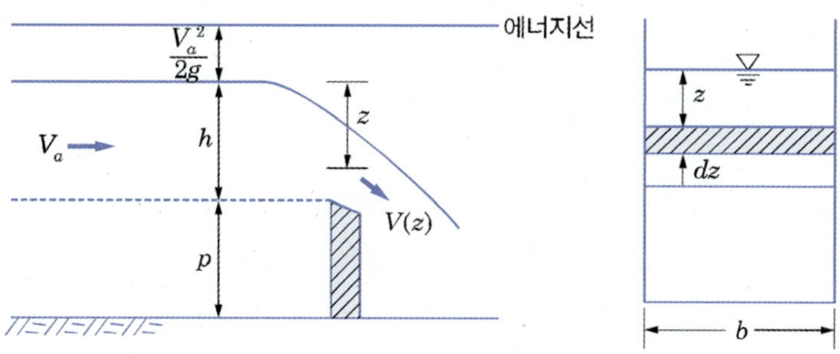

이상유동(ideal flow)으로 가정하고 위어 상류와 위어 사이에 Bernoulli 방정식을 적용하면

$$\frac{V_a^2}{2g}+h+P=\frac{V}{2g}+(h-z)+P \tag{7.42}$$

$$V=\sqrt{2g\left(z+\frac{V_a^2}{2g}\right)} \tag{7.43}$$

여기서, V_a는 접근유속이고, V는 위어를 월류하는 유속이다.
z와 $z+dz$ 사이에서 발생하는 유량 dQ는 다음과 같다.

$$dQ=V(z)dA=\sqrt{2g\left(z+\frac{V_a^2}{2g}\right)}\,bdz \tag{7.44}$$

여기서, b는 위어의 폭이다.
식(7.44)를 월류수심 h에 대해 적분하면

$$\begin{aligned} Q&=\int_0^h\left[2g\left(z+\frac{V_a^2}{2g}\right)\right]^{1/2}bdz \\ &=\frac{2}{3}b\sqrt{2g}\left[\left(h+\frac{V_a^2}{2g}\right)^{3/2}-\left(\frac{V_a^2}{2g}\right)^{3/2}\right] \end{aligned} \tag{7.45}$$

$h\gg V_a^2/2g$라면 $V_a^2/2g$는 무시할 수 있으므로

$$Q=\frac{2}{3}b\sqrt{2g}\,h^{3/2} \tag{7.46}$$

유량계수 C를 적용한 실제 유동에서의 유량 Q를 구하면 다음과 같다.

$$Q=\frac{2}{3}Cb\sqrt{2g}\,h^{3/2} \tag{7.47}$$

단 수축이 없는 직사각형 위어에서의 유량을 구하는 실험 공식은 여러 가지가 있으나, 여기에서는 다음 두 가지 공식만을 언급하기로 하며, 실험 공식은 그 공식이 수행된 실험 범위 내에서 적용되어야 한다.

① Bazin 공식(프랑스, 1898년)

$$Q=\left(1.794+\frac{0.0133}{h}\right)\left[1+0.55\left(\frac{h}{h+P}\right)^2\right]bH^{3/2}\ \ (m^3/\text{sec}) \tag{7.48}$$

실험 범위 : $h = 0.08 \sim 0.5m$, $b = 0.5 \sim 2.0m$, $P = 0.75m$, $l = 5.0m$

② Rehbock 공식(독일, 1913년)

$$Q = \frac{2}{3} C b \sqrt{2g}\, h^{3/2} \quad (m^3/\text{sec}) \tag{7.49}$$

여기서, $C = 0.605 + \dfrac{1}{1000h} + 0.08\dfrac{h}{P}$ 이다.

(2) 단 수축이 있는 직사각형 위어

그림 7.15 단 수축이 있는 직사각형 위어(좌측 그림 출처 : Toprak Home Page)

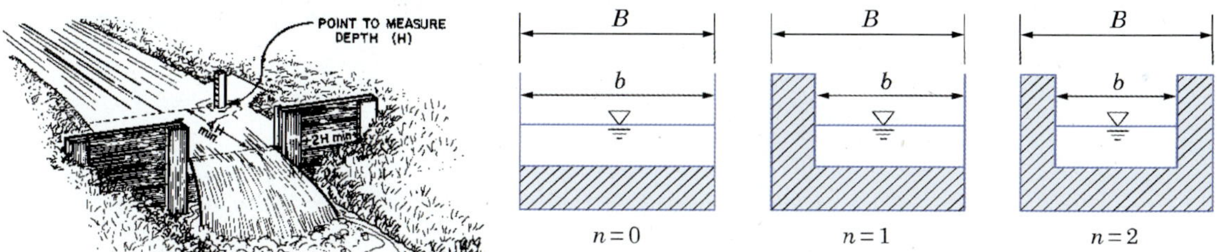

B: 수로의 폭, b: 위어의 월류폭

단 수축이 있는 직사각형 위어에서의 유량 Q는 다음과 같다.

$$Q = C\left(b - \frac{nh}{10}\right) h^{3/2} \tag{7.50}$$

여기서, 단 수축이 없는 경우에는 $n = 0$, 한쪽 끝단의 수축이 있는 경우에는 $n = 1$, 양쪽 끝단의 수축이 있는 경우에는 $n = 2$를 적용한다.
단 수축이 있는 직사각형 위어에서 사용되는 Francis 공식(미국, 1883년)은 다음과 같다.

$$Q = 1.84\left(b - \frac{nh}{10}\right) h^{3/2} \quad (m^3/\text{sec}) \tag{7.51}$$

실험 범위 : $h = 0.19 \sim 0.5m$, $b = 2.42 \sim 3.0m$, $B = 3.03 \sim 4.24m$,
$P = 0.60 \sim 1.5m$, $l = 1.82m$, $V_a = 0.06 \sim 0.3m/\text{sec}$

예제 7.10

폭 $1.9m$인 수조에 폭 $75cm$의 직사각형 위어가 설치되어 있다. 월류수심이 $20cm$일 때, 유량을 구하라. 여기서, 위어의 높이는 $1.3m$이다.

풀이

Francis 공식

$$Q = 1.84\left(b - \frac{nh}{10}\right)h^{3/2} = 1.84\left(0.75 - \frac{2\times 0.2}{10}\right)(0.2)^{3/2} = 0.117m^3/s$$

Bazin 공식

$$Q = \left(1.794 + \frac{0.0133}{h}\right)\left[1 + 0.55\left(\frac{h}{h+P}\right)^2\right]bH^{3/2}$$
$$= \left(1.794 + \frac{0.0133}{0.2}\right)\left[1 + 0.55\left(\frac{0.2}{0.2+1.3}\right)^2\right](0.75)(0.2)^{3/2} = 0.126m^3/s$$

Rehbock 공식

$$Q = \frac{2}{3}Cb\sqrt{2g}\,h^{3/2} = \frac{2}{3}\left(0.605 + \frac{1}{1000h} + 0.08\frac{h}{P}\right)b\sqrt{2g}\,h^{3/2}$$
$$= \frac{2}{3}\left[0.605 + \frac{1}{1{,}000(0.2)} + 0.08\frac{0.2}{1.3}\right](0.75)\sqrt{2\times 9.81}\,(0.2)^{3/2}$$
$$= 0.124m^{3/s}$$

예제 7.11

실험 측정을 위해 폭 $1.56m$, 월류수심 $0.2m$, 유량 $0.25m^3/s$인 양쪽 끝단의 수축이 있는 위어를 만들었다. 주어진 조건에서 유량계수를 결정하라.

풀이

위어에 대한 Francis 공식에서부터

$$Q = C\left(b - \frac{nh}{10}\right)h^{3/2}$$

$b = 1.56m$, $h = 0.2m$이고, 양쪽 끝단에서 수축하므로 $n = 2$에서부터

$$0.25 = C\left[1.56 - \frac{(2)(0.2)}{10}\right](0.2)^{3/2}$$
$$\therefore\ C = 1.84$$

(2) 삼각형 위어

작은 유량을 측정할 때에는 직사각형 위어보다 삼각형 위어(triangular weir)를 사용하는 것이 유리하다. 그리고 삼각형 위어는 수로의 단면에 비해 위어의 단면적이 작으므로 접근유속을 무시해도 오차가 적게 발생한다.

그림 7.16 삼각위어 (좌측 그림 출처 : Toprak Home Page)

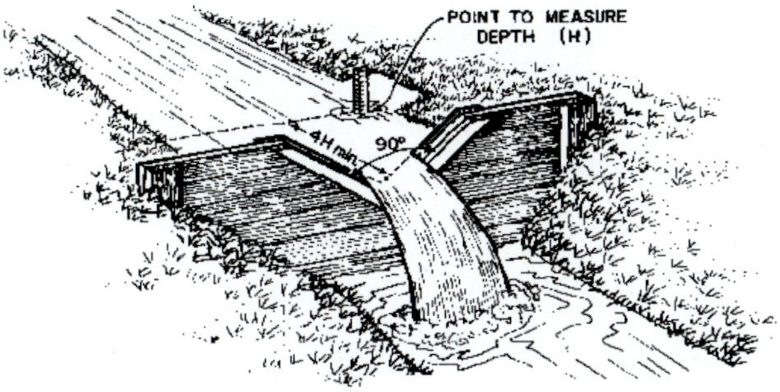

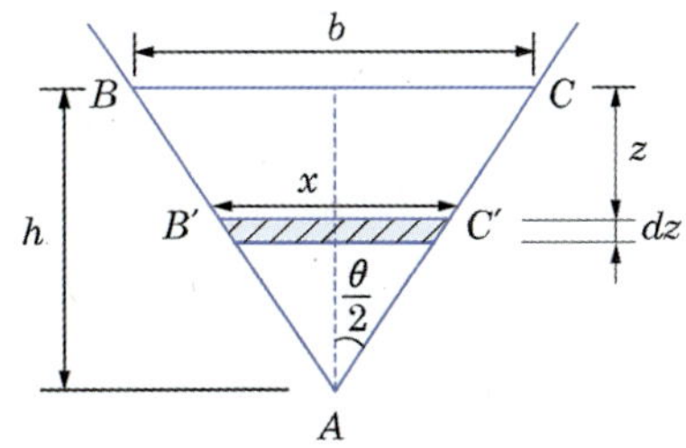

삼각형의 닮은꼴에서부터

$$b : h = x : h - z$$

$$x = \frac{b(h-z)}{h} \tag{7.52}$$

$V(y) = \left[2g\left(y + \dfrac{V_a^2}{2g}\right)\right]^{1/2}$ 에서 접근유속 V_a를 무시하면

$$dQ = VdA = Vxdz = \sqrt{2g}\,(z)^{1/2}\frac{b(h-z)}{h}dz \tag{7.53}$$

유량계수 C를 적용하고, 식(7.53)을 월류수심 h에 대해 적분하면

$$\begin{aligned} Q &= C\sqrt{2g}\,\frac{b}{h}\int_0^h (h-z)(z)^{1/2}dz \\ &= C\sqrt{2g}\,\frac{b}{h}\left[\int_0^h hz^{1/2}dz - \int_0^h z^{3/2}dz\right] \\ &= C\sqrt{2g}\,\frac{b}{h}\left[\frac{4}{15}h^{5/2}\right] \end{aligned} \tag{7.54}$$

$\tan\frac{\theta}{2} = \frac{b/2}{h}$ 에서부터 $b = 2h\tan\frac{\theta}{2}$ 이므로

$$Q = \frac{8}{15}C\sqrt{2g}\tan\frac{\theta}{2}h^{5/2} \tag{7.55}$$

여기서, θ는 삼각형 위어의 각이다.

직각 삼각형 위어(90° V notch weir)인 경우, $\theta = 90°$에서부터 $\tan\frac{\theta}{2} = \tan 45° = 1$이므로

$$Q = \frac{8}{15}C\sqrt{2g}\,h^{5/2} \tag{7.56}$$

그림 7.17 V notch weir (그림 출처 : wiki.tuflow.com)

삼각형 위어에서의 유량을 구하는 공식은 다음과 같다.

① Thomson 공식 : 직각 삼각형 위어에 대하여 $C = 0.593$을 적용

$$Q \cong 1.4h^{5/2}\ \ (m^3/\text{sec}) \tag{7.57}$$

실험 범위 : $h = 0.05 \sim 0.18$

② Strickland 공식(1910년) : 직각 삼각형 위어

$$Q = \frac{8}{15}\sqrt{2g}\left(0.55 + \frac{0.0087}{\sqrt{h}}\right)h^{5/2}\ \ (m^3/\text{sec}) \tag{7.58}$$

실험 범위 : $B > 3h + 0.3m,\ h > 0.005m,\ P > 3h,\ l > 15h$

③ Gourley-Crimp 공식(영국, 1915년) : 이등변 삼각형 위어

$$Q = 1.32\tan\frac{\theta}{2}h^{2.47} \ \ (m^3/\sec) \tag{7.59}$$

예제 7.12

위어의 각이 $60°$인 삼각형 위어가 설치되어 있다. 위어를 월류하는 수심이 $43cm$일 때, 위어를 월류하는 유량을 구하라. 여기서, 위어의 각이 $60°$인 삼각형 위어인 경우, 월류수심> $2cm$일 때 유량계수는 0.58이다.

풀이

$$Q = \frac{8}{15}C\sqrt{2g}\tan\frac{\theta}{2}h^{5/2} = \frac{8}{15}(0.58)\sqrt{2(9.81)}\tan(60/2)(0.43)^{5/2} = 0.096m^3/s$$

(3) 사다리꼴 위어

그림 7.18 사다리꼴 위어(좌측 그림 출처 : Toprak Home Page)

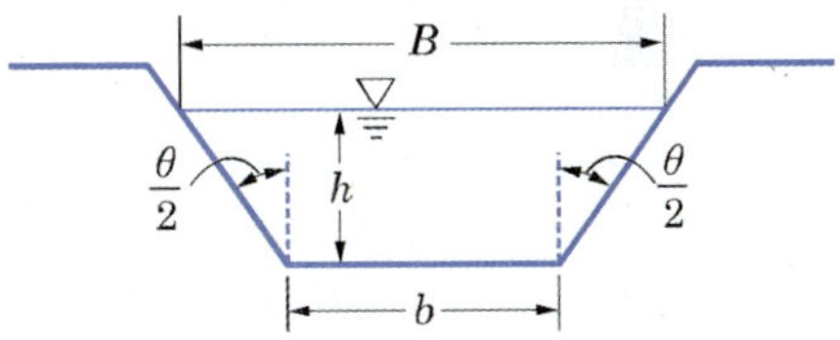

사다리꼴 위어(trapezoidal weir)는 직사각형 위어와 삼각형 위어를 합친 것과 같으므로

$$Q = C_1\frac{2}{3}b\sqrt{2g}\,h^{3/2} + C_2\frac{8}{15}\tan\frac{\theta}{2}\sqrt{2g}\,h^{5/2} \tag{7.60}$$

여기서, C_1과 C_2는 직사각형 위어와 삼각형 위어에 대한 유량계수이다. 사다리꼴 위어에서의 유량을 구하는 공식은 다음과 같다.

① Gourley-Crimp 공식

$$Q = 1.69b^{1.02}h^{1.47} + 1.32\tan\frac{\theta}{2}h^{2.47} \ \ (m^3/\text{sec}) \tag{7.61}$$

실험 범위 : $B = 2.5m$, $P + h = 1.8m$, $h = 0.047 \sim 0.3m$

② 치폴레티(Cippoletti) 위어 : 위어의 양단이 수축되고 $\tan\frac{\theta}{2} = \frac{1}{4}$인 경우로, 유량은 $b \times h$의 직사각형 위어와 같다.

$$Q = 1.86bh^{3/2} \ \ (m^3/\text{sec}) \tag{7.62}$$

(4) 위어의 수위와 유량의 관계

직사각형 위어의 유량과 월류수심의 관계는 다음과 같다.

$$Q \sim h^{3/2} \tag{7.63}$$

유량 Q를 월류수심 h에 대해 미분하여 정리하면

$$\frac{dQ}{dh} \sim \frac{3}{2}h^{1/2}$$

$$\frac{dQ}{Q} \sim \frac{3}{2}\frac{dh}{h} \tag{7.64}$$

식(7.64)는 월류수심 h가 10% 증가하면(또는 월류수심 h의 측정에 있어 10%의 오차가 발생하면) 유량 Q가 15% 증가함(또는 유량 Q의 15% 오차가 발생함)을 나타낸다.

직각 삼각형 위어의 유량과 월류수심의 관계는 다음과 같다.

$$Q \sim h^{5/2} \tag{7.65}$$

유량 Q를 월류수심 h에 대해 미분하여 정리하면

$$\frac{dQ}{dh} \sim \frac{5}{2}h^{3/2}$$

$$\frac{dQ}{Q} \sim \frac{5}{2}\frac{dh}{h} \tag{7.66}$$

식(7.66)은 월류수심 h가 10% 증가하면(또는 월류수심 h의 측정에 있어 10%의 오차가 발생하면) 유량 Q가 25% 증가함(또는 유량 Q의 25% 오차가 발생함)을 나타낸다.

예제 7.13

단 수축이 없는 폭 $30cm$ 직사각형 위어에서의 유량이 $30l/s$이다. 월류수심의 측정에 있어 $1mm$의 오차가 발생한다면, 유량에는 몇 %의 오차가 발생하는가? 그리고 직각 삼각형 위어인 경우에는 몇 %의 오차가 발생하는가?

풀이

$n=0$에 대한 Francis 공식 $Q=1.84bh^{3/2}$에서부터

$$0.03=1.84(0.35)h^{3/2} \quad \therefore h=0.130m$$

$$\frac{dQ}{Q}\sim 1.5\frac{dh}{h}=1.5\frac{0.001}{0.130}=0.0115=1.15\%$$

직각 삼각형 위어인 경우, Thomson 공식 $Q\cong 1.4h^{5/2}$에서부터

$$0.03=1.4h^{5/2} \quad \therefore h=0.215m$$

$$\frac{dQ}{Q}\sim 2.5\frac{dh}{h}=2.5\frac{0.001}{0.215}=0.0116=1.16\%$$

(5) 수중 예연위어

수중 예연위어(submerged weir)는 위어 하류의 수면이 위어 정점보다 높은 경우이다.

그림 7.19 수중 예연위어(좌측 그림 출처 : Royal Windsor Forums-Yuku)

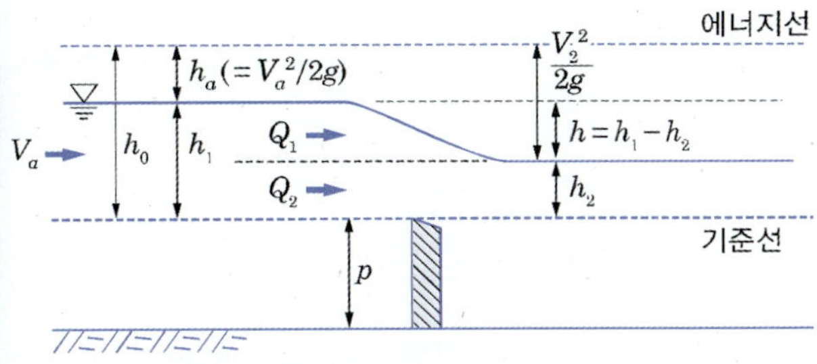

수중 예연위어에서의 유량 Q는 그림 7.19의 수심 h에 대한 유량 Q_1을 직사각형 위어로 고려하고, 수심 h_2에 대한 유량 Q_2를 수중 오리피스로 고려하여 이 두 유량을 합치면 된다.

직사각형 위어 공식에서부터

$$Q_1 = \frac{2}{3} C_1 b \sqrt{2g} \left[(h + h_a)^{3/2} - (h_a)^{3/2} \right] \tag{7.67}$$

여기서, h_a는 접근유속 V_a에 대한 속도수두이며 $h_a = V_a/2g$이고, C_1은 직사각형 위어에 대한 유량계수이다.

수중 오리피스에서부터

$$\frac{V_a^2}{2g} + h_1 = \frac{V_2^2}{2g} + h_2 \tag{7.68}$$

$$h_a + h_1 = \frac{V_2^2}{2g} + h_2$$

$$V_2 = \sqrt{2g(h_1 + h_a - h_2)} = \sqrt{2g(h + h_a)}$$

$$Q_2 = C_2 b h_2 \sqrt{2g(h + h_a)} \tag{7.69}$$

여기서, $h_1 = h_2 = h$이고, C_1은 직사각형 위어에 대한 유량계수이다.

그러므로 수중 예연위어의 유량 Q는 다음과 같다.

$$\begin{aligned} Q &= Q_1 + Q_2 \\ &= \frac{2}{3} C_1 b \sqrt{2g} \left[(h + h_a)^{3/2} - (h_a)^{3/2} \right] + C_2 b h_2 \sqrt{2g(h + h_a)} \end{aligned} \tag{7.70}$$

접근유속 V_a를 무시하고($V_a^2/2g = h_a \approx 0$), $C_1 = C_2 \cong 0.63$으로 두면

$$Q = 1.86 b h^{3/2} + 2.80 b h_2 h^{1/2} \tag{7.71}$$

7.3.3 광정위어

광정위어(broad-crested weir)는 월류수심에 비해 위어 마루부가 상당히 넓은 경우이며, 위어 마루부에서의 유동은 일반 수로에서의 유동과 거의

같다. 그리고 위어의 마루부에서는 주어진 유량에 대해 최소의 에너지가 되는 수심을 유지하게 되는데, 이 현상을 Bèlanger 법칙이라고 한다.

그림 7.20 광정위어(좌측 그림 출처 : Bright Hub Engineering)

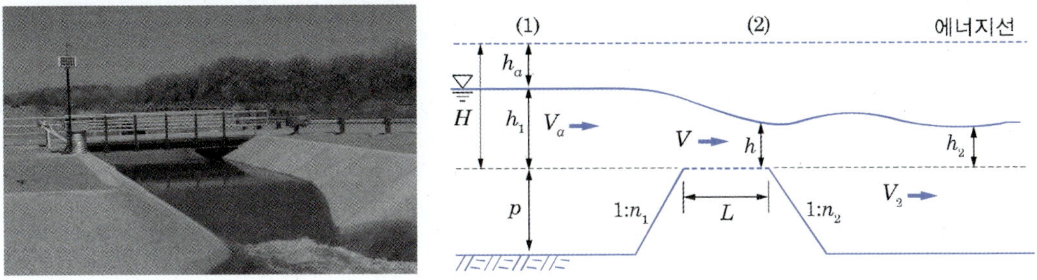

$h_2 < 2H/3$일 때에는 위어 하류의 수심이 작은 경우이며, 위어를 월류하는 유동은 하류의 영향을 받지 않고, 위어 마루부에서 사류가 발생하는 완전월류가 된다. $h_2 > 2H/3$일 때에는 위어 하류의 수심이 큰 경우이며, 위어를 월류하는 유동은 하류의 영향을 받아 앞의 경우보다 유량이 적게 되고, 위어의 마루부에서는 상류가 발생하는 수중위어가 된다. 그리고 완전월류와 수중위어 사이에서는 과도적인 월류 상태인 불완전월류가 된다.
단면 (1)과 (2) 사이에 Bernoulli 방정식을 적용시켜 완전월류에 대한 광정위어 공식을 구하면 다음과 같다.

$$H = \frac{V_a^2}{2g} + h_1 = \frac{V^2}{2g} + h \tag{7.72}$$

$$V = \sqrt{2g(H-h)}$$

$$Q = Cbh\sqrt{2g(H-h)} \tag{7.73}$$

여기서, H는 전 수두이고, b는 위어의 폭이다.
유량 Q를 월류수심 h에 대해 미분하여 최대 유량이 발생하는 월류수심을 구하면 다음과 같다.

$$\frac{\partial Q}{\partial h} = \frac{\partial}{\partial h}\left[Cbh\sqrt{2g(H-h)} \right]$$

$$= Cb\sqrt{2g}\left[\frac{1}{2}(Hh^2 - h^3)^{-1/2}(2Hh - 3h^2) \right] = 0$$

$$2Hh - 3h^2 = 0$$

$$\therefore\ h = \frac{2}{3}H \tag{7.74}$$

식(8.74)에서부터 최대 유량이 발생하는 월류수심은 사류와 상류 사이의 한계수심$(d_c = 2E/3)$이 되는 것을 알 수 있다.

식(7.73)에 식(7.74)를 대입하면

$$Q = Cb\frac{2}{3}H\sqrt{2g\left(H - \frac{2}{3}H\right)} = Cb\frac{2}{3}\sqrt{\frac{2}{3}g}\,H^{2/3}$$

$$\therefore\ Q = 1.7CbH^{3/2} \tag{7.75}$$

(1) 사다리꼴 단면의 광정위어

① 홈마 공식(일본) : $L/P = 1/3$

완전월류인 경우 : $h_2 < (1/4 \sim 2/3)h_1$

$$Q = C_1 bh_1\sqrt{2gh_1} \tag{7.76}$$

불완전월류인 경우 : $(1/4 \sim 2/3)h_1 < h_2 < (0.7 \sim 0.8)h_1$

$$Q = \left(\alpha\frac{h_2}{h_1} + \beta\right)h_1\sqrt{2gh_1} \tag{7.77}$$

수중위어인 경우 : $(0.7 \sim 0.8)h_1 < h_2$

$$Q = C_2 bh_2\sqrt{2g(h_1 - h_2)} \tag{7.78}$$

표 7.1 홈마 공식에 적용되는 계수

n_1	n_2	완전월류 C_1	불완전월류		수중위어 C_2
			α	β	
0 ~ 4/3	5/3 이하	$0.31+0.23h_1/P$	$-0.303C_1$	$1.018C_1$	$2.6C_1$
0 ~ 2/3	1 정도	$0.29+0.32h_1/P$	$-0.200C_1$	$1.090C_1$	$2.6C_1$
0 ~ 1/3	2/3 정도	$0.28+0.37h_1/P$	$-0.214C_1$	$1.032C_1$	$2.6C_1$

② Rafter 공식(미국)

완전월류인 경우: $Q = C_1 b\sqrt{2g}\,h_1^{3/2} = C_2 bh_1^{3/2}$ (7.79)

$$\text{실험 범위 : } L = 0.1 \sim 0.4m,\ P = 0.5 \sim 0.75m$$
$$h_1 \approx 1.2m,\ n_1 = 1/2,\ n_2 = 1$$

표 7.2 Rafter 공식에 적용되는 계수

h_1(m)	0.36	0.53	1.03	1.26	1.48	1.49	1.52
C_1(m)	0.469	0.479	0.460	0.466	0.491	0.457	0.477
C_2(m)	2.08	2.05	2.05	2.07	2.18	2.03	1.99

(2) 직사각형 단면의 광정위어

그림 7.21 직사각형 단면의 광정위어 (좌측 그림 출처 : www.stuba.sk)

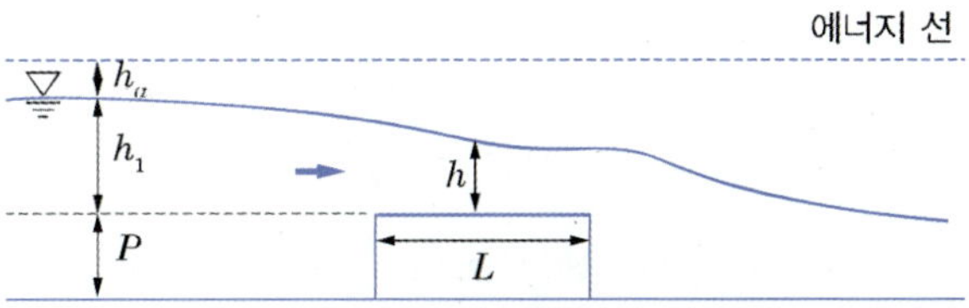

$$Q = Cbh_1^{3/2} \tag{7.80}$$

여기서, C는 유량계수이며, $h_1/L > 2$인 경우 $C \cong 1.83$이다.

그림 7.22 직사각형 단면 광정위어의 유량계수

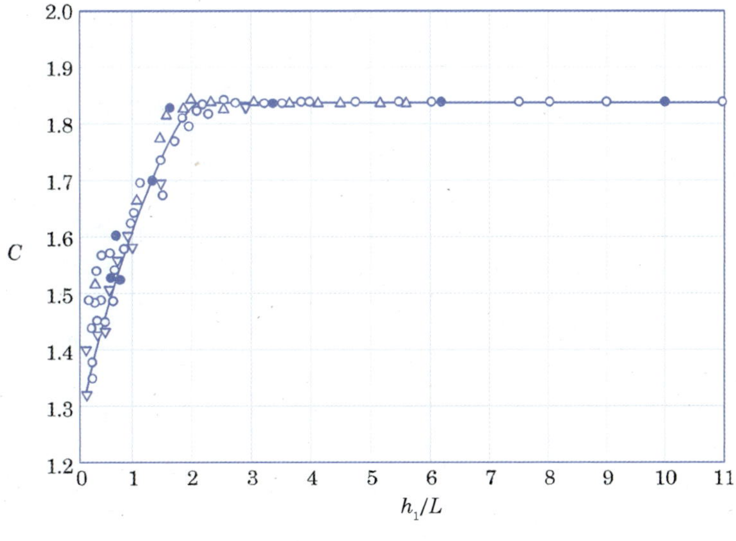

(3) 댐

댐을 월류하는 유량은 다음과 같다.

$$Q = Cbh^{3/2} \tag{7.81}$$

식(7.81)은 직사각형 위어의 공식과 같으나, 유량계수 C는 다르다.

7.3.4 원통형 위어

(1) 원통위어

저수지의 물을 방류하거나 취수할 때에 원통위어(circular weir)를 사용한다.

그림 7.23 원통위어

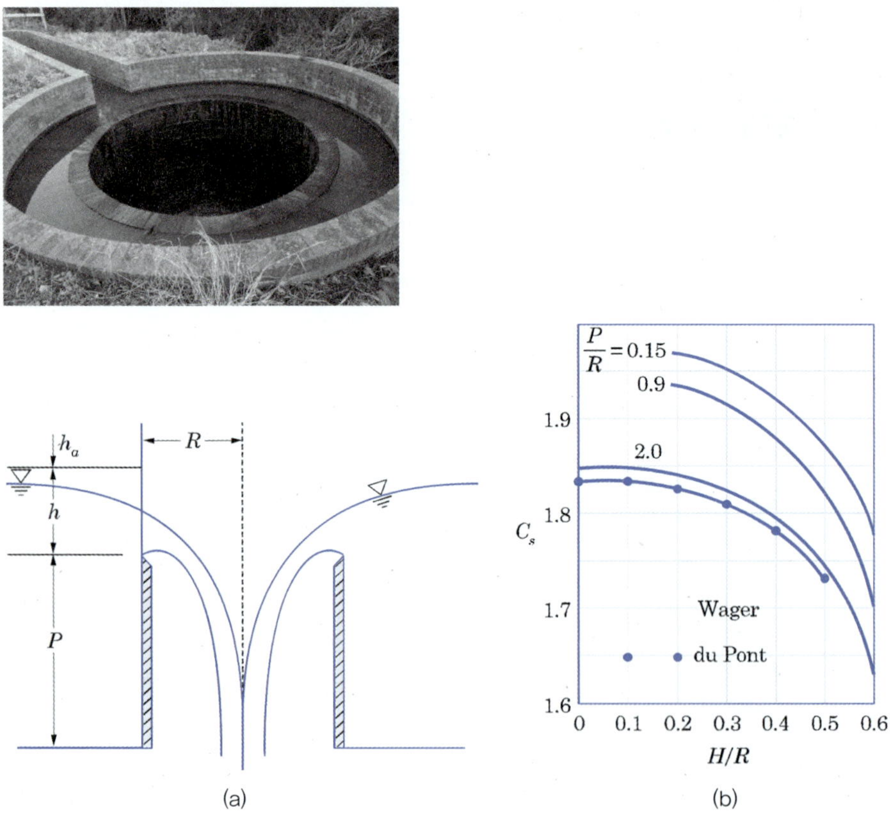

원통위어에서의 유량 Q는 다음과 같다.

$$Q = C_s 2\pi R H^{3/2} \tag{7.82}$$

여기서, C_s는 유량계수로 그림 7.23 (b)와 같고, R은 원통의 반경, h는 월류수심, h_a는 접근수두, 그리고 $H = h + h_a$이다.

(2) 나팔형 위어

나팔형 위어(morning-glory spillway)는 저수지 내의 물을 배수하는 데 사용되며, 그 입구가 나팔형으로 되어 있다.

그림 7.24 나팔형 위어 (그림 출처 : Expectacular World-blogger)

나팔형 위어에서의 배수 유동은 두 가지로 분류할 수 있다. 하나는 그림 7.25 (a)와 같이 자유월류하는 것으로, 월류하는 수맥은 위어 중앙에서 교차하고 여기서 공기가 혼입된다. 다른 하나는 그림 7.25 (b)와 같이 완전히 물속에 잠겨 있는 것으로, 일종의 관수로라고 볼 수 있다.

그림 7.25 나팔형 위어

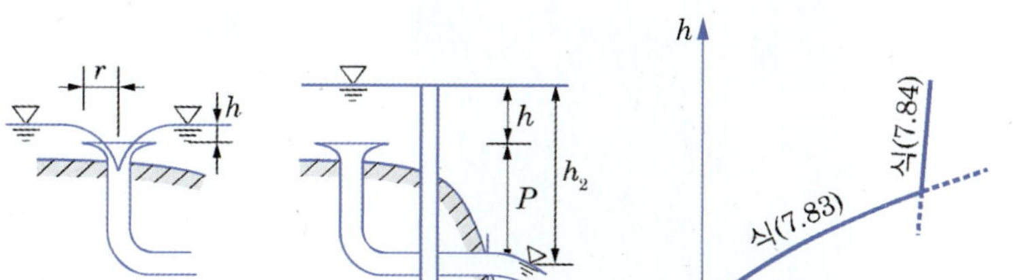

(a) (b)

그림 7.25 (a)와 같이 자유월류하는 경우의 유량 Q는 다음과 같다.

$$Q = C_1 L h^{3/2} = C_1 2\pi r h^{3/2} \tag{7.83}$$

여기서, C_1는 유량계수, L은 월류길이로 $L = 2\pi r$, h는 월류수심, 그리고 r은 위어 입구에서의 반경이다.

그림 7.25 (b)와 같이 완전히 물속에 잠겨 있는 경우의 유량 Q는 다음과 같다.

$$Q = C_2 a h_2^{1/2} = C_2 a (h+P)^{1/2} \cong C_2 a P^{1/2} (1 + h/2P) \tag{7.84}$$

여기서, C_2는 유량계수, a는 위어 출구의 단면적, h_2는 출구에서 저수지 수면까지의 높이, P는 출구에서 위어 입구까지의 높이, 그리고 h는 월류 수심이다.

7.3.5 벤투리 플룸

위어를 이용한 개수로에서의 유량 측정은 경제적이기는 하지만 에너지손실이 크고 위어 상류부에 토사가 퇴적되는 단점이 있다. 이러한 문제점을 해결하기 위해 벤투리 플룸을 사용한다. 벤투리 플룸(venturi flume)은 벤투리관과 같이 수로의 중간에 단면을 축소시켜 유량을 측정하는 수리시설물이다.

그림 7.26 벤투리 플룸(좌측 그림 출처 : Smart Storm)

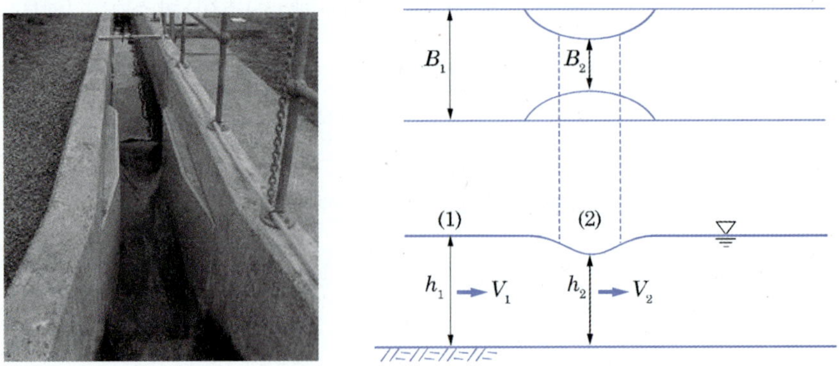

단면 (1)과 (2)에 Bernoulli 방정식을 적용시켜 벤투리 플륨에서의 유량 Q를 구하면 다음과 같다.

$$\frac{V_1^2}{2g}+h_1=\frac{V_2^2}{2g}+h_2 \tag{7.85}$$

$Q=B_1h_1V_1=B_2h_2V_2$에서부터 $V_1=Q/B_1h_1$, $V_2=Q/B_2h_2$를 식(7.85)에 대입하면

$$\frac{1}{2g}\left(\frac{Q}{B_1h_1}\right)^2+h_1=\frac{1}{2g}\left(\frac{Q}{B_2h_2}\right)^2+h_2$$

$$\frac{Q^2}{2g}\left[\left(\frac{1}{B_2h_2}\right)^2-\left(\frac{1}{B_1h_1}\right)^2\right]=h_1-h_2$$

$$\therefore\ Q=C\sqrt{\frac{2g(h_1-h_2)}{(1/B_2h_2)^2-(1/B_1h_1)^2}}$$

$$=CA_1A_2\sqrt{\frac{2g(h_1-h_2)}{A_1^2-A_2^2}} \tag{7.86}$$

여기서 C는 유량계수로 축소부의 형태에 따라 다르며, $C=0.96\sim1.04$ 정도이다.

7.3.6 수문

수문(sluice gate)은 유량을 조절하는 기능을 한다. 수문을 통해 유출되는 유량은 수문의 상류(upstream) 수면과 수문 하단 사이의 높이, 수문 하류의 경사, 수문의 단면적, 수문의 형상 등에 따라 다르다.

그림 7.28 (a)는 수문에서 물이 유출될 때 사류가 발생하는 자유유출인 경우이고, (b)는 수중유출인 경우이다. (1) 지점과 (2) 지점에 대해 Bernoulli 방정식을 적용하여 수문에서 유출되는 유량 Q를 구하면 다음과 같다.

그림 7.27 수문 (좌측 그림 출처 : Civil Engineering Photos)

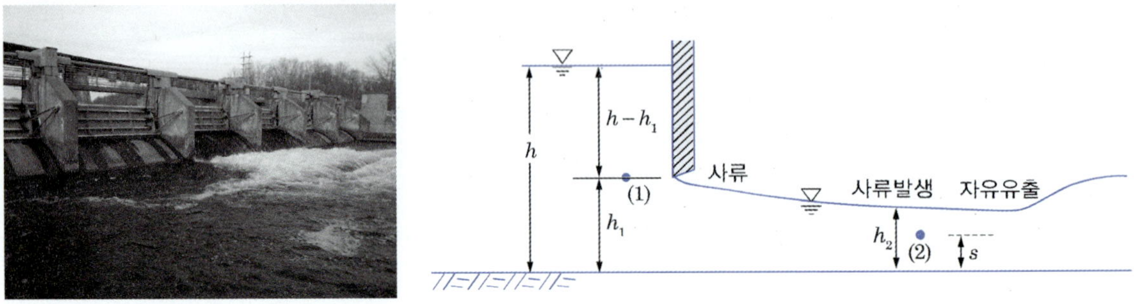

그림 7.28 수문에서의 유출

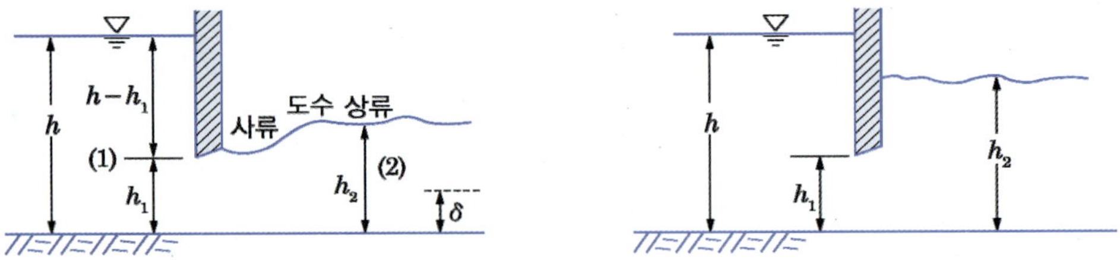

(a) 자유유출 : 도수 발생　　(b) 수중유출

$$\frac{V_1^2}{2g}+\frac{p_1}{\gamma}+(h_1-\delta)=\frac{V_2^2}{2g}+\frac{p_2}{\gamma}+0 \tag{7.87}$$

$$\frac{V_1^2}{2g}+\frac{\gamma(h-h_1)}{\gamma}+(h_1-\delta)=\frac{V_2^2}{2g}+\frac{\gamma(h_2-\delta)}{\gamma} \tag{7.88}$$

여기서, h_1은 수문이 열리는 정도이고, δ은 수로의 바닥에서부터 어느 정도 높이에 있는 임의의 점으로 기준선이 된다.

(1) 지점에서 유속이 매우 작다고 가정하여 무시하면 $V_1 \cong 0$이 되므로

$$h-h_1+h_1-\delta=\frac{V_2^2}{2g}+h_2-\delta$$

$$V_2=\sqrt{2g(h-h_2)} \tag{7.89}$$

$h_2=C_c h_1$이라고 두고 수문에서의 유출량을 구하면

$$Q=C_c b h_1\sqrt{2g(h-C_c h_1)} \tag{7.90}$$

여기서, C_c는 단면의 수축계수이며, h_2를 C_c를 이용하여 h_1으로 나타낸 것이다.

단면의 수축계수 C_c를 유량계수 C에 포함하고 이를 식(7.91)에 적용하면

$$Q = Cbh_1\sqrt{2g(h-h_1)} \tag{7.91}$$

그림 7.29 수문의 유량계수 (Henry의 실험)

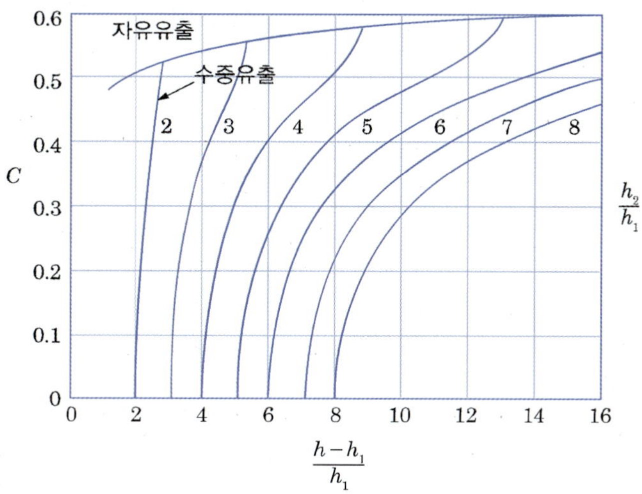

예제 7.14

폭 $10m$인 수문이 $1.0m$의 높이로 열려 있을 때, 수문으로부터 유출되는 유량을 구하라. 여기서, 수문 상류 측 수심은 $11m$로 측정되었고, 유량계수는 0.58이다.

풀이

유량

$$Q = Cbh_1\sqrt{2g(h-h_1)} = (0.58)(10)(1)\sqrt{(2)(9.81)(11-1)} = 81.2m^3/s$$

연습문제

01 유속 $4m/s$로 흐르는 하천에 피토관을 넣었을 때, 액주계 내의 두 유체의 높이 차이가 $14.2cm$가 되는 것이 관측되었다. 액주계 내에 있는 유체의 비중을 구하라.

02 아래 그림과 같은 오리피스에 대한 수축계수, 유속계수 및 유량계수를 구하라.

그림

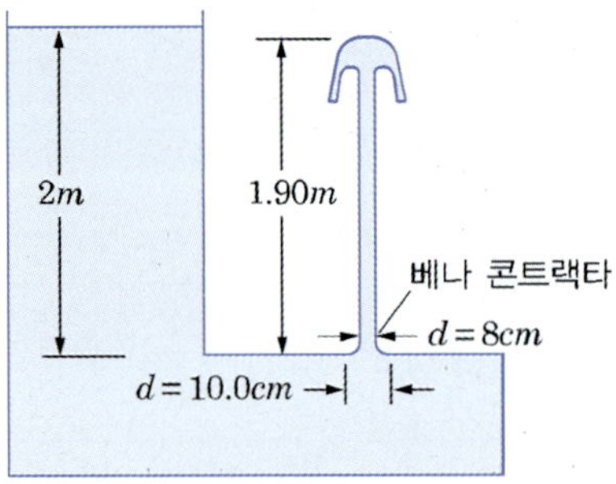

03 수심 $2m$ 되는 위치에 설치된 직경 $5cm$의 오리피스로부터 유출되는 유량이 $0.0075m^3/s$이고, 베나 콘트랙타에서의 직경이 $4cm$일 때, 수축계수, 유속계수 및 유량계수를 구하라.

04 아래 그림과 같은 오리피스를 통과하는 물의 유량을 구하라. 여기서, $h = 1.5m$, $D = 10cm$, $d = 7.5cm$이고, 물의 동점성계수는 1.1×10^{-6} m^2/s이다.

그림

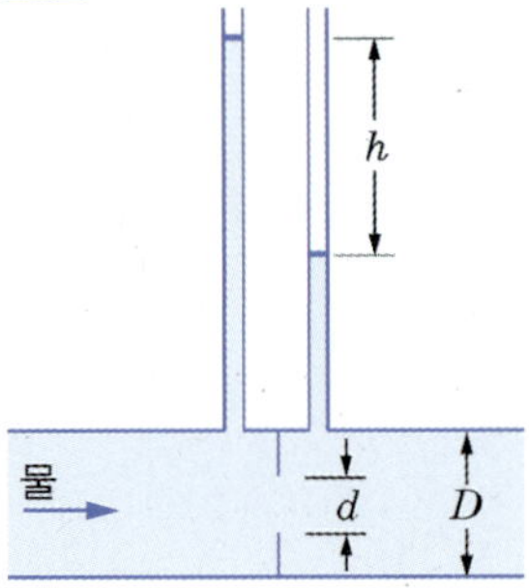

05 관의 직경이 $2cm$이고, 오리피스와 관의 직경 비율이 0.6인 관내에 20°C의 등유(밀도 $814kg/m^3$, 동점성계수 $2.37\times10^{-6}m^2/s$)가 흐르고 있다. 오리피스 전후 압력의 차이가 $10kPa$일 때, 관내를 흐르는 등유의 유속은 얼마인가?

06 아래 그림과 같은 직사각형 기름 탱크의 아랫부분에 물이 모여 있다. 탱크 밑바닥에 있는 직경 $0.02m$인 배출구를 통해 물을 모두 배출하는 데 걸리는 시간을 구하라. 여기서, 기름의 비중은 0.87이다.

그림

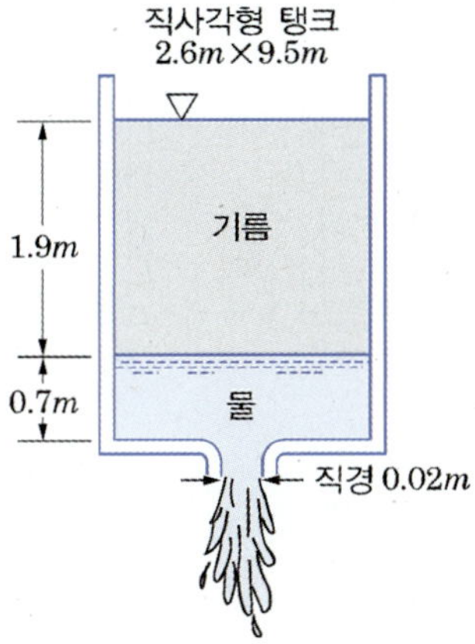

07 수면적 $1m^2$, 수심 $5m$인 수조의 물을 바닥에 있는 직경 $10cm$의 오리피스를 통해 모두 배출하는 데 걸리는 시간을 구하라. 여기서, 유량계수는 0.6이다.

08 $200mm\times40mm$의 벤투리관의 U자형 압력계에서 수은주의 높이 차이가 $8cm$일 때, 유량을 구하라. 여기서, 수축계수는 1.0이고, 유량계수는 0.97이다.

09 다음 그림과 같은 벤투리관 전후의 압력 차이가 $100kPa$일 때, 벤투리관을 통과하는 유량을 구하라. 여기서, 물의 동점성계수는 1×10^{-6} m^2/s이다.

그림

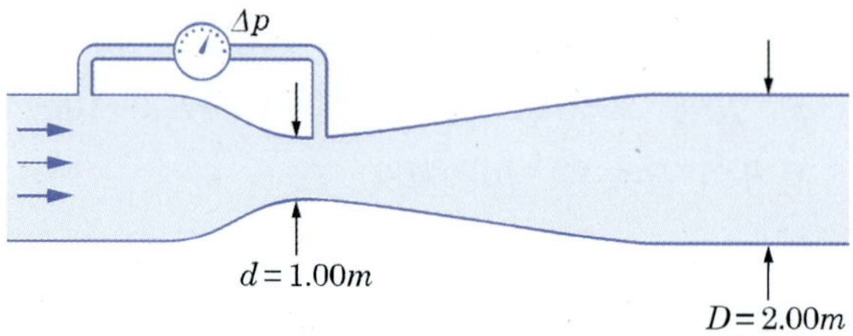

10 아래 그림과 같이 두 직사각형 위어 위로 물이 흐르고 있다. 두 위어의 월류수심이 30cm일 때, 두 위어 위를 흐르는 유량을 구하라.

그림

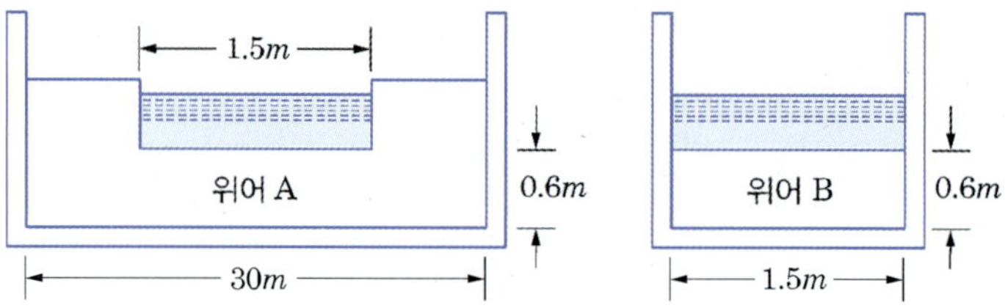

11 폭 0.6m인 직사각형 수로에 유량 0.3m^3/s가 흐르고 있다. 위어의 높이 30cm에 대한 월류수심과 위어의 높이 60cm에 대한 월류수심을 구하여 비교하라.

12 폭 16m, 수심 1.5m, 유속 1.5m/s인 직사각형 수로에 위어를 설치하여 수심을 2.2m로 하고자 할 때, 위어의 높이를 얼마로 하면 되는가? 여기서, 유량계수는 0.6이다.

13 다음 그림과 같이 관 A와 B를 통해 수조 내로 물이 유입되고, C에 있는 직사각형 위어를 넘어 물이 유출되고 있을 때, 수조 내의 수위는 상승할 것인가? 아니면 하강할 것인가? 여기서, 수조의 폭과 위어의 높이는 0.6m이다.

그림

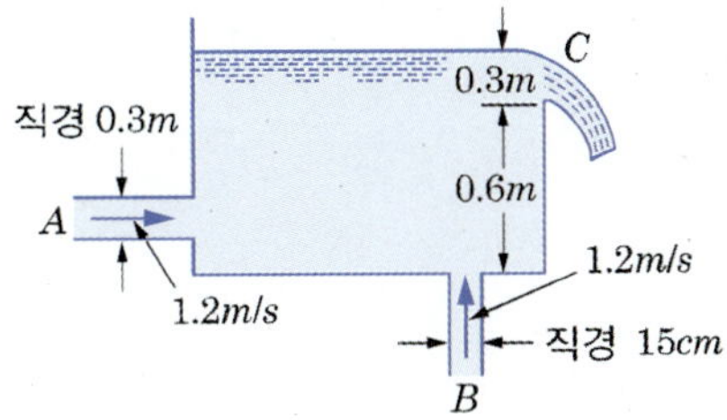

14 60°의 각을 갖는 삼각형 위어에서의 월류수심이 $20cm$일 때, 유량은 얼마인가? 여기서, 유량계수는 0.58이다.

15 60°의 각을 갖는 삼각형 위어에서 유량이 $300m^3/hr$가 되기 위한 월류수심을 구하라. 여기서, 유량계수는 0.58이다.

16 직사각형 위어로 유량을 측정할 때, 유량계수와 월류수심에서 각각 $x\%$의 오차가 있었다면 유량의 오차는 얼마인가?

17 폭 $4m$, 높이 $1.5m$인 광정위어 위로 물이 흐르고 있다. 위어에서부터 훨씬 상류에 있는 수면이 위어 상단에서부터 $0.5m$ 위에 있을 때, 수로를 흐르는 유량과 위어 위에서의 월류수심을 구하라.

18 아래 그림과 같은 벤투리 플룸을 흐르는 단위폭당 유량을 구하라. 여기서, 유속은 어느 단면에서나 일정하고, 점성의 영향은 무시한다.

그림

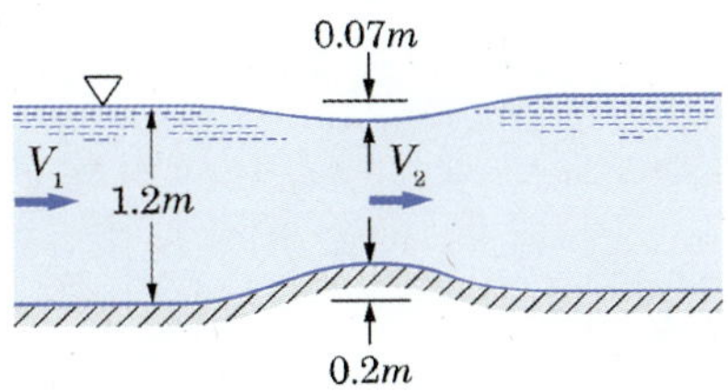

8

제8장

지하수

대수층(aquifer) 지하수를 풍부하게 함유하고 있고 투수성이 높은 모래 또는 모래자갈 층으로 이루어진 지층
비피압지하수(unconfined groundwater) 지표면과 지표면에서 가장 가까운 불투수층 사이에 있는 대수층으로, 자유수면이 있는 지하수
피압지하수(confined groundwater) 대수층의 상·하가 불투수층 사이에 놓여 압력을 받는 지하수로, 압력이 큰 곳에 우물을 파면 자연 분출한다.

지하수(groundwater)는 강수와 같은 지표면의 물이 지하로 침투되어 토사 또는 불투수층 위의 대수층(aquifer)에 존재하면서 매우 느리게 유동하는 물로 지하수면(groundwater table)을 가진다. 지하수면이 대기압의 영향을 받는 자유수면이 있는 지하수를 비피압지하수(unconfined groundwater) 또는 자유수면지하수(free surface groundwater)라고 하고, 불투수층 사이에 놓여 있는 대수층에 존재하는 지하수를 피압지하수(confined groundwater)라고 한다.
지하수는 연중 비교적 일정한 온도를 유지하고 있고, 지하수층의 자정작용으로 인해 높은 수준의 수질을 유지하고 있어 중요한 수자원의 역할을 한다.

8.1 지하수의 유동

공극률(porosity) 토사 공극의 총 체적에 대한 토사의 전체 체적에 대한 비

지하수는 지표면 아래에서 공극이 일정하지 않은 토사 사이를 이동하므로 유동방향이 일정하지 않으나, 검사체적을 적용하여 전체적인 구조에서 살펴보면 어느 정도 일정한 방향으로 유동한다고 할 수 있다. 일반적으로 토사의 공극은 매우 작아 지하수는 매우 작은 관 속을 흐르는 물과 같고 층류유동이 대부분이다.
지하수가 흐르는 어떤 토사 구조에서 구조의 총 체적에 대한 공극의 총 체적 비를 공극률(porosity) n_e이라고 하고 다음과 같다.

$$n_e = \frac{V_v}{V} \times 100(\%) \tag{8.1}$$

여기서, V_v는 공극의 총 체적이고, V는 구조의 총 체적이다.

표 8.1 공극률

공극률	$n_e(\%)$
점토	45~55
실트	40~50
중간 것과 거친 것이 혼합된 모래	35~40
미세한 것과 중간 것이 혼합된 모래	30~35
균일한 모래	30~40
자갈	30~40
자갈과 모래의 혼합	20~25
사암	10~20
석회암	1~10

그림 8.1과 같은 실험장치의 다공질 매체에 물을 포화시켜 흐르게 할 때, 다공질 매체 속을 흐르는 물의 유속 V는 다음과 같다.

$$V = K\frac{\Delta h}{\Delta L} = K\frac{dh}{dL} = KS \tag{8.2}$$

여기서, Δh는 손실수두로 $\Delta h = h_1 - h_2$, dh/dL과 S는 동수경사, 그리고 $K(cm/\sec, m/day)$는 투수계수(permeability coefficient)로 다공질 매체에 물이 통과하는 정도를 양적으로 나타내는 계수이다. 식(8.2)를 토사와 같은 다공성 매체에서의 지하수의 유동을 나타내는 Darcy(프랑스, 1856)의 법칙이라고 하고, 유체로 포화된 다공성 매체 속을 통과하는 유속은 두 지점 사이의 수두 차이(또는 동수경사)에 비례하고, 거리에 반비례하며, 투수계수에 비례한다는 것을 알 수 있다.

그림 8.1 Darcy의 실험장치

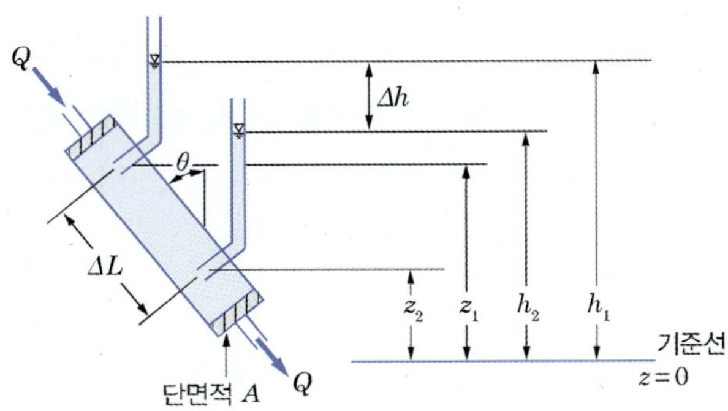

Darcy의 법칙에 의해 단면적 A를 통해 흐르는 유량 Q는 다음과 같다.

$$Q = VA = KSA \tag{8.3}$$

원형 관내 층류유동에서의 손실수두를 구하는 식(4.34)와 식(4.35)에서부터

$$h_L = \frac{32\mu L}{\gamma D^2} V \tag{8.4}$$

여기서, γ는 단위중량이고, μ는 점성계수이다.

식(8.4)에 h_L 대신 Δh, L 대신 ΔL, 그리고 원형 관의 직경 D 대신 토사의 공극 d를 사용하여 지하수 유동에 적용하면

$$\frac{\Delta h}{\Delta L} = \frac{32\mu}{\gamma d^2} V = \frac{C\mu}{\gamma d^2} V \tag{8.5}$$

식(8.2)와 식(8.5)를 비교하면

$$K = \frac{\gamma d^2}{C\mu} \tag{8.6}$$

여기서, γ와 μ는 유체의 성질에 따라 다르고, d^2/C은 다공질 매체의 성질에 따라 다르다.

Darcy의 법칙은 지하수 유동인 층류인 경우에 실측치와 잘 맞으며, 유속이 증가하여 관성력이 커지는 경우에는 유속이 동수경사에 선형적이지 않고 비선형적으로 되어 실측치와 잘 맞지 않는다.

예제 8.1

대수층으로부터 채취한 표본을 직경 $4cm$, 길이 $30cm$인 시험 원통에 채워 넣고, 2분 동안 시험 원통의 출구를 통해 유출되는 물의 양을 측정하였더니 $21.3cm^3$였다. 시험 기간 동안 손실수두 $\Delta h = 14.1cm$로 일정하게 측정되었을 때, 대수층 표본의 투수계수를 구하라.

풀이

유출률 : $Q = 21.3cm^3/2\text{min} = 10.65cm^3/\text{min}$

원통의 단면 : $A=\pi(4)^2/4=12.56cm^2$
수리경사 : $dh/dL=14.1/30=0.47$

Darcy의 법칙에서부터

$$K=\frac{Q}{A}\frac{1}{dh/dL}=\left(\frac{10.65}{12.56}\right)\left(\frac{1}{0.47}\right)=1.80cm^3/\min/cm^2$$

8.2 투수계수

투수계수(permeability coefficient) 토사, 암석 등의 투수 정도를 나타내는 지표로, 정상유동 상태에서 동수경사에 의해 다공성 매체의 단위면적을 단위시간에 통과하는 유량으로 정의된다. 토사의 입경, 공극률, 점성계수, 동수경사 등과 관계가 있으며, 경험공식, 실내시험(정수두법, 변수두법), 그리고 현장시험에 의해 산출한다.

투수계수는 유체가 토사, 암석 등의 다공성 매체를 통과하는 데 있어서 그 용이도를 나타내는 척도로, 투수계수를 산출하는 방법으로는 경험공식, 실내시험, 그리고 현장시험에 의한 방법이 있다.

8.2.1 경험공식

투수계수는 토사의 입경, 공극률, 점성계수 등과 관계가 있으며, 다음과 같은 경험공식이 있다.

(1) Hazen 공식

$$K=C(0.7+0.3t)d_e^2 \quad (cm/s) \tag{8.7}$$

여기서, t는 온도(°C)이고, d_e는 토사의 유효입경(cm)이다. 그리고 $C=50\sim150$ 정도이며, 일반적으로 $C=116$을 적용한다.

(2) Kozeny 공식

$$K = \frac{0.0084}{\mu} \frac{n_e^3}{(1-n_e)^2} d_{10}^2 \quad (cm/s) \tag{8.8}$$

여기서, μ는 점성계수, n_e은 토사의 공극률, 그리고 d_{10}은 입경분포곡선에서 10%의 토사 입경(cm)이다.

(3) Zunker 공식

$$K = \frac{1.10}{\mu} \left(\frac{n_e}{1-n_e} \right) d_e^2 \quad (cm/\mathrm{sec}) \tag{8.9}$$

(4) Slichter 공식

$$K = \frac{C_s}{\mu} \frac{1}{x} d_e^2 \quad (cm/s) \tag{8.10}$$

여기서, C_s는 형상계수이고, x는 공극률의 함수로 다음과 같다.

공극률 n_e(%)	30	35	40	45
x	52.5	31.6	20.3	13.7

8.2.2 실내시험

실내시험법에는 정수두법과 변수두법이 있다. 정수두법은 투수성이 비교적 큰 조립토에 적합하고, 변수두법은 투수성이 작은 세립토에 적합하다.

(1) 정수두법

그림 8.2 (a)와 같은 측정 장치에 교란되지 않은 자연 상태의 시료를 넣고, 물이 유입되는 수위와 유출되는 수위를 일정하게 유지시키면서 시료 속으로 물을 통과시킨다. 일정한 수위 차이에서부터 동수경사 S를 구하고, Darcy의 법칙에서부터 투수계수 K를 구하면 다음과 같다.

$$Q = KSAt$$

$$K = \frac{Q}{SAt} = \frac{Q}{At}\frac{h}{L} \tag{8.11}$$

여기서, Q는 측정시간 t 동안 시료를 통과한 유량, A는 시료의 단면적, L은 물이 시료를 통과한 길이, 그리고 h는 수위차이다.

그림 8.2 실내에서의 투수계수 측정 장치

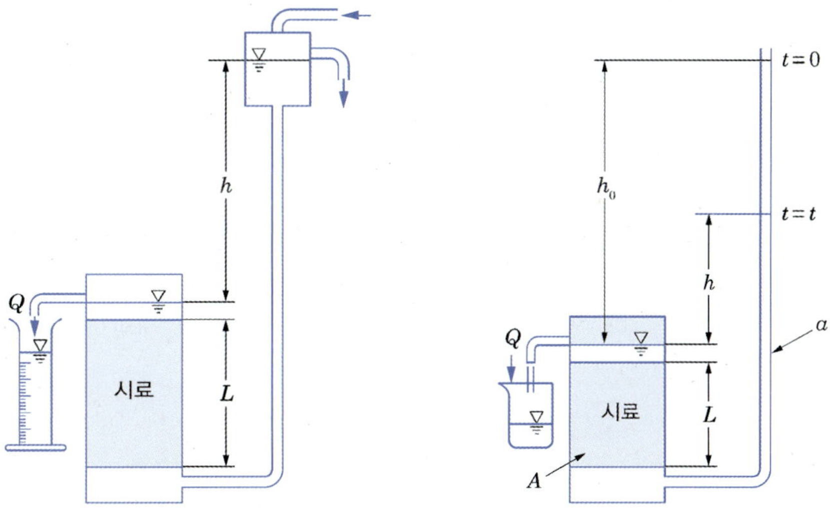

(a) 정수두법 투수계수 측정 장치　(b) 변수두법 투수계수 측정 장치

(2) 변수두법

그림 8.2 (b)와 같은 장치에 물이 유리관을 통해 시료로 유입되도록 하고, 물이 유입되는 수위의 하강속도를 측정하여 투수계수를 산출한다.

단면적 a인 유리관을 통해 시료로 유입하는 수위가 Δt 시간 동안에 Δh만큼 변했다고 하면, Δt 시간 동안 시료로 유입된 물의 양은 $-a(\Delta h/\Delta t)$가 된다. 여기서 '$-$' 부호는 시간이 경과함에 따라 수위가 하강하는 것을 의미한다. Δt 시간 동안 시료로 유입된 물의 양은 Δt 시간 동안 시료를 통과하여 유출된 물의 양과 같고, 이를 Darcy의 법칙에 적용하면 다음과 같다.

$$-a\frac{dh}{dt} = K\frac{h}{L}A \tag{8.12}$$

$$-a\frac{dh}{h} = K\frac{A}{L}dt$$

t_1 시간에서의 수위가 h_1이고, t_2 시간에서의 수위가 h_2이라고 하면

$$-a\int_{h_1}^{h_2}\frac{dh}{h}=K\frac{A}{L}\int_{t_1}^{t_2}dt \tag{8.13}$$

식(8.13)을 적분하여 K에 대해 정리하면

$$K=\frac{aL}{A}\frac{1}{t_2-t_1}\ln\left(\frac{h_1}{h_2}\right)\cong 2.3\frac{aL}{A(t_2-t_1)}\log\left(\frac{h_1}{h_2}\right) \tag{8.14}$$

8.2.3 현장시험법

실험실에서 투수계수를 측정하는 데 있어서는 여러 가지 어려움이 있으므로, 현장에서 직접 양수시험을 통해 효과적으로 투수계수를 산출할 수 있다. 양수시험은 현장의 시험정 외에 두 개의 관측정이 필요하다.

그림 8.3 현장 투수시험 우물 수리 개요

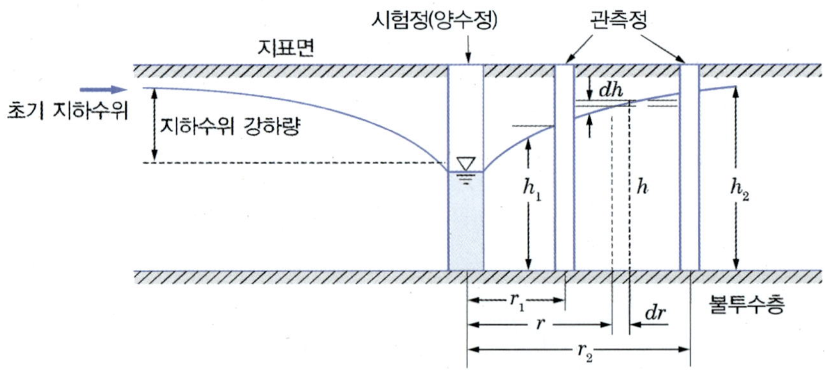

그림 8.3과 같이 현장에서 먼저 시험정을 불투수층까지 굴착하고, 시험정 속의 수위가 일정해질 때까지 일정한 유량 Q를 천천히 양수한다. 시험정으로부터 거리 r_1, r_2에 있는 관측정에서의 수위를 h_1, h_2라고 하면 시험정으로 유입되는 유량은 다음과 같다.

$$Q = KSA = K\frac{dh}{dr}2\pi rh \tag{8.15}$$

$$\frac{dr}{r} = \frac{2\pi Khdh}{Q} \tag{8.16}$$

식(8.16)을 r_1, r_2와 h_1, h_2에 대해 적분하면

$$\int_{r_1}^{r_2}\frac{dr}{r} = \frac{2\pi K}{Q}\int_{h_1}^{h_2}hdh$$

$$\ln\left(\frac{r_2}{r_1}\right) = \frac{\pi K}{Q}\left(h_2^2 - h_1^2\right)$$

$$K = \frac{Q}{\pi\left(h_2^2 - h_1^2\right)}\ln\left(\frac{r_2}{r_1}\right) \tag{8.17}$$

식(8.17)은 그림 8.3과 같은 비피압대수층에서의 투수계수이다.
피압대수층에서의 투수계수는 아래 식(8.22)에서 h를 h_2, h_w를 h_1, r을 r_2, r_w을 r_1으로 두고 정리하면 다음과 같다.

$$K = \frac{Q}{2\pi b(h_2 - h_1)}\ln\left(\frac{r_2}{r_1}\right) \text{ 또는 } K = \frac{Q}{2\pi b(z_1 - z_2)}\ln\left(\frac{r_2}{r_1}\right) \tag{8.18}$$

여기서, r_1, r_2는 우물의 중심에서부터 관측정까지의 거리, h_1, h_2와 z_1, z_2는 r_1, r_2 거리에 떨어져 있는 관측정에서의 수위와 수위강하량, 그리고 b는 피압대수층의 두께이다.(그림 8.4 참조)

예제 8.2

그림과 같이 유효입경 $0.3mm$, 단면적 $300m^2$의 모래에 10°C의 물이 흐를 때, Hazen 공식을 이용하여 유량을 구하라. 여기서, Hazen 공식의 계수 $C = 116$이다.

그림

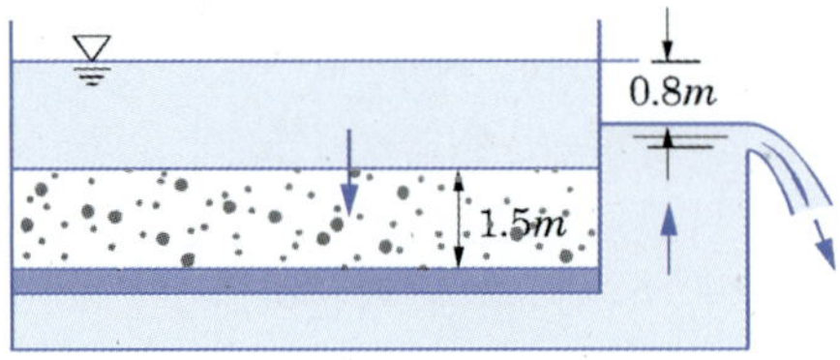

풀이

투수계수, 유속 및 유량

$$K = C(0.7 + 0.03t)d_e^2 = 116[0.7 + (0.03)(10)](0.03)^2 = 0.104cm/s$$

$$V = KS = (0.104)(80/150) = 0.056cm/s$$

$$\therefore\ Q = AV = (300 \times 100^2)(0.056) = 168{,}000cm^3/s = 605m^3/hr$$

예제 8.3

직경 $5cm$, 높이 $20cm$인 모래 시료에서 정수두를 $20cm$로 하여 투수시험을 했을 때, 8초간 유출량이 $96cm^3$였다. 투수계수를 구하라.

풀이

투수계수

$$K = \frac{Q}{SAt} = \frac{Q}{At}\frac{L}{h} = \frac{96}{(3.14 \times 5^2/4)(8)}\frac{20}{20} = 0.61cm/s$$

예제 8.4

직경 $10cm$, 높이 $10cm$인 흙 시료에서 변수두법으로 투수시험을 했을 때, 수두가 $36cm$에서 $29cm$로 내려가는 데 2분이 걸렸다. 유리관의 직경이 $8mm$일 때, 투수계수를 구하라.

풀이

투수계수

$$K \cong 2.3\frac{aL}{A(t_2 - t_1)}\log\left(\frac{h_1}{h_2}\right) = (2.3)\frac{(3.14 \times 0.8^2/4)(10)}{(3.14 \times 10^2/4)(120)}\log\left(\frac{36}{29}\right)$$

$$= 1.15 \times 10^{-4}cm/s$$

예제 8.5

직경 $18cm$인 우물이 $100m$ 깊이의 비피압대수층에 있다. 이 우물에서 $100m$와 $235m$ 떨어진 관측정에서의 수위강하가 $22.2m$와 $21m$로 관측되었을 때, 우물에서의 양수량을 구하라. 여기서, 대수층의 투수계수는 $1.2m/day$이다.

풀이

$r_1 = 100m,\ r_2 = 235m,$

$h_1 = 100m - 22.2m = 77.8m,$

$h_2 = 100m - 21m = 79m$

$$Q = \frac{K\pi(h_2^2 - h_1^2)}{\ln(r_2/r_1)} = \frac{(1.2)(3.14)(79^2 - 77.8^2)}{\ln(235/100)} = 830.21m^3/day$$

8.3 정상유동에서의 우물 수리

수위강하곡선(drawdown curve) 우물에서 대수층에 있는 지하수를 양수함에 따라 지하수면 또는 압력수면(piezometric surface)이 원추형(cone of depression)으로 강하하는 정도를 나타내는 곡선으로, 수위강하는 우물 부근에서 가장 크며, 지하수의 양수량이나 주입량은 수위강하곡선에 영향을 미친다.

영향권(area of influence) 우물에서부터 수위강하가 발생하지 않는 지점까지의 영역으로, 수위강하곡선의 경계가 된다.

굴착정(artesian well) 대수층까지 넓고 깊은 구멍을 파고, 그 속에 우물통을 조립하거나 우물통을 조립하면서 바닥의 흙을 파서 침하시켜 가며 만드는 우물로, 윗부분이 개방되어 있는 개방 우물과 폐쇄된 폐쇄 우물이 있다. 현재는 후자에 펌프를 장치하여 양수하는 방법이 일반적으로 사용되고 있다.

심정(deep well) 우물 깊이에 관계없이 우물바닥이 불투수층에 도달하는 우물로, 우물의 깊이가 약 $30m$ 이상 되는 우물이다. 직경 $0.3 \sim 1.5m$ 정도의 우물을 굴착하고, 이 속에 우물 관측관을 삽입하여 그 속으로 유입하는 지하수를 펌프로 양수한다.

천정(shallow well) 지표면에서부터 최초의 불투수층보다 위에 있는 지하수 또는 복류수를 취수하는 우물로, 깊이는 약 $7m$ 이내인 우물이다.

우물에서 대수층에 있는 지하수를 양수하면 우물의 수위는 낮아지고, 우물에서 떨어진 대수층에 있는 지하수는 우물 쪽으로 흘러 들어오게 된다. 이에 따라 지하수면 또는 압력수면(piezometric surface)은 원추형(cone of depression)으로 강하하는데, 이러한 원추형 곡선을 수위강하곡선(drawdown curve)이라고 한다. 그리고 우물에서 장시간 양수하더라도 수위강하가 발생하지 않는 지점이 있는데, 우물에서부터 이 지점까지를 영향권(area of influence)이라고 하고, 수위강하곡선의 경계가 된다.

8.3.1 피압대수층에서의 우물 수리

우물을 불투수층까지 굴착하고 피압대수층의 물을 양수하는 것을 굴착정(artesian well)이라고 한다.

피압대수층에 굴착된 우물에서부터 양수되는 유량 Q는 피압대수층의 두께 b, 반경 r인 원통 둘레를 통해 흐르는 유량과 같고, 반경 r에서의 수위는 h이므로

$$Q = KSA = 2\pi rbK\frac{dh}{dr} \tag{8.19}$$

$$dh = \frac{Q}{2\pi bK}\frac{dr}{r} \tag{8.20}$$

그림 8.4 피압대수층에서의 우물 수리 개요

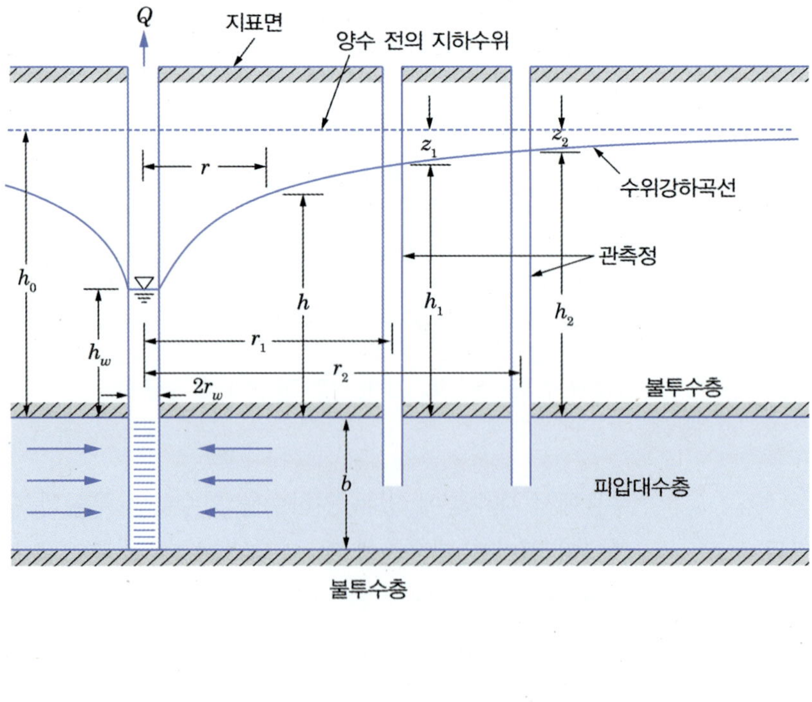

$r = r_w$일 때 $h = h_w$인 조건을 적용하여 식(8.20)을 적분하고 유량 Q에 대해 정리하면

$$\int_{h_w}^{h} dh = \frac{Q}{2\pi bK}\int_{r_w}^{r}\frac{dr}{r}$$

$$h - h_w = \frac{Q}{2\pi bK}\ln\left(\frac{r}{r_w}\right) \tag{8.21}$$

$$Q = 2\pi bK\frac{h - h_w}{\ln(r/r_w)} \tag{8.22}$$

여기서, r_w는 우물의 반경이고, h_w는 정상유동 상태에서의 우물의 수위이다. h의 최대치는 양수 전의 지하수면, 즉 h의 초기치인 h_0이다. r은 대수층의 성질과 펌프의 운용에 따라 다르나, 일반적으로 $100 \sim 500m$ 정도로 한다. 그리고 식(8.21)에서 $r \to \infty$일 때 $h \to \infty$가 된다. 그러나 실제 지하수에 있어서 $r \to \infty$일 때 $h \to h_0$이므로, 수위강하는 우물에서부터 거리에 대해 대수적으로 변한다.

예제 8.6

초기 수심 $8m$인 직경 $1.0m$의 굴착정에서 지속적인 양수로 인해 수위가 $2.0m$ 강하하였다면 양수량은 얼마인가? 여기서, 대수층의 두께는 $3.0m$이고, 투수계수는 $0.14cm/s$이며, 영향권의 반경은 $500m$이다.

풀이

양수량

$$Q = 2\pi Kb\frac{h - h_w}{\ln(r/r_w)} = (2)(3.14)(0.0014)(3.0)\frac{2.0}{\ln(500/0.5)}$$

$$= 0.0076m^3/s = 7.6l/s$$

8.3.2 비피압대수층에서의 우물 수리

(1) 심정

자유수면을 가지는 비피압대수층에서 우물의 바닥이 불투수층까지 도달해 있는 것을 심정(deep well) 또는 깊은 우물이라고 한다.

그림 8.5 비피압대수층 심정에서의 우물 수리 개요

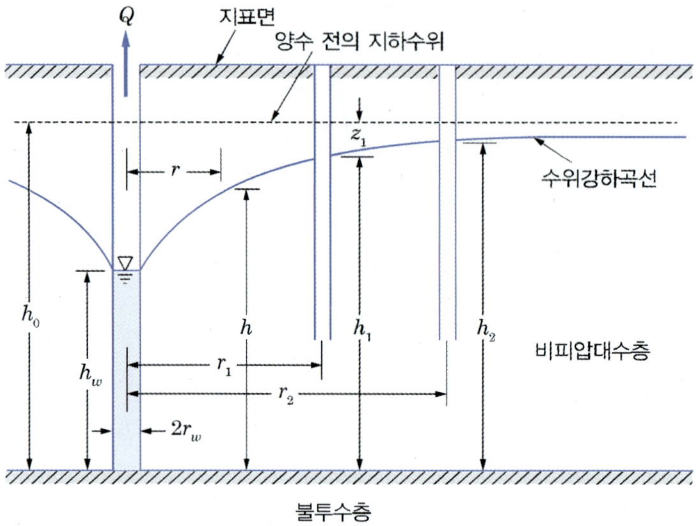

비피압대수층에 굴착된 우물에서부터 양수되는 유량 Q는 반경 r, 수위 h인 원통 둘레를 통해 흐르는 유량과 같으므로

$$Q = KSA = 2\pi rhK\frac{dh}{dr} \tag{8.23}$$

$$hdh = \frac{Q}{2\pi K}\frac{dr}{r} \tag{8.24}$$

$r = r_w$일 때 $h = h_w$인 조건을 적용하여 식(8.24)를 적분하고 유량 Q에 대해 정리하면

$$\int_{h_w}^{h} hdh = \frac{Q}{2\pi K}\int_{r_w}^{r}\frac{dr}{r}$$

$$h^2 - h_w^2 = \frac{Q}{\pi K}\ln\left(\frac{r}{r_w}\right)$$

$$Q = \pi K\frac{h^2 - h_w^2}{\ln(r/r_w)} \tag{8.25}$$

$r = r_0$일 때 $h = h_0$인 조건을 식(8.25)에 적용하면

$$Q = \pi K\frac{h_0^2 - h_w^2}{\ln(r_0/r_w)} \tag{8.26}$$

예제 8.7

불투수층이 지표 아래 $10m$에 위치해 있고, 지하수면은 지표 아래 $4m$인 곳에 있다. 이 지점에 직경 $2m$인 심정을 굴착해 $8l/s$의 물을 양수한다면, 우물의 수위는 얼마나 강하하는가? 여기서, 투수계수는 $0.1cm/s$이고, 영향권의 반경은 $800m$이다.

풀이

$Q=\pi K\dfrac{h_0^2-h_w^2}{\ln(r_0/r_w)}$ 에서부터

$$h_w=\left[h_0^2-\frac{Q}{\pi K}\ln(r_0/r_w)\right]^{1/2}=\left[6^2-\frac{0.008}{(3.14)(0.001)}\ln(800/1)\right]^{1/2}$$
$$=4.36m$$

그러므로 수위강하는 $6-4.36=1.64m$이다.

(2) 천정

자유수면을 가지는 비피압대수층에서 심정과는 다르게 우물의 바닥이 깊이에 관계없이 불투수층까지 도달해 있지 않은 것을 천정(shallow well) 또는 얕은 우물이라고 한다.

그림 8.6 비피압대수층 천정에서의 우물 수리 개요

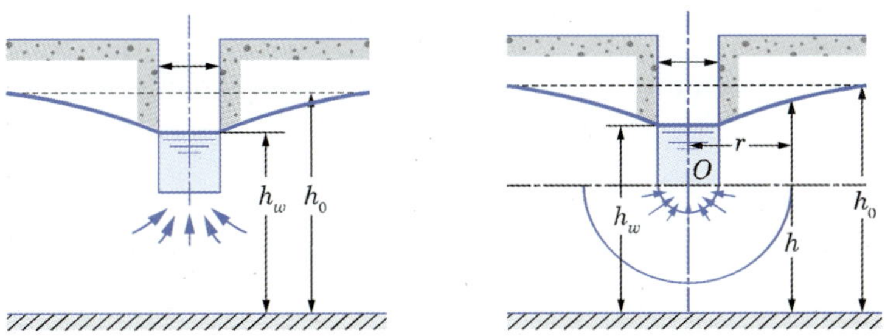

그림 8.6과 같이 우물의 벽은 불투수질로 되어 있고, 지하수가 우물의 저면에서만 유입되는 경우, 우물에서부터 양수되는 유량 Q와 우물 수위의 강하량 h_0-h_w 사이의 관계는 다음과 같다.

$$h_0-h_w=\frac{Q}{4Kr_w}$$
$$Q=4Kr_w(h_0-h_w) \tag{8.27}$$

8.4 비정상유동에서의 우물 수리

비평형방정식 우물에서 유량을 양수할 때, 시간과 거리에 따른 대수층에서의 유량의 변화를 나타내는 식으로, 우물의 양수시험자료로부터 저류계수와 전도계수 결정하는 데 있어 많이 이용되며, Theis, Cooper-Jacob 등의 근사해법이 있다.

전도계수(transmissibility coefficient) 물이 통과하는 물질의 전도 능력을 나타내는 계수로, 투수계수에 대수층의 포화된 부분의 두께를 곱한 것

저류계수(storage coefficient) 대수층 내에서 단위수두의 변화(하강 또는 상승)가 발생할 때, 단위면적을 통해 배출 또는 흡수되는 물의 양으로, (물의 체적)/(단위면적×단위수두 변화량)

대수층 내에 있는 우물에서 지하수를 지속적으로 양수하면 지하수위는 점점 강하하게 되고, 이에 따라 유동 상태가 변하여 지하수의 유동은 비정상유동이 되어 비평형상태가 된다. Theis(1935년)는 열전도 현상과 지하수 유동 현상의 유사성을 이용하여 대수층의 저유 특성을 고려한 비평형방정식을 다음과 같이 제안하였다.

$$Z_r = h_0 - h = \frac{Q}{4\pi T}\int_u^\infty \frac{e^{-u}}{u}du \qquad (8.28)$$

여기서, $Z_r(m) = h_0 - h$는 시험정(양수정)의 중심에서부터 거리 r에 있는 관측정에서의 수위강하량이고, $T(m^3/day/m)$는 대수층의 전도계수(transmissibility coefficient)로 $T = bK$이다. 그리고 u는 무차원 변수로 다음과 같다.

$$u = \frac{r^2 S_c}{4Tt} \qquad (8.29)$$

여기서, S_c는 대수층의 저류계수(storage coefficient)로 단위수두의 변화(지하수면 또는 압력면의 강하)에 따른 단위면적당 대수층의 저장량 변화(대수층을 통해 흐르는 물의 양의 변화)를 나타내는 무차원수이고, t는 양수 시작으로부터의 시간이다.

식(8.28)의 적분항은 우물함수(well function) $W(u)$라고 하며, 다음과 같은 수열의 형태로 나타낼 수 있다.

$$W(u) = \int_u^\infty \frac{e^{-u}}{u} du$$

$$= -0.5772 - \ln u + u - \frac{u^2}{2 \cdot 2!} + \frac{u^3}{3 \cdot 3!} - \frac{u^4}{4 \cdot 4!} + \cdots \quad (8.30)$$

비평형방정식인 식(8.28)은 우물에서 유량 Q를 양수할 때, 시간과 거리에 따른 대수층에서의 유량의 변화를 나타내는 식으로, 우물의 양수시험자료로부터 S_c와 T를 결정하는 데 있어 많이 이용된다. 그러나 이 식으로부터 직접 수학적인 해를 구하는 것은 상당히 어렵기 때문에 Theis, Cooper-Jacob 등의 근사해법을 많이 사용한다.

표 8.2 u에 대한 우물함수 $W(u)$의 값

u	1.0	2.0	3.0	4.0	5.0	6.0	7.0	8.0	9.0
$\times 1$	0.219	0.049	0.013	0.0038	0.0011	0.00036	0.00012	0.000038	0.000012
$\times 10^{-1}$	1.82	1.22	0.91	0.70	0.56	0.45	0.37	0.31	0.26
$\times 10^{-2}$	4.04	3.35	2.96	2.68	2.47	2.30	2.15	2.03	1.92
$\times 10^{-3}$	6.33	5.64	5.23	4.95	4.73	4.54	4.39	4.26	4.14
$\times 10^{-4}$	8.63	7.94	7.53	7.25	7.02	6.84	6.69	6.55	6.44
$\times 10^{-5}$	10.94	10.24	9.84	9.55	9.33	9.14	8.99	8.86	8.74
$\times 10^{-6}$	13.24	12.55	12.14	11.85	11.63	11.45	11.29	22.16	11.044
$\times 10^{-7}$	15.54	14.85	14.44	14.15	13.93	13.75	13.60	13.46	13.34
$\times 10^{-8}$	17.84	17.15	16.74	16.46	16.23	16.05	15.90	15.76	15.65
$\times 10^{-9}$	20.15	19.45	19.05	18.76	18.54	18.35	18.20	18.07	17.95
$\times 10^{-10}$	22.45	21.76	21.35	21.06	20.84	20.66	20.50	20.37	20.25
$\times 10^{-11}$	24.75	24.06	23.65	23.36	23.14	22.96	22.81	22.67	22.55
$\times 10^{-12}$	27.05	26.36	25.96	25.67	25.44	25.26	25.11	24.97	24.86
$\times 10^{-13}$	29.36	28.66	28.26	27.97	27.75	27.56	27.41	27.28	27.16
$\times 10^{-14}$	31.66	30.97	30.56	30.27	30.05	29.87	29.71	29.58	29.46
$\times 10^{-15}$	33.96	33.27	32.86	32.58	32.35	32.17	32.02	31.88	31.76

8.4.1 Theis의 수위강하법

식(8.28)과 식(8.29)를 다시 쓰면

$$Z_r = \frac{Q}{4\pi T} W(u) \tag{8.31}$$

$$u = \frac{S_c}{4T} \frac{r^2}{t} \tag{8.32}$$

식(8.32)를 r^2/t에 대해 정리하면

$$\frac{r^2}{t} = \frac{4uT}{S_c} \tag{8.33}$$

식(8.31)과 식(8.33)의 양변에 상용대수를 취하면

$$\log Z_r = \log W(u) + \log \frac{Q}{4\pi T} \tag{8.34}$$

$$\log \frac{r^2}{t} = \log u + \log \frac{4T}{S_c} \tag{8.35}$$

양수시험에 있어 Q, S_c, T는 상수이므로, 식(8.34)와 식(8.35)에서 Z_r은 $W(u)$에 의해 결정되고 u는 r^2/t에 따라 변한다. 그러므로 서로 상응하는 $W(u)$(종축)와 u(횡축)의 관계곡선을 전대수지에 그리고 다른 전대수지에 Z_r(종축)과 r^2/t(횡축)의 자료곡선(data curve)을 그린 후, 두 곡선을 겹쳐 축을 수평 또는 수직으로 이동시키면서 두 곡선이 일치하는 부분을 찾는다. 이 부분에서 임의의 점(match point)을 선정하여 좌표를 읽으면 이 값이 $W(u)$, u, Z_r 및 r^2/t 값이 되고, 이 값들을 식(8.31)과 식(8.32)에 대입하면 S_c와 T 값을 구할 수 있다(예제 8.8 그림 참조). 임의의 점을 선정하는 데 있어서는 반드시 곡선 상에 있는 점이 될 필요는 없으며, 10의 배수가 되는 좌표의 점을 취하면 편리하다.

8.4.2 Cooper-Jacob 방법

식(8.30)에서 u(두 번째 항) 이하의 항이 $\ln u$에 비해 비교적 작은 경우(즉, r이 작거나 t가 큰 경우; $u \le 0.01$)에는 처음 두 개의 항 이외에는 무시할 수 있으므로, 식(8.30)의 두 번째 항까지만 취해 정리하면 다음과 같다.

$$Z_r = \frac{Q}{4\pi T}(-0.5772 - \ln u) = \frac{Q}{4\pi T}\left(\ln 0.562 - \ln\frac{r^2 S_c}{4Tt}\right) \qquad (8.36)$$

식(8.36)을 상용로그로 바꾸어 쓰면

$$Z_r = \frac{2.3Q}{4\pi T}\log\frac{2.25Tt}{r^2 S_c} \qquad (8.37)$$

식(8.36)의 Z_r을 종축, t를 횡축(대수축)에 두고 반대수지 상에 나타내면 직선이 된다(예제 8.9 그림 참조). 이 자료곡선에서 $Z_r = 0$일 때 $t = t_0$이라고 하면

$$0 = \frac{2.3Q}{4\pi T}\log\frac{2.25Tt_0}{r^2 S_c}$$

또는

$$\frac{2.25Tt_0}{r^2 S_c} = 1 \qquad (8.38)$$

식(8.38)을 S_c에 대해 정리하면

$$S_c = \frac{2.25Tt_0}{r^2} \qquad (8.39)$$

임의의 양수시간($t_1 \sim t_2$)에 대한 수위강하량에서부터 T를 유도하면 다음과 같다.

$$\begin{aligned}\Delta Z_r &= \frac{2.3Q}{4\pi T}\left[\log\left(\frac{2.25Tt_2}{r^2 S_c}\right) - \log\left(\frac{2.25Tt_1}{r^2 S_c}\right)\right] \\ &= \frac{2.3Q}{4\pi T}\log\left(\frac{t_2}{t_1}\right) \qquad (8.40)\end{aligned}$$

$$T = \frac{2.3Q}{4\pi \Delta Z_r} \log\left(\frac{t_2}{t_1}\right) \qquad (8.41)$$

식(8.41)에서 $t_2/t_1 = 10$인 임의의 점을 취하면 $\log(t_2/t_1) = 1$이 되므로

$$T = \frac{2.3Q}{4\pi \Delta Z_r} \qquad (8.42)$$

Cooper-Jacob 방법은 $u \le 0.01$인 범위에서 타당하므로, 양수시간은 다음의 조건을 만족해야 한다.

$$t \ge 25 \frac{r^2 S_c}{T} \qquad (8.43)$$

예제 8.8

대수층 바닥까지 굴착한 우물에서 유량 $2,500m^3/day$를 지속적으로 양수하였더니 우물에서 $60m$ 떨어진 관측정에서 수위강하가 아래 표와 같이 나타났다. Theis 방법을 이용하여 전도계수 T와 저류상수 S_c를 구하라.

표

t (min)	Z_r (m)	r^2/t (m^2/min)	t (min)	Z_r (m)	r^2/t (m^2/min)	t (min)	Z_r (m)	r^2/t (m^2/min)
0	0	∞	8.0	0.53	450	60	0.93	60
1.0	0.20	3,600	10	0.57	360	80	0.90	45
1.5	0.27	2,400	12	0.60	300	100	0.96	36
2.0	0.30	1,800	14	0.63	257	120	1.00	30
2.5	0.34	1,400	18	0.67	200	150	1.04	24
3.0	0.37	1,200	24	0.72	150	180	1.07	20
4.0	0.41	900	30	0.76	120	210	1.10	17
5.0	0.45	720	40	0.81	90	240	1.12	15
6.0	0.48	600	50	0.85	72	–	–	–

풀이

우물함수 $W(u)$(종축)와 u(횡축)의 관계곡선을 전대수지에 그리고 다른 전대수지에 Z_r(종축)과 r^2/t(횡축)의 자료곡선(data curve)을 그린 후, 두 곡선을 겹쳐 축을 수평 또는 수직으로 이동시키면서 두 곡선이 일치하는 부분을 찾는다. 이 부분에서 임의의 점(match point)을 선정하여 좌표를 읽으면 이 값이 $W(u)$, u, Z_r 및 r^2/t 값이 되고, 이 값들을 식(8.31)과 식(8.32)에 대입하면 S_c와 T 값을 구할 수 있다.

그림

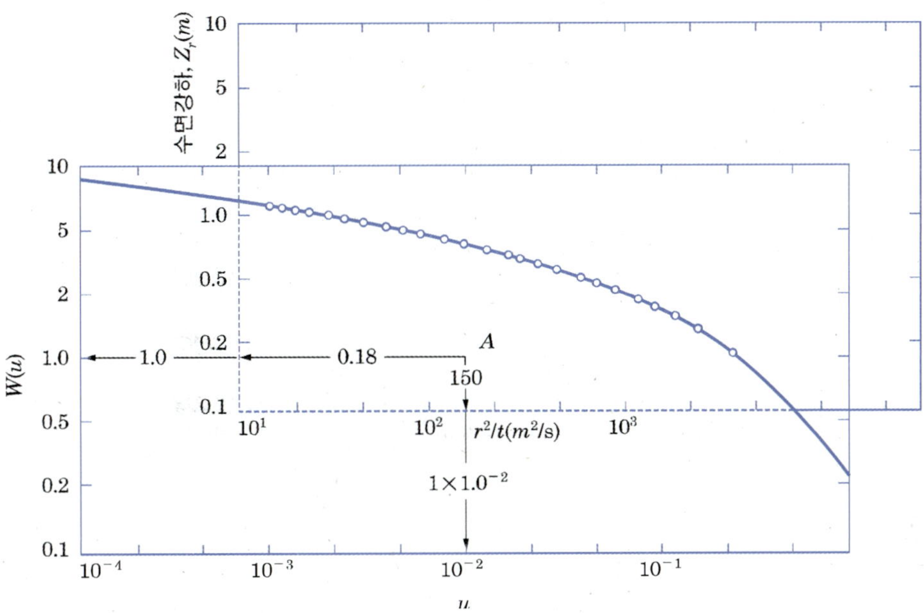

$W(u) = 1.0$, $u = 1.0 \times 10^{-2}$에서 $Z_r = 0.18m$, $r^2/t = 150m^2/\min = 216{,}000$ m^2/day이므로

$$T = \frac{Q}{4\pi Z_r} W(u) = \frac{2{,}500}{4(3.14)(0.18)}(1.0) = 1{,}105.8m^2/day$$

$$S_c = \frac{4Tu}{r^2/t} = \frac{4(1{,}105.8)(1\times10^{-2})}{216{,}000} = 0.000205$$

예제 8.9

예제 8.8의 양수시험자료에 대한 전도계수 T와 저류상수 S_c를 Cooper-Jocob 방법으로 구하라.

풀이

표에서의 Z_r과 t를 반대수지에 표기하여 직선을 그린 후, 시간 $t_1 = 1hr$과 $t_2 = 10hr$의 한 주기에 대한 수위강하량을 읽으면 $\Delta Z_r = 0.4m$이고, $Z_r = 0$이 되는 점에서 $t_0 = 0.39\text{min} = 2.71 \times 10^{-4} day$이 된다.

그림

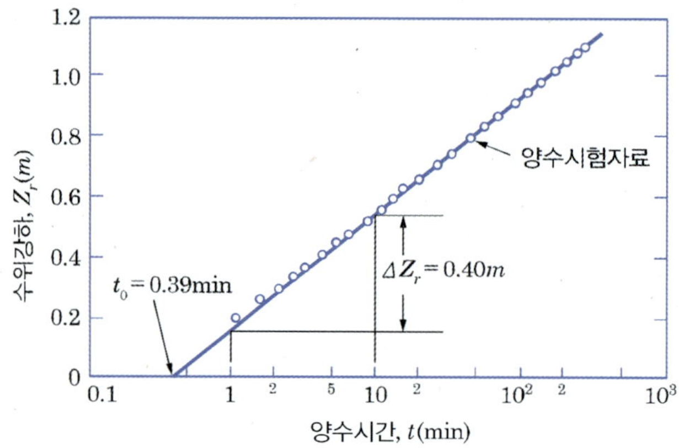

그러므로 전도계수 T와 저류상수 S_c를 구하면

$$T = \frac{2.3Q}{4\pi \Delta Z_r} = \frac{(2.3)(2{,}500)}{4\pi(0.4)} = 1.144m^2/day$$

$$S_c = \frac{2.25\,Tt_0}{r^2} = \frac{(2.25)(1.144)(2.71 \times 10^{-4})}{60^2} = 0.000193$$

8.5 영상정 방법에 의한 해석

영상정 방법(method of image) 양수정이 하천 또는 호수와 같은 함양경계(recharge boundary) 또는 불투수성 암반과 같은 비함양경계(impermeable boundary)에 인접해 있는 경우, 가상의 우물을 설정하여 중첩의 원리와 대칭성을 이용하여 우물 수리를 해석하는 방법

양수정이 있는 대수층이 수평으로 무한히 연장되어 있는 것이 아니라, 하천 또는 호수와 같은 함양경계(recharge boundary) 또는 불투수성 암반과 같은 비함양경계(impermeable boundary)에 인접해 있는 경우가 있다. 이러한 경

우, 수위강하곡선의 형상은 이들 경계의 영향을 받으며, 앞 절에서 설명된 무한대수층(infinite aquifer)의 가정하에서 유도된 식들은 적용될 수 없다. 이러한 경우의 우물 수리는 가상의 우물을 설정하여 중첩의 원리와 대칭성을 이용하는 영상정 방법(method of image)에 의해 해석될 수 있다.

8.5.1 함양경계가 있는 경우

하천 또는 호수에 인접하여 우물이 있는 경우, 우물의 유량은 하천 또는 호수로부터 유입되는 유량으로 인해 증가한다. 그림 8.7은 하천에 인접하게 설치된 양수정에서 지하수를 양수하는 경우로, 초기의 지하수위는 하천의 수면과 같고, 하천 쪽으로의 원추형 수위강하는 하천의 수면에서 끝나게 된다. 이러한 경우에 대한 우물 수리의 해석은 가상의 함양정이 하천의 함양경계를 중심으로 실제 양수정 반대쪽에 대칭해 있고, 그리고 가상의 함양정으로부터 유입되는 유량은 실제 양수정에서 양수되는 유량과 같다는 가정하에서 이루어질 수 있다. 그러므로 가상의 양수정에서의 원추형 수위상승에 기인하는 수위상승과 실제 양수정에서의 원추형 수위강하에 기인하는 수위강하는 그림에서와 같이 서로 상쇄된다.

그림 8.7 하천에 인접한 양수정과 이에 대응하는 가상의 함양정(a) 및 유선망(b)

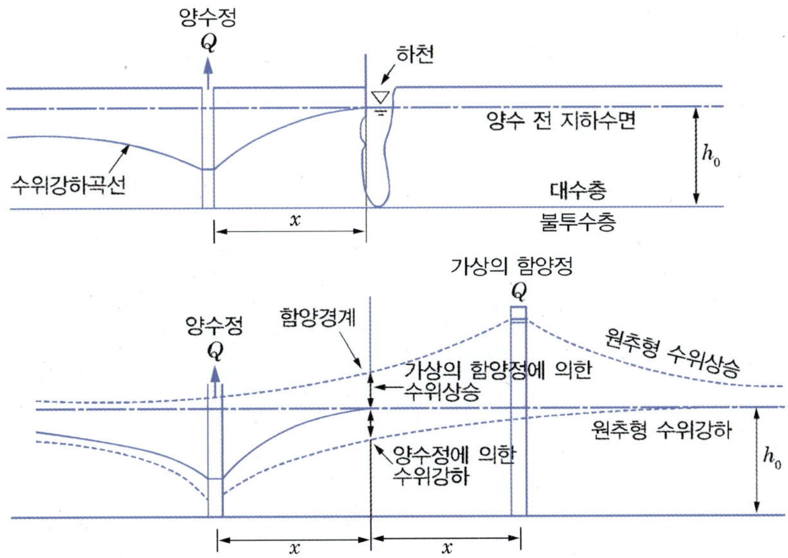

(a)

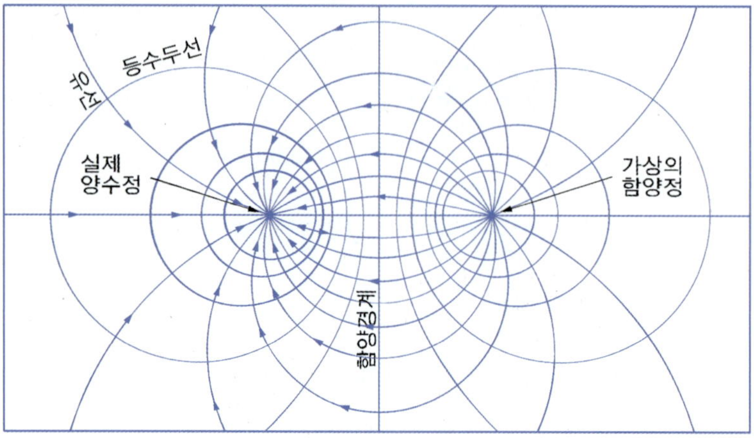

(b)

그림 8.8과 같이 실제 양수정과 가상 양수정이 함양경계에 해당하는 원점 O에서부터 각각 $\pm d$만큼 떨어진 거리에 위치해 있을 때, 임의의 지점 M과 실제 양수정 사이의 거리 r_1과 가상 함양정 사이의 거리 r_2는 다음과 같다.

$$r_1 = \sqrt{(d-x)^2 + y^2} \tag{8.44a}$$

$$r_2 = \sqrt{(d+x)^2 + y^2} \tag{8.44b}$$

그림 8.8 함양경계가 있는 경우의 해석 개요

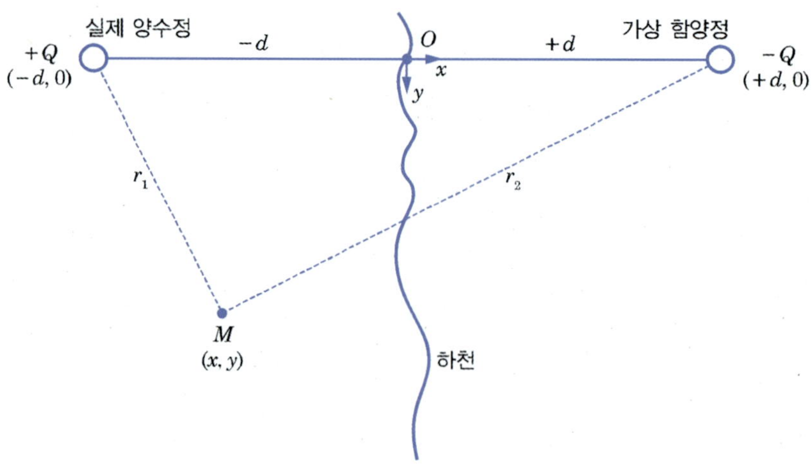

실제 양수정과 O와 M 지점 사이에서 발생하는 수위강하 s_a와 가상 양수정과 O와 M 지점 사이에서 발생하는 수위강하 s_i는 식(8.20)에서부터 다음과 같다.

$$s_a = h_O - h_M = \frac{Q}{2\pi bK}\ln\left(\frac{d}{r_1}\right) \tag{8.45a}$$

$$s_i = h_O - h_M = -\frac{Q}{2\pi bK}\ln\left(\frac{d}{r_2}\right) \tag{8.45b}$$

실제 양수정과 가상 양수정을 중첩하여 식(8.45a)와 식(8.45b)를 더하고 r_1과 r_2를 식(8.45a)와 식(8.45b)에 대입하면, 총 수위강하 s_t는 다음과 같다.

$$s_t = \frac{Q}{4\pi bK}\ln\left[\frac{(d+x)^2+y^2}{(d-x)^2+y^2}\right] \tag{8.46}$$

예제 8.10

하천으로부터 $50m$ 떨어진 지점에 직경 $30cm$의 양수정이 대수층의 두께 $50m$, 투수계수 $10m/day$인 피압대수층에 설치되어 있다. 지속적인 양수로 인해 수위강하가 $1m$ 발생하였다면 양수량은 얼마인가?

풀이

$d = 50m$, $x = 50 - 0.15 = 49.85m$, $y = 0$일 때, 식(8.43)에서부터

$$Q = \frac{4\pi bKs_t}{\ln\left[\frac{(d+x)^2+y^2}{(d-x)^2+y^2}\right]} = \frac{4(3.14)(50)(10)(1)}{\ln\left[\frac{(50+49.85)^2+0}{(50-49.85)^2+0}\right]} = 483.26m^3/day$$

8.5.2 비함양경계가 있는 경우

가상 비함양정이 불투수층 경계로부터 실제 양수정과 대칭으로 같은 거리만큼 떨어져 위치해 있고, 두 우물에서의 양수량이 동일할 때, 두 우물 사이의 수위강하는 그림 8.9와 같이 불투수층 경계에서 서로 상쇄된다.

그림 8.9 불투수층에 인접한 양수정과 이에 대응하는 가상의 비함양정(a) 및 유선망(b)

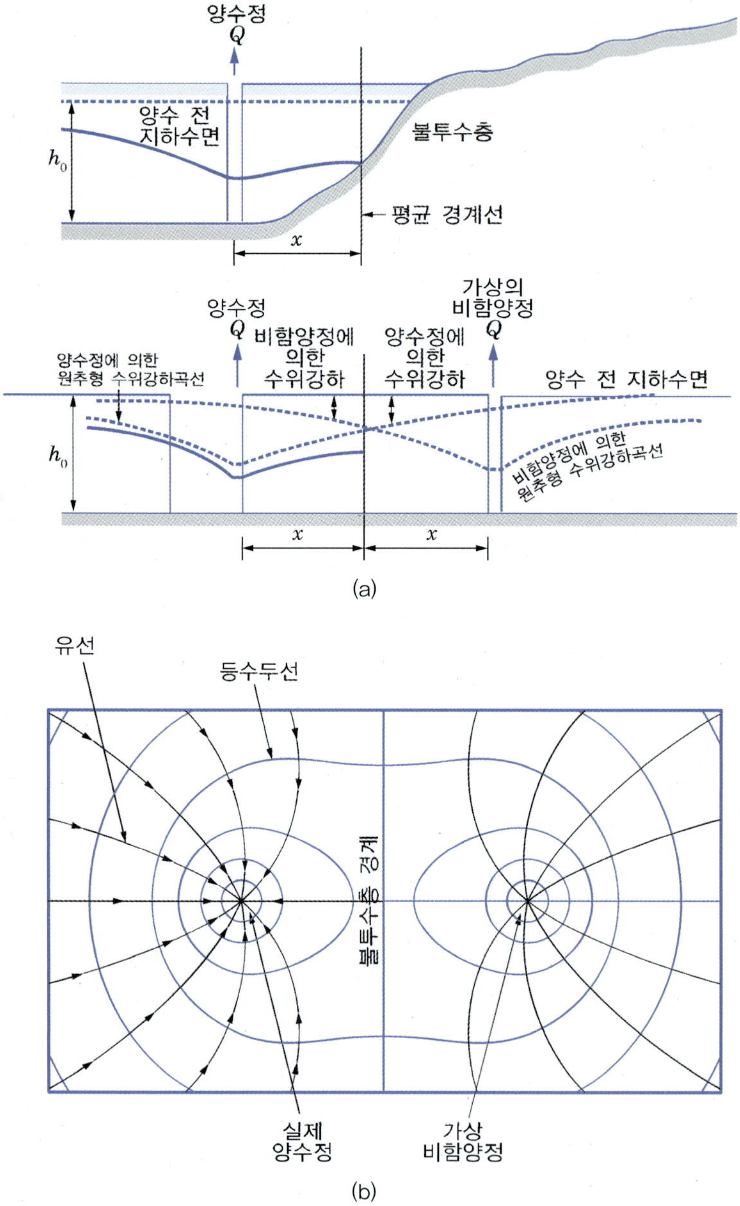

함양경계가 있는 경우와는 다르게 비함양경계가 있는 경우에는 두 우물 모두에서 양수되므로 식(8.45b)는 양의 부호가 되고, 실제 양수정과 O와 M 지점 사이에서 발생하는 수위강하 s_a와 가상 비함양정과 O와 M 지점 사이에서 발생하는 수위강하 s_i는 다음과 같다.

$$s_a = h_O - h_M = \frac{Q}{2\pi bK} \ln\left(\frac{d}{r_1}\right) \tag{8.47a}$$

$$s_i = h_O - h_M = \frac{Q}{2\pi bK} \ln\left(\frac{d}{r_2}\right) \tag{8.47b}$$

식(8.47a)와 식(8.47b)를 더하면 총 수위강하 s_t는 다음과 같다.

$$s_t = \frac{Q}{2\pi bK} \ln\left(\frac{d^2}{r_1 r_2}\right) \tag{8.48}$$

여기서, r_1과 r_2는 식(8.44a), 식(8.44b)와 같다.

두 우물 사이의 경계는 함양경계가 아닌 불투수층이므로, 식(8.48)에서의 d는 양수정에서부터 양수 전의 지하수위 h_0이 있는 거리에 해당하는 영향권 반경 r로 대체되고, 식(8.48)은 다음과 같이 된다.

$$s_t = \frac{Q}{2\pi bK} \ln\left(\frac{r^2}{r_1 r_2}\right) \tag{8.49}$$

예제 8.11

예제 8.10에서 불투수층 경계가 양수정에서부터 $50m$ 떨어진 지점에 위치해 있고, 양수정에 대한 영향권 반경이 $1.5km$인 경우, 양수량은 얼마인가?

풀이

$d = 50m,\ x = 50 - 0.15 = 49.85m,\ y = 0$일 때, 식(8.46)에서부터

$$Q = \frac{2\pi bKs}{\ln\left[\frac{r^2}{r_1 r_2}\right]} = \frac{2(3.14)(50)(10)(1)}{\ln\left[\frac{1500^2}{(0.15)(99.75)}\right]} = 263.54m^3/day$$

여기서, $r_1 = \sqrt{(d-x)^2 + y^2} = \sqrt{(50-49.85)^2 + 0} = 0.15m$

$r_2 = \sqrt{(d+x)^2 + y^2} = \sqrt{(50+49.85)^2 + 0} = 99.85m$

연습문제

01 실험실 시험에서 모래 표본을 직경 $4cm$, 길이 $20cm$인 시험 원통에 채워 넣고, $24cm$의 수두하에서 5분 동안 시험 원통의 출구를 통해 유출되는 물의 양을 측정하였더니 $100cm^3$였다. 표본을 통해 흐르는 물의 유속과 표본의 투수계수를 구하라.

02 아래 그림과 같이 $800m$ 떨어진 두 지점에 위치한 우물의 수위가 각각 $45m$, $49m$이고, 대수층의 두께가 $30m$, 폭이 $3km$일 때, (1) 대수층을 통해 흐르는 유량, (2) Darcy의 속도와 침윤속도($V_0 = V/n_e$), (3) $4km$ 하류지점까지의 유하시간을 구하라. 여기서, 대수층의 투수계수는 $50m/day$이고, 공극률은 0.2이다.

그림

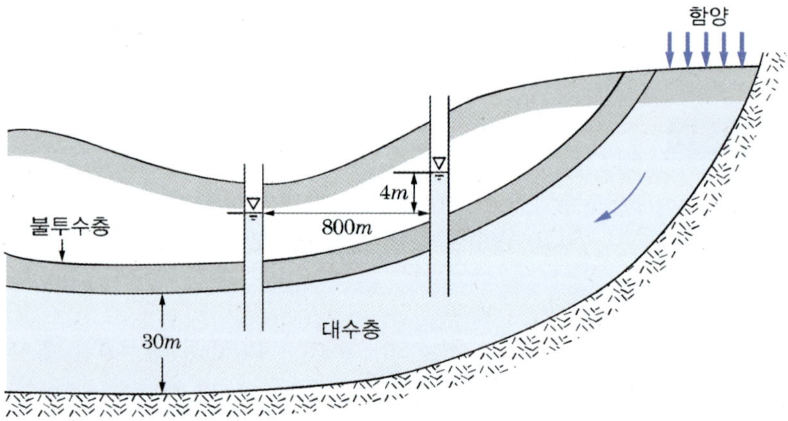

03 피압대수층 내에 설치된 반경 $20cm$의 우물에서 지하수를 양수한다. 우물에서부터 $30m$와 $1m$ 떨어진 지점에 있는 관측정에서의 수위강하가 각각 $1.5m$와 $5.0m$일 때, 우물에서의 수위강하는 얼마인가? 그리고 이 우물에서 $0.6m^3/s$의 지하수를 양수한다면 피압대수층의 투수계수는 얼마인가?

04 직경 $2m$의 굴착정에서 양수 전 수위가 $9m$이고, 양수 후 수위가 $2m$이면, 양수량은 얼마인가? 여기서 대수층의 두께는 $4m$이고, 투수계수

는 $0.17cm/s$이며, 영향원의 반경은 $700m$이다.

05 두께 $18m$의 피압대수층에 있는 양수정에서 $0.3m^3/s$의 물을 장기간 양수한 후, $r_1 = 20m$, $r_2 = 15m$에 있는 관측정에서의 수위강하가 $16.24m$와 $3.42m$로 관측되었다. 대수층의 투수계수를 구하라.

06 직경 $40cm$인 우물이 불투수암반층까지 굴착되어 있고, 지하수위가 $30m$이다. 우물에서 $6m^3/\text{min}$의 물을 장기간 양수한 후, 우물의 수위가 $27m$의 안정 수위에 이르렀고, $10m$ 떨어진 관측정에서의 수위강하가 $1.2m$로 관측되었다. 투수계수를 구하라.

07 직경 $20cm$인 우물이 비피압대수층의 교란되지 않은 수면에서부터 $30m$ 깊이까지 관통해 있다. 유량 $0.1m^3/s$로 장기간 양수한 후, 우물로부터 $20m$와 $50m$ 거리에서 수위강하가 $4m$와 $2.5m$로 관측되었을 때, 대수층의 투수계수를 구하라. 그리고 양수하는 우물에서의 수면강하는 얼마인가?

08 심정 중심에서부터 $r_1 = 30m$, $r_2 = 40m$인 위치에 관측정이 있다. 심정에서 $20l/s$의 장시간 양수로 인해 관측정에서의 수위가 각각 $45cm$, $30cm$ 강하하였다면, 이 대수층의 투수계수는 얼마인가? 여기서, 양수 전 불투수층에서의 수위는 $10m$였다.

09 직경 $18cm$인 우물이 비피압대수층에 설치되어 있다. 이 우물에서 $100m$와 $235m$ 떨어진 지점에 위치해 있는 관측정에서의 수위강하가 각각 $22.2m$와 $21m$로 관측되었다. 투수계수가 $1.2m/day$일 때, 우물로 흘러 들어가는 유량을 구하라.

10 다음 그림과 같이 호수 내에 직경 $800m$의 원형 섬이 있다. 이 섬 중앙에 직경 $30cm$의 우물을 뚫어 $0.2m^3/s$의 일정한 유량을 양수하고자 할 때, 호수 수면 아래 관통해야 하는 우물의 최소 깊이를 구하라. 여기서, 투수계수는 $0.000142m/s$이다.

그림

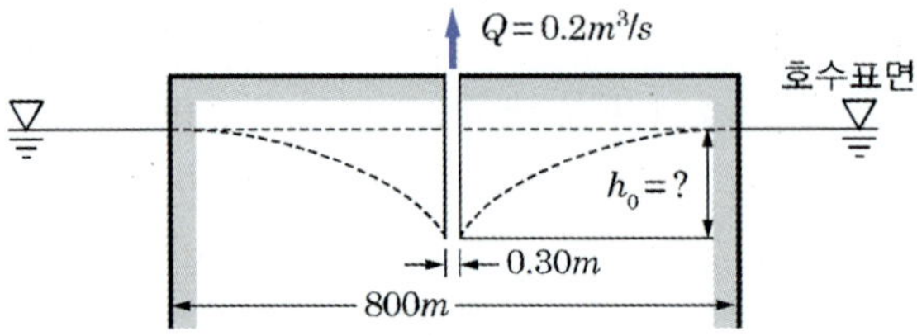

11 대수층 내에 있는 우물에서 $2{,}725m^3/day$의 물을 양수하고 있다. 양수를 시작한 1일 후에 우물에서부터 $7m$ 떨어진 지점에서의 수위강하를 구하라. 여기서, 대수층의 두께는 $20m$이고, 투수계수와 저류계수는 각각 $15m/day$와 0.005이다.

12 피압대수층의 특성을 알기 위해 $1{,}000m^3/day$를 시험 양수했을 때, $r_1=100m$, $r_2=200m$에 있는 관측정에서의 수위강하가 아래 표와 같이 나타났다. 투수계수와 저류계수를 구하라.

시간(day)		0.01	0.1	0.5	1.0	5.0	10.0
수위강하 $Z_r(m)$	$r=100m$	0.249	0.431	0.559	0.614	0.742	0.795
	$r=200m$	0.145	0.322	0.449	0.504	0.632	0.687

13 문제 12의 $r=200m$에 대한 투수계수와 저류계수를 Cooper-Jacob 방법으로 구하라.

14 두께 $30m$인 대수층에 우물을 굴착하여 유량 $2{,}000m^3/day$의 유량을 양수할 때, 우물에서 $20m$ 떨어진 지점에서의 10일 후 수위강하를 구하라. 여기서, 투수계수는 $10m/day$이고, 저류상수는 0.002이다.

15 하천에서부터 $300m$ 떨어진 지점에 직경 $30cm$의 양수정이 투수계수 $3m/s$인 비피압대수층에 설치되어 있다. 하천에 접해 있는 대수층의 두께가 $24m$일 때, 최대 양수량은 얼마가 되겠는가?

9

제9장

차원 해석과 상사

유체역학에 관한 공학적인 문제들은 유동방정식에서부터 해석 또는 수치적인 방법으로 해결될 수 있지만, 실제 많은 유체역학 또는 수리 현상에 관한 문제들은 이론적인 해석만으로 유동 현상을 명확하게 분석할 수 없으므로 실험과 해석을 모두 필요로 한다. 그러므로 유체역학적인 문제를 다루는 공학자들은 유체역학에 관한 자료를 분석하고 이용하며, 그리고 필요한 실험을 계획하고 수행할 수 있는 능력을 갖추어야 한다. 이 장에서는 유체역학적인 자료를 이해하고 연관시키며 그리고 실험을 계획하고 수행하는 데 있어 필요한 몇 가지 기술과 기본적인 개념에 대해 알아보고자 한다.

9.1 차원해석

차원해석(dimensional analysis) 물리적 현상을 나타내는 방정식의 해를 차원에 의해 분석하는 방법

기본차원 질량(M), 길이(L), 시간(T) 또는 힘(F)

유도차원 속도(LT^{-2}), 압력(FL^{-2} 또는 $ML^{-1}T^{-2}$) 등

LMT 차원계 물리량을 질량(M), 길이(L), 시간(T)으로 나타내는 것

FMT 차원계 물리량을 힘(F), 길이(L), 시간(T)으로 나타내는 것

차원해석(dimensional analysis)은 어떤 물리적인 현상에 포함되어 있는 여러 가지 물리량은 알고 있으나, 이들 사이에 존재하는 상호관계가 이론적으로 명확하지 않을 때 물리량으로 구성된 무차원량 방정식을 유도하여 물리적인 의미를 파악하는 데 이용되는 방법으로, 물리적 현상을 나타내는 방정식의 해를 차원에 의해 분석하는 방법이다. 차원은 기본차원(primary dimensions)과 유도차원(secondary or dependent dimensions)으로 분류된다. 기본차원으로는 질량(M), 길이(L), 시간(T) 또는 힘($F=MLT^{-2}$)이 있고, 유도차원으로는 속도(LT^{-2}), 압력(FL^{-2} 또는 $ML^{-1}T^{-2}$) 등이 있다. 차원해석에서는 일반적으로 모든 물리량을 질량(M), 길이(L), 시간(T)으로 나타내는 LMT 차원계가 있고, 공학적인 문제에서는 힘(F), 길이(L), 시간(T)으로 나타내는 FMT 차원계가 많이 사용된다. 그리고 물

리적 현상을 나타내는 방정식 양변의 차원은 동일해야 한다. 또한 Reynolds 수($R_e = VD/\nu = LT^{-1} \cdot L/L^2T^{-1}$)와 같은 경우를 무차원량(dimensionless quality)이라고 하고, 단위와는 관계가 없다. 무차원량으로 된 물리량은 그 크기에 관계없이 특성을 비교할 수 있는 장점이 있으므로 무차원화된 변수들로 수리 특성을 구분하고 비교하는 경우가 많다.

예제 9.1

Manning 공식에서의 조도계수 n과 Chezy 공식에서의 유속계수 C의 차원을 구하고, n과 C의 관계를 나타내라.

풀이

Manning 공식 $V = \frac{1}{n} R_h^{2/3} S_0^{1/2}$의 차원

$$[LT^{-1}] = \frac{1}{n}[L^{2/3}]$$

n의 차원

$$n = [L^{-1/3}T]$$

Chezy 공식 $V = C\sqrt{R_h S_0}$ 의 차원

$$[LT^{-1}] = C[L^{1/2}]$$

C의 차원

$$C = [L^{1/2}T^{-1}]$$

n과 C의 관계식은 $\frac{1}{n} R_h^{2/3} S_0^{1/2} = C R_h^{1/2} S_0^{1/2}$에서부터 $C = \frac{1}{n} R_h^{1/6}$이 된다.

9.1.1 Rayleigh의 방법

Rayleigh의 방법은 무차원항으로 물리적 현상을 지배하는 함수관계를 결정하는 방법으로, 변수가 많지 않고 3∼5개 정도일 때가 편리하다.

어떤 물리적 현상에 대한 방정식 u_1을 지배하는 n개의 변수를 u_2, u_3,

$--$, u_n이라고 하면, 이들 사이에는 아래와 같은 관계가 성립하고, 이 방정식 각 항의 차원은 동일해야 하므로 차원해석으로부터 a, b, $c--$, p를 결정할 수 있다.

$$u_1 = k u_2^a u_3^b u_4^c -- u_n^p \tag{9.1}$$

여기서, k는 무차원 계수이고, a, b, c, $--$, p는 지수이다.

Rayleigh의 방법을 사용하여 유체 중에 잠겨 있는 물체에 대한 유체의 항력에 관한 차원해석문제를 생각해 보자. 종속변수 항력 D는 유체의 밀도 ρ, 유동방향에 대한 단면적 A, 속도 V, 유체의 점성계수 μ 변수들에 대한 함수이므로

$$D = f(\rho,\ A,\ V,\ \mu) \tag{9.2}$$

식(9.2)의 우변을 식(9.1)과 같이 계수와 지수가 조합된 형태로 나타내면

$$D = k\rho^a A^b V^c \mu^d \tag{9.3}$$

식(9.3)을 MLT 차원계로 나타내면

$$\begin{aligned} &[LMT^{-2}] = [L^{-3}M]^a [L^2]^b [LT^{-1}]^c [L^{-1}MT^{-1}]^d \\ &[L^1 M^1 T^{-2}] = [L^{-3a+2b+c-d} M^{a+d} T^{-c-d}] \end{aligned} \tag{9.4}$$

식(9.4)에서 양변의 차원은 동일해야 하므로 지수법칙을 적용하면

$$\begin{aligned} &L\ :\ 1 = -3a + 2b + c - d \\ &M : 1 = a + d\ \rightarrow\ a = 1 - d,\ b = 1 - d/2,\ c = 2 - d \\ &T\ :\ -2 = -c - d \end{aligned} \tag{9.5}$$

식(9.5)를 식(9.3)에 대입하면

$$\begin{aligned} D &= k\rho^{1-d} A^{1-d/2} V^{2-d} \mu^d = k\frac{\rho}{\rho^d}\frac{A}{A^{d/2}}\frac{V^2}{V^d}\mu^d \\ &= k\rho A V^2 \left(\frac{\mu}{\rho A^{1/2} V}\right)^d \end{aligned} \tag{9.6}$$

길이를 l이라고 하면 $A=l^2$이므로

$$D=k\rho A V^2\left(\frac{\mu}{\rho l V}\right)^d=2k\left(\frac{\mu}{\rho l V}\right)^d A\frac{\rho V^2}{2}=C_D A\frac{\rho V^2}{2} \tag{9.7}$$

여기서, $\rho l V/\mu=R_e$(Reynolds 수)이고, C_D는 항력계수로 $2kR_e^{-d}$이다.

예제 9.2

각 θ인 삼각형 위어의 유량공식을 Rayleigh의 방법으로 구하라. 여기서, 월류수심은 충분히 크고, 점성은 무시한다.

풀이

유량 Q는 밀도 ρ, 월류수심 h, 중력가속도 g, 위어 각 θ와 관계가 있으므로

$$Q=f(\rho,\ h,\ g,\ \theta)$$
$$Q=k\rho^a h^b g^c \theta^d$$

θ는 무차원이므로 차원방정식은 다음과 같다.

$$(L^3T^{-1})=(ML^{-3})^a(L)^b(LT^{-2})^c$$
$$L:3=-3a+b+c,\ M:0=a,\ T:-1=-2c$$
$$\therefore\ a=0,\ b=5/2,\ c=1/2$$
$$\therefore\ Q=kh^{5/2}g^{1/2}\theta^d$$

θ에 의해 정해지는 함수를 $f(\theta)$라고 하면

$$Q=f(\theta)\sqrt{2g}\,h^{5/2}$$

여기서, $f(\theta)=k\theta^d/\sqrt{2}$

그러므로 $f(\theta)$는 삼각형 위어의 유량공식에서 $f(\theta)=\dfrac{8}{15}C\tan\dfrac{\theta}{2}$임을 알 수 있다.

예제 9.3

구 주위를 흐르고 있는 유동장에서 구에 작용하는 항력 F_D가 점성계수 μ, 밀도 ρ, 유속 V, 구의 직경 D의 함수라고 할 때, 이 흐름에 적용할 수 있는 무차원 매개변수를 구하라.

풀이

항력 F_D는 유속 V, 밀도 ρ, 점성계수 μ, 구의 직경 D와 관계가 있으므로

$$F_D = f_1(V,\ \rho,\ \mu,\ D)$$
$$[F_D] = F,\ [V] = L/T,\ [\rho] = FT^2/L^4,\ [\mu] = FT/L^2,\ [D] = L$$

힘의 차원을 가진 모든 변수들을 ρ와 결합시켜 F 차원을 소거한다.

$$\frac{F_D}{\rho} = f_2\left(V,\ \frac{\mu}{\rho},\ D\right)$$
$$[F_D/\rho] = FL^4/FT^2 = L^4/T^2,\ [V] = L/T$$
$$[\mu/\rho] = FTL^4/L^2FT^2 = L^2/T,\ [D] = L$$

시간의 차원을 가진 남아 있는 변수들을 V와 결합시켜 T 차원을 소거한다.

$$\frac{F_D}{\rho V^2} = f_3\left(\frac{\mu}{\rho V},\ D\right)$$
$$[F_D/\rho V^2] = L^2,\ [\mu/\rho V] = L,\ [D] = L$$

길이의 차원을 가진 남아 있는 변수들을 D와 결합시켜 L 차원을 소거하고 무차원화한다.

$$\frac{F_D}{\rho V^2 D^2} = f_4\left(\frac{\mu}{\rho VD}\right)$$

비록 위 식에 포함된 변수의 수는 앞의 $F_D = f_1(V,\ \rho,\ \mu,\ D)$에 포함된 변수의 수와 같지만, 상관관계의 측면에서 보면 숫자가 5개에서 2개로 줄어든 것을 알 수 있다. 그러므로 함수 관계를 결정할 경우에는 2개의 무차원 매개변수를 독립된 변수로 취급할 수 있다.

실제로 매개변수 사이의 함수 관계는 각기 다른 $\mu/\rho VD$ 값에 대해 $F_D/\rho V^2D^2$ 값을 측정하는 일련의 실험을 통해 결정한다. 이 실험의 결과를 그래프로 그리게 되면 두 매개변수 사이의 유용한 함수 관계를 얻을 수 있다. 이러한 관계는 실험을 통해 결정하기 때문에 위 식의 우변은 다음과 같이 역수를 취해도 관계없다.

$$\frac{F_D}{\rho V^2 D^2} = f_5\left(\frac{\rho VD}{\mu}\right) = f_5(R_e)$$

그러므로 우변에 있는 매개변수는 Reynolds 수이므로 매개변수 $F_D/\rho V^2D^2$는 Reynolds 수의 함수가 된다.

9.1.2 Buckingham의 pi정리

pi 항 어떤 물리적인 방정식의 의미를 나타내는 관계식으로, 무차원이며 종속변수와 반복변수의 조합으로 구성되어 있다. pi 항의 수는 변수의 수(n)에서 기본차원의 수(m)를 뺀 것이 된다.

종속변수 물리적 현상을 나타내는 방정식에서 차원해석을 통해 물리적 의미를 알고자 하는 변수

반복변수 pi 항을 형성하는 데 필요한 변수로 종속변수는 제외되고, 그 수는 기본차원의 수와 같다.

비반복변수 1단계 pi 항을 형성하는 데에서 제외된 변수로, 한 개 또는 여러 개가 될 수 있다.

Buckingham의 pi정리는 차원해석 방법 중 가장 잘 알려져 있는 방법으로, 어떤 물리적 현상에 관여하는 변수의 수가 n개, 이들 물리량을 구성하는 기본차원의 수가 m개일 때, 독립적인 무차원의 수(pi 항)는 $n-m$개가 된다.

n개의 변수를 가지는 어떤 물리적인 방정식을 $u_1 = f(u_2,\ u_3,\ --,\ u_n)$이라고 가정하면, 좌변에 있는 변수의 차원은 우변에 있는 어떤 항들의 차원과도 같아야 하고, 이 식은 $\Pi_1 = \phi(\Pi_2,\ \Pi_3,\ --,\ \Pi_{n-m})$과 같은 일련의 무차원수(pi 항)로 표현되는 방정식으로 재배열할 수 있다. 그리고 pi 항의 수는 원래 변수의 수보다 m개만큼 더 적어진다. 일반적으로 변수를 나타내는 데 필요한 기본차원은 3개로 $M,\ L,\ T$ 또는 $F,\ L,\ T$가 된다. 그러나 경우에 따라서는 L과 같은 1개의 기본차원 또는 L과 T와 같은 2개의 기본차원이 사용될 수도 있다. 그리고 드문 경우이지만 M/T과 L과 같은 기본차원의 조합이 사용되기도 하는데, 이 경우에는 $m=3$이라기보다는 $m=2$가 된다.

pi 항의 결정하는 것은 반복변수법을 사용한 차원해석의 수행 단계로 다음과 같다.

1 단계 : 문제에 관련된 모든 변수를 찾은 후 적절한 변수를 선정한다.

2 단계 : 각 변수를 기본차원을 사용하여 나타낸다.

3 단계 : 필요한 pi 항의 수를 결정한다.

4 단계 : 반복변수를 선정한다. 이때 필요한 반복변수의 수는 2단계에서 사용된 기본차원의 수와 같다.

5 단계 : 종속변수와 반복변수를 조합하여 pi 항을 만든다.
6 단계 : 남아 있는 비반복변수에 대해 5단계 과정을 수행한다.
7 단계 : 결과로 나타난 모든 pi 항이 무차원인지 검토한다.
8 단계 : 차원해석 결과를 pi 항의 관계식으로 나타내고, 무엇을 의미하는지 생각한다.

관수로 유동에서 $\Delta p = 4L\tau_w/D$ 식으로 나타나는 관로의 단위길이당 압력강하 Δp에 관한 문제를 생각해 보자. 여기서 D는 원형 관의 직경, L은 관의 길이, τ_w는 관의 벽면에서의 전단응력이다.

1 단계 : 문제에 관련된 모든 변수를 찾은 후 적절한 변수를 선정한다.

$$\Delta p = f(D,\ \rho,\ \mu,\ V) \tag{9.8}$$

여기서, D는 원형 관의 직경, ρ는 유체의 밀도, μ는 유체의 점성계수, 그리고 V는 속도이다.

2 단계 : 모든 변수들을 MLT 또는 FLT 차원계를 사용하여 다음과 같은 기본차원으로 나타낸다.

$$\begin{aligned} &\Delta p = FL^{-3},\ D = L,\ \rho = FL^{-4}T^2 \\ &\mu = FL^{-2}T,\ V = LT^{-1} \end{aligned} \tag{9.9}$$

3 단계 : pi 정리를 적용하기 위해 필요한 pi 항의 수를 결정한다.
5개의 변수(종속변수 Δp를 포함한 변수 D, ρ, μ, V; $n = 5$), 3개의 기본차원(L, T, F; $m = 3$)에서부터 $n - m = 5 - 3 = 2$이므로 2개의 독립적인 무차원수(pi 항)가 필요하다.

4 단계 : pi 항을 형성하는 데 필요한 기본차원의 수와 같은 반복변수를 선정한다.
여기에서는 종속변수를 반복변수로 선정해서는 안 되며, 차원이 가장 간단한 변수를 선정한다. 그러므로 D, ρ, μ, V 중 D, ρ, V를 반복변수로 선정한다.

5 단계 : 종속변수 Δp와 반복변수 D, ρ, V를 조합하여 다음과 같은 pi 항을 만든다.

$$\Pi_1 = \triangle p D^a V^b \rho^c \tag{9.10}$$

식(9.10)의 조합은 무차원이 되어야 하므로

$$(FL^{-3})(L)^a(LT^{-1})^b(FL^{-4}T^2)^c = F^0L^0T^0$$

식(9.10)의 지수 a, b, c는 각 기본차원(F, L, T)의 지수와 같아야 하므로

$$\begin{aligned} &F : 1+c=0 \\ &L : -3+a+b-4c=0 \;\rightarrow\; a=1,\; b=-2,\; c=-1 \\ &T : -b+2c=0 \end{aligned} \tag{9.11}$$

$$\therefore\ \Pi_1 = \frac{\triangle p D}{\rho V^2} \tag{9.12}$$

6 단계 : 남아 있는 비반복변수 μ에 대해 5단계 과정을 수행한다.

$$\Pi_2 = \mu D^a V^b \rho^c \tag{9.13}$$

$$(FL^{-2}T)(L)^a(LT^{-1})^b(FL^{-4}T^2)^c = F^0L^0T^0 \tag{9.14}$$

$$\begin{aligned} &F : 1+c=0 \\ &L : -2+a+b-4c=0 \;\rightarrow\; a=-1,\; b=-1,\; c=-1 \\ &T : 1-b+2c=0 \end{aligned} \tag{9.15}$$

$$\therefore\ \Pi_2 = \frac{\mu}{DV\rho} \tag{9.16}$$

7 단계 : pi 항이 실제로 무차원인지 FLT, MLT 차원계를 사용하여 검토한다.

$$\Pi_1 = \frac{\triangle p D}{\rho V^2} = \frac{(FL^{-3})(L)}{(FL^{-4}T^2)(LT^{-1})^2} = F^0L^0T^0 \tag{9.17}$$

$$\Pi_2 = \frac{\mu}{DV\rho} = \frac{(FL^{-2}T)}{(L)(LT^{-1})(FL^{-4}T^2)} = F^0L^0T^0 \tag{9.18}$$

또는

$$\Pi_1 = \frac{\triangle pD}{\rho V^2} = \frac{(ML^{-2}T^{-2})(L)}{(ML^{-3})(LT^{-1})^2} = M^0L^0T^0 \tag{9.19}$$

$$\Pi_2 = \frac{\mu}{DV\rho} = \frac{(ML^{-1}T^{-1})}{(L)(LT^{-1})(ML^{-3})} = M^0L^0T^0 \tag{9.20}$$

8 단계 : 차원해석 결과를 다음과 같은 pi 항의 관계식으로 나타내고, 무엇을 의미하는지 생각한다.

$$\frac{\triangle pD}{\rho V^2} = \phi\left(\frac{\mu}{DV\rho}\right) \tag{9.21}$$

이 결과는 원래의 5개 변수(Δp, D, ρ, μ, V)보다는 위의 2개의 pi 항으로 이 문제를 연구할 수 있다는 것을 의미한다.

$\mu/DV\rho$의 역수를 이용하여 Π_2를 재배열하면 $\Pi_2 = \rho VD/\mu$가 되고, Π_1과 Π_2의 관계에서부터

$$\frac{\triangle pD}{\rho V^2} = \phi\left(\frac{\rho VD}{\mu}\right) \tag{9.22}$$

이 결과는 이 문제를 다루는데 있어 무차원수인 Reynolds 수($\rho VD/\mu$)를 변화시키면서 이에 따른 무차원수 $\triangle pD/\rho V^2$을 결정하는 실험을 수행하면 된다는 것을 의미한다.

예제 9.4

선박의 항력 F_D가 선박의 속도 V, 선박의 크기 l, 밀도 ρ, 점성계수 μ, 중력가속도 g에 관계된다고 할 때, Buckingham의 pi정리를 이용하여 관계식을 구하라.

풀이

1 단계 : 적절한 변수를 선정한다.

$$F_D = f(V, l, \rho, \mu, g)$$

2 단계 : 모든 변수를 기본차원으로 나타낸다.

$$F_D = MLT^{-2},\ V = LT^{-1},\ l = L,$$
$$\rho = ML^{-3},\ \mu = MLT^{-1},\ g = LT^{-2}$$

3 단계 : pi 항의 수를 결정한다. 6개의 변수(F_D, V, l, ρ, μ, g; $n=6$), 3개의 기본차원(M, L, T; $m=3$)에서부터 $n-m=6-3=3$이므로 3개의 독립적인 무차원수(pi 항)가 필요하다.

4 단계 : 기본차원의 수와 같은 반복변수 3개(V, l, ρ)를 설정한다.

5 단계 : 종속변수와 반복변수를 조합하여 pi 항을 만든다.

$$\Pi_1 = V^{a_1} l^{b_1} \rho^{c_1} F_D,\ \Pi_2 = V^{a_2} l^{b_2} \rho^{c_2} \mu,\ \Pi_3 = V^{a_3} l^{b_3} \rho^{c_3} g$$

위의 조합은 무차원이 되어야 하므로

$$(MLT^{-2})(LT^{-1})^{a_1}(L)^{b_1}(ML^{-3})^{c_1} = M^0 L^0 T^0$$
$$M : 1 + c_1 = 0$$
$$L : 1 + a_1 + b_1 - 3c_1 = 0 \ \rightarrow\ a_1 = -2,\ b_1 = -2,\ c_1 = -1 \qquad \therefore \Pi_1 = \frac{F_D}{V^2 l^2 \rho}$$
$$T : -2 - a_1 = 0$$

$$(MLT^{-1})(LT^{-1})^{a_2}(L)^{b_2}(ML^{-3})^{c_2} = M^0 L^0 T^0$$
$$M : 1 + c_2 = 0$$
$$L : 1 + a_2 + b_2 - 3c_2 = 0 \ \rightarrow\ a_2 = -1,\ b_2 = -1,\ c_2 = -1 \qquad \therefore \Pi_2 = \frac{\mu}{V l \rho}$$
$$T : -1 - a_2 = 0$$

$$(LT^{-2})(LT^{-1})^{a_3}(L)^{b_3}(ML^{-3})^{c_3} = M^0 L^0 T^0$$
$$M : c_3 = 0$$
$$L : 1 + a_3 + b_3 - 3c_3 = 0 \ \rightarrow\ a_3 = -2,\ b_3 = 1,\ c_3 = 0 \qquad \therefore \Pi_3 = \frac{gl}{V^2}$$
$$T : -2 - a_3 = 0$$

6 단계 : pi 항이 실제로 무차원인지 검토한다.

$$\Pi_1 = \frac{F_D}{V^2 l^2 \rho} = \frac{(MLT^{-2})}{(LT^{-1})^2 (L)^2 (ML^{-3})} = F^0 L^0 T^0$$

$$\Pi_2 = \frac{\mu}{Vl\rho} = \frac{(MLT^{-1})}{(LT^{-1})(L)(ML^{-3})} = F^0L^0T^0$$

$$\Pi_3 = \frac{gl}{V^2} = \frac{(LT^{-2})(L)}{(LT^{-1})^2} = F^0L^0T^0$$

7 단계 : 차원해석 결과를 다음과 같은 pi 항의 관계식으로 나타내고, 무엇을 의미하는지 생각한다.

$$\frac{F_D}{V^2l^2\rho} = \phi_1\left(\frac{\mu}{Vl\rho},\ \frac{gl}{V^2}\right)$$

$\mu/Vl\rho$와 gl/V^2는 $1/R_e$와 $1/F_r$이므로

$$\frac{F_D}{V^2l^2\rho} = \phi_1\left(\frac{1}{R_e},\ \frac{1}{F_r}\right)$$

$$\frac{F_D}{V^2l^2\rho} = \phi_2(R_e,\ F_r)$$

$$\therefore\ F_D = \phi_3(R_e,\ F_r)\,V^2l^2\rho$$

위 식과 항력 $F_D = \frac{1}{2}C_D\rho V^2A$에서부터 항력계수 C_D는 Reynolds 수와 Froude 수의 함수임을 알 수 있다.

9.2 상사

원형(prototype) 구조물이나 기계 등의 실물
모형(model) 원형의 성능을 예측하기 위해 실험을 목적으로 제작한 구조물이나 기계
3가지 기본적인 상사(similitude) 기하학적 상사(geometric similarity), 운동학적 상사(kinematic similarity), 그리고 역학적 상사(dynamic similarity)

구조물이나 기계 등의 실물은 원형(prototype)이라고 하고, 원형의 성능을 예측하기 위해 실험을 목적으로 제작한 구조물이나 기계를 모형(model)이라고 한다. 조선공학에서는 선박의 모형을 만들어 예인 수조에서 선체의 저항 등에 대한 성능 실험을 하고, 항공공학에서는 풍동 안에 비행기 등의 모형을 장치하고 실험하여 설계를 검토할 수 있는 자료를 얻는다. 토목공

학에서는 하천이나 바다에 설치되는 구조물에 대한 수리 현상을 파악하여 설계에 적용하고자 할 때 모형실험을 한다. 모형실험에서 얻어진 실험 데이터를 원형에 적용하기 위해서는 모형과 원형 사이의 3가지 기본적인 상사(similitude)인 기하학적 상사(geometric similarity), 운동학적 상사(kinematic similarity), 그리고 역학적 상사(dynamic similarity)를 충족시켜야 한다.

9.2.1 기하학적 상사

모형과 원형 사이에 대응하는 모든 길이, 면적, 그리고 체적의 비율(scale)이 같을 때 두 물체는 기하학적으로 상사라고 한다.
기하학적 상사에 있어 서로 대응하는 모형(m)과 원형(p)의 모든 길이(l)의 비율은 같아야 하므로

$$\frac{l_m}{l_p} = L_r = constant \tag{9.23}$$

여기서, L_r은 모형 길이의 비율이다.

예제 9.5

기하학적으로 유사한 개수로 모형을 $5:1$ 축척으로 제작하였다. 모형에서 $0.2m^3/s$의 유량이 측정되었다면 원형에서의 유량은 얼마인가?

풀이

기하학적 상사에서부터 모형과 원형에서의 시간은 그대로 유지된다.
원형과 모형 사이의 속도 비율

$$\frac{V_p}{V_m} = \frac{L_p/T}{L_m/T} = \frac{L_p}{L_m} = L_r = 5$$

면적 비율

$$\frac{A_p}{A_m} = \frac{L_p^2}{L_m^2} = L_r^2 = 25$$

유량 비율

$$\frac{Q_p}{Q_m} = \frac{A_p V_p}{A_m V_m} = (25)(5) = 125$$

그러므로 원형에서 유량

$$Q_p = 125\,Q_m = (125)(0.2) = 25m^3/s$$

9.2.2 운동학적 상사

모형과 원형의 운동 현상은 운동의 형태 또는 경로가 기하학적으로 상사하고, 그 운동에 내포되어 있는 유체 입자들의 변위, 속도, 가속도 등의 비율이 같을 때 운동학적으로 상사가 성립한다.

$$\frac{V_m}{V_p} = \frac{(L/T)_m}{(L/T)_p} = \frac{L_r}{T_r} = constant \tag{9.24}$$

여기서, V는 유체 입자가 움직이는 속도이다. 그리고 L은 유체 입자가 이동한 거리이고, T는 유체 입자가 이동한 시간이며 다음과 같다.

$$\frac{L_m}{L_p} = L_r = constant, \quad \frac{T_m}{T_p} = T_r = constant \tag{9.25}$$

여기서, L_r은 이동한 거리의 비율이고, T_r은 이동한 시간의 비율이다.

예제 9.6

냉각용 저수지에서의 유동을 연구하기 위해 $10:1$ 축척으로 모형을 제작하였다. 원형 발전소에서 $2{,}000m^3/s$의 유량이 유출되도록 설계되었을 때, 원형과 모형에서의 시간 비율은 얼마인가?

풀이

원형과 모형 사이의 길이 비율

$$L_r = \frac{L_p}{L_m} = 10$$

유량 비율

$$Q_r = \frac{Q_p}{Q_m} = \frac{L_p^3 / T_p}{L_m^3 / T_m} = \left(\frac{L_p}{L_m}\right)^3 \left(\frac{T_m}{T_p}\right) = L_r^3 T_r^{-1}$$

시간 비율

$$T_r = \frac{T_p}{T_m} = \frac{L_r^3}{Q_r} = \frac{10^3}{2{,}000} = 0.5$$

$$T_m = 2T_p$$

그러므로 모형에서 측정한 시간은 원형에서 측정한 시간의 두 배와 같다.

9.2.3 역학적 상사

모형과 원형의 각 대응점에 작용하는 힘의 비율(F_r)이 같으면 모형과 원형 사이에 역학적 상사가 성립한다.
Newton의 제2법칙에서부터

$$ma = \sum F = F_p + F_\nu + F_g + F_s + F_e \tag{9.26}$$

여기서, F_p는 압력, F_ν는 점성력, F_g는 체적력, F_s는 표면장력, 그리고 F_e는 탄성력이다.
역학적 상사에 있어 서로 대응하는 모형(m)과 원형(p)의 힘(F)의 비율은 같아야 하므로

$$\frac{(ma)_m}{(ma)_p} = \frac{(F_p + F_\nu + F_g + F_s + F_e)_m}{(F_p + F_\nu + F_g + F_s + F_e)_p} \tag{9.27}$$

식(9.27)의 각 힘들을 개별적으로 두면

$$\frac{(ma)_m}{(ma)_p} = \frac{(F_p)_m}{(F_p)_p} = \frac{(F_\nu)_m}{(F_\nu)_p} = \frac{(F_g)_m}{(F_g)_p} = \frac{(F_s)_m}{(F_s)_p} = \frac{(F_e)_m}{(F_e)_p} \tag{9.28}$$

유체에 작용하는 모든 힘을 고려한 역학적 상사는 이론적으로는 가능하나 실제로는 어려우므로, 상사는 가장 지배적인 큰 힘들만에 대해 고려하고 작은 힘은 생략한다.

예제 9.7

59,680 W (80hp)인 펌프를 상수도 설계에서 동력으로 이용하였다. 모형을 8 : 1 축척으로 제작하고, 속도 비율을 2 : 1로 할 때, 모형 펌프에 필요한 동력은 얼마인가?

풀이

길이, 속도 및 시간 비율

$$L_r = 8,\ V_r = \frac{L_r}{T_r} = 2,\ T_r = \frac{L_r}{2} = \frac{8}{2} = 4$$

동일한 유체를 모형과 원형에 이용하면 $\rho_r = 1$이고, 힘의 비율은 다음과 같다.

$$F_r = \frac{F_p}{F_m} = \frac{M_p a_p}{M_m a_m} = \frac{\rho_p V_p a_p}{\rho_m V_m a_m} = \frac{\rho_p}{\rho_m}\frac{L_p^3}{L_m^3}\frac{L_p/T_p^2}{L_m/T_m^2} = \rho_r L_r^4 T_r^{-2}$$

$$F_r = \rho_r L_r^4 T_r^{-2} = \frac{(1)(8^4)}{4^2} = 256$$

동력 비율

$$P_r = \frac{F_r L_r}{T_r} = \frac{(256)(8)}{4} = 512$$

그러므로 모형 펌프에 필요한 동력은 다음과 같다.

$$P_m = \frac{P_p}{P_r} = \frac{59{,}680}{512} = 116.6\,W = 0.156\,hp$$

9.2.4 무차원수에 대한 상사

(1) Reynolds의 상사

Reynolds 수는 유체 입자의 점성력에 대한 관성력의 비를 나타내는 것으로 $R_e = VL/\upsilon = \rho VL/\mu$이며, 모든 유체역학적인 문제에서 중요하다. Reynolds 수가 매우 작은 경우($R_e \ll 1$)에는 유동은 점성력이 지배하고 있음을 의미하고, 관성력의 영향은 무시할 수 있다.

모형과 원형 사이에 다음의 식이 성립하면 두 유동 사이에는 Reynolds 상사가 성립되고, 이러한 모형을 Reynolds 모형이라고 한다.

$$\frac{\rho_m V_m L_m}{\mu_m} = \frac{\rho_p V_p L_p}{\mu_p} \tag{9.29}$$

Reynolds 모형에는 유동장 내에서의 마찰손실, 비행 물체의 양력과 항력, 비압축성 및 압축성 유동장에서의 경계층 문제 등이 있다.

예제 9.8

어떤 연구를 위해 축척 10 : 1인 모형을 제작하였다. 원형에서는 물을 이용하고, 모형에서는 (1) 물과 (2) 물보다 점성이 5배 크며 밀도는 물의 0.8배인 오일을 이용할 경우, 각각의 경우에 대한 시간과 힘의 비율을 구하라.

풀이

(1) 모형에 물을 이용할 경우

$$\mu_r = \mu_p/\mu_m = 1, \ \ \rho_r = \rho_p/\rho_m = \rho_w/\rho_w = 1$$

Reynolds의 상사에서부터

$$V_r = \mu_r/\rho_r L_r = 1/(1\times 10) = 0.1$$

시간과 힘의 비율

$$T_r = L_r/V_r = 10/0.1 = 100,$$
$$F_r = \rho_r L_r^4/T_r^2 = (1\times 10^4)/(100)^2 = 1(\text{예제 9.7 참조})$$

(2) 모형에 오일을 이용할 경우

점성과 밀도의 비율

$$\mu_r = \mu_p/\mu_m = \mu_w/\mu_{oil} = \mu_w/5\mu_w = 0.2$$
$$\rho_r = \rho_p/\rho_m = \rho_w/\rho_{oil} = \rho_w/(0.8\rho_w) = 1.25$$

Reynolds의 상사에서부터

$$V_r = \mu_r/\rho_r L_r = 0.2/(12.5\times 10) = 0.016$$

시간과 힘의 비율

$$T_r = L_r / V_r = 10/0.016 = 625,$$

$$F_r = \rho_r L_r^4 / T_r^2 = (1.25 \times 10^4)/(625)^2 = 0.032$$

이 예제는 모형에서의 액체의 선택이 중요함을 보여주는 것으로, 모형에 이용된 액체의 성질은 Reynolds 수에 크게 영향을 미치는 것을 알 수 있다.

예제 9.9

대형 관수로에서 유량 조절에 사용되는 아래 그림과 같은 밸브에 대해 모형실험을 하여 완전히 개방된 상태에서 밸브가 어떻게 작동하는지를 알고자 한다. 원형 취수구의 직경이 $2m$이고 유량이 $20m^3/s$일 때, 모형실험에서의 유량을 구하라. 여기서, 원형과 모형에서의 온도는 같고, 모형 취수구의 직경은 $20cm$이다.

그림

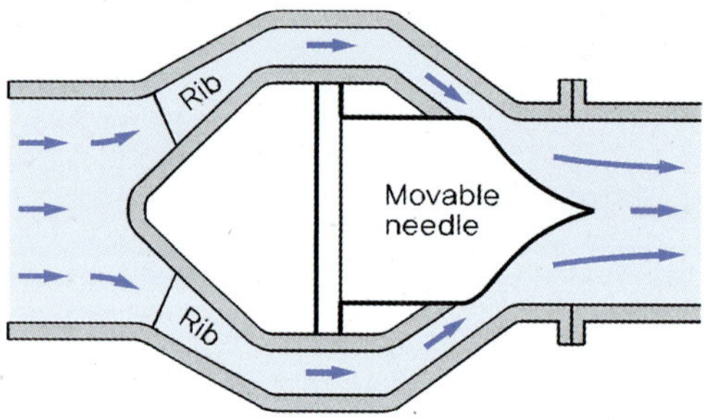

풀이

Reynolds 상사 $V_m L_m / \nu_m = V_p L_p / \nu_p$에서부터

$$\frac{V_m}{V_p} = \frac{L_p}{L_m}\frac{\nu_m}{\nu_p}$$

유량을 알기 위해 위 식 양변에 면적 비 A_m / A_p를 곱하면

$$\frac{A_m}{A_p}\frac{V_m}{V_p} = \frac{A_m}{A_p}\frac{L_p}{L_m}\frac{\nu_m}{\nu_p} \quad \text{또는} \quad \frac{Q_m}{Q_p} = \frac{A_m}{A_p}\frac{L_p}{L_m}\frac{\nu_m}{\nu_p}$$

$A_m / A_p = L_r^2 = L_m^2 / L_p^2$이므로

$$\frac{Q_m}{Q_p} = \frac{L_m^2}{L_p^2}\frac{L_p}{L_m}\frac{\nu_m}{\nu_p}$$

원형과 모형에서의 액체는 모두 같은 온도의 물이기 때문에 $\nu_m = \nu_p$가 되므로

$$\frac{Q_m}{Q_p} = \frac{L_m}{L_p}$$

$$\therefore Q_m = \frac{L_m}{L_p} Q_p = \frac{1}{10} Q_p = 2m^3/s$$

(2) Froude의 상사

Froude 수는 중력에 대한 관성력의 비를 나타내는 것으로 $F_r = V/\sqrt{gL}$ 이며, 하천, 바다 등에서 자유수면을 갖는 유동장에서 중요하다. 자유수면에서의 유체 입자들이 어떤 힘에 의해 수직방향으로 상승하게 되면, 중력은 상승한 유체 입자들을 원 상태로 복원시키려는 힘을 발휘하여 파를 형성시킨다. 그러므로 자유수면을 갖는 유동은 Froude 수와 밀접한 관계를 가진다.

모형과 원형 사이에 다음의 식이 성립하면 두 유동 사이에는 Froude 상사가 성립되고, 이러한 모형을 Froude 모형이라고 한다.

$$\frac{V_m}{\sqrt{g_m L_m}} = \frac{V_p}{\sqrt{g_p L_p}} \tag{9.30}$$

예제 9.10

Froude의 상사를 만족시키기 위해 길이 $30m$의 개수로 모형을 제작하였다. 원형에서의 유량이 $700m^3/s$일 때, 축척 $20:1$인 모형에서의 유량과 힘의 비율을 구하라.

풀이

길이 비율

$$L_r = L_p/L_m = 20$$

Froude의 상사에서부터

$$\frac{V_r}{g_r^{1/2} L_r^{1/2}} = \frac{V_r}{(1)^{1/2}(20)^{1/2}} = 1, \quad V_r = 4.472$$

유량 비율

$$Q_r = \frac{Q_p}{Q_m} = \frac{V_p L_p^2}{V_m L_m^2} = V_r L_r^2 = (4.472)(20^2) = 1,789$$

모형에서의 유량

$$Q_m = \frac{Q_p}{Q_r} = \frac{700}{1,789} = 0.391 m^3/s$$

힘의 비율

$$F_r = \frac{F_p}{F_m} = \frac{M_p g_p}{M_m g_m} = \frac{\rho_p g_p L_p^3}{\rho_m g_m L_m^3} = \rho_r g_r L_r^3 = (1)(1)(20^3) = 800$$

예제 9.11

저수지 모형실험에서 수문을 열고 물을 유출시키기 시작한 후 30분이 경과하여 여수로 위어 마루까지 수면이 강하하고 유출이 멈추었다. 축척이 $1/100$일 때, 여수로 위어 마루까지 수면이 강하하는 데 걸리는 시간을 구하라.

풀이

중력이 지배하는 개수로 유동이므로 Froude의 상사 $V_m/\sqrt{g_m L_m} = V_p/\sqrt{g_p L_p}$를 이용한다. 중력비 $g_r = g_m/g_p = 1$이므로

$$\sqrt{\frac{L_p}{L_m}} = \frac{V_p}{V_m}$$

$V = L/T$이므로

$$\frac{L_p/T_p}{L_m/T_m} = \sqrt{\frac{L_p}{L_m}}$$

$T_p/T_m = \sqrt{L_p/L_m}$에서부터

$$T_p = T_m \left(\frac{L_p}{L_m}\right)^{1/2} = (30)(100)^{1/2} = 300 \min$$

(3) Euler의 상사

Euler 수는 관성력에 대한 압력의 비를 나타내는 것으로 $E_u = p/\rho V^2$이다. Euler 수는 압력이나 두 지점 사이의 압력 차이가 중요한 경우에 적용되므로 일반적으로 $E_u = \Delta p/\rho V^2$로 나타낸다. Euler의 상사는 다음과 같다.

$$\frac{p_m}{\rho_m V_m^2} = \frac{p_p}{\rho_p V_p^2} \tag{9.31}$$

예제 9.12

직경 $5m$, 길이 $60m$인 소형 비행선의 항력 특성에 대한 풍동실험을 하고자 한다. 공기 중에서 소형 비행선의 속도가 $10m/s$이고 $10:1$ 축척으로 모형실험을 한다면, 역학적 상사 조건을 만족시키기 위한 풍동에서의 공기 속도는 얼마인가? 그리고 모형 소형 비행선 표면 위 두 지점 사이의 압력 차이가 $17{,}800Pa$이라면 역학적 상사를 만족시키는 원형에서의 압력 차이는 얼마인가? 여기서, 모형과 원형에서의 온도와 기압은 같다고 가정한다.

풀이

역학적 상사를 만족시키기 위해서는 모형과 원형에서의 Reynolds 수가 같아야 하므로

$$\frac{\rho_m V_m L_m}{\mu_m} = \frac{\rho_p V_p L_p}{\mu_p}$$

V_m에 대해 정리하면

$$V_m = V_p \frac{\rho_p}{\rho_m} \frac{L_p}{L_m} \frac{\mu_m}{\mu_p} = (10)(1)(10)(1) = 100m/s$$

Euler 상사 $p_m/(\rho_m V_m^2) = p_p/(\rho_p V_p^2)$에서부터

$$\frac{p_p}{p_m} = \frac{V_p^2}{V_m^2}$$

여기서, 모형과 원형에서의 온도와 기압은 같으므로 $\rho_m = \rho_p$이다.

Reynolds 상사 $V_m L_m/\nu_m = V_p L_p/\nu_p$에서 $\nu_m = \nu_p$이면 $V_p^2/V_m^2 = L_m^2/L_p^2$이므로

$$\frac{p_p}{p_m}=\frac{L_m^2}{L_p^2}$$

위 식을 압력 차이에 대해 나타내면

$$\frac{\Delta p_p}{\Delta p_m}=\left(\frac{L_m}{L_p}\right)^2$$

그러므로 원형에 대한 압력 차이를 구하면

$$\Delta p_p=\Delta p_m\left(\frac{L_m}{L_p}\right)^2=(17{,}800)\left(\frac{1}{10}\right)^2=178Pa$$

(4) Cauchy와 Mach의 상사

Cauchy 수와 Mach 수는 압축력에 대한 관성력의 비를 나타내는 것으로, 기체역학이나 항공역학 등 유체의 압축성이 중요시 되는 문제에 적용된다. Cauchy 수는 $C_a=\rho V^2/E$(여기서, E는 체적탄성계수), Mach 수는 $M_a=V/c=(C_a)^{1/2}$(여기서, $c=\sqrt{E/\rho}$로 밀도 ρ인 유체 내부에서의 음파의 전파 속도)이다.

Cauchy와 Mach의 상사는 다음과 같다.

$$\text{Cauchy}\ :\ \frac{\rho_m V_m^2}{E_m}=\frac{\rho_p V_p^2}{E_p} \tag{9.32}$$

$$\text{Mach}\ :\ \frac{V_m}{c_m}=\frac{V_p}{c_p} \tag{9.33}$$

(5) Strouhal의 상사

Strouhal 수는 유동장의 위치에 따른 속도의 변화(대류 가속도)에 의한 관성력에 대한 유동장의 비정상성(국소가속도)에 의한 관성력의 비를 나타내는 것으로 $S_t=\omega L/V$(여기서, ω는 진동수)이며, 유체가 철사나 케이블과 같은 강체를 흐르는 경우 비정상유동과 진동수 ω로 진동하는 유동에 있어 중요하다.

Strouhal의 상사는 다음과 같다.

$$\frac{\omega_m L_m}{V_m} = \frac{\omega_p L_p}{V_p} \tag{9.34}$$

(6) Weber의 상사

Weber 수는 유체 요소에 작용하는 표면장력에 대한 관성력의 비를 나타내는 것으로 $W_e = \rho V^2 L/\sigma$이며, 얇은 막에서의 유동이나 작은 물방울 또는 기포의 형성 등과 같은 유체와 고체, 유체와 유체 사이에 경계면이 있는 경우에 중요하다. 또한 자유표면에서의 유체 입자들이 바람 등에 의해 교란되면 중력뿐만 아니라 표면장력도 수면을 원 상태의 수평면으로 복원시키려는 힘을 발휘하여 매우 작은 형태의 파를 형성시킨다.

Weber의 상사는 다음과 같다.

$$\frac{\rho_m V_m^2 L_m}{\sigma_m} = \frac{\rho_p V_p^2 L_p}{\sigma_p} \tag{9.35}$$

표 9.1 유체역학에서 자주 사용되는 변수와 무차원수

무차원수	명칭	해석(관련된 힘의 비)	적용범위
$\frac{\rho VL}{\mu}$	Reynolds 수, R_e	$\frac{\text{관성력}}{\text{점성력}}$	모든 유체역학 문제에서 중요
$\frac{V}{\sqrt{gL}}$	Froude 수, F_r	$\frac{\text{관성력}}{\text{중력}}$	자유표면유동
$\frac{p}{\rho V^2}$	Euler 수, E_u	$\frac{\text{압력에 의한 힘}}{\text{관성력}}$	압력 또는 압력 차이가 중요한 문제
$\frac{\rho V^2}{E}$	Cauchy 수, C_a	$\frac{\text{관성력}}{\text{압축성에 의한 힘}}$	유체의 압축성이 중요한 유동
$\frac{V}{c}$	Mach 수, M_a	$\frac{\text{관성력}}{\text{압축성에 의한 힘}}$	유체의 압축성이 중요한 유동
$\frac{\omega L}{V}$	Strouhal 수, S_t	$\frac{\text{(국소)관성력}}{\text{(대류)관성력}}$	특정 진동수로 진동하는 비정상 유동
$\frac{\rho V^2 L}{\sigma}$	Weber 수, W_e	$\frac{\text{관성력}}{\text{표면장력}}$	표면장력이 중요한 문제

변수: 중력가속도, g; 체적탄성계수, E; 특성길이, L; 밀도, ρ; 진동유동의 진동수, ω; 압력, p(또는 Δp); 음속, c; 표면장력, σ; 속도, V; 점성계수, μ

연습문제

01 MLT와 FLT 차원계를 사용하여 Reynolds 수가 무차원임을 보여라.

02 MLT와 FLT 차원계를 사용하여 밀도, 압력, 비중, 표면장력, 동점성계수의 차원을 결정하라.

03 유체역학과 관련된 일반 변수로는 체적유량 Q, 중력가속도 g, 점성계수 μ, 밀도 ρ, 길이 L 등이 있다. 다음 중에서 무차원인 것은 어느 것인가?

(a) Q^2/gL^2　　(b) $\rho Q/\mu L$

(c) gL^2/Q　　(d) $\rho QL/\mu$

04 모세관현상에서 액체의 수면상승높이 h는 관의 직경 D에 반비례한다. 표면장력 σ와 단위중량 γ에 따라 수면상승높이가 어떻게 변화하는지를 차원해석을 통해 설명하라.

05 직사각형 수로의 흐름에서 한계수심 d_c는 중력가속도 g와 단위폭당 유량 $q = Q/b$에 의해 결정된다고 할 때, 차원해석을 통해 한계수심을 구하는 일반식을 유도하라.

06 굴뚝에서 나오는 가스 유량 Q는 주위 공기의 밀도 ρ, 중력가속도 g, 굴뚝의 높이 h와 직경 D의 함수이다. 반복변수로 ρ, D, g를 사용하여 이 문제를 설명할 수 있는 pi 항을 구하라.

07 다음 그림과 같이 하천에서의 물이 댐을 월류하여 흐르고 있다. 댐의 단위폭당 유량 q는 월류수심 h, 폭 b, 중력가속도 g, 밀도 ρ, 점성계수 μ에 의해 달라진다고 할 때, 반복변수 b, g, ρ를 사용하여 적절한 무차원변수를 유도하라.

그림

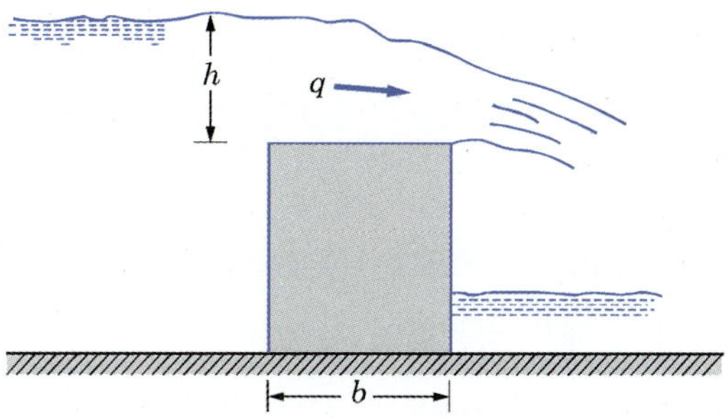

08 지름 D인 수평 관을 속도 V로 유동하는 유체가 있다. 이 관에 지름 D_0인 오리피스를 설치하였을 때 발생하는 압력강하 Δp에 대해 알기 위해 $\Delta p = f(D, D_0, \rho, V)$로 가정하였다. 적절한 pi 항을 구하라. 여기서, ρ는 유체의 밀도이다.

09 수로와 하천에서의 유량 Q를 아래 그림과 같은 V-notch 위어로 측정하는 경우에 대해 $Q = f(h, g, \theta)$로 가정하였다. 이 문제에서 중요한 무차원변수는 무엇인가? 그리고 Q가 $\tan(\theta/2)$에 비례하고, $\theta = 90°$, $h = 0.3m$일 때, $Q = 0.068m^3/s$가 측정되었을 때, 이 위어를 월류하는 유량에 대한 일반식을 구하라. 여기서, h는 월류수심, g는 중력가속도, 그리고 θ는 위어의 각도이다.

그림

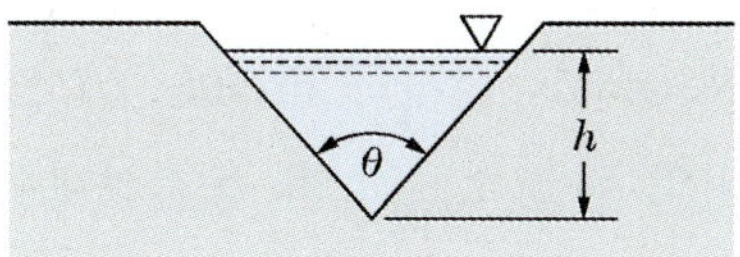

10 마찰손실수두를 구하는 Darcy-Weisbach 공식을 Buckingham pi정리를 이용하여 유도하고, 마찰손실계수 f의 인자를 구하라.

11 폭 $65m$인 댐의 방수로를 통해 $40m^3/s$의 유량이 흐르는 데 대한 모형실험을 하고자 한다. 모형실험에서 사용되는 방수로의 폭이 $0.9m$일 때, 유량은 얼마로 하여야 하는가?

12 동점성계수 $10^{-6}m^2/s$인 물이 직경 $20cm$인 관 내에 흐르고 있다. 동일한 관에서 동역학적 상사를 만족시키는 오일의 유속이 $2m/s$라면, 물의 유속은 얼마인가? 여기서, 오일의 동점성계수는 $10^{-5}m^2/s$이다.

13 원형 벤투리관에 흐르는 유체를 사용하여 모형실험을 하고자 한다. 동역학적 상사를 적용하여 유량 비율 Q_m/Q_p를 구하라. 그리고 주어진 유량에 대해 모형에서의 압력 차이가 $300kPa$로 측정되었다면, 원형에서의 압력 차이는 얼마인가?

14 직경 $5m$, 길이 $60m$인 소형 비행선의 항력 특성에 대한 풍동실험을 하고자 한다. 공기 중에서 소형 비행선의 속도가 $10m/s$이고 10 : 1 축척으로 모형실험을 한다면, 역학적 상사 조건을 만족시키기 위한 풍동에서의 공기 속도는 얼마인가? 여기서, 모형과 원형에서의 온도와 기압은 같다고 가정한다.

15 Reynolds 상사를 적용하여 1 : 1 축척으로 풍동에서 어뢰에 대한 모형실험을 하고자 한다. 물속에서의 어뢰의 속도가 $8m/s$이라면, 풍동에서의 풍속은 얼마가 되어야 하는가? 여기서 온도는 두 경우 모두 10°C이다.

16 모형실험에서 Reynolds 상사와 Froude 상사를 동시에 만족시키고자 한다. 이때 길이의 비율 L_m/L_p과 동점성계수의 비율 ν_m/ν_p의 관계를 구하라.

17 달에서의 관수로 흐름을 이해하기 위한 모형실험을 지구에서 한다. 달에서 사용될 유체의 동점성계수가 $10^{-5}m^2/s$라면, 지구의 모형실험에서 사용될 유체의 동점성계수는 얼마인가? 여기서, 달에서의 중력은 지구에서의 중력의 1/5이고, 축척은 1 : 1이다.

18 어떤 하천의 수리모형 축척이 1/25일 때, 원형의 유속이 $3m/s$라면 모형의 유속은 얼마가 되어야 하는가? 또한 모형의 유량이 $0.17m^3/s$라면 원형의 유량은 얼마인가?

19 하천에 대한 모형실험은 Froude 상사에 기초한다. 하천의 원형 수심 $3m$가 모형의 수심 $100mm$에 대응할 때, 모형의 유속 $2m/s$는 원형에서 얼마가 되는가?

20 25°C의 대기압에서 $80km/s$로 이동하는 원형 자동차에 대해 25°C의 가압 풍동에서 10 : 1 축척의 모형 자동차로 모형실험을 하고자 한다. 원형과 모형의 Mach 수와 Reynolds 수를 같게 하기 위한 모형에서의 압력을 구하라.

21 기체 흐름 내에서 작은 물방울이 부서지는 조건은 $W_e/R_e = 0.5$(여기서, R_e는 Reynolds 수, W_e는 Weber 수)이다. 20°C 대기압 하에서 $30m/s$의 기체 흐름 내에 있는 물방울이 부서지는 직경을 구하라. 여기서, 물의 표면장력은 $7.3 \times 10^{-2} N/m$이다.

22 담수에서 $2.44m$의 모형 선박이 $1.98m/s$로 이동할 때 받는 저항이 $4.39kg_f$일 때, (1) 이 속도로 해수에서 원형 선박이 이동하는 데 필요한 힘, (2) 모형 선박의 길이가 $39.04m$인 경우에 대한 이동속도를 구하라.

23 저수지 모형실험에서 수문을 열고 물을 유출시키기 시작한 후 45분이 경과하여 저수지의 물이 모두 유출되었다. 축척이 1/225일 때, 원형 저수지의 물을 모두 유출시키는 데 걸리는 시간을 구하라.

24 원형 수로의 유수 단면적이 $48m^2$이다. 축척 비율 $L_r = 1/40$인 경우에 대한 모형 수로의 유수 단면적은 얼마인가? 그리고 원형 수로의 유속이 $1.26m/s$일 때, 모형 수로에서의 유량을 구하라.

25 어떤 수력발전소의 여수로 수리실험을 위해 축척이 1/80인 모형 여수로를 제작하였다. 이 모형실험에 대한 다음 물음에 답하라.

(1) 원형에서의 유량 $1{,}500m^3/s$에 대한 모형에서의 유량

(2) 모형 하류단에서의 유속이 $1.8m/s$일 때, 원형 하류단에서의 유속

(3) 모형 하류단에서의 도수가 $4cm$일 때, 원형 하류단에서의 도수

(4) 원형에서 $222{,}000m^3$의 물을 방류하는 데 40시간이 걸릴 때, 모형에서의 방류량과 방류 시간

(5) 원형에서의 월류수심이 $2.5m$일 때, 모형에서의 월류수심

기호

기호	의미
A	면적, 단면적
A_c	베나 콘트랙타에서의 단면적
A_m	모형의 단면적
A_p	원형의 단면적
A_0	오리피스의 단면적
a	가속도, 단면적
B	수면 폭
b	폭, 두께
C	Chezy의 마찰손실계수, 유속계수, 유량계수
C_a	Cauchy 수
C_c	단면축소계수, 수축계수
C_D	항력계수
C_{Df}	평판 표면 전체에서의 마찰항력계수
C_{DP}	압력항력계수
C_{DS}	마찰항력계수
C_{fx}	국소마찰계수
C_G	도심
C_{HW}	Hazen-Williams의 계수
C_L	양력계수
C_P	압력중심
C_s	형상계수
C_v	유속계수
c	음속
c_m	모형의 음속
c_p	원형의 음속
D	관의 직경, 수리 수심
d	수심, 토사의 공극
d_a	개수로에서 평균유속이 나타나는 수심
d_c	한계수심
d_e	토사의 유효입경
d_G	도심까지의 수심
d_m	개수로에서 최대 유속이 나타나는 수심
d_n	등류수심
d_{sub}	상류에서의 수심
d_{sup}	사류에서의 수심
d_{10}	입경분포곡선에서 10%의 토사 입경
E	체적탄성계수, 비에너지
E_c	한계수심에서의 비에너지
E_m	모형의 체적탄성계수
E_p	원형의 체적탄성계수
E_{min}	최소 비에너지
E_u	Euler 수
e	관내 조도
F	힘, 유체의 매개변수
F_B	부력
F_b	체적력
F_D	항력
F_{DP}	압력항력
F_{DS}	마찰항력
F_e	탄성력
F_f	마찰력
F_g	체적력
F_L	양력
F_m	모형의 힘
F_p	수직력(압력에 의한 힘), 원형의 힘
F_r	Froude 수, 힘의 비율
F_s	표면력, 비력, 표면장력
F_ν	점성력
F_τ	접선력(전단력)
f	마찰손실계수

F_ν	점성력
F_τ	접선력(전단력)
f	마찰손실계수
g	중력가속도
g_m	모형의 중력가속도
g_p	원형의 중력가속도
g_r	중력가속도의 비율
H	총 수두, 총 에너지수두, 위어의 상류 수심
h	관내의 수면상승높이, 수심, 수위, 수위 차, 월류수심
h_a	접근유속에 대한 속도수두
h_b	곡관에 의한 손실수두
h_c	자유수면에서부터 도심까지의 거리, 관의 축소에 따른 손실수두
h_c'	단면이 점진적으로 축소되는 관에서의 손실수두
h_e	관의 확대에 따른 손실수두
h_e'	단면이 점진적으로 확대되는 관에서의 손실수두
h_{ent}	관 입구에서의 손실수두
h_{exit}	관 출구에서의 손실수두
h_f	마찰에 의한 손실수두
h_L	손실수두
h_p	펌프가 공급하는 수두
h_v	밸브에 의한 손실수두
h_w	정상유동 상태에서의 우물의 수위
I_c	관성모멘트
I_x, I_y	단면 2차 모멘트
I_{xy}	관성상승모멘트
K	유체가 관 벽에 작용하는 힘, 개수로 표면의 조도에 따른 비례상수, 투수계수
K_b	곡관손실계수
K_c	단면축소손실계수
K_c'	점진적 단면축소손실계수
K_e	단면확대손실계수
K_e'	점진적 단면확대손실계수
K_{ent}	관 입구에서의 손실계수
K_{exit}	관 출구에서의 손실계수
K_v	밸브손실계수
L	길이, 거리
L_m	모형의 길이 또는 거리
L_p	원형의 길이 또는 거리
L_r	길이 또는 거리의 비율
l	혼합거리, 도수의 길이
M	모멘트
M_a	Mach 수
M_B	부력에 의한 모멘트
M_C	우력모멘트
M_R	복원모멘트
m	질량, 물의 질량
$\dot{m}$	질량유량
n	Manning의 조도계수
n_e	공극률
P	전체 수압에 의한 힘의 수평분력, 펌프가 공급하는 동력, 윤변, 위어의 높이
P_m	모형의 동력
P_p	원형의 동력
P_r	동력의 비율
p	압력
p_{abs}	절대압력
p_{atm}	대기압
p_{gage}	계기압력
p_m	모형의 압력
p_p	원형의 압력

p_r 기준압력
p_s 자유물체도 빗면에 수직으로 작용하는 압력, 정체압력
p_{vac} 진공압
p_x x 방향으로 작용하는 압력
p_y y 방향으로 작용하는 압력
p_v 증기압
p_z z 방향으로 작용하는 압력
Q 체적유량
Q_m 모형의 유량
Q_p 원형의 유량
Q_r 유량 비율
ΔQ 수정유량
q 단위폭당 유량
R 전단력과 수직력의 합성력, 반경, 곡률반경
R_e Reynolds 수
R_h 동수반경 또는 경심
r 반경, 거리
r_w 우물의 반경
S 비중, 동수경사
S_c 한계경사, 저류계수
S_e 에너지경사선
$\overline{S_e}$ 에너지경사선의 평균
S_t Strouhal 수
S_0 에너지선의 경사, 수로경사
s 공간
s_a, s_i 수위강하
s_t 총 수위강하
T 인장력, 시간, 전도계수
T_m 모형의 시간
T_p 원형의 시간
T_r 시간의 비율
t 관의 두께, 시간
U 자유유동속도
u x 방향으로의 유속성분
u_a 개수로에서의 평균유속
u_{ave} 관내에서의 평균 속도
u_b 개수로 바닥에서의 유속
u_m 개수로에서의 최대 유속
$u_{\max}$ 관의 중심선에서의 최대 속도
$u_{\min}$ 관의 벽면에서의 최소 속도
u_0 개수로 수면에서의 유속
$\overline{u}$ 평균 속도
u' 속도변동
u_* 마찰속도
V 체적, 유속
V_a 접근유속
V_c 관의 중심선에서의 최대 속도, 베나 콘트랙타에서의 속도, 한계수심에서의 유속
V_m 모형의 속도
V_p 원형의 속도
V_r 속도의 비율
V_s 비체적
v y 방향으로의 유속성분
W 무게, 물의 무게
W_e Weber 수
$W(u)$ 우물함수
w z 방향으로의 유속성분
x_c $O-x$축에서 도심까지의 거리
x_p $O-x$축에서 압력중심까지의 거리, 부력이 작용하는 위치까지의 거리
y_c $O-y$축에서 도심까지의 거리
y_p $O-y$축에서 압력중심까지의 거리
Z 단면계수
Z_r 수위강하량
α 운동에너지 보정계수
β 운동량 보정계수, Mach 각

기호	의미
γ	단위중량, 물의 단위중량
γ_m	수은의 단위중량
γ_l	액체의 단위중량
γ_w	물의 단위중량
$\dot{\gamma}$	전단변형률 또는 각변형률
ΔE	도수에 의한 에너지손실
δ	경계층 두께
δ_L	층류경계층 두께
δ_T	난류경계층 두께
δ_{TL}	층류저층의 두께
ϵ	와점성계수
ζ	와도
θ	각도, 각 변위, 수평선과 이루는 각
κ	Von Karman 상수
μ	점성계수
μ_m	모형의 점성
μ_p	원형의 점성
μ_r	점성의 비율
ρ	밀도, 물의 밀도
ρ_m	모형의 밀도
ρ_p	원형의 밀도
ρ_r	밀도의 비율
σ	액체의 표면장력, 관의 인장응력, 수직응력
σ_m	모형의 표면장력
σ_p	원형의 표면장력
σ_{ta}	허용인장응력
τ	전단응력
τ_{lam}	층류에서의 전단응력
τ_{turb}	난류에서의 전단응력
τ_w	관의 벽면에서의 전단응력
τ_0	평판 표면에서의 전단응력, 개수로 벽면에서의 전단응력
ν	동점성계수
ν_m	모형의 동점성
ν_p	원형의 동점성
ϕ	속도포텐셜
ψ	유동함수
ω	각속도, 진동수
ω_m	모형의 진동수
ω_p	원형의 진동수
∇	구배연산자
∇^2	Laplace 연산자

찾아보기

ㅈ

참고문헌

기초수리학, 김문모 등 공저, 구미서관, 1995

수리학, 이원환 저, 문운당, 1997

수리학, 안수한 저, 동명사, 1997

수리학, 송재우 저, 구미서관, 2004

유체역학, 박찬원 등 편저, 신광문화사, 1995

유체역학, 김병하 등 공역, 청문각, 1996

유체역학, 김경호 등 공역, (주)사이텍미디어, 1999

Fundamentals of hydraulic engineering systems, Ned H. C. Hwang and Carlos E. Hita, Prentice-Hall, INC., 1987

알기 쉬운 토목유체역학 / 개수로 수리학

2019년 8월 16일 1판 1쇄 펴냄
지은이 조원철
펴낸이 류원식 | 펴낸곳 (주)교문사(청문각)

편집부장 김경수 | 책임진행 김보마 | 본문편집 김미진 | 표지디자인 유선영
제작 김선형 | 홍보 김은주 | 영업 함승형 · 박현수 · 이훈섭
주소 (10881) 경기도 파주시 문발로 116(문발동 536-2) | 전화 1644-0965(대표)
팩스 070-8650-0965 | 등록 1968. 10. 28. 제406-2006-000035호
홈페이지 www.cheongmoon.com | E-mail genie@cheongmoon.com
ISBN 978-89-363-1861-1 (93530) | 값 32,500원

* 잘못된 책은 바꿔 드립니다. * 저자와의 협의하에 인지를 생략합니다.

청문각은 ㈜교문사의 출판 브랜드입니다.